Jetzt helfe ich mir selbst

Motor
buch
Verlag

Einbandgestaltung: Andreas Pflaum

Bilder/Zeichnungen: Rainer Althaus, D. C. Lank, Motor-Presse Stuttgart, Audi, Bosch, Dunlop, Hella.

Alle Angaben und Ratschläge in diesem Ratgeber wurden nach bestem Wissen und Gewissen erteilt. Eine Haftung der Autoren oder des Verlages und seiner Beauftragten für Personen-, Sach- und Vermögensschäden ist jedoch ausgeschlossen.

Dieser Band entspricht dem Kenntnisstand zum Zeitpunkt der Drucklegung. Abweichungen durch Weiterentwicklung der beschriebenen Fahrzeuge, geänderte Anweisungen des Fahrzeugherstellers bzw. neue gesetzliche Bestimmungen sind möglich.

ISBN 3-613-02138-2

1. Auflage 2001

Grafische Gestaltung: Andreas Pflaum
Herstellung: Maisch & Queck
Druck: Maisch & Queck, 70839 Gerlingen
Bindung: Dieringer, 70839 Gerlingen
Printed in Germany

Rainer Althaus

AUDI A4
AUDI A4 Avant

Vierzylinder 1,6 Liter,
75 kW/102 PS ab 05/01
Vierzylinder 1,8 Liter Turbo,
110 kW/150 PS ab 10/00
Vierzylinder 2,0 Liter,
96 kW/130 PS ab 10/00
Sechszylinder 3,0 Liter,
162 kW/220 PS ab 10/00

Inhaltsverzeichnis

Störungs-beistände

Was tun bei Störungen

Ein Ratgeber stellt sich vor

»Jetzt helfe ich mir selbst« ist ein Ratgeber rund ums Auto. Er zeigt, wie die Technik funktioniert und wie Sie Ihr Fahrzeug optimal pflegen und warten. Sie werden sehen: Do it yourself macht Spaß und spart Geld. Und mit dem richtigen Know-how schrumpft manche Panne zur Bagatelle, weil oft wenige Handgriffe genügen, ein Auto wieder flott zu machen.

Ein Ratgeber mit System

Jedes Kapitel dieses Ratgebers gliedert sich stets in die Abschnitte Theorie, Wartung, Störungsbeistand und Reparatur.

Theorie. Hier informieren Sie sich über Technik und Funktionen. Neben ausführlichen Beschreibungen finden Sie in diesem Abschnitt ein **Techniklexikon** mit Hintergrundwissen zu speziellen Problemen.

Wartung. Eine detaillierte Anleitung führt Step by Step durch alle Arbeiten. Arbeitssymbole verdeutlichen Zeitaufwand, Schwierigkeitsgrad sowie Gefahren für Sicherheit und Umwelt. Illustrationen veranschaulichen Arbeitsabläufe und Probleme.

Reparatur. Beginnt in der Regel mit dem **Störungsbeistand**, der Störungen, Ursachen und Abhilfen auflistet. Die Arbeitsschritte werden nach dem gleichen Muster dargestellt wie die Wartungsarbeiten. **Praxistipps** helfen Ihnen bei der Umsetzung und bei Problemen. Wollen Sie zum Beispiel mit einer Wartung beginnen, schlagen sie das Inhaltsverzeichnis des entsprechenden Kapitels auf: Die Seitenangaben bei den Wartungspunkten führen Sie direkt zur Beschreibung der Arbeitsschritte. Den gleichen Weg beschreiten Sie bei den Reparaturen.

Technik-Themen und Störungsbeistände erschließen Sie über die Inhaltsübersicht und das Stichwortverzeichnis.

Wartung und Inspektion

Sie finden den Wartungsplan von »Jetzt helfe ich mir selbst« auf den hinteren Buchseiten. Er basiert auf

Wartung

Reparatur

Eine Übersicht der Wartungen und Reparaturen finden Sie auf der ersten Seite jedes Kapitels. Die Seitenangaben führen Sie direkt zu den Arbeitsschritten.

Die Bauteile des Motors — **Techniklexikon**

Motorblock. Hier sind die beweglichen Teile gelagert. Er besteht bei vielen Motoren aus Grauguss. Der Motorblock trägt auch Aggregate wie Lichtmaschine, Anlasser und Zündanlage.

Zylinderkopf. Schließt den Zylinder nach oben ab. Er enthält Kanäle für Frisch- und Abgas, Ventilsitze, Lager und Führungen für Teile der Ventilsteuerung, Zündkerzengewinde, Wasserkanäle und Brennraum.

Technik auf den Punkt gebracht: Knappe und präzise Infos über Begriffe, Funktionen und Zusammenhänge.

Arbeitsschritte | W | **30.000 km 2 Jahre**

① Ansauggeräuschdämpfer abbauen. Beim Diesel: Luftansaugleitung abbauen. Bei allen Motoren: elektrische Steckverbindungen lösen.

② Sechs Schrauben der Zylinderkopfhaube lösen und Haube vorsichtig abnehmen. Sitzt der Deckel fest, lösen Sie ihn durch Schläge mit Handballen oder Hammerstiel.

③ Für die Messung von Ein- und Auslassventil eines Zylinders müssen beide Ventile entlastet sein. Dazu den Motor durchdrehen, bis an der Nockenwelle die Spitzen beider Nocken von Zylinder 1 (in Fahrtrichtung rechts) symmetrisch nach links und rechts oben zeigen (OT-Markierung beachten). Diese Position entspricht dem Oberen Totpunkt.

Die Arbeitsschritte führen Sie Step by Step durch Ihre Wartungen und Reparaturen. Hier steht, wo Sie den Hebel ansetzen und worauf Sie dabei achten müssen.

Störungs-beistand

Kühlsystem

Störung	Ursache	Abhilfe
A **Temperatur-Anzeigenadel steht im roten Bereich**	**1** Keilrippenriemen zu schwach gespannt oder gerissen	Riemenspannung kontrollieren oder Riemen ersetzen
	2 Zu wenig Flüssigkeit im Kühlsystem	Auffüllen, notfalls aus der Scheibenwaschanlage
	3 Kabel zur Temperaturanzeige hat Masseschluss	Kabel am Temperaturgeber abziehen, Zeiger muss zurückgehen, sonst Masseschluss; Kabelverlauf kontrollieren

Der ideale Pannenhelfer: Der »Störungsbeistand« hilft Ihnen, Fehlern und Defekten an Ihrem Fahrzeug systematisch auf den Grund zu gehen. Außerdem finden Sie hier Tipps, wie Sie mit einer Störung fertig werden.

Praxistipp

Kompressions-druckluft strömt aus

Wenn Kompressionsdruckluft an einer der folgenden Stellen ausströmt, hat dies meist diese Ursachen:

- Ansaugkrümmer oder Luftfiltergehäuse: defektes Einlassventil.
- Geöffneter Kühler oder Kühlmittel-Ausgleichsbehälter: defekte Zylinderkopfdichtung.

Praxistipps für Schrauber: Hier steht, wie Sie schnell und effektiv Fehler feststellen und Probleme lösen.

dem Wartungsplan, den Audi an seine Vertragswerkstätten ausgibt. Außerdem enthält er einige Wartungsarbeiten an Baugruppen, die der Prüfer von TÜV oder DEKRA bei einer Hauptuntersuchung in Augenschein nimmt.

Kein Do it yourself bei Garantie

Wenn Sie einen neuen Wagen fahren: Halten Sie die Wartungsintervalle des Herstellers unbedingt ein. Vor allem: Verzichten Sie aufs Do it yourself. Audi erfüllt nämlich selbst berechtigte Garantieansprüche nur dann, wenn die Wartungsarbeiten an Ihrem Wagen rechtzeitig von einer Vertragswerkstatt erledigt wurden. Das gilt übrigens auch, wenn Sie einen Audi mit einem Austauschmotor fahren.

Ratgeberservice: Checklisten

Auf der vorderen und hinteren Umschlaginnenseite dieses Ratgebers finden Sie eine Reihe von Checklisten, die Ihnen helfen, Ihr Fahrzeug für Alltag, Winter und TÜV/DEKRA fit zu machen. Hier steht, welche Arbeiten Sie durchführen sollten und auf welchen Seiten Sie die Arbeitsanleitungen dazu finden. Die benötigte Liste kopieren und alle Arbeiten Punkt für Punkt abhaken.

Die Arbeitssymbole

Der Umweltbaum soll Sie für den Umweltschutz sensibilisieren. Er taucht immer dann auf, wenn eine Arbeit oder die dabei anfallenden Abfälle für die Umwelt problematisch sind.

Die Zahl der Schraubenschlüssel signalisiert den Schwierigkeitsgrad. 1 Schlüssel = leichte Arbeit; 2 Schlüssel = anspruchsvolle Arbeit; 3 Schlüssel = schwierige Arbeit.

Die (Sand)Uhr signalisiert den Zeitaufwand für den Hobby-Schrauber. Die kalkulierte Zeit berücksichtigt Ihre fehlende Routine und die Möglichkeit, dass Sie nicht optimal ausgerüstet sind.

Das Ausrufezeichen steht für Arbeiten, die die Betriebssicherheit Ihres Fahrzeugs betreffen. Wenn Sie nicht absolut kompetent sind: Hände weg! Das ist ein Fall für die Werkstatt.

Die Prüfplakette klassifiziert eine Vorsorgearbeit für die Hauptuntersuchung. Sie sparen Geld und Zeit, wenn Sie die markierten Wartungs- und Prüfarbeiten vor Ihrem Termin bei TÜV oder DEKRA durchführen.

Die Wartungsplakette bezeichnet alle Wartungsarbeiten für Ihren Audi, die auch die Werkstatt beim Kleinen und Großen Kundendienst durchführt. Sämtliche Punkte entsprechen dem offiziellen Wartungsplan des Herstellers.

DER AUDI A4

Einst als biedere Beamtenkutsche verspottet, heute der Star im Premium-Segment der automobilen Mittelklasse – der Audi A4. Die Limousine ist ein starker Konkurrent für den BMW Dreier, die C-Klasse von Mercedes oder den VW Passat.

Der neue Audi A4 erlebte seine Weltpremiere Oktober 2000 in Berlin. Der Ingolstädter Hersteller wollte mit innovativer Technologie und einer »Architektur der Bewegung« Zeichen im Premium-Segment der automobilen Mittelklasse setzen. Nach sechs Jahren und rund einer Million produzierter Exemplare rollte ein komplett überarbeiteter A4-Nachfolger vom Band. In der hart umkämpften Mittelklasse wurden die Karten neu gemischt. Im ADAC-Test konnte der neue Audi A4 2.0 die Konkurrenten Ford Mondeo 2.0, Mercedes C 200 und VW Passat 1,8 5V Turbo ganz knapp schlagen. Auch beim Vergleichstest mit dem BMW 318i und dem VW Passat 2,0 in der Zeitschrift »auto motor und sport« hatte der neue A4 mit dem 130 PS starken Vierzylinder-Motor die Nase vorn.

Ein c_W-Wert von nur 0,28 und die in dieser Klasse herausragende Torsionssteifigkeit zeichnen die A4-Karosserie aus. Der Kühlergrill unterstreicht die Zugehörigkeit zur aktuellen Audi-Design-Linie.

Erstmals wird in dieser Fahrzeugklasse mit dem stufenlosen Automatikgetriebe multitronic eine Antriebsvariante angeboten, die weltweit ohne Parallele ist. Audi hat damit ein Getriebe entwickelt, das die bisherigen Nachteile dieser Bauart ausmerzt und die Vorteile dieses Systems für optimale Schaltstrategien nutzt. Bei der multitronic ist erstmalig der Komfortgewinn nicht mit Einbußen bei Dynamik und Wirtschaftlichkeit verbunden.

Limousine auf völlig neuer Basis

Mit dem Generationswechsel 2000/2001 zeigt sich der Audi A4 als ein von Grund auf neu konstruiertes Fahrzeug. Teilte sich der A4 vorher noch die Plattform mit dem VW Passat, so steht diese Generation auf einer völlig neuen Basis. Der neue A4 stellt die Quintessenz des Audi-Werbeslogans »Vorsprung durch Technik« dar. Mit der in alle Richtungen gewachsenen Karosserie ist für ein deutliches Plus an Raum gesorgt.

Als richtungsweisend gilt auch das Aluminium-Leichtbaufahrwerk. Durch seine geringen ungefederten Massen sorgt es für beispielhafte Fahrdynamik. Hohe Lenkpräzision und exaktes Handling ergänzen den Federungskomfort der Limousine. Alle Modelle sind serienmäßig mit dem Elektronischen Stabilitätsprogramm ESP ausgerüstet. So ist ein besonders der Sicherheit verpflichteter, stets hellwacher Beifahrer mit an Bord: der hydraulische Bremsassistent. Zur komfortablen Serienausstattung gehört eine Klimaautomatik mit sonnenstandsabhängiger Regelung.

Das Aluminium-Leichtbaufahrwerk sorgt durch seine geringen ungefederten Massen für beispielhafte Fahrdynamik.

Der A4 3,0 Liter fährt 245 km/h Spitze und wird von dem V6-Motor mit Aluminiumgehäuse angetrieben, der auch beim neuen A6 eingesetzt wird.

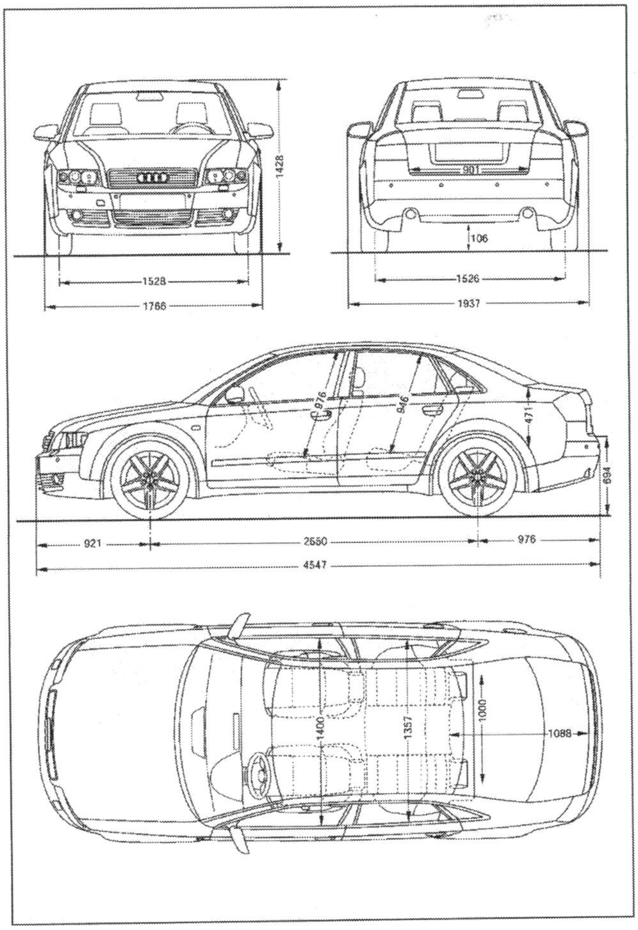

Mit der in alle Richtungen gewachsenen Karosserie ist gegenüber dem Vorgänger für ein deutliches Plus an Raum gesorgt. Innenraumlänge: plus 32 Millimeter. Kniefreiheit hinten: plus 43 Millimeter. Kopffreiheit: vorn plus 15 Millimeter, hinten plus 14 Millimeter. Schulterbreite vorn: plus 11 Millimeter. Ellbogenbreite: vorn plus 17 Millimeter, hinten plus 29 Millimeter.

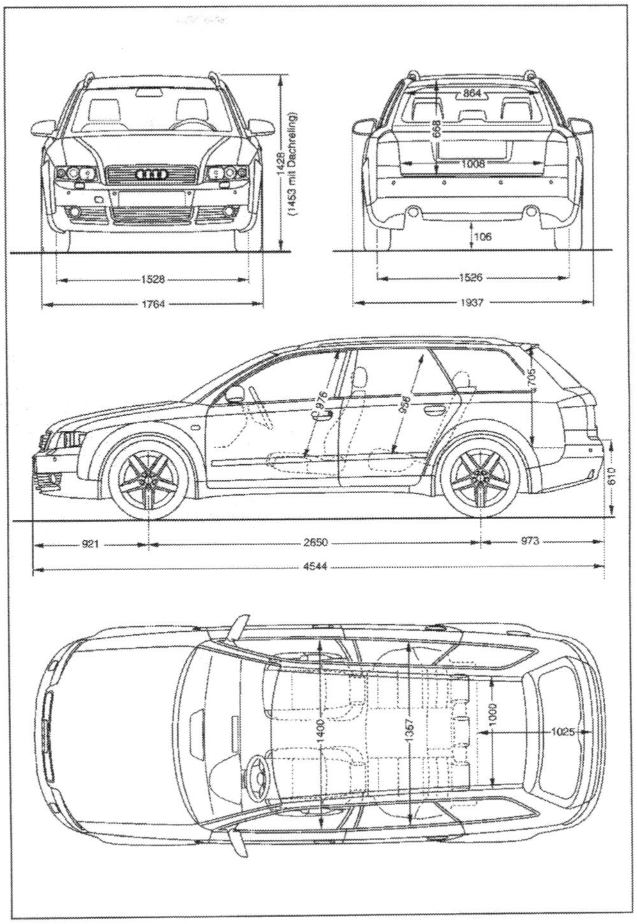

Schon die Abmessungen des neuen A4 Avant belegen den Generationssprung. Die gesamte Außenlänge beträgt jetzt 4,54 Meter. Der Radstand ist gegenüber dem Vorgänger um 33 Millimeter angestiegen.

Sicherheit – eines der wichtigsten Kapitel bei der Neuentwicklung

Die Sicherheit war eines der wichtigsten Kapitel bei der Neuentwicklung des A4. Sideguard, das Kopfairbagsystem von Audi, gibt es als Grundausstattung. Dieses System deckt von der A-Säule bis in den Fond nahezu die gesamte seitliche Fensterfläche ab. Zusätzliche Crashsensoren im Vorderteil sollen dem Steuergerät noch zuverlässiger melden, zu welchem Zeitpunkt die Airbags gezündet werden müssen. Die Passagiere sind durch die weiter erhöhte Crashfestigkeit der A4-Karosserie und eine geringere Deformation des Fahrgastraums geschützt.

Beim Euro-NCAP-Crashtest in der Landsberger ADAC-Anlage zeigte sich der A4 als ein sehr sicheres Auto (ADAC Motorwelt 3/2001). Beim Frontalaufprall mit 64 km/h gegen eine deformierbare Barriere mit 40 Prozent Überdeckung gab es 12 von 16 Punkten, beim Seitenstoß mit 50 km/h die maximal möglichen 16 Punkte. Der für die Sicherheitsbeurteilung erfolgreiche Pfahlaufprall mit 29 km/h brachte 2 Zusatzpunkte. Mit dem locker erreichten Vier-Sterne-Ergebnis ist der A4 einer der heißesten Anwärter auf den fünften Stern.

Quattro bleibt salonfähig

Wenn es einer Firma zuzuschreiben ist, den Allradantrieb in Serien-Personenwagen salonfähig gemacht zu haben, so ist das ohne Frage Audi. Auch Benzinermodelle des neuen A4 (3,0 und 1,8 T) gibt es in quattro-Version. Als Ursprung gilt der im Bundeswehrauftrag von Audi für VW entwickelte Geländewagen »Iltis«. Auf einer Winter-Erprobungsfahrt in Nordschweden fuhr eben ein solcher schwach motorisierter Iltis den erheblich stärkeren und schnelleren vorderradgetriebenen Audis auf und davon. Die Idee kam auf, ein Allradfahrzeug mit ordentlicher Leistung als Alltagsfahrzeug zu entwickeln. War beim Geländewagen der Allradantrieb zuschaltbar, wurde mit dem quattro der permanente Allradantrieb geschaffen.

Der Kofferraum des Avant bietet mehr Ladekapazität, insgesamt 442 Liter gegenüber 390 Liter beim Vorgänger.

Schöne Kombis heißen Avant

Der neue A4 Avant war zum Abschluss der Modellerneuerung in 2001 angesagt. Sein Vorgänger fand seit 1996 allein in West-Europa mehr als 300.000 Käufer und wurde zum Synonym für den kompakten Edel-Kombi schlechthin. »Schöne Kombis heißen Avant«, so ein Werbeslogan der Ingolstädter, die den Avant-Anteil am Gesamtvolumen der Baureihe A4 auf 44 Prozent brachten. Wie die Limousine ist auch der Kombi gewachsen. Den Passagieren bringt das mehr Komfort und speziell den hinteren Insassen 43 Millimeter mehr Kniefreiheit und 29 Millimeter mehr Ellbogenfreiheit. Der Laderaum bietet 52 Liter mehr Kapazität und darunter noch einen zusätzlichen Stauraum mit 65 Litern Volumen.

Neben mehr Raum und Funktionalität beeindruckt wegweisende Technik wie die stufenlose Automatik multitronic und das Aluminiumfahrwerk. Lieferbar ist der Kombi als Fronttriebler oder mit dem permanenten Allradantrieb quattro. Mit der Fertigung des neuen Avant wurde die Produktion des aus dem Vorgängermodell abgeleiteten Power-Kombis RS4 eingestellt. Der sportive RS4 mit dem 380 PS leistenden V6-Biturbo war das erste eigenständige Fahrzeug, das die quattro GmbH in Zusammenarbeit mit der Audi AG konzipiert und entwickelt hatte.

Wird das neue Cabrio wieder ein Klassiker der Ingolstädter?

»Emotionale Speerspitze« der Baureihe

Das auf dem Audi 80 basierende Cabriolet erwarb sich in mehr als neun Jahren Produktionszeit mit rund 72.000 Exemplaren den Status eines Klassikers. Auf der Frankfurter IAA im September 2001 präsentierte die Marke mit den vier Ringen als »emotionale Speerspitze der A4-Baureihe« den ersten Repräsentanten der neuen A4 Cabriolet-Generation. Die Markteinführung der Serienversion des Viersitzers mit vollautomatischem Soft Top wurde für das Frühjahr 2002 angekündigt.

In Sachen Sicherheit wurde das Cabrio, das dem offenen Mercedes CLK und vor allem dem 3er Cabrio von BMW Konkurrenz machen soll, auf die Neuzeit getrimmt. Bei einem Überschlag sorgt ein aktives Überrollschutzsystem für zusätzliche Sicherheit. Dabei werden, sensorgesteuert und millisekundenschnell, zwei Schutzbügel hinter den Fond-Sitzen ausgelöst. Zusammen mit dem extrem steifen Frontscheiben-Rahmen helfen sie im Falle eines Überschlags, den nötigen Überlebensraum sowohl für die vorderen als auch die hinteren Insassen zu bewahren.

Mit einem komfortablen Platzangebot geht das Audi-Cabrio in die Konkurrenz der offenen Viersitzer.

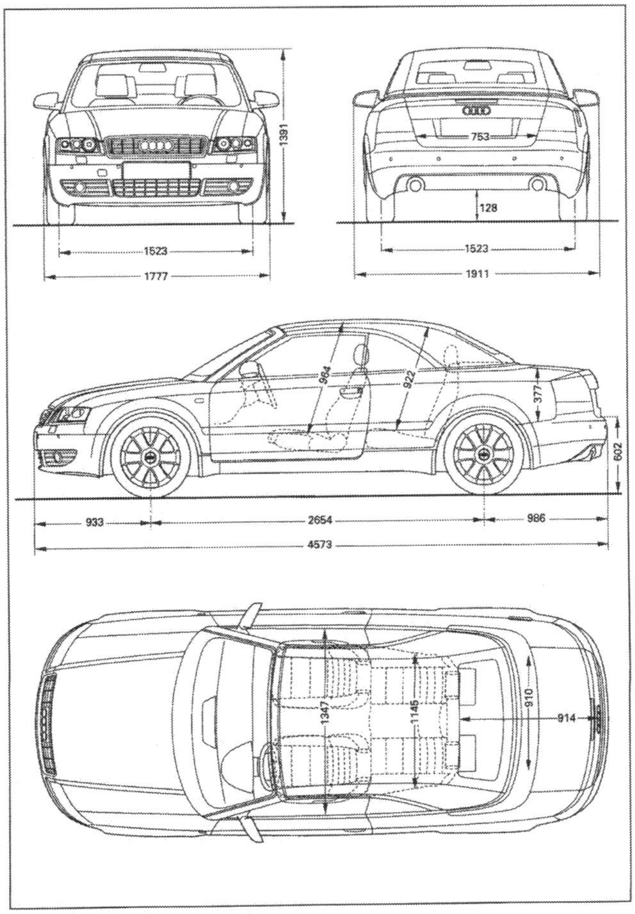

Die Maße des Audi-Cabrio.

Das neue A4 Cabriolet – Innenraum.

Motorenpalette von 1,6 bis 3,0 Liter

Schon zu Beginn machte der neue Audi A4 mit zwei völlig neu konstruierten Motoren im Aluminiumgehäuse Furore. Die Grenzwerte der EU4-Norm wurden unterboten. Zum Serienstart im Oktober 2000 wurde mit dem 3,0-Liter V6 der Top-Motor dieser Klasse vorgestellt. Abgesehen von der Grundkonzeption, der Anordnung der Zylinderbänke im 90-Grad-Winkel und der identischen Zylinderbohrung, teilt der neue Motor nur wenige Komponenten mit seinem 2,8-Liter-Vorgänger.
Als zweiter Newcomer in der Benzinmotorenpalette kam das 2,0-Liter-Aggregat, der Reihenvierzylinder mit mehreren technischen Innovationen, so einer kontinuierlichen Einlass-Nockenwellenverstellung für optimale Motorfüllung. Als vieltausendfach erfolgreiches Aggregat zählte auch beim Start des neuen A4 der 1,8 Liter Turbo mit seinem bulligen Drehmoment zur Motorenpalette.
Im Sommer 2001 komplettierte die Limousine mit der 1,6 Liter-Maschine (102 PS) das Angebot. Für die Kombiversion, die bis zur Vorstellung des neuen Avant im Juni 2001 noch mit 2,4- und 2,8-Liter-Aggregat zu haben war, stehen der 2,0 Liter-Reihenvierzylinder, der 1,8 T und der 3,0 Liter-V6 zur Auswahl.

Die Modellpflege beim Audi A4

1972 Mit dem Audi 80 stellt das Ingolstädter Automobilunternehmen erstmals ein Mittelklassenmodell vor. Leichtbau und kompakte Abmessungen, Komfort und Platzangebot, Motoren und Fahrwerk setzen einen hohen Standard auf dem Markt.

1994 Der A4 kommt im November als Nachfolger des Audi 80 heraus. Auf äußeres Größenwachstum wurde verzichtet.
Dennoch ist es dank geschickter Raumausnutzung und der maßvollen Vergrößerung von Spur und Radstand gelungen, die Platzverhältnisse im Innenraum spürbar zu verbessern.

2000 Im Oktober hat der neue Audi A4 Premiere. Zwei völlig neue Benzinmotoren (2,0 und 3,0 Liter) sowie der bewährte 1,8 Liter Turbo stehen als Triebwerke zur Verfügung.
Der neue Star der automobilen Mittelklasse wird als Quintessenz des Audi-Werbeslogans »Vorsprung durch Technik« gefeiert.

2001 Die A4-Limousine mit dem 1,6 Liter-Motor schließt eine Lücke bei den Motorisierungsvarianten. Damit ist die Einstiegsmotorisierung für diese Baureihe gegeben, die mit der in alle Richtungen gewachsenen Karosserie für ein deutliches Plus an Raum sorgt.
Der neue A4 Avant (»Schöne Kombis heißen Avant«) wird präsentiert. Er bietet mehr Raum und Funktionalität.

Die Fahrzeugerkennung

Praxistipp

Typ, Motorisierung, Identifikationsnummern und andere Daten, die das Fahrzeug eindeutig bestimmen, sind im Audi an verschiedenen Stellen zu finden. Den Fahrzeugdatenträger finden Sie im Serviceplan für den Kunden und im Fahrzeug.
Der Aufkleber enthält folgende Fahrzeugdaten:

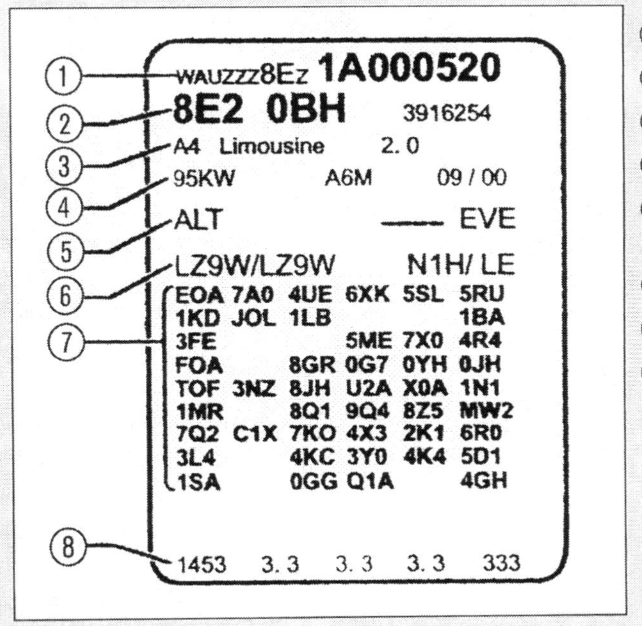

① Fahrzeug-Identifizierungsnummer

② Typ-Kennnummer/Produktions-Steuerungsnummer

③ Typ-Erklärung

④ Motorleistung / Abgasnorm / Getriebe

⑤ Motor- und Getriebekennbuchstaben (für bestimmte Länder keine Angabe)

⑥ Lacknummer / Innenausstattungs-Kennnummer

⑦ Mehrausstattungs-Kennnummern

⑧ Leergewicht / Verbrauch / CO_2-Emission (für bestimmte Länder keine Angabe)

Auf dem Fahrzeugdatenträger findet der Schrauber alle notwendigen Angaben für die Beschaffung von Ersatzteilen.

Das Typschild befindet sich unter der Wasserkastenabdeckung rechts im Wasserkasten (Fahrzeuge für bestimmte Länder haben kein Typschild).

Die Fahrzeug-Identifizierungsnummer ist in die hintere Querwand des Motorraums eingeschlagen und schlüsselt sich wie folgt auf:

WAU = Herstellerzeichen

ZZZ = Füllzeichen

8E = Typ-Kurzbezeichnung

Z = Füllzeichen

1 = Modelljahr (hier: 2001)

A = Produktionsstätte

000 520 = laufende Nummer; jedes Modelljahr beginnt mit 000 001

Der Motorkennbuchstabe befindet sich auch auf dem Fahrzeugdatenträger. Motorkennbuchstabe und laufende Nummer sind in den Motorblock eingeschlagen. Die so zusammen gesetzte Motornummer befindet sich beim 2V Benzinmotor links an der Verbindungsstelle Motor/Getriebe, beim 5V Benzinmotor (1,8 l Turbo und 2,0 l) links am Zylinderblock sowie beim V6 Benzinmotor auf der rechten Innenseite des Zylinderblocks zwischen Zylinderkopf und Hydraulikpumpe. Zusätzlich ist die Motornummer als Aufkleber auf dem Zahnriemenschutz angebracht.

Alle diese Daten sind beim Bestellen von Ersatzteilen oder Austauschteilen unbedingt anzugeben. Viele Teile eignen sich einfach nur speziell für den von Ihnen ausgewählten Typ, obwohl sie Ähnlichkeiten mit Teilen anderer Fahrzeuge in der Audi-Baureihe haben.

DIE AUSRÜST

Das Bordwerkzeug ist wichtig, vor allem im Fall einer Reifenpanne. Aber es reicht nicht aus. Wenn Sie nicht das geeignete Werkzeug besitzen, kommen Sie beim Schrauben an Ihrem Auto nicht weit.

UNG

Gute Organisation und umsichtige Vorbereitung sind beim Heimwerken die halbe Miete. Nur wenn der Arbeitsplatz geeignet ist, die Ausrüstung stimmt und das benötigte Material bei Bedarf auch wirklich zur Verfügung steht, haben Sie Spaß beim Do it yourself. Und Spaß ist die Grundvoraussetzung für erfolgreiche Pflege und Wartung Ihres Autos.

Der Arbeitsplatz

Als Hobbymechaniker brauchen Sie einen geeigneten Arbeitsplatz, damit Sie sich ganz aufs Schrauben konzentrieren können. Am besten wäre natürlich eine Garage mit Stromanschluss, die ausreichend breit und gut beleuchtet ist. Sie können aber durchaus auch im Freien zum Werkzeug greifen. Zu Ihrer eigenen Sicherheit sollten Sie dann auf eine ebene und befestigte Fläche Wert legen

Günstige Variante: Mietwerkstatt

Die allerdings nicht eben zahlreichen Mietwerkstätten sind eine recht gute Empfehlung für Selbstschrauber. Dort gibt es neben Hebebühnen und umfangreicher Werkzeugausstattung dann und wann auch kompetente Hilfestellung mit Praxistipps bei Problemen am Fahrzeug und mit der Technik. Gute Mietwerkstätten bieten mehrere Arbeitsplätze. Mit freien Plätzen ist unter der Woche eher zu rechnen als am Wochenende, wenn alle Autobastler zum Werkzeug greifen. Die Adressen finden Sie in den Gelben Seiten. Achten Sie auch auf entsprechende Anzeigen im Autoteil der Tageszeitung und in Anzeigenblättern oder fragen Sie bei einer Tankstelle nach.

Werkstattbesuch gut vorbereiten

Eigene Arbeit in der Mietwerkstatt lohnt sich nur, wenn die Reparatur flott von der Hand geht. Führen Sie eine umfangreiche Arbeit zum ersten Mal selbst aus, kann die Summe der angesammelten Mietwerkstattstunden leicht teurer werden als der Arbeitspreis in der Fach- oder Vertragswerkstatt. Dazu kommt: Wenn Sie erst einmal angefangen haben, müssen Sie die Arbeit meist auch direkt zu Ende führen. Das zwingt Sie zu akribischer Vorbereitung der geplanten Aktion. Schließlich wollen Sie ja nicht die Hälfte der gebuchten Zeit mit dem Beschaffen fehlender Teile oder Hilfsmittel verbummeln.

Der Ersatzteilkauf

Die für Wartungs- oder Reparaturarbeiten benötigten Ersatzteile sollten Sie spätestens am Tag der Arbeit parat haben. Stellen Sie sich eine Liste der Ersatzteile zusammen, die Sie für Ihre Arbeit brauchen. Denken Sie dabei nicht nur an die direkt betroffenen Teile, sondern auch an Zubehör wie Dichtungen, Sicherungsringe, Schlauchschellen, diverse Clipselemente oder selbst sichernde Muttern. Fragen Sie am besten den Fachmann im Ersatzteillager. Er ist mit diesem Problem vertraut und sucht Ihnen die erforderlichen Teile heraus.
Reparaturen, deren Umfang Sie nicht genau abschätzen können, sollten Sie auf einen Termin legen, der Ihnen auch einen außerplanmäßigen Besuch beim Zubehör- oder Stützpunkthändler erlaubt. Rechnen Sie damit, dass selbst eine Werkstatt nicht immer alle Teile auf Lager hat und diese dann erst bestellen muss.

Das richtige Ersatzteil

Im Laufe der Produktionszeit ändern sich manche Details an so gut wie jedem Fahrzeug. Deshalb entscheidet oft das Baujahr, welches Ersatzteil für Ihr Auto das richtige ist. Sie erleichtern sich und dem Verkäufer die Arbeit, wenn Sie den Fahrzeugschein mitnehmen und die Daten des Typschilds auf einem Zettel notiert haben. Wichtige Angaben enthält auch der Fahrzeugdatenträger (Serviceplan). Auf dem entsprechenden Aufkleber in Ihrem Fahrzeug finden Sie die Fahrzeug-Identifizierungsnummer, die Typ-Kennnummer, die Typerklärung, Motorleistung/Abgasnorm/Getriebe, Motor- und Getriebekennbuchstaben, Lacknummer/Innenausstattungs-Kennnummer, Mehrausstattungs-Kennnummern, Leergewicht/Verbrauch/CO_2-Emission.
Mit Ihren genauen Informationen kann ein geschulter Ersatzteilverkäufer das für Ihr Fahrzeug passende Teil aus dem Katalog oder von der vom Hersteller zusammengestellten CD-ROM ermitteln. Wenn Sie auf Nummer Sicher gehen wollen: Bringen Sie das ausgebaute Altteil gleich mit zum Händler!

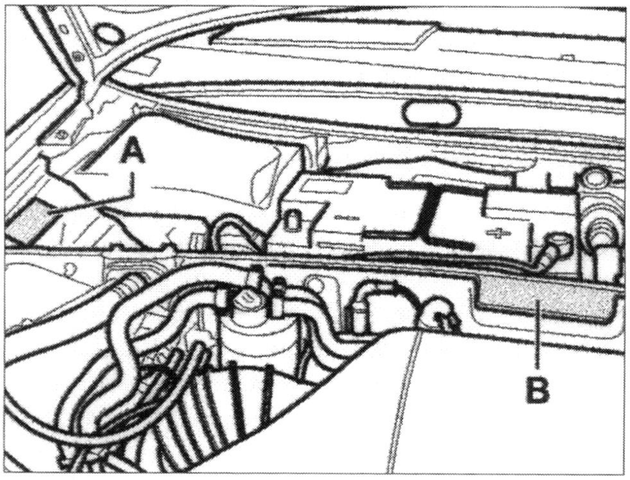

Die Fahrzeug-Identifizierungsnummer **B** *ist in die hintere Querwand des Motorraums eingeschlagen. Das Typschild* **A** *befindet sich unter der Wasserkastenabdeckung rechts im Wasserkasten.*

Originalteile oder Fremdteile?

Alle Ersatzteile, die Sie im Reparaturfall benötigen, erhalten Sie bei einem Vertrags-Händler. Aber Sie müssen nicht ausschließlich dort einkaufen. Der Zubehörhandel hält ebenfalls ein breites Angebot bereit, darunter Teile von denselben Produzenten, die den Hersteller Ihres Autos beliefern. Vergleichen Sie die Preise, wenn Service und Lieferfähigkeit gleich sind. Fachzeitschriften verweisen immer wieder darauf, dass Preisunterschiede bis zu 35 Prozent nicht Ausnahmen, sondern die Regel sind. Bei Serviceketten, die nicht an Marken gebunden sind, kann der Kunde manchmal bis zu 60 Prozent sparen, 20 Prozent sind jedenfalls immer drin – und zwar für die selbe Qualität, meist sogar für die exakt gleichen Ersatzteile. Auf No-name-Produkte sollten Sie beim Ersatzteilkauf allerdings verzichten. Sonst könnte der Billigkauf teuer zu stehen kommen. Erstens macht er die eventuell fehlende Beratung beim Kauf von Verschleißteilen nicht wett, und zweitens könnte die Garantie (zumindest auf das betreffende Teil und von ihm in Mitleidenschaft gezogene Teile) in Gefahr geraten. Andererseits: Als erfahrener Autofahrer lassen Sie Ihren Wagen während der Garantiefrist ohnehin in der Vertragswerkstatt warten.

Safety first

Denn bei sicherheitsrelevanten Ersatzteilen ist Sparsamkeit fehl am Platz. Bremsbeläge, Bremsscheiben, Radlager, Antriebswellen und Gelenke sollten Sie grundsätzlich in Erstausrüster- oder Originalqualität kaufen. Die meisten Billig-Produkte entsprechen bei weitem nicht der vom Hersteller geforderten Mindestqualität. Was nutzen Ihnen preiswerte Brems-

scheiben aus Osteuropa oder Asien, wenn sie nach dem Einbau eine Unruhe in der Vorderachse verursachen, die nur für viel Geld in der Werkstatt behoben werden kann?
Audi sieht eine spezielle Mischung des Bremsbelagmaterials vor. Die Kennnummer dafür steht in der »Allgemeinen Betriebserlaubnis« (ABE). Falls Ihr Fahrzeug nach einem ernsteren Unfall begutachtet wird und sich dabei eine nicht freigegebene Belagsmischung herausstellt, kann sich dies zu Ihren Ungunsten auswirken. Ihre Sicherheit und die Sicherheit anderer Verkehrsteilnehmer müssen Ihnen daher ein paar Mark extra wert sein.

Austauschteile

Second hand lohnt sich bei einer Reihe von Ersatzteilen. Austauschteile des Herstellers haben die gleiche Qualität wie ein Neuteil, sind deutlich billiger und werden mit gleicher Garantie geliefert. Auch der Zubehörhandel bietet zahlreiche neuwertige Austauschteile an. Erneuerte Elektrik-Bauteile vertreibt die Firma Bosch über ihre Autoelektrik-Werkstätten. Aber auch der Autoverwerter ist in vielen Fällen eine gute Adresse, wenn Sie eine Reparatur besonders billig ausführen wollen und auf Äußerlichkeiten keinen großen Wert legen. Das gilt etwa für Karosserie-Bauteile wie Türen, Stoßfänger und Motorhauben. Gebrauchte Verschleißteile lohnen sich jedoch nur dann, wenn sie deutlich besser sind als die bisher im Wagen eingebauten.
Bisweilen müssen Sie das gewünschte Ersatzteil selbst ausbauen. Fragen Sie auf jeden Fall nach dem Preis: Das gebrauchte Teil darf höchstens halb so teuer sein wie das Neuteil. Ein Verschleißteil darf nicht mehr als ein Viertel des Neupreises kosten.

Original-/Fremdteile	
Anlasser	
Ölfilter	
Lichtmaschine	
Glühlampen	
Scheinwerfer	
Keilriemen	
Stoßdämpfer	
Radbremszylinder	
Bremsschläuche	
Lack	
Motordichtungen	
Zündkabel	
Zündkerzen	
Zündkerzenstecker	
Gelenkwellen	
Hauptbremszylinder	
Bremsleitungen	
Kupplung	
Reparaturbleche	

Austauschteile
Anlasser
Kupplungsdruckplatte
Schwungrad
Antriebswellen
Kurbelwelle mit Lagern
Zylinderkopf
Lichtmaschine
Scheibenbremssättel
Kupplungs-Mitnehmerscheibe
Getriebe
Zylinderblock mit Kolben
Teilmotor

Teilmotor oder Austauschmotor?

Bei Schäden an Kurbeltrieb, Kolben und Ölwanne lohnt sich der Kauf eines Teilmotors. Das ist eine wirtschaftliche Alternative, weil man beim Einbau Zylinderkopf und Nebenaggregate vom alten Motor übernimmt. Ein kompletter Austauschmotor macht dagegen nur bei einem jüngeren und gut erhaltenen Fahrzeug Sinn. Fragen Sie in Ihrer Werkstatt nach. Außerdem gibt's eine Reihe von Firmen, die auf Komplett- und Teilüberholung von Motoren spezialisiert sind und Reparaturen nach Qualitätsrichtlinien garantieren. Ein Anschriftenverzeichnis dieser Betriebe erhalten Sie beim Verband der Motorinstandsetzungsbetriebe e.V., Christinenstraße 3, 40880 Ratingen (Tel. 02102/44 72 22). Sie können sich die Anschriftenverzeichnisse, nach Firmen oder Postleitzahlen geordnet, auch aus dem Internet herunterladen (www.vmi-ev.de).

Praxistipp

So arbeiten Sie effektiv

- Säubern Sie zuerst den Arbeitsplatz. Schrauben und Teile von früheren Zerlegearbeiten sollten unbedingt weggeräumt werden, damit Sie nichts Falsches wieder einbauen.
- Abgenommene Teile legt man in der Ausbaureihenfolge ab. Das erleichtert den Zusammenbau.
- Kleinteile packen Sie am besten in kleine Schachteln oder Gläser. Oder Sie drehen nach dem Ausbau die Schrauben gleich wieder in das zugehörige Gewinde. So werden ganz sicher keine Schrauben verwechselt.
- Falls sich ein Wasserablauf in der Nähe befindet, sollten Sie ihn während der Arbeit abdecken, sonst verschwinden garantiert Kleinteile darin.
- Lesen Sie mitgelieferte Reparatur- oder Montageunterlagen vor Beginn der eigentlichen Arbeit durch. Und zwar konzentriert und gründlich. Deponieren Sie diese Unterlagen während der Arbeit in Reichweite.
- Bei umfangreichen Arbeiten sollten Sie eine Skizze anfertigen und sich zusätzlich die Reihenfolge der ausgebauten Teile aufschreiben. Das erleichtert bei Bedarf die Fehlersuche ganz erheblich.
- Zum Hinlegen, etwa bei Arbeiten in den Radkästen oder an den Stoßfängern, empfiehlt sich als Unterlage eine alte Decke gegen die Bodenkälte und darauf eine Plastikfolie, die gegen Öl und Feuchtigkeit unempfindlich ist.
- Bleiben nach der Arbeit Ölspuren auf dem Boden zurück, helfen fürs erste ein scharfer Haushaltsreiniger oder Geschirrspülmittel. Besser sind spezielle Ölfleckentferner, wie sie der Autozubehörhandel anbietet.

Werkzeug-Grundausstattung

Nur vollständiges und gutes Werkzeug garantiert Ihnen das gewünschte Ergebnis. Überprüfen Sie daher Ihre Ausrüstung, bevor Sie mit der Arbeit beginnen.

- Schlechtes Werkzeug, das sich schon bei der ersten verrosteten Schraube verbiegt oder ausbricht, bringt Probleme und verdirbt den Spaß an der Bastelei.
- Achten Sie beim Kauf auf Qualität – gute Werkzeuge werden aus einwandfreiem Material hergestellt und arbeiten stets maßgenau.
- Wer nur gelegentlich schrauben möchte, dem genügt die folgende Grundausstattung:

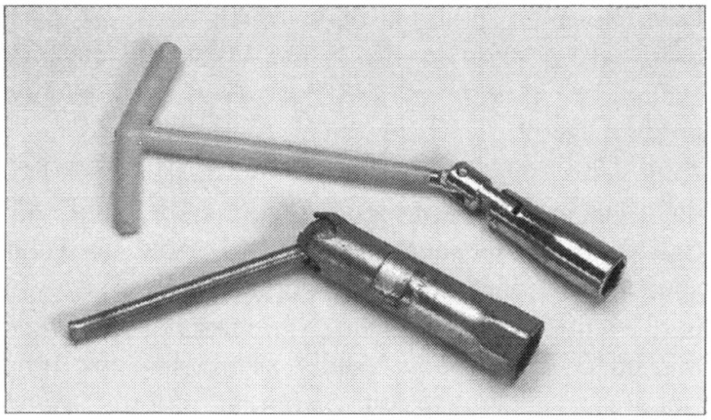

Zündkerzenschlüssel SW16, ein spezieller Steckschlüssel mit Gummieinsatz.

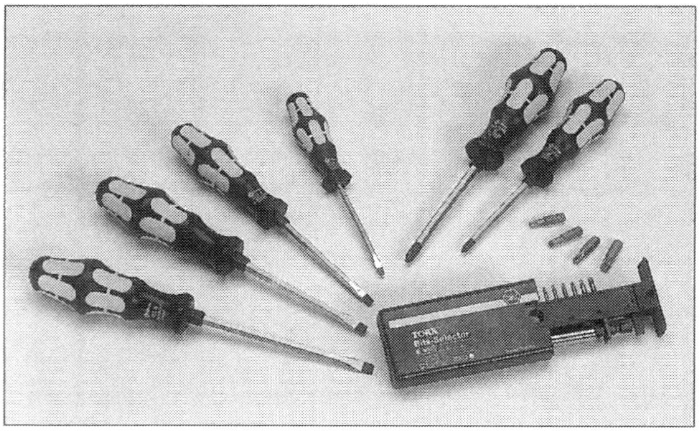

Ein Sortiment Schraubendreher mit stabilem, rutschfestem Griff für Schlitz-, Kreuzschlitz- und Torxschrauben.

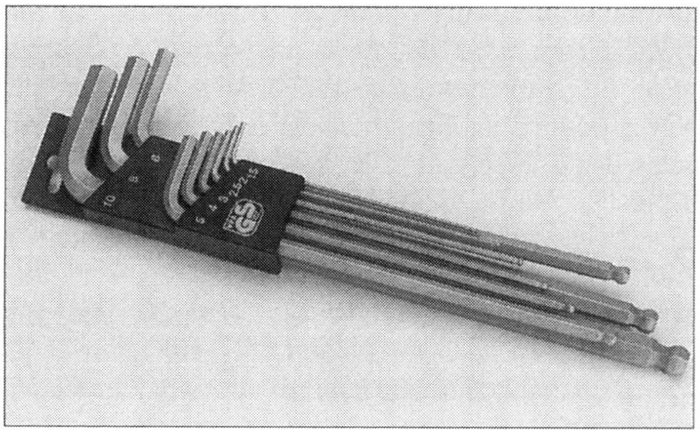

Innensechskantschlüssel (Inbusschlüssel) in den Größen 2 – 8 Millimeter.

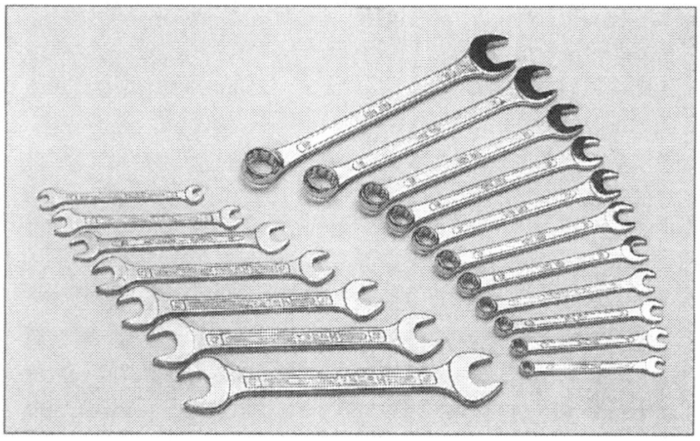

Ein Satz Gabel- und Ringschlüssel. Sinnvoll sind Doppelgabelschlüssel mit Maulweiten zwischen sechs und 19 Millimetern. Ring-/Gabelschlüssel mit den Schlüsselweiten 10, 13, 17 und 19 Millimeter sollten Sie für gekonterte Schraubverbindungen in doppelter Ausführung anschaffen.

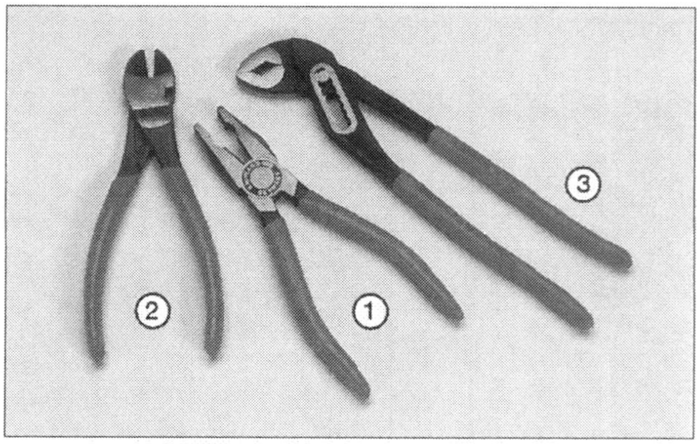

Kombizange ❶, Wasserpumpenzange ❸ (Länge mindestens 240 mm) und Seitenschneider ❷ biegen, halten, drehen und trennen so ziemlich alle Materialien an Ihrem Fahrzeug.

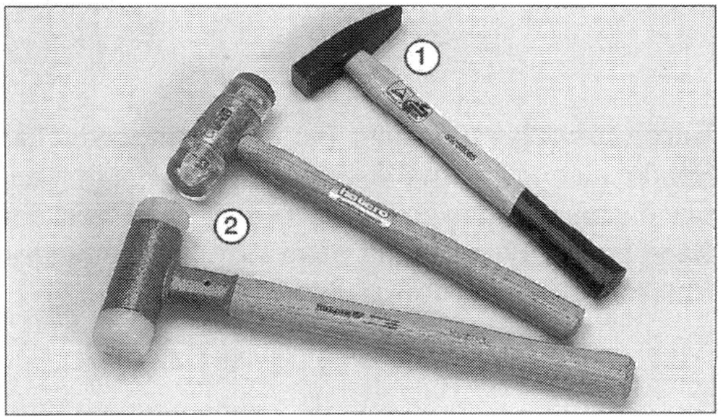

Der Schlosserhammer ❶ (empfohlenes Gewicht ca. 300 g) wird als Schlagwerkzeug benutzt, um beispielsweise mit einem Durchschlag festsitzende Bolzen aus Verbindungen zu lösen. Empfindliche Bauteile wie Lager, gegossene oder gehärtete Teile sollten dagegen nur mit einem Kunststoff- oder Gummihammer ❷ bearbeitet werden. Bei Richtarbeiten an der Blechstruktur hilft ein Ausbeulhammer.

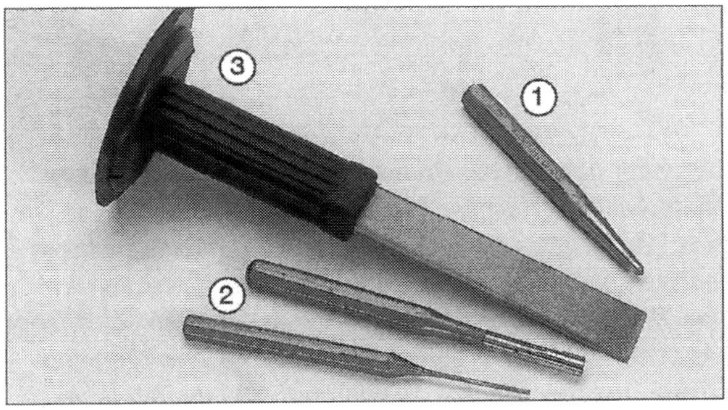

Ein Körner ❶ hilft bei Bohrarbeiten an Metallen. Ein Durchschlag ❷ (Durchmesser 3 und 6 mm) ist bei Montage- und Demonagearbeiten an Fahrwerk, Motor und Bremsen universell einsetzbar. Mit einem Flachmeißel ❸ (gehärtete Schneide) werden Sie zur Not auch mit deformierten oder festgerosteten Schraubverbindungen fertig, indem Sie die Mutter mit samt dem Gewindebolzen abmeißeln.

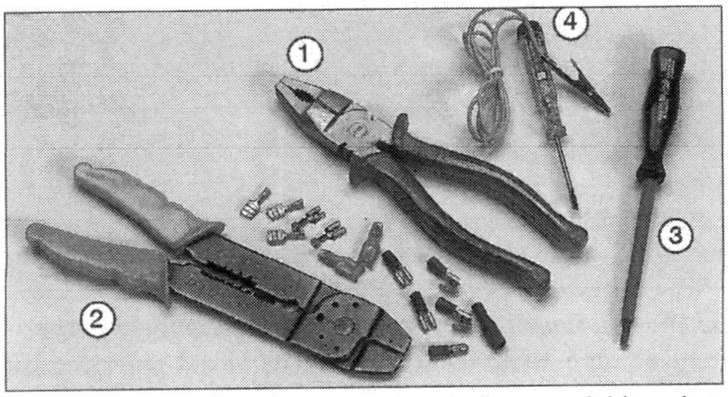

Für Arbeiten an der Elektrik setzen sind zu empfehlen eine isolierte Kombizange ❶, eine Quetschzange ❷ für Steckeranschlüsse und Kabelverbindungen, ein isolierter Schraubendreher ❸ und eine Phasenprüflampe mit Nadelspitze und separatem Massekabel ❹.

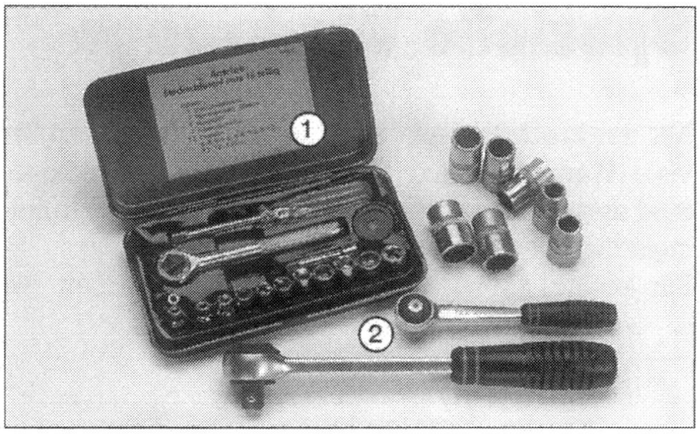

Für Arbeiten im Motorraum und unter dem Fahrzeug empfiehlt sich die Anschaffung eines Steckschlüsselsatzes ❶ mit den Einsätzen 10-32 Millimeter und einer Umschaltknarre ❷ mit 1/2-Zoll-Antrieb. Ein komplettes Set ist billiger als der Kauf der jeweils benötigten Einzeleinsätze. Für Arbeiten im Innenraum ist ebenfalls ein Steckschlüsselsatz sinnvoll, allerdings mit kleinerem 1/4-Zoll-Antrieb. Neben Kreuz-, Torx-, Schlitzschrauben und Kunststoffclips verbauen die Hersteller hier oft Schrauben mit SW 6 bis 13 Millimeter.

Praxistipp

Bordwerkzeug komplett?

Checken Sie das Bordwerkzeug Ihres Wagens. Die beste Grundausstattung in der Garage nützt Ihnen nichts, wenn Ihnen bei einer Panne unterwegs die Werkzeuge fehlen. Wagenheber und Schraubendreher sollten Sie stets an Bord haben. Dazu kommt ein Radkreuz ❶, bei einem Wackelkontakt oder einer gelösten Kabelverbindung helfen Kombizange ❷, Ersatzkabel ❸ und Isolierband ❹. Ebenfalls sinnvoll: ein Lampenset ❺ und Ersatzsicherungen ❻, Abschleppseil oder -stange ❼, Starthilfekabel ❽ und Taschenlampe ❾. Auch das vorliegende Reparaturhandbuch ist übrigens in Ihrem Fahrzeug sinnvoller aufgehoben als Zuhause im Bücherregal.

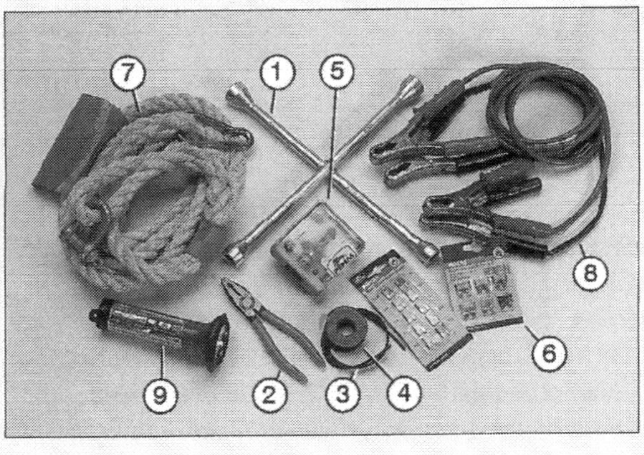

Spezielle Werkzeuge

Mit der beschriebenen Grundausstattung können Sie viele Wartungen und Reparaturen selbst erledigen. Sind diese Werkzeuge vorhanden, dann ist der Grundstein für eine vernünftige Ausstattung gelegt.
Für einige Arbeiten an Ihrem Auto brauchen Sie jedoch spezielles Werkzeug. Darüber hinaus bietet der Handel eine Reihe von Werkzeugen und Geräten an, mit denen Wartung und Reparatur leichter von der Hand gehen. Die folgende Auswahl gibt Ihnen einen Überblick sinnvoller Anschaffungen.

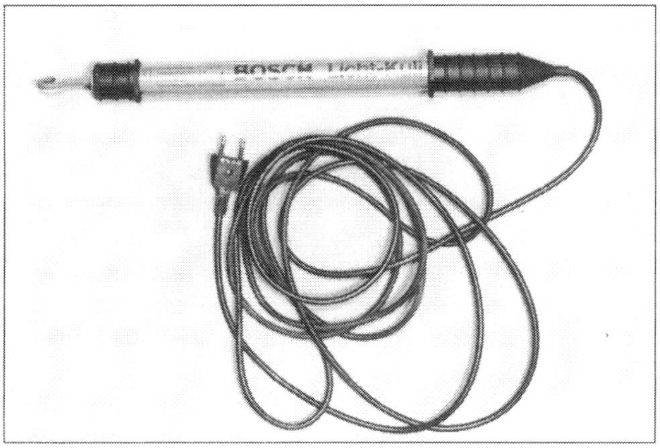

Eine Handstablampe ist fürs Schrauben unter dem Auto oder im Motorraum eine große Sichthilfe. Ebenso im Innenraum und in der oft nur spärlich beleuchteten Garage. Vorteil einer Handstablampe: Sie hat einen Blendschutz, das Anschlusskabel ist resistent gegen Öl, der Leuchtkörper ist mit schlagsicherem Kunststoffgehäuse geschützt. Außerdem ist die Handstablampe wasserdicht abgeschlossen.

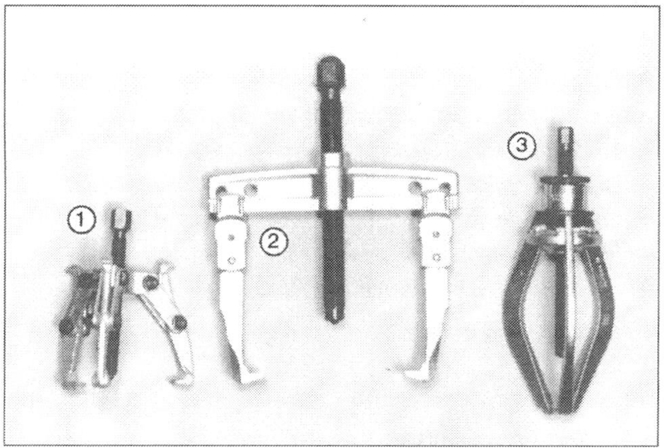

Abzieher gehören zur Grundausstattung jeder Autowerkstatt. Auch für Heimwerker lohnt sich die Anschaffung dieses Werkzeugs – zum Beispiel wenn Sie Radnaben lösen müssen oder Achsgelenke aus der Führung pressen wollen. Die Abbildung zeigt eine kleine Auswahl verschiedener Abziehertypen. ❶ Dreiklauenabzieher. ❷ Zweiklauenabzieher (gebräuchlichste Ausführung). ❸ Innenabzieher.

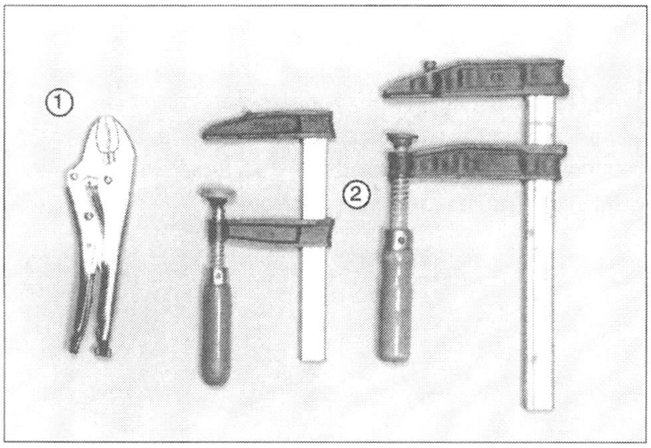

Eine Klemm- oder Gripzange ❶ kann in ihrer Maulweite mit einer Einstellschraube am Griffteil exakt eingestellt werden. Eine Schraubzwinge ❷ ersetzt Ihnen bei einer Reihe von Arbeiten – zum Beispiel beim provisorischen Fixieren größerer Teile – die fehlende dritte Hand. Schraubzwingen gibt es in allen erdenklichen Größen für ein paar Mark in Baumärkten und im Zubehörhandel.

Ein kurzer, kleiner Rangierwagenheber ist eine gute Alternative zum Bordwagenheber. Ideal ist eine Ausführung mit Fußpedal zum Hochpumpen. Beachten Sie, dass sich ein Heber mit zu kleinen Rädern unter Last nicht mehr bewegen lässt. Wichtiges Zubehör beim Anheben sind ein Hartgummiaufsatz ❶ gegen Schaden am Wagenboden und eine lastverteilende Quertraverse ❷.

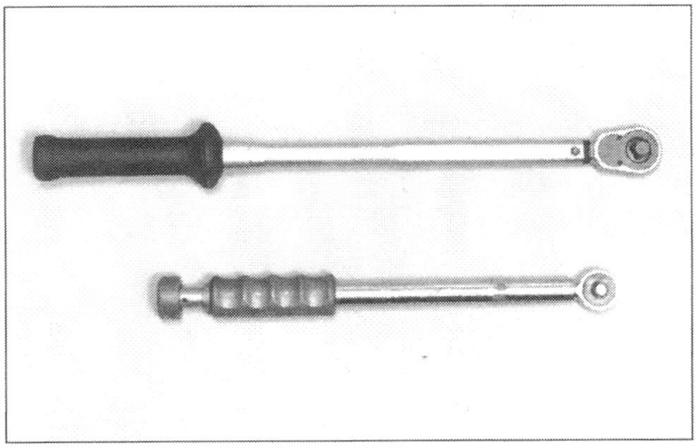

Ein präziser Drehmomentschlüssel ist für fortgeschrittene Hobbymechaniker unentbehrlich. Ein Automatikschlüssel löst bei Erreichen des eingestellten Drehmoments vernehmlich aus.

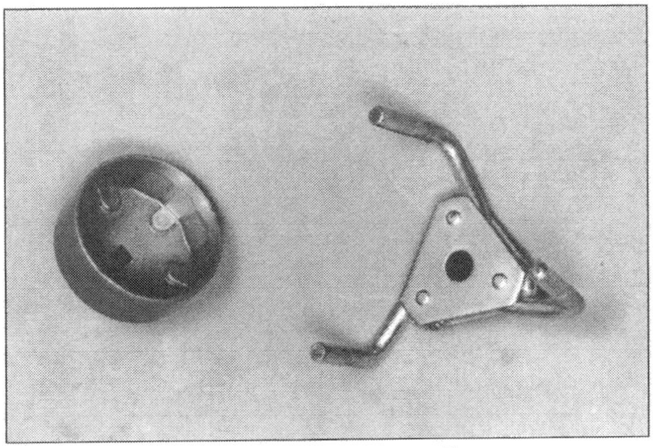

Für den Ölwechsel brauchen Sie einen Ölfilterschlüssel, den es je nach Preis in den verschiedensten Ausführungen gibt. Im Bild ein fahrzeugspezifischer Schlüssel (links) und ein Universalschlüssel (rechts).

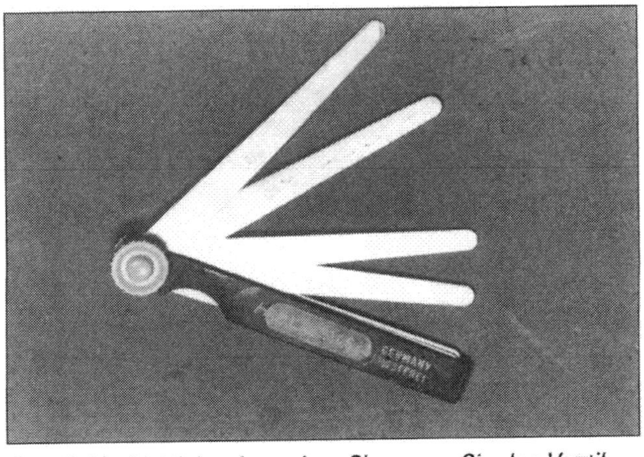

Eine Fühlerblattlehre brauchen Sie, wenn Sie das Ventilspiel prüfen oder etwa das Spaltmaß von Zündsystem-Drehzahlgeber oder ABS-Radsensoren messen wollen.

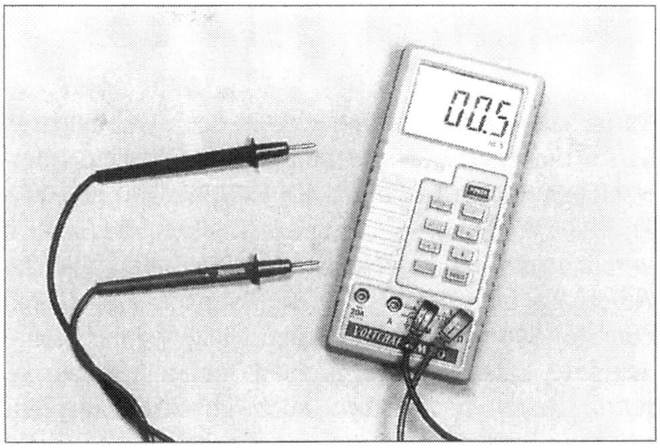

Für exakte Messwerte bei elektronischen Bauteilen ist das Multimeter zuständig. Ambitionierte Schrauber kommen ohne diese speziell für die Autoelektrik abgestimmten Geräte nicht aus.

Ein Batterie-Ladegerät mit automatischer Ladestromanpassung ist besonders im Winter bei Kurzstreckenfahrzeugen wichtig, falls die stark beanspruchte Batterie von der Lichtmaschine nicht mehr voll geladen werden kann.

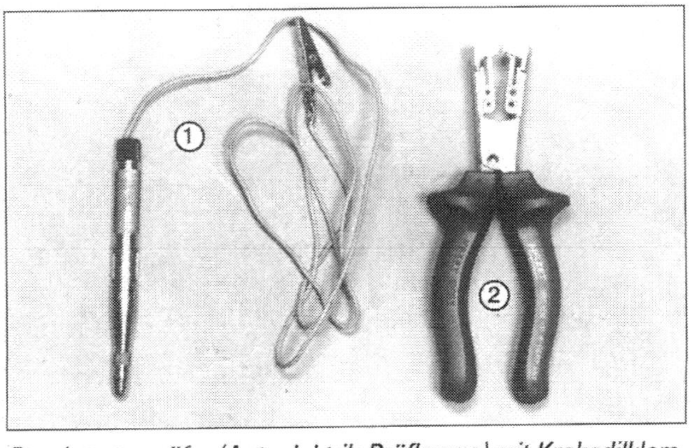

Durchgangsprüfer (Autoelektrik-Prüflampe) mit Krokodilklemme und Kontaktspitze ❶ benötigt man für fast alle Arbeiten an der Autoelektrik. Die Lampe im Prüfgerät liefert eine zuverlässige Aussage, on Spannung an den Prüfspitzen anliegt. Mit einer Abisolierzange ❷ ziehen Sie die Isolierung der Kabel ab.

Sicherheit geht vor

Es ist eine Selbstverständlichkeit, doch wir möchten es an dieser Stelle noch einmal ausdrücklich unterstreichen: Sicherheit hat beim Heimwerken absolute Priorität. Wagen Sie sich nur an Arbeiten, die Sie sich wirklich zutrauen können. Nehmen Sie handwerkliche Aufgaben, mit denen Sie in der Praxis bislang wenig oder gar keine Erfahrung haben, nicht auf die leichte Schulter. Fatale Folgen können mangelhaft ausgeführte Arbeiten natürlich auch im Straßenverkehr haben – übrigens nicht nur für Sie, sondern auch für Dritte.

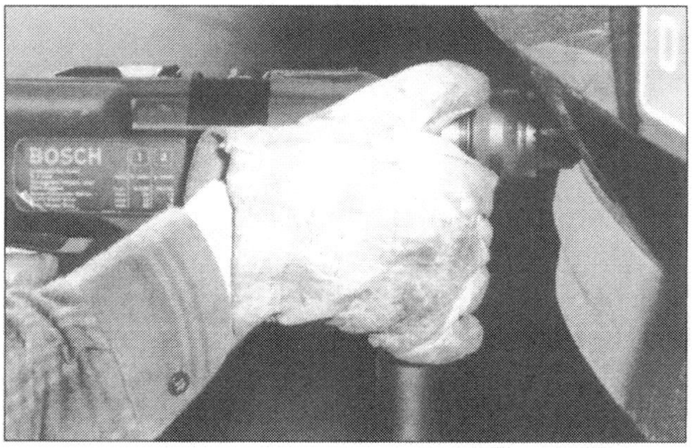

Arbeitshandschuhe schützen zwar vor Schmutz oder Schürfwunden am scharfen Blech. An der Bohrmaschine sind sie jedoch eher gefährlich. Wenn das Bohrfutter Ihren Handschuh zu fassen bekommt, gibt zuerst die Hand nach, was ihr meistens schlecht bekommt.

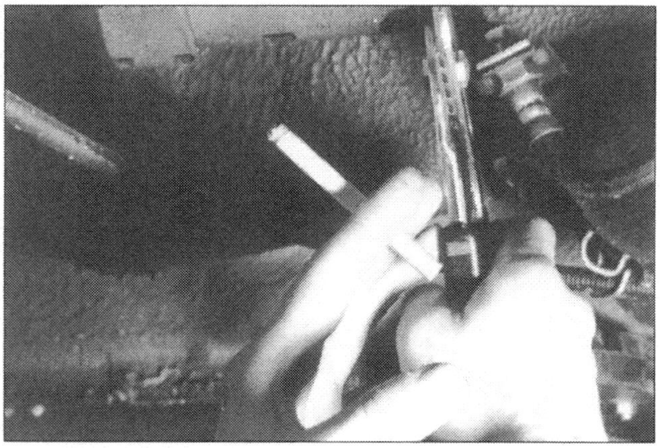

Rauchen und Kraftstofffilter ersetzen – warum nicht gleich russisches Roulette spielen? Also: Bei allen Wartungs- und Reparaturarbeiten bleibt der Glimmstengel in seiner Verpackung.

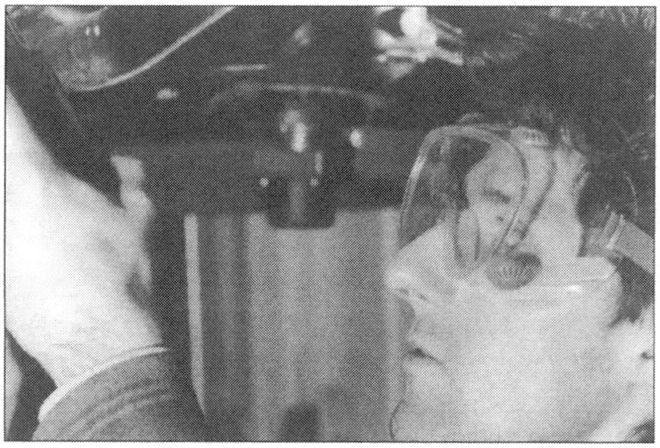

Tragen Sie beim Bohren, Schleifen und Meißeln immer eine Schutzbrille. Der Augenschutz ist auch dann empfehlenswert, wenn Sie unter dem Fahrzeug an der Kraftstoffanlage arbeiten oder den Unterboden säubern. Bei Schweißarbeiten sollten Sie eine spezielle Schweißbrille aufsetzen.

Micky-Maus sieht lustig aus. Aber Ihre Ohren werden es Ihnen danken, wenn Sie beim Blechtrennen oder bei Arbeiten bei laufendem Motor einen Ohrenschützer tragen.

Vorsicht bei der Arbeit in einer schlecht belüfteten Montagegrube. Hier können sich Benzindämpfe und Auspuffgase sammeln. Bei laufendem Motor herrscht Lebensgefahr durch Vergiftung.

Vorsicht bei allen Arbeiten an der Zündanlage! Bei laufendem Motor steht die Anlage hochspannungsseitig (Primärstromkreis) mit bis zu 30000 Volt unter Spannung. Führen Sie Prüfungen an der Zündung deshalb nur bei Motorstillstand durch. Oder richten Sie den Prüfaufbau so aus, dass Sie während des Motorlaufs nicht die Hand anlegen müssen.

Wenn Sie größere Flächen an Ihrem Fahrzeug lackieren, sollten Sie eine spezielle Lackiererschutzmaske tragen. Sorgen Sie außerdem dafür, dass der Lackierraum ausreichend belüftet wird.

Sprühdosen, Altöl, Bremsflüssigkeit, Farbdosen oder alte Bremsbeläge geben Sie sauber getrennt an den Sondermüll-Annahmestellen Ihrer Stadt oder Gemeinde ab. Gebrauchte (Starter-)Batterien übernimmt der Händler.

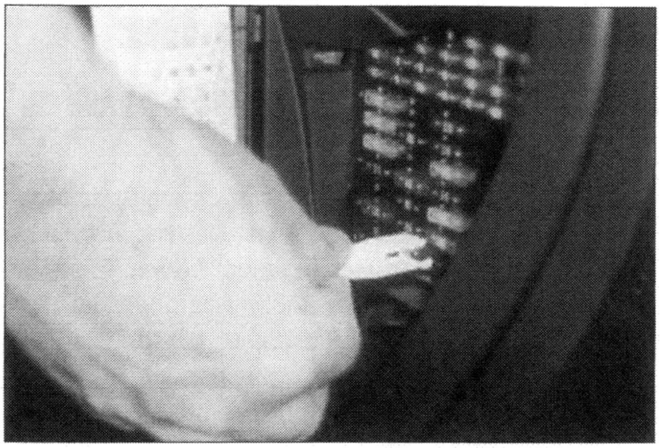

Durchgebrannte Sicherungen müssen Sie immer durch neue Sicherungen desselben Typs und identischer Stromstärke (A = Ampere) ersetzen. Niemals Draht oder Büroklammern zum Überbrücken verwenden. Die Beschädigung der nachfolgenden Bauteile oder – viel schlimmer – ein Kabelbrand können die Folge sein.

Praxistipp

Sicherheits- und Warnhinweise

Aus Sicherheitsgründen dürfen keine Reparaturen oder Instandsetzungsarbeiten an folgenden Einrichtungen in Ihrem Fahrzeug vorgenommen werden: Vordersitze, Sicherheitsgurte, Lenkrad und Armaturenbrett!

Diese Bauteile sind mit Sicherheits-Rückhalte-Systemen (SRS) ausgestattet. Die Vordersitze sind mit Airbags versehen. In dem Aufroll-Mechanismus der Sicherheitsgurte befinden sich Gurtstraffer. Das Lenkrad und das Armaturenbrett auf der Beifahrerseite sind ebenfalls mit Airbags bestückt. Hier kann es bei unsachgemäßer Handhabung zu schweren Unfällen kommen.

Bitte vermeiden Sie deshalb unbedingt jeden Schraub- sowie Reparaturversuch an diesen Baugruppen! Sind daran Instandsetzungsarbeiten erforderlich, sollten Sie Ihr Fahrzeug auf jeden Fall in eine Vertragswerkstatt bringen. Diese Werkstätten verfügen auch über die speziellen Diagnose-, Mess- und Informationssysteme für Ihren Fahrzeugtyp und über bestens geschultes Personal. Nur so lassen sich innerhalb kürzester Zeit Fehler lokalisieren.

Mechaniker, die an Rückhaltesystemen arbeiten, haben übrigens spezielle Schulungen nachzuweisen und müssen bei den zuständigen Behörden gemeldet sein, weil diese Bauteile unter das Sprengstoffgesetz fallen. Deshalb nochmals die Aufforderung: »Hände weg!« von diesen Baugruppen.

So bocken Sie Ihr Fahrzeug richtig auf

Audi hat Ihr Auto serienmäßig mit einem Spindelwagenheber ausgestattet. Damit lässt sich der Wagen für die meisten Arbeiten hoch genug heben. Eine am Boden dazwischen gelegte Bohle vergrößert die Hubhöhe. Im übrigen sollten Sie immer ein kleines Brett (30 x 30 cm, 2 cm stark) unterlegen, damit sich der Wagenheberfuß nicht in den Untergrund drücken kann. Ein Wagenheber ist jedoch nur dazu da, das Fahrzeug anzuheben. Er ist keinesfalls eine ausreichende Abstützung für Arbeiten an der Wagenunterseite.

Mit Unterstellböcken auf Nummer Sicher

Wer an seinem Fahrzeug reparieren möchte, braucht Unterstellböcke. Selbst bei kleineren Arbeiten, z.B. dem Wechseln der Bremsbeläge, soll das angehobene Fahrzeug immer mit Unterstellböcken gesichert sein. Begeben Sie sich niemals unter das angehobene Fahrzeug, ohne die Sicherung mit Unterstellböcken! Achtung: Lebensgefahr!

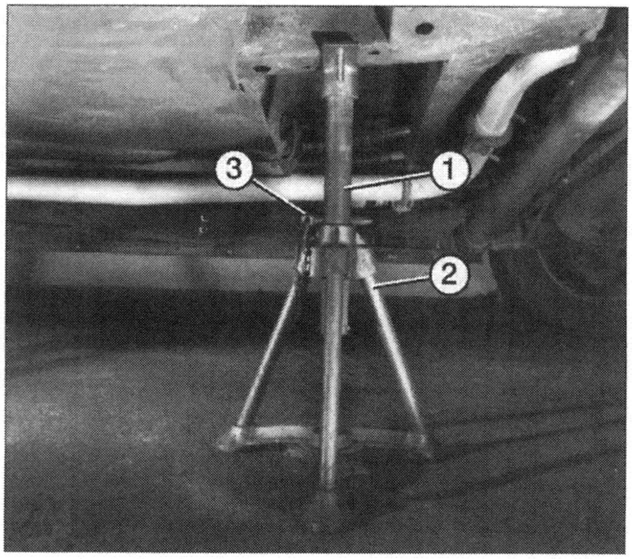

Ist der Unterstellbock ❷ unter dem Wagen richtig platziert, wird der Säulenauszug ❶ auf die richtige Höhe gezogen und im nächst erreichbaren Loch mit dem Sicherungsbolzen ❸ arretiert. Dann den Wagen vorsichtig und mit Gefühl so absenken, dass die Aufnahme richtig am Fahrzeug zu sitzen kommt.

Lassen Sie es daher auch in der größten Eile nie an der Abstützung des aufgebockten Fahrzeugs fehlen. Unterstellböcke bietet der Zubehörhandel in verschiedenen Größen und Ausführungen an. Ein Paar reicht für die meisten Reparaturen völlig aus. Besonders praktisch sind Dreibeinböcke mit klappbaren Füßen. Beachten Sie beim Kauf, dass die Unterstellböcke keine zu kleine Standfläche haben.

Fahrzeug aufbocken

Arbeitsschritte

① Der Wagen muss auf festem, ebenem Untergrund stehen. Räumen Sie vor Arbeitsbeginn den Kofferraum aus.

② Handbremse anziehen und zumindest eines der Räder gegenüber der Anhebestelle mit Holzkeilen, notfalls mit geeigneten Steinen gegen Vor- und Zurückrollen sichern. Nur auf die angezogene Handbremse dürfen Sie sich nicht verlassen, zumal sie bei manchen Arbeiten gelöst werden muss.

③ Der Bordwagenheber ist zusammen mit anderem Bordwerkzeug leicht zugänglich in der Reserveradmulde zu finden. Schwenken Sie die Kurbel durch Verdrehen heraus und öffnen Sie den Heber um etwa fünf Umdrehungen.

Nun den Wagenheber senkrecht zum gekennzeichneten Aufnahmepunkt am Schweller heben. Der Schlitz des Wagenheberkopfes muss waagerecht in den Schwelleraufnahmepunkt greifen.

Achtung! Fahrzeug nur an diesen vorgesehenen Aufnahmepunkten anheben! Die Schweller sind in diesem Bereich extra hierfür verstärkt!

Wagenheberkopf mit der linken Hand gegen den Aufnahmepunkt drücken, während man mit der rechten Hand die Kurbel im Uhrzeigersinn dreht und den Wagenheberfuß gegen den Boden drückt. Immer darauf achten, dass der Wagenheber senkrecht steht und nicht nach einer Seite abkippt!

Übrigens: Sollte ein Rangierwagenheber benutzt werden, dann nur mit lastenverteilendem Kantholz und einer Traverse, etwa mittig am Türschweller angesetzt, verwenden.

④ Bevor der Wagenheber auf die Arbeitshöhe hochgekurbelt ist, nochmals vergewissern, dass ein Wegkippen des Hebers ausgeschlossen ist. Wenn der senkrechte Stand nicht gewährleistet ist, setzen Sie den Wagenheber nochmals neu an. Dann auf nötige Höhe kurbeln.

Drehen Sie den Wagenheberarm zunächst so weit nach oben, dass der Heber gerade noch unter das Auto passt. Setzen Sie nun den Heberarm so am Unterholm an, dass der Steg in der Aussparung von der Klaue des Wagenheberarms umfasst wird.

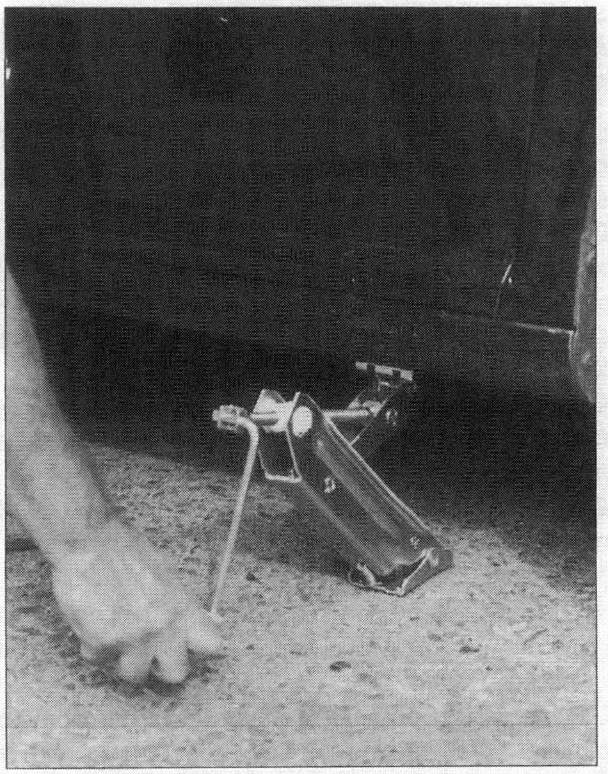

Wird der Wagenheber nicht an den markierten Stellen angesetzt, kann das zu Schäden am Fahrzeug führen. Außerdem besteht Verletzungsgefahr, weil der Wagenheber bei nicht ausreichendem Halt abrutschen kann. Die bewegliche Grundplatte des Wagenhebers liegt plan auf dem Boden auf. Bei weichem Untergrund sollten Sie eine stabile großflächige Unterlage, am besten ein Brett, verwenden.

⑤ Der Unterstellbock darf nur an den Bodenverstärkungen angesetzt werden. Zwischen der Auflage des Bocks und den Fahrzeugboden sollten Sie einen Gummi- oder Hartholzklotz legen, der die Last verteilt. Kontrollieren Sie vor dem Ansetzen des Bockes, ob eventuell ein Blechfalz im Weg ist, der eingedrückt oder deformiert werden könnte, oder ob gar die Bremsleitung eingeklemmt werden kann.

⑥ Der Dreibein-Unterstellbock steht am sichersten, wenn eines seiner Beine nach außen und zwei zur Wagenmitte hin zeigen. Achten Sie auf diese Stellung, wenn Sie das Fahrzeug aufbocken. Sonst kann es passieren, dass beim Anheben des Wagens der auf der anderen Seite bereits angesetzte Unterstellbock seitlich weggedrückt wird.

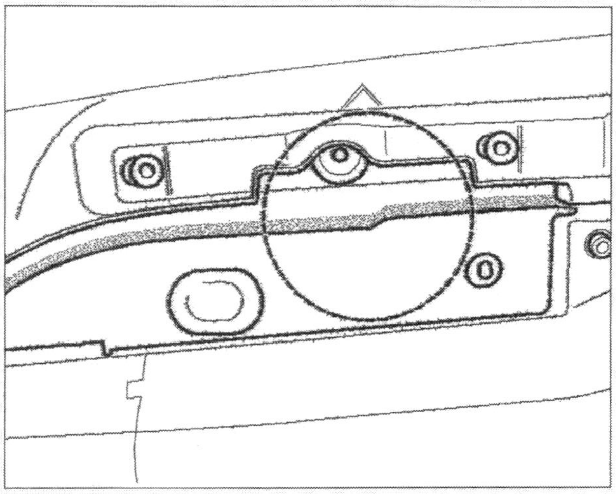

Die Aufnahmepunkte für Hebebühne und Rangierwagenheber befinden sich an der senkrechten Versteifung des Unterholms in Höhe der Markierungen für den Bordwagenheber (vorn: oberes Bild; hinten: unteres Bild).

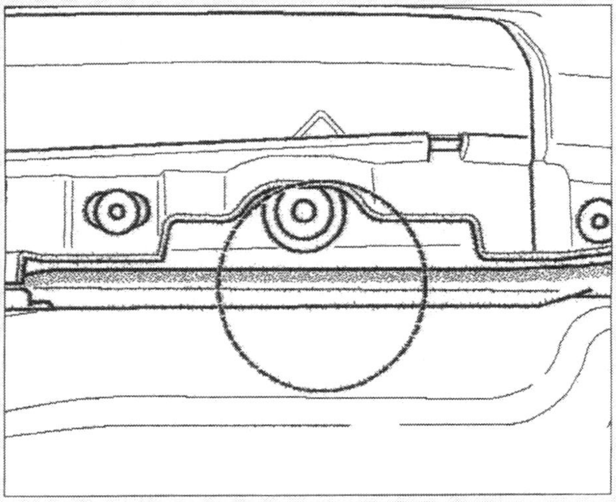

Anschleppen/ Abschleppen

Eine Grundregel beim Anschleppen/Abschleppen lautet: Beide Fahrer müssen mit den Besonderheiten beim Schleppvorgang vertraut sein. Ungeübte sollten weder an- noch abschleppen. Das Anschleppen Ihres Fahrzeugs sollten Sie nur in Betracht ziehen, wenn keine Möglichkeit besteht, den Motor mit Starthilfekabeln zu starten. Das Anschleppen von Fahrzeugen mit automatischem Getriebe ist aus technischen Gründen nicht möglich. Wegen einer drohenden Beschädigung des Abgaskatalysators darf der Motor bei betriebswarmem Kat nicht durch Abschleppen über eine Strecke von mehr als 50 m gestartet werden. Unverbrannter Kraftstoff kann sonst in den Katalysator gelangen und zu Beschädigungen führen.

Beim Anschleppen von Fahrzeugen mit Schaltgetriebe sind vier Dinge zu beachten:

- Vor dem Anschleppen den 2. oder 3. Gang einlegen, Kupplungspedal treten und halten.
- Zündung einschalten.
- Wenn beide Fahrzeuge in Bewegung sind, ist das Kupplungspedal loszulassen.
- Sobald der Motor angesprungen ist, Kupplung treten und Gang herausnehmen, um ein Auffahren auf das Zugfahrzeug zu vermeiden.

Was Sie noch zum Thema Abschleppen wissen sollten

Zum Abschleppen sollten nur Kunstfaserseile oder Seile aus ähnlich elastischem Material verwendet werden. Sicherer ist eine Abschleppstange. Abschleppseil oder Abschleppstange sind nur an den dafür vorgesehenen Ösen anzubringen. Die Abschleppösen sind bis zum Anschlag fest einzuschrauben.

Es ist stets darauf zu achten, dass keine unzulässigen Zugkräfte und keine stoßartigen Bewegungen auftreten. Bei Schleppmanövern abseits der befestigten Straßen besteht die Gefahr, dass die Befestigungsteile überlastet werden. Wird ein Abschleppseil verwendet, muss der Fahrer des ziehenden Wagens beim Anfahren und Schalten besonders weich einkuppeln. Der Fahrer des gezogenen Wagens hat darauf zu achten, dass das Seil stets straff gehalten wird. Nach den gesetzlichen Bestimmungen ist an beiden Fahrzeugen die Warnblinkanlage einzuschalten. Die Zündung muss eingeschaltet sein, damit das Lenkrad nicht blockiert ist und Blinkleuchten, Hupe und Scheibenwischer funktionieren.

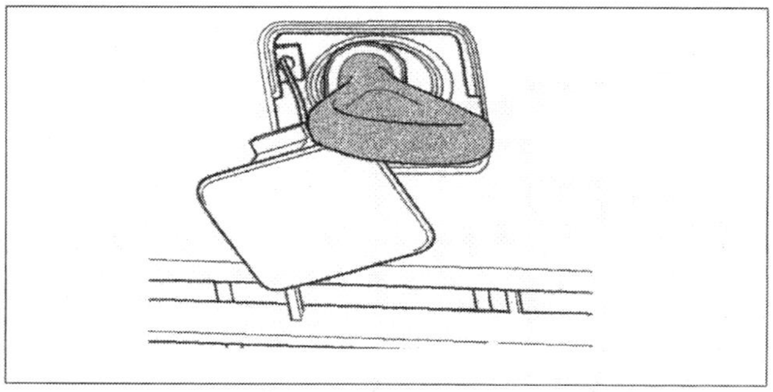

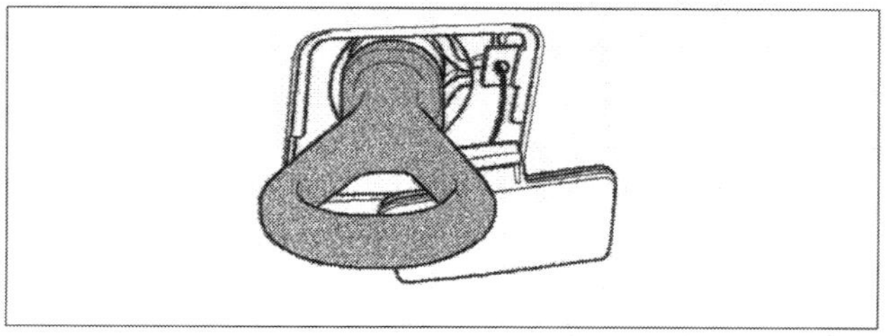

Die vordere (oben) und hintere (unten) Abschleppöse finden Sie in der Bordwerkzeugablage. Die Abdeckung vom Stoßfänger ist abzuziehen. Dann schrauben Sie die Abschleppöse bis zum Anschlag ein und ziehen Sie sie mit dem Schraubenschlüssel fest.

Da der Bremskraftverstärker nur bei laufendem Motor arbeitet, muss ggf. das Bremspedal wesentlich kräftiger getreten werden. Bei stehendem Motor arbeitet die Servolenkung nicht, weshalb zum Lenken mehr Kraft aufgewendet werden muss.

Ohne Schmiermittel im Schalt- oder Automatikgetriebe darf der Wagen nur mit angehobenen Antriebsrädern abgeschleppt werden.

Beim Abschleppen von Fahrzeugen mit Frontantrieb und Automatikgetriebe ist zusätzlich zu beachten:

- Wählhebel muss sich in Stellung »N« befinden.
- Nicht schneller als mit 50 km/h abschleppen lassen.
- Nicht länger als 50 Kilometer weit abschleppen lassen.

Über größere Entfernungen muss der Wagen vorn angehoben werden, weil bei stehendem Motor die Getriebeölpumpe nicht arbeitet. Das Getriebe wird bei höheren Geschwindigkeiten und größeren Entfernungen nicht ausreichend geschmiert. Mit einem Abschleppwagen darf das Fahrzeug nur mit angehobenen Vorderrädern abgeschleppt werden. Bei hinten angehobenem Wagen drehen die Antriebswellen rückwärts. Dadurch erreichen die Planetenräder im automatischen Getriebe so hohe Drehzahlen, dass das Getriebe in kurzer Zeit schwer beschädigt wird.

Wenn der Motor schon im Leerlauf rasselt...

Wer Mängel an seinem Fahrzeug rechtzeitig erkennt und sich in der Werkstatt helfen lässt oder selbst an die Beseitigung des Schadens geht, kann viel Geld sparen. Auch Autos hüsteln, bevor sie richtig krank werden. Wenn es ungewöhnlich brummt, quietscht, klappert oder ächzt, sollte man genauer hinschauen. Kapitale Schäden kündigen sich oft mit Geräuschen oder optischen Signalen an. Nimmt man die Warnzeichen ernst, kostet die Reparatur oft nur Bruchteile des teuren Folgeschadens.

Mit geschärften Sinnen können Hobbyschrauber alles sehen, hören und fühlen, um nach dem Motto »Früh erkannt, Gefahr gebannt« unnötige Ausgaben einzusparen. Wenn zum Beispiel der Motor unbekannte Geräusche von sich gibt, schon im Leerlauf rasselt, klingelt oder quietscht, wird die Diagnose recht differenziert ausfallen. So vielfältig die Geräusche, so unterschiedlich können die Ursachen sein: zu großes Ventilspiel, rutschende Keilriemen, defektes Lager der Kühlmittelpumpe, falsche Benzin-Oktanzahl, verstellte Zündung. Das sind Dinge, die Sie mitunter schon selbst abstellen können. Wird nichts getan, dann nimmt das Schicksal seinen Lauf. Irgendwann macht der Motor schlapp. Und das kann richtig teuer werden. Kostet die Einstellung der Zündung in der Werkstatt etwas mehr als 50 Mark, so müssen Sie für einen Austauschmotor mindestens zehn Mal so viel bezahlen.

Ratschlag und Hilfe bekommt der Hobbyschrauber in Mietwerkstätten. Gute Adressen wie »Abakus« in Berlin sprechen sich rum oder sind im Telefonbuch unter »Selbsthilfe«, »Miet-Autowerkstatt« oder »SB-Werkstatt« zu finden. Allerdings sind allein Sie für die Reparatur verantwortlich. Für die selbst ausgeführten Arbeiten übernimmt die Werkstatt keine Haftung, auch wenn Fachpersonal berät.

Die auf den folgenden beiden Seiten zusammengefassten Tipps für Schrauber werden Ihnen Mut machen, sich selbst zu helfen.

Tipps für Schrauber

Eine unlösbare Verschraubung oder eine abgerissene Schraube haben schon manchen Hobbymonteur von seinem Reparaturvorhaben wieder abgebracht. Die folgenden Arbeitstipps sollen dem Einsteiger helfen, ungewohnte Arbeiten durchzuführen.

Verrostete Verschraubungen lösen

Bevor der Schraubenschlüssel an einer festgerosteten Mutter bzw. Schraube angesetzt wird, sollten Sie die freiliegenden Gewindegänge des Gewindebolzens von Schmutz und Rost befreien. Andernfalls wird der Gewindebolzen beim Loswuchten abgedreht.

- Gewinde mit einer Drahtbürste säubern und anschließend mit Rostlöser besprühen.
- Bei Schnell-Rostlösern die Mutter sofort losdrehen. Bei anderen Rostlösern einige Zeit warten.

Beschädigte Muttern lösen

Wenn Sie die Kanten einer Mutter bereits rund gedreht haben oder wenn Rost die Anlageflächen für den Schraubenschlüssel deformiert hat, hilft nur noch Gewalt.

- Als erste Möglichkeit kommt eine Gripzange in Betracht. Damit lässt sich die Mutter fest greifen und oft auch losdrehen.
- Hilft das nicht weiter, wird ein scharfer Meißel angesetzt und die Mutter aufgemeißelt.
- Eine gut zugängliche Mutter kann auch entlang des Gewindes mit einer Metallsäge aufgesägt werden. Werkstätten benutzen zum Lösen solcher Muttern einen sogenannten Mutternsprenger.

Praxistipp: Umgang mit selbstsichernden Muttern

Selbstsichernde Muttern klemmen satt auf dem Gewinde und können sich auch durch Vibrationen nicht lösen. Dazu besitzen sie eine Einlage aus Kunststoff oder ein enger geschnittenes Gewinde. Derartige Muttern dürfen Sie grundsätzlich nur einmal verwenden, sonst ist die selbstsichernde Wirkung dahin.

Innensechskant- und Innenvielzahnschrauben lösen

Bei beiden Schraubenarten muss das Schraubenloch von jeglichem Schmutz gesäubert sein, ehe Sie das entsprechende Werkzeug ansetzen.

- Am besten eignen sich zum Lösen solcher Schrauben Steckeinsätze mit langem Sechskant bzw. Vielzahn.
- Im Gegensatz zu den gebräuchlichen Winkelschlüsseln (bei denen die Kraft immer schräg ansetzt) vertragen die Steckeinsätze auch einen Hammerschlag auf der Adapterseite mit dem Vierkant. Der Schlag mit dem Hammer auf das Werkzeug – oder im Notfall auch direkt auf den Schraubenkopf – lockert den Sitz der Schraube ein wenig und erleichtert das Lösen.

Schlitz- und Kreuzschlitzschrauben lösen

Schon nach relativ kurzer Zeit können Schrauben so fest sitzen, dass sie sich nicht mehr einfach mit einem Schraubendreher herausdrehen lassen. Bei Kreuzschlitzschrauben kommt erschwerend hinzu, dass sich der Schraubendreher auch bei starkem Druck auf den Griff aus dem Kreuzschlitz herausdreht. Nach wenigen erfolglosen Versuchen ist der Kreuzschlitz vermurkst, die Schraube ist praktisch unlösbar.

- Wenn sich eine Schraube nicht gleich losdrehen lässt, sollten Sie einen passenden, stabilen Schraubendreher ansetzen und mit einem kräftigen Hammerschlag auf das Griffende versuchen, die Schraubverbindung zu lösen.
- Meistens bricht die oft nur mit dem Kopf festkorrodierte Schraube los. Sie lässt sich dann in der Regel normal herausdrehen.
- Hilft das nichts, brauchen Sie einen Schlagschrauber. Bei jedem Hammerschlag auf die Griffoberseite des Schlagschraubers dreht dieser den Schraubendrehereinsatz unter Druck ein wenig weiter. Das löst praktisch jede Schraube.

Blechschrauben ausbohren

Lässt sich in einem Schraubenkopf kein Werkzeug mehr ansetzen, hilft nur noch Ausbohren.

- Erst entfernt man mit einem entsprechend großen Bohrer den Schraubenkopf. Eventuell mit einem kleineren Bohrer vorbohren.
- Das Gewindeteil einer Blechschraube lässt sich jetzt entweder durchstoßen oder mit einer Zange von der Rückseite her abnehmen.
- Andernfalls mit einem dünnen Bohrer das Gewindeteil ausbohren. Wenn Sie hierfür einen zu großen Bohrerdurchmesser wählen, wird das Loch für die Schraube so vergrößert, dass später nur eine dickere Blechschraube hält.

Praxistipp

Schraube fällt vom Werkzeug

Wollen Sie eine Schraube an einer schwer zugänglichen Stelle wieder eindrehen, verhindern Sie mit einem kleinen Trick, dass sie immer wieder vom Werkzeug abfällt: In den Schraubenschlitz etwas Kaugummi kleben oder die Schraube mit einem Klebebandstreifen am Werkzeug anheften.

Lösen und Festdrehen von Stehbolzen

Da ein Stehbolzen (auch Gewindestange genannt) keine Anlagefläche für einen Schraubenschlüssel besitzt, müssen Sie diese erst schaffen.

- Auf dem freien Gewindeteil des Bolzens zwei Muttern fest gegeneinander festdrehen (kontern). An den so blockierten Muttern den Schraubenschlüssel ansetzen und den Bolzen lösen bzw. anziehen.

Abgerissene Schrauben ausbohren

Das Gegengewinde, in dem die abgerissene Schraube steckt, sollte möglichst wenig Schaden nehmen.

- Den Schraubenrest genau in der Mitte mit einem Körnerschlag versehen.
- Jetzt kann gebohrt werden: Bis zur Schraubengröße M 8 geht dies gleich mit dem sogenannten Kernlochbohrer. Das ist der Durchmesser einer »rasierten« Schraube, also ohne Gewindeflanken. Bis zur Schraubengröße M 6 gilt die Faustregel: Gewindedurchmesser multipliziert mit 0,8. Beispiel: Verschraubung M 6 x 0,8 = Kernlochdurchmesser 4,8. Ab Schrauben der Größe M 8 sollten Sie mit einem dünneren Bohrer vorbohren.
- Die in den Gewindegängen verbliebenen Metallreste lassen sich bisweilen mit einer Reißnadel entfernen. Meistens muss jedoch das Gewinde nachgeschnitten werden.

Gewinde schneiden

In Leichtmetall eingeschnittene Gewinde reißen besonders leicht aus, da das Material eine wesentlich geringere Festigkeit hat als etwa Stahl. Hat das Metall noch genug Substanz, können Sie ein größeres Gewinde einschneiden. Andernfalls muss eine Gewindebuchse eingesetzt werden. Das ist sicher eine Angelegenheit für die Werkstatt. Das Nach- oder Neuschneiden von Gewinden geht in drei Stufen vor sich. Die entsprechenden Gewindeschneider heißen daher Vorschneider (ein Ring am Schaft), Mittelschneider (zwei Ringe am Schaft) und Fertigschneider (ohne bzw. drei Ringe am Schaft).

- Die drei Gewindeschneider werden nacheinander unter ständigem Ölen in das vorgebohrte Kernloch hinein- und wieder herausgedreht.
- Um ein Abreißen des Gewindeschneiders zu vermeiden, muss beim Hineindrehen immer wieder abgesetzt und ein Stück zurückgedreht werden. Sonst werden die Metallspäne zu lang und klemmen.

Technik-lexikon

Schraubengröße und Drehmoment

Schrauben und Muttern, die keinen speziellen Belastungen ausgesetzt sind, werden mit Standard-Drehmomenten angezogen. Die meisten Hobbymechaniker ziehen einfache Verschraubungen meist mit »Gefühl« an. Falls Sie Ihr Schraubgefühl einmal mit einem Drehmomentschlüssel kontrollieren wollen - für die gebräuchlichsten Schraubverbindungen gelten folgende Drehmomente:

Gewindedurchmesser (mm)	6	8	10	12	14
Drehmoment (Nm)*	10	25	49	85	135

*Die angegebenen Drehmomente gelten nicht für Sonderschrauben und für Schrauben, die in Leichtmetall eingedreht sind.

Tipps für den Werkstattbesuch

Auch Ihr Audi A4 muss manchmal in die Werkstatt. Zur regelmäßigen Wartung zum Beispiel, wenn er noch mit einer Garantie ausgestattet ist. Auch eine Reparatur in der Werkstatt ist immer mal drin, wenn Ihnen die Zeit, die nötige Erfahrung oder Spezialwerkzeug fürs Do it yourself fehlen. Macht sich ein Mechaniker bei Ihrem Auto ans Werk, können Sie trotzdem dazu beitragen, dass Wartung oder Reparatur zu Ihrer Zufriedenheit ausfallen. Unsere Übersicht stellt eine Reihe von Tipps und Spielregeln zusammen, die Sie bei Ihrem Werkstatt-Besuch beachten sollten.

Vertragswerkstatt und freie Werkstatt

- Es steht Ihnen grundsätzlich frei, welche Werkstatt Sie mit Ihrem Fahrzeug aufsuchen. Neben der Vertragswerkstatt ist auch die freie Werkstatt meist eine gute Adresse. Dort ist man bei vielen Reparaturen ebenso kompetent, und Ölwechsel, neue Bremsbeläge, Bremsscheiben, Reifen und Stoßdämpfer sind oft billiger. In jedem Fall sollte die Werkstatt ein Meisterbetrieb sein und der Kfz-Innung angehören.
- Ein Wagen mit Garantie gehört zur Inspektion stets in die Vertragswerkstatt. Das gilt auch für die meisten Reparaturen. Einen Blech- oder Lackschaden etwa können Sie trotz Garantie zwar in Eigenregie beheben oder von einer freien Werkstatt erledigen lassen. Gibt's später jedoch Probleme mit der reparierten Stelle, sind Sie in diesem Fall eventuelle Garantie-Ansprüche los.

Reparaturauftrag nur schriftlich

- Stellen Sie eine Liste mit den Symptomen und Mängeln zusammen, die Ihnen am Fahrzeug aufgefallen sind. Sprechen Sie diese Liste in der Werkstatt mit dem Meister oder Kundendienstberater durch. Fragen Sie nach, wenn Ihnen in dem Gespräch etwas unklar ist. Demonstrieren Sie die Mängel direkt am Fahrzeug.
- Geben Sie präzise Reparaturaufträge. Bei Pauschalaufträgen wie »TÜV-fertig machen« oder »für den Urlaub herrichten« sind Unstimmigkeiten programmiert – etwa wenn Sie für Arbeiten bezahlen sollen, die nicht nötig gewesen wären.
- Erteilen Sie einen Reparaturauftrag stets schriftlich. Der Auftrag sollte die auszuführenden Arbeiten möglichst genau bezeichnen. Lassen Sie sich eine Auftragsbestätigung geben.

Nach den Kosten fragen

- Fragen Sie nach den voraussichtlichen Kosten für Arbeitslohn und Material, bevor Sie einen Reparaturauftrag erteilen. Setzen Sie für eventuell erforderliche Zusatzarbeiten eine Preisgrenze fest. Lassen sich Umfang und Aufwand einer Reparatur nicht genau bestimmen, sollten Sie eine Höchstgrenze für die Kosten festlegen.
- Fragen Sie nach den Kosten für die Fehlersuche. Wenn Ihr Auto zum Beispiel zuviel Sprit verbraucht oder schlecht anspringt, wenn der Motor stottert oder Sie merkwürdige Geräusche an den Rädern hören, ist die Suche nach den Ursachen dieser Symptome manchmal teurer als die eigentliche Reparatur. Legen Sie daher für die Fehler-Suche ebenfalls ein Preislimit fest.
- Geben Sie der Werkstatt Ihre Telefonnummer, damit man Sie für Rückfragen erreichen kann, wenn die Reparatur umfangreicher oder teurer wird als ausgemacht. Halten Sie auch zusätzliche Absprachen schriftlich fest.
- Bitten Sie die Werkstatt bei umfangreichen Reparaturen um einen schriftlichen Kostenvoranschlag, der Ihnen zeigt, mit welchen Kosten Sie rechnen müssen. Den Kostenvoranschlag wird man Ihnen in der Regel nur dann berechnen, wenn Sie der Werkstatt anschließend keinen Reparaturauftrag erteilen. Die Werkstatt-Rechnung darf den Kostenvoranschlag bei unvorhergesehenen Arbeiten maximal 15 bis 20 Prozent überschreiten.

Billigere Teile bei älterem Fahrzeug

- Bei einem älteren Fahrzeug lohnt es sich, nach speziellen Teile- und Service-Angeboten zu fragen. Vertragswerkstätten bieten oft im Preis reduzierte Originalteile an. Sie können hier – wie schon eingangs erwähnt – bis zu 30 Prozent sparen.
- Ist der Tausch eines ganzen Aggregats fällig, muss nicht das Neuteil erste Wahl sein. Fragen Sie nach aufbereiteten und geprüften Austauschteilen – die sind billiger und bieten die gleiche Qualität. In

Praxistipp

Inspektion und Garantie

- Bei der Inspektion werden in erster Linie Zustand und Funktion von Baugruppen geprüft und, falls nötig, ersetzt, die für die Zuverlässigkeit und Sicherheit Ihres Fahrzeugs wichtig sind. Mit einer schonenden Fahrweise und bei entsprechenden Einsatzbedingungen lässt sich die vom Hersteller festgelegte Wartungsintervalldauer von 30.000 km beziehungsweise 2 Jahre voll ausschöpfen.
- Halten Sie die empfohlenen Wartungsintervalle aber unbedingt ein und verzichten Sie aufs Do it yourself. Der Hersteller erfüllt berechtigte Garantieansprüche nur dann, wenn die Wartungsarbeiten rechtzeitig in einer Vertragswerkstatt erledigt wurden. Schon nach einer Laufzeit von 30.000 Kilometern kann an Baugruppen wie Bremsanlage, Radaufhängung, Reifen und Lenkung Verschleiß auftreten, der vom Fahrer unbemerkt bleibt. Die vorgeschriebene regelmäßige Wartung hält also nicht nur Ihren Wagen in Schuss, sie dient vor allem auch Ihrer eigenen Sicherheit.

Frage kommen Austauschteile wie Motor, Kupplung, Lichtmaschine, Anlasser und Wasserpumpe.

- Ein Ölwechsel in Werkstatt oder Tankstelle geht mitunter ins Geld, wenn man dort Ihrem Auto das teuerste Öl aus dem Angebot spendiert. Fragen Sie nach billigeren Ölsorten mit der gleichen Spezifikation – die eignen sich in der Regel ebenso gut.

Rechnung prüfen

- Gehen Sie nach der Reparatur zusammen mit dem Meister oder Kundendienstberater Ihre Werkstatt-Rechnung durch.
- Lassen Sie sich unverständliche Abkürzungen und Fachbegriffe erklären. Auf der Rechnung sollten Posten wie Arbeitslohn, Material und Mehrwertsteuer separat aufgeschlüsselt sein.
- Fehler in der Rechnung können Sie innerhalb sechs Wochen nach ihrer Ausstellung reklamieren.

Rechtzeitig reklamieren

- Mangelhafte Reparaturen sollten Sie so bald wie möglich reklamieren. Die Werkstatt muss für Ihre Arbeit sechs Monate geradestehen (Gewährleistung). Treten durch eine unsachgemäße Reparatur Schäden an Ihrem Fahrzeug auf, können Sie von der Werkstatt Schadenersatz verlangen.
- Wenn Sie bereits bei der Abholung Ihres Fahrzeugs Grund für eine Reklamation haben, kann die Werkstatt trotzdem darauf bestehen, dass Sie die Reparatur erst in voller Höhe bezahlen, bevor sie den Wagen herausgibt. Vermerken Sie in diesem Fall auf der Rechnung, dass Ihre Zahlung nur unter Vorbehalt erfolgt.
- Reklamationen sollten Sie in einem sachlichen Gespräch mit der Werkstatt vortragen. Lassen sich Unstimmigkeiten nicht ausräumen, helfen die Schiedsstellen der Kfz-Innung kostenlos weiter – vorausgesetzt, Ihre Werkstatt ist Mitglied der Innung. Adressen erhalten Sie zum Beispiel bei Ihrem Automobil-Club.

Gelegentlich ist der Weg in die Fachwerkstatt nicht zu vermeiden. Dort helfen die modernen Diagnose-Geräte, manchem Fehler schnell auf die Spur zu kommen.

Für Arbeiten unter dem Fahrzeug sind Grube und Hebebühne, wie sie die Werkstatt bietet, unersetzlich,

DIE WAGEN-PFL

Nicht nur der komfortable und edle Innenraum Ihres Audi A4 verlangt sorgfältige Pflege. Ebenso wichtig ist die äußere Hülle. Ein gepflegter Wagen macht mehr Spaß und hat einen höheren Wiederverkaufswert.

Wartung

Reparatur

Jeder hat das selbst erlebt: Ein gepflegtes Auto macht mehr Spaß als ein ungepflegtes. Außerdem behält es länger seinen Wert und bringt Ihnen beim Verkauf ein gutes Stück Geld zusätzlich ein. Ein gepflegt aussehendes Fahrzeug hat auch bei den Prüfern von TÜV und DEKRA von vornherein die besseren Chancen.

Wenn die Wagenwäsche die Kür ist, die unter klarem Wasser den Lack in altem Glanz zurück zaubert, dann ist die Pflege des Innenraums die Pflicht. Die sollten Sie allerdings zuerst in Angriff nehmen. Wenn Sie sich diese Arbeit bis zuletzt aufheben, verschmutzen die Staubwolken aus Polstern und Fußmatten wieder die frisch gewaschene Außenseite.

Innenreinigung

Für die Innenraumpflege verwenden Sie am besten spezielle Autopflegemittel. Vergessen Sie Seifenlauge und Haushaltsreiniger: Scheiben, Polster und Kunststoffoberflächen sind durch Witterung, Staub, Schmutz und Feuchtigkeit extremen Belastungen ausgesetzt, denen spezielle Pflegesubstanzen einfach besser gewachsen sind. Diese Spezialreiniger sind nicht billig, aber in aller Regel ihr Geld wert.

Zur gründlichen Innenreinigung Ihres Fahrzeugs brauchen Sie:

- Lappen, möglichst nicht flusend, zum feuchten und trockenen Ab- und Auswischen.
- Kleider- oder Polsterbürste.
- Staubsauger mit verschiedenen Düsen (Handfeger und Kehrschaufel).
- Fensterleder.
- Feinporigen Kunststoffschwamm für die Kunststoffteile.

Praxistipp

Pflegemittel für den Innenraum

Plastikreiniger. Für Kunststoffflächen. Reinigt und frischt die Farben auf, sorgt für Glanz und wirkt antistatisch, so dass die Flächen gegen Schmutz- und Staubbefall lange Zeit geschützt sind.

Textilreiniger. Für Polster, Teppiche, Tür- und Innenverkleidungen. Lösen zuverlässig Staub und Schmutz. Dadurch werden die Polsterfarben aufgefrischt, Viele Reiniger entfernen zudem auch hartnäckige Flecken.

Glasreiniger (auch als Schaumreiniger). Geeignet für alle Glasflächen, lösen sie auch hartnäckige Verschmutzungen, zum Beispiel Insektenreste, Nikotin, Kunststoffausdünstungen und Ölablagerungen.

Gummipflegemittel (silikonhaltig). Für Tür-, Fenster- und Kofferraumdichtungen sowie Fußmatten. Halten das Gummi geschmeidig, verhindern Festfrieren und frischen die Farben auf.

Antibeschlagspray. Konserviert die Glasreinigung für einige Tage oder Wochen (je nach Wetterlage). Auf die Scheibe gesprüht, bildet sich nach kurzer Zeit ein Schaumbelag, den Sie mit einem trockenen Küchenpapier abreiben können. Antibeschlagtücher oder Fensterschwämme sind nur ein Notbehelf.

Rauchen im Auto?

Zu diesem Reizthema soll hier kein Pro oder Kontra abgegeben werden. Doch einmal abgesehen von dem in Analysen festgestellten höheren Unfallrisiko bei Nikotin am Steuer, muss vor dem blauen Dunst im Innenraum des Autos wegen einer damit verbundenen gefährlichen Giftkonzentration gewarnt werden. »Passivrauchen erhöht bei Kindern das Risiko von Bronchitis, Asthma und Allergien«, stellte eine Gesundheitswissenschaftlerin der Barmer Ersatzkasse fest (Mehr Infos zum Passivrauchen sind unter www.barmer.de zu finden).
Besonders nachts und bei tief stehender Sonne verhindert Nikotinbelag auf der Windschutzscheibe gute Sicht. Glasreiniger und ein Tuch verschaffen Abhilfe. Duftbäumchen helfen nicht sehr viel. Besser auch gegen den Mief in den Polstern sind Fébrèze, Rauchfrei-Spray oder Smoke-Ex, die es in Tankstellenshops gibt. Vor dem Verkauf eines Raucher-Autos wird eine Behandlung mit neutralisierendem Ozon empfohlen, die allerdings zwei Tage dauern und an die 100 Euro kosten kann.
Übrigens: Auch wenn Sie eine Klimaanlage in Ihrem Auto haben, sollten Sie bei Umluftbetrieb lieber nicht rauchen. Der aus dem Innenraum angesaugte Rauch setzt sich auf dem Verdampfer ab und verursacht dauerhafte Geruchsbelästigung.

Innenreinigung

Arbeitsschritte

① Räumen Sie Ihren Wagen aus. Bei dieser Gelegenheit gleich Ascher leeren und auswischen.

② Die Fußmatten nach innen zusammenschlagen und herausnehmen, ausschütteln, ausklopfen und bei Bedarf staubsaugen.

③ Gummimatten feucht abwischen. Vorsicht: Die Unterseite trocknet im Fahrzeug nur schlecht. Eine feuchte Matte kann üblen Geruch und Stockflecken im Textilbelag verursachen. Daher Trockenzeit einkalkulieren.

④ Grobschmutz im Innenraum mit Staubsauger entfernen. Verwenden Sie für weiche Textilbeläge starre Düsenaufsätze, für harte Kunststoffe Borstenaufsätze. Bei glattem Gummibelag den Wagenboden feucht auswischen.

⑤ Sitzpolster abbürsten oder staubsaugen, die anderen Kunststoffoberflächen staubwischen. Das Heizungsgebläse pustet den Staub vor allem in die Ecken – hier leistet ein Pinsel gute Dienste.

⑥ Sicherheitsgurte trocken abbürsten. Bei starker Verschmutzung mit milder Seifenlauge abwaschen. Sie dürfen nicht chemisch gereinigt werden, da chemische Reinigungsmittel das Gewebe zerstören können. Die Gurte dürfen auch nicht mit ätzenden Flüssigkeiten in Berührung kommen.

⑦ Kunststoffteile, Leuchtengläser, mattschwarz gespritzte Teile und Armaturenbrett mit einem feuchten Leder abledern. Bei Grundreinigung: Auf keinen Fall mit Benzin oder anderen Lösungsmitteln arbeiten! Kunststoff kann Flecken bekommen, die nicht mehr entfernt werden können. Verwenden Sie Kunststoffreiniger. Die besprühten Stellen mit klarem Wasser nachwischen und mit einem Tuch trockenreiben. Empfehlenswert ist auch Cockpitpflege-Spray. Das duftet überdies und ist antistatisch.

Reinigen Sie den Dachhimmel stets komplett

⑧ Den Dachhimmel, meist ein mit Textilgewebe versehenes Formteil, nur bei starker Verschmutzung reinigen und auf keinen Fall durchfeuchten. Himmel mit Textilreiniger großflächig einsprühen. Mit Schwamm und Frottierhandtuch nachwischen.

⑨ Diese Behandlung bei Bedarf wiederholen. Vorsicht: Wenn Sie sich auf die verschmutzten Stellen beschränken, können hässliche Platten mit Rändern entstehen. Deshalb Dachhimmel immer komplett reinigen.

⑩ Sitzpolster und Textileinsätze in Seitenteilen und Innenverkleidungen mit Polsterschaumreiniger behandeln. Für Ledersitze nur spezielle Lederpflegemittel verwenden, die auch die Nähte flexibel und geschmeidig halten. Die Polster gründlich absaugen, solange sie noch etwas feucht vom Reiniger sind. Der Schmutz löst sich so am besten.

⑪ Die Türdichtungen mit silikonhaltigem Gummipflegemittel einsprühen oder die Dicht- und Gleitflächen mit Talkum geschmeidig halten. So werden auch Quietschen und Knarren beim Türenschließen vermieden. Solche Geräusche vermeiden Sie übrigens auch durch Einreiben der betreffenden Flächen mit Schmierseife.

⑫ Die Innenseiten der Fenster rundum mit feuchtem Waschleder oder sauberem weichem Lappen reinigen. Bei starker Verschmutzung mit Spiritus oder Salmiakgeist und warmem Wasser oder mit speziellem Glasreiniger behandeln. Mit trockenem Krepppapier polieren.

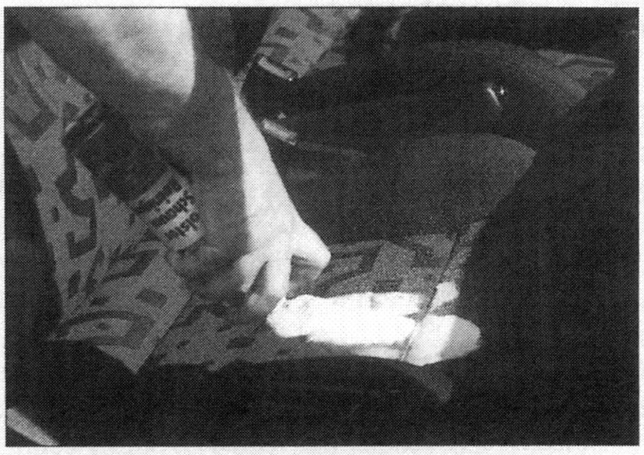

Polsterreiniger beseitigt Feinschmutz, Staub und frische Flecken. Reinigungsschaum aufsprühen und mit feuchtem Schwamm verteilen. Reiben Sie nicht zu fest. Sie pressen sonst die Schmutzpartikel wieder ins Gewebe. Tipp: Preiswerter Teppichschaumreiniger tut es auch.

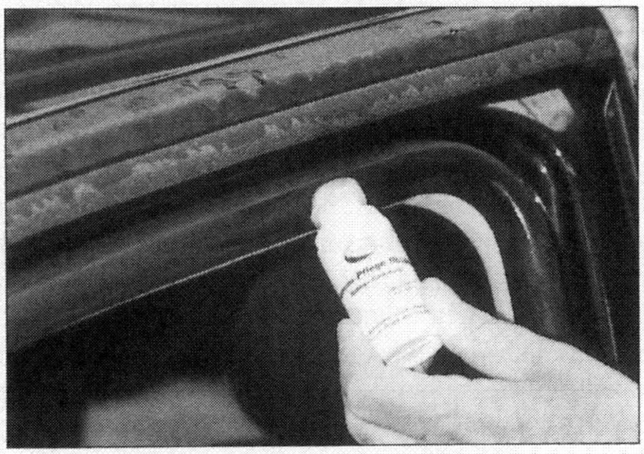

Nach den Dichtgummis der Türen sollten Sie nicht erst schauen, wenn die Türen im Winter schon zugefroren sind. Regelmäßige Pflege mit Silikon verlängert die Lebensdauer. Der Ersatz solcher Dichtungen kann teuer werden.

Nach der Wagenwäsche ist knapp dosierter Einsatz von Mehrzwecköl für das Türschloss zu empfehlen.

Die Lederausstattung

Den Ledersitzen sollten Sie besondere Aufmerksamkeit schenken. Bei Leder handelt es sich um ein Naturprodukt, das empfindlich auf Öle, Fette und Verschmutzungen reagiert. Staub und Schmutzpartikel in Poren, Falten und Nähten können scheuern und die Lederoberfläche beschädigen. Saugen Sie also regelmäßig die Sitze ab.

Außerdem ist das Leder empfindlich bei starker Sonneneinstrahlung. Wenn Sie Ihr Auto im Falle der Ausstattung mit Ledersitzen länger in praller Sonnen stehen lassen, sollten Sie die Sitze abdecken. Andernfalls könnten sie ausbleichen.

Zum Reinigen der Lederausstattung feuchten Sie einen Baumwoll- oder Wolllappen mit Wasser leicht an und wischen die verschmutzten Stellen. Bei stärkerer Verschmutzung können Sie eine milde Seifenlösung verwenden. Es empfiehlt sich eine Seifenlösung mit zwei Esslöffel Neutralseife oder mildem Feinwaschmittel auf einen Liter Wasser. Achten Sie beim Reinigen darauf, dass das Leder nicht durchfeuchtet wird und kein Wasser durch die Nahtstellen sickert. Fett- und Ölflecke vorsichtig ohne Reiben mit Reinigungsbenzin behandeln. Anschließend mit einem weichen, trockenen Tuch nachwischen.

Zur regelmäßigen Pflege gehört die Behandlung mit einem Lederpflegemittel alle sechs Monate. Für gehobene Ansprüche gibt es eine Anti-Faltencreme mit Jojobaöl, »C1 Lederpflege«. Ausgeblichenes Leder kann durch C1 wieder Farbglanz bekommen: Auftragen, einwirken lassen, trocken nachreiben. Mehr dazu ist unter www.wackchem.com nachzulesen.

Für die Lederausstattung haben Sie bei Audi eine große Auswahl. Damit das natürliche Material seinen Wert behält, sollten Sie es regelmäßig reinigen und pflegen.

Außenwäsche

Die Wagenwäsche auf der Straße ist heute in vielen Städten und Gemeinden verboten. Das hat gute Gründe: Mit dem Schmutzwasser gelangen oft Ölrückstände und andere die Umwelt schädigende Substanzen in die Kanalisation. Eine saubere Sache ist dagegen die Wagenwäsche in einer automatischen Waschanlage. Die verwendeten Wassermengen sind in der Regel großzügig, die Wäsche ist also relativ schonend. Ölabscheider und Wasseraufbereitungsanlagen sorgen für den Umweltschutz. Sie können meist zwischen mehreren Reinigungs- und Pflegeprogrammen wählen.

Die Reinigung in der automatischen Waschanlage geht am schnellsten und ist kaum teurer als die SB-Wäsche. Allerdings gehen rotierende Bürsten in mancher Anlage nicht immer sehr sorgsam mit dem Lack um. Das Waschergebnis braucht in jedem Fall etwas Nacharbeit.

Fahrzeug auf Sauberkeit prüfen

Trotzdem sollten Sie nach dem Waschgang Ihr Fahrzeug auf Sauberkeit prüfen. Die Bürsten behandeln Radhäuser, Radläufe und die Unterkanten der Türschweller oft nachlässig. Auch bei Türrahmen und Ritzen ist bisweilen nachträgliche Handarbeit mit Schwamm und Putztuch angesagt. Im Winter, wenn Streusalz haltiges Wasser sich am Lack, an den Innenseiten der Kotflügel und am Unterboden festsetzt, sollten Sie öfter in der Waschanlage vorfahren. Ihr Auto ist zwar nach kurzer Zeit wieder schmutzig, der Rost hat jedoch keine Chance, sich an kritischen Stellen einzunisten. Seien Sie trotz verzinkter Karosserie nicht zu sorglos!

Praxistipp

Bremsen trockenfahren

Machen Sie nach jeder Wagenwäsche eine kurze Bremsprobe. Dabei verdampft die Feuchtigkeit, die während der Reinigung zwischen Bremsscheiben und Bremsklötze gelangt ist. Nach Fahrten durch Regen oder Streusalz haltiges Tauwasser sollten Sie die Bremsen trocken fahren, bevor Sie Ihr Fahrzeug für mehrere Tage abstellen. Es genügt, die letzten hundert Meter Wegstrecke öfter leicht zu bremsen. Mit der Bremsprobe vermeiden Sie, dass aufgrund der Feuchtigkeit oder einer Salzschicht auf den Bremsscheiben die Bremswirkung im Notfall etwas verzögert einsetzt.

Waschplatz und Selbstwaschanlage

Wenn Sie Ihren Wagen lieber selbst waschen, was durchaus empfehlenswert ist, weil zu häufiges Benutzen der automatischen Waschanlage mit ihren rotierenden Bürsten Schleifspuren im Lack hinterlässt, bietet sich ein Waschplatz an der Tankstelle an. Selbstwaschanlagen sind eine gute Alternative. Dort stehen Ihnen vom Hochdruckreiniger bis zum Staubsauger alle Hilfsmittel zur Verfügung. Kontrollieren Sie jedoch vor Arbeitsbeginn den Zustand der Bürsten. Möglicherweise hat Ihr Vorgänger nach einer Fahrt über einen verschlammten Feldweg gerade seinen Unterboden oder seine Radkästen gereinigt und die Bürste mit grobem Dreck verschmutzt – ärgerliche Kratzer im Lack wären die Folge. Sie sollten Ihr Fahrzeug auch nicht in der prallen Sonne waschen. Das schadet dem Lack, da die kleinen Wassertropfen wie Linsen wirken und den Einbrenneffekt von Staubteilchen und Kalk beim Trocknen noch verstärken.

In SB-Waschanlagen stehen Ihnen verschiedene Gerätschaften zur Verfügung. Die Waschbürste ermöglicht eine gründliche Reinigung der Felgen.

Praxistipp

So gehen Sie mit dem Hochdruckreiniger richtig um

- Wassertemperatur maximal 60 Grad. Zu heißes Wasser greift Gummi und Unterbodenschutz an.
- Druckregler auf maximal 30 bar einstellen. Abstand zum Auto 60 bis 80 Zentimeter. Bei geringerem Abstand und zu großem Druck Gefahr für den Lack Ihres Autos.
- Bei der Motorwäsche kann Wasser die Motorelektronik lahmlegen oder über den Ansaugtrakt in den Motor gelangen. Ein kapitaler Schaden wäre die Folge.
- Reifen niemals mit Rundstrahldüsen reinigen. Gefahr für die Reifenflanken! Selbst bei relativ großem Spritzabstand und nur kurzer Einwirkzeit können Schäden auftreten, die auf den ersten Blick nicht erkennbar sind.

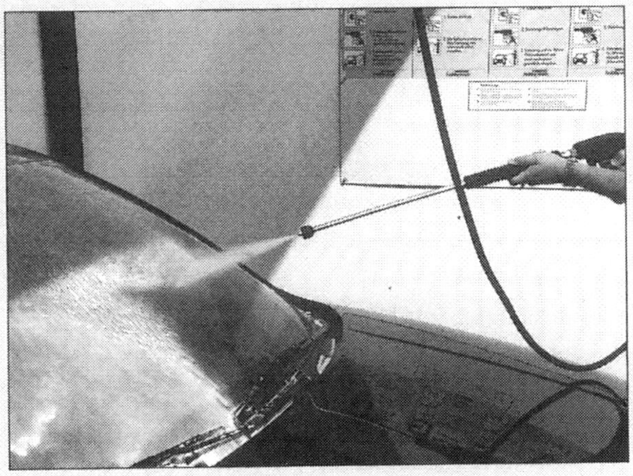

Mit dem Hochdruckreiniger ist vorsichtig umzugehen. Hinweise in der SB-Waschanlage beachten!

Wenn Sie Ihr Auto selbst waschen, brauchen Sie:

- Jede Menge Wasser. Wird der Schmutz mit wenig Wasser abgewischt, schmirgeln feine Staub- und Sandkörnchen im Schwamm über den Lack und zerkratzen ihn mit mikroskopisch kleinen, spinnwebartigen Kratzern.
- Schlauch, wenn möglich mit Sprühdüse aus Kunststoff. Steht kein Wasserschlauch zur Verfügung, brauchen Sie mindestens zwei Eimer für den Wassernachschub.
- Eine Schlauchbüste, bei der das durchfließende Wasser den Schmutz wegschwemmt. Arbeiten Sie

mit Waschhandschuh oder Schwamm, sollten Sie die Schlauchmündung dicht an der bearbeiteten Fläche halten, damit sie gut mit Wasser versorgt wird.

- Waschhandschuh oder Schwamm sollten nach jedem zweiten oder dritten Waschstrich in den vollen Wassereimer getaucht und ausgedrückt werden, damit sich kein schmirgelnder Schmutz in den Schwammporen oder im Haarbesatz des Waschhandschuhs festsetzen kann.
- Eine langstielige Waschbürste, die sich besonders für die Felgen und Radkästen eignet.
- Einen großporigen Viskoseschwamm.
- Fliegenschwamm für Insektenrückstände.
- Großflächiges echtes Leder zum Trocknen des Wagens.
- Wassereimer für eine eventuelle Shampoowäsche oder um das Fensterleder auszuwaschen.

Pflegemittel für die Außenwäsche

Technik-lexikon

Autoshampoo. Hilft, ölige Rückstände auf dem Lack leichter zu entfernen.

Waschwachs. Hat ähnliche Eigenschaften wie Autoshampoo, schützt jedoch nach dem Trocknen den Lack gegen Umwelteinflüsse und verlängert so die Zeit bis zur nächsten Politur.

Felgenreiniger. Löst festgebackenen Bremsstaub.

Kunststoffpfleger. Speziell für Teile, die schon ausgebleicht sind. Enthält neben Pflegesubstanzen auch Farbstoffe. Wird mit sauberem Schwamm aufgetragen und verteilt. Nach kurzer Einwirkzeit überschüssige Flüssigkeit mit feuchtem Lappen abwischen.

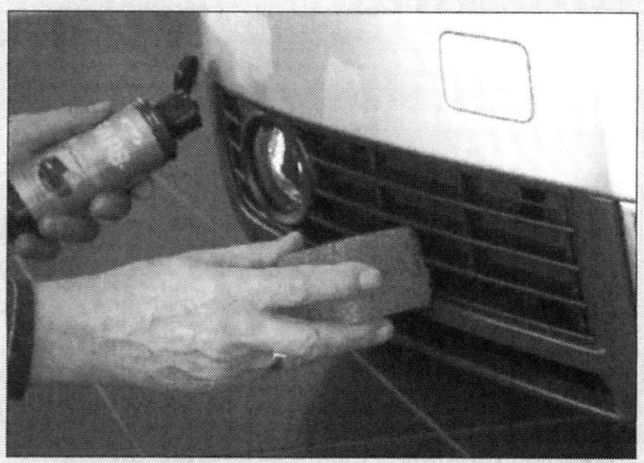

Gepflegte Kunststoffteile machen Eindruck. Kratzer vom Einparken lassen sich mitunter durch ein Kunststoffpflegemittel beseitigen.

Außenwäsche

Arbeitsschritte

① Schließen Sie alle Türen und Fenster. Nass gespritzte Polster sind kein Vergnügen.

② Spritzen Sie den Unterboden gelegentlich mit Dampfstrahler oder Wasserschlauch ab. Im Winter sollten Sie die Unterseite bei jeder Wagenwäsche reinigen. Lassen Sie Ihr Fahrzeug ein oder zweimal im Jahr auf einer Hebebühne hochnehmen (Werkstatt oder Tankstelle) und prüfen Sie den Zustand des Unterbodenschutzes per Augenschein.

③ Die Felgen haben eine Reinigung oft bitter nötig, weil sich dort der Bremsstaub festsetzt. Leichtmetallfelgen sollten regelmäßig mit Wasser und etwas Spülmittel gereinigt werden. Alufelgen sind sehr empfindlich gegen starke Reinigungsmittel. Putzen Sie lieber zweimal im Monat, dann haben Sie länger Freude daran.

④ Ebenfalls sinnvoll: Sprühwachs zum Versiegeln. Bremsstaub und Schmutz können sich nicht durch die Wachsschicht fressen. Vorsicht: Das Wachs darf nicht auf Bremsscheiben oder -beläge gelangen.

Weichen Sie Ihr Auto gut ein

⑤ Wagen mit mäßigem Wasserdruck aus dem Schlauch abspritzen. In der Selbstwaschanlage mit Hochdruckreiniger: Programm »Spülen« wählen.

⑥ Wagen mit Schlauchbürste, Waschhandschuh oder Schwamm zuerst vom Dach bis zur Unterkante der Fenster waschen. Dann bewegt man sich rund um den Wagen.

⑦ Reinigungsschaum mit kreisenden Bewegungen und wenig Druck verteilen. Den Schaum kurz einwirken lassen.

⑧ Schmutzbrühe abspülen. In der Selbstwaschanlage: Programm »Spülen« wählen.

⑨ Im letzten Waschgang reinigen Sie die Räder mit Waschbürste und Schlauch.

⑩ Nach der Wäsche den Wagen sofort abledern. Getrocknetes Waschwasser bildet einen grauen Kalkbelag auf dem Lack.

⑪ Leder vor Gebrauch ins Wasser tauchen, gut auswringen. Flächig auf dem Lack ausbreiten und breit gespannt zu sich herziehen.

⑫ Vor jedem neuen Durchgang Leder ausspülen und auswringen. Schlecht zugängliche Ecken (etwa am Radkasten) mit Baumwolllappen oder altem Trockenleder trocknen. Schonen Sie Ihr gutes Leder! Schmutzrückstände würden es ruinieren.

Sorgen Sie für Durchblick

⑬ Zum Schluss sind die Außenseiten der Fensterscheiben an der Reihe. Gehen Sie vor wie bei der Reinigung der Innenseiten. Kontrollieren Sie dabei die Frontscheibe auf Steinschläge, Kratzer und Risse.

⑭ Die Wischlippe des Scheibenwischers mit Schwamm oder Trockenleder reinigen.

⑮ Kontrollieren Sie nach der Wäsche Lack, Scheinwerfergläser und Frontstoßfänger gründlich auf hartnäckigen Schmutz, der sich nicht gelöst hat. Insektenreste, Vogelkot, Blütenpollenrückstände und Teerspritzer wirken aggressiv und sollten umgehend mit Spezialreiniger entfernt werden.

⑯ Teerentferner sollten Sie nicht auf frischen oder frisch ausgebesserten Lacken anwenden – die enthaltenen Lösungsmittel können die Lackschichten angreifen.

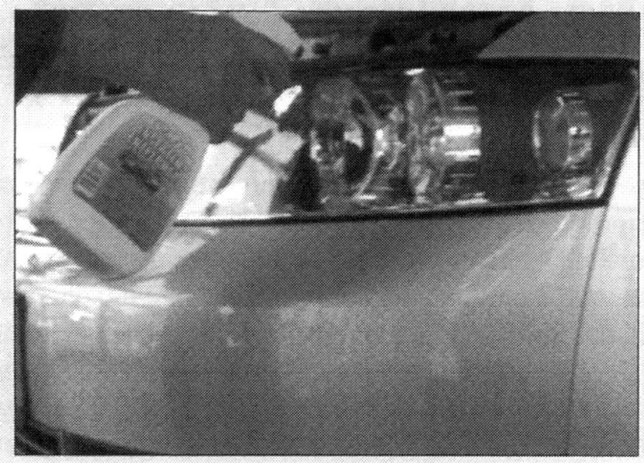

Saubere Scheinwerfer sind wichtig für gutes Licht. Die Scheinwerferreinigungsanlage schafft das nicht vollständig. Insektenreste z. B. beseitigen Sie am besten mit speziellem Insektenentferner. Verschmutzte Stellen einsprühen, einige Minuten wirken lassen (nicht in der Sonne), dann mit Wasser abspülen. Bleibt noch ein Rest, eingeweichtes Zeitungspapier darauf legen und über Nacht wirken lassen. Am nächsten Morgen kleben die Insektenreste an der Zeitung. Auf Glasflächen können Sie einen speziellen Insektenschwamm benutzen, wie ihn viele Tankstellenshops anbieten.

Praxistipp

Scheinwerfer reinigen

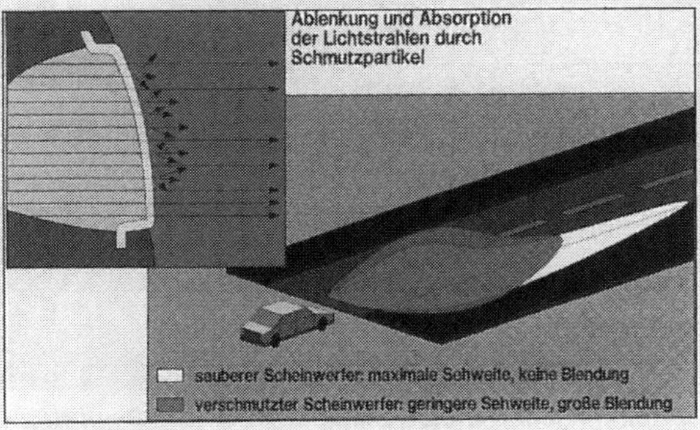

Die Scheinwerfer sollten Sie häufiger waschen als die Karosserie Ihres Fahrzeugs. Schmutzpartikel auf dem Glas sorgen für Ablenkung und Absorption der Lichtstrahlen.

Die Folgen:
geringere Sichtweite, starke Blendung. Schon nach einer halben Stunde Fahrt auf feuchter Straße sind die Scheinwerfer zu über 60 Prozent verschmutzt. Dadurch reduziert sich die Leuchtweite um etwa 35 Meter – eine Strecke, die Ihnen im Notfall bei einer Vollbremsung fehlt.

Praxistipp

Alufelgen richtig pflegen

Leichtmetallfelgen werden durch eine Lackierung vor Umwelteinflüssen geschützt. Wenn Sie gegen Bordsteine schrammen oder Rollsplit die Außenseiten der Räder malträtiert, hilft der beste Lack nichts mehr. Schrammen und Kratzer an den Felgen sollten Sie umgehend ausbessern. Sie bieten vor allem dem aggressiven Staub der Bremsbeläge ideale Angriffsflächen. Der grau-schwarze Abrieb frisst kleine Löcher ins Leichtmetall. Schrammen und Blindstellen, die nicht zu groß sind, lassen sich mit Alupolitur ausbessern.

Schön und sensibel: die Alufelge. Diese Räder sind mit einer Klarlackschicht geschützt, die Sie bei Beschädigung schnellstens ausbessern sollten.

Die Service-Intervall-anzeige

Die Service-Intervallanzeige erinnert Sie an demnächst erforderlichen Ölwechsel oder eine Inspektion. Wird der Fälligkeitstermin erreicht, erscheint nach Einschalten der Zündung im Kombiinstrument blinkend das fällige Service-Ereignis. Es blinkt auch nach dem Anlassen des Motors für etwa 60 Sekunden weiter. Folgende Anzeigen sind möglich: »serviceOEL« oder »serviceINSP«. Sie werden also aufgefordert, einen Ölwechsel und/oder eine Inspektion durchführen zu lassen.

Die Audi-Werkstatt benutzt ihr Diagnose-, Mess- und Informationssystem, um die Anzeige wieder auf Null zu stellen. Wenn Sie zum Beispiel einen Ölwechsel selbst durchgeführt haben, können Sie die Anzeige auch am Fahrzeug zurücksetzen. Verfahren Sie dabei nach der Betriebsanleitung Ihres Wagens.

Motorwäsche

Im Motorraum Ihres Autos verbinden sich Öl und Staub mit der Zeit zu einem unansehnlichen Schmutzfilm, der sich über den Motor und andere Teile legt. Das ist in erster Linie ein ästhetisches Problem, das Sie mit Hilfe spezieller Reiniger lösen können. Wichtiger als die Schönheitspflege des Motors ist die Motorraumwäsche im Frühjahr.

Salzkrusten begünstigen Rost

Das im Winter auf die Straßen gestreute Salz dringt durch Ritzen und Schächte tief in den Motorraum und lagert sich an Kühler, Kanten und Kabeln ab. Diese Salzkrusten binden Feuchtigkeit und erleichtern die Rostbildung. Die Motorwäsche dürfen Sie nur dort vornehmen, wo es einen Ölabscheider gibt. Am besten machen Sie sich in einer Selbstwaschanlage oder auf einem Waschplatz ans Werk.

Kontrollieren Sie nach der Motorwäsche, ob noch genug Schmierfett an Drosselklappengestänge, Gas- und Kupplungszug vorhanden ist. Bei Bedarf sollten Sie maßvoll nachfetten.

Arbeitsschritte

① Der Motor sollte möglichst kalt sein – auf einem warmen Motor verdampft der Motorreiniger rasch, kann also nicht einwirken und den Schmutz lösen.

② Motor abstellen und Zündung ausschalten.

③ Schützen Sie empfindliche Bauteile wie Zündung, Lichtmaschine und Kraftstoffsystem mit Lappen oder Plastiktüten. Bei unbedachtem Ausspritzen des Motorraums sind Störungen an Zündung und Bordelektrik programmiert.

④ Nehmen Sie sich zuerst die Innenseite der Motorhaube vor. Mit viel Wasser einweichen, dann mit Schwamm und Shampoo reinigen und wieder abspritzen. Vergessen Sie nicht die Kanten, dort befinden sich echte Schmutznester.

⑤ Den Kühler mit der Waschlanze und reichlich Wasser reinigen. Insektenreste mit einem Eiweiß lösenden Mittel (Geschirrspülmittel) einsprühen, einwirken lassen und von der Rückseite des Kühlers her abspülen. Vorsicht: Harte Bürsten können die weichen Kühlerlamellen beschädigen.

⑥ Den Motorraum an allen Falzen, Trägern und ungeschützten Stellen abduschen.

⑦ Stärker verschmutzte Teile an Motor und Motorraum mit einem Kaltreiniger einsprühen. Nach einer kurzen Einwirkzeit mit scharfem Wasserstrahl nachspülen.

Sprühen Sie den Motorreiniger auf die verschmutzten Stellen und lassen ihn dann ein bis zwei Minuten einwirken. Der eingeweichte Schmutz kann dann mit einem scharfen Wasserstrahl abgespült werden.

⑧ Um das Wasser wieder aus dem Motorraum herauszubekommen, benutzen Sie eine der an Selbstwaschanlagen meist vorhandenen Druckluftpistolen. Nicht zu nah an die zu trocknende Fläche herangehen.

Motorschutzlack

Praxistipp

Damit sich der Schmutz im Motorraum nicht schnell wieder festsetzt, können Sie Motorblock und Peripherie mit einem besonders hitzefesten Motorschutzlack versiegeln. Für den restlichen Motorraum reicht ein Konservierungsspray oder Konservierungswachs.

Schmierdienst

Eine gelegentliche Schmierration hält manches auf Dauer leicht gängig, was sonst quietscht, klemmt, reißt oder rostet. Halten Sie sich an folgende Faustregel: An Scharnieren und Gelenken mit engen Durchgängen, in die kein Fett eindringen kann, ist Öl oder Schmierspray günstiger. Gegeneinander reibende Flächen werden besser gefettet oder mit einer Schmierpaste behandelt, da diese Gleitstoffe besser haften.

- Die Scharniere an **Türen und Heckklappe** sind gelegentlich für einen Spritzer Öl dankbar.
- Die **Türfeststeller** am unteren Türscharnier erhalten etwas Mehrzweckfett.
- Die **Schlossfallen an Türen, Kofferraumdeckel und Heckklappe** können mit Sprühfett behandelt werden.
- In den **Schlüsselschlitz der Schließzylinder** sollten Sie spätestens zu Beginn der kalten Jahreszeit etwas Rostlöser-Isolierspray sprühen. Es schmiert, verdrängt Feuchtigkeit und schützt vor Rost sowie Einfrieren im Winter. Am besten, aber etwas teurer ist ein spezielles Schlossöl, mit dem man zugefrorene Schlösser auftauen und lange Zeit vor dem Zufrieren schützen kann.
- An der Stelle des **Motorhaubenschlosses,** wo der **Seilzug** aus der Umhüllung kommt, etwas Fett aufstreichen und durch mehrmalige Hebelbewegung in die Zugumhüllung ziehen.
- Den **Schließbügel der Motorhaube** und die **Schlossfalle am Querblech der Karosserie** dünn mit Fett bestreichen oder Schmierspray auftragen.
- Die **Motorhaubenscharniere** erhalten etwas Öl oder Schmierspray.
- Die **Gleitschienen des Schiebedachs** werden hauchdünn mit Fettspray behandelt.
- Für die **Führungsschienen des Faltschiebedachs** wird sparsam Schmierfett verwendet.

Die Scheibenwaschanlage

Saubere Scheiben sind eine wichtige Voraussetzung für Ihre Sicherheit beim Fahren. Damit Sie unterwegs auch bei Regen und Schnee den Durchblick behalten, ist Ihr Auto mit einer Scheibenwaschanlage ausgestattet. Auf der Frontscheibe läuft der Scheibenwischer in zwei Geschwindigkeiten. Dazu kommt eine Intervalleinrichtung, die etwa alle vier Sekunden eine Wischerbewegung auslöst. Gute Wischresultate erhalten Sie, wenn die Spritzdüsen das Waschwasser zielgenau auf die Scheiben spritzen. Im Winter zahlt sich die Scheinwerferreinigungsanlage aus.

Wischergummi nutzt ab

Die Wischerblätter müssen sich fest auf die Scheiben pressen. Die Lebensdauer der Wischergummis ist jedoch begrenzt. Sie werden mit der Zeit durch die Bewegungen der Wischer abgerubbelt, Ozon und UV-Strahlen machen das Material zusätzlich spröde. In der Frontscheibe verursachen zudem winzige Kratzer Scharten im Gummi, was die Waschwirkung auf Dauer beeinträchtigt. Das Wischergummi sollten Sie daher stets im Frühjahr und Herbst ersetzen. Die meisten Arbeiten an der Scheibenwaschanlage können Sie selbst in die Hand nehmen – meist genügt dazu ein Schraubenzieher. Ein Wischblattwechsel kann für Ungeübte allerdings zur Geduldsprobe werden – für manchen Autofahrer ein Puzzlespiel. Schnell und unkompliziert geht es mit Universal-Adaptern (z. B.

Quick-Clip von Bosch), die im Fachhandel und meist auch an Tankstellen erhältlich sind.
Wenn Sie feststellen, dass Leitungen oder Sicherungen an einem Wischermotor defekt sind, müssen Sie sich an die Fahrzeugelektrik wagen (siehe dieses Kapitel).

Scheibenwischer und Waschanlage prüfen

Arbeitsschritte | ständige Wartung

① Zündung einschalten, Wischerhebel betätigen.

② Läuft der Scheibenwischer in allen Geschwindigkeiten? Geht er beim Ausschalten in die Parkstellung zurück?

③ Funktioniert die Wischer-Intervallschaltung?

④ Spritzt Wasser aus den Wascherdüsen?

⑤ Arbeiten Heckwischer und -wascher?

⑥ Funktioniert die Scheinwerferreinigungsanlage?

Scheibenwaschwasser auffüllen

Arbeitsschritte | ständige Wartung

① Im Sommer Wascherbehälter mit Leitungswasser auffüllen. Ein Anteil Reinigungsmittel verbessert die Waschwirkung. Im Winter sollten Sie zusätzlich Gefrierschutz zugeben.

② Erst Zusatzmittel und dann Wasser einfüllen, damit sich die Flüssigkeiten im Behälter gut vermischen.

③ Bei starkem Frost können die Wascherdüsen einfrieren. Zur Vorbeugung ein Drittel Brennspiritus beimischen (riecht allerdings etwas aufdringlich). Damit die lange Zuleitung zur Heckscheibe nicht einfriert, vor dem Abstellen des Fahrzeugs einige Male die Heckscheiben-Waschanlage betätigen.

④ Vor Reiseantritt sollten Sie die Füllung der Scheibenwaschanlage überprüfen.

Einfüllen von Zusatzmittel in den Wascherbehälter.

Wischergummi wechseln

Arbeitsschritte

① Wischerarm abklappen.

② Arretierungsfeder des Wischerblatts zusammendrücken, bis die Kerbe aus der Öffnung des Wischerarms austritt.

③ Wischerblatt nach unten drücken und aus dem Arm herausschwenken.

④ Der Wischergummi besitzt an einer Seite Aussparungen zum Einhängen der Wischerarm-Halteklammern. Die Erhebungen im Gummi mit dem Fingernagel oder einem kleinen Schraubendreher zurückdrücken, damit die Halteklammern ausgerastet werden können.

⑤ Wischergummi mit den seitlichen Metall-Federstreifen herausziehen.

⑥ Neuen Wischergummi in die unteren Halteklammern des Wischerarms einhängen.

⑦ Federstreifen rechts und links in den Nut des Wischergummis einschieben und die Halteaussparungen der Streifen in die entsprechenden Erhebungen im Gummi einsetzen.

⑧ Gummierhebungen zum Einrasten der Halteklammern wieder zurückdrücken.

⑨ Beim Einsetzen des Wischerblatts darauf achten, dass die Kerbe in der Arretierungsfeder der Aussparung im Wischerarm gegenübersteht und dort einrasten kann.

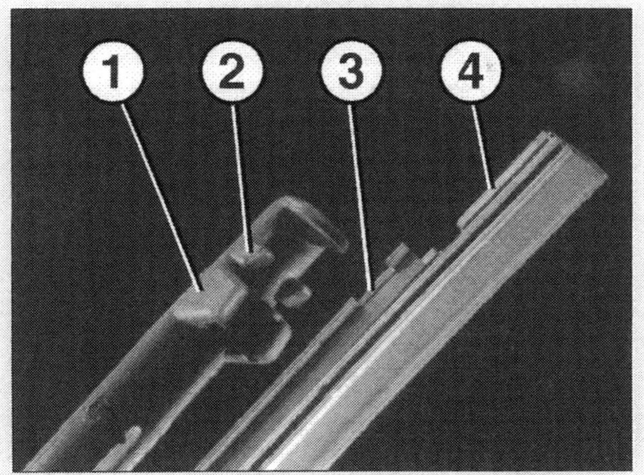

❶ Führungsnase der Wischerblattschiene, ❷ Arretierungsklammern für das Wischergummi, ❸ Führungsprofil des Gummis, ❹ Nuten des Federstreifens.

***Wechsel des Wischerblatts:** Erst den Wischerarm abklappen, dann das Gelenk des Wischerblattes an der kleinen Zunge (Pfeil) entsichern. Das Blatt kann aus dem "U" des Wischerarms gezogen werden.*

Spritzdüsen einstellen

Arbeitsschritte

① Die Düsen sollten für klare Sicht nicht zu tief eingestellt sein. Sonst verschmiert bei höherem Tempo erst die Scheibe, bevor das Wasser die gesamte Fensterfläche bestreicht.

② Die Düsen sind voreingestellt. Für Korrekturen brauchen Sie das Einstellwerkzeug 3125 A, bestückt mit der Nadel 3125 / 5A.

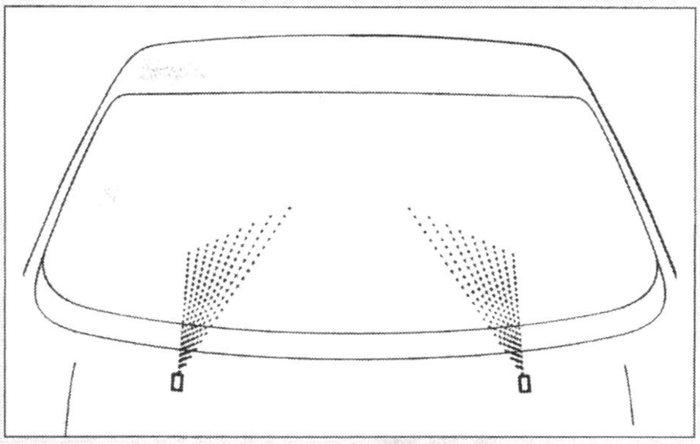

Liegen die Spritzfelder nicht auf gleicher Höhe, sind die Wascherdüsen zu korrigieren. Lassen sich die Düsen nicht einstellen, müssen sie ersetzt werden.

③ Markieren Sie mit einem wasserlöslichen Stift folgende vier Punkte auf der Scheibe:

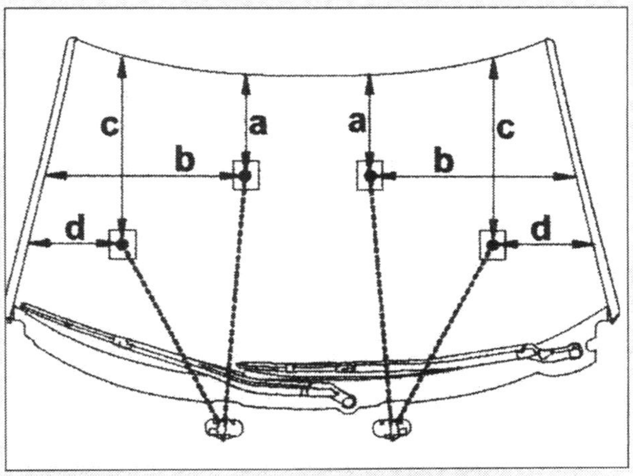

***Vorhaltewerte für Spritzdüsen:** a = 290 ± 50 mm, b = 470 ± 50 mm, c = 510 ± 50 mm, d = 230 ± 50 mm.*

④ Diese Einstellmaße sind Vorhaltewerte für das fahrende Fahrzeug. Aus dem Stand spritzen die Düsen leicht versetzt.

⑤ Peilen Sie mit dem Einstellwerkzeug von den einzelnen Spritzdüsen aus die Punkte an.

Spritzdüsen ausbauen

Mit einer verstopften Scheibenwaschdüse werden Sie am besten fertig, indem Sie die Düse ausbauen und sie mit Druckluft durchblasen. Hilft das nichts, muss die Düse ausgewechselt werden. Verstopfungen der Wascherdüsen vermeiden Sie, wenn Sie in die Waschwasserleitung einen handelsüblichen Benzinfilter einbauen. Achten Sie darauf, die Düsen nicht entgegen der Spritzrichtung durchzublasen.

Arbeits-schritte

① **Ausbau:** Motorhaube öffnen. Clipsen Sie den Sockel der Spritzdüse unten aus der Motorhaube heraus (Pfeil).

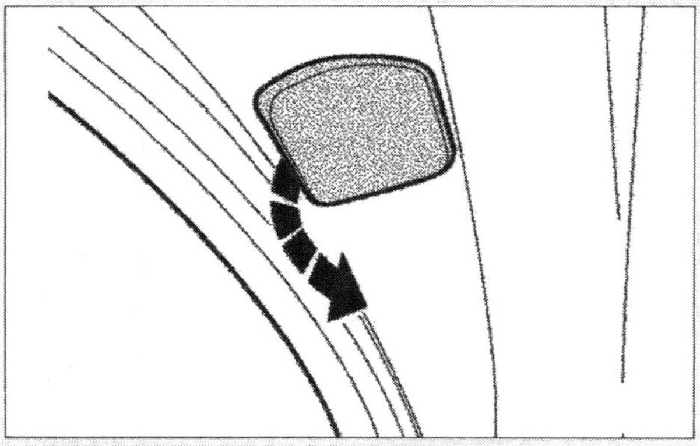

Sockel der Spritzdüse in der Motorhaube.

② Ziehen Sie den Wasserschlauch von der ausgeclipsten Spritzdüse ab.

③ Beim **Einbau** in umgekehrter Reihenfolge muss der Wasserschlauch hörbar in den Anschluss der Spritzdüse einrasten.

Scheibenwischerarme aus- und einbauen

Arbeits-schritte

① **Ausbau:** Bevor Sie die Wischerarme abbauen, stellen Sie sicher, dass sich der Wischermotor in Endstellung befindet.

② Ziehen Sie die Gummidichtung der Wasserkastenabdeckung in Pfeilrichtung ab und nehmen Sie die Abdeckung ❶ nach vorn ab.

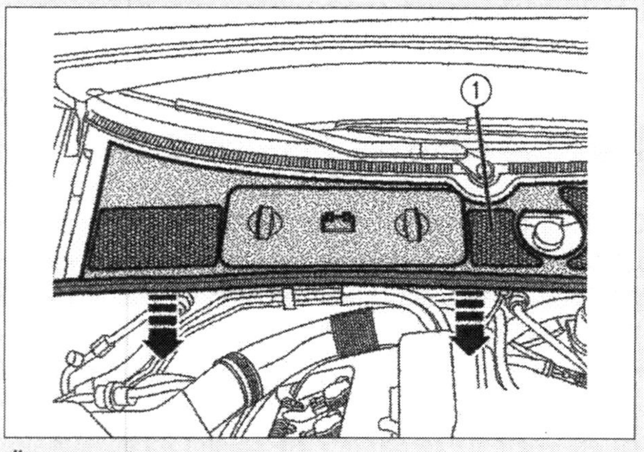

Öffnen des Wasserkastens.

③ Ziehen Sie die Sicherungsclips ❶ ab und bauen Sie den Windlaufgrill ❺ aus. Hebeln Sie die beiden Abdeckkappen ❸ mit einem kleinen Schraubendreher ab, drehen Sie die Sechskantmuttern ❹ etwas lose und lösen Sie die Wischerarme ❷ durch leichtes Klopfen von der Wischerachse. Schrauben Sie die Sechskantmuttern ganz ab und nehmen Sie die Wischerarme ab.

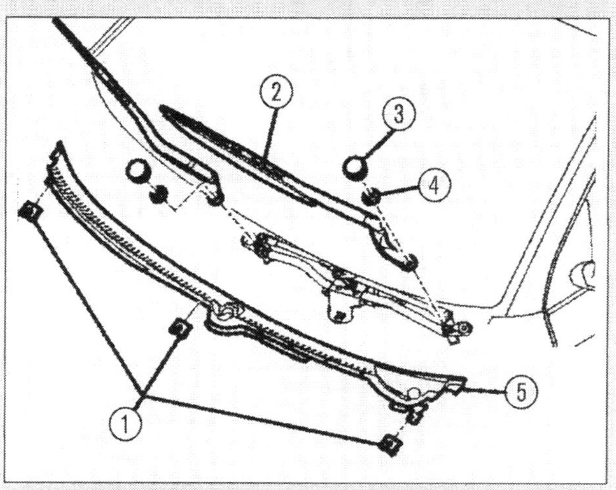

Abbau der Wischerarme.

④ Beim **Einbau** in umgekehrter Reihenfolge lassen Sie den Wischermotor wieder in Endstellung laufen. Setzen Sie die Wischerblätter an der Frontscheibe auf und richten Sie sie aus: Maß a = 26 mm, Maß b = 40 mm.

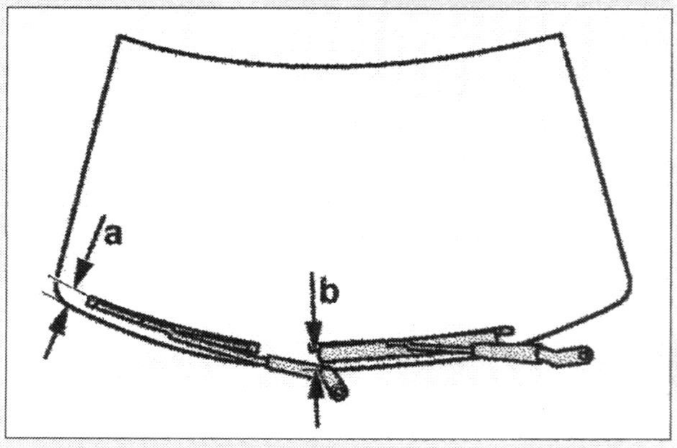

Einstellen der Wischerarme.

⑤ Diese Maße geben den Abstand der Wischerblätter zum Windlaufgrill des Wasserkastens an der Scheibenunterkante an. Wenn Sie in diesem Sinne ausgerichtet haben, dann ziehen Sie die Befestigungsmuttern für Wischerarme ❹ mit 21 Nm an.

⑥ Betätigen Sie das Tipwischen. Eventuell müssen Sie die Wischerarme noch einmal ausrichten und die Befestigungsmuttern festziehen.

Wischermotor (mit Rahmen und Gestänge) aus- und einbauen

Arbeitsschritte

① Bauen Sie die Abdeckung für die E-Box Wasserkasten ab (Pfeile).

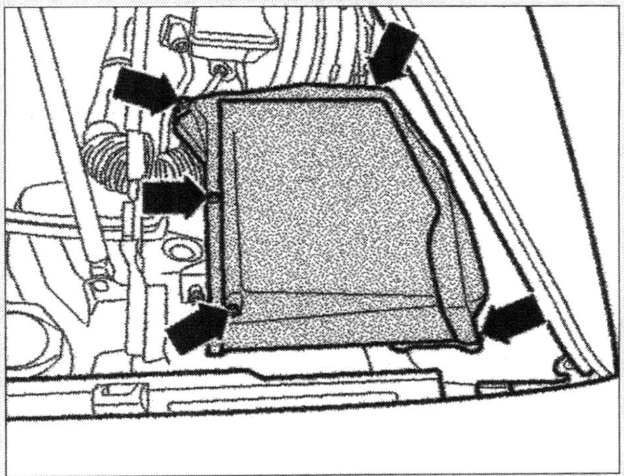

Abnehmen der Abdeckung E-Box Wasserkasten.

② Hebeln Sie mit einem geeigneten Werkzeug (empfohlen: Abdrückhebel 80-200) das Wischergestänge ❷ vom Kugelkopf ab. Schrauben Sie die Kurbel vom Wischermotor ab. Clipsen Sie die Leitungs- oder Schlauchführungen am Wischerrahmen ab. Drehen Sie die Schrauben (Pfeile) heraus und nehmen Sie den Wischerrahmen ❶ komplett ab.

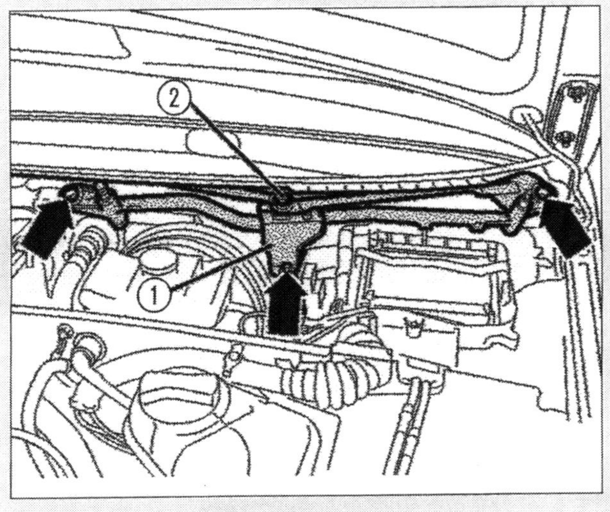

Abnehmen des Wischerrahmens.

③ Trennen Sie die elektrische Steckverbindung. Schrauben Sie den Wischermotor vom Wischerrahmen ab (Pfeile).

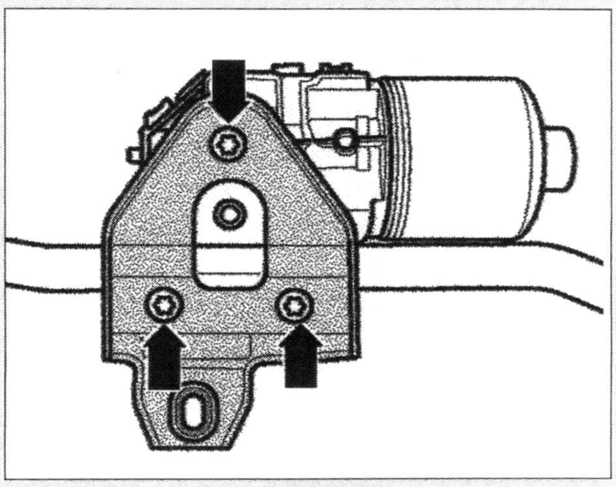

Abschrauben des Motors vom Wischerrahmen.

④ Beim **Einbau** in umgekehrter Reihenfolge müssen Sie den Wischermotor ohne Kurbel am Rahmen mit 9 Nm anschrauben. Stecken Sie die Steckverbindung wieder auf und montieren Sie den Wischermotor mit Rahmen mit 8 Nm im Fahrzeug.

⑤ Betätigen Sie das Tipwischen und lassen Sie den Motor in Endstellung laufen.

⑥ Richten Sie dann die Kurbel ❶ zum Wischerrahmen aus und ziehen Sie die Mutter ❷ mit 18 Nm an. Der Winkel alpha muss 2° betragen.

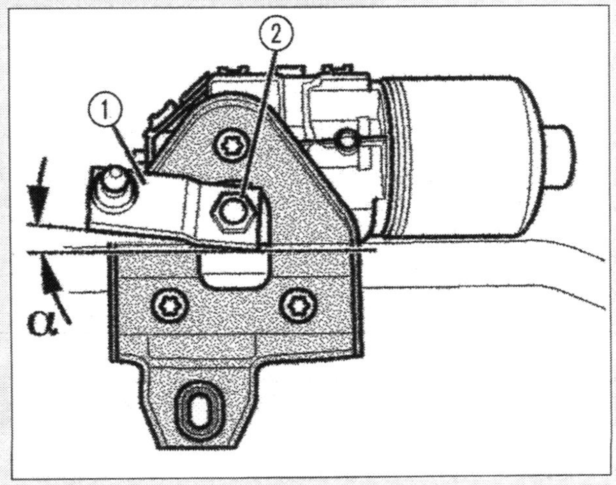

Einstellen des Kurbelwinkels.

⑦ Stellen Sie die Scheibenwischerblätter in Endstellung ein.

Scheibenwischer

Störungsbeistand

Störung	*Ursache*	*Abhilfe*
A Frontscheibenwischer läuft nicht.	**1** Sicherung S36 defekt.	Austauschen.
	2 Intervallmodul defekt.	Anschlüsse prüfen, Intervallrelais austauschen.
	3 Wischerarmantriebskurbel lose.	Festziehen.
	4 Kabel zum Wischerschalter unterbrochen.	Steckverbindungen und Zuleitungen überprüfen.
	5 Kabel zum Wischermotor unterbrochen.	Steckverbindungen und Leitungen überprüfen.
	6 Wischermotor durchgebrannt bzw. defekt.	Austauschen.
B Heckscheibenwischer läuft nicht.	**1** Siehe A1.	
	2 Siehe A4 und 5.	
	3 Siehe A6.	
C Scheibenwischer laufen nicht in Stufe I.	**1** Stromzuführung am Wischermotor defekt.	Motor austauschen.
	2 Kontaktweg im Wischerschalter unterbrochen.	Schalter austauschen.
D Scheibenwischer laufen nicht in Stufe II.	**1** Leitung vom Wischerschalter zum Motor unterbrochen.	Leitung überprüfen.
	2 Kontakt im Wischerschalter unterbrochen.	Schalter austauschen.
	3 Wischermotor defekt.	Motor austauschen.
E Keine Wischerrückstellung.	**1** Leitung zwischen Wischerschalter und Motor unterbrochen.	Leitung kontrollieren.
	2 Wischermotor defekt.	Mit Prüflampe kontrollieren. Ggf. Motor austauschen.
F Scheibenwischer laufen nicht im Intervallbetrieb.	**1** Wisch-/Waschrelais defekt.	Austauschen.
	2 Leitungen zwischen Wischerschalter und Relais unterbrochen.	Leitung überprüfen.
	3 Kontakt im Wischerschalter defekt.	Schalter austauschen.
G Intervallbetrieb lässt sich nicht ausschalten.	**1** Siehe E1.	
	2 Siehe F1.	
	3 Kontakt im Wischerschalter öffnet nicht.	Schalter austauschen.
H Scheibenwischer bleiben nach dem Abschalten nicht oder nur kurz in Parkstellung stehen.	Verschmutzter Kontakt am Schleifkontakt im Wischermotor.	Wischermotor zerlegen, Kontakte blankschleifen. Ggf. Motor austauschen.

Wischerblatt

Störungsbeistand

Störung	*Ursache*	*Abhilfe*
A Wasser und Schmutz werden gleichmäßig über das Wischfeld verteilt.	**1** Scheibe durch Lackpflegemittel, ölhaltige Rückstände oder Insektenreste verschmutzt.	Auf der Scheibe »Sidol«-Messingputzmittel auftragen, antrocknen lassen, dann mit einem sauberen Lappen abreiben.
	2 Wischergummi verschlissen.	Austauschen.
	3 Wischerarm am Anlenkpunkt des Wischerblattes verdreht und nicht parallel zur Scheibe.	Wischerarmende nachbiegen (in sich verdrehen).

Wischerblatt (Fortsetzung)

Störungsbeistand

Störung	*Ursache*	*Abhilfe*
B Im Wischfeld bleiben feine Wasserstreifen stehen.	Siehe A2.	.
C Im Wischfeld bleiben feine Wassertropfen zurück.	Neigungswinkel des Wischergummis zur Windschutzscheibe zu flach.	Wischergummi austauschen.
D Im Wischfeld bleibt ein breiter Wasserfilm zurück.	Ungleiche Druckverteilung durch verbogene oder defekte Anpressfeder im Wischergummi.	Wischerblatt austauschen.
E Im Wischfeld bleiben einige Wasserfelder zurück.	**1** Anpressdruck des Wischerarms zu gering.	Anpressdruck überprüfen. Feder leicht einölen, ggf. Wischerarm ersetzen.
	2 Scheibenwischerantrieb verschlissen.	Kontrollieren, defekte Teile ersetzen.
	3 Wischerarm lose auf seiner Achse.	Festschrauben.
	4 Wischerarm verbogen.	Nachbiegen.
	5 Wischerblatt verbogen.	Austauschen.
F Im Wischfeld bleiben oben am Rand Wasserfelder zurück.	**1** Siehe E1.	
	2 Siehe D.	
G Wischerblatt rattert.	**1** Zuviel Spiel in der Verbindung von Wischerarm und Wischerblatt bzw. dem Kunststoffverbindungsteil.	Wischerblatt oder -arm auswechseln.
	2 Wischerarm in sich verdreht.	Wischerarm zurecht biegen.

Scheinwerferreinigungs-anlage instand setzen

Arbeitsschritte

① **Ausbau:** Ziehen Sie am Stoßfänger den Deckel der Spritzdüsen nach oben und hängen Sie die Halterungen (Pfeil) vorsichtig aus.

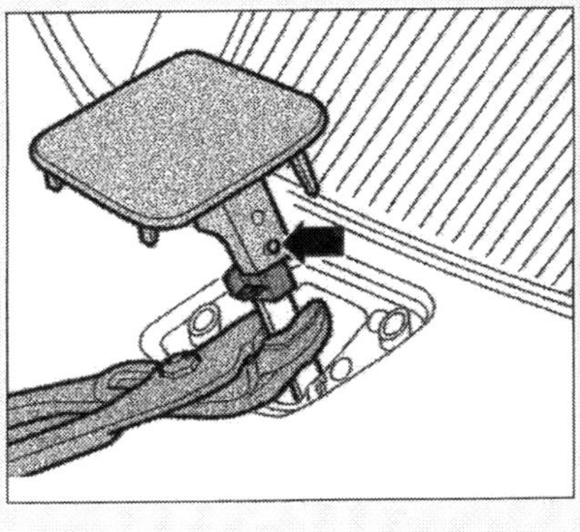

Deckel der Spritzdüsen für Scheinwerfer.

② Clipsen Sie die Halteklammer ab und ziehen Sie den Düseneinsatz nach oben heraus (Pfeile).

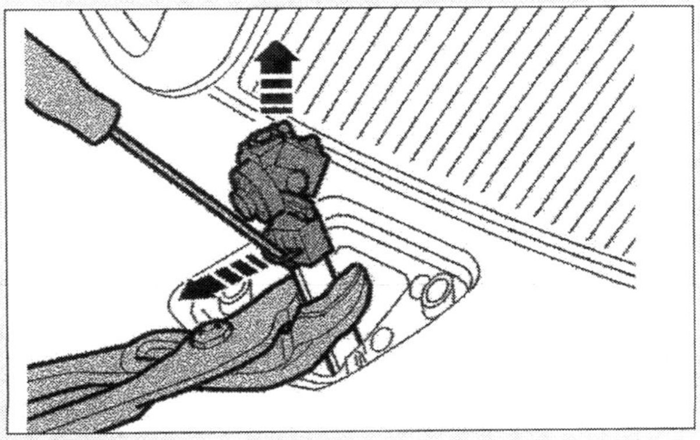

Düseneinsatz herausziehen.

③ Wenn Sie die gesamten Spritzdüsen für die Scheinwerferreinigung ausbauen wollen, müssen Sie den Stoßfänger vorn ausbauen, den Deckel der Spritzdüsen am Stoßfänger nach oben ziehen und die Halterungen vorsichtig aushängen.

④ Ziehen Sie dann den Wasserschlauch ❸ unter Drücken der Entriegelungstaste ab. Drehen Sie die Schrauben ❶ und ❷ heraus und nehmen Sie die Spritzdüse ab.

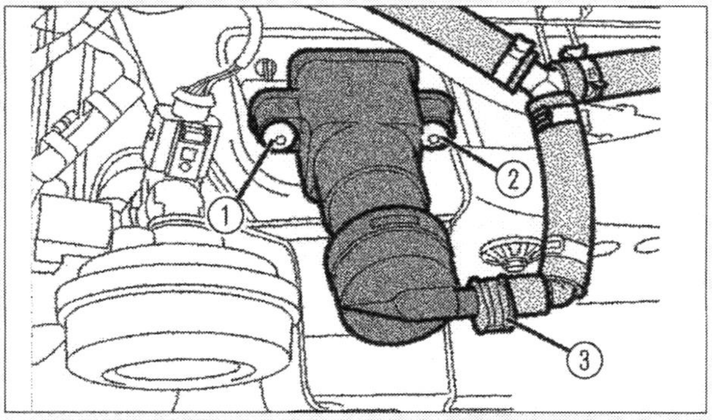

Aus- und Einbau der Spritzdüse für Scheinwerfer.

⑤ Beim **Einbau** in umgekehrter Reihenfolge schrauben Sie die Spritzdüse am Stoßfänger vorn mit 3 Nm fest und bauen den Stoßfänger wieder ein. Da die Spritzdüsen vom Hersteller voreingestellt geliefert werden, müssen Sie sie nach dem Einbau nicht einstellen.

Die Lackpflege

Jeder Quadratzentimeter glänzender Lack schlägt der Fahrzeugalterung ein Schnippchen. Die Pflege des Lacks ist daher eine lohnende Arbeit. Der Lack eines neuen Autos braucht zunächst nicht viel Aufmerksamkeit. Eine regelmäßige gründliche Wäsche und die Beseitigung von Steinschlägen, Teerflecken und Insektenresten reichen als Pflege völlig aus. Doch nach zwei, drei Jahren haben Sonne, Regen, Schmutz und häufige Wagenwäschen dem Lack so zugesetzt, dass er eine sanfte Grundreinigung nötig hat. Machen Sie die Tropfenprobe: Wenn die Wassertropfen auf dem sauberen Lack mit unscharfen Rändern zerfließen, ist es Zeit für die Lackpflege.

Wundermittel Lackreiniger

Welches Pflegemittel für Ihr Fahrzeug richtig ist, hängt vom Zustand des Lacks ab. Für einen neuen und gut erhaltenen Lack genügt eine milde Politur. Sie glättet die durch Umwelteinflüsse und mechanische Einwirkungen aufgerauhte Lackschicht, indem sie die mikroskopisch kleinen Furchen in der oberen Schicht behutsam abschmirgelt. Außerdem enthält eine Politur Wachskomponenten, die das Blechkleid konservieren. Ein Lackreiniger ist für neue Lacke reines Gift – für alte und verwitterte Lacke jedoch genau das Richtige.

Für Lackpflege ist es nie zu spät

Ein Lackreiniger funktioniert wie eine Politur, enthält jedoch gröbere Schleifmittel, die auch mit stärkeren Verschmutzungen fertig werden. Tatsächlich ist es für die Lackpflege fast nie zu spät. Bevor Sie Ihrem gealterten Wagen eine Neulackierung spendieren, sollten Sie es mit einem Lackreiniger versuchen. Allerdings enthalten diese Wundermittel in der Regel keine konservierenden Komponenten. Sie müssen daher den aufbereiteten Lack in einem neuen Arbeitsgang mit einem Autowachs versiegeln.

Konservierung für den Lack

Es empfiehlt sich übrigens, die Konservierung bei neuen und aufbereiteten Lacken zwei- oder dreimal im Jahr zu erneuern. Das erhält den Glanz länger und verbessert den Langzeitschutz. Die meisten Polituren und Lackreiniger wirken ziemlich aggressiv. Arbeiten Sie deshalb nie unter direkter Sonneneinstrahlung. Die chemischen Verbindungen in der Politur können sonst förmlich in den Lack einbrennen.

Lack pflegen und konservieren

Arbeitsschritte

① Vor der Lackpolitur das Fahrzeug gründlich waschen und trocknen.

② Prüfen Sie zuerst an einer unauffälligen Stelle, ob der Autolack Ihre Politur verträgt. Vorsicht bei Lackreinigern: Tragen Sie nur eine dünne Schicht auf, zuviel Reiniger nimmt mehr Decklack ab als nötig. Gehen Sie lieber in mehreren Durchgängen vor.

③ Politur oder Lackreiniger mit Baumwoll- oder Synthesewatte (handballengroße Stücke) oder weichem Tuch (kein Kunstfaserlappen) auftragen. Mit sanftem Druck in kreisförmigen Bewegungen einreiben. Nehmen Sie sich immer nur eine kleine Fläche vor.

④ Nach kurzer Einwirkzeit bildet sich ein trockener weißer Belag, der mit einem Watteballen in kreisenden Bewegungen auspoliert wird. Vorsicht an Kanten bei verwittertem Lack: Nicht zu lange dieselbe Stelle bearbeiten, da man sonst schnell auf die Grundierung stößt.

Reiben Sie die polierte Lackfläche zum Schluss noch mit einem sauberen Baumwolllappen ab. Damit entfernen Sie eventuell noch vorhandenen Belag und natürlich auch die Watteflusen.

⑤ Nach einiger Zeit geht das Polieren schwerer, weil Wachs- und Pflegemittelpartikel die Bewegungen einbremsen. Dann Watteballen wenden oder erneuern.

⑥ Zum Abschluss den Lack mit sauberem Baumwolllappen abreiben, um noch vorhandenes Poliermittel und Watteflusen zu entfernen.

So konservieren Sie richtig

⑦ Autowachs mit Watte auftragen. Die Größe der zu bearbeitenden Fläche hängt vom verwendeten Produkt ab. Vorsicht: Konservierer haben einen hohen Lösemittelanteil. Sorgen Sie daher für ausreichende Belüftung.

⑧ Die Flüssigkeit mit Watteballen in kreisenden Bewegungen einreiben. Gleichmäßiges druckvolles Kreisen erzeugt bei guten Konservierern Tiefenglanz.

⑨ Die Watte darf nur mit wenig Widerstand über den Lack gleiten. Deshalb häufig die Watte wenden und rechtzeitig wechseln.

⑩ Weist der Lack nach dem Konservieren Streifen oder Wolken auf, liegt das meist an verschmierten Farbpartikeln, die von einer vorhergehenden Politur übrig geblieben sind. An diesen Stellen nochmals mit einer Politur beginnen.

Lackschäden

Während der Fahrt verüben aufwirbelnde Steine immer wieder Anschläge auf die Karosserie Ihres Fahrzeugs. Bei hohem Tempo werden selbst winzige Sandkörner zu Geschossen, die wie Meteoriten im Lack einschlagen. Im Winter sind vor allem Frontpartie und Motorhaube gefährdet, wenn der Rollsplitt gegen das Blech prasselt. Steinschlagschäden sind jedoch kein Drama. Auch ein Parkrempler mit Kratzern und Schrammen bietet keinen Anlass zur Panik. Solche Stellen lassen sich ebenso wie Fremdlack mit Lackreiniger oder Schleifpolitur oft einfach auspolieren.

Reparaturset bei Steinschlag

Viele Hersteller bieten für Lackschäden durch Steinschlag (etwa in der Größe eines Stecknadelkopfes) Reparatursets an, die sich so leicht handhaben lassen wie eine Flasche Nagellack. Eine Alternative ist Tupflack, bei dem der Krater mit einem Pinsel in mehreren Lackschichten aufgefüllt wird. Bei normalen Lacken helfen auch Wachsstifte in Wagenfarbe. Der aufgetragene Wachsfilm hält allerdings nur einige Wagenwäschen lang und muss dann erneuert werden. Die Lackbezeichnung und den Code für die Farbe Ihres Wagens finden Sie in Ihren Fahrzeugpapieren.

Lackschäden rechtzeitig beseitigen

Macken im Lack sollten Sie nicht ignorieren. Der Rost kann den angrenzenden Lack unterwandern. Bei ungünstigen Bedingungen wie Nässe und Wärme geschieht das schon in wenigen Tagen. Deshalb gilt: Lackschäden möglichst schnell ausbessern. Hat sich der Rost über Monate oder Jahre ungehindert ausgebreitet, erkennen Sie das meist an unschönen Kratern oder Löchern im Karosserieblech. In diesem Fall helfen nur noch aufwendige Restaurierungsarbeiten, die Erfahrung mit dem Werkstoff und dessen Bearbeitung voraussetzen. Die können wir Ihnen hier ebenso wenig vorstellen wie die Behebung eines Blechschadens.
Für solche Arbeiten empfehlen wir den Band 175 aus der Reihe »Jetzt helfe ich mir selbst«. Er informiert umfassend über alle Arbeiten rund um die Autokarosserie.

Mit dieser Grundausstattung bessern Sie Lackschäden aus:

- Abklebeband (Profimaterial verwenden).
- Zeitungen oder Folie zum Abkleben.
- Schleifklotz aus Holz oder Kork für flächiges Schleifen.
- Nass- und Trockenschleifpapier in verschiedenen Körnungen.
- Spachtel und Spachtelmasse, Härter. Spritzspachtel zum Ausgleich kleinerer Unebenheiten.
- Haftgrund, als Grundlage für den Lackaufbau.
- Decklack in der Farbe Ihres Fahrzeugs.
- Lackreiniger, Konservierer, Politur.

Steinschlagschäden ausbessern

Arbeitsschritte

① Stehen rund um den Lackkrater Ränder ab: Mit einer feinen Nadel abheben.

② Hat sich Rost gebildet, kratzen Sie ihn mit einem spitzen Taschenmesser vorsichtig heraus. Einen Tropfen Rostumwandler auf die Stelle tupfen und etwa eine Stunde einwirken lassen.

③ Die Schadstelle mit Waschbenzin oder Verdünnung reinigen, gründlich trocknen.

④ Etwas Haftgrund in den Sprühdosendeckel spritzen und mit Tupfpinsel oder Fingerkuppe dünn auftragen. Warten Sie, bis der Haftgrund getrocknet ist.

⑤ Mit Fingerkuppe oder kleinem Kunststoffmesser ein wenig Spachtel bündig zur umgebenden Lackfläche in den Krater drücken und trocknen lassen. Halten Sie Lappen und Verdünnung bereit, um Spachtelflecken auf dem Lack sofort abzuwischen.

⑥ Wenn Sie zuviel Spachtel eingebracht haben: Spannen Sie um ein Bleistiftende einen schmalen Streifen feines Schleifpapier, schleifen Sie den überschüssigen Spachtel bleistiftdrehend vorsichtig ab.

⑦ Ein wenig Lack in den Dosendeckel sprühen und eine Minute ablüften lassen. Den Lack sehr dünn mit Fingerkuppe oder spitzem Pinsel auftragen.

⑧ Wenn der Lack vollständig getrocknet ist (im Sommer nach etwa zwei, im Winter nach fünf Tagen): die ausgebesserte Stelle mit Politur, die Übergänge bei Bedarf mit Lackreiniger bearbeiten.

Kleinere Schrammen auspolieren

Arbeitsschritte

① Die Schadstelle mit Waschbenzin oder Verdünner reinigen.

② Polieren Sie die Fremdfarbe (falls vorhanden) mit Polierwatte, Schleifpolitur oder Lackreiniger in mehreren Arbeitsgängen aus dem Decklack. Halten Sie die Polierfläche möglichst klein.

③ Wenn die Ränder der Schramme noch rauh sind: Schleifen Sie diese Stellen mit einem kleinen Streifen feinstem Nassschleifpapier (mindestens Körnung 600) behutsam glatt. Dabei Schleifpapier immer wieder anfeuchten. Vorsicht: Schleifen Sie nicht die Decklackschicht durch.

④ Die Schadstelle mit einer milden Politur nachpolieren. Dabei werden Farbpartikel aus der unmittelbaren Lackumgebung in die Schramme hinein verteilt.

⑤ Zuletzt die bearbeitete Stelle mit Konservierer behandeln.

⑥ Wenn Sie auf gleichmäßigen Glanz Wert legen, anschließend das ganze Fahrzeug polieren.

Stärkere Schrammen ausbessern

Arbeitsschritte

① Bei tiefen Schrammen an Stoßfänger oder Kotflügel: Bauen Sie das Karosserieteil vor der Lackreparatur aus. Die Ausbesserung geht so leichter von der Hand.

② Schadensfläche mit Schleifpapier (Körnung 80 oder 100) eben schleifen. Ist Rost vorhanden, bis aufs blanke Blech schleifen, Rostumwandler auftragen und eine Stunde einwirken lassen.

③ Die Stelle mit Waschbenzin oder Verdünnung reinigen und entfetten, trocknen lassen.

④ Spachtel und Härter mischen. Die Spachtelmasse macht die Schadstelle zu dem angrenzenden Lack bündig. Vorsicht: Der Spachtel lässt sich nur einige Minuten verarbeiten, weil der Härter schnell abbindet. Deshalb nur kleine Mengen vorbereiten. Bei geringen Unebenheiten können Sie auch Spritzspachtel aufsprühen.

⑤ Die Spachtelmasse gleichmäßig und zügig in mehreren dünnen Schichten auftragen. Nach etwa einer Stunde ist die Schicht ausgehärtet.

⑥ Unebenheiten mit Trockenschleifpapier (Körnung 240) vorsichtig abschmirgeln. Für den Feinschliff Nassschleifpapier (Körnung 400) verwenden und Fläche mit wenig Druck beischleifen.

⑦ Sind dann noch Riefen vorhanden – mit Spritzspachtel ausgleichen, aushärten lassen und mit Nassschleifpapier (Körnung 600) nachschleifen.

⑧ Vor dem Lackieren Schleifstaub sorgfältig abwischen.

Lackieren wie die Profis

⑨ Die Schadstelle mit wasserfestem und dehnbarem Lackierer-Klebeband, einer Folie oder alten Zeitungen abkleben. Billiges Klebeband weicht schnell durch und lässt bald auch Farbe passieren. Vorsicht: Beim Lackieren entstehen giftige Dämpfe. Sorgen Sie deshalb für eine gute Belüftung des Arbeitsplatzes.

⑩ Haftgrund (Füller) als feinporige Grundlage für den Decklack sprühen. Sauber arbeiten – Unebenheiten und Lacknasen verschwinden nicht mit zunehmenden Lackauftrag, sondern vergrößern sich. Haftgrund trocknen lassen, mit Nassschleifpapier (Körnung 600) planschleifen. Schleifrückstände abwischen.

⑪ Decklack aus der Sprühdose gleichmäßig und zügig in mehreren Schichten auftragen. Der Abstand vom Sprühkopf zur Lackierfläche sollte etwa 20 bis 30 Zentimeter betragen. Erwärmen Sie die Sprühdose vor dem Lackieren kurz in heißem Wasser. Der Sprühstrahl entweicht dann unter höherem Druck, ist feiner und erzielt eine glattere Oberfläche.

⑫ Die Ränder des Klebebands an der Reparaturstelle lösen, umknicken und diese Stellen nachsprühen. Das macht den Übergang zum Originallack unscharf.

⑬ Wenn der Lack vollständig getrocknet ist (im Sommer nach etwa zwei, im Winter nach fünf Tagen): die ausgebesserte Stelle mit Politur, die Übergänge mit Lackreiniger bearbeiten. Wenn Sie auf gleichmäßigen Glanz Wert legen, anschließend das ganze Fahrzeug polieren.

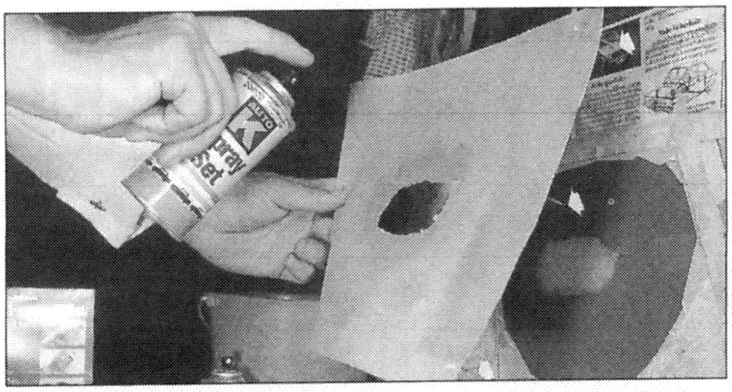

Wenn Sie mit der Spraydose lackieren: Schneiden Sie in ein großes Stück Pappe ein Loch in Größe der Schadensstelle. Der Sprühstrahl deckt dann nur die vorgesehene Fläche ab.

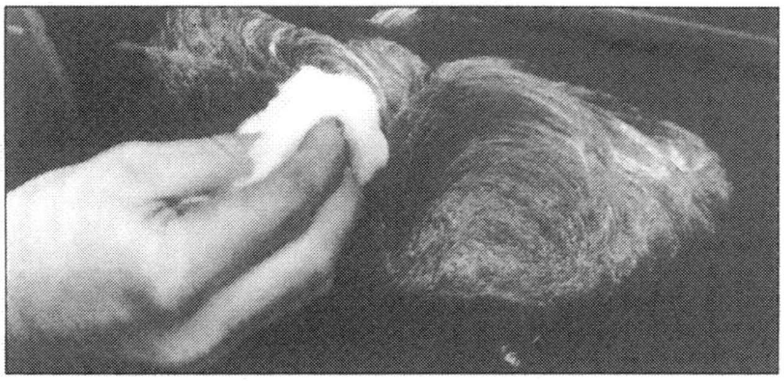

Kratzer oder Schrammen lassen sich mit Schleifpolitur oder Lackreiniger beseitigen, wenn noch ein Hauch Decklack vorhanden ist. Verwenden Sie nur hochwertiges Arbeitsmaterial aus dem Zubehörhandel.

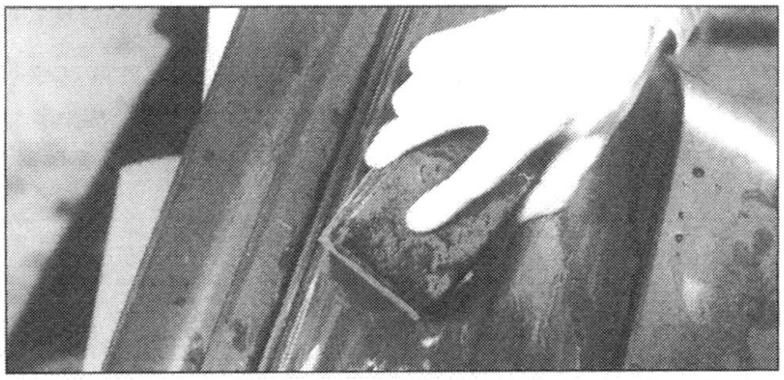

Schleifpapier um Schleifklotz wickeln, die Schadensfläche durch gleichmäßige Bewegungen in eine Richtung glatt schleifen. Den Klotz immer wieder in Wasser tauchen, damit der Schleifstaub herausgeschwemmt wird.

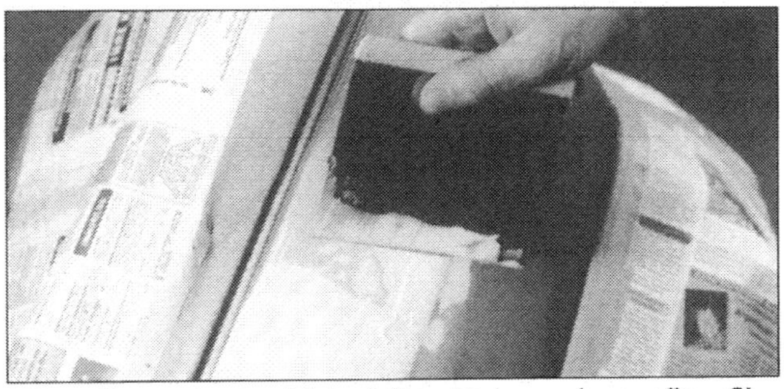

Wenn Sie zum ersten Mal mit Spachtel umgehen, sollten Sie erst üben, bevor Sie ernst machen. Machen Sie auf einem alten Stück Autoblech einen Probedurchlauf. Das bringt das nötige Gefühl und Sicherheit im Umgang mit diesem Material.

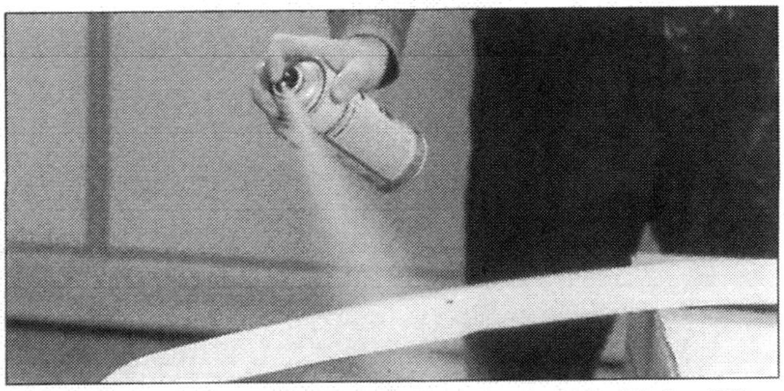

Halten Sie die Spraydose ruhig über der Lackierfläche. Führen Sie den Sprühstrahl am Lackierobjekt vorbei, nicht absetzen oder im Oval zurückführen – das vermeidet Lacknasen.

DER MOTOR

Wartung

Reparatur

Moderne Ottomotoren unter der Haube. Die Gasmaschine, für die der deutsche Ingenieur Nikolaus August Otto am 4. August 1877 das Patent erhielt, leistete 3 PS bei 180 Umdrehungen in der Minute. Der neue Top-Motor des Audi A4 mobilisiert 220 PS bei 6.300 U/min.

Leistungsstarke und zugleich verbrauchsgünstige Motoren sorgen für überzeugende Fahrleistungen des Audi A4 als Limousine, als Großraumversion Avant sowie als Allradfahrzeug quattro. Für das Cabriolet (ab 2002) ist übrigens ähnliches angekündigt. Die Triebwerke unterbieten die Grenzwerte der strengen europäischen Abgasnorm EU 4. Beim 6-Zylinder-Motor beispielsweise wird das durch zwei motornahe keramische Vorkatalysatoren mit hoher Zelldichte und Drei-Edelmetallbeschichtung sowie zwei Hauptkatalysatoren im Unterbodenbereich gewährleistet.
Für die aktuelle Generation des »Vierer« haben die Ingolstädter, wie allein hieran deutlich wird, stark an der Weiterentwicklung der Ottomotoren gearbeitet. Deren Erfinder Nikolaus August Otto aus Holzhausen im Taunus hätte seine helle Freude daran. Erstmals kommen in dieser Baureihe zwei völlig neu konstruierte Benzinmotoren mit Aluminiumgehäuse zum Einsatz: Ein 2,0 Liter-Reihenvierzylinder mit 96 kW (130 PS) und der 3,0 Liter V6 mit 162 kW (220 PS). Komplettiert wird das Benziner-Programm vom bewährten 1,8 Liter Turbo mit 110 kW (150 PS) und vom überarbeiteten 1,6 Liter-Motor mit 75 kW (102 PS).
Die Großraumversionen Avant des A4 waren bis zur Premiere der Neuauflage im Juni 2001 noch mit den Motoren 2,4 Liter (165 PS) und 2,8 Liter (193 PS) ausgerüstet. Die neuen Benziner A4 Avant sind nun allerdings so motorisiert wie seit Oktober 2000 die Limousinen und werden auch mit dem neuen 1,6 Liter-Motor geliefert.
Mit Ausnahme dieser 1,6 Liter-Basismotorisierung setzt Audi bei den Benzinern weiter auf die Fünfventiltechnik für schnelle Gaswechsel. Zwei Auslassventile und die drei Einlassventile sollen für besseren Gasdurchsatz sorgen. Es scheint einleuchtend: Durch die drei Ventile kann in kurzer Zeit mehr Gasgemisch strömen als durch zwei oder gar eines. Die Zylinderfüllung ist pro Ansaugtakt deutlich besser.

Der 3,0 Liter-V6-Motor ASN

Abgesehen von der Grundkonzeption, der Anordnung der Zylinderbänke im 90-Grad-Winkel und der identischen Zylinderbohrung, teilt der neue Top-Motor nur wenige Komponenten mit seinem 2,8-Liter-Vorgänger. Der V6 mit Fünfventil-Zylinderkopf beschleunigt die frontgetriebene A4-Limousine mit manuellem 5-Gang-Getriebe in 6,9 Sekunden von 0 auf 100 km/h. Die Höchstgeschwindigkeit beträgt 245 km/h, der Durchschnittsverbrauch in dieser Version nur 9,5 Liter.
Als wichtigste Innovationen dieses Triebwerks gelten das Zylinderkurbelgehäuse aus Aluminium (wodurch der Motor insgesamt nur 163 kg wiegt), die leichteren Kolben, eine Ausgleichswelle, die kontinuierlich verstellbare Einlassnockenwelle, die verstellbare Auslassnockenwelle, das neue zweistufige Schaltsaugrohr und die Bosch-Motronic ME 7.1.1. mit E-Gas.

Die Einlassnockenwelle lässt sich kontinuierlich bis 42 Grad in Richtung früh verstellen. Auf der Auslassseite wird die Nockenwelle bei Bedarf auf 22 Grad in Richtung spät verstellt. Schon bei nur 1.900 Umdrehungen pro Minute stellt das System auf die maximale Überschneidung ein, so dass ein möglichst hohes Drehmoment erreicht wird. Das Maximum von 300 Nm liegt dann auch bereits bei 3.200 Umdrehungen pro Minute an. 90 Prozent dieses Wertes stehen zwischen 2.200 und 5.200 U/min zur Verfügung.
Neben der ausgeklügelten Nockenwellenverstellung verfügt der Motor ASN über ein neu entwickeltes zweistufiges Schaltsaugrohr. Ab 4.200 U/min schaltet das Resonanzrohr auf die kurze Leistungsposition zurück. Die Höchstleistung von 162 kW/220 PS liegt schließlich bei 6.300 U/min an.

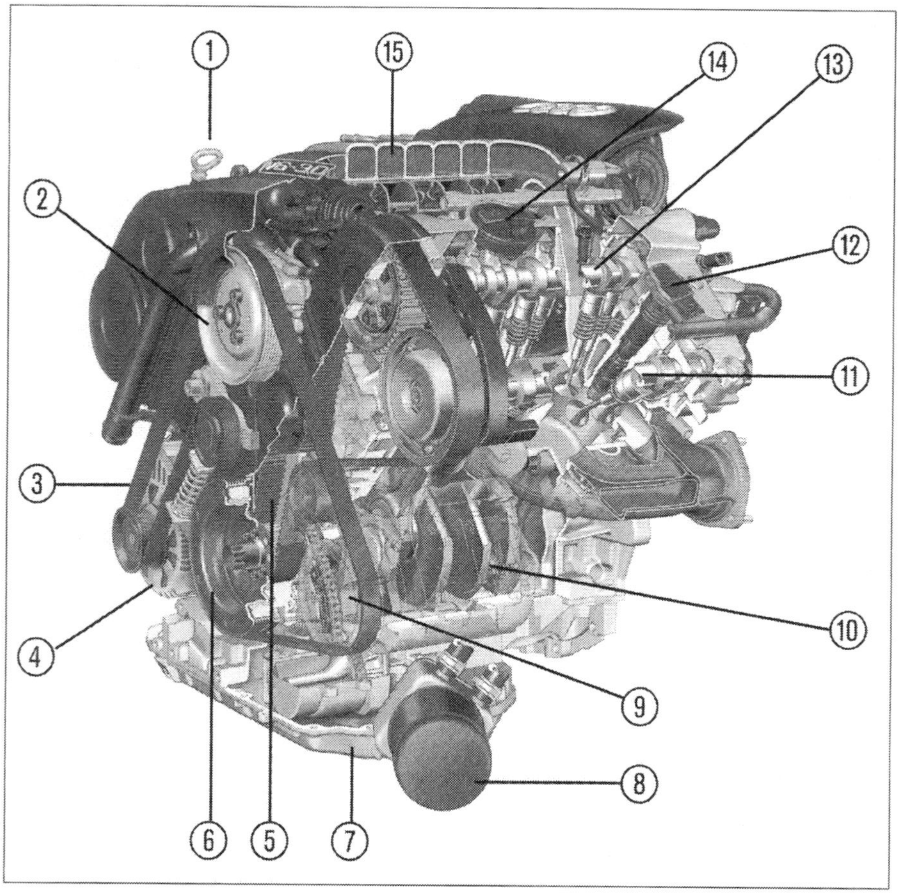

Details am 3,0 Liter-V6-Fünfventil-Motor: ❶ *Ölpeilstab,* ❷ *Riemenrad für Servopumpe,* ❸ *Keilrippenriemen,* ❹ *Generator (Lichtmaschine),* ❺ *Zahnriemen,* ❻ *Schwingungsdämpfer,* ❼ *Ölwanne,* ❽ *Ölfilter,* ❾ *Riemenrad für Klimakompressor,* ❿ *Kurbelwelle,* ⓫ *Auslassnockenwelle,* ⓬ *Einzelfunkenzündspule,* ⓭ *Einlassnockenwelle,* ⓮ *Öleinfüllstutzen,* ⓯ *Schaltsaugrohr.*

Der 2,0 Liter-Motor ALT

Als zweiten Newcomer in der Benzinmotorenpalette des A4 präsentiert Audi den Reihenvierzylinder mit 1984 cm^3 Hubraum. Auch dieser Fünfventilmotor mit Leichtmetallblock und Ausgleichswellen zur Verbesserung der Laufkultur bringt die A4-Limousine in weniger als zehn Sekunden auf 100 Stundenkilometer. Die Höchstgeschwindigkeit liegt bei 212 km/h. Das sind Werte, die angesichts des Verbrauchs von 7,9 Litern die Konkurrenten beeindrucken. Tester lobten, wie kultiviert dieses Aggregat hochdreht – frei von lästigen Vibrationen.
Als wichtigste technische Innovationen werden vom Hersteller die kontinuierliche Einlass-Nockenwellenverstellung für optimale Motorfüllung, die Kennfeldkühlung zur Verbesserung des Wirkungsgrads, das neue zweistufige Schaltsaugrohr für sattes Drehmoment und hohe Leistung sowie die Ausgleichswellen für exzellente Laufkultur angegeben.

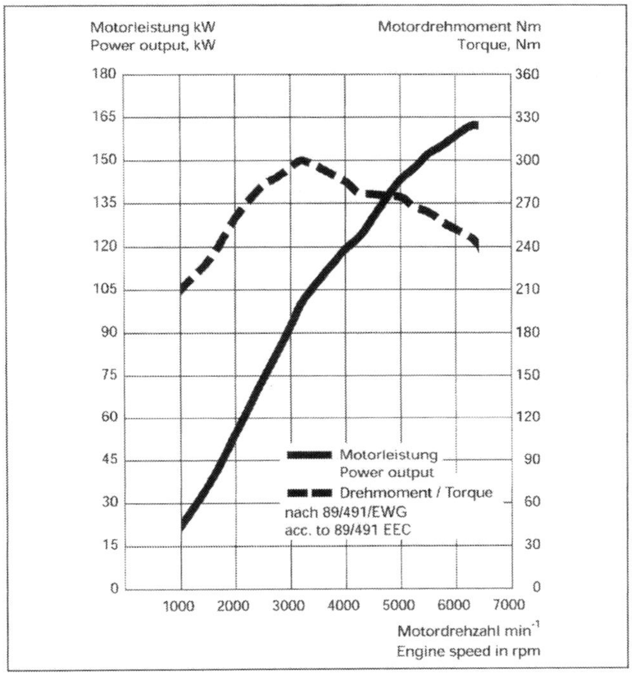

Leistung und Drehmoment des 3,0 Liter-V6-Fünfventil-Motors im Diagramm.

Der 2,0 Liter-Motor als FSI

Der zwei Liter große Vierzylinder wurde von Audi ausgewählt, um eine neue Motorengeneration einzuleiten: Triebwerke mit Benzindirekteinspritzung (FSI). Das Kurbelgehäuse und die Dimensionen des Audi A4-FSI-Motors sind identisch mit dem normalen 2,0 Liter-Aggregat. Neu ist das Common Rail-Einspritzsystem und eine Einkolben-Einspritzpumpe. Der Zylinderkopf hat gegenüber den Audi-Motoren mit Saugrohreinspritzung nicht fünf, sondern vier Ventile. So wurde Platz für das Einspritzventil geschaffen, das millisekundengenau bei Einspritzdrücken von 110 bar dosiert. Der Vierventilzylinderkopf hat Rollenschlepphebel-Steuerung. Das Schaltsaugrohr ist auch beim FSI zweistufig ausgelegt und bietet damit zwei Längen für hohe und niedrige Drehzahlen. Kontinuierliche Verstellung der Einlassnockenwelle sorgt auch bei ihm für die bedarfsgerechte Steuerung der Ventilöffnungszeiten.

Für die Abgasreinigung sind beim FSI-Motor zwei Katalysatoren zuständig: Hinter dem Krümmer angebracht ist der motornahe 3-Wege-Stufenkatalysator, im Unterboden befindet sich der NOx-Speicherkat. Dieser ist für die besonderen Anforderungen eines Direkteinspritzers ausgelegt. Er bindet die Stickoxide in seiner Barium-Beschichtung.

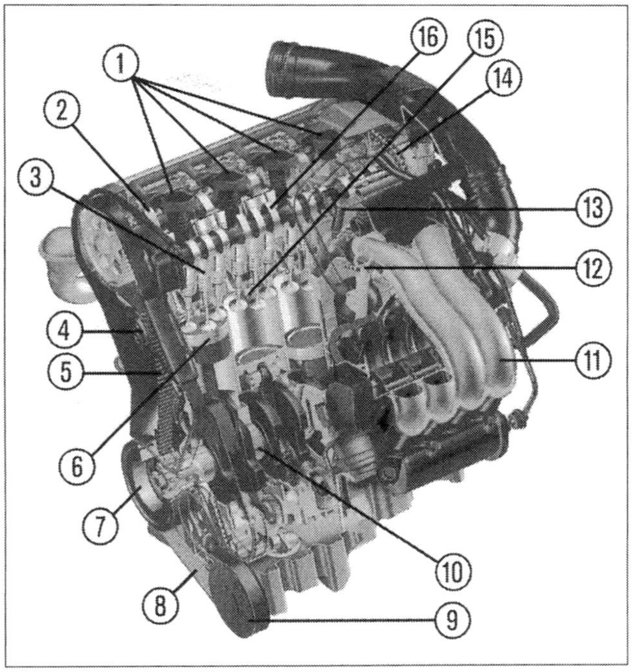

Details am 2,0 Liter-Motor (5V): *❶ Einzelfunkenzündspulen, ❷ Einlassnockenwelle, ❸ Hydrostößel, ❹ Spannrolle Zahnriemen, ❺ Zahnriemen, ❻ Kolben, ❼ Schwingungsdämpfer (Riemenscheibe Kurbelwelle), ❽ Keilrippenriemen, ❾ Riemenscheibe Pumpe für Servolenkung, ❿ Kurbelwelle, ⓫ Schaltsaugrohr, ⓬ Ölpeilstab, ⓭ Einspritzventil, ⓮ Antriebskette Einlassnockenwelle, ⓯ Auslassnockenwelle, ⓰ Zündkerze.*

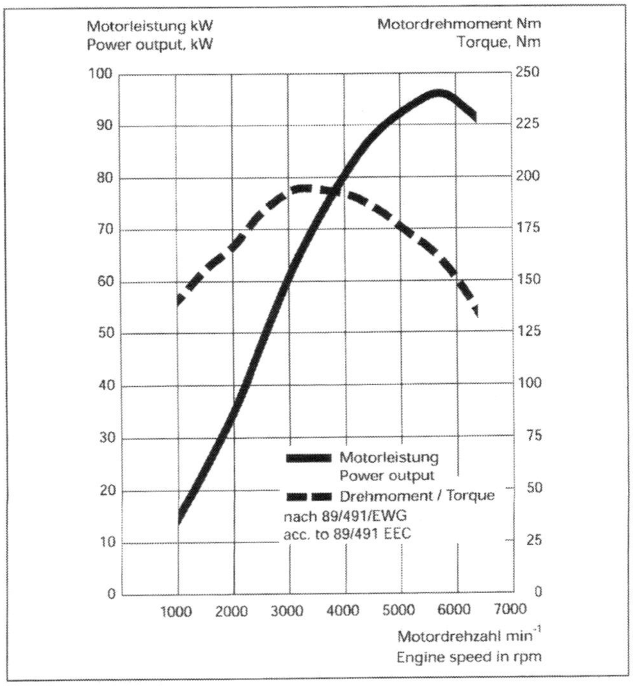

Leistung und Drehmoment der FSI-Version des 2,0 Liter-Fünfventil-Motors im Diagramm.

Der 1,8 Liter-Turbo-Motor AVJ

Der 1,8 Liter-Vierzylinder-Turbo wurde als Klassiker der voran gegangenen Generation auch für den neuen A4 berücksichtigt. Dieses Triebwerk hat sich schon vieltausendfach sehr erfolgreich bewährt. Beliebt ist sein bulliges Drehmoment (210 Nm), das der Turbolader bereits aus niedrigsten Drehzahlen heraus (1.750 U/min) aufbaut. Bis 4.600 U/min bleibt dieses Drehmoment konstant. Im vorwiegend genutzten Fahr-/Drehzahlbereich steht also immer das volle Drehmoment zur Verfügung. Eine solche Leistungsentfaltung ist man eigentlich eher von weit höheren Hubraumklassen gewohnt.
Der frontgetriebene A4 1,8T benötigt bei Handschaltung je 100 Kilometer nur 8,2 Liter Super (bleifrei; 95 ROZ). Von 0 auf 100 km/h lässt sich mit diesem Triebwerk in nur 8,9 Sekunden beschleunigen. Spitze: 222 km/h.

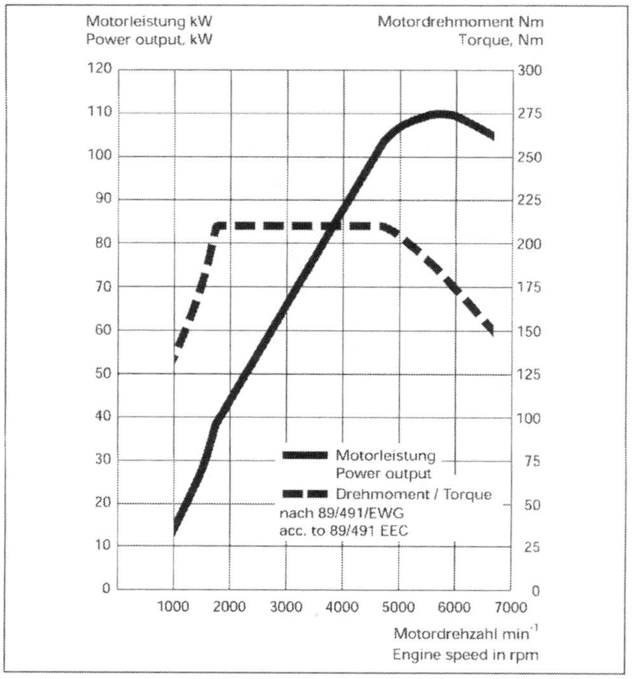

Das bullige Drehmoment des 1,8 Liter T baut der Turbolader aus niedrigsten Drehzahlen heraus auf, wie das Diagramm deutlich macht.

1,8 Liter T – das bewährte Aggregat mit Turbolader.

Der 1,6 Liter-Motor ALZ

Viel Kopfarbeit steckt im 1,6 Liter-Basismotor für den A4. Durch einen neuen Ventiltrieb mit reibungsarmen Rollenschlepphebeln sowie den Feinschliff an zahlreichen Komponenten ist der Zweiventiler drehmomentstärker und umweltfreundlicher geworden. Der Reihen-4-Zylinder hat eine oben liegende Nockenwelle (OHC), leistet maximal 102 PS und kommt auf eine Höchstgeschwindigkeit von 190 km/h. Wie die drei anderen Motoren, die von der Bosch Motronic ME gesteuert werden, wird für das vollelektronische Motormanagement mit E-Gas neuerdings auch die ME 7 eingesetzt. Frühere ALZ-Modelle sind mit der bewährten Simos 3.4 von Siemens ausgestattet.

Drehmomentstark und umweltfreundlich – der 1,6 Liter-Basismotor. Blick in den Motorraum.

Motoren des Audi A4 (Benziner)

Modell	Hubraum (cm^3)	Leistung (kW/PS)
4 Zylinder/2 Ventile		
ALZ 1,6 Liter	1595	75/102
4 Zylinder/5 Ventile		
AVJ 1,8 Liter Turbo	1781	110/150
ALT 2,0 Liter	1984	96/130
6 Zylinder/5 Ventile		
ASN 3,0 Liter V6	2976	162/220

Die Motor-Identifizierung

Mit welchem Motor Ihr Fahrzeug ausgestattet ist, können Sie dem Fahrzeugdatenträger im Serviceplan oder natürlich den amtlichen Fahrzeugpapieren entnehmen. Die zuverlässigste Methode zur exakten Identifizierung des Triebwerks besteht darin, die Kennbuchstaben (in der von uns behandelten Motorenpalette, also die Buchstabenkombinationen ASN, ALT, AVJ und ALZ) am Zylinderblock oder an den Trennstellen Motor/Getriebe zu suchen – dort irgendwo sind sie unverlierbar eingeschlagen. Zur vollständigen Kennung gehört dann noch die laufende Nummer für das jeweilige Aggregat. Die folgenden Skizzen zeigen Ihnen, wo Sie suchen müssen.

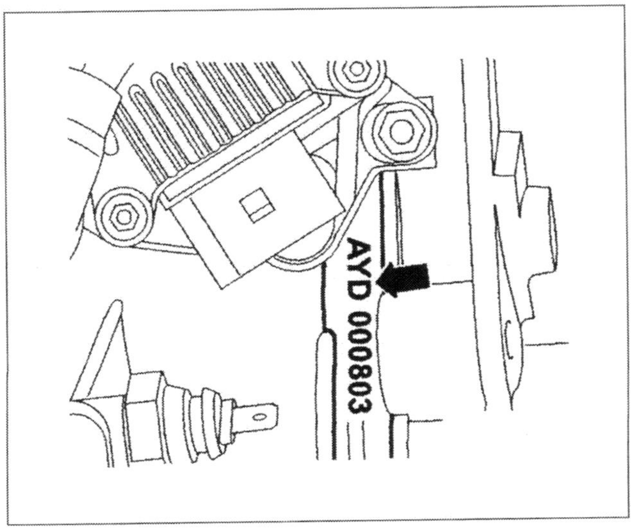

Die Motornummer (Motorkennbuchstaben und laufende Nummer) beim Vierzylinder mit zwei Ventilen befindet sich links vorn an der Verbindungsstelle Motor/Getriebe.

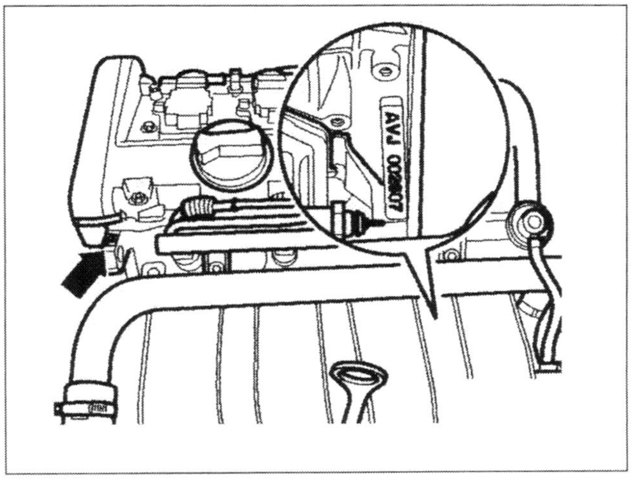

Die Motornummer beim Vierzylinder mit fünf Ventilen (1,8 Liter T und 2,0 Liter) befindet sich links hinten am Zylinderblock.

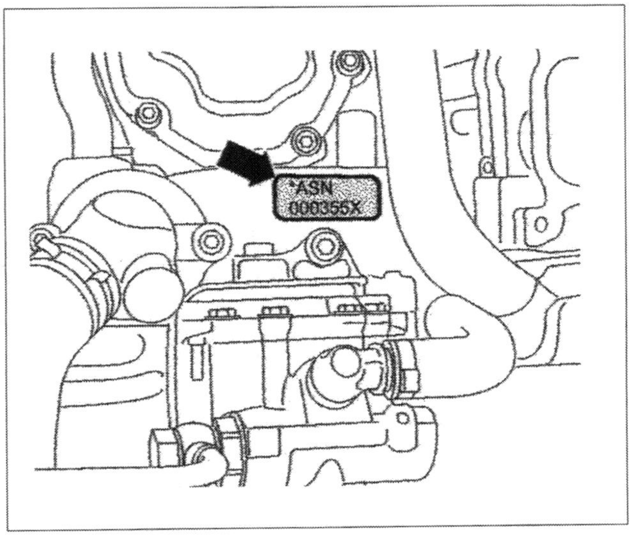

Die Motornummer beim Sechszylinder mit fünf Ventilen (3,0 Liter) ist vorn oben am Zylinderblock (zwischen Zylinderkopf und Hydraulikpumpe) eingeschlagen. Die Motorkennbuchstaben finden sich ferner hinten links am Zylinderkopf.
Die Kennung des ASN wird erst nach Vorarbeiten sichtbar. Man muss zumindest die vordere Motorabdeckung abziehen. Auf dem Gehäuse der Unterdruckdosen für Saugrohrverstellung ist ein Aufkleber mit Buchstaben und Nummer angebracht. Falls dieser nicht vorhanden ist, muss die hintere Motorabdeckung abgezogen werden, um am Zylinderkopf die Kennbuchstaben zu sehen. Braucht man die vollständige Motornummer, müssen die Unterdruckdosen nach Lösen zweier Schrauben und Abnehmen einer Druckfeder bei angeschlossenen Leitungen zur Seite gelegt werden. Dann erst liegt die Kennung am Zylinderblock frei.

Die Bauteile des Motors

Technik-lexikon

Motorblock. Hier sind die beweglichen Teile gelagert. Der Motorblock trägt auch Aggregate wie Lichtmaschine, Anlasser und Zündanlage.

Zylinderkopf. Schließt den Zylinderraum nach oben ab. Er enthält Ansaug- und Abgaskanäle, Wasserkanäle, die Ventilsitze, Lager und Führungen für Teile der Ventilsteuerung sowie die Zündkerzengewinde und den Brennraum. Die Zylinderkopfdichtung zwischen den Metallflächen von Zylinderkopf und Zylinderblock verhindert, dass an dieser Stelle Luft und Kühlwasser in den Zylinder gelangen.

Zylinder. Bilden zusammen mit dem Zylinderkopf den Verbrennungsraum (Hubraum). Sie sind glatt ausgeschliffen (gehont) und exakt auf den Kolbendurchmesser abgestimmt. Für die Kühlung sorgt Wasser, das durch Kanäle in der Zylinderwand fließt.

Kolben. Nehmen den Verbrennungsdruck auf und geben ihn über die Pleuel an die Kurbelwelle weiter. Die Hauptbestandteile sind Kolbenboden, Ringzone mit Kolbenringen und Bolzenaugen für die Kolbenbolzen. Die beiden oberen Kolbenringe (Verdichtungsringe) verhindern, dass Gas aus dem Verbrennungsraum ins Kurbelgehäuse entweicht. Der untere Ring (Ölabstreifring) führt überschüssiges Schmieröl von der Zylinderwand in die Ölwanne zurück.

Pleuel. Verbinden den Kolben mit der Kurbelwelle. Ihre Bestandteile: Pleuelkopf (umschließt den Kolbenbolzen), Pleuelschaft, Pleuelfuß und Pleuellagerdeckel (umschließen den Kurbelzapfen).

Kurbelwelle. Wandelt das Auf und Ab der Kolben in eine Drehbewegung um. Ihre Teile: Wellenzapfen (für Lagerung im Kurbelgehäuse), Kurbelzapfen, Kurbelwangen (verbinden Kurbelzapfen und Wellenzapfen).

Ventile. Die Einlassventile lassen Frischgas in den Zylinder strömen, durch die Auslassventile gelangen die Abgase in den Auspuff. Sämtliche Teile, die am Öffnen und Schließen der Ventile beteiligt sind, bezeichnet man zusammenfassend als Ventiltrieb.

Nockenwelle. Öffnet und schließt die Ventile zum richtigen Zeitpunkt. Jedes Ventil wird über Tassenstößel oder Rollenschlepphebel von einem Nocken betätigt. Die Nockenwelle wird über einen

Zahnriemen von der Kurbelwelle angetrieben.

Turbolader

Technik-lexikon

Grundsätzlich geht es bei der Aufladung darum, die Füllung des Zylinders mit Frischluft für die Verbrennung zu verbessern, also die Motorleistung zu steigern. Das Mittel zum Zweck kann ein mechanisch angetriebener Kompressor sein, der aber Leistung kostet. Populärer ist daher der Turbolader, der die mit Überschallgeschwindigkeit durch den Auspuffkrümmer jagenden Abgase als Antriebsenergie nutzt.

Er besteht im Kern aus zwei auf einer gemeinsamen Welle sitzenden Schaufelrädern.

Die Gase passieren das Turbinengehäuse, wo sie den Läufer (das erste Rad) auf über 100.000 U/min beschleunigen. Der Läufer treibt über die Welle das zweite Schaufelrad, das Verdichterrad, an. Es saugt Frischluft in das Verdichtergehäuse und presst sie in die Verbrennungskammern.

Bei Ottomotoren muss im Falle von Turboaufladung wegen der großen in die Brennräume gepumpten Luftmenge die Verdichtung im Vergleich zum Sauger reduziert werden, damit der Motor bei voller Drehzahl nicht zum Klopfen neigt. Dadurch sinkt der Wirkungsgrad.

Ansaugsystem beim FSI

Technik-lexikon

Die neue Technik der **F**uel **S**tratified **I**njection , zu deutsch so viel wie Geschichtete Benzindirekteinspritzung, arbeitet mit einem stürmischen Ansaugsystem. Das angesaugte Sauerstoffvolumen wird über einen Heißluftmassenmesser analysiert. Das elektronische Gaspedal steuert die wasserbeheizte Drosselklappe. Noch bevor die Luft in den Sammelbehälter des Saugrohrs eintritt, wird, je nach Betriebszustand des Motors, eine Abgasrückführrate (AGR) bis zu 35 Prozent erreicht. Die Abgase selbst spendet der Auslasskanal des vierten Zylinders.

Für die Regelung dieses Vorgangs ist ein neuartiges Abgasrückführventil zuständig. Durch die Abgasrückführung werden bereits motorseitig die Stickoxide erheblich reduziert. Dieser Effekt wird durch die variierbare Einlassnockenwellen-Verstellung unterstützt.

Wesentliche Hardware im Ansaugtrakt ist ein neues Multifunktionsbauteil. Es umfasst eine Hochdruckverteilerleiste (Common Rail), spezielle Tumble-Klappen sowie deren Steuerungsmechanik bzw. -sensorik für die individuelle Ansaugluftsteuerung während der zwei bei FSI typischen Betriebsphasen (Schichtlade- und Homogenbetrieb) und einen Drucksensor samt Drucksteuerventil. Ohne das Multifunktionsmodul wären weder der über das Common-Rail-System erzeugte Einspritzdruck leicht über 100 bar noch der Wechsel zwischen dem sparsamen Schichtladebetrieb und dem Homogenbetrieb realisierbar.

Praxistipp

Werkstatt oder Do it yourself?

Bei den Motoren handelt es sich um aufwendige Konstruktionen, an denen Heimwerker kaum noch etwas selbst reparieren können. Reparaturen und Einstellarbeiten am Motor sind fast immer eine Sache für die Werkstatt. Dafür braucht man Fachwissen und Erfahrung, Spezialwerkzeuge, Prüf- und Messgeräte und andere Hilfsmittel.

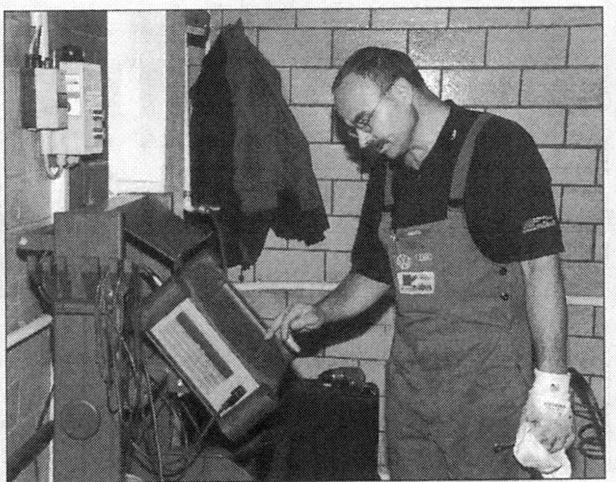

Oft bleibt der Weg in die Fachwerkstatt unerlässlich. Hier hilft in allen kniffligen Fällen von Fehlfunktion das Diagnose-, Mess- und Informationssystem VAS 5051 weiter. Es löst das Fehlerauslesegerät V.A.G. 1551 ab, auf das man sich schon seit einigen Jahren stützt.

Schon ein falsch ausgetauschter Zahnriemen kann schwere Schäden an Kolben und Ventilen verursachen. Wenn Sie nicht sicher sind, ob Sie eine Arbeit an den Innereien des Motors fachgerecht durchzuführen vermögen: Verzichten Sie aufs Do it yourself! Überlassen Sie Reparaturen an Zylinderkopfdichtung und Ventilen lieber der Werkstatt, ebenso die Beseitigung eines Lagerschadens oder etwa den Ausbau der Kurbelwelle. Es bleiben Ihnen trotzdem noch eine Reihe von Prüf- und Wartungsarbeiten, die Sie in Eigenregie durchführen können.

Die Motorverkleidungen

Die Triebwerke Ihres Audi A4 sind – zumindest teilweise – mit Kunststoff-Teilen verkleidet. Die oberen Abdeckungen haben vor allem eine optische Funktion, sie schützen aber auch und dämmen Geräusche. Bei vielen Arbeiten am Motor und im Motorraum kommen Sie nicht darum herum, diese Verkleidungen abzunehmen.

Bei den oberen Abdeckungen ist das relativ einfach zu bewerkstelligen. Schrauben oder Clipse sind schnell gelöst. Schwieriger wird es, die untere Motorabdeckung, eine vorrangige Geräuschdämmung, auszubauen. Das ist bei allen Motorisierungen zwar sehr ähnlich, aber um das Aufbocken kommen Sie dabei nicht herum. Wenn Sie beispielsweise Kühlflüssigkeit oder Öl wechseln wollen, müssen Sie jedenfalls die Abdeckung an der Motorunterseite entfernen.

Motorabdeckungen aus-/einbauen

Arbeitsschritte

Bei Motoren ALZ

① Die obere Motorabdeckung des 1,6 Liter-Motors ALZ besteht aus zwei Teilen (❶ und ❷). Sie sind aufgeklemmt und lassen sich (vorsichtig!) nach oben abziehen.

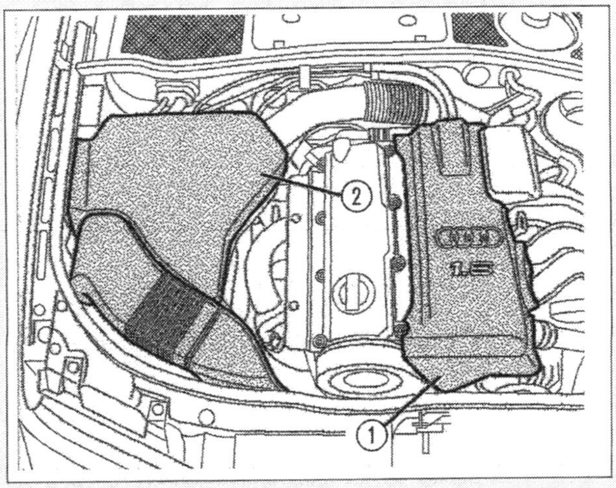

Die Abdeckung für den 1,6 Liter-Motor ALZ besteht aus den Teilen ❶ und ❷. Für die meisten Arbeiten müssen Sie Teil ❶ ausbauen.

② Zum **Ausbau** der unteren Abdeckung (Geräuschdämmung) bocken Sie unter Beachtung der entsprechenden Sicherheitsvorkehrungen den Wagen auf. Lösen Sie die Schnellverschluss-Schrauben an den durch Pfeile gekennzeichneten Punkten.

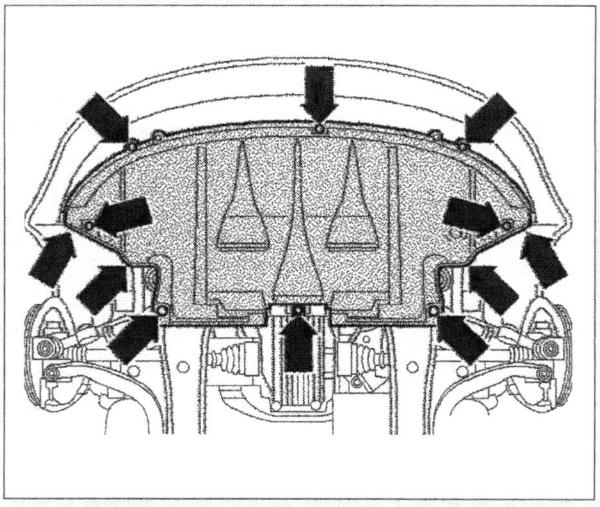

Die untere Motorabdeckung (Geräuschdämmung) der Motoren ALZ muss an 12 Punkten (Schnellverschluss-Schrauben) abgebaut werden.

③ Soll auch der vordere Halter (Pfeil) für die Geräuschdämmung ausgebaut werden, müssen Sie noch die drei Schrauben lösen.

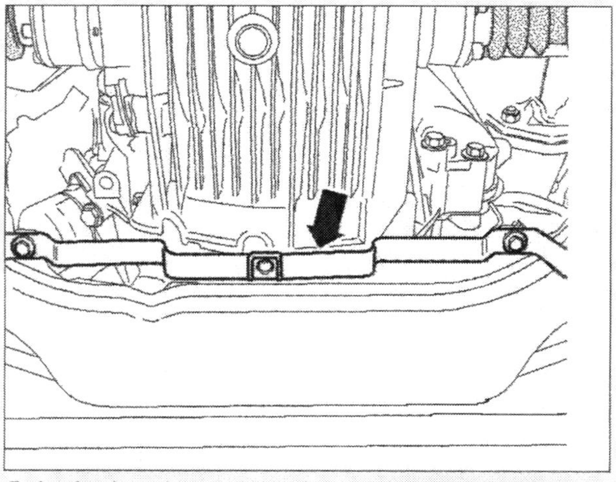

Beim Ausbau der unteren Motorabdeckung des ALZ ist ein Halter für die Geräuschdämmung (Pfeil) abzuschrauben.

④ Der **Einbau** geschieht in umgekehrter Reihenfolge. Stecken Sie die oberen Abdeckungen auf und clipsen Sie sie ein. Schrauben Sie die untere Motorabdeckung fest und lassen Sie das Fahrzeug ab.

Bei Motoren ALT und AVJ

① Die obere Motorabdeckung des 2,0 Liter ALT und des 1,8T -Motors AVJ ist aufgeschraubt. Zum Abheben müssen Sie drei Schrauben bzw. Muttern lösen.

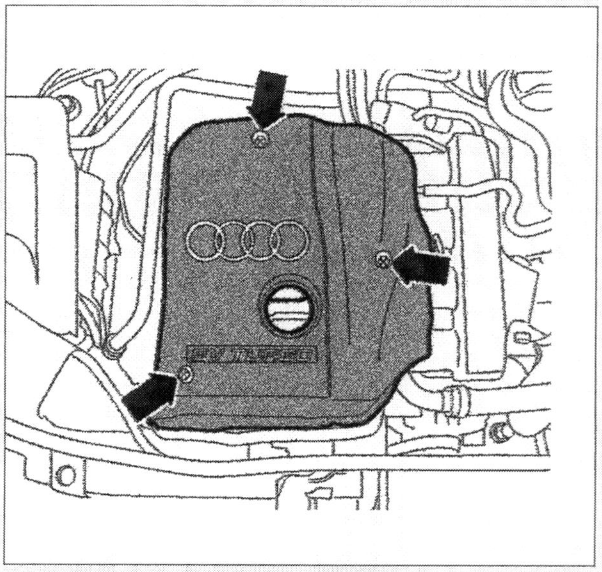

Obere Abdeckung für ALT und AVJ.

Bei Motoren ASN

① Die obere Verkleidung des 3,0 Liter-V6-Motors ASN besteht aus drei Teilen. Für sehr viele Arbeiten müssen Sie die Abdeckung ❶ rechts im Motorraum abnehmen (Clipse).

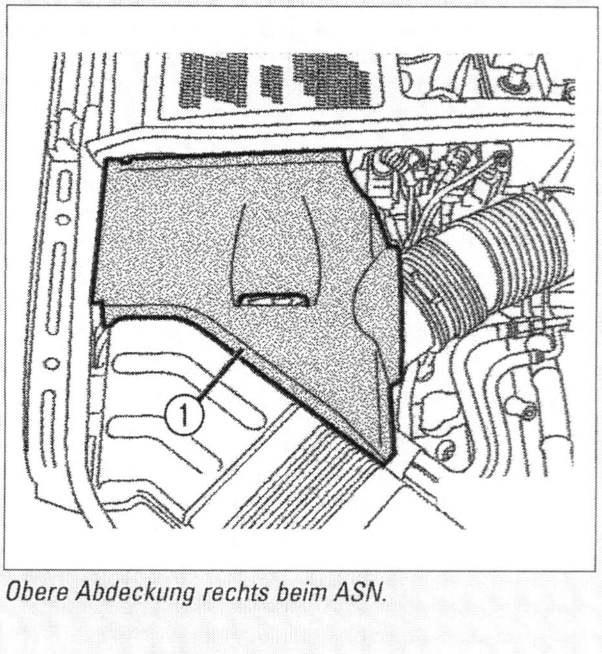

Obere Abdeckung rechts beim ASN.

② Die vordere Motorabdeckung ist ebenfalls abzuziehen (Pfeile).

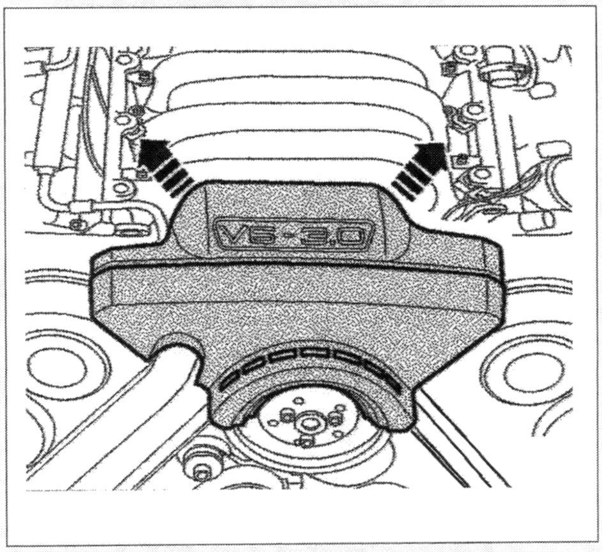

Obere Abdeckung vorn beim ASN.

③ Auch die hintere Abdeckung lässt sich an Richtung der Pfeile abziehen.

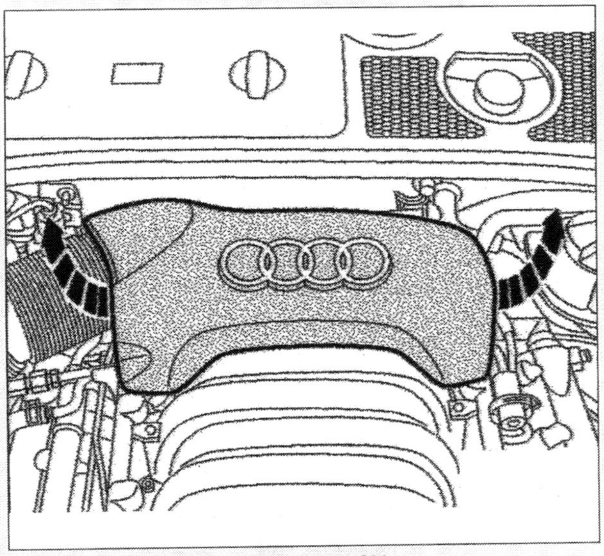

Obere Abdeckung hinten beim ASN.

Bei Motoren ALT, AVJ und ASN

④ Beim Ausbau der unteren Abdeckung (Geräuschdämmung; Aufbocken!) müssen Sie beachten, ob es sich um Fahrzeuge mit Stand-/Zusatzheizung handelt. Ist das der Fall, dann zuerst die Schrauben (Pfeile) für das Abgasrohr der Heizung an der Geräuschdämmung herausdrehen.

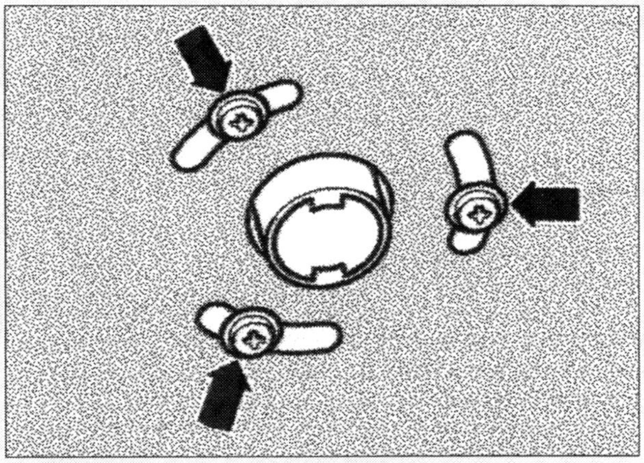

Schrauben am Standheizungs-Abgasrohr.

⑤ Drehen Sie dann die Schnellverschluss-Schrauben heraus und nehmen sie die untere Abdeckung ab.

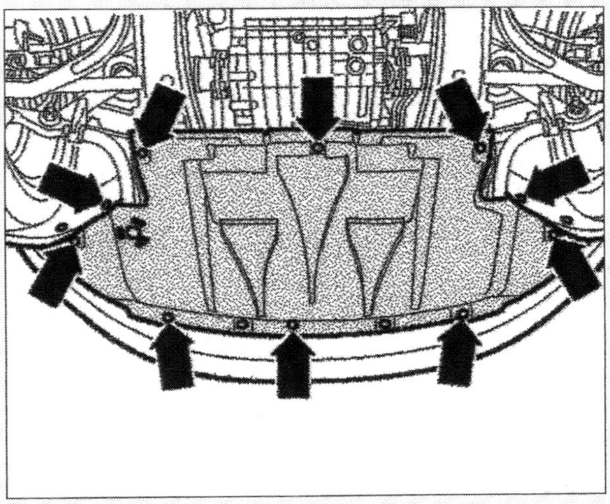

Geräuschdämmung unten bei ALT, AVJ und ASN.

⑥ Der **Einbau** geschieht in umgekehrter Reihenfolge. Stecken Sie die oberen Abdeckungen auf und clipsen oder schrauben Sie sie an. Schrauben Sie die untere Motorabdeckung fest (ggf. auch den Halter für Geräuschdämmung unten) und lassen Sie das Fahrzeug ab.

Motor durchdrehen

Bei einer Reihe von Arbeiten an Motor und Zündung kommt es darauf an, dass sich die Kolben am oberen Punkt der Zylinderlaufbahn befinden (OT = Oberer Totpunkt). Beim Viertaktmotor kommt der Kolben während der vier Arbeitstakte zweimal in den OT: Einmal beim Zünden des Gemisches (Kompressionstakt; »Zünd-OT«) und zum zweiten Mal beim Ausstoßen der verbrannten Gase (Auspufftakt). Üblicherweise wird bei verschiedenen Einstellarbeiten der OT während des Zündzeitpunktes von Zylinder 1 gebraucht. Die Zylinder werden in der Reihenfolge von 1 bis 4 gezählt (Vier-Zylinder-Motor). Der Zylinder 1 befindet sich auf der Keilrippenriemenseite des Motors. Beim Sechs-Zylinder-Motor V6 befindet sich Zylinder 1 (zusammen mit 2 und 3) in der in Fahrtrichtung rechts gelegenen Bank 1 des Motors.

Den Motor können Sie auf verschiedene Art und Weise durchdrehen. Bei der **ersten** Möglichkeit muss das Fahrzeug seitlich vorn aufgebockt werden. Dann fünften Gang einlegen, Handbremse anziehen und das angehobene Vorderrad durchdrehen. Auf diese Weise können Sie mit einem Helfer die Kurbelwelle des Motors langsam und gleichmäßig drehen.

Steht das Fahrzeug auf ebener Fläche, kann der Motor – **zweite** Möglichkeit – nach Einlegen des fünften Ganges auch durch Vor- oder Zurückschieben des Wagens durchgedreht werden.

Schließlich (**dritte** Möglichkeit) können Sie das Getriebe in Leerlaufstellung schalten, die Handbremse anziehen und die Kurbelwelle an der Zentralschraube der Riemenscheibe (Schwingungsdämpfer) im Uhrzeigersinn durchdrehen. Der Motor darf **nicht** an der Befestigungsschraube des Nockenwellenrades durchgedreht werden. Der Zahnriemen würde sonst zu sehr beansprucht.

Motor im OT:

Der Kolben im Zylinder 1 steht im oberen Totpunkt (Zünd-OT), wenn die OT-Markierung am Nockenwellen-Zahnriemenrad mit der Bezugsmarke auf der Zahnriemen-Abdeckung (Lagerdeckel beim Motor AVJ) übereinstimmt. Zu beachten ist das etwas andere Bild im Falle von automatischem Getriebe.

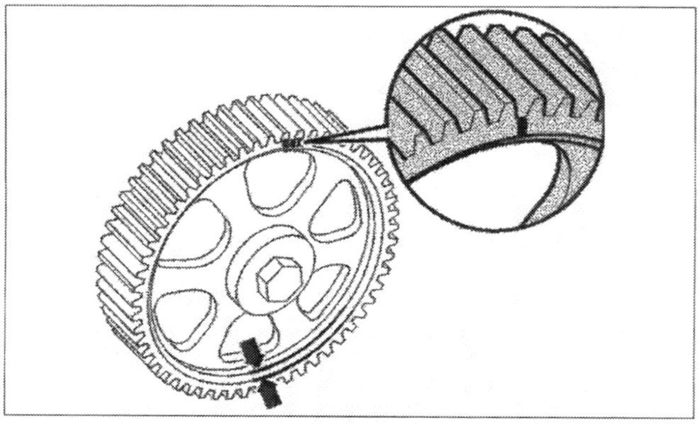

Die OT-Markierung Zylinder 1 am Nockenwellenrad ist von vorn sichtbar (Detailbild im Kreis). Der schmale Steg des Nockenwellenrades zeigt dabei nach außen (Pfeile).

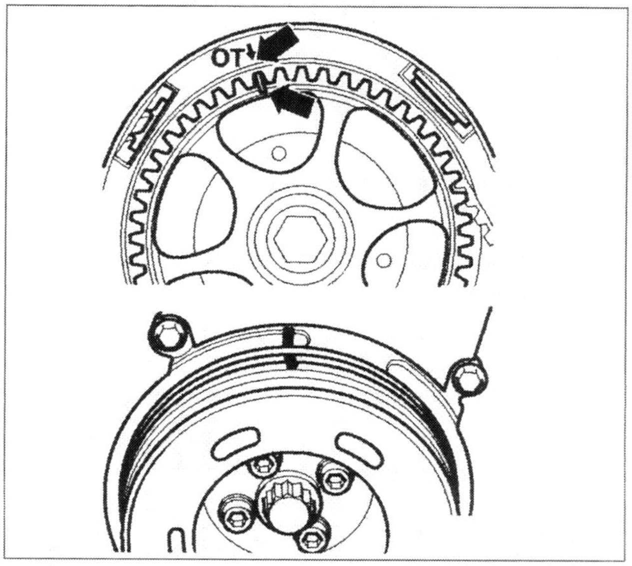

Die Markierungen für OT Zylinder 1 an Nockenwellenrad und Kurbelwelle stehen übereinander (Pfeile).

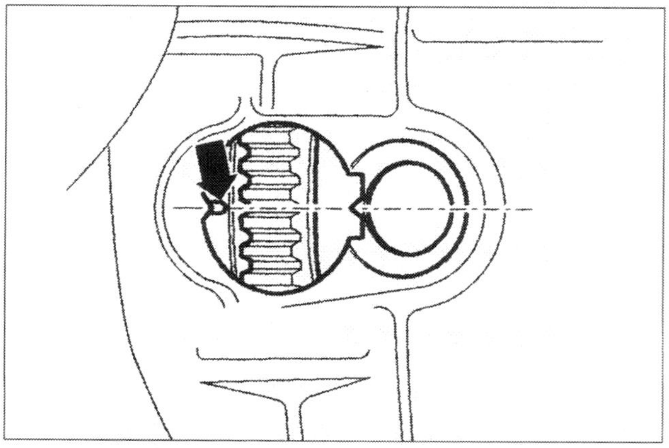

Ansicht bei Schaltgetriebe: Die OT-Markierung an Schwungrad/Mitnehmerscheibe muss an der Mittenmarkierung des runden Schaulochs des Getriebegehäuses stehen.

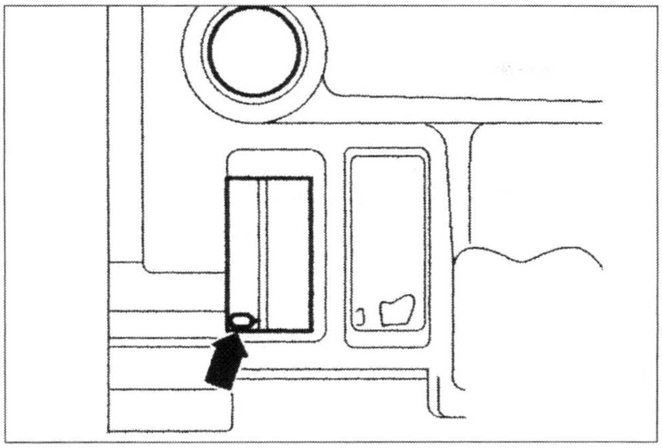

Ansicht bei automatischem Getriebe: Die OT-Markierung an Schwungrad/Mitnehmerscheibe steht an der Kante des rechteckigen Schaulochs im Getriebegehäuse.

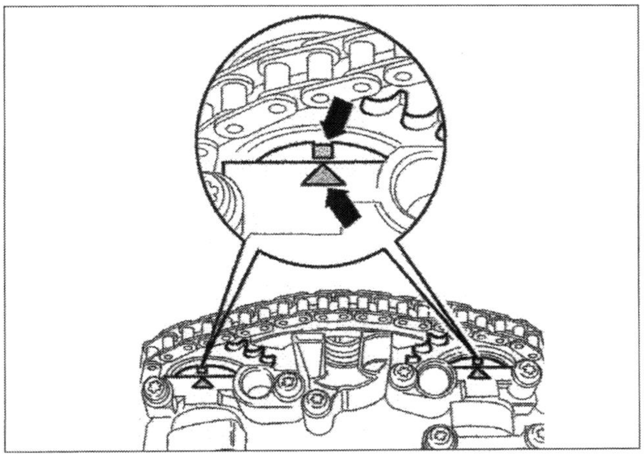

Die Nockenwellen des Turbomotors AVJ stehen im OT, wenn die beiden Markierungen an den Nockenwellen den beiden Pfeilen auf den Lagerdeckeln gegenüber stehen.

Grundbegriffe zur Motortechnik

Technik-lexikon

Viertaktprinzip. Die vier Arbeitstakte des Kolbens.

Ansaugen (1. Takt): Kolben geht nach unten zum Unteren Totpunkt (UT). Einlassventil öffnet, das Kraftstoff-/Luft-Gemisch strömt in den Zylinder.

Verdichten (2. Takt): Kolben bewegt sich vom UT zum Oberen Totpunkt (OT). Einlassventil schließt. Der Kolben verdichtet das eingeströmte Gemisch.

Verbrennen (3. Takt): Kurz vor dem OT springt an der Zündkerze der Funke über. Das Gemisch verbrennt und drückt den Kolben zum UT. Über das Pleuel wird die Kurbelwelle in Umdrehung versetzt.

Ausstoßen (4. Takt): Kolben bewegt sich wieder nach oben. Auslassventil öffnet, die verbrannten Gase werden ins Auspuffsystem geschoben.

Hubraum. Der Raum, den die Kolben bei ihrer Bewegung vom UT zum OT durchmessen. Wenn der Kolben seinen höchsten Punkt erreicht hat, bleibt noch der Brennraum, in dem sich das Kraftstoff-Luft-Gemisch befindet. Hubraum und Brennraum bilden zusammen den Zylinderraum.

Verdichtungsverhältnis. Das Verhältnis des Zylinderraums zum Brennraum. Es gibt an, auf den wievielten Teil des Zylinderraums das Kraftstoff-Luft-Gemisch verdichtet wird. Bei Benzinern beträgt es in der Regel etwa 10:1 (bei Dieseln rund 20:1).

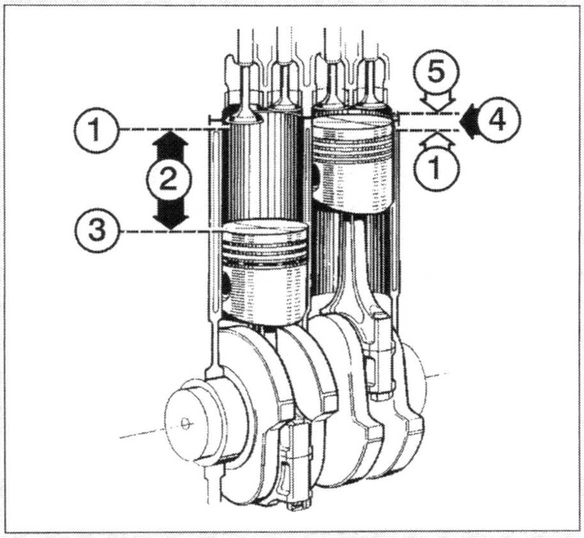

Der Hubraum ❷ erstreckt sich vom oberen ❶ bis zum unteren ❸ Totpunkt. Zwischen dem OT, der im rechten Zylinder auf diesem Prinzipbild gerade durch den Kolbenboden begrenzt wird, und der Wölbung des Zylinderkopfes ❺ ist der Brennraum ❹.

Überdrehzahlen und Motorlebensdauer

Praxistipp

Überdrehzahlen verkürzen die Lebensdauer Ihres Motors. Drehen Sie das Triebwerk zu hoch, gibt es ein unüberhörbares Brummen von sich, das durch Schwingungen der Kurbelwelle oder flatternde Teile des Ventiltriebs verursacht wird. Werden die Schwingungen zu stark, kann ein Ventilstößel brechen. Das Ventil fällt aus, der Zylinder gibt keine Leistung mehr ab. Sie merken das an der nachlassenden Motorleistung. Im schlimmsten Fall brechen die Ventilfedern – das Ventil kann auf den auf- und abrasenden Kolben fallen. In der Regel bedeutet dies den Totalschaden des Motors.

Der Kompressionsdruck

Wenn Sie wissen wollen, ob sich der Motor Ihres Fahrzeugs noch in einem guten mechanischen Zustand befindet, sollten sie den Kompressionsdruck in den einzelnen Zylindern prüfen. Bei der Verbrennung des Kraftstoff-Luft-Gemischs entstehen in den Brennräumen der Zylinder enorme Drücke, bis zu 60 bar. Für Kolben und Kolbenringe, Zylinderwände sowie Ventilsitze und Ventilschaftdichtungen bedeutet das hohe Belastungen.

Schadhafte Brennraumdichtungen führen zu erhöhtem Öl- und Kraftstoffverbrauch, schlechteren Abgaswerten, schwächerer Leistung und mangelhaftem Kaltstartverhalten des Motors. Wenn diese Symptome bereits auftreten, hilft Ihnen die Kontrolle des Kompressionsdrucks bei der Ursachenforschung. Die Prüfwerte zeigen an, ob der Motor austauschreif ist oder zumindest komplett überholt werden muss.

Der Druckunterschied zwischen den einzelnen Zylindern darf maximal 3,0 bar betragen. Falls ein oder mehrere Zylinder gegenüber den anderen einen höheren Druckunterschied aufweisen, ist dies ein Zeichen für eine ganze Reihe möglicher Verschleißerscheinungen.

Richtwerte für den Kompressionsdruck

Die Werte für den Kompressionsdruck (Verdichtungsdruck) unterscheiden sich vor allem zwischen Benzinern und Diesel. Die Richtwerte gelten für einen Motor in einwandfreiem Zustand. Allerdings kommt es bei der Beurteilung des Motorzustands nicht allein auf die absolute Höhe des Kompressionsdrucks an. Die Werte sollten vielmehr in allen Zylindern gleich sein und nicht mehr als 2, maximal aber 3 bar voneinander abweichen. Bei einem älteren Motor sinkt der Kompressionsdruck. Gleichmäßig niedrigerer Druck in allen Zylindern ist dann normal. Erst wenn die Werte die Verschleißgrenze erreichen, sollten Sie sich auf Überholung oder Austausch Ihres Motors einstellen. Wenn zwischen den einzelnen Messwerten für die Zylinder Unterschiede von mehr als 3 bar bestehen, deutet das in der Regel auf eine der folgenden Ursachen hin:

- Verschleiß von Kolben oder Kolbenringen.
- Festsitzende Kolbenringe durch Verbrennungsrückstände im Zylinder.
- Unrunde Zylinder; sie sind oft die Folge von Kolbenklemmern.
- Verbrennungs- oder Schmierölrückstände an Ventilschäften oder Ventilsitzen.
- Eingeschlagene Ventile.
- Verbrannte Ventile (bei zu kleinem Ventilspiel).

Sie können den Kompressionsdruck in Eigenregie kontrollieren, wenn Sie einen Kompressionsdruckprüfer besitzen. Für die Benzinmotoren wird ein solcher recht preiswert in Fachgeschäften angeboten. Ihre Fachwerkstatt setzt das Prüfgerät V.A.G. 1763 oder V.A.G. 1381 ein. Empfehlenswert für diese Arbeit ist ferner ein Zündkerzenschlüssel (3122 B; für den Motor ALZ außerdem die Zündkerzensteckerzange V.A.G. 1922) und der Drehmomentschlüssel (V.A.G. 1331).

In jedem Fall brauchen Sie beim Prüfen einen Helfer, der den Anlasser (dieser muss unbedingt in Ordnung sein) betätigt und das Gaspedal tritt, während Sie das Messgerät bedienen. Eventuell können Sie sich auch einen Druckverlusttester besorgen (Mietwerkstatt), mit dem das für den Druckabfall verantwortliche Bauteil ausfindig gemacht werden kann.

So kommen Sie Fehlern auf die Spur

- Wenn der Kompressionsdruck zu niedrig ist: Träufeln Sie mit einer Spritzkanne etwas Motoröl ins Zündkerzenloch. Das dichtet den Raum zwischen Kolben und Zylinderwand besser ab. Messen Sie dann wieder den Kompressionsdruck.
- Bleibt der Wert zu niedrig, können Ventile, Ventilsitze, Ventilführungen, Zylinderkopf oder Zylinderkopfdichtung beschädigt sein.
- Erhalten Sie höhere Druckwerte, deutet dies auf Verschleiß an Kolbenringen oder Zylinderwand hin.

Kompressionsdruck prüfen

Arbeitsschritte

① Fahren Sie den Motor vor Arbeitsbeginn warm, die Öltemperatur soll mindestens 30° C betragen (Ölfilter gut handwarm). Die Kolbenringe dichten bei warmem Öl besser ab. Andererseits darf die Motortemperatur nicht zu hoch sein, da sonst beim Herausschrauben der Zündkerzen das Gewinde im Zylinderkopf beschädigt werden könnte. Die Spannungsversorgung muss in Ordnung sein (Batteriespannung mindestens 12,7 V).

② Bauen Sie die obere Motorabdeckung ab und schalten Sie die Zündung aus. Ziehen Sie die Sicherung für die Kraftstoffpumpe S28 ab.

③ Ziehen Sie beim 1,6 Liter-Motor ALZ den Stecker von der

Leistungsendstufe für Zündspulen (unter der Motorabdeckung) ab. Bei den anderen Motoren ziehen Sie die Stecker von den Zündspulen ab, ziehen die Zündspulen heraus und schrauben (z.B. mit Schlüssel 3122 B) die Zündkerzen heraus.

④ Ziehen Sie die Anschlussstecker aller Einspritzventile ab. Beim Motor ALZ ziehen Sie jetzt die Zündkerzenstecker ab und schrauben die Zündkerzen heraus.

⑤ Drücken oder schrauben Sie jetzt gemäß der Bedienungsanleitung den Kompressionsdruckprüfer in die Zündkerzenöffnung. Lassen Sie von einem Helfer das Gaspedal ganz durchtreten (Drosselklappe maximal öffnen) und den Anlasser betätigen. Prüfen Sie den Druck nacheinander für jeden Zylinder und vergleichen Sie das Ergebnis mit dem Sollwert. Dabei muss der Anlasser so lange betätigt werden (etwa fünf Sekunden oder acht Motorumdrehungen), bis vom Prüfgerät kein Druckanstieg mehr angezeigt wird.

Richtwerte für den Kompressionsdruck in bar Überdruck

Motoren	Neu	Verschleiß-grenze	Zylinder-Unterschied
ALZ	10,0...13,0	7,0	max. 3,0
AVJ, ALT, ASN	9,0...14,0	7,5	max. 3,0

⑥ Bauen Sie die Zündkerzen und Zündspulen wieder ein und ziehen Sie sie mit 30 Nm fest. Bauen Sie die Abdeckung für Nockenwellengehäuse und Zündleitungsführung mit Zündkerzensteckern wieder ein.

⑦ Stecken Sie die Steckverbindungen wieder auf.

Da durch das Trennen der Steckverbindungen Fehler abgespeichert wurden, muss nach der Prüfung der Fehlerspeicher abgefragt und ggf. gelöscht werden.

Praxistipp

Kompressionsdruckluft strömt aus

Wenn Kompressionsdruckluft an einer der folgenden Stellen ausströmt, hat das meist die dazu angegebenen Ursachen:

- Ansaugkrümmer oder -geräuschdämpfer: Defektes Einlassventil.
- Geöffneter Kühler oder Kühlmittel-Ausgleichsbehälter: Defekte Zylinderkopfdichtung oder Riss im Zylinderkopf.
- Geöffneter Öleinfüllstutzen oder Rohr für den Ölpeilstab: Verschlissene Zylinderwände, Kolbenlaufbahnen oder Kolbenringe.
- Blasgeräusche am Auspuff: Undichtes Auslassventil.

Die Hydrostößel

Durch die Erwärmung des Motors dehnen sich die einzelnen Teile des Ventiltriebes. Deshalb muss Spiel zwischen Nockenwelle und Tassenstößeln vorhanden sein. Andernfalls würden die Ventile wegen der etwas länger gewordenen Schäfte bei heißem Motor nicht mehr korrekt abdichten. Dieses Ventilspiel muss bei älteren Motor-Konstruktionen regelmäßig justiert werden, bei neueren Motoren übernehmen den Ventilspielausgleich die hydraulischen Tassenstößel (Hydrostößel, Tassenstößel) oder die an hydraulischen Abstützelementen befestigten Rollenschlepphebel. Der Ventilspielausgleich ist somit wartungsfrei.

Während alle anderen Audi A4-Motoren mit Rollenschlepphebeln arbeiten, finden sich beim 1,8 Liter Turbo (AVJ) die Hydrostößel. Man kann also auch als Audi-Fahrer in die Situation kommen, dass sich ein defekter Stößel durch Klappergeräusche bemerkbar macht. Auch intakte Hydrostößel können klappern, wenn

- sich kurz nach dem Start noch nicht genügend Öl im System befindet. Das kann vor allem nach längerer Standzeit geschehen;
- der Wagen zuvor bei hohen Außentemperaturen voll belastet wurde;
- bei extrem niedrigem Ölstand die Ölpumpe manchmal Luft ansaugt.

Wenn die Ventilgeräusche nach längerer Fahrt verschwinden und im Kurzstreckenverkehr immer wieder auftreten, müssen die Ölrückhalteventile ersetzt werden.

Um einen defekten Stößel auszutauschen, was immer durch komplettes Ersetzen zu erfolgen hat, muss die Nockenwelle ausgebaut werden. Das ist Werkstatt-Arbeit. Die Prüfung eines Hydrostößels können Sie dagegen ohne weiteres selber vornehmen. Benötigt werden eine Fühlerblattlehre sowie ein Holz- oder Kunststoffkeil. Um an die Hydrostößel heranzukommen, müssen Sie allerdings zunächst die Zylinderkopfhaube ausbauen. Darunter liegen die Nockenwellen.

Zylinderkopfhaube aus- und einbauen

Arbeitsschritte

① **Ausbau:** Bauen Sie die Motor-Abdeckung aus (Pfeile).

② Nehmen Sie die Luftfilterabdeckung (Pfeil) ab.

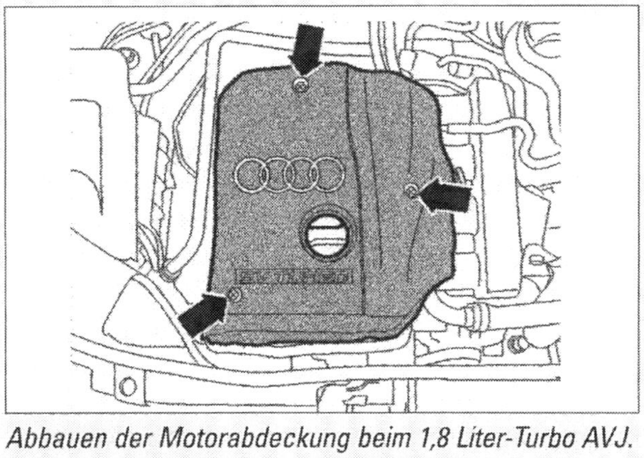

Abbauen der Motorabdeckung beim 1,8 Liter-Turbo AVJ.

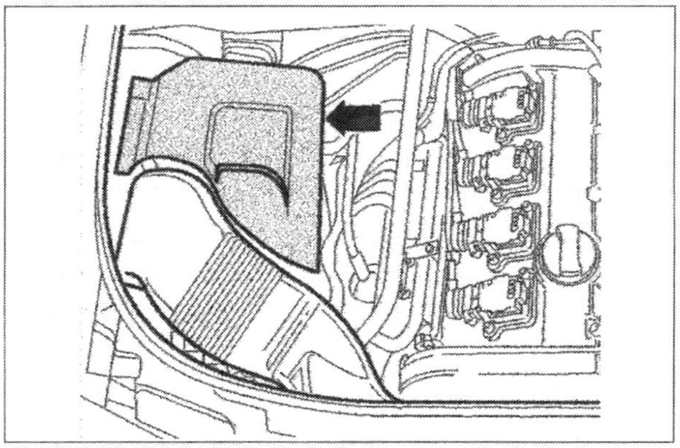

Abbauen der Luftfilterabdeckung (AVJ).

③ Drehen Sie die Schrauben (Pfeile) heraus. Hängen Sie das Magnetventil N80 für Aktivkohlebehälter ❶ an der Luftführung ❷ aus. Bauen Sie die Luftführung aus.

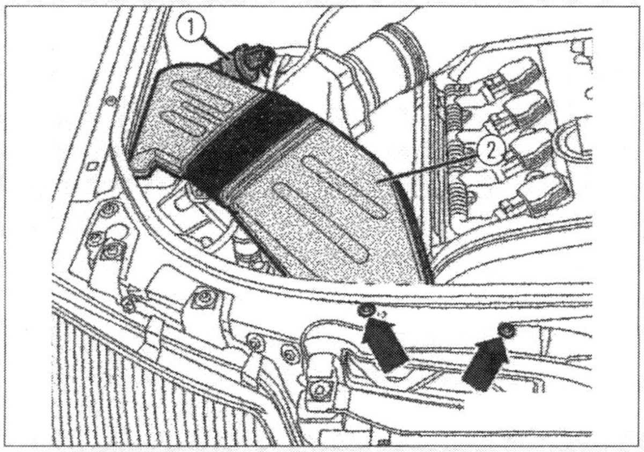

Abbauen der Luftführung (AVJ).

④ Bauen Sie das Rohr ❷ der Kurbelgehäuseentlüftung aus. Ziehen Sie den Schlauch der Kurbelgehäuseentlüftung an der Zylinderkopfhaube ab. Bauen Sie das Rohr ❶ am Kombiventil für Sekundärlufteinblasung an der Haube und am Wärmeschutzblech ❸ ab. Schwenken Sie das Rohr etwas zur Seite.

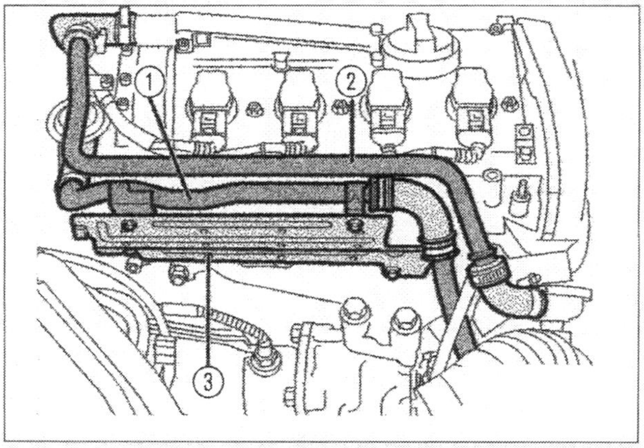

Abbauen der Rohre über der Zylinderkopfhaube (AVJ).

⑤ Schrauben Sie die Masseleitung ❷ ab. Ziehen Sie die Steckverbindungen ❸ ab und legen Sie die Leitungen frei. Ziehen Sie die Zündspulen ❶ heraus und lösen Sie die beiden Halteklammern für Zahnriemenschutz oben.

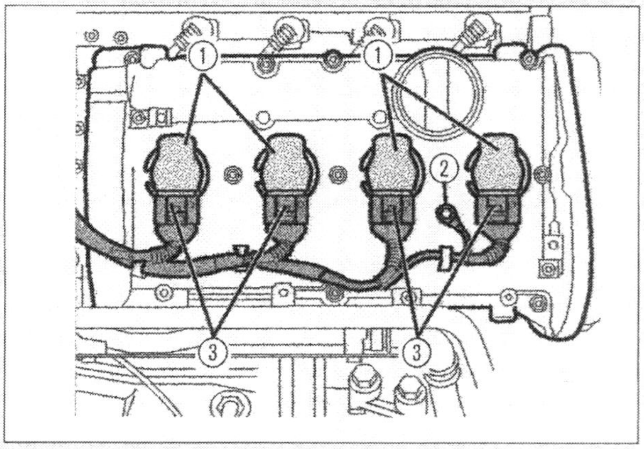

Ausbauen der Zündspulen (AVJ).

⑥ Lösen Sie die Muttern (Pfeile) an der Zylinderkopfhaube und nehmen Sie die Haube ab.

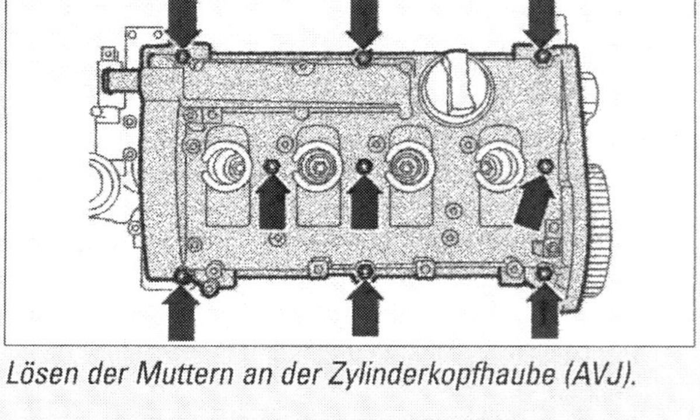

Lösen der Muttern an der Zylinderkopfhaube (AVJ).

⑦ Der **Einbau** erfolgt in umgekehrter Reihenfolge. Ersetzen Sie dabei alle Dichtungen und Dichtringe, bei Beschädigung auch die Dichtungen für die Zylinderkopfhaube. Versehen Sie die Übergänge (Pfeile) an der oberen Dichtfläche des Zylinderkopfes mit einer kleinen Menge Dichtmittel AMV 174 004 01.

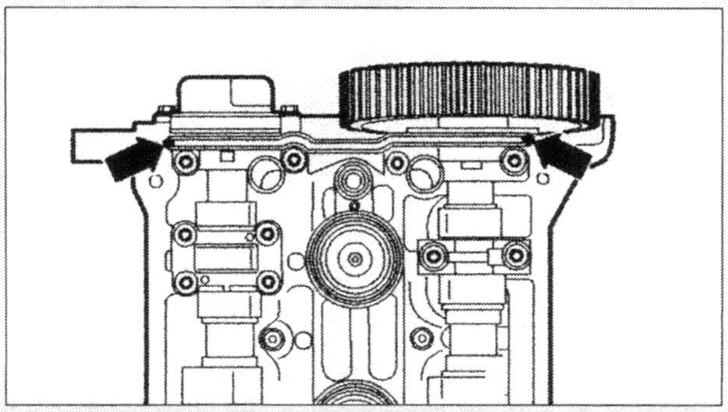

Übergänge zur oberen Dichtfläche des Zylinderkopfes (AVJ).

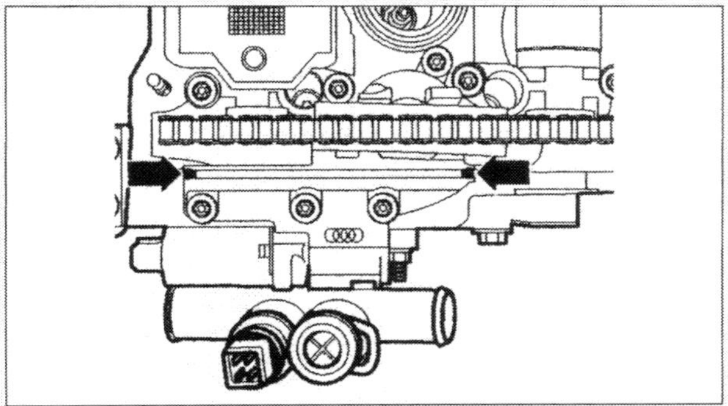

Anschrauben und Abdichten der Zylinderkopfhaube (AVJ).

⑧ Ziehen Sie mit 10 Nm zuerst die inneren Muttern für die Zylinderkopfhaube an, anschließend über Kreuz die äußeren Muttern. Achten Sie auf den korrekten Sitz des Zahnriemenschutzes oben.

Auch bei der Montage der Rohre sind Anzugsmomente von 10 Nm zu beachten (Schlauchschellen 2 Nm).

Hydrostößel prüfen

Arbeitsschritte

① Starten Sie den Motor und lassen Sie ihn so lange laufen, bis der Lüfter für den Kühler einmal eingeschaltet hat. Die Kühlmitteltemperatur soll dann etwa 80°C betragen. Während des Anlassens sind unregelmäßige Ventilgeräusche noch durchaus normal.

② Erhöhen Sie die Drehzahl für zwei Minuten auf 2.500 U/min. Führen Sie ggf. eine Probefahrt durch. Verschwinden die unregelmäßigen Ventilgeräusche, treten aber im Kurzstreckenverkehr immer wieder auf, muss das Ölrückhalteventil im Ölfilterhalter ersetzt werden. Sind die hydraulischen Tassenstößel immer noch ungewöhnlich laut, gehen Sie wie folgt vor, um den (die) defekten Stößel zu ermitteln:

③ Drehen Sie bei ausgebauter Zylinderkopfhaube den Motor durch, d. h. drehen Sie die Kurbelwelle im Uhrzeigersinn, bis die Nocken der zu prüfenden Tassenstößel nach oben stehen. Den Motor können Sie (bei Fahrzeugen mit Schaltgetriebe) durchdrehen, indem sie das Auto bei eingelegtem vierten Gang und ausgeschalteter Zündung vorwärts schieben. Bei Fahrzeugen mit automatischem Getriebe müssen Sie die Geräuschdämmung ausbauen und die Kurbelwelle an der Zentralschraube des Zahnriemenrades/Kurbelwelle im Uhrzeigersinn drehen.

④ Ermitteln Sie das Spiel zwischen Nocken und Tassenstößel. Ist das Spiel größer als 0,20 mm, muss der Stößel ersetzt werden. Drücken Sie die Tassenstößel mit dem Holz- oder Kunststoffkeil nach unten (Bild). Lässt sich eine Fühlerblattlehre mit 0,20 mm zwischen Nockenwelle und Stößel schieben, ist der Hydrostößel zu ersetzen (Werkstattarbeit: Nockenwellen und Nockenwellenversteller aus- und einbauen).

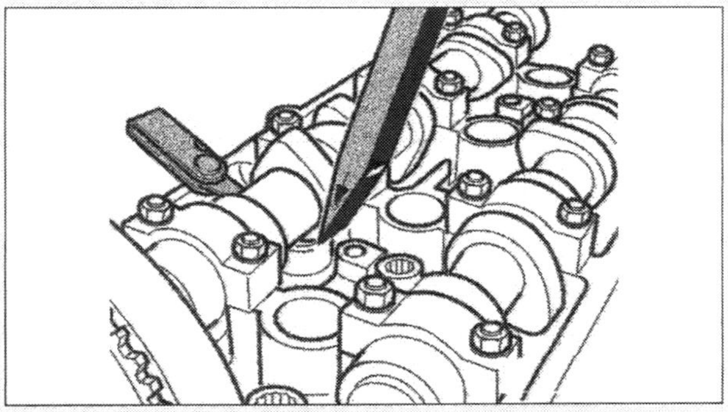

Der Holz- oder Kunststoffkeil muss in Pfeilrichtung gedrückt werden.

⑤ Nach dem Einbau der Nockenwellen mit neuen Tassenstößeln darf der Motor etwa 30 Minuten nicht gestartet werden. Hydraulische Ausgleichselemente müssen sich erst setzen, sonst setzen die Ventile auf den Kolben auf. Nach Arbeiten am Ventiltrieb drehen Sie den Motor vorsichtig mindestens zwei Umdrehungen durch. Es muss sicher gestellt sein, dass kein Ventil beim Anlassen aufsetzt.

Die Nockenwellen-verstellung

Von wesentlicher Bedeutung ist die kontinuierliche Verstellung der Einlassnockenwelle. Sie sorgt beim 3,0 Liter-, beim 2,0 Liter- und beim FSI-Motor für die bedarfsgerechte Steuerung der Ventilöffnungszeiten.

So funktioniert der Hydrostößel

Technik-lexikon

Der Hydrostößel ist an den Ölkreislauf des Motors angeschlossen. Die Ölmenge in der unteren Ölkammer, auf der sich der Kolben abstützt, ist variabel. Dadurch kann unterschiedliches Ventilspiel ausgeglichen werden.

Bei geschlossenem Ventil ist der Druck zwischen beiden Ölkammern ausgeglichen. Die Kolbenfeder drückt den Kolben nach oben, zwischen Nocken und Schlepphebel ist kein Spiel. Wenn der Nocken auf den Schlepphebel aufläuft, drückt er den Kolben nach unten. Dadurch entsteht in der unteren Ölkammer ein hoher Öldruck. Durch diesen hohen Druck und die Kraft der Kugelfeder wird die Kugel nach oben gepresst, sie verschließt den Weg zwischen der oberen und unteren Ölkammer. Der Kolben stützt sich also auf dem entstandenen Hydraulikpolster der unteren Ölkammer ab. Das Ventilspielausgleichselement wirkt so wie ein starres Bauteil, auf dem sich der Schlepphebel abstützt. Die Kraft des Nockens kann nun auf das Ventil übertragen werden, es öffnet sich. Wenn der Nocken vom Schlepphebel abläuft, öffnet die Kugel den Weg zwischen beiden Ölkammern wieder, der Druck ist ausgeglichen.

Wenn dieses System nicht funktioniert, können zwar auch Störungen am Motorsteuergerät und vor allem am mechanischen Nockenwellenversteller die Ursache sein. Es kann aber auch an einem Schaden am zuständigen Magnetventil liegen. Dieses sollte daher überprüft werden.

Magnetventil für Nockenwellenverstellung prüfen

Arbeitsschritte

① Wenn das Ventil nicht angesteuert wird (z. B. beim Test durch einminütiges Anschließen an das Fahrzeugdiagnose-, Mess- und Informationssystem VAS 5051 oder das Fehlerauslesegerät V.A.G. 1551), was sich dadurch bemerkbar macht, dass es nicht klickt, muss der Innenwiderstand des Ventils geprüft werden.

② Schalten Sie dazu die Zündung aus. Ziehen Sie die Steckverbindung (Pfeil) am Nockenwellenversteller ab.

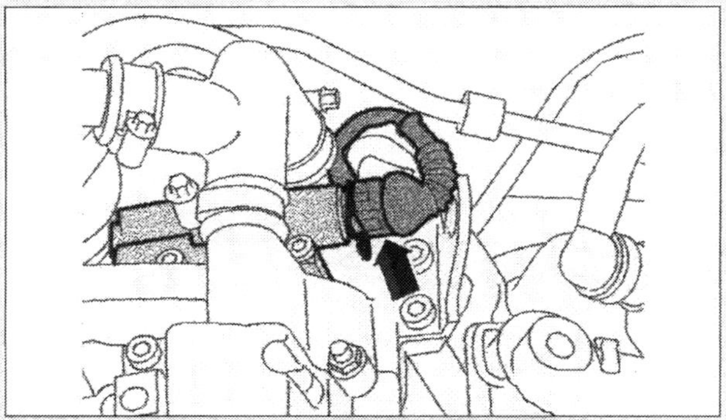

Stecker am Nockenwellenversteller.

③ Schließen Sie ein Multimeter zur Widerstandsmessung am Ventil an. Messen Sie zwischen den beiden nebeneinander liegenden Kontakten. Der Sollwert beträgt 10 bis 18 Ohm.

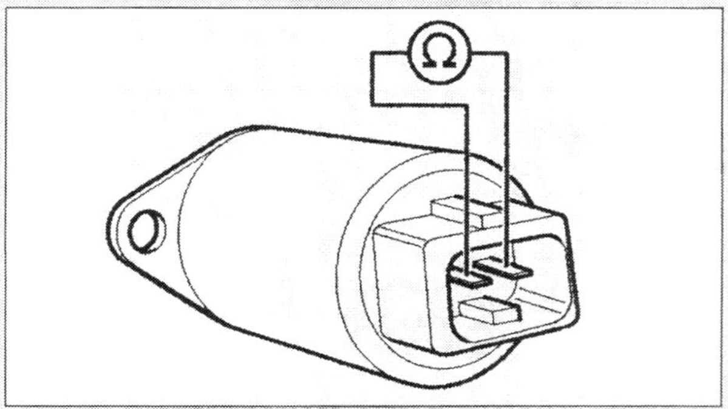

Widerstandsmessung an den Ventilkontakten.

④ Wenn der Sollwert erreicht wird, muss die Spannungsversorgung geprüft werden. Voraussetzung dafür ist, dass die Sicherung A auf dem Vierfach-Relaisträger in der E-Box Wasserkasten sowie das Kraftstoffpumpenrelais J17 in Ordnung sind. Sicherung sowie Relais und dessen Ansteuerung müssen überprüft werden.

⑤ Wenn Sicherung und Relais in Ordnung sind, Spannungsprüfer (V.A.G. 1527 B) an den Kontakt 1 (Plus) der (vorher abgezogenen) Steckverbindung des Nockenwellenverstellers und an Motormasse anschließen.

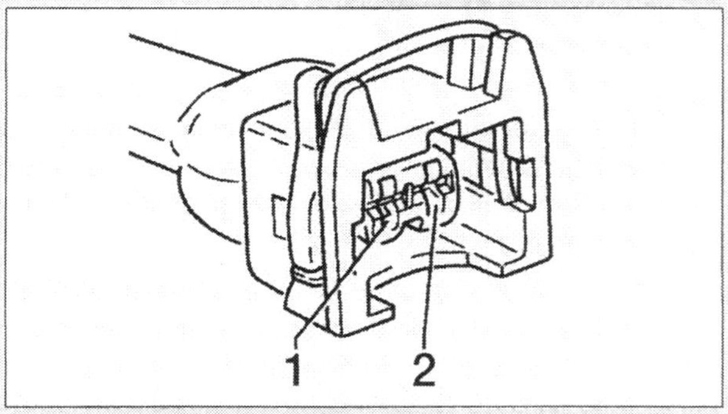

Stecker für Nockenwellenversteller.

⑥ Betätigen Sie kurz den Anlasser. Die Leuchtdiode des Prüfers muss leuchten. Wenn die Diode nicht leuchtet, muss die Leitungsverbindung von Steckerkontakt 1 über die Sicherung zum Kraftstoffpumpenrelais auf Unterbrechung geprüft werden. Wenn es eine Leitungsunterbrechung gibt, muss diese beseitigt werden. Wenn die Leuchtdiode dann leuchtet, muss die Ansteuerung geprüft werden.

⑦ Schließen Sie dazu den Spannungsprüfer an die Kontakte 1 (Plus) und 2 des Steckers an. Steuern Sie das Ventil für Nockenwellenverstellung an (am günstigsten mit dem Diagnosesystem VAS 5051). Die Leuchtdiode muss blinken.

⑧ Wenn die Leuchtdiode nicht blinkt oder wenn sie dauernd leuchtet, muss die Verbindung von Steckerkontakt 2 auf Unterbrechung oder Kurzschluss nach Masse geprüft werden (evtl. mit Prüfbox V.A.G. 1598/31). Wenn die Leitungsverbindung in Ordnung ist, muss das Motorsteuergerät ersetzt werden. Wenn kein Fehler gefunden wird, muss der mechanische Nockenwellenversteller ersetzt werden.

Der Keilrippenriemen

Der Keilrippenriemen, breiter als die früheren Keilriemen und mit mehreren längslaufenden Rippen versehen, treibt alle wichtigen Nebenaggregate wie Generator, Ölpumpe für die Servolenkung, Kühlmittelpumpe und Klimakompressor. Es wäre ein Super-Gau für den Motor, wenn der Riemen reißen würde. Deshalb ist er außerordentlich stabil. Die Prüfung des Riemens ist nicht vorgeschrieben. Es kann jedoch nicht schaden, ab und zu einen Blick auf ihn zu werfen. Denn der Riemen mit dem keilförmigen Querschnitt wird ziemlich belastet. Er läuft über Keilriemenscheiben, Räder mit einer tiefen umlaufenden Rille. Die Flanken der Rille nehmen Kontakt mit den Riemenseiten auf. Dadurch wird die Kraft übertragen, wozu der Riemen Spannung benötigt. Diese darf nicht zu stark sein, sonst werden die Lager des angetriebenen Teils zerstört. Sie darf aber auch nicht zu gering sein, sonst rutscht der Riemen grässlich quietschend durch. Mit der Zeit nutzt sich der Keilrippenriemen an den Flanken ab, er rutscht tiefer in die Rille und verliert etwas von seiner Spannung. Diese Abweichung wird von einer automatischen Spannvorrichtung korrigiert. Dennoch ist Prüfung nicht verkehrt.

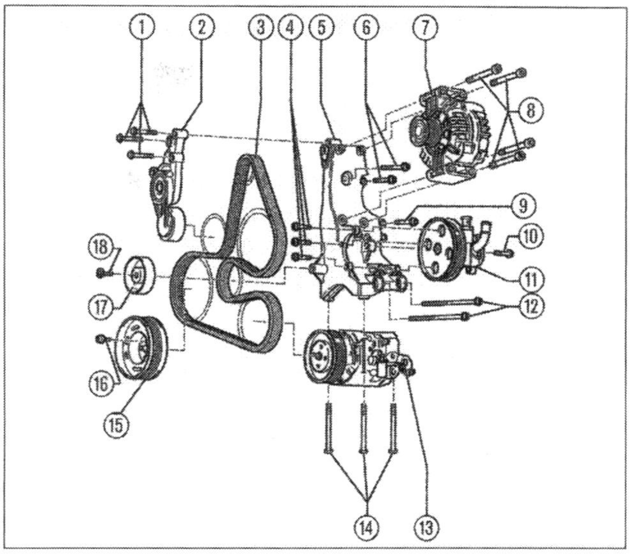

Keilrippenriemen bei den 4-Zylinder-Motoren: *❶ und ❹ und ❻ und ❽ und ❾ und ❿ und ⓬ und ⓮ Schrauben (20, 25 und 40 Nm), ❷ Spannrolle, ❸ Keilrippenriemen, ❺ Halter, ❼ Generator, ⓫ Flügelpumpe (für Servolenkung), ⓭ Klimakompressor, ⓯ Schwingungsdämpfer/Riemenscheibe, ⓰ Bundschrauben, ⓱ Umlenkrolle (am Halter für Generator, Flügelpumpe und Klimakompressor befestigt), ⓲ Spezialschraube für Umlenkrolle (25 Nm).*

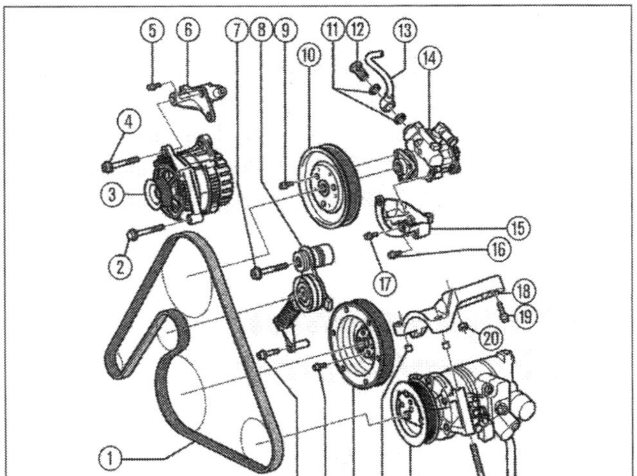

Keilrippenriemen beim 6-Zylinder-Motor: *❶ Keilrippenriemen, ❷ und ❹ und ❺ und ❼ und ❾ und ⓰ und ⓱ und ⓳ und ⓴ und ㉑ und ㉕ und ㉖ Schrauben (23, 25, 40 und 45 Nm), ❸ Generator, ❻ Halter für Generator, ❽ Spannvorrichtung für Keilrippenriemen, ❿ Riemenscheibe für Flügelpumpe, ⓫ Dichtring, ⓬ Hohlschraube (40 Nm), ⓭ Druckleitung zur Servolenkung, ⓮ Flügelpumpe für Servolenkung, ⓯ Halter für Flügelpumpe, ⓲ Halter für Klimakompressor, ㉒ Klimakompressor, ㉓ zwei Buchsen für Klimakompressor, ㉔ Schwingungsdämpfer.*

Riemenoberfläche prüfen

Arbeitsschritte

① Drehen Sie den Motor einige Male ganz durch. Nur so können Sie wirklich alle Flächen des Keilriemens sehen. Oft hat der Riemen nur einen einzigen, aber tiefen Riss, der bei der Kontrolle möglicherweise genau auf der Riemenscheibe liegt.

② Wenn Sie bei der Kontrolle des Keilriemens unregelmäßige Schleifspuren an den Riemenflanken, poröse oder fransige Oberfläche oder sogar Risse im Riemen feststellen, muss er gegen ein neues oder neuwertiges Teil ausgetauscht werden.

Riemenspannung prüfen

Arbeitsschritte

① Drücken Sie kräftig, mit etwa fünf Kilogramm, mit dem Daumen auf den gespannten Riemen mittig zwischen zwei Scheiben. Mehr als 1,5 Zentimeter sollte er nicht nachgeben.

① Nun drücken Sie stärker. Der Riemen soll unter Widerstand nachgeben. Die Spannrolle muss zur Seite auslenken. Beim Loslassen schwenkt die Rolle zurück und strafft den Riemen. Hängt der Riemen lose über den Rädern, ist die Spannrolle defekt. Oder es wurde vergessen, den Blockierstift aus der Spannvorrichtung zu ziehen.

Keilrippenriemen wechseln/spannen

Arbeitsschritte

4-Zylinder-Motoren

① **Ausbau:** Mit Filz- oder Fettstift auf dem Riemen einen Pfeil in Laufrichtung zeichnen. Von der Riemenseite gesehen dreht der Motor rechtsherum, also im Uhrzeigersinn. Das Markieren der Laufrichtung ist für den etwaigen Wiedereinbau desselben Keilrippenriemens wichtig. Einbau entgegen bisheriger Laufrichtung erhöht den Verschleiß und kann zur Zerstörung führen.

② Schwenken Sie das Spannelement zum Entspannen des Keilrippenriemens in Pfeilrichtung.

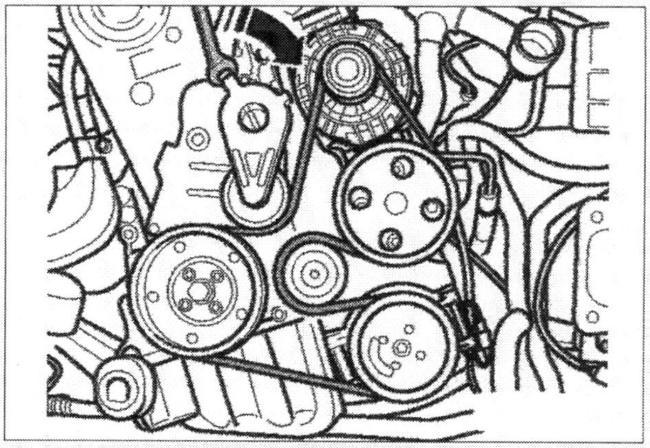

Schwenken der Spannvorrichtung.

③ Arretieren Sie die Spannvorrichtung mit einem Absteckdorn (z. B. T10060) an der durch den Pfeil gewiesenen Stelle.

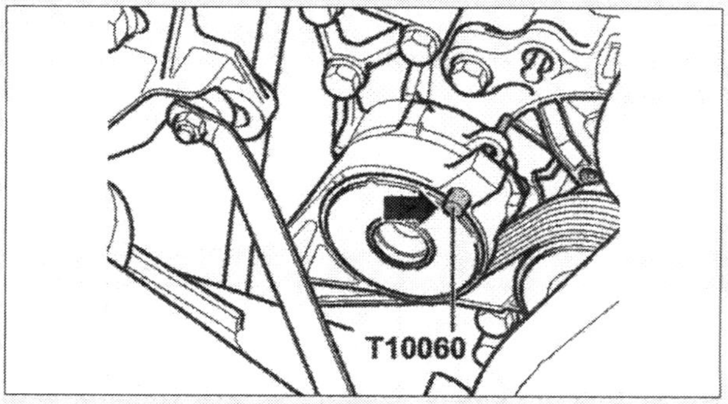

Spannvorrichtung arretieren.

④ Nehmen Sie den Keilrippenriemen ab.

⑤ Der **Einbau** erfolgt in umgekehrter Reihenfolge. Achten Sie darauf, dass alle Aggregate (Generator, Flügelpumpe, Klimakompressor) fest montiert sind. Achten Sie auf die Riemenlaufrichtung und auf korrekten Sitz des Riemens in den Riemenscheiben. Den Riemen zuletzt auf den Klimakompressor auflegen.

⑥ Motor starten und Riemenlauf kontrollieren.

Riemenverlauf bei 4-Zylinder-Motoren ALZ, ALT, AVJ.

6-Zylinder-Motoren

① **Ausbau**: Ziehen Sie die obere Motorabdeckung ab. Mit Filz- oder Fettstift auf dem Riemen einen Pfeil in Laufrichtung zeichnen. Von der Riemenseite gesehen dreht der Motor rechtsherum, also im Uhrzeigersinn. Das Markieren der Laufrichtung ist für den etwaigen Wiedereinbau desselben Keilrippenriemens wichtig. Einbau entgegen bisheriger Laufrichtung erhöht den Verschleiß und kann zur Zerstörung führen.

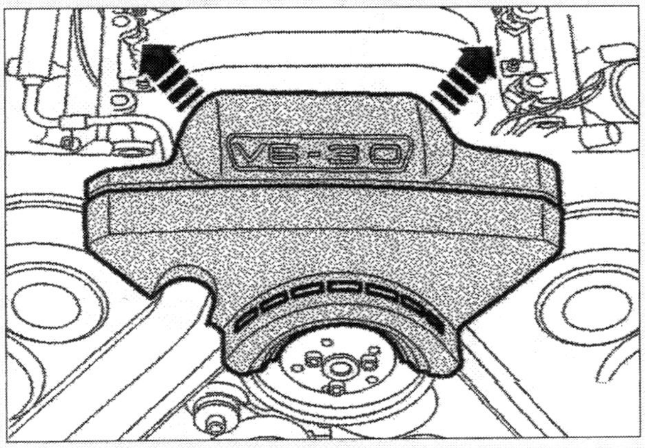

Ausbau der Motorabdeckung.

② Schwenken Sie die Spannvorrichtung für Keilrippenriemen mit einem Hebel (angeraten Hebel 3299 mit Aufsatz 3299/1) zum Entspannen des Riemens in Pfeilrichtung.

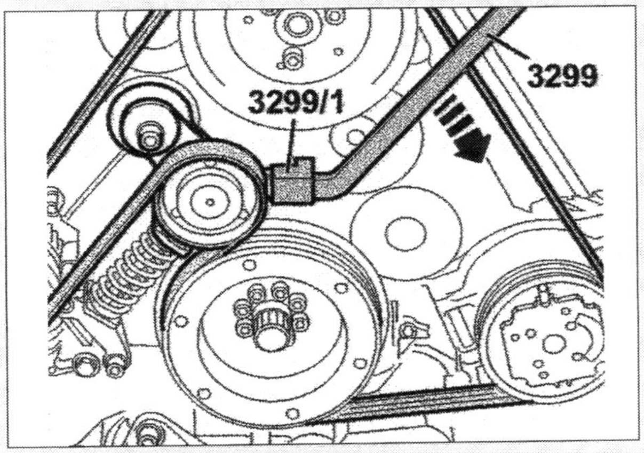

Schwenken der Spannvorrichtung.

③ Nehmen Sie den Riemen von der Riemenscheibe der Pumpe für Servolenkung ab.

④ Der **Einbau** erfolgt in umgekehrter Reihenfolge. Der Keilrippenriemen muss zuerst über die Kurbelwellen-Riemenscheibe gelegt werden. Schieben Sie den Riemen zuletzt auf die Spannrolle. Achten Sie auf korrekten Sitz des Riemens auf den Scheiben. Starten Sie den Motor und kontrollieren Sie den Riemenlauf.

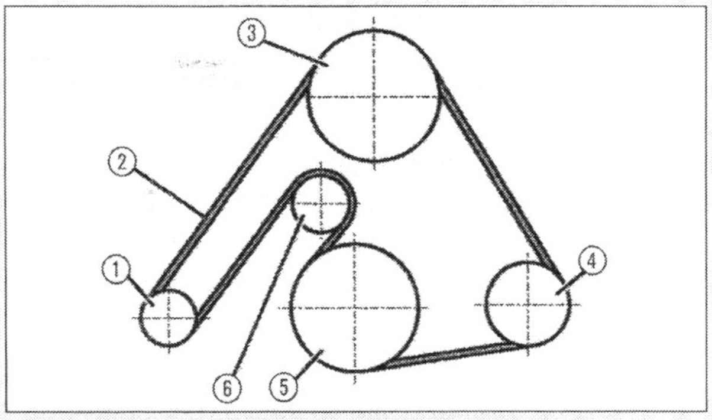

Riemenverlauf bei 6-Zylinder-Motoren ASN:
❶ Generator, ❷ Keilrippenriemen, ❸ Servopumpe, ❹ Klimakompressor, ❺ Kurbelwelle (Schwingungsdämpfer), ❻ Spannrolle.

Wurde der Schwingungsdämpfer ausgebaut, dann ist beim Einbau zu beachten:

4-Zylinder-Motoren

Schlossträger in Servicestellung, Keilrippenriemen ausgebaut. Der Schwingungsdämpfer/Riemenscheibe ist nur mit Originalschrauben einzubauen. Die Montage ist nur in einer Stellung möglich. Die Bohrung (Pfeil) des Schwingungsdämpfers muss über der Erhebung am Zahnriemenrad stehen.

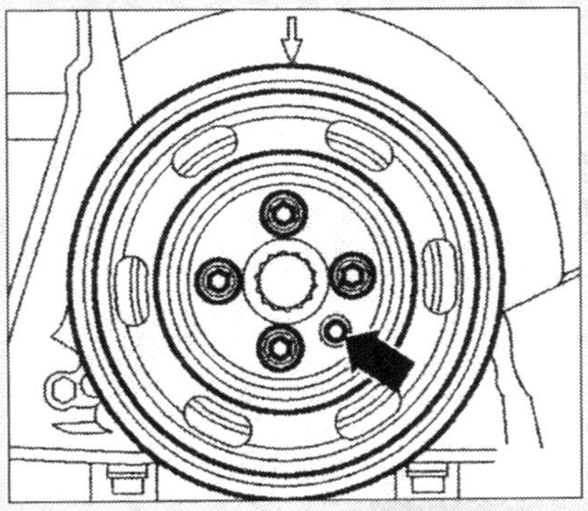

Schwingungsdämpfer/Riemenscheibe bei Motoren ALZ, AVJ und ALT.

6-Zylinder-Motoren

Schlossträger in Servicestellung, Keilrippenriemen ausgebaut. (Zum Ausbau des Schwingungsdämpfers ist das Lösen der Zentralschraube nicht erforderlich.) Einbau nur mit Originalschrauben. Die Kerben (Pfeile) im Schwingungsdämpfer müssen mit den Arretiernasen auf dem Zahnriemenrad in Übereinstimmung gebracht werden.

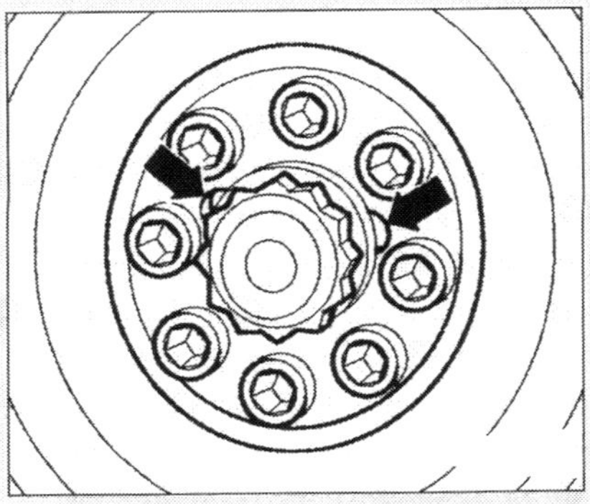

Schwingungsdämpfer bei Motoren ASN.

Der Zahnriemen

Der Zahnriemen ist ein wichtiges Übertragungsteil der Ventilsteuerung. Seine Aufgabe ist der Antrieb der Nockenwelle. Der Zahnriemen sitzt außerhalb des Kurbelgehäuses auf Zahnrädern an Nockenwelle und Kurbelwelle, die im Verhältnis 2:1 übersetzt sind. Die Nockenwelle läuft also mit der halben Drehzahl der Kurbelwelle.

Der Zahnriemen besteht aus Kunststoff, der mit Stahldrahteinlagen verstärkt ist. Er muss nicht geschmiert und nicht nachgespannt werden.

Der Wechsel des Zahnriemens ist eine außerordentlich aufwendige Montagearbeit. Es sind zahlreiche Spezialwerkzeuge (Einstellvorrichtung für OT-Punkt, Absteckstift oder Absteckplättchen, Zweilochmutterndreher, Einstelllineal, Motor-Abfangvorrichtung mit Füßen oder Kran, Winkelmessscheibe, Gegenhalter etc.) erforderlich. Macht man beim Justieren einen Fehler, riskiert man schwerste Motorschäden.

Der Riemenwechsel ist auch eine sehr diffizile Angelegenheit, weil der Umgang mit den (ölgedämpften) Spannelementen, der nötige Aus- und Einbau des Spannelements des Keilrippenriemens sowie der Aus- und Einbau des Zahnriemenschutzes Kenntnis und Erfahrung verlangen. Ferner müssen die Steuerzeiten bei der Montage neu eingestellt werden. Wir sehen hier also von Aus- und Einbauhinweisen ab und raten unbedingt dazu, den Wechsel des Zahnriemens in der Werkstatt erledigen zu lassen.

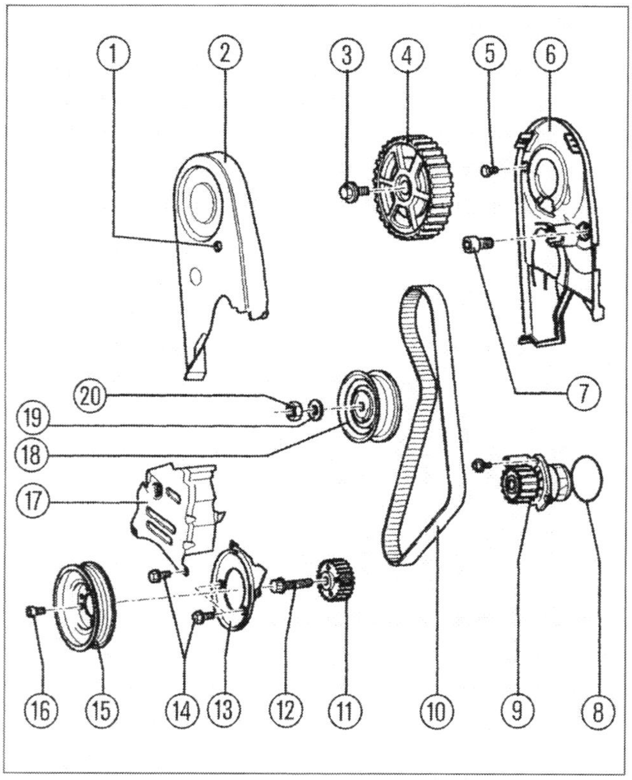

Zahnriementrieb beim 1,6 Liter-Motor ALZ: *❶ Drehverschluss, ❷ Zahnriemenschutz-Oberteil, ❸ Zentralschraube (mit Gegenhalter 3415 lösen und anziehen/100 Nm), ❹ Nockenwellenrad, ❺ Sechskantkombischraube (10 Nm), ❻ Zahnriemenschutz hinten, ❼ Innensechskantschraube (15 Nm), ❽ O-Ring, ❾ Kühlmittelpumpe, ❿ Zahnriemen, ⓫ Zahnriemenrad Kurbelwelle, ⓬ Schraube (90 Nm + 90° weiter drehen), ⓭ Zahnriemenschutz unten, ⓮ Schrauben (10 Nm), ⓯ Schwingungsdämpfer/Riemenscheibe, ⓰ Schraube (25 Nm), ⓱ Zahnriemenschutz-Mittelteil, ⓲ Spannrolle, ⓳ Scheibe, ⓴ Muttern (20 Nm).*

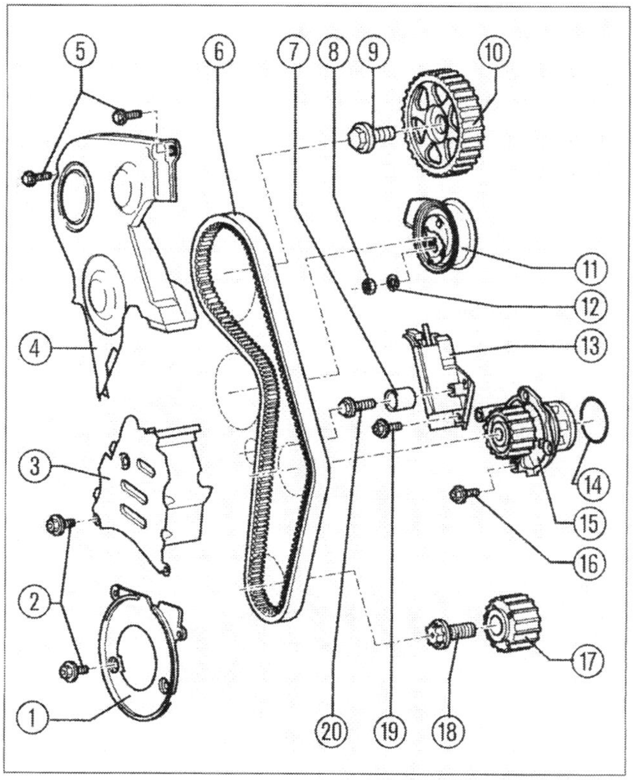

Zahnriementrieb bei den Motoren ALT und AVJ: *❶ Zahnriemenschutz unten, ❷ Schrauben (10 Nm), ❸ Zahnriemenschutz Mitte, ❹ Zahnriemenschutz oben (sorgfältig in Zahnriemenschutz Mitte einhängen. Diese Position ❹ ist bei AVJ-Motoren etwas anders ausgeführt als bei Motoren ALT), ❺ Schrauben, ❻ Zahnriemen, ❼ Umlenkrolle, ❽ Mutter (27 Nm), ❾ Zentralschraube (mit Gegenhalter 3036 lösen und anziehen/65 Nm), ❿ Nockenwellenrad, ⓫ Spannrolle, ⓬ Scheibe, ⓭ Spannvorrichtung für Zahnriemen, ⓮ O-Ring, ⓯ Kühlmittelpumpe, ⓰ Schraube (15 Nm), ⓱ Zahnriemenrad Kurbelwelle, ⓲ Schraube (mit Gegenhalter 3415 lösen und anziehen / 90 Nm + 90° weiter drehen. Ersetzen, nicht ölen), ⓳ Schraube (15 Nm), ⓴ Schraube (25 Nm).*

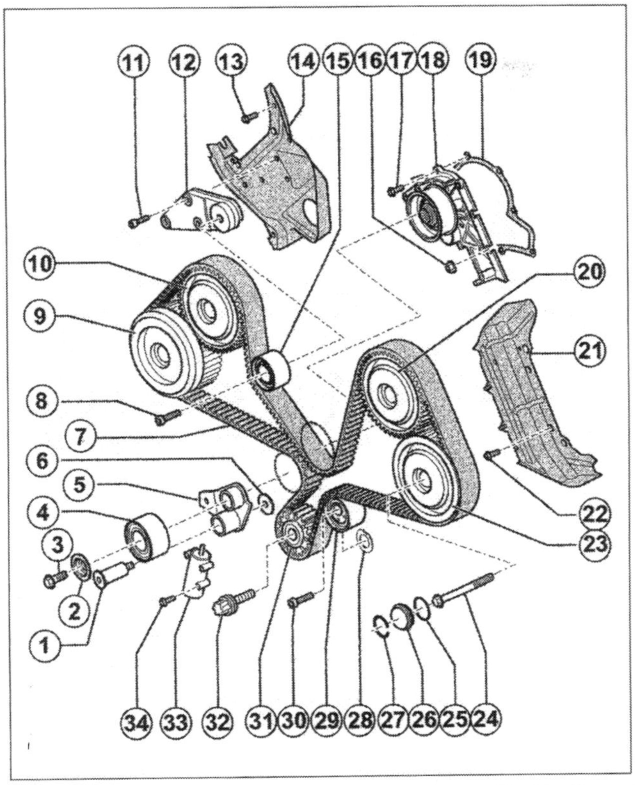

Zahnriemententrieb beim 6-Zylinder-Motor ASN: *1, 3, 8 und 30 Schrauben (45 Nm, selbstsichernd), 2 und 6 Scheibe, 4 Spannrolle, 5 Spannhebel, 7 Zahnriemen, 9 Zahnriemenrad Auslassnockenwelle rechte Bank, 10 Zahnriemenrad Einlassnockenwelle rechte Bank, 11, 13, 16, 17, 22, 34 Schrauben (10 Nm, z.T. selbstsichernd), 12 Halter Umlenkrolle, 14 Zahnriemenschutz hinten rechts, 15 Umlenkrolle, 18 mechanische Kühlmittelpumpe, 19 Dichtung, 20 Zahnriemenrad Einlassnockenwelle linke Bank, 23 Zahnriemenrad Auslassnockenwelle linke Bank, 24 Schraube (100 Nm), 25 O-Ring, 26 Verschlussdeckel, 27 Sicherungsring, 28 Diamantscheibe, 29 Exzenterrolle, 31 Zahnriemenrad Kurbelwelle, 32 Zentralschraube (200 Nm + 180° oder 1/2 Umdrehung weiter), 33 Spannvorrichtung für Zahnriemen.*

Zahnriemen – Gefahrenhinweis

Arbeiten Sie dennoch am Zahnriemen, darf dieser keinesfalls geknickt werden! Ein auch nur ein einziges Mal geknickter Zahnriemen muss auf jeden Fall ersetzt werden. Der Riemen könnte beim späteren Betrieb reißen, was zu schweren Motorschäden führen kann.

Ebenso wichtig ist, dass kein Kolben auf OT stehen darf, wenn bei abgenommenem Zahnriemen die Nockenwelle gedreht wird. Schwer wiegende Schäden an Kolben oder Ventilen könnten die Folge sein.

Klopfgeräusche aus dem Motorraum

Klopfgeräusche aus dem Motorraum sind bei einem kalten Motor kein Grund zur Sorge. Bei einem betriebswarmen Motor dagegen deuten sie fast immer auf einen Lagerschaden hin. Die häufigsten Defekte treten an den Gleitlagern der Pleuel auf. Die Hauptlager der Kurbelwelle sind viel seltener betroffen.

Ein Lagerschaden macht in der Regel eine umfangreiche Motorreparatur notwendig. Wenn Sie ein defektes Pleuellager allerdings schon früh erkennen, genügt oft der Austausch der Lagerschalen.

So erkennen Sie einen Lagerschaden

- Motor im Stand auf mittlere Drehzahlen bringen, Gas zurücknehmen. Taucht mit abfallender Drehzahl ein leichtes Klopfgeräusch auf, etwa »nack-nack-nack-nack«? Hören Sie dieses leichte Klopfen auch bei zügigem Beschleunigen?
- Dann möglichst nicht mehr weiterfahren. Der Schaden kann sich verschlimmern und ist dann mit einfachen Mitteln nicht mehr zu beheben.
- Hartes »klack-klack-klack-klack« beim Hochdrehen des Motors, das bei zurückgenommenem Gaspedal leiser oder unhörbar wird, weist auf einen kapitalen Lagerschaden hin.

Die Zylinderkopfdichtung

Leistungsverlust, Kühlflüssigkeits- und Ölverlust, keine Kompression auf zwei benachbarten Zylindern und Kühlflüssigkeit im Motoröl bzw. Öl in der Kühlflüssigkeit deuten mit ziemlicher Sicherheit auf eine defekte Zylinderkopfdichtung hin. Der Motor muss ausgebaut, der Zylinderkopf abgebaut werden. Diese Arbeiten mit Spezialwerkzeugen wie Gegenhaltern VW-3036, Führungsbolzen VW-3450 oder HAZET 2571, Federbandschellen-Zange HAZET 798-5 sowie Abfangvorrichtung oder Werkstattkran V.A.G. 1202 A gehören in die Fachwerkstatt. Es sind Aggregate auszubauen, Leitungen zu trennen, Kühlmittel abzulassen, Unterdruckschläuche abzuziehen, vorderes Abgasrohr vom Krümmer abzuschrauben, Keilrippenrie-

men und Zahnriemen auszubauen, der Motor anzuheben und – je nach Motor – weitere anspruchsvolle Arbeitsschritte nötig, bis der Zylinderkopfdeckel abgeschraubt werden kann.
Wenn Sie jedoch evtl. in die Lage kommen, die Zylinderkopfdichtung auszuwechseln, gelten folgende Regeln:

Regeln für das Auswechseln der Zylinderkopfdichtung

- Die Zylinderkopfschrauben sind in einer vorgegebenen Reihenfolge herauszuschrauben und einzudrehen. Sie müssen immer ersetzt werden.

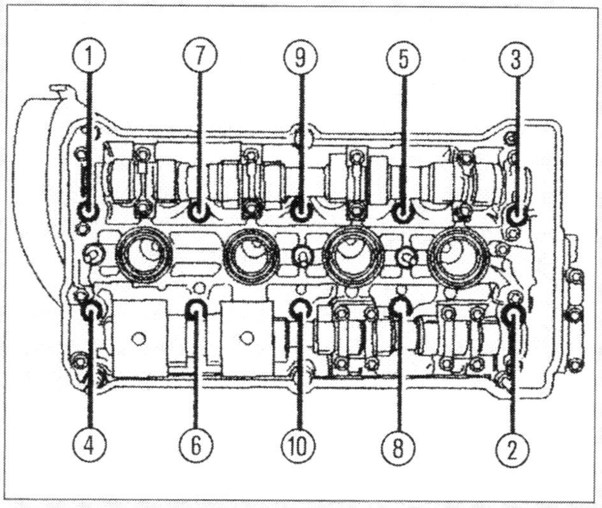

Beim Abnehmen Schraubenreihenfolge von ❶ bis ❿ unbedingt beachten.

- Die neue Zylinderkopfdichtung darf erst unmittelbar vor dem Einbau aus der Verpackung genommen werden. Sie muss äußerst vorsichtig behandelt und darf nicht beschädigt werden.
- In die Zylinder müssen saubere Putzlappen gestopft werden, damit kein Schmutz und keine Schmirgelreste zwischen Zylinderlaufbahn und Kolben gelangen können. Solche Partikel dürfen auch nicht ins Kühlmittel gelangen.
- Die Bohrungen für die Zylinderkopfschrauben müssen frei von Öl- und Kühlmittelresten sein (Schraubendreher mit Lappen einführen).
- Die Dichtflächen von Zylinderkopf und Zylinderblock sind sorgfältig zu säubern. Keine Riefen oder Kratzer erzeugen! Wird Schleifpapier verwendet, dann Körnung nicht unter 100.
- Der Zylinderkopf muss zentriert werden. Dazu dienen die speziellen Zentrierstifte (Pfeile).

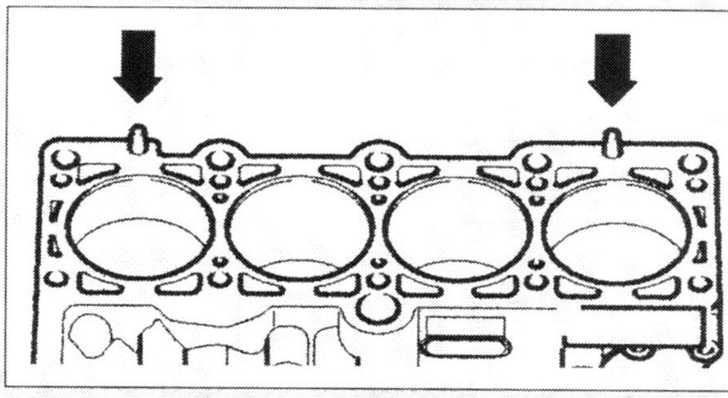

Beim Auflegen der Dichtung müssen die Zentrierstifte (Pfeile) beachtet werden.

- Die neue Dichtung muss die gleiche Kennzeichnung wie die frühere aufweisen. Je nach Kolbenüberstand werden unterschiedlich dicke Zylinderkopfdichtungen eingebaut, daher ist das Beachten dieser Kennzeichnung sehr wichtig.
- Die neue Zylinderkopfdichtung wird so auf die Zentrierstifte aufgelegt, dass die Beschriftung von der Einlassseite her lesbar ist. Dann den Zylinderkopf aufsetzen, die Schrauben einsetzen und handfest anziehen. Die Schrauben werden dann in der gezeigten Reihenfolge (von ❶ bis ❿) in zwei Stufen festgezogen: In der ersten Stufe mit 40 Nm (Drehmomentschlüssel), in der zweiten Stufe mit einem starren Schlüssel 180° (eine halbe Umdrehung) weiter.
- Wenn der Zylinderkopf ersetzt wird, muss auch das gesamte Kühlmittel erneuert werden.

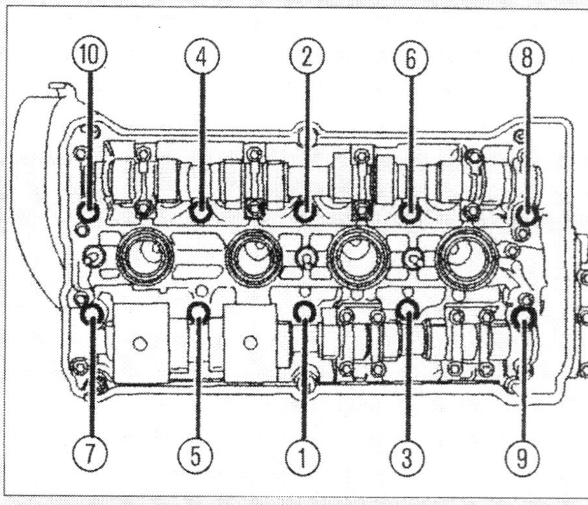

Beim Festziehen der Zylinderkopfschrauben muss die Reihenfolge von ❶ bis ❿ unbedingt eingehalten werden.

Zylinderkopfdichtung

Störungs-beistand

Erkennungsmerkmal	Ursache/Besonderheiten
A Kühlflüssigkeitsstand nimmt laufend ab.	Kühlmittel gelangt in sehr geringer Menge in die Brennräume. Die Erscheinung kann sich ohne Merkmale über längere Zeit hinziehen.
B Beträchtlicher Kühlmittelverlust. Der Wagen zieht bei warm gefahrenem Motor einen weißen Abgasschleier hinter sich her.	Kühlmittel dringt in erheblicher Menge in einen Verbrennungsraum, verdampft dort und entweicht in weißen Schwaden aus dem Auspuff.
C Aus dem geöffneten Ausgleichsbehälter steigen Luftblasen auf oder beim Öffnen des Verschlussdeckels sprudelt eine größere Menge Kühlmittel heraus.	Verbrennungsgase werden ins Kühlsystem gedrückt. Aus der Einfüllöffnung riecht es nach Abgasen.
D Buntschillernde Verfärbung an der Oberfläche des Kühlmittels.	Öl aus dem Schmierkreislauf gelangt ins Kühlsystem.
E Gräulich aussehende Emulsion am herausgezogenen Ölpeilstab oder Öl von Wasserbläschen durchsetzt.	Kühlflüssigkeit ist ins Schmieröl geraten. Achtung: Wasser im Motoröl kann einen Lagerschaden verursachen. Zylinderkopfdichtung sofort wechseln lassen. Wagen zur Reparatur abschleppen.

DAS SCHMIER-SYSTEM

Wartung

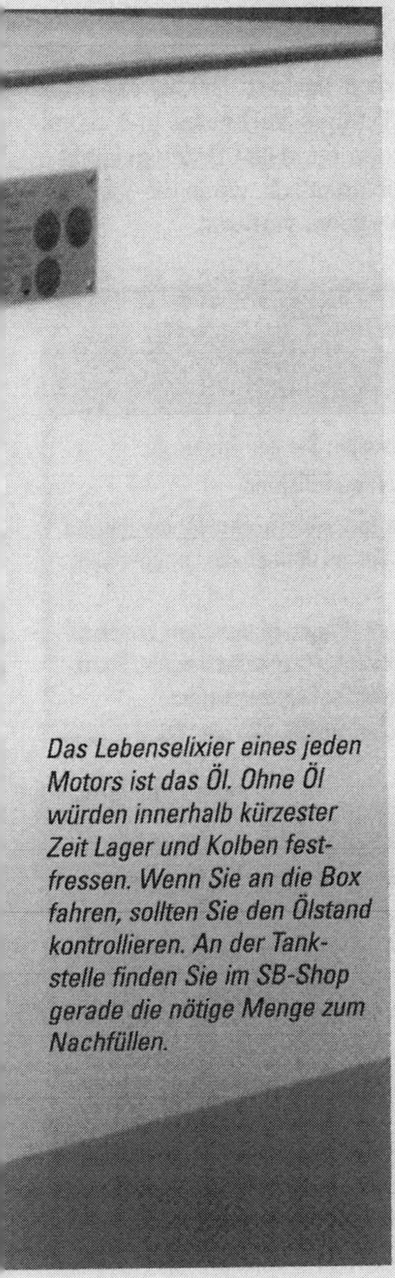

Das Lebenselixier eines jeden Motors ist das Öl. Ohne Öl würden innerhalb kürzester Zeit Lager und Kolben festfressen. Wenn Sie an die Box fahren, sollten Sie den Ölstand kontrollieren. An der Tankstelle finden Sie im SB-Shop gerade die nötige Menge zum Nachfüllen.

Alle Stellen im Motor, an denen Metalle aufeinander gleiten, müssen ständig mit Öl versorgt werden. Das sind zum Beispiel Kolben, Zylinderlaufbahnen sowie die Lager von Kurbelwelle und Nockenwelle. Ohne Schmierung wäre das Triebwerk schon nach wenigen Minuten ruiniert.

Damit das Öl seine Aufgabe erfüllen kann, strömt es im Motorblock durch ein System von Leitungen und feinen Bohrungen an die richtige Adresse.

Eine wichtige Rolle im Ölkreislauf spielt die Ölpumpe. Sie saugt über das Ölsaugrohr das Motoröl aus der Wanne und drückt es in die Leitungen. Zuvor muss das Öl den im Hauptstrom des Schmiersystems sitzenden Ölfilter passieren. Dort werden Verunreinigungen wie Ruß, Metallabrieb und Staub heraus gefiltert.

An der Druckseite der Ölpumpe befindet sich ein Überdruckventil. Es öffnet bei zu hohem Öldruck, so dass ein Teil des Öls in die Ölwanne zurück fließen kann.

Durch die Mittelachse der Filterpatrone gelangt das gefilterte Öl direkt in den Hauptölkanal. Dort sitzt auch der Öldruckschalter, der über die Öldruckkontrolllampe im Schalttafeleinsatz dem Fahrer einen zu niedrigen Öldruck anzeigt (siehe Technik-Lexikon »Der Öldruckschalter«).

Ölfilter rechtzeitig wechseln

Der Ölfilter verrichtet seine Aufgabe nur so lange, bis er vom Schmutz zugesetzt ist. Deshalb sollte er bei jedem Ölwechsel ausgetauscht werden. Wenn der Filter nicht rechtzeitig gewechselt wurde, tritt ein Überdruckventil in Aktion. Es öffnet und das Motoröl umgeht den Filter. Damit ist zwar die Ölversorgung sichergestellt, doch ungefiltertes Motoröl bewirkt einen höheren Verschleiß an den Lagerstellen.
Vom Filter aus gelangt das Motoröl über Bohrungen im Zylinderblock zu den Schmierstellen der Kurbelwelle und den Pleueln. Von den Gleitlagern der Kurbelwelle wird das Öl in den Zylinderkopf und zu den Lagerstellen der Nockenwelle sowie zur Kipphebelbrücke gedrückt. Von dort fließt das Öl durch Rücklaufkanäle zurück in die Ölwanne, wo es wieder von der Ölpumpe angesaugt wird.

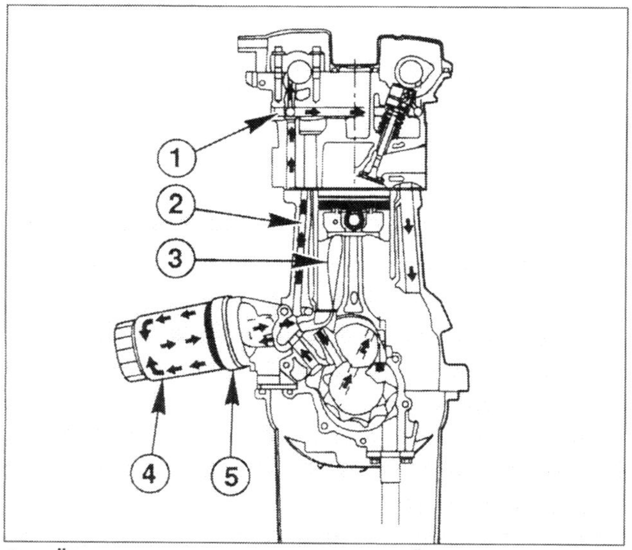

Der Ölkreislauf verdeutlicht, dass das Öl weitaus mehr Teile schmieren muss als nur die Kurbelwellenlager.
❶ Ölkanal Zylinderkopf, ❷ Hauptölkanal, ❸ Spritzöl für Kolbenkühlung, ❹ Hauptstrom-Ölfilter, ❺ Ölkühler.

Der Öldruck

Damit die Schmierung bei jeder Belastung des Motors sicher gestellt ist, muss der Öldruck stimmen. Bei zu kaltem und sehr zähflüssigem Öl kann ein zu hoher Druck entstehen. Dann öffnet ein Überdruckventil eine Umgehungsleitung (Bypass) und leitet das Öl direkt auf die Saugseite der Ölpumpe zurück. Der Ölkreislauf bleibt in diesem Fall erhalten. Informationen über den aktuellen Öldruck erhalten Sie freilich nur, wenn Sie einen Öldruckmesser als Zusatzinstrument eingebaut haben. Ansonsten müssen Sie sich auf die Öldruck-Kontrollleuchte verlassen.

Kontrollleuchte brennt?

Die Kontrollleuchte leuchtet allerdings nur bei zu geringem Öldruck auf. In diesem Fall werden unter Umständen die Motorteile nicht mehr richtig geschmiert. Das kommt zum Beispiel vor, wenn Sie Ihren Wagen bei zu geringem Ölstand mit hohem Tempo durch eine Kurve fahren. Die Ölpumpe saugt dann Luft anstatt Öl aus der Ölwanne. Der Öldruck fällt abrupt ab, was zu schweren Lagerschäden führen kann.
Wenn nach schnellen Autobahn- oder Passfahrten die Öldruckleuchte im Leerlauf flackert, ist das ein Indiz dafür, dass der Öldruck durch zu heißes und damit dünnflüssiges Öl unter den normalen Druck gesunken ist. Das ist jedoch unproblematisch, wenn die Kontrollleuchte beim Gasgeben wieder verlischt.

Praxistipp

Öldruck-Kontrollleuchte leuchtet ständig auf

- Halten Sie sofort an, stellen Sie den Motor ab.
- Kontrollieren Sie zuerst den Ölstand.
- Fehlt Öl, langsam eine Tankstelle in der Nähe anfahren und auffüllen. Prüfen Sie, ob danach die Leuchte wirklich ausgeht.
- In allen anderen Fällen: Wagen in die nächste Werkstatt schleppen und Ursache feststellen lassen. So riskieren Sie keinen schweren Motorschaden.

Technik-lexikon

Der Öldruckschalter

Eines der Bauteile an der Ölfiltereinheit Ihres Fahrzeugs ist der Öldruckschalter. Er ist drucklos geöffnet und wird bei Erreichen des Schaltdruckes geschlossen. Die Öldruckwarnung wird 10 Sekunden nach dem Einschalten der Zündung aktiviert. Die Einschaltverzögerung der Warnung beträgt 3 Sekunden, die Ausschaltverzögerung etwa 5 Sekunden.

Nach Einschalten der Zündung muss bei stehendem Motor die Öldruckkontrolllampe im Schalttafeleinsatz ca. 3 Sekunden leuchten und danach verlöschen. Warnung durch Blinken der Leuchte und Ertönen des Summers erfolgt, wenn bei eingeschalteter Zündung und stehendem Motor der Öldruckschalter geschlossen oder wenn er bei Drehzahlen über 1500 U/min geöffnet ist. Bei einer Motordrehzahl über 5000 U/min bleibt die Kontrolllampe auch dann eingeschaltet, wenn der Öldruckschalter geschlossen ist. Bei einer Motordrehzahl unter 5000 U/min wird die Kontrolllampe wieder ausgeschaltet.

Ist der Öldruckschalter bei einer Motordrehzahl über 1500 U/min nur 0,3...3,0 Sekunden geöffnet, wird das im Kombiprozessor des Schalttafeleinsatzes gespeichert. Tritt dieser Zustand während des Motorlaufes dreimal auf, wird sofort die Öldruckwarnung ausgelöst und auch unter 1500 U/min nicht gelöscht. Die Löschung der Öldruckwarnung erfolgt, wenn der Öldruckschalter über 1500 U/min länger als 5 Sekunden geschlossen ist oder die Zündung ausgeschaltet wird.

Die Funktion des Öldruckschalters und der Öldruck können mit einem Öldruck-Prüfgerät und einer Diodenprüflampe geprüft werden (Öldruckschalter ausbauen und ins Prüfgerät schrauben, Prüfgerät anstelle Öldruckschalter in den Zylinderkopf einschrauben).

Öldruck und Öldruckschalter prüfen

Das Manometer für die Druckprüfung muss eine Einschraubmöglichkeit für den zur Prüfung auszubauenden Öldruckschalter haben. Vor der Prüfung ist der Ölstand zu kontrollieren und richtig zu stellen. Der Motor muss auf Betriebstemperatur mit mindestens 80°C Öltemperatur gefahren werden. Der Lüfter für den Kühler muss einmal gelaufen sein. Bei Fahrzeugen mit Auto-Check-System muss die Anzeige »i.O.« aufleuchten (Symbol abrufen).

Arbeitsschritte

① Schrauben Sie den Öldruckschalter (F1) – **A** – heraus und in das Manometer ein. Das Manometer wird anstelle des Öldruckschalters in den Ölfilterhalter eingeschraubt.

② Die braune Leitung des Prüfgeräts wird an Masse gelegt.

③ Mit Hilfsleitungen – **B** – wird die Diodenprüflampe (z.B. V.A.G. 1527 B) an den Batteriepluspol und an den Öldruckschalter angeschlossen. Falls die Leuchtdiode jetzt aufleuchtet, muss der Öldruckschalter ersetzt werden.

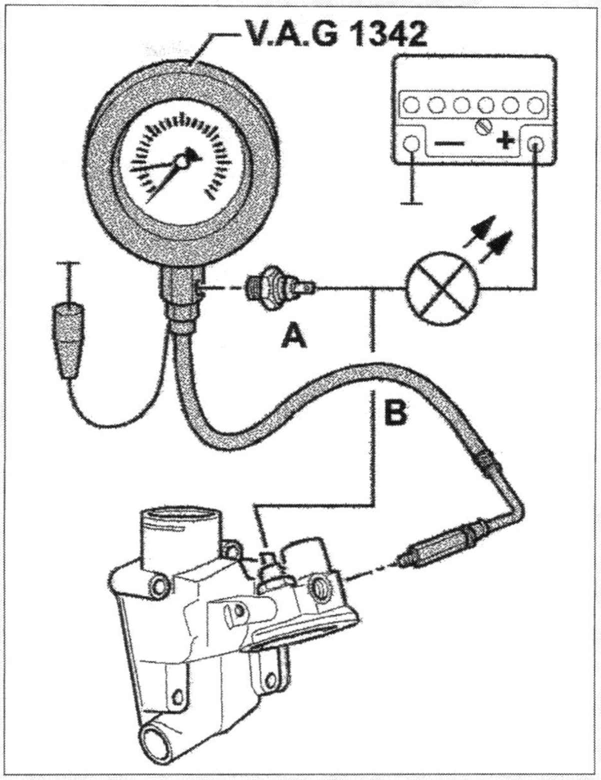

Um Öldruck und Öldruckschalter zu prüfen, brauchen Sie ein Manometer mit Einschraubmöglichkeit für den Öldruckschalter **A**. *Eine Diodenprüflampe mit Hilfsleitungen wird an den Batterie-Pluspol und den Öldruckschalter angeschlossen.*

④ Leuchtet die Diode nicht, Motor anlassen und Drehzahl langsam erhöhen. Bei 1,2...1,6 bar Überdruck muss die Leuchtdiode aufleuchten. Anderenfalls muss der Öldruckschalter ersetzt werden. Der Öldruck im Leerlauf soll mindestens 2 bar betragen.

⑤ Erhöhen Sie die Drehzahl weiter. Bei 2000 U/min und 80° C Öltemperatur soll der Öldruck mindestens zwischen 2,7...4,5 bar betragen. Werden die Sollwerte nicht erreicht, sind mechanische Schäden, z. B. Lagerschäden zu beseitigen. Gegebenenfalls sind der Ölfilterhalter mit Überdruckventil oder die Ölpumpe zu ersetzen.

⑥ Bei höherer Drehzahl darf der Öldruck 7,0 bar nicht überschreiten. Steigt der Druck höher, sollten die Ölkanäle überprüft und gegebenenfalls der Ölfilterhalter mit Überdruckventil ersetzt werden.

⑦ Nach Abschluss der Prüfung den Öldruckschalter wieder aus dem Manometer heraus- und in seinen Einbauort einschrauben. Mit 25 Nm festziehen. Bei Undichtigkeit muss der Dichtring ersetzt werden (den alten mit Seitenschneider aufkneifen).

Das Motoröl

Öl ist das Lebenselixier des Motors. Es vermindert die Reibung und den Verschleiß bei Kolben und Zylindern, Lagern und Ventiltrieb. Es dichtet die engen Räume zwischen Kolben, Kolbenringen und Zylinderwand so fein ab, dass der hohe Druck, der bei der Verbrennung entsteht, fast ohne Verluste auf die Kurbelwelle übertragen wird. Öl kühlt auch den Motor – zum Beispiel die Kolben in den Zylindern und die Lager von Kurbelwelle und Nockenwelle. Außerdem schützt es vor Rost, bindet Schmutzpartikel und einen Teil der Verbrennungsrückstände.

Multitalent Mehrbereichsöl

Die meisten Motoröle sind heute Mehrbereichsöle, die aus Rohöl hergestellt werden. Damit ein Mineralöl als Motoröl Karriere machen kann, braucht es Additive, spezielle Zusätze, die bis zu 20 Prozent seiner Chemie ausmachen. Sie schützen das Öl auch vor Oxidation und verhindern das Aufschäumen bei hohen Drehzahlen.
Wichtige Additive sind die VI-Verbesserer (VI = Viskositätsindex) – lange Molekülketten, die beim Erhitzen quellen und beim Abkühlen wieder schrumpfen. Sie bewirken, dass sich das Öl den Temperaturen im Motor anpasst und mehrere Viskositätsklassen überspannt. Diese VI-Verbesserer verschleißen jedoch bei hohen Temperaturen und verlieren ihre Wirkung. Außerdem setzen Wasser, Kraftstoff und Verbrennungsrückstände der Lebensdauer des Motoröls Grenzen. Ein dünnes Mineralöl hält die Drücke und Temperaturen im Triebwerk nicht gut aus. Ein rechtzeitiger Ölwechsel ist daher kein Luxus, sondern reine Notwendigkeit, wenn Ihr Motor reibungslos funktionieren soll.

Leichtlauföle

Auch Leichtlauföl (Synthetiköl) kommt nicht ohne Erdöl aus. Allerdings wird der Molekülaufbau des Rohöls in einem aufwendigen Verfahren (Cracken) aufgelöst und nach neuer Rezeptur mit speziellen Additiven neu zusammengesetzt.
Synthetiköl ist im Prinzip nicht künstlicher als Mineralöl, aber durchweg teurer. Dafür versprechen die Hersteller einen geringeren Öl- und Kraftstoffverbrauch, eine größere Beständigkeit und langsamere Alterung. Das bedeutet theoretisch auch längere Ölwechselintervalle, wiewohl Ihre Vertragswerkstatt für Leichtlauföle keine längeren Ölwechselintervalle vorsieht. Auch wenn Sie sich den Luxus dieses Spitzenöls leisten, sollten Sie sich also an die vorgesehenen Intervalle halten.

Begriffe und Normen rund ums Öl — Technik-lexikon

Viskosität. Das Maß für die Fließfähigkeit des Schmieröls. Im Winter muss ein Motoröl so dünnflüssig sein, dass es nach dem Kaltstart sofort alle Schmierstellen versorgt. Im Sommer dagegen ist dickflüssiges Öl gefragt, das auch bei hohen Temperaturen den Schmierfilm nicht abreißen lässt.

SAE-Klasse (Society of Automotive Engineers). Bezeichnet die Klasse der Viskosität, zum Beispiel SAE 15W-40. Je kleiner die erste Zahl, um so dünner fließt das Öl bei Kälte (W = Winter). Ein Öl mit 0W schmiert noch bei minus 30 Grad, bei 5W steigt dieser Wert auf minus 25 Grad, bei 15W auf minus 15 Grad. Je höher die zweite Zahl, um so besser widersteht das Öl hohen Temperaturen.

ACEA (Association des Constructeurs Européen d'Automobiles). 1996 eingeführte europäische Ölnorm. Löst die CCMC-Norm ab. Für Benziner gibt's die Gruppen A1 (spritsparendes Öl), A2 (gering belastetes Öl), A3 (Hochleistungs-Öl). Für Diesel gilt die Einteilung B1, B2 und B3.

CCMC (Comittée des Constructeurs d'Automobiles du Marché Commun). Die Spezifikation besteht aus den Buchstaben G (Benziner) und PD (Diesel) sowie einer Zahl. Je höher diese ist, um so besser ist die Qualität des Öls.

API (American Petroleum Institute). Die Spezifikation besteht aus den Buchstaben S (Benziner) und C (Diesel) sowie einem weiteren Buchstaben. Je höher dieser im Alphabet steht, um so besser ist die Qualität des Öls.

Welches Öl für den A4?

Für die Benzinmotoren Ihres A4 sollten Öle nach VW Norm verwendet werden: VW-Norm 500 00, 501 01 oder 502 00. Als LongLife Ölspezifikation wird die neue VW-Norm 503 00 empfohlen. Sie wurde speziell dafür entwickelt, ist alterungsbeständig und auch für die Turbomotoren geeignet.
Vorübergehend kann auch schon mal ein Öl wie API-SF/-SG nachgefüllt werden, wenn kein freigegebenes Motoröl zur Verfügung steht. Mehrbereichsöle bauen

auf einem dünnflüssigen Einbereichsöl auf und werden durch so genannte Viskositätsindexverbesserer im heißen Zustand stabilisiert. Dadurch ist sowohl für den kalten wie auch für den heißen Motor die richtige Schmierfähigkeit gegeben. Über die Eignung eines Öles entscheiden die Ölspezifikation und richtige Viskositäts-Klasse. Wenn Sie Öl nachfüllen, können Sie übrigens ohne Probleme die Sorten verschiedener Hersteller mischen. Sie müssen dann jedoch damit rechnen, dass die Eigenschaften des Motoröls leicht beeinträchtigt werden. Jede Marke hat nämlich eine spezielle Kombination von Additiven, die ihre Wirksamkeit beim Mix mit einem anderen Öl verlieren können. Aus diesem Grund macht die Kombination von Mineralöl und Synthetiköl keinen Sinn.

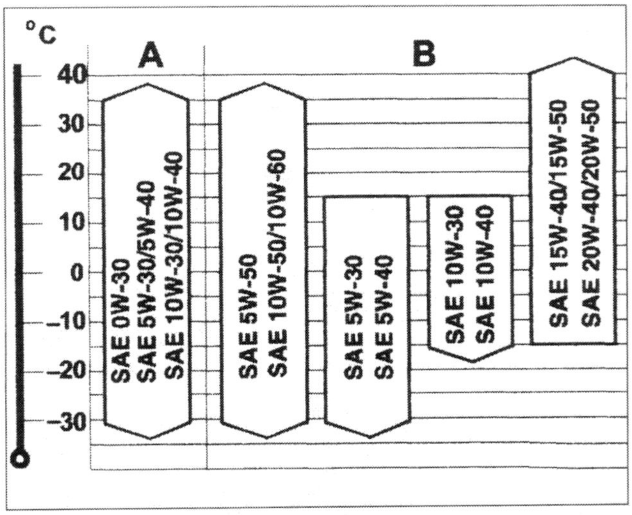

In mitteleuropäischen Breitengraden genügt das ganze Jahr über ein Mehrbereichsöl, so dass ein jahreszeitbedingter Ölwechsel nicht nötig ist.
A: *Mehrbereichs-Leichtlauföle nach VW-Norm 500 00 oder 502 00*
B: *Mehrbereichsöle nach VW-Norm 501 01.*

Vorsicht: Dieselöle, die ausschließlich für Dieselmotoren zugelassen sind, sollten Sie mit Ölen für Benzinmotoren nicht mischen. Sie riskieren sonst einen Motorschaden.

Ölverbrauch

Wenn Ihr Motor technisch in Ordnung ist, verbraucht er so wenig Öl, dass zwischen den einzelnen Ölwechselintervallen kein Öl oder nur eine geringe Menge nachgefüllt werden muss. Das gilt jedoch nur, wenn Sie regelmäßig das Öl wechseln und den Motor nicht durch zu scharfe Fahrweise übermäßig belasten.
Ihr Motor verbraucht Öl, weil es teilweise in den Verbrennungsraum gelangt und dort verbrennt. Ein undichter Motor, defekte Ventilschaftabdichtungen, falsch eingebaute Kolbenringe oder zu viel Spiel zwischen Ventilführung und Ventilschaft treiben den Verbrauch jedoch in die Höhe. Wenn der Ölstand zwischen den Messungen nicht abnimmt, ist dies freilich kein Grund zur Freude. Dann ist das Motoröl durch Kraftstoff und Kondenswasser verdünnt, was seine Schmiereigenschaft verschlechtert. Das kann vor allem im Winter vorkommen, wenn Sie das Fahrzeug nur auf kurzen Strecken bewegen. In diesem Fall sollten Sie das Öl vor den üblichen Intervallen wechseln, etwa schon nach 3.000 Kilometern oder vier Monaten.
Beim Nachfüllen können die Öle auch untereinander gemischt werden. Bei LongLife Ölen sollte jedoch nur einmal bis zu 0,5 Liter andere Öle aufgefüllt werden.

Motorölstand prüfen

Zum Ölpeilstab sollten Sie nach jedem zweiten Tanken greifen. In der Einfahrzeit oder bei einem älteren Motor mit erhöhtem Ölverbrauch ist es sinnvoll, das Öl bei jedem Volltanken zu kontrollieren. Der Peilstab fällt mit seinem Kunststoffgriff bei allen Motoren sofort ins Auge.

Arbeitsschritte | **ständige Kontrolle**

① Die Ölstandskontrolle sollte bei einer Öltemperatur von 60° C vorgenommen werden. Das entspricht einer Fahrt von etwa 10 Minuten nach dem Kaltstart: Nach dem Abstellen des Motors fünf Minuten warten, damit alles Öl in die Ölwanne abtropfen kann. Fahrzeug in waagerechte Stellung bringen.

② Peilstab ziehen. Vorsicht bei betriebswarmem Motor: die umliegenden Motorteile sind sehr heiß. Ölstab mit sauberem, flusenfreiem Lappen oder Papiertuch abwischen, bis zum Anschlag wieder in das Führungsrohr oder die Öffnung im Motorblock stecken, kurz warten und wieder herausziehen.

③ Lesen Sie den Ölstand ab. Dunkles Öl bedeutet übrigens nicht unbedingt, dass das Öl gewechselt werden müsste. Diese Färbung entsteht bei Marken-Motoröl schon nach kurzer Laufzeit durch angesammelte Schmutzpartikel.

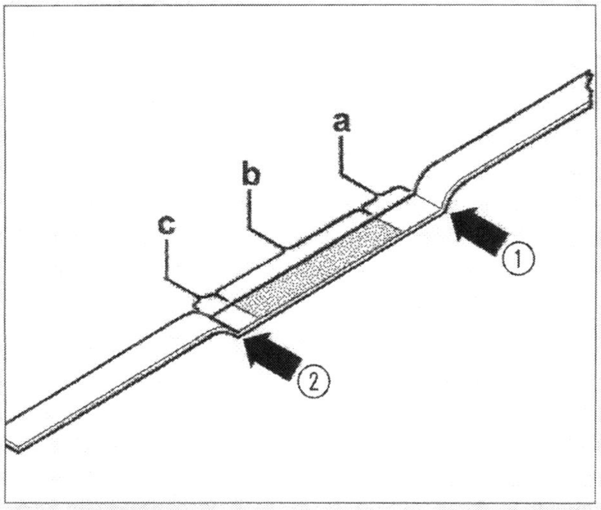

Der Pfeil ❶ weist auf die MAX-Markierung hin, der Pfeil ❷ auf die MIN-Markierung. **a** *= Bereich über dem gerasterten Feld bis zur MAX-Markierung: Kein Öl nachfüllen!* **b** *= Ölstand im gerasterten Bereich: Öl kann nachgefüllt werden.* **c** *= Bereich von der MIN-Markierung bis zum gerasterten Feld: Max. 0,5 l Öl nachfüllen! Es genügt, wenn danach der Ölstand im Bereich* **b** *steht.*

④ Die Nachfüllmenge zwischen den Markierungen ❶ und ❷ beträgt 1,0 l. Ein halber Liter genügt, wenn der Ölstand die MIN-Marke (untere Markierung) nicht unterschreitet. Füllen Sie niemals zu viel Öl nach! Überschüssiges Motoröl muss wieder abgesaugt werden. Es wird unter Umständen über die Kurbelgehäuseentlüftung angesaugt und verschmutzt den Luftfilter. Zu viel Öl kann die Motordichtungen beschädigen und sogar, wenn es über den Brennraum in den Auspuff gelangt, den Katalysator.

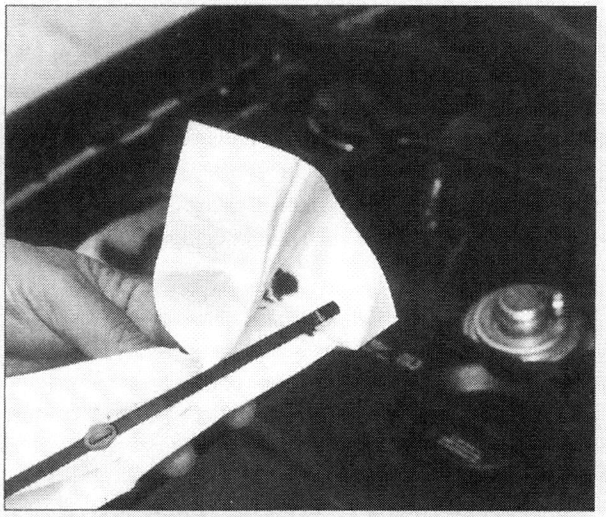

Ölpeilstab zur Kontrolle des Ölstandes mit sauberem und flusenfreiem Lappen oder Papiertuch abwischen. Bei der Ölstandskontrolle unterwegs: Vorsicht, der Motor ist heiß!

⑤ Benutzen Sie zum Nachfüllen einen sauberen Trichter.

Motoröl und Ölfilter wechseln

Bei allen Motoren ist der Ölwechsel alle 15.000 Kilometer oder alle 12 Monate fällig. Wenn Sie oft lange Strecken fahren, brauchen Sie das Intervall nicht auf den Kilometer genau einzuhalten. Sind Sie dagegen ausschließlich in der Stadt unterwegs, macht ein früherer Wechsel Sinn. Im Winter sind dann bereits vier Monate genug für das Motoröl. LongLife Öl hat eine Laufzeit von maximal 2 Jahren.

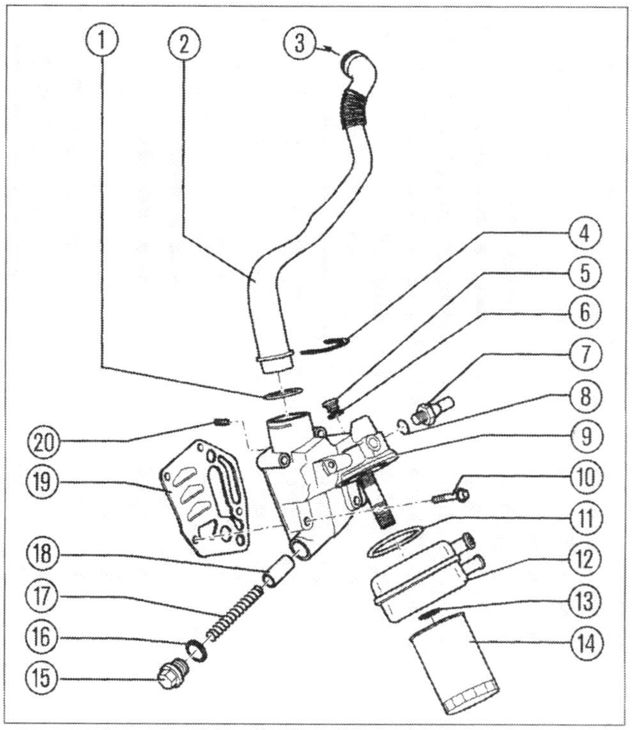

Teile der Ölfiltereinheit: *❶ Dichtring, ❷ Verbindungsrohr, ❸ zum Entlüftungsgehäuse vom Verschlussdeckel, ❹ Halteklammer, ❺ Verschlussschraube 15 Nm, ❻ und ❽ Dichtringe (bei Undichtigkeit aufkneifen und ersetzen), ❼ Öldruckschalter (F1) 25 Nm, ❾ Ölfilterhalter, ❿ Schraube 15 Nm + 90° (ersetzen), ⓫ Dichtung (ersetzen und in die Nasen am Ölkühler einknöpfen), ⓬ Ölkühler (auf Freigang zu umliegenden Bauteilen achten), ⓭ Mutter 25 Nm, ⓮ Ölfilter, ⓯ Verschlussschraube 40 Nm, ⓰ Dichtring (unverlierbar an Verschlussschraube angerollt), ⓱ Feder für Überdruckventil, ⓲ Kolben für Überdruckventil, ⓳ Dichtung (ersetzen), ⓴ Rücklaufsperrventil 8 Nm.*

Ölwechsel in Eigenregie?

Das Do it yourself lohnt sich nur, wenn Sie ein preiswertes Öl aus Zubehörhandel, Warenhaus oder Tankstelle verwenden. Ein konventioneller Ölwechsel, bei dem Sie das Öl ablassen und den Filter wechseln, erfordert Zeit, weil Sie das Fahrzeug dazu aufbocken müssen. Schneller und sauberer geht's bei einem SB-Ölwechsel mit einem Absauggerät an der Tankstelle. Diese Methode hat jedoch Nachteile: Der Schlamm bleibt in der Ölwanne, und ohne einen Filtertausch ist der Ölwechsel nur eine halbe Sache. In der Werkstatt kostet der Ölwechsel am meisten, weil man dort in der Regel nur teure Ölsorten verwendet. Lassen Sie die Arbeit von der Tankstelle erledigen, müssen Sie das Öl zwar dort kaufen, können sich jedoch die Marke selbst aussuchen.

So viel Öl brauchen Sie für den Ölwechsel

Motor	Füllmenge
1,6 Liter	3,5 Liter
1,8 Liter Turbo	4,0 Liter
2,0 Liter	4,0 Liter
3,0 Liter	6,0 Liter

Der Ölfilter ist auf den jeweiligen Motortyp abgestimmt. Fragen Sie beim Kauf nach dem richtigen Ersatzteil für Ihr Fahrzeug.

Arbeitsschritte — 15.000 km / 12 Monate

① Fahrzeug warmfahren. Nur dann werden die Schmutzpartikel beim Auslaufen ausgeschwemmt.
② Das Auto waagerecht stellen oder rüttelsicher aufbocken.
③ Bauen Sie die Geräuschdämmung ab (siehe Kapitel »Der Motor«).
④ Flache Wanne, Schüssel oder einen aufgeschnittenen Plastik-Ölkanister mit entsprechendem Fassungsvermögen unterstellen.
⑤ Ölablassschraube mit Stecknuss öffnen, Öl ins Gefäß laufen lassen. Vorsicht, es ist heiß.

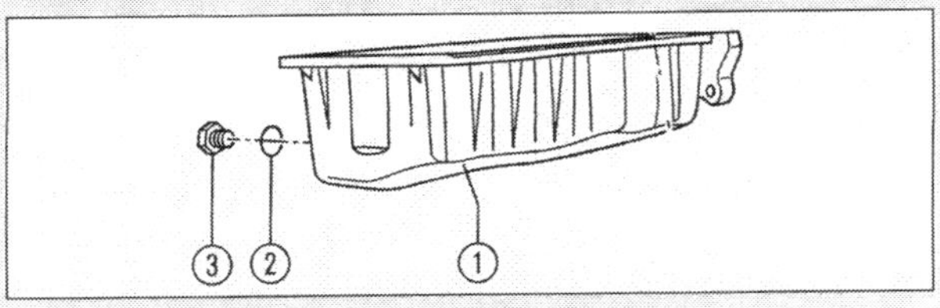

Die Motorölablassschraube ❸ schraubt man am besten mit einem Ringschlüssel ab. Sie ist nur zugänglich, wenn zuvor die Geräuschdämmung abgebaut wurde. ❶ Ölwanne, ❷ Dichtring.

⑥ Haben Sie den Wagen nur vorn aufgebockt: Fahrzeug ablassen, damit das Altöl ganz ausläuft. Achten Sie darauf, dass das Auffanggefäß nicht umkippt.
⑦ Ölfilter mit einem Spannbandschlüssel (z. B. Hazet 2171-1) lösen. Wenn er sich nicht löst: Treiben Sie einen Schraubendreher durchs Blechgehäuse (Vorsicht: heißes Öl läuft aus) und drehen ihn damit los. Filter über Ölauffanggefäß entleeren, als Sondermüll entsorgen.

Lösen des Ölfilters nit dem Spannbandschlüssel (eine preiswerte Variante des Ölfilterschlüssels). Bei Problemen den Filter mit einem Schraubendreher durchstoßen und abdrehen.

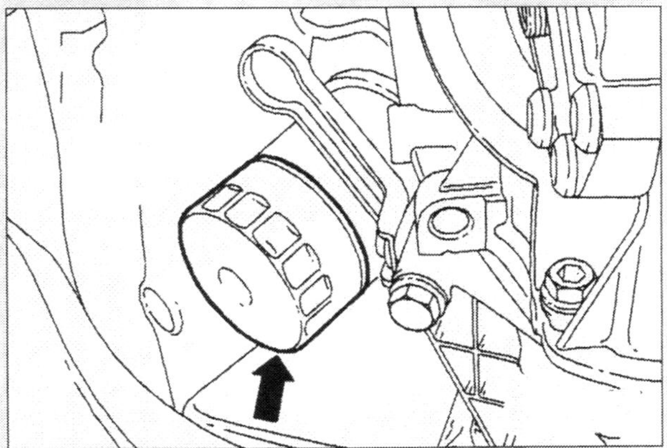

Ölfilter (Pfeil) bei Vierzylinder-Motoren.

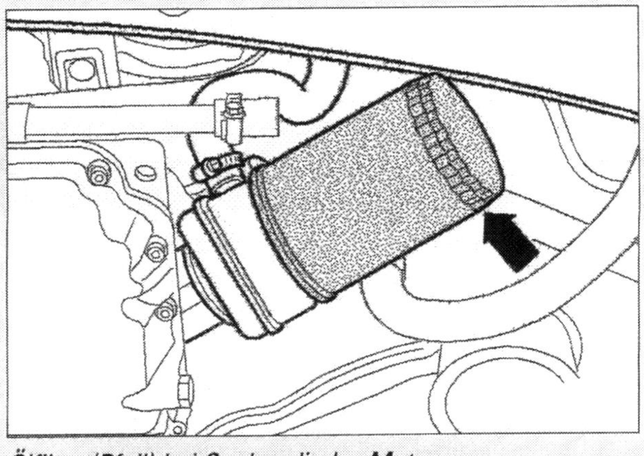

Ölfilter (Pfeil) bei Sechszylinder-Motoren.

⑧ Dichtring am neuen Ölfilter mit Fett einreiben, Filter von Hand festdrehen.

⑨ Ölablassschraube säubern und mit neuem Dichtring eindrehen. Nicht anknallen (30 Nm), sonst wird das abdichtende Gewinde in der Ölwanne beschädigt.

⑩ Öl einfüllen. Dann Motor kurz laufen lassen. Bis die Ölpumpe den Ölfilter gefüllt hat, brennt die Öldruckkontrolle, da sich der Öldruck erst aufbauen muss. **Achtung bei Turbomotoren:** Solange die Ölkontrolle leuchtet, darf der Motor nur im Leerlauf laufen. Kein Gas geben! Bei Gasstößen kann der Lader beschädigt werden oder sogar total ausfallen. Erst wenn die Kontrollleuchte erloschen und der volle Öldruck erreicht ist, darf Gas gegeben werden.

⑪ Öldichtheit an Ölfilter und Ablassschraube kontrollieren.

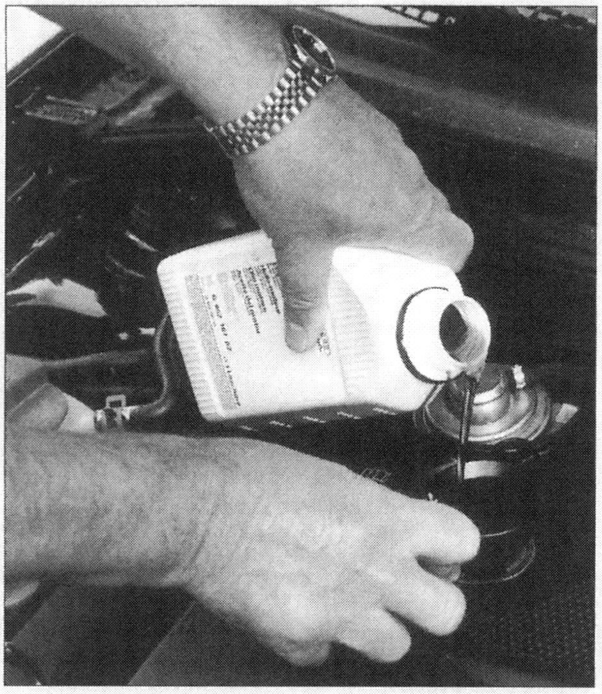

Das Öl-Nachfüllen wird zu einer ganz sauberen Angelegenheit, wenn Sie einen Trichter verwenden.

Praxistipp

Altöl richtig entsorgen

Sie können die Altölentsorgung dem Händler überlassen, bei dem Sie das Motoröl gekauft haben. Er muß das Altöl kostenlos zurücknehmen. Zum Nachweis die Quittung im Handschuhfach aufbewahren. Sie können das Altöl auch zusammen mit Ölfilter und verschmutzten Lappen bei der Altölsammelstelle abgeben. Adressen erfahren Sie bei der Gemeindeverwaltung oder bei Automobilclubs.

Ölfeuchte Stellen?

Ölschwitzflecken am Motor sind kein Grund zur Sorge. Motoröl kann sich bei starken Temperaturschwankungen durch die Poren von Dichtungen und Gehäusen arbeiten. Diese Form der Transpiration ist normal. Anders sieht die Sache aus, wenn Sie im Motorraum starke Ölspuren oder unter dem geparkten Wagen Ölflecken feststellen. Solchen Symptomen sollten Sie rasch nachgehen: Ein undichter Motor ist ein Indiz für einen technischen Mangel, der sich schnell verschlimmern kann. Am besten nehmen Sie Ihren Motor nach einer Motorwäsche und einer anschließenden Probefahrt in Augenschein.

Arbeitsschritte W 15.000 km 12 Monate

① Um die Öldichtigkeit zu prüfen, bauen Sie zunächst die obere Motorabdeckung ab (siehe Kapitel »Der Motor«).

② Bauen Sie die Geräuschdämmung unter dem Motor aus (siehe Kapitel »Der Motor«).

③ Kontrollieren Sie folgende Punkte: Dichtung des Öleinfülldeckels, Belüftungsschlauch der Kurbelgehäuse-Entlüftung (vom Ventildeckel zum Luftansaugschlauch), Ventildeckel-Dichtung, Zylinderkopfdichtung, Ölablassschraube, Ölfilter, Ölwannendichtung und Simmeringe an Nockenwelle und Kurbelwelle.

Ölfeuchte Stellen im Bereich der Zylinderkopfhaubendichtung (Pfeile) sind in der Regel kein Grund zur Besorgnis.

Schmiersystem

Störungs-beistand

Störung	Ursache	Abhilfe
A Bei Einschalten der Zündung bleibt Öldruck-Kontroll-leuchte dunkel.	**1** Kontrollleuchte defekt.	Auswechseln.
	2 Steckverbindung korrodiert bzw. Kabelverbindung unterbrochen.	Überprüfen und reinigen, ggf. Kabel reparieren.
	3 Öldruckschalter defekt.	Kontrollieren, ggf. auswechseln.
B Öldruck-Kontroll-leuchte brennt nach Anspringen des war-men Motors im Leerlauf weiter, geht aber beim Gasgeben aus.	Heißes und damit dünnflüssiges Öl.	
C Öldruck-Kontroll-leuchte geht erst bei höheren Drehzahlen	Bypassventil in der Ölfilterhauptstrom-leitung klemmt.	Öldruck überprüfen lassen, Ventil ggf. auswechseln lassen.
D Öldruck-Kontroll-leuchte brennt nach Anspringen des Motors und geht auch beim Gasgeben nicht aus.	**1** Zu wenig Öl im Motor.	Ölstand überprüfen, ggf. Öl nachfüllen.
	2 Ölansaugsieb in der Ölwanne zugesetzt bzw. Ölpumpe verschlissen.	Überprüfen bzw. ersetzen lassen.
	3 Siehe A2 und 3.	Nur weiterfahren, wenn Ursache klar ist.

DAS KÜHL-SYSTEM

Wartung

Reparatur

Ohne Wasser stirbt der Motor den Hitzetod. Kontrollieren Sie regelmäßig den Stand im Ausgleichsbehälter für die Kühlflüssigkeit. Wenn Sie an der Tankstelle nur Wasser pur aufgefüllt haben, müssen Sie allerdings bald für die richtige Mischung von Wasser und Frostschutz im Kühlsystem sorgen.

Das Kühlsystem sorgt für die richtige Betriebstemperatur des Motors. Es besteht aus einer Reihe von Aggregaten wie Kühler und Thermostat, Wasserleitungen und einem Netz aus kleinen, genau bemessenen Kanälen in Motorblock und Zylinder, in denen die Kühlflüssigkeit zirkuliert. So entsteht ein Wassermantel, der die Verbrennungswärme über die Schläuche des Kühlsystems an den Kühler abführt. Welche Wege das Kühlmittel im Kühlsystem nimmt, hängt von der Temperatur des Motors ab.

Der Kurzschlusskreislauf

Nach dem Kaltstart zirkuliert das Kühlmittel zunächst im kleinen Kühlkreislauf, der sich auf Motor und Heizung beschränkt. In diesem sogenannten Kurzschlusskreislauf hält der Thermostat den Durchfluss zum Kühler geschlossen. Das Kühlmittel gelangt auf direktem Weg zurück in den Motor. So erhitzt sich die Kühlflüssigkeit schneller und der Motor wird schneller warm. Der Kühler tritt erst in Aktion, wenn die Kühlflüssigkeit eine bestimmte Temperatur erreicht hat. Der Thermostat öffnet, dabei wird kaltes Wasser aus dem Kühler mit bereits erwärmtem Wasser aus dem kleinen Kühlkreislauf vorgemischt. Diese allmähliche Kaltwasserbeimischung verhindert den so genannten Kälteschock für den Motor.

Kühlung bei Betriebstemperatur

Solange die Wassertemperatur steigt, öffnet der Thermostat den Kaltwasserzufluss aus dem Kühler immer weiter und schließt gleichzeitig den Kurzschlusskreislauf. Bei Betriebstemperatur zirkuliert die Kühlflüssigkeit vom unteren Kühlwasserschlauch zur Wasserpumpe, die sie in Motorblock und Zylinderkopf drückt. Der größte Teil der Flüssigkeit läuft dann über den geöffneten Thermostat zum Kühler, während der Rest zum Wärmetauscher der Heizung fließt. Das im Kühler unten abfließende kalte Wasser zieht heißes Kühlmittel oben in den Kühler nach. Dort wird es beim Zug durch die Kühlerlamellen abgekühlt. Sinkt während der Fahrt die Wassertemperatur unter die vorgeschriebene Betriebstemperatur, sperrt der Thermostat den Kühlerdurchfluss erneut, bis sich das Kühlmittel wieder genügend erwärmt hat.

Überdruck und Kühlerventilator

Das Kühlsystem steht unter einem Überdruck von etwa 1,2 bis 1,5 bar bei Betriebstemperatur. Dadurch und durch den Einsatz von Kühlmittelzusätzen erhöht sich der Siedepunkt der Kühlflüssigkeit von 100°C auf

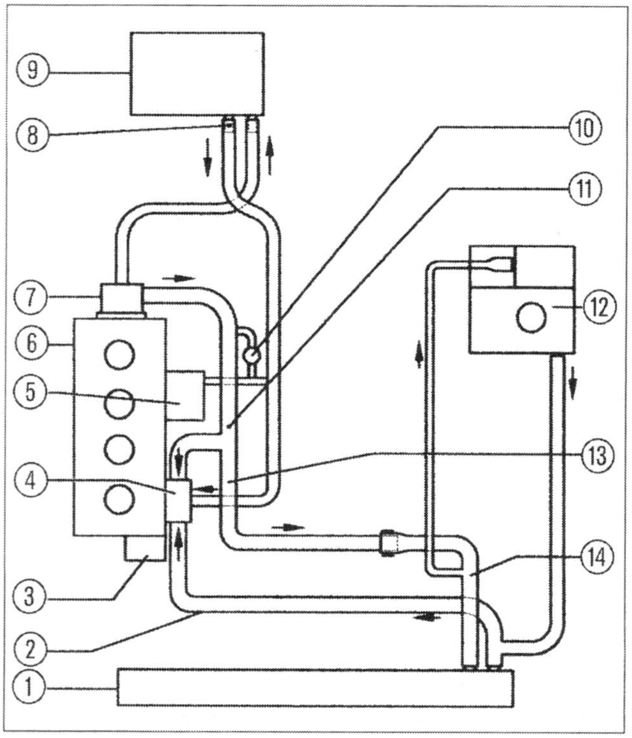

Das Kühlsystem beim Vierzylinder:
❶ Kühler, ❷ Kühlmittelschlauch unten, ❸ Kühlmittelpumpe, ❹ Kühlmittelregler, ❺ Ölkühler, ❻ Zylinderkopf/Zylinderblock, ❼ Anschlussstutzen, ❽ Entlüftungsbohrung, ❾ Wärmetauscher für Heizung, ❿ Drosselklappenvorwärmung, ⓫ Entlüftungsschraube 20 Nm, ⓬ Ausgleichsbehälter, ⓭ Kühlmittelrohr oben, ⓮ Kühlmittelschlauch oben.

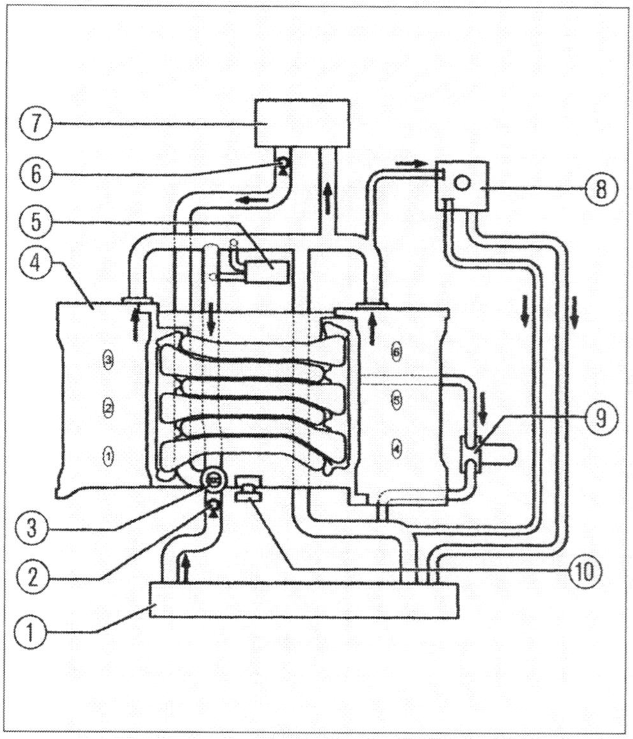

Das Kühlsystem beim Sechszylinder:
❶ Kühler, ❷ Entlüftungsschraube 15 Nm, ❸ Kühlmittelrohr oben, ❹ Zylinderkopf/Zylinderblock, ❺ Drosselklappen-Steuereinheit, ❻ Entlüftungsbohrung, ❼ Wärmetauscher für Heizung, ❽ Ausgleichsbehälter, ❾ Ölkühler, ❿ Kühlmittelpumpe.

rund 120°C. Die höhere Temperatur ermöglicht einen wirtschaftlicheren und damit Kraftstoff sparenden Motorbetrieb. Wenn bei einem heißen Motor der Kühlmittel-Druck 1,5 bar übersteigt, tritt das Überdruckventil am Ausgleichsbehälter in Aktion. Es öffnet und lässt zum Druckausgleich etwas Wasserdampf entweichen. Trotzdem kann es zum Beispiel bei Fahrten in der Stadt vorkommen, dass das Kühlmittel im System überhitzt wird. Dann muss der Kühlerventilator den Kühler zusätzlich kühlen.

Bei einer Kühlmitteltemperatur von 92 bis 97° wird die erste Stufe (halbe Drehzahl) geschaltet. Steigt die Kühlmitteltemperatur auf 99 bis 105° schaltet der Thermoschalter in der zweiten Stufe auf volle Drehzahl. Durch den nicht ständig mitlaufenden Lüfter und die thermostatische Regelung des Kühlmittelstroms wird die Betriebstemperatur schneller erreicht und der Kraftstoffverbrauch reduziert.

Die Teile des Kühlsystems

Technik-lexikon

Wasserpumpe. Eine so genannte Schleuderpumpe, die für den stetigen Kreislauf des Kühlmittels sorgt. Sie wird je nach Motorversion vom Zahnriemen oder Keilrippenriemen angetrieben.

Bei diesem Schnittmodell eines Vierzylinders sind die Innereien der Wasserpumpe ❶ gut zu erkennen. Daneben sitzt der Thermostat ❷.

Kühler. Besteht auf der linken und rechten Seite jeweils aus einem Kunststoff-Wasserkasten. Dazwischen befinden sich dünnwandige Röhrchen, die durch ein Gerüst von Lamellen miteinander verbunden sind. Die vom Luftstrom bestrichene Fläche ist viele Quadratmeter groß. Der Kühler ist an zwei Befestigungspunkten oben und unten am Schlossträger der Karosserie montiert.

Thermostat. Hält die Wassertemperatur konstant. Er öffnet bei etwa 87 Grad Celsius und lässt das Wasser zum Kühler oder zurück in den Motor strömen. Im Inneren des Thermostats befinden sich eine mit Spezialwachs gefüllte Büchse und ein Ventilteller. Je mehr sich das Kühlmittel erwärmt, desto mehr verflüssigt sich das Wachs. Es dehnt sich zunehmend aus und öffnet so immer weiter das Ventil, das den Kaltwasserzufluss aus dem Kühler kontrolliert. Bei Betriebstemperatur ist das Ventil ganz geöffnet, der Kurzschlusskreislauf komplett geschlossen. Kühlt das Wasser ab, drückt eine Feder auf den Ventilteller und sperrt den Kühlerdurchfluss so lange, bis sich das Kühlmittel wieder genügend erwärmt hat.

Ausgleichsbehälter. Lässt bei zu hohem Druck durch ein Überdruckventil im Deckel Wasserdampf entweichen. Bei allen Motoren wird ein getrennter Ausgleichsbehälter verwendet, der an der Außenseite eine Anzeige des Kühlmittelstandes hat. Er sitzt im Motorraum links (in Fahrtrichtung gesehen).

Kühlungsventilator. Der Kühler ist mit einem Kühlungsventilator (Kühlerlüfter) versehen. Er verhindert ein Überhitzen des Kühlmittels.

Das Kühlmittel

Kühlflüssigkeit (Kühlmittel) besteht aus einer Mischung von Frost- und Korrosionsschutzmittel und Wasser. Der Korrosionsschutz im Kühlmittel verhindert, dass sich im Kühlsystem Kesselstein, Rost und andere aggressive Korrosionsstoffe bilden. Er verliert seine Wirksamkeit nach etwa vier Jahren und sollte dann erneuert werden. Die Hersteller schreiben einen turnusmäßigen Wechsel jedoch nicht mehr vor. Der Wasseranteil des Kühlmittels beträgt je nach gewähltem Frostschutz bis zu 60 Prozent. Weniger als 40 Prozent dürfen es aber auch im Sommer nicht sein.

Besonders in Ländern mit tropischem Klima trägt das Kühlmittel durch den höheren Siedepunkt bei hoher Belastung des Motors zur Betriebssicherheit bei. Der Frostschutz muss bis etwa –25°C (in Ländern mit arktischem Klima bis etwa –35°) gewährleistet sein.

Alle Motoren sind mit dem Kühlmittelzusatz G 012 A8 D nach TL VW 774 D befüllt, das eine rote Färbung hat. Dieses Mittel darf auf keinen Fall mit dem früher eingesetzten Kühlmittelzusatz G 011 A8 C (Farbe grün) oder anderen Mitteln gemischt werden. Andernfalls kann es zu schwerwiegenden Motorschäden kommen. Eine braune Färbung des Kühlmittels deutet auf eine Vermischung hin. Dann muss das Kühlmittel abgelassen werden. Den Motor mit Wasser durchspülen (Motor zwei Minuten laufen lassen) und mit neuem Kühlmittel befüllen!

Kühlsystem auf Dichtheit prüfen

Arbeitsschritte | W | 15.000 km 12 Monate

① Sind die Wasserschläuche am Kühler, Motor und zur Heizanlage dicht?

② Den Zustand der Schläuche stellen Sie durch Kneten fest. Harte, spröde oder rissige Teile sollten Sie sofort austauschen.

③ Sitzen die Schlauch-Enden satt auf ihren Stutzen?

④ Sind die Spannschrauben der Schlauchschellen fest gezogen? Sie können während der Fahrt und bei vollem Betriebsdruck im Kühlsystem nachgeben. Verrostete Schlauchschellen auswechseln.

Bei Betriebstemperatur des Motors entdecken Sie Verschleißspuren oder Marderschäden an den Kühlmittelschläuchen durch kräftiges Kneten der Schläuche.

Kühlflüssigkeit prüfen und nachfüllen

Arbeitsschritte | W | ständige Kontrolle

① Stand des Kühlmittels am besten nur bei kaltem Motor kontrollieren – das Kühlsystem ist dann praktisch drucklos.

② Bei kaltem Motor soll der Pegel zwischen den MAX- und MIN-Markierungen am Ausgleichsbehälter stehen. Vorsicht: Bei warmem Motor steht das Kühlmittel immer höher. Lassen Sie sich dann nicht durch einen zu hohen Stand täuschen!

③ Zum Nachfüllen den Verschlussdeckel öffnen. Legen Sie bei heißem Motor einen dicken Lappen über den Deckel und drehen Sie ihn langsam auf. Das baut den Druck im System allmählich ab. Wenn Sie den Deckel zu schnell öffnen, steht das Wasser nicht mehr unter Druck und sprudelt brühend heiß aus dem Behälter.

④ Ausgleichsbehälter nicht über die obere Markierung nachfüllen. Das Kühlmittel dehnt sich bei Erwärmung aus, der Überschuss entweicht aus dem System.

⑤ Kleinere Mengen können Sie bei warmem ebenso wie bei kaltem Motor einfüllen.

Der Kühlmittelstand im Ausgleichsbehälter (Pfeil) soll sich zwischen den Markierungen MIN und MAX bewegen. Extremes Über- oder Unterschreiten deutet auf einen Defekt, nach dessen Ursache geforscht werden muss. Bei heißem Motor darf der Schraubdeckel erst vorsichtig um eine Umdrehung geöffnet werden, sonst besteht Verbrühungsgefahr. Zur Sicherheit ist es ratsam, zum Öffnen einen Lappen zu benutzen.

Kühlflüssigkeit wechseln

Arbeitsschritte

① Am Verschlussdeckel des Ausgleichsbehälters den Druck aus dem Kühlsystem entweichen lassen und Deckel abnehmen. Vorsicht bei heißem Motor: Verbrühungsgefahr!

② Geräuschdämmung an der Motor-Unterseite abbauen. Auffangbehälter bereitstellen. Auf keinen Fall Kühlflüssigkeit in den Boden laufen lassen.

③ Ziehen Sie die Halteklammer ❶ des Gebers für die Kühlmitteltemperatur ❷ heraus. Dann den Geber für Kühlmitteltemperatur aus dem Stutzen herausziehen und das Kühlmittel ablassen.

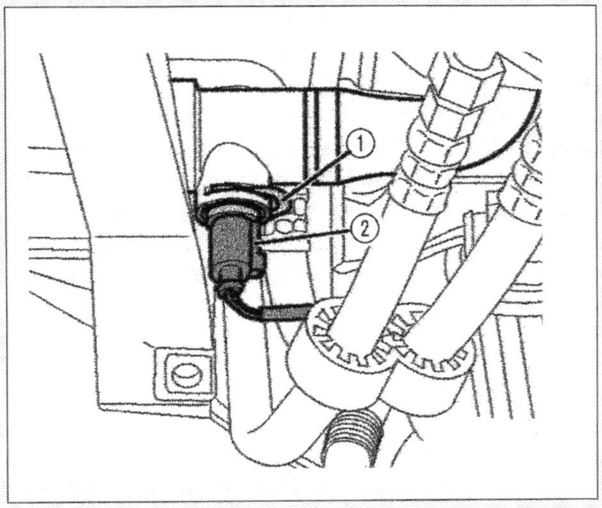

Zum Ablassen des Kühlmittels muss der Geber für die Kühlmitteltemperatur aus dem Stutzen herausgezogen werden.

④ Bauen Sie zusätzlich den Kühlmittelschlauch am Ölkühler ab (Pfeil) und lassen Sie das restliche Kühlmittel ablaufen.

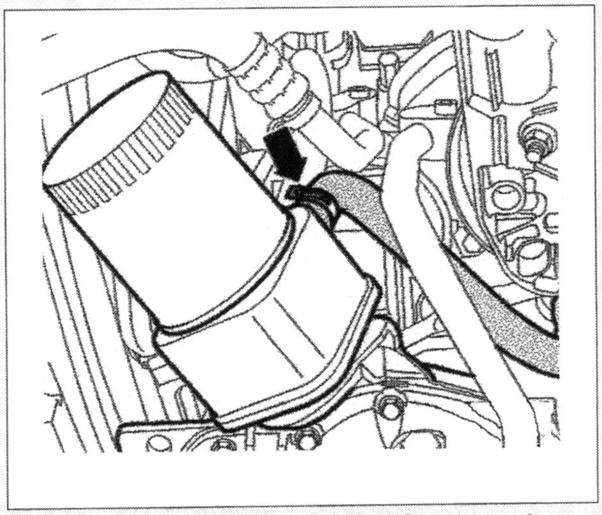

Restliches Kühlmittel kann erst abfließen, wenn der Kühlmittelschlauch am Ölkühler abgebaut wurde.

⑤ Entsorgen Sie die aufgefangene Kühlflüssigkeit in umweltfreundlicher Weise.

⑥ Vor dem Auffüllen des Kühlmittels ist der Geber für Kühlmitteltemperatur ❷ mit neuem O-Ring in den Stutzen einzusetzen und mit der Halteklammer ❶ zu sichern. Auch der Kühlmittelschlauch am Ölkühler muss wieder angeschlossen werden.

⑦ Dann Kühlmittel auffüllen, bis das Kühlmittel an der Entlüftungsbohrung im Kühlmittelrohr austritt. Nachdem die Entlüftungsschraube festgeschraubt ist, weiter Kühlmittelmittel auffüllen, bis es an der Entlüftungsbohrung im Kühlmittelschlauch zum Heizungs-Wärmetauscher austritt. Dann Kühlmittelschlauch wieder auf den Anschlussstutzen schieben und mit Federbandschelle sichern.

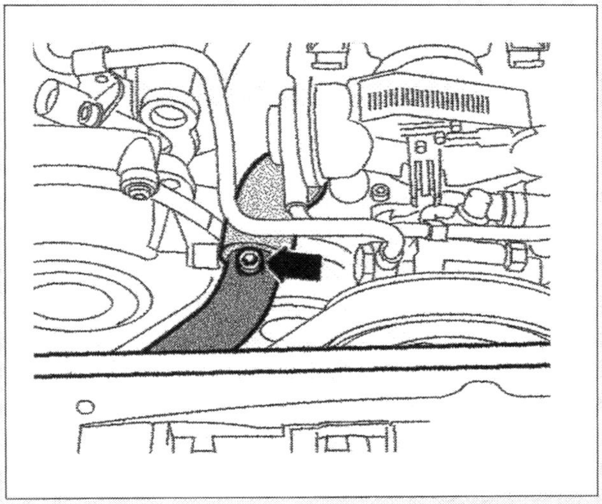

An die Entlüftungsschraube (Pfeil) im oberen Kühlmittelrohr beim Sechszylinder kommen Sie nur heran, wenn zuvor die vordere Motorabdeckung abgezogen wird.

Die Entlüftungsbohrung (Pfeil) am Schlauch zum Wärmetauscher für die Heizung wird erst sichtbar, nachdem der Kühlmittelschlauch so weit zurück gezogen wird, bis die Bohrung nicht mehr vom Anschlussstutzen verdeckt wird. Vorher muss noch die Wasserkastenabdeckung entfernt werden. Nach Abnehmen der Gummidichtungen kann man sie einfach nach vorn abziehen.

⑧ Ausgleichsbehälter schließen.

⑨ Motor starten und etwa drei Minuten bei 2000 U/min laufen lassen. Anschließend lassen Sie den Motor noch solange im Leerlauf laufen, bis der untere Kühlmittelschlauch am Kühler heiß wird.

⑩ Prüfen Sie den Kühlmittelstand. Bei betriebswarmem Motor muss der Stand an der Max-Markierung, bei kaltem Motor zwischen MAX- und MIN-Markierung liegen.

Frostschutz auffüllen

Auf Nummer Sicher gehen Sie beim Frostschutz, wenn Sie auch im Sommer mindestens eine 40%-ige Mischung verwenden. Haben Sie jedoch öfter nur Wasser nachgefüllt, reicht die Konzentration des Frostschutzmittels für kältere Temperaturen nicht mehr aus. Außerdem sinkt der Siedepunkt des Kühlmittels. In diesem Fall muss der Kühlmittelzusatz G 12 nachgefüllt werden. Dazu ist zunächst Kühlmittel abzulassen, wie viel hängt vom vorhandenen und gewünschten Frostschutz ab.

Ist aus klimatischen Gründen ein stärkerer Frostschutz erforderlich, kann der Anteil von G 12 erhöht werden, aber nur bis zu 60 % (Frostschutz bis etwa minus 40 Grad), da sich sonst der Frostschutz wieder verringert.

Für den Frostschutz bis –25°C brauchen Sie einen Frostschutzanteil von 40 % (3,2 l G 12; 4,8 l Wasser), für einen Frostschutz bis –35° einen Frostschutzanteil von 50 % (4,0 l G12; 4,0 l Wasser). Das gilt für eine Kühlmittelmenge von 8,0 Liter, die jedoch je nach Ausstattung des Fahrzeugs abweichen kann.

Arbeitsschritte

① Geräuschdämmung an der Motor-Unterseite abbauen und sauberes Auffanggefäß unter den Kühler bzw. Motor stellen.

② Erforderliche Menge Kühlmittel ablassen.

③ Kühlmittelschlauch aufschieben und sichern.

④ Die benötigte Menge Frostschutzmittel in den Ausgleichsbehälter gießen. Bei Bedarf die aufgefangene Kühlflüssigkeit nachfüllen.

Motor verliert Kühlmittel

Praxistipp

Wenn Ihr Motor während der Fahrt viel Kühlmittel verliert, dürfen Sie auf keinen Fall kaltes Wasser nachfüllen. Der heiße Motor erhält dann einen Kälteschock, bei dem sich der Zylinderkopf verziehen kann. Die Zylinderkopfdichtung schließt nicht mehr richtig und Kühlmittel kann in den Schmierkreislauf des Motors gelangen. Im schlimmsten Fall reißt durch einen Kälteschock der Motorblock. Warten Sie, bis der Motor abgekühlt ist, füllen Sie Wasser nach und lassen Sie in der nächsten Werkstatt die Ursache für den Kühlmittelverlust feststellen.

Thermostat ausbauen und prüfen

Überhitzt sich der Motor während der Fahrt wegen eines defekten Kühlmittelreglers (Thermostaten), muss das Fahrzeug abgeschleppt werden – oder man baut den Thermostaten aus. Natürlich muss man dazu die ausreichende Abkühlung des Motors abwarten.

Der Thermostat befindet sich je nach Motortyp an verschiedenen Stellen. Beim 1,8 Turbo sitzt der Thermostat unten am Motor hinter der Wasserpumpe.

Soll die Arbeit erfolgreich sein, ist eventuell ein neuer Regler erforderlich. Repariert werden kann ein Thermostat nicht. Auch wenn der alte Temperaturregler wieder eingebaut werden kann, sollte dazu unbedingt der Dichtring erneuert werden, auf dem der Thermostat im Gehäuse sitzt. Die Dichtung des Thermostatgehäuses sollten Sie ebenfalls erneuern. Außerdem brauchen Sie ein Gefäß zum Auffangen des Kühlmittels.

Sie können übrigens prüfen, ob das ausgebaute Bauteil wirklich defekt ist – allerdings lässt sich das auf diese Weise kaum unterwegs machen: Thermostat an einem Draht in ein Gefäß mit kaltem Wasser hängen. Geeignetes Thermometer (z. B. Einmachthermometer) auf gleiche Weise hineinhängen. Wasser allmählich erhitzen und kontrollieren, ob sich der Thermostat bei ca. 84°C zu öffnen beginnt. Nach Erhitzen auf ca. 100°C muss der Stift des Thermoelementes mindestens 7 mm aus dem Thermostaten heraustreten.

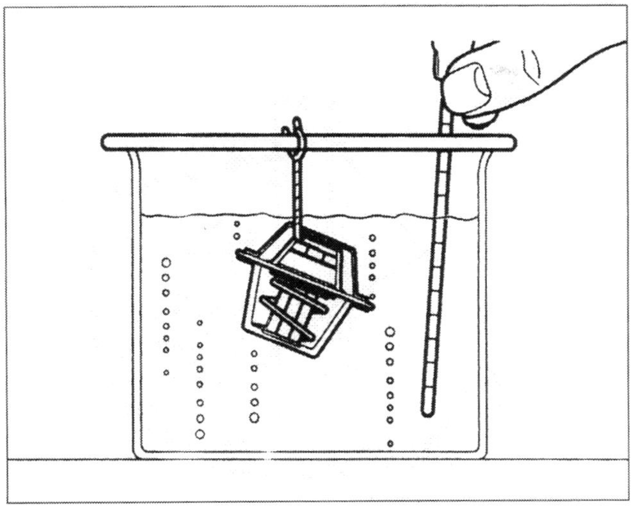

Beim Erwärmen des Thermostaten im Wasserbad darf der Thermostat die Wände des Behälters nicht berühren.

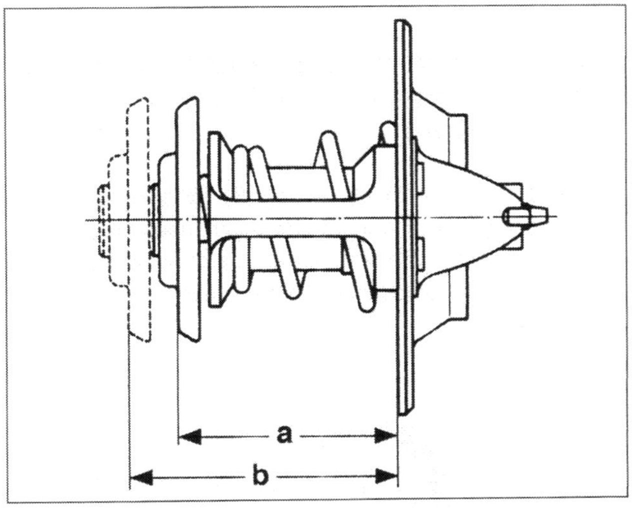

Nach Erwärmen des Thermostaten auf ca. 100°C muss b um ca. 7 mm größer sein als a.

Vorsicht: Ein klemmender Thermostat kann schwere Hitzeschäden am Motor Ihres Autos verursachen. Das Kühlmittel fängt an zu kochen, die Kühlwirkung lässt rapide nach. Deshalb dürfen Sie auf keinen Fall weiter fahren, wenn der Defekt während der Fahrt auftritt. Am sichersten ist es, wenn Sie den Wagen zur Reparatur abschleppen lassen.

Arbeitsschritte

① Verschluss des Ausgleichsbehälters öffnen, um Druck im Kühlsystem abzubauen. Vorsicht bei warmem Motor: Verbrühungsgefahr. Kühlflüssigkeit ablassen (siehe »Kühlmittel wechseln«).

② Nach Lösen der Schrauben ❹ können Sie den Anschlussstutzen ❸ abziehen und den Dichtring ❷ sowie den Thermostat ❶ abnehmen.

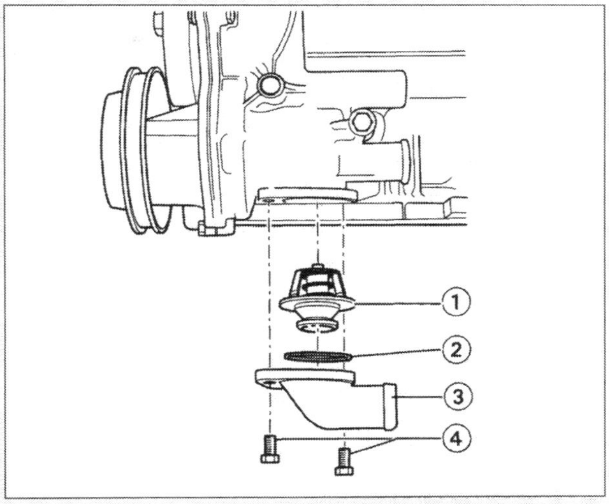

Beim 1,8 Turbo ist der Ausbau des Thermostats am einfachsten.

③ Bitte beachten Sie beim Einbau Folgendes: Verwenden Sie neue Dichtungen, die Dichtflächen müssen gereinigt bzw. geglättet werden. Benetzen Sie den O-Ring mit dem Kühlmittel.

④ Wenn Sie vorher das ausgebaute oder neue Bauteil prüfen wollen: Thermostat in einen Topf mit Wasser hängen und erhitzen. Das Ventil muss bei den vorgeschriebenen Temperaturen öffnen.

⑤ Kühlmittel auffüllen.

⑥ Geräuschdämmung einbauen.

Kühlerventilator defekt?

Die Kühlerventilatoren werden nur bei hoher Belastung zugeschaltet. Wenn einer defekt ist , müssen Sie Ihre Fahrt deshalb nicht zwangsläufig beenden. Lassen Sie den Motor abkühlen und fahren Sie mit zügigem Tempo in die nächste Werkstatt. Leerlauf und Schleichfahrt sollten Sie vermeiden, weil dabei kaum kühlende Luft durch die Lamellen des Kühlers strömt. Behalten Sie die Temperaturanzeige und die Warnleuchte im Auge.

Vorsicht: Bei gerade abgestelltem und heiß gefahrenem Motor niemals mit den Händen in die Nähe des Lüfters kommen! Der Ventilator kann auch bei ausgeschalteter Zündung unvermittelt loslaufen.

Kühler aus- und einbauen

Ehe ein Kühler ausgewechselt wird, sollte man ihn in einer Werkstatt abdrücken lassen. Kühlerwerkstätten sind in der Lage, kleinere Leckstellen zu flicken. So können Sie eine Erneuerung des Kühlers möglicherweise noch vermeiden.

Hinweis: Wenn Sie einen Wagen mit Automatikgetriebe fahren, sollten Sie den Ausbau des Kühlers der Werkstatt überlassen. In den Kühler ist der ATF-Öl-kühler integriert, dessen Zuleitungen getrennt werden müssen. Das Wiederbefüllen des Getriebes mit ATF-Öl ist problematisch.

Arbeitsschritte

① Bauen Sie den Stoßfänger vorn aus.

② Kühlmittel ablassen.

③ Schnellkupplungen der Kühlmittelschläuche vom Kühler oben und unten abziehen. Dann schrauben Sie die Luftführungen (Pfeile) vom Kühler links und rechts ab.

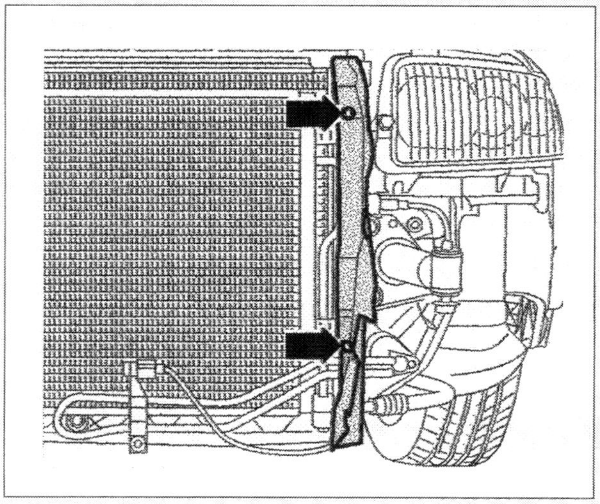

Vor dem Ausbau des Kühlers müssen links und rechts die Luftführungen abgeschraubt werden.

④ Die Steckverbindung ❶ am Druckschalter für die Klimaanlage und die Steckverbindung ❷ am Temperaturfühler für die Außentemperatur sind abzuziehen. Legen Sie beide elektrischen Leitungen frei. Schrauben Sie den Kondensator vom Kühler ab, indem Sie die Schrauben ❸ lösen.

⑤ Um Beschädigungen am Kondensator sowie an den Kältemittelleitungen und -schläuchen zu vermeiden, ist darauf zu achten, dass die Leitungen und Schläuche nicht überdehnt, geknickt oder verbogen werden.

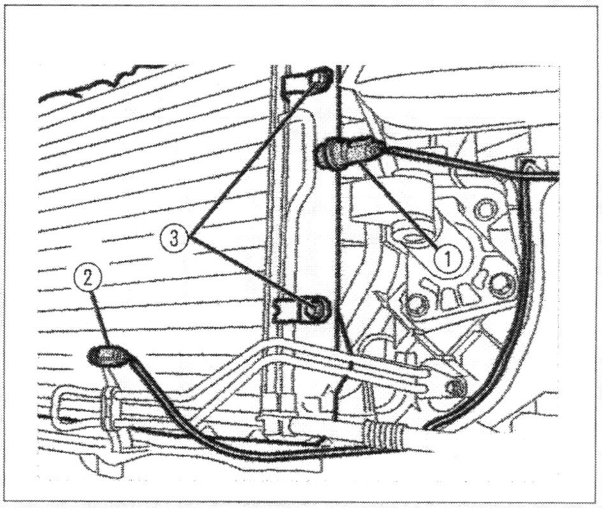

Steckverbindungen sind abzuziehen und die elektrischen Leitungen freizulegen.

Achtung! Der Kältemittelkreislauf der Klimaanlage darf nicht geöffnet werden!

⑥ Beide Haltebolzen für den Kühler müssen mit einem Schraubendreher entriegelt und nach oben abgezogen werden (Pfeile), ehe der Kühler nach vorn aus dem Schlossträger geschwenkt und nach oben abgenommen werden kann.

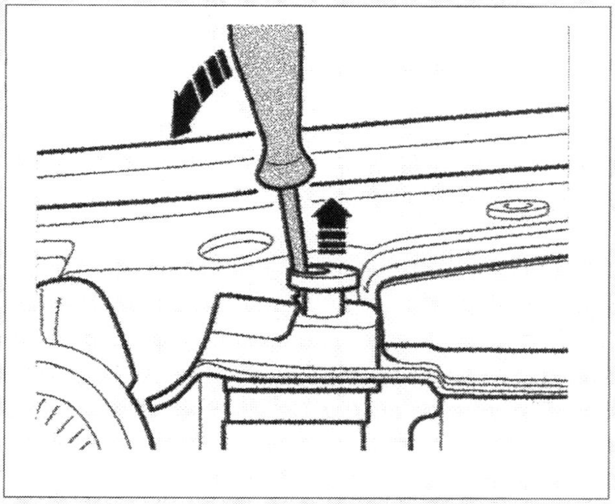

Der Kühler ist erst aus dem Schlossträger heraus zu schwenken, wenn beide Haltebolzen entriegelt und nach oben abgezogen worden sind.

⑦ Der Einbau erfolgt in umgekehrter Reihenfolge.

Schläuche des Kühlsystems auswechseln

Reißt während der Fahrt der Kühlwasserschlauch, können Sie die Leckstelle provisorisch mit Klebeband abdichten. Lösen Sie zur Sicherheit den Verschlussdeckel des Ausgleichsbehälters eine Umdrehung. Dann baut sich nicht der volle Betriebsdruck auf und das Klebeband platzt nicht ab. Achten Sie während der Fahrt stets auf die Kühlmitteltemperatur-Warnlampe. Den schadhaften Schlauch sollten Sie schnell ersetzen. Kaufen Sie nur Originalschläuche in der richtigen Bogenform und dazu neue Schlauchschellen.

Arbeitsschritte

① Kühlmittel ablassen und in Gefäß auffangen.

② Schlauchschellen lösen, Schläuche abziehen.

③ Festsitzende Schlauch-Enden mit einem Schraubendreher lockern. Das Werkzeug zwischen Schlauch und Stutzen schieben und vorsichtig ringsum vom jeweiligen Anschlussstutzen hebeln.

④ Neue Schläuche weit genug auf die Stutzen schieben, damit sie nicht wieder abrutschen können.

⑤ Schraubschellen nicht mit Gewalt anziehen. Das Gewinde wird sonst überdreht und die nächste Undichtigkeit ist programmiert.

Kühlsystem

Störungsbeistand

Störung	Ursache	Abhilfe
A Temperatur-Warnleuchte brennt.	**1** Keilriemen bzw. Keilrippenriemen zu schwach gespannt oder gerissen (nur Vierzylinder).	Riemenspannung kontrollieren oder Riemen ersetzen.
	2 Zu wenig Flüssigkeit im Kühlsystem.	Auffüllen, notfalls aus der Scheibenwaschanlage.
	3 Kabel zur Warnlampe hat Masseschluss.	Kabel am Temperaturgeber abziehen, Warnlampe muss verlöschen, sonst Masseschluss; Kabelverlauf kontrollieren.
	4 Thermostat öffnet den Kaltwasserzufluss aus dem Kühler nicht (Kühler kalt).	Thermostat ausbauen und ohne ihn weiterfahren oder Wagen abschleppen lassen.
	5 Elektrischer Kühlerventilator schaltet nicht ein.	Stecker am Thermoschalter und am Lüftermotor prüfen. Thermoschalter prüfen, Lüftermotor prüfen (lassen).
	6 Überdruckventil im Verschlussdeckel des Ausgleichsbehälters defekt.	Ventil prüfen (lassen), Deckeldichtung kontrollieren, ggf. Verschlussdeckel ersetzen.
	7 Geber der Temperaturanzeige hat Kurzschluss.	Austauschen.
	8 Kühler verstopft oder Lamellen zugesetzt.	Kühler reinigen.
B Schwache Heizleistung.	Thermostat schließt nicht völlig, aufgeheizte Kühlflüssigkeit strömt zu früh durch den Kühler.	Thermostat säubern, ggf. ersetzen.

Thermostat

Störungsbeistand

Erkennungsmerkmal	Ursache/Auswirkungen
A Motorbetriebstemperatur wird nur langsam erreicht, Heizwirkung ungenügend.	Thermostat-Ventilteller ist in »Offen«-Stellung. Blockiert (etwa durch Ablagerungen); der Zufluss zum Kühler bleibt ständig offen. Motor bleibt zu lange im Kaltlaufbetrieb. Es kommt jedoch kurzfristig zu keinen Schäden. Trotzdem Thermostat so bald wie möglich wechseln.
B Temperatur-Warnleuchte brennt trotz richtigem Kühlmittelstand. Kühler und unterer Schlauch zum Kühler sind kalt.	Thermostat-Ventilteller ist in »Geschlossen«-Stellung. Blockiert (etwa durch eine defekte oder undichte Thermostatbuchse). Auf keinen Fall weiterfahren, sonst entstehem schwere Hitzeschäden am Motor.

DAS MOTOR-MANAGEMENT

Seit Sommer 2001 wird der A4 auch mit dem fortschrittlichen FSI-Triebwerk ausgestattet. Ohne raffinierte Steuerung läuft hier nichts mehr. Ausgeklügelte Elektronik übernimmt das Motormanagement.

Kraftstoffzufuhr und -dosierung, Zündung und Abgaskontrolle sind beim Audi A4 selbstverständlich Stand der Technik. Diese Aufgabe übernehmen hochentwickelte computergeregelte Systeme im Zusammenspiel mit der modernen Einspritztechnik. Das ist gut für Effizienz, Umweltfreundlichkeit und Sicherheit.

Für Enthusiasten des Do it yourself, auch für den geübten Schrauber, ist diese Entwicklung eher etwas frustrierend. Selbst Hand anlegen kann man kaum noch.

Vollgepackt mit Elektronik, errechnet das Motorsteuergerät, das im Wasserkasten Ihres A4 untergebracht ist, aus einer Unmenge von Informationen Einspritzmenge und -zeitpunkt für jede einzelne Verbrennung neu. Aus recht überschaubarer elektromechanischer Gerätetechnik ist hochkompliziertes Computer basiertes Motormanagement geworden, das mit Kennfeldern vorprogrammiert ist, sich auf Fehlerspeicher stützt und mittels Selbstdiagnosesystem den Fehlfunktionen auf die Spur kommt.

Weil zahlreiche Informationen für die Benzineinspritzanlage auch für die Berechnung des Zündzeitpunktes von großem Wert sind, übernimmt das Steuergerät die Zündzeitpunkt-Regelung gleich mit. Eine Trennung von Einspritz- und Zündanlage ist beim Motormanagement per Motronic (Motorelektronik-Systeme von Bosch) oder Simos (Motorelektronik-Systeme von Siemens) nicht mehr möglich. Wegen der besseren Übersichtlichkeit stellen wir jedoch die Zünd-Komponenten trotzdem in einem gesonderten Kapitel vor.

Mit dem komplexen System des elektronischen Motormanagements lassen sich niedrige Verbräuche und die Einhaltung strenger Abgasgrenzwerte optimal realisieren. Dafür muss das Steuergerät genau über den jeweiligen Motorzustand informiert sein. Beim Vergaser gab es keine andere Regelgröße als den Unterdruck im Saugrohr. Bei der zentralen Motorelektronik liefern Sensoren am, auf und um den Motor Informationen über Motor- und Kühlmitteltemperatur, Ansauglufttemperatur, Luftdichte, Abgaszusammensetzung, Motorbelastung und Drehzahl.

Weil der Computer also gut Bescheid weiß, werden ihm gleich noch weitere Aufgaben aufgebürdet: Er ist auch zuständig für

- die Leerlaufdrehzahlregelung,
- die Lambda-Regelung,
- die Steuerung des Kraftstoffrückhaltesystems,
- die Klopfregelung,
- die Abgasrückführung,
- die Steuerung des Turboladers und, sofern mit diesen Techniken gearbeitet wird,
- die Steuerung der Saugrohrumschaltung und die Regelung der Nockenwellenverstellung.

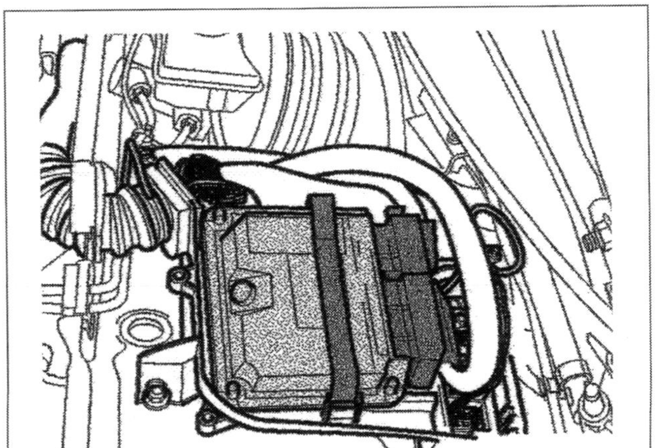

***Einbauort Wasserkasten:** Das Motorsteuergerät befindet sich neben anderen Komponenten der Bordelektronik in der E-Box im Wasserkasten links. Im Beispielbild das Steuergerät des 6-Zylinder-Motors ASN.*

Ständige Weiterentwicklung

Darüber hinaus arbeitet die Motorelektronik mit anderen Fahrzeugsystemen zusammen. In Kooperation mit dem Steuergerät des Automatikgetriebes beispielsweise ermöglicht das elektronische Motormanagement, das unablässig weiter entwickelt wird und neue Möglichkeiten bietet, sanftere Schaltvorgänge, indem es beim Schalten das Drehmoment etwas zurücknimmt. Die Motronik (als genereller Begriff für die Motorelektronik; Bosch verwendet die Bezeichnung in seinem Markennamen Motronic) steht auch in Verbindung mit dem ABS und der Antriebsschlupfregelung.

Die FSI-Technik

Der jüngste Schritt auf dem Entwicklungsweg des Motormanagements ist die innere Gemischbildung, also die Einspritzung des Kraftstoffs direkt in den Brennraum. Noch werden überwiegend Systeme eingesetzt, bei denen die Gemischbildung außerhalb des Brennraums erfolgt. Mit dem seit Spätsommer 2001 eingebauten 2,0 Liter-FSI-Motor hat aber auch für den Audi A4 die sich abzeichnende Motorenzukunft begonnen. Dieses Triebwerk ist mit BDE, mit Anlagen zur Benzindirekteinspritzung (englisch **F**uel **S**tratified **I**njection = FSI, etwa soviel wie Geschichtete Benzindirekteinspritzung) ausgestattet.
Die wirtschaftliche und ökologische Funktion des Motormanagements, Einfluss zu nehmen auf sparsamen Kraftstoffverbrauch, möglichst schadstoffarme Abgase und hohe Laufkultur, kommt wohl am augenfälligsten beim FSI-Motor zur Geltung. Die elektronische Regelung über technisch ausgereifte Einspritzpumpen macht es möglich, für jeden Betriebszustand des Motors die richtige Einspritzmenge zuzumessen und den richtigen Spritzbeginn einzustellen.

Das elektronische Steuergerät

Das Rechen- und Schaltzentrum des Motorsteuerungssystems berechnet aus den Signalen der Sensoren die Ansteuersignale für die Stellglieder, also für Zündspule, Einspritzventile usw. Das Steuergerät befindet

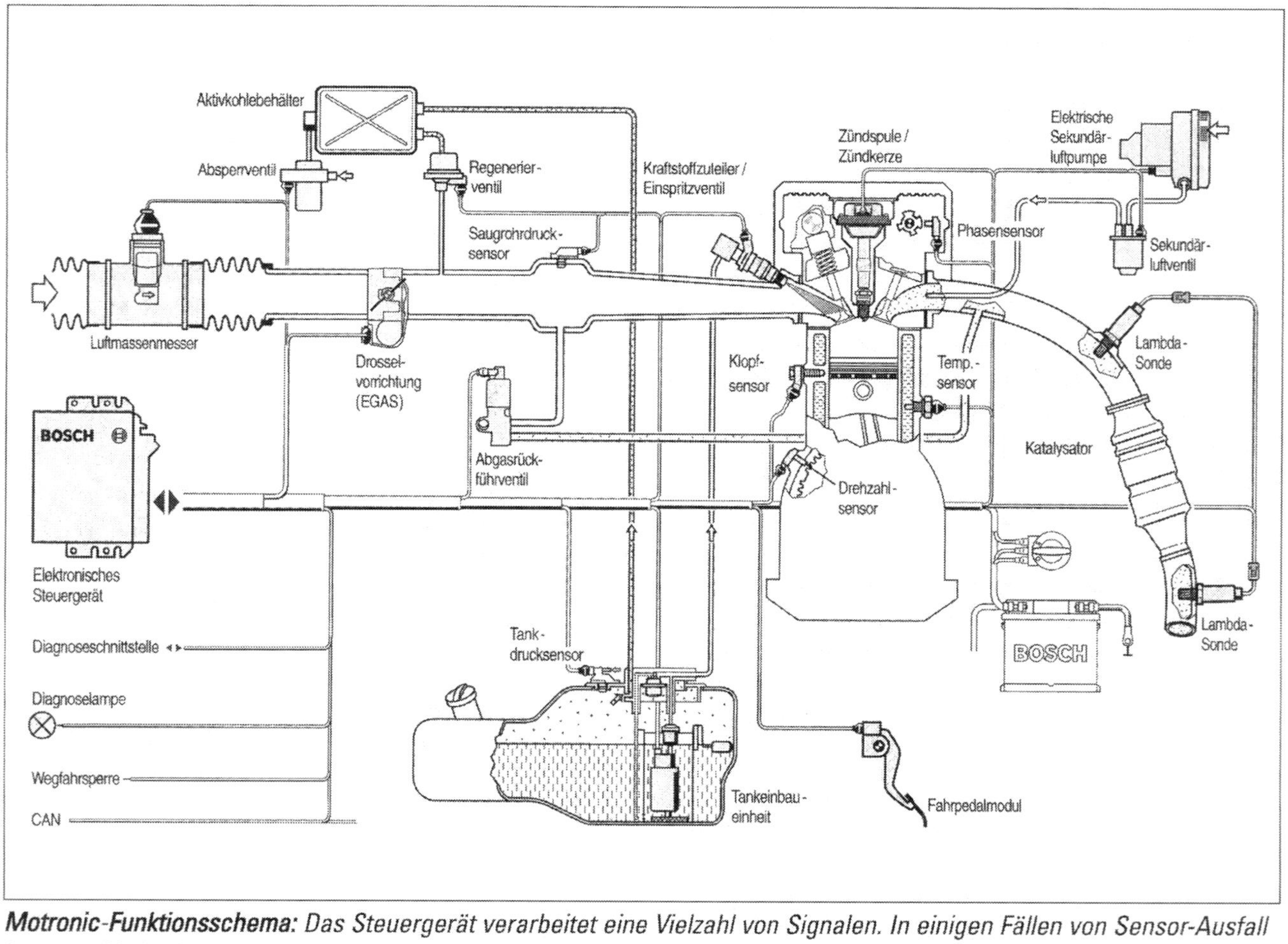

__Motronic-Funktionsschema:__ Das Steuergerät verarbeitet eine Vielzahl von Signalen. In einigen Fällen von Sensor-Ausfall kommen Notlaufprogramme zum Einsatz. Fällt aber z.B. der Drehzahlgeber aus, steht der Motor still.

sich in einem Metallgehäuse, das eine Leiterplatte mit den elektronischen Bauelementen enthält. Die kleine unauffällige Baugruppe sitzt am Rande des Motorraums links im Wasserkasten.

Das über einen Spannungsregler konstant mit der Energie für die digitalen Schaltungen versorgte Gerät enthält Endstufen, die genügend Leistung für den direkten Anschluss der Stellglieder liefern. Diese Endstufen sind vor Kurzschlüssen gegen Masse oder Batteriespannung und vor Zerstörung durch elektrische Überlastung geschützt.

Die Motoren des Audi A4 werden überwiegend von elektronischen Systemen Typ Motronic aus dem Hause Bosch gemanagt: Der Motor ALT von der ME 7, der Motor AVJ (Turbo) von der ME 7.5 und der 6-Zylinder-Motor ASN von der ME 7.1. Beim 4-Zylinder-Motor mit zwei Ventilen (Typ ALZ) übernimmt die Siemens-Elektronik Simos 3.4 das Motormanagement.

Die schon genannte Diagnosefunktion erkennt mögliche Fehler an einigen Endstufen und schaltet bei Bedarf den fehlerhaften Ausgang ab. Im RAM wird der Fehlereintrag gespeichert. Der Eintrag kann in der Fachwerkstatt mit einem Tester abgerufen werden. Die Fehler sind als Zahlencodes in Listen erfasst, die in den Fachwerkstätten abgearbeitet werden.

Die Datensammelschiene CAN

Die konventionelle Kommunikation im Kraftfahrzeug ist dadurch gekennzeichnet, dass jedem Signal eine Einzelleitung zugeordnet ist. Die gewaltige Zunahme des Datenaustauschs zwischen den elektronischen Komponenten beim modernen Motormanagement kann so nicht mehr sinnvoll bewältig werden. Schon seit einiger Zeit ist die Komplexität konventioneller Kabelbäume nur noch mit großem Aufwand beherrschbar.

Die Lösung bietet das speziell für Kraftfahrzeuge konzipierte Bussystem CAN. Die elektronischen Steuergeräte brauchen eine serielle Schnittstelle CAN, dann sind sie über die entsprechende Datensammelschiene miteinander zu verbinden.

Für CAN gibt es im Kraftfahrzeug drei wesentliche Einsatzgebiete:

- die Steuergerätekopplung,
- die Karosserie- und Komfortelektronik (Multiplex),
- die mobile Kommunikation.

CAN ist bei der internationalen Normenorganisation ISO als Standard für den Einsatz im Kfz vorgesehen. Der Standard gilt für Datenreihen über 125 kBit/s und zusammen mit zwei weiteren Protokollen für Datenraten bis zu 125 kBit/s.

Gefahren-hinweis

Sicherheitsmaßnahmen bei Arbeiten am Motormanagement

Wird an Einrichtungen des Motormanagements gearbeitet, gilt ganz allgemein: Das Kraftstoffsystem steht unter Druck! Vor dem Lösen von Schlauchverbindungen oder vor Öffnen des Prüfanschlusses Putzlappen um die Verbindungsstelle legen. Dann durch vorsichtiges Abziehen des Schlauches beziehungsweise der Verschlusskappe Druck abbauen.

Um Verletzungen zu vermeiden und/oder eine Zerstörung der Einspritz- und Zündanlage zu verhindern, ist folgendes zu beachten:

- Zündleitungen bei laufendem Motor nicht berühren oder abziehen.
- Leitungen der Einspritz- und Zündanlage, auch Messgeräteleitungen, nur bei ausgeschalteter Zündung an- und abklemmen.
- Wenn der Motor mit Anlassdrehzahl betrieben werden soll, ohne dass der Motor anspringt (z. B. Kompressionsprüfung), Stecker von den Leistungsendstufen für Zündspulen und Stecker von den Einspritzventilen abziehen. Nach Durchführung der Arbeit Fehlerspeicher abfragen lassen.
- Das Ab- und Anklemmen der Batterie darf nur bei ausgeschalteter Zündung erfolgen, um Beschädigungen am Steuergerät zu vermeiden.
- Beim Abschleppen eines Fahrzeugs aufgrund von Zündungsschäden müssen die Kabel des elektronischen Steuerungsgerätes abgeklemmt sein.
- Achten Sie bei allen Arbeiten an der Kraftstoffversorgung und Einspritzung unbedingt auf Sauberkeit!

Technik-lexikon

Die wichtigsten Komponenten des Systems

Die wichtigsten Motordaten erhält das Steuergerät von folgenden Gebern:

Luftmassen-Messer. Sitzt zwischen Luftfilter und Drosselklappe und registriert nicht nur, wieviel Luft in den Motor strömt, sondern auch deren Dichte. Von der Luftdichte hängt ja der Anteil der für die Verbrennung entscheidenden Sauerstoffteilchen ab. Die Luftfüllung wird zu einem Berechnungsfaktor für Einspritzmenge, Zündwinkel und aktuell abgegebenes Motor-Drehmoment.

Beim Audi A4 kommt ein Heißfilm-Luftmassenmesser zum Einsatz. Die elektrisch beheizte Sensorplatte sitzt im

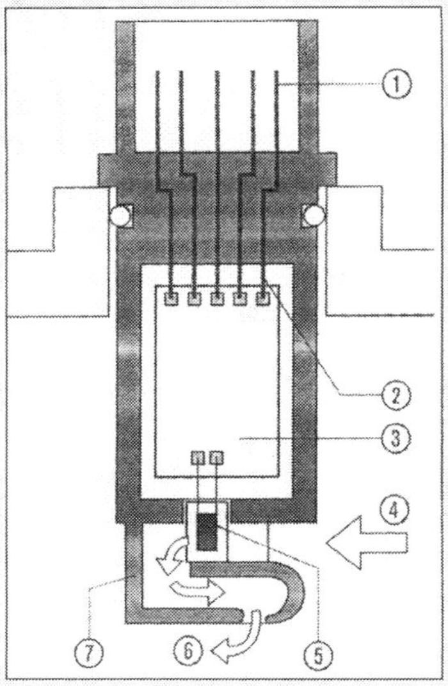

Luftmassen-Meser am Luftfiltergehäuse: *❶ elektrische Anschlüsse, ❷ elektrische Verbindungen, ❸ Auswerte-Elektronik, ❹ Lufteinlass, ❺ Sensorelement im Heißfilm-Luftmassen-Messer, ❻ Luftauslass, ❼ Gehäuse.*

Ansaugluftstrom und wird durch die strömende Luft abgekühlt. Eine Regelschaltung führt den Heizstrom so nach, dass die Sensorplatte eine konstante Übertemperatur gegenüber der Ansauglufttemperatur annimmt. Der Heizstrom ist für das Steuergerät dann ein Maß für den Luftmassenstrom.

Saugrohrdruck-Sensor. Ist pneumatisch mit dem Saugrohr verbunden und nimmt den Saugrohr-Absolutdruck auf. Entweder ist er als Element in das Steuergerät eingebaut, oder er ist in Saugrohrnähe, wenn nicht direkt am Saugrohr, befestigt.

Drosselklappen-Geber. Erfasst den Winkel der Drosselklappe, sagt also, wieviel Gas der Fahrer gibt. Wenn der Luftmassen-Messer ausfällt, greift das Steuergerät zur Ermittlung der Motorlast auf Signale dieses Gebers zurück.

Drehzahlsensor. Informiert nicht nur, wie der Name sagt, über die Motordrehzahl. Seine Position an der Kurbelwelle gibt dem Steuergerät Anhaltspunkte über die Stellung der Kurbelwelle und damit über die Stellung jedes einzelnen Zylinders.

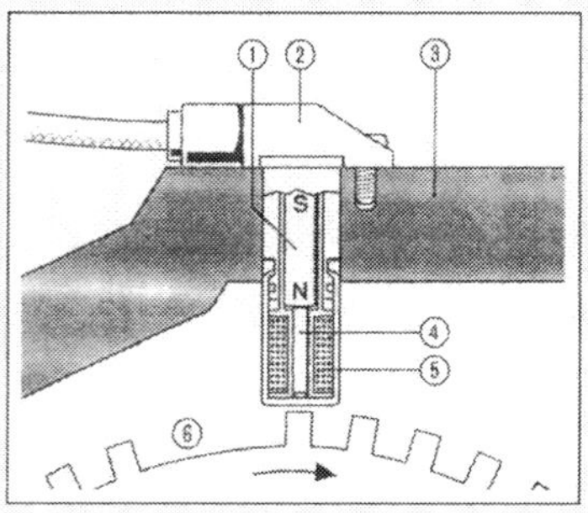

Der induktive Drehzahlsensor: *Er sitzt über einem ferromagnetischen Zahnkranz auf der Kurbelwelle. Die Drehung beeinflusst den magnetischen Fluss im ❶ Dauermagneten des Sensors mit N = Nord- und S = Südpol. ❷ Gehäuse, ❸ Motorgehäuse, ❹ Weicheisenkern, ❺ Wicklung (wirkt mit dem Sensor-Magneten zusammen), ❻ Zahnscheibe mit »Zahnlücke«: Das Fehlen der zwei Zähne am Geberrad ist einer definierten Kurbelwellenstellung für Zylinder 1 zugeordnet.*

Wichtig ist auch die Stellung der Nockenwelle, über die der Phasen-Sensor, auch **Hall-Sensor** genannt, Auskunft gibt. Das Steuergerät kann durch ihn erkennen, welche Zylinder sich gerade im Verdichtungstakt befinden, und so jeder einzelnen Zündspule das Zündsignal geben.

Umgebungsdrucksensor/ Höhenmesser. Sitzt direkt im Steuergerät. Dieser Sensor erlaubt eine exakte Bestimmung der Dichte der Umgebungsluft. Diese Information findet in zahlreichen Diagnosefunktionen Anwendung.

Beim Turbomotor kommt noch ein **Ladedrucksensor** zum Einsatz.

Lambda-Sonde. Sie sitzt auf jeden Fall im Auspuff-Krümmer. In leistungsstarken modernen Motoren ist sie mehrfach vorhanden (vor und nach dem Katalysator). Die Lambda-Sonde misst anhand der Abgaszusammensetzung das Luftverhältnis Lambda. Lambda ist die Maßzahl für das Luft-Kraftstoff-Verhältnis des Frisch-Gemisches. Die vollständige Verbrennung von einem Kilogramm Benzin erfordert etwa 14,5 Kilogramm Luft, das entspricht einem Lambda-Wert von 1. Ein Wert größer als 1 bedeutet ein mageres Gemisch mit mehr Luft, ein Wert kleiner als 1 ein fettes Gemisch.

Nur bei Lambda = 1 arbeitet der Katalysator optimal. Stimmt das Verhältnis nicht, muss die Motorelektronik das Gemischverhältnis über die Einspritzmenge entsprechend ändern. Die Lambda-Sonde funktioniert erst ab 350°C, deshalb findet kurz nach dem Kaltstart noch keine Regelung statt. Um diese Phase zu verkürzen, wird eine beheizte Lambda-Sonde eingesetzt.

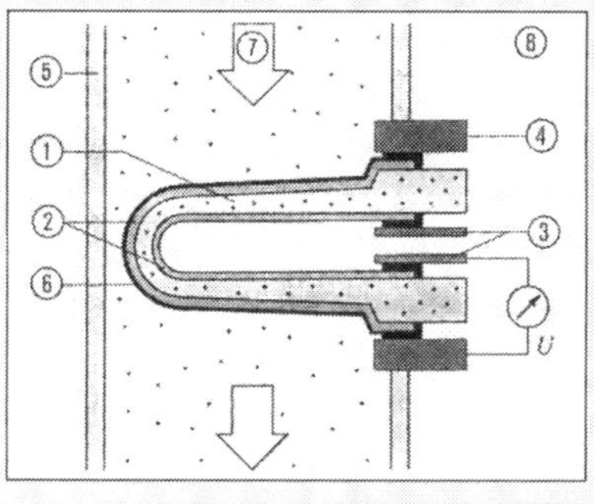

Die Lambda-Sonde im Abgasrohr: *❶ Sonderkeramik, ❷ Elektroden, ❸ Kontakt, ❹ Gehäusekontaktierung, ❺ Abgasrohr, ❻ (poröse) keramische Schutzschicht, ❼ Abgas, ❽ Außenluft. U: Spannung.*

Klopfsensor. Eingebaut in den Zylinderblock, registriert er unregelmäßige (klopfende) Verbrennung und reguliert danach den Zündzeitpunkt.

Motortemperatur-Sensor. Sitzt im Kühlmittel-Kreislauf und gibt dessen Temperatur an das Steuergerät weiter.

Ansauglufttemperatur-Fühler. Befindet sich im Ansaugkanal.

E-Gas

Technik-lexikon

Die Audi A4-Modelle haben ein elektronisches Gaspedal. Die Drosselklappe wird nicht mehr durch einen Seilzug betätigt. Zwischen den beiden Teilen besteht keine mechanische Verbindung mehr. Am Gaspedal sitzen stattdessen zwei Geber (veränderbare Widerstände in einem Gehäuse), die das Steuergerät über die Gaspedalstellung informieren.

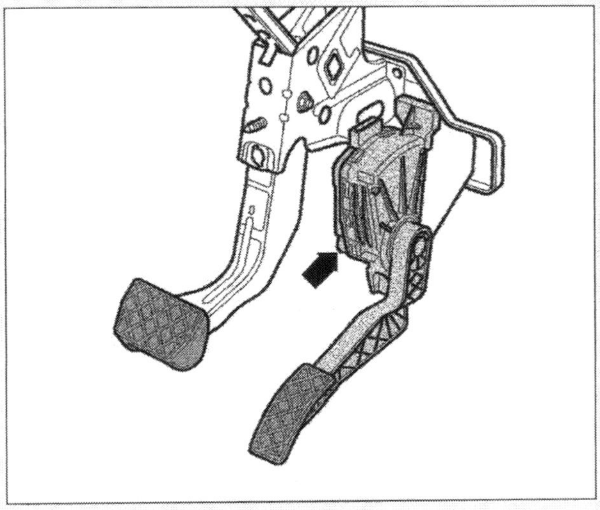

Elektronisches Gaspedal: *Im Gaspedalmodul (Pfeil) – hier das Beispiel 3,0 Liter-Motor ASN – befinden sich die beiden Geber für Gaspedalstellung G79 und G185.*

Die Stellung des Gaspedals (Fahrerwunsch) ist eine Haupteingangsgröße für das Motorsteuergerät. Die Betätigung der Drosselklappe erfolgt durch einen Elektromotor (Drosselklappensteller) in der Drosselklappen-Steuereinheit, und zwar über den gesamten Drehzahl- und Lastbereich. Die Drosselklappe wird vom Drosselklappensteller nach den Vorgaben des Motorsteuergerätes betätigt.

Bei stehendem Motor und eingeschalteter Zündung steuert die Elektronik des Motorsteuergerätes die Drosselklappenstellung genau nach den Vorgaben des Gebers für Gaspedalstellung. Ist das Gaspedal dann halb durchgetreten, wird auch die Drosselklappe in etwa zur Hälfte geöffnet. Bei laufendem Motor aber, also unter Last, kann das Motorsteuergerät die Drosselklappe unabhängig vom Geber für Gaspedalstellung öffnen und schließen. Es erfolgt Anpassung an den jeweiligen Betriebszustand. So kann beim Beschleunigen die Drosselklappe schon ganz geöffnet sein, obwohl das Gaspedal erst halb durchgetreten ist. Dies hat den Vorteil, dass Drosselverluste an der Klappe vermieden werden.

Dadurch ergeben sich in bestimmten Lastzuständen deutlich bessere Werte in Bezug auf Schadstoffausstoß und Verbrauch. Das erforderliche Drehmoment des Motors kann vom Motorsteuergerät über die optimale Kombination von Drosselklappenquerschnitt und Ladedruck hergestellt werden.

Das E-Gas greift auch bei der Antriebsschlupfregelung ein: Wenn der Fahrer zuviel Gas gibt, kann das Steuergerät das Gas so weit zurücknehmen, bis kein Rad mehr durchdreht. Bei dem E-Gas-System ist auch keine zusätzliche Leerlauf-Stabilisierung nötig. Die Leerlauf-Drehzahl wird automatisch über die Drosselklappe geregelt. Selbst reparieren, das haben Sie wahrscheinlich schon vermutet, kann man am elektronischen Gaspedal ohne spezielle Diagnosegeräte nichts. Es ist ja nicht mehr nur eine Baugruppe aus ein oder zwei Teilen. Die elektronische Motorleistungsregelung ist ein System, das alle Bauteile enthält, die dazu beitragen, die Stellung der Drosselklappe zu bestimmen, zu regeln und zu überwachen.

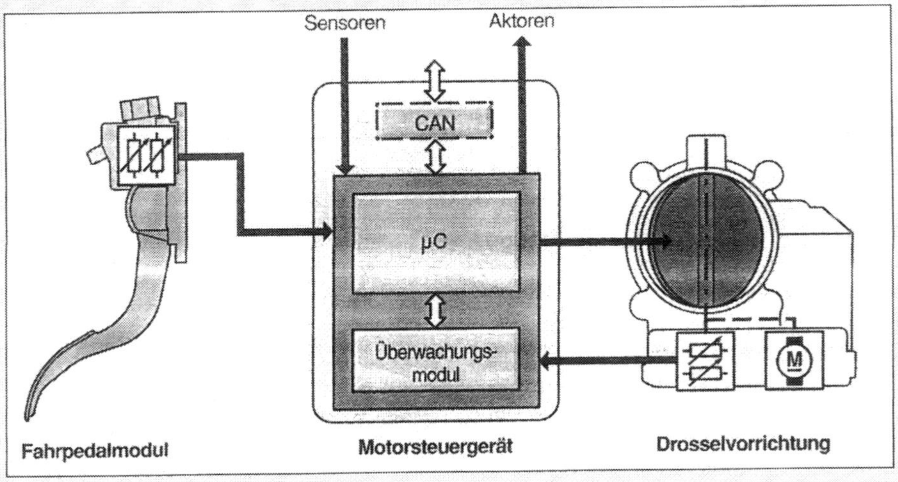

Prinzip des E-Gas-Systems.

DIE BENZIN-EINSPRITZUNG

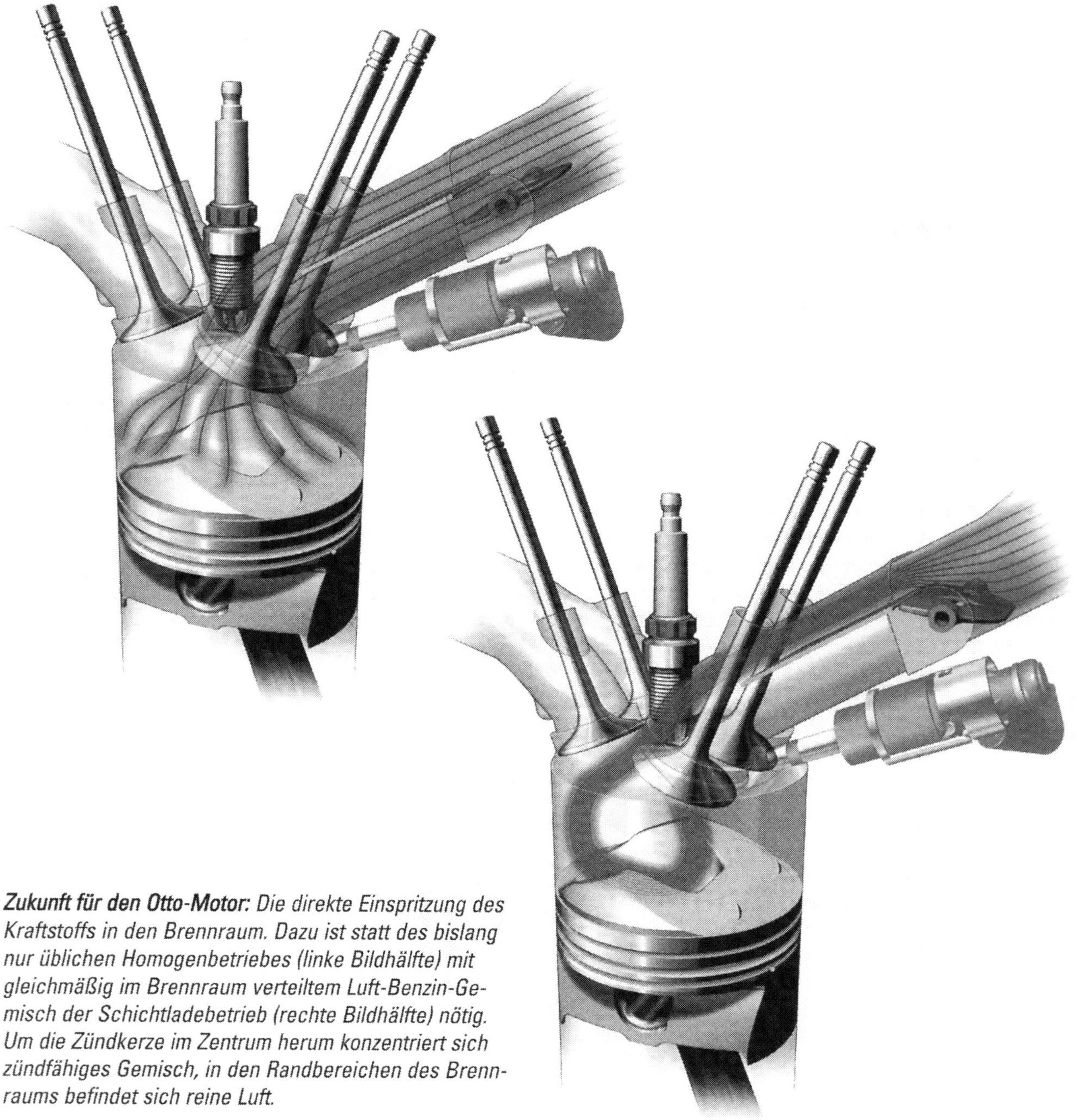

Zukunft für den Otto-Motor: *Die direkte Einspritzung des Kraftstoffs in den Brennraum. Dazu ist statt des bislang nur üblichen Homogenbetriebes (linke Bildhälfte) mit gleichmäßig im Brennraum verteiltem Luft-Benzin-Gemisch der Schichtladebetrieb (rechte Bildhälfte) nötig. Um die Zündkerze im Zentrum herum konzentriert sich zündfähiges Gemisch, in den Randbereichen des Brennraums befindet sich reine Luft.*

Reparatur

Grundsätzlich gibt es zwei Versionen von Einspritzanlagen: Die Zentraleinspritzung mit einer einzigen Einspritzdüse für alle Zylinder, und die Einzeleinspritzung, die bei Ihrem A4 zum Einsatz kommt. Die Ottomotoren der Audi A4-Modelle sind mit der zur Zeit weltweit modernsten Version der vollelektronischen Benzineinspritzung ausgestattet. Dies ist ein integriertes System zur Steuerung von **Einzelzylinder-Einspritzung** und Zündanlage, die Motronik mit sequenzieller Einspritzung.

Die Einzeleinspritzung bietet ideale Voraussetzungen für ein hochleistungsfähiges Gemischaufbereitungssystem. Jedem Zylinder ist ein **Einspritzventil** zugeordnet, das den Kraftstoff direkt vor das Einlassventil spritzt. Elektronisch gesteuert, arbeiten die elektromagnetisch betätigten Einspritzventile intermittierend.

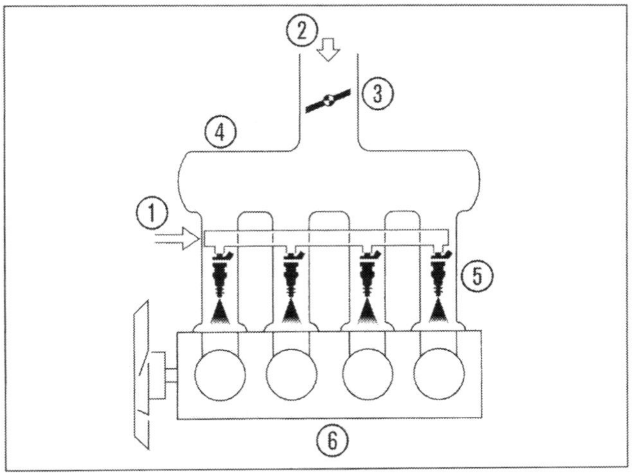

Prinzip der Einzeleinspritzung beim 4-Zylinder-Motor: *❶ Kraftstoff, ❷ Luft, ❸ Drosselklappe, ❹ Saugrohr, ❺ Einspritzventile, ❻ Motor.*

Die äußere Gemischbildung

Bei diesen bislang vorrangig üblichen Benziner-Versionen des Audi A4 findet noch äußere Gemischbildung statt: Der Kraftstoff wird vor das Einlassventil gespritzt. Das von diesem in den Zylinder eingebrachte Luft-Kraftstoff-Gemisch liegt dann im gesamten Brennraum in der Regel homogen vor.

Schon bei dieser indirekten Einzeleinspritzung muss das Gemisch infolge der dicht zusammen liegenden Einspritz- und Einlassventile keinen langen Weg im Saugrohr mehr zurücklegen. Die Gefahr, dass sich besonders bei kaltem Motor Benzin an der Saugrohrwand niederschlägt, ist verringert.

Die penibel elektronisch gesteuerten Einspritzsysteme (generell Motronik, Markenname bei Bosch: Motronic, bei Siemens: Simos) sind unterschiedlich für verschiedene Motorentypen, ihre Funktionsweise ist aber prinzipiell immer gleich. Abweichend sind die Konstruktion im Einzelnen, die Parameter und die Einbauorte. Die folgenden Bilder veranschaulichen dies an den drei Beispielen der Motronic.

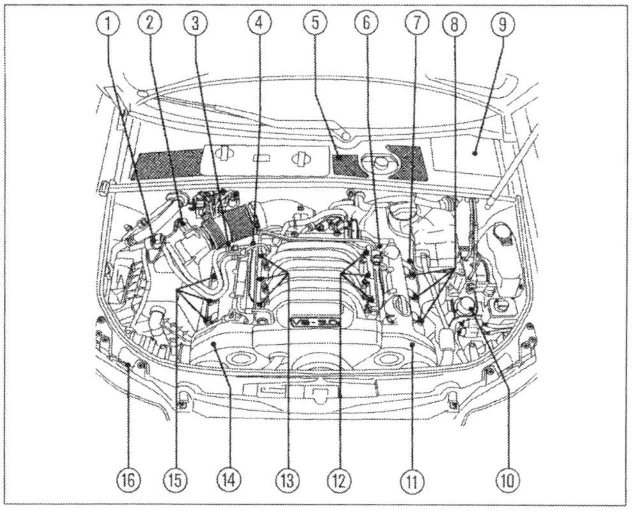

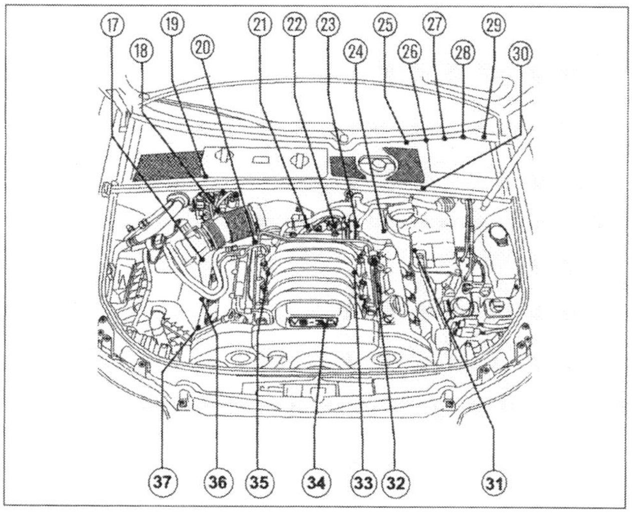

Motronic-Elemente für ASN-Motoren (3,0 Liter, 6 Zylinder): ❶ *Magnetventil N80 für Aktivkohlebehälter,* ❷ *Luftmassenmesser G70 mit Geber für Ansauglufttemperatur G42,* ❸ *Hallgeber G300 für Auslassnockenwelle Bank 1,* ❹ *Hallgeber G40 für Einlassnockenwelle Bank 1,* ❺ *Drucksensor G294 für Bremskraftverstärkung,* ❻ *Hallgeber G163 für Einlassnockenwelle Bank 2,* ❼ *Hallgeber G301 für Auslassnockenwelle Bank 2,* ❽ *Zündspulen mit Leistungsendstufe Bank 2 (Zylinder 4, 5 und 6),* ❾ *E-Box im Wasserkasten (mit u.a. Motorsteuergerät J220),* ❿ *Pumpe V192 für Bremskraftverstärkung,* ⓫ *Ventile N208 und N319 für Einlass- und Auslass-Nockenwellenverstellung Bank 2,* ⓬ *Einspritzventile Bank 2 (Zylinder 4, 5 und 6),* ⓭ *Einspritzventile Bank 2 (Zylinder 1, 2 und 3),* ⓮ *Ventile N205 und N318 für Einlass- und Auslass-Nockenwellenverstellung Bank 1,* ⓯ *Zündspulen mit Leistungsendstufe Bank 1 (Zylinder 1, 2 und 3),* ⓰ *Motor V101 für Sekundärluftpumpe,* ⓱ *Lambdasonde G39 mit Heizung Z19 vor Katalysator (Bank 1),* ⓲ *Halter für Steckverbindungen,* ⓳ *Lambdasonde G130 mit Heizung Z29 nach Katalysator (Bank 1),* ⓴ *Geber G62 für Kühlmitteltemperatur,* ㉑ *Drosselklappensteuereinheit J338,* ㉒ *Sekundärlufteinblasventil N112,* ㉓ *Geber G28 für Motordrehzahl,* ㉔ *Halter für Steckverbindungen,* ㉕ *Geber G79 und G185 für Gaspedalstellung,* ㉖ *Kraftstoffpumpenrelais J17,* ㉗ *Bremslichtschalter F und Bremspedalschalter F47,* ㉘ *Kupplungspedalschalter F36,* ㉙ *Kombi-Instrument mit Warnleuchten,* ㉚ *Lambdasonde G131 mit Heizung Z30 nach Katalysator (Bank 2),* ㉛ *Lambdasonde G108 mit Heizung Z28 vor Katalysator (Bank 2),* ㉜ *Kraftstoff-Druckregler,* ㉝ *Klopfsensor 2/G66 (Bank 2),* ㉞ *Ventil N156 für Registersaugrohrumschaltung,* ㉟ *Klopfsensor 1/G61 (Bank 1),* ㊱ *Pumpe V51 für Kühlmittelnachlauf,* ㊲ *Masseanschluss (an der Motorstütze rechts).*

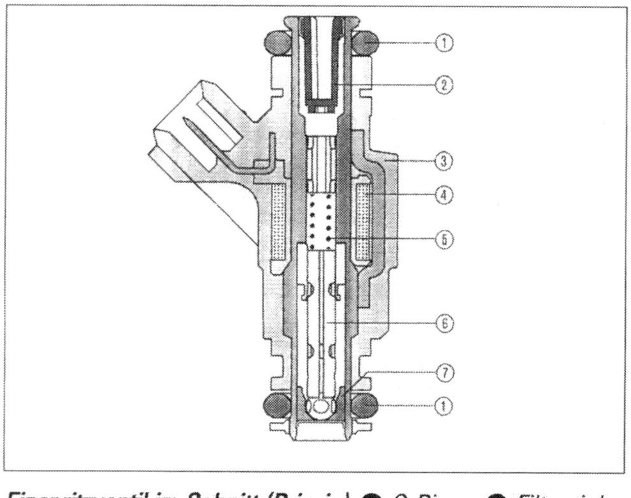

Einspritzventil im Schnitt (Prinzip): ❶ *O-Ringe,* ❷ *Filtersieb,* ❸ *Ventilgehäuse mit elektrischem Anschluss,* ❹ *Stromspule,* ❺ *Feder,* ❻ *Ventilnadel mit Magnetanker,* ❼ *Ventilsitz mit Spitzlochscheibe. Das Bild zeigt ein Ventil aus der Baureihe von Bosch für die Steuersysteme der Motronic-Reihe.*

Die Übersichten zu den Motronic-Systemen und den Einbauorten ihrer einzelnen Elemente machen die inzwischen schon ungeheure Komplexität von Motor und Steuerumgebung deutlich. Ohne spezielle Hilfsmittel und aufwendige Prüf-/Mess-Einrichtungen sind sachgemäßer Umgang und sinnvolle Reparatur gar nicht denkbar. Wir verzichten daher auf das bislang durchaus üblich gewesene Angebot, einzelne Geber oder gar die Einspritzventile durch elektrische Widerstandsmessung zu beurteilen. Vielmehr möchten wir demonstrieren, wie die wichtige Prüfung der Einspritzventile mit den richtigen Messmitteln funktioniert.

Die stets üblich gewesene Anleitung zum Austausch des Gaszuges entfällt für Ihr Fahrzeug: Beim Audi A4 gibt es nur noch E-Gas. Wir informieren Sie also über Aus- und Einbau des Gaspedalmoduls.

Wichtig ist es, im Groben über das Zusammenspiel der einzelnen Motronic-Elemente informiert zu sein und in etwa ihren Einbauort zu kennen. Das erleichtert Ihr

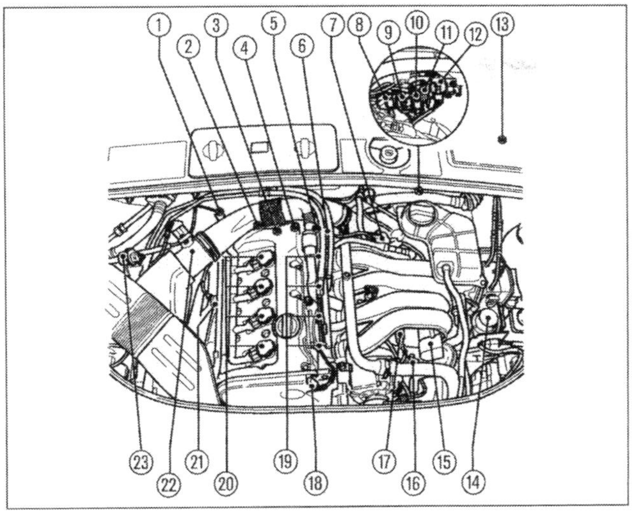

Motronic-Elemente für ALT-Motoren (2,0 Liter): *❶ Lambdasonde G130 (55 Nm) nach Katalysator, ❷ Sekundärlufteinblasventil N112, ❸ Geber für Kühlmitteltemperatur G62 (9 Nm), ❹ Ventil 1 für Nockenwellenverstellung N205, ❺ Geber G28 für Motordrehzahl, ❻ Kraftstoff-Druckregler, ❼ Drosselklappen-Steuereinheit J338, ❽ Dreifachsteckverbindung für Klopfsensor G61, ❾ Vierfachsteckverbindung für Lambdasonde G130, ❿ Dreifachsteckverbindung für Motordrehzahlgeber G28, ⓫ Dreifachsteckverbindung für Klopfsensor G66, ⓬ Sechsfachsteckverbidnung für Lambdasonde G39, ⓭ Motorsteuergerät J361, ⓮ Relais J299 für Sekundärluftpumpe und Spannungsversorgungsrelais für Motorsteuergerät, ⓯ Unterdruckpumpe für Bremskraftverstärker, ⓰ Unterdruckdose für Saugrohrumschaltung, ⓱ Magnetventil N156 für Registersaugrohrumschaltung, ⓲ Geber G42 für Ansauglufttemperatur, ⓳ Phasensensor (Hallgeber) G40, Einspritzventile (N30...N33), ⓴ Zündspulen, ㉑ Lambdasonde G39 (55 Nm), ㉒ Luftmassenmesser G70, ㉓ Magnetventil N80 für Aktivkohlebehälter.* ***Nicht*** *in der Zeichnung* ***dargestellt*** *sind folgende Bauteile mit ihren Einbauorten: Bremslichtschalter F und Bremspedalschalter F47 am Pedalbock nähe Bremspedal, Diagnosestecker im Kniefänger Fahrerseite, Kraftstoffpumpenrelais auf Realisplatz hinter dem Ablagefach Fahrerseite, Kupplungsschalter F36 im Fußraum am Pedalbock nähe Kupplungspedal, Geber G79 und G185 für Gaspedalstellung in einem Gehäuse am Gaspedal sowie die EPC-Kontrolllampe im Schalttafeleinsatz.*

Verständnis für Werkstattangaben zur Diagnose etwaiger Fehler und baut Brücken zu einem partnerschaftlichen Meinungsaustausch über notwendige Reparaturen. Oft ist ja dazu der Austausch von Elementen oder ganzen Baugruppen unumgänglich. Aus diesem Grunde machen wir Sie durch die folgende Zeichnung auch mit den Teilen der Saugrohrumschaltung als bedeutendem Bestandteil der Einspritz- und Zündanlage des Sechszylinder-Motors ASN vertraut.

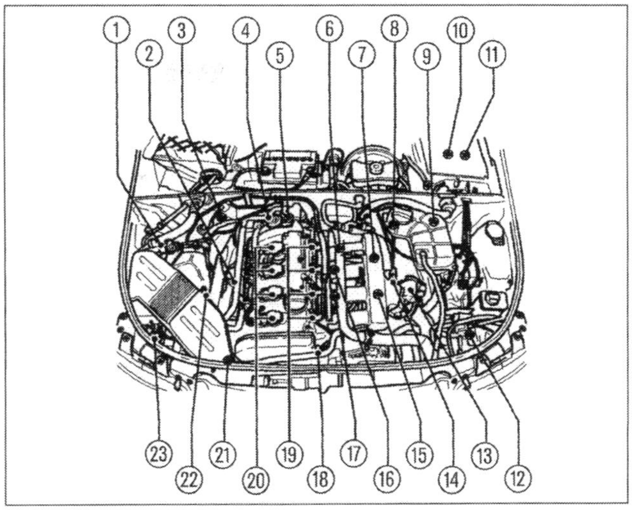

Motronic-Elemente für AVJ-Motoren (1,8 Liter Turbo): *❶ Magnetventil N80 für Aktivkohlebehälter, ❷ Lambdasonde G39 (55 Nm), ❸ Lambdasonde G130 (55 Nm), ❹ Kombiventil für Sekundärlufteinblasung, ❺ Geber G62 für Kühlmitteltemperatur, ❻ Motordrehzahlgeber G28, ❼ Sekundärlufteinblasventil N112, ❽ und ❾ Halter für Steckverbindungen, ❿ und ⓫ E-Box Wasserkasten (u.a. mit Motorsteuergerät J220 und den zwei Relais J271 für Motronic-Strom, J299 für Sekundärluftpumpe), ⓬ Geber G31 für Ladedruck, ⓭ Drosselklappen-Steuereinheit J338, ⓮ Geber G42 für Ansauglufttemperatur, ⓯ Umluftventil N249 für Turbolader, ⓰ Klopfsensor G61, ⓱ Klopfsensor G66, ⓲ Hallgeber G40, ⓳ Einspritzventile N30-N33, ⓴ Zündspulen, ㉑ Magnetventil N74 für Ladedruckbegrenzung, ㉒ Luftmassenmesser G70, ㉓ Motor V101 für Sekundärluftpumpe.* ***Nicht*** *in der Zeichnung* ***dargestellt*** *sind folgende Bauteile mit ihren Einbauorten: Bremslichtschalter F und Bremspedalschalter F47 am Pedalbock nähe Bremspedal, Diagnosestecker im Kniefänger Fahrerseite, Kraftstoffpumpenrelais auf Realisplatz hinter dem Ablagefach Fahrerseite, Kupplungsschalter F36 im Fußraum am Pedalbock nähe Kupplungspedal, Geber G79 und G185 für Gaspedalstellung in einem Gehäuse am Gaspedal sowie die EPC-Kontrolllampe im Schalttafeleinsatz.*

So arbeitet die Motronik

Technik-lexikon

Beim Kaltstart lässt die Drosselklappen-Steuereinheit zusätzlich zur Ansaugluft weitere Luft einströmen. Über den Kühlmitteltemperatur-Sensor erkennt das Steuergerät die niedrige Temperatur des Motors und errechnet eine längere Öffnungsdauer für die Einspritzventile. Meldet der Temperatur-Sensor zunehmende Erwärmung des Kühlmittels, wird die Leerlaufstabilisierung geschlossen und die Einspritzdauer der Einspritzventile Richtung Normalwert zurückgenommen. Die Einspritzdauer im Normalbetrieb hängt dann in erster Linie von der Drosselklappenstellung und von den Informationen des Luftmassenmessers ab.

Im Leerlauf verändert das Steuergerät den Zündzeitpunkt, wenn die Drehzahl unter den erlaubten Wert absinkt. Zusätzlich kann die Drosselklappen-Steuereinheit den Luftdurchsatz und damit die Einspritzmenge erhöhen.

Gibt der Fahrer kräftig Gas, weil er zum Beispiel überholen will, erkennt dies das Steuergerät an der ruckartigen Bewegung am Drosselklappen-Geber. Die Einspritzzeit wird kurzfristig verlängert. Für volle Leistung bei ganz durchgetretenem Gaspedal braucht der Motor noch mehr Kraftstoff. Entsprechend den Signalen von Drosselklappen-Geber und Luftmassenmesser regelt das Steuergerät die Volllast-Einspritzdauer. Wird die erlaubte Maximal-Drehzahl überschritten, schaltet das Steuergerät die Einspritzventile ab.

Beim gegenteiligen Fall, beim Gaswegnehmen, bleiben die Ventile ganz geschlossen. Das Steuergerät aktiviert die so genannte Schubabschaltung aber nur, wenn der Motor betriebswarm ist und der Geber eine Motordrehzahl von über 1500 U/min meldet. Die Schubabschaltung spart Kraftstoff.

Damit das Auto nicht gleich stehen bleibt, wenn ein Sensor ausfällt beziehungsweise unwahrscheinliche Werte liefert, sind Notlauffunktionen programmiert. Je nach Defekt muss der Fahrer das nicht einmal bemerken. Leistungsmangel oder schlechte Starteigenschaften sind aber auch möglich.

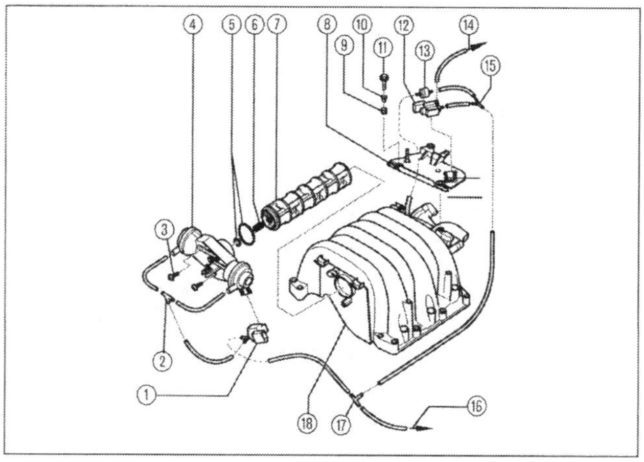

Teile der Saugrohrumschaltung beim Motor ASN: ❶ *Ventil N156 für Registersaugrohrumschaltung,* ❷ *und* ⓯ *Y-Stücke,* ❸ *Blechschraube,* ❹ *Unterdruck-Stellelement,* ❺ *Dichtringe,* ❻ *Druckfeder,* ❼ *Umschaltwalze,* ❽ *Befestigungsplatte,* ❾ *Gummitülle,* ❿ *Abstandshülse,* ⓫ *Schraube (10 Nm),* ⓬ *Sekundärlufteinblasventil N112,* ⓭ *Rückschlagventil,* ⓮ *zu den Kombiventilen für Sekundärlufteinblasung,* ⓰ *zum Unterdruck-Vorratsbehälter,* ⓱ *T-Stück,* ⓲ *Registersaugrohr.*

Teile des Kraftstoff-Einspritzsystems

Die elektrische **Kraftstoffpumpe** pumpt den Kraftstoff über das **Verteilrohr (Kraftstoffverteiler)** zu den **Einspritzventilen**. Der **Druckregler** hält den Druck im System konstant und schickt nicht verbrauchtes Benzin zurück in den Tank. Ein weiteres wichtiges Element ist die **Drosselklappen-Steuereinheit**. In ihr sitzt die Drosselklappe, die über Geber und Steuereinheit mit dem Gaspedal verbunden ist. Je stärker das Gaspedal getreten wird, desto weiter öffnet sich die Drosselklappe. Bei Vollgas ist sie ganz geöffnet. Der bereits erwähnte Drosselklappengeber ist hier montiert, ebenso das Ventil für **Leerlaufstabilisierung**. Bei hoher Motorbelastung im Leerlauf, also etwa bei laufender Klimaanlage oder voll eingeschlagener Servolenkung, lässt dieses Ventil zusätzlich Luft einströmen. Das Steuergerät erkennt über den **Luftmassenmesser** den erhöhten Luftstrom und lässt etwas mehr Kraftstoff einspritzen. Damit wird der Leerlauf stabilisiert.

Das **E-Gas-System** mit elektronischem Gaspedal modifiziert den hier prinzipiell beschriebenen Ablauf noch etwas. Dazu gibt das entsprechende Technik-Lexikon im vorangegangenen Kapitel zum Motormanagement Informationen.

Die Benzindirekteinspritzung

Für die 2,0 Liter-Motorisierung der Audi A4-Benziner ist die Kraftstoffdirekteinspritzung seit Sommer 2001 erfolgreich realisierte Technologie. Nur auf dem Wege des FSI-Motors sind immer weniger oder gleichbleibender Kraftstoffverbrauch bei zunehmender Leistung sowie die Erfüllung der immer strengeren Abgasnormen erreichbar.

Mit der FSI-Technologie führt auch Audi eine neue Motorengeneration ein, die in puncto Wirkungsgrad einen Quantensprung bedeuten soll. Im Vergleich zum konventionellen Saugrohr-Einspritzer bietet der Direkteinspritzer mehr Dynamik, eine Erhöhung von Drehmoment und Leistung sowie eine Verbrauchssenkung bis zu 15 Prozent.

Möglich macht dies vor allem die Schichtladung im Teillastbereich. Das heißt: Nur im Bereich der Zündkerze benötigt man ein zündfähiges Gemisch, der übrige Brennraum wird mit deutlichem Luftüberschuss befüllt. Dadurch kann der Motor entdrosselt gefahren werden. Zusätzlich profitiert der Direkteinspritzer von den reduzierten Wärmeverlusten. Das bedeutet: Die Luftschichten um die Gemischwolke isolieren zum Zylinder und Zylinderkopf.

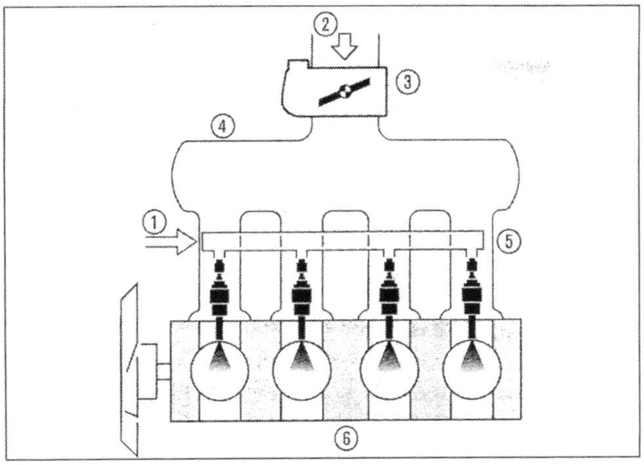

Prinzip der Benzin-Direkteinspritzung: *❶ Kraftstoff, ❷ Luft, ❸ Drosselklappe (EGAS), ❹ Saugrohr, ❺ Einspritzventile, ❻ Motor.*

Anders als beim Saugrohreinspritzer, wird der Kraftstoff direkt in den Brennraum eingespritzt. Die Einspritzdüse, versorgt durch eine Einkolben-Pumpe und ein Common-Rail-System, sitzt seitlich im Zylinderkopf. Das Einspritzventil dosiert millisekundengenau bei Einspritzdrücken bis 110 bar.

Der Kraftstoff wird im Schichtladebetrieb in die Kompressionsphase eingespritzt. Er gelangt damit in die Bewegung der angesaugten Luft im Brennraum, die durch eine bewegliche Klappe im Ansaugrohr, den Einlasskanal, und die besondere Form des Kolbenbodens in eine gezielte Ladungsbewegung versetzt wurde. Dieser Effekt wird als »Tumble« bezeichnet.

So wird dann auch der gewünschte Effekt der Schichtladung erreicht: Die Kraftstoffwolke, die sich mit der Luft zu einem zündfähigen Gemisch auf begrenztem Raum aufbereitet hat, befindet sich pünktlich zum Zündzeitpunkt um die Zündkerze herum. Weil der Einspritzwinkel recht flach ausfällt, kommt die Kraftstoffwolke praktisch nicht mit dem Kolbenboden in Kontakt: Zusätzlich befindet sich nach der Verbrennung eine isolierende Luftschicht zwischen dem gezündeten Gemisch und der Zylinderwand. Damit kommt es zu einer Reduktion der Wärmeabfuhr über den Motorblock. Auch dies steigert den Wirkungsgrad des Motors.

Beim ersten Vertreter der neuen Motorgeneration sind das Kurbelgehäuse und die Dimensionen identisch mit dem herkömmlichen Zwei-Liter-Aggregat des A4 (und des A6). Es verfügt über ein Common Rail-Einspritzsystem und eine Einkolben-Einspritzpumpe. Der Zylinderkopf hat nicht fünf, sondern vier Ventile. So lässt sich der Platz für das Einspritzventil schaffen.

Das Schaltsaugrohr ist zweistufig ausgelegt und bietet damit zwei Längen für hohe und niedrige Drehzahlen. Ein kontinuierlicher Versteller der Einlassnockenwelle sorgt für die bedarfsgerechte Steuerung der Ventilöffnungszeiten. Auf der Auslassseite findet sich eine der zentralen Komponenten für die effiziente Abgasreinigung, die Abgasrückführung. Sie arbeitet effizienter als bisherige Systeme und führt bis zu 30 Prozent des gesamten Abgases wieder zurück in den Brennraum.

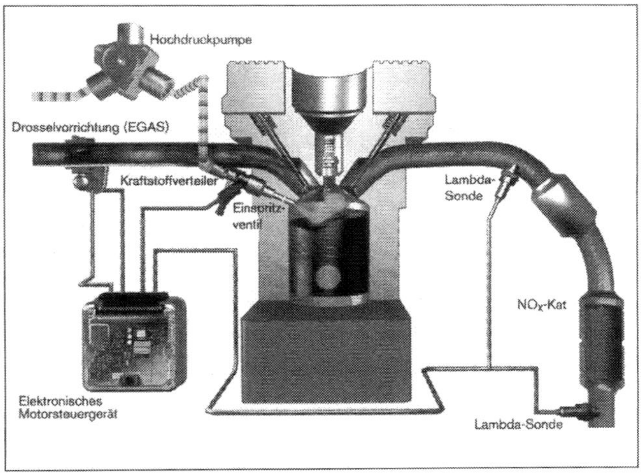

Systembild der Bosch-MED, einer Motronic für Direkteinspritzer.

Das Tumble-System

Technik-lexikon

Um Schichtladung möglich zu machen, müssen Einspritzung, Zylinder-Innenströmung und Brennraumgeometrie optimal aufeinander abgestimmt werden. Zur Steuerung der Luftströme wird im Ansaugtrakt ein Tumble-System eingesetzt. Das so genannte Tumble-Blech teilt den Lufteinlasskanal in eine obere und eine untere Hälfte. Die Ansaugkanäle befinden sich im Zylinderkopf, die Tumble-Klappen seitlich davon in einem angeflanschten Multifunktionsmodul. Eine vorgeschaltete Klappe steuert die Luftzuführung entweder nur über den oberen Teil oder über den gesamten Querschnitt.

Im Schichtlademodus wird die Tumble-Klappe und damit einer der beiden Kanäle geschlossen, um im Brennraum eine intensive walzenförmige Strömung zu erzeugen. Der Kraftstoff wird in diesem Modus erst im letzten Drittel der Kolben-Aufwärtsbewegung, also während des Verdichtens, eingespritzt. Durch die Kombination von gezielter Luftströmung und spezieller Geometrie des Kolbens, der über eine ausgeprägte Kraftstoff- und Strömungsmulde

verfügt, wird der besonders fein zerstäubte Kraftstoff in einem regelrechten Gemischballen optimal um die Zündkerze konzentriert und sicher entflammt.
Dieses Tumblesystem erlaubt erstmals die Kombination des verbrauchsgünstigen Schichtlademodus mit sehr guten Leistungs- und Drehmomentwerten. Bei sehr hohen Drehzahlen arbeitet der FSI-Motor analog zu einem konventionellen Motor mit Saugrohreinspritzung, wegen der höheren Verdichtung liegt der Wirkungsgrad aber höher.

Selbsthilfe bei der Einspritzanlage

Die Motronik bietet, wir sagten es schon, nur wenig Spielraum für's Do it yourself. Nicht einmal die Leerlaufdrehzahl kann man einstellen, sie wird ja über die Leerlaufstabilisierung geregelt. Das Steuergerät kann zwar viele Fehler an elektrischen Teilen der Zünd- und Einspritzanlage erkennen und diese in einem Datenspeicher ablegen. Dabei wird auch eine Entscheidung getroffen, ob es sich um permanente Fehler oder um sporadische Mängel handelt. Das Steuergerät verrät diese Erkenntnisse aber nur jenen, die mit speziellen Motor-Diagnose-Geräten den Fehlerspeicher auslesen können.
Bei Fehlern im elektronischen Motormanagement müssen zudem eine Reihe von Tests in bestimmter Reihenfolge durchgeführt werden, um einen Defekt einwandfrei zu bestimmen. Bei falscher Vorgehensweise sind Schäden an elektronischen Bauteilen nicht ausgeschlossen, die teure Reparaturen nach sich ziehen. Das Steuergerät kann mit Heimwerkermitteln schon gar nicht kontrolliert werden. In der Praxis ist bei diesen wartungsfreien Baugruppen auch nur sehr selten mit Störungen zu rechnen. Geber, Schalter und Kabelverbindungen geben jedoch gelegentlich Anlass zu Beanstandung, und nach den Ursachen hierfür kann man durchaus selbst suchen.

Programmierung der Einspritzanlage

Wenn Sie die Batterie abklemmen oder die Stecker am Steuergerät abziehen, werden im Steuergerät alle so genannten Lernwerte gelöscht. Dazu gehören die Werte für Leerlauf, Teillast, Volllast sowie Verzögerung. Beim Wiederanklemmen der Batterie kann es daher zu Stottern, Aussetzern beim Beschleunigen und zu unrundem Leerlauf kommen. Deshalb vor dem Motorstart zehn Sekunden die Zündung einschalten! Spätestens bei einer kurzen Probefahrt lernt das Steuergerät die Anpassung an die Motorgegebenheiten wieder.
Der Lernvorgang kann allerdings gesperrt sein, wenn ein permanenter Fehler im Fehlerspeicher eingetragen ist. Dann muss erst der Speicher ausgelesen und gelöscht werden (Werkstatt). Ein sporadischer (nicht permanenter) Fehler wird übrigens automatisch aus dem Fehlerspeicher gelöscht, wenn er innerhalb von 40 Warmlaufphasen (Motorstart unter 50°C Kühlmitteltemperatur, Abstellen über 72°C) nicht mehr auftritt. Springt der Motor nach Fehlersuche, Reparatur oder Bauteilprüfung nur kurz an und geht dann aus, kann das auch daran liegen, dass die Wegfahrsicherung das Motorsteuergerät sperrt. Auch dann muss (nach Fehlerabfrage) ggf. das Steuergerät neu angepasst werden.

Die Einspritzung — **Praxistipp**

- Vor Reparaturen und zur Fehlersuche sollte zunächst der Fehlerspeicher des Motorsteuergeräts abgefragt werden. Das geschieht mit dem Diagnosesystem VAS 5051 (Werkstatt). Die Eigendiagnose weist den richtigen Weg.
- Alle Unterdruckschläuche und Anschlüsse sollten auf Falschluft geprüft werden.
- Kraftstoffschläuche im Motorraum dürfen nur mit Federbandschellen gesichert werden. Die Verwendung von Klemm- oder Schlauchschellen ist nicht zulässig.
- Das Ab- und Anklemmen der Batterie darf nur bei ausgeschalteter Zündung erfolgen. Das Motorsteuergerät könnte beschädigt werden.
- Zur einwandfreien Funktion der elektrischen Bauteile ist eine Spannung von mindestens 11,5 Volt erforderlich.
- Es sollten keine silikonhaltigen Dichtmittel verwendet werden. Vom Motor angesaugte Spuren von Silikonbestandteilen werden im Motor nicht verbrannt und schädigen die Lambdasonde.
- Bei einigen Prüfungen kann es vorkommen, dass vom Steuergerät ein Fehler erkannt und gespeichert wird. Es ist daher immer angeraten, den Fehlerspeicher abfragen und ggf. löschen zu lassen.

Sichtprüfung Einspritzanlage

Arbeitsschritte

Wenn Sie Probleme mit dem Motorlauf und das Motormanagement in Verdacht haben, überprüfen Sie zunächst folgende Teile auf Risse und Dichtigkeit:

- Unterdruckschlauch des Bremskraftverstärkers.
- Kraftstoffleitungen
- Druckregler
- Kraftstoffrücklaufleitung vom Druckregler

Der nächste Check:

Wurden die Kabelstecker öfter auseinandergezogen und wieder zusammengesteckt, kann das mangelnden Kontakt zur Folge haben. Kontakte mit Kontaktspray behandeln. Nur im Notfall die Kontaktzungen mit viel Gefühl ein wenig nachbiegen.

Wenn Sie kontrollieren wollen, ob der Motor Nebenluft zieht (bei Leerlaufproblemen oft der Fall), gehen Sie wie folgt vor:

① Unterdruckschläuche auf Risse und festen Sitz prüfen. Alle Schläuche, die am Ansaugkrümmer angeschlossen sind, kontrollieren. Dazu zählen Schläuche zum Bremskraftverstärker, Kraftstoffdruckregler und Magnetventil der Kraftstoffverdunstungs-Anlage.

② Fahren Sie den Motor warm und lassen Sie ihn im Leerlauf laufen, Motorhaube öffnen.

③ Mit einer Startkraftstoff-Spraydose (z. B. Startpilot) Drosselklappenstutzen, die Flanschdichtungen der Ansaugkanäle und Leitungen zu den unterdruckgesteuerten Aggregaten einsprühen. Dazu die Steckverbindungen zu Lambda-Sonden trennen.

④ Verändert sich beim Besprühen einer bestimmten Stelle die Motor-Drehzahl, haben Sie die Undichtigkeit gefunden.

Einspritzventile ausbauen

Um die Einspritzventile zu überprüfen und ggf. auszutauschen muss der Kraftstoffverteiler mit den Ventilen ausgebaut werden. Die Einspritzventile sind mit Halteklammern am Verteilerrohr befestigt. Äußerst wichtig ist, den richtigen und festen Sitz dieser Klammern zu gewährleisten. Wir demonstrieren im Folgenden den Ausbau des Kraftstoffverteilers beim 3,0 Liter-Motor ASN. Sinngemäß wird das Verteilerrohr bei den anderen Motoren ähnlich ausgebaut.

Arbeitsschritte

Achtung! Das Kraftstoffsystem steht unter Druck. Beachten Sie die entsprechenden Sicherheitshinweise! Legen Sie vor dem Öffnen des Systems einen Lappen um die Verbindungsstelle. Bauen Sie durch vorsichtiges Lösen langsam den Druck ab.

① **Ausbau:** Ziehen Sie die hintere Motorabdeckung ab (Pfeile).

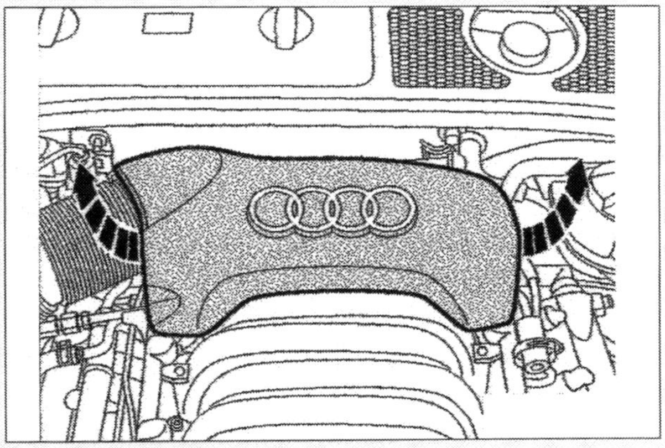

Abnehmen der Motorabdeckung.

② Drehen Sie die Schrauben an der Halteplatte für die Magnetventile heraus (Pfeile)

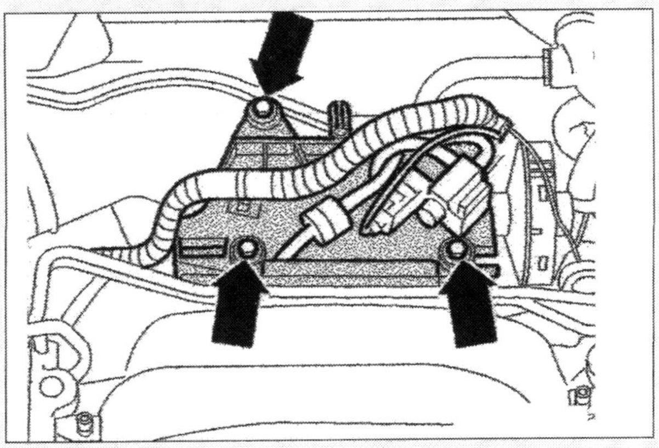

Schrauben an der Magnetventil-Halteplatte.

③ Ziehen Sie die Steckverbindungen an allen Einspritzventilen ab.

④ Ziehen Sie den Unterdruckschlauch ❸ vom Kraftstoffdruckregler ab.

⑤ Schrauben Sie den Kraftstoffverteiler vom Registersaugrohr ab (Pfeile).

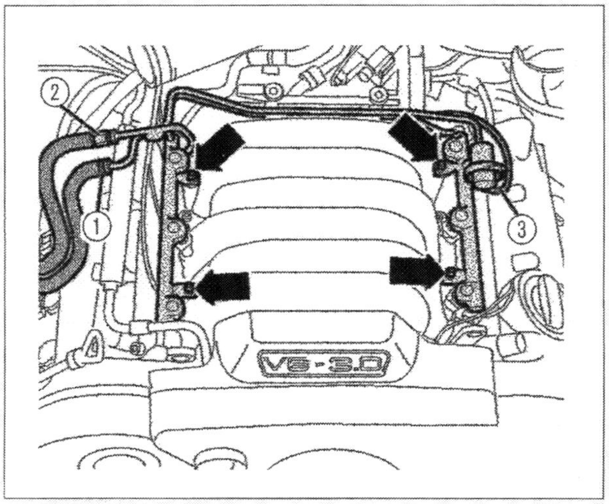

Lösen des Kraftstoffverteilers vom Registersaugrohr.

⑥ Wenn der Kraftstoffverteiler ersetzt werden soll, müssen Sie die Kraftstoff-Vorlaufleitung ❷ und die Rücklaufleitung ❶ trennen. Ansonsten ziehen Sie den Kraftstoffverteiler zusammen mit den Einspritzventilen vom Registersaugrohr gleichmäßig nach oben ab und legen ihn hinten im Motorraum auf einem sauberen Lappen ab.

⑦ Ziehen Sie dann die Halteklammer an der Verbindung von Einspritzventil und Kraftstoffverteiler ab und nehmen Sie das (lediglich eingesteckte) Einspritzventil aus dem Verteiler heraus.

⑧ Beim **Einbau** in umgekehrter Reihenfolge müssen Sie die O-Ringe an allen geöffneten Verbindungsstellen ersetzen und vor dem Einbau leicht mit sauberem Motoröl benetzen. Zum Ersetzen des vorderen O-Ringes darf auf keinen Fall die Kunststoffkappe vom Ventilkopf abgezogen werden! Der O-Ring muss über die Kunststoffkappe gehoben werden.

⑨ Einspritzventile lagerichtig bis zum Anschlag senkrecht in den Kraftstoffverteiler schieben und mit den Halteklammern sichern. Prüfen Sie den einwandfreien Sitz der Halteklammern an Kraftstoffverteiler und Einspritzventilen!

⑩ Setzen Sie den Kraftstoffverteiler mit den gesicherten Ventilen am Saugrohr an und drücken Sie ihn gleichmäßig bis zum Anschlag ein.

Die **Kraftstoffverteiler** sind bei den einzelnen Motoren völlig vergleichbar aufgebaut und am Registersaugrohr befestigt. Sie unterscheiden sich freilich je nach Motorentyp in der Form. Die folgenden Übersichtsbilder verdeutlichen den Aufbau.

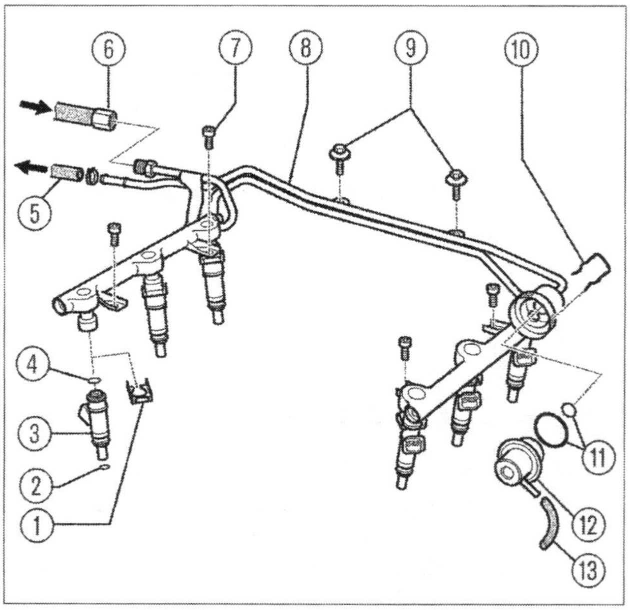

Kraftstoffverteiler am Motor ASN: *❶ Halteklammer, ❷ und ❹ und ⓫ O-Ringe, ❸ Einspritzventil, ❺ Kraftstoff-Rücklaufleitung, ❻ Kraftstoff-Vorlaufleitung, ❼ und ❾ Schrauben (10 Nm), ❽ Kraftstoff-Verteilerrohr, ❿ Halteklammer, ⓬ Kraftstoff-Druckregler, ⓭ Unterdruckschlauch.*

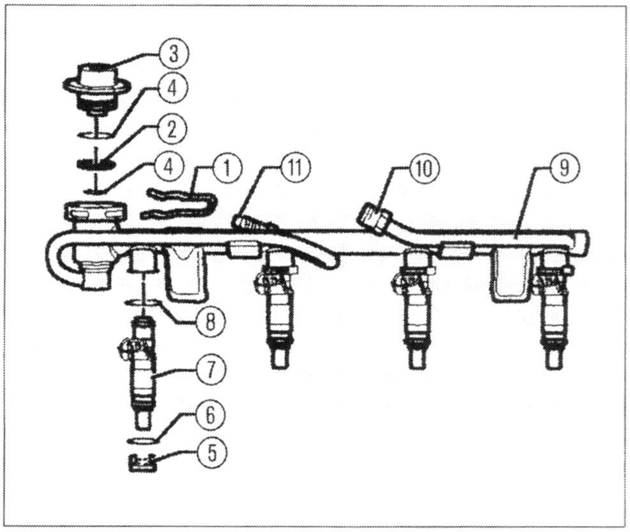

Kraftstoffverteiler am Motor ALT: *❶ Halteklammer, ❷ Sieb, ❸ Kraftstoff-Druckregler, ❹ und ❻ und ❽ O-Ringe, ❺ Halteklammer, ❼ Einspritzventil, ❾ Kraftstoffverteiler, ❿ Anschluss Vorlaufleitung, ⓫ Anschluss Rücklaufleitung.*

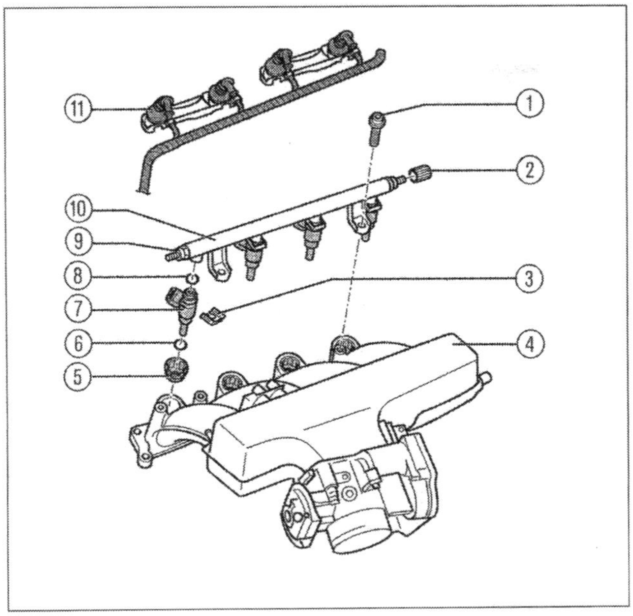

Kraftstoffverteiler am Motor AVJ: *❶ Innensechskantschraube (10 Nm), ❷ Schutzkappe, ❸ Halteklammer, ❹ Saugrohr (mit Drosselklappensteuereinheit und Geber für Ansauglufttemperatur), ❺ Einsatz für Einspritzventil (3 Nm), ❻ und ❽ O-Ringe, ❼ Einspritzventil, ❾ Kraftstoff-Vorlaufleitung, ❿ Kraftstoffverteiler, ⓫ die vier Steckverbindungen für die Einspritzventile.*

Prüfen der Einspritzventile

Die folgenden Prüfungen werden mit den originalen V.A.G.-Spezialwerkzeugen und Betriebseinrichtungen demonstriert. Messglas und Messhilfsmittel, Kabel, Krokodilklemmen u.ä. lassen sich sinngemäß ersetzen. Die Prüfbox V.A.G. 1598/31 muss allerdings vorhanden sein. Für die Prüfung muss der Kraftstoffdruck in Ordnung sein. Ggf. sind Druckregler und Haltedruck zu kontrollieren. Bauen Sie den Kraftstoffverteiler mit eingebauten Einspritzventilen aus dem Saugrohr aus. Die Kraftstoffschläuche bleiben angeschlossen.

Schließen Sie die Prüfbox V.A.G. 1598/31 am Leitungsstrang zum Motorsteuergerät an. Das Motorsteuergerät wird nicht angeschlossen.

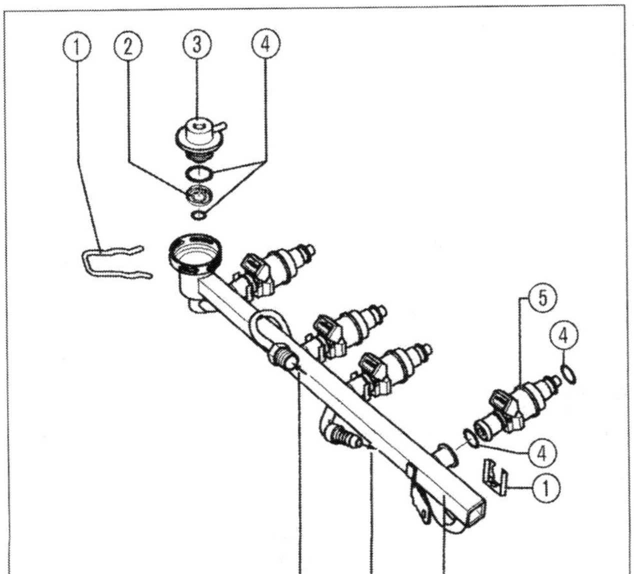

Kraftstoffverteiler am Motor ALZ: *❶ Halteklammer, ❷ Sieb, ❸ Kraftstoff-Druckregler, ❹ O-Ring, ❺ Einspritzventil, ❻ Kraftstoffverteiler, ❼ Anschluss Rücklaufleitung, ❽ Anschluss Vorlaufleitung.*

Dichtheit

Arbeitsschritte

① Überbrücken Sie mit Leitungen (aus dem Messhilfsmittelset V.A.G. 1594 A) die Kontakte 1 und 65 (1 und 80 bei Motoren ALT und ALZ) an der Prüfbox. Mit diesem Schritt legen Sie Masse an eine Seite der Relaisspule des Kraftstoffpumpenrelais.

② Schalten Sie die Zündung ein.

③ Die Kraftstoffpumpe muss jetzt laufen. Prüfen Sie die Dichtheit der Ventile durch Sichtprüfung: Bei laufender Pumpe dürfen pro Ventil nur 1 bis 2 Tropfen pro Minute austreten.

④ Ist der Kraftstoffverlust größer, stellen Sie die Kraftstoffpumpe ab, indem Sie die Kabelbrücke an der Prüfbox wieder abziehen. Ersetzen Sie das defekte Einspritzventil.

Einspritzmenge und Strahlbild

Arbeits-schritte

① Stecken Sie das zu prüfende Einspritzventil in ein Messglas vom Prüfgerät für Einspritzmenge V.A.G. 1602 (oder vergleichbares Gefäß).

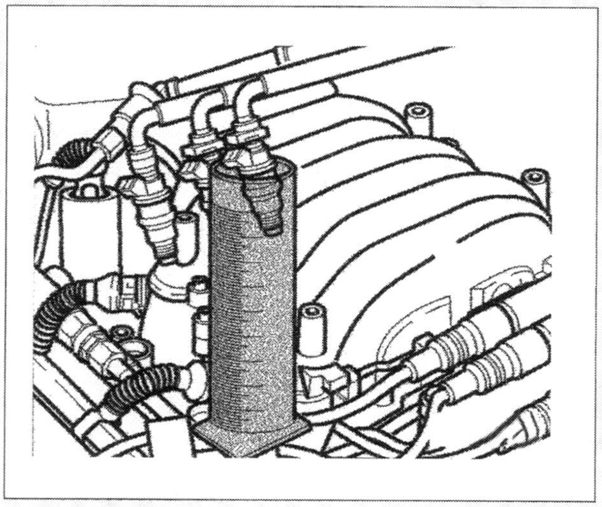

Einspritzventil im Messglas.

② Legen Sie einen Kontakt des Einspritzventils mit Prüfleitung und Krokodilklemme (aus V.A.G. 1594 A) an Motormasse.

③ Legen Sie den zweiten Kontakt des Einspritzventils mit Fernbedienung V.A.G. 1348/3A, Adapterleitung V.A.G. 1348/3-2 und Hilfskabel an Plus.

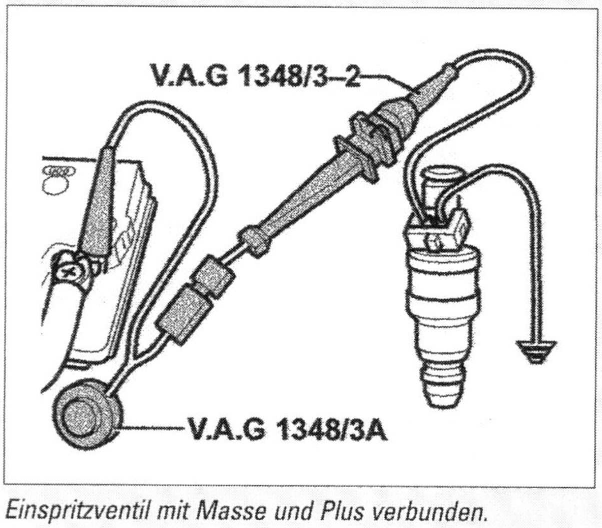

Einspritzventil mit Masse und Plus verbunden.

④ Überbrücken Sie mit Leitungen (aus dem Messhilfsmittelset V.A.G. 1594 A die Kontakte 1 und 65 an der Prüfbox.

⑤ Schalten Sie die Zündung ein. Die Kraftstoffpumpe muss laufen.

⑥ Betätigen Sie die Fernbedienung V.A.G. 1348/3 A für etwa 30 Sekunden.

⑦ Nehmen Sie diese Prozedur mit allen Einspritzventilen vor. Nachdem alle drei Ventile einer Zylinderreihe (beim 6-Zylinder ASN) oder alle vier Einspritzventile angesteuert wurden, stellen Sie die Messgläser auf eine ebene Unterlage.

⑧ Der Sollwert für jedes Einspritzventil beträgt
beim Motor ASN = 90 bis 125 ml,
beim Motor ALT = 85 bis 105 ml,
beim Motor AVJ = 125 bis 145 ml,
beim Motor ALZ = 85 bis 105 ml.

⑨ Liegt der gemessene Wert eines oder mehrerer Einspritzventile außerhalb der Toleranz, stellen Sie die Kraftstoffpumpe ab (Kabelbrücke abziehen, Zündung ausschalten) und ersetzen sie alle defekten Einspritzventile.

Beim 6-Zylinder ASN müssen Sie die Prüfung an den Einspritzventilen der zweiten Zylinderreihe wiederholen.

⑩ Liegen die gemessenen Werte bei allen Einspritzventilen außerhalb der Toleranz, könnte etwas mit dem Kraftstoffdruck nicht stimmen. Er muss überprüft werden (Systemdruckprüfung mit V.A.G. 1318 oder entsprechendem Druckmesser).

⑪ Bei der Prüfung der Einspritzmenge ist auch das Strahlbild zu prüfen. Der Abspritzstrahl muss bei allen Ventilen gleich sein.

⑫ Nach Beendigung der Prüfung und Ventilaustausch bauen Sie die Einspritzventile mit Kraftstoffverteiler wieder ein.

Gasbetätigung instand setzen

Arbeitsschritte

① **Ausbau:** Bauen Sie die Ablage Fahrerseite aus.

② Ziehen Sie die Sechsfach-Steckverbindung ❸ ab.

③ Drehen Sie die Schrauben ❷ und ❹ (insgesamt drei) heraus und nehmen Sie das Gaspedalmodul ab. Es enthält zum eventuell nötigen Austausch die beiden Geber für Gaspedalstellung G79 und G185.

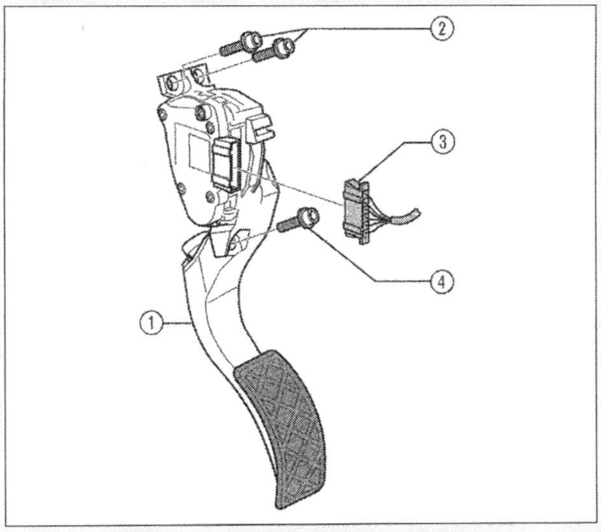

E-Gasbetätigung mit Pedalmodul: *❶ Gaspedalmodul mit den Gebern G79 und G185, ❷ und ❹ Schrauben (10 Nm), ❸ Sechsfachsteckverbindung.*

④ Beim **Einbau** in umgekehrter Reihenfolge müssen Sie das Anzugsdrehmoment von 10 Nm für die Schrauben beachten.

Der Luftfilter

Der Motor braucht saubere Luft zur Verbrennung. Schmutzpartikel und Staubteilchen auf den Zylinderlaufbahnen würden nach kurzer Zeit Motorschäden verursachen. Die angesaugte Luft muss deshalb erst den Luftfilter im so genannten Ansauggeräuschdämpfer passieren. Auch dieses Bauteil spielt eine wichtige Rolle im Ansaugsystem, weil es Ansauggeräusche unterdrückt und den wirbelnden Luftstrom beruhigt. Der Luftfilter besteht aus einem Filtergehäuse und einem Filtereinsatz, der wie eine Ziehharmonika gefaltet ist.

Luftfilter braucht regelmäßige Wartung

Eine Gummidichtung dichtet ihn zum Gehäuse hin ab. Auf ihrem Weg durch den Filter lagern sich die unerwünschten Schmutzpartikel im feinporigen Filterpapier ab, größere Staubteilchen fallen ins Filtergehäuse. Der Filter kann seine Aufgabe nur erfüllen, wenn er regelmäßig gewartet wird. Ein verschmutzter Filtereinsatz lässt nicht mehr genügend Ansaugluft in den Motor. Das Gemisch wird fetter, die Leistung sinkt und der Kraftstoffverbrauch steigt.

Luftfiltereinsatz wechseln (Motoren ASN)

Das Filterelement (hier am Beispiel des 3,0 Liter-Motors ASN demonstriert) sollten Sie mindestens einmal im Jahr reinigen, nach zwei Jahren wechseln. Filtereinsätze für Ihren Wagen erhalten Sie beim Vertragshändler oder im Zubehörhandel. Sie brauchen nicht unbedingt ein Original-Ersatzteil. Auch andere Hersteller bieten geeignete Einsätze an.

Arbeitsschritte — **alle 12 Monate oder 60.000 km**

① **Ausbau:** Um das Luftfiltergehäuse ⓬/⓮ (rechts vorn im Motorraum) ganz frei zu legen, müssen Sie zunächst die Abdeckung über dem Gehäuse nach oben abnehmen und den Luftansaugschlauch ❿ nach oben abziehen.

Im eingebauten Zustand ist der Luftansaugschlauch erst nach Lösen von zwei Schrauben am vorderen Rand der Karosserie auszubauen. Ferner gibt es eine elektrische Steckverbindung am Stutzen für den Luftansaugschlauch, die Sie trennen müssen.

② Nehmen Sie die Verbindung ❶ zum Motor für Sekundärluftpumpe ab.

③ Lösen Sie die Blechschraube ⓫ und nehmen Sie das Gehäuseoberteil ab.
Im eingebauten Zustand ist noch eine weitere Schraube am Filteroberteil herauszudrehen. Ferner müssen Sie die beiden Kraftstoffleitungen aus der Halterung am Filteroberteil nehmen.

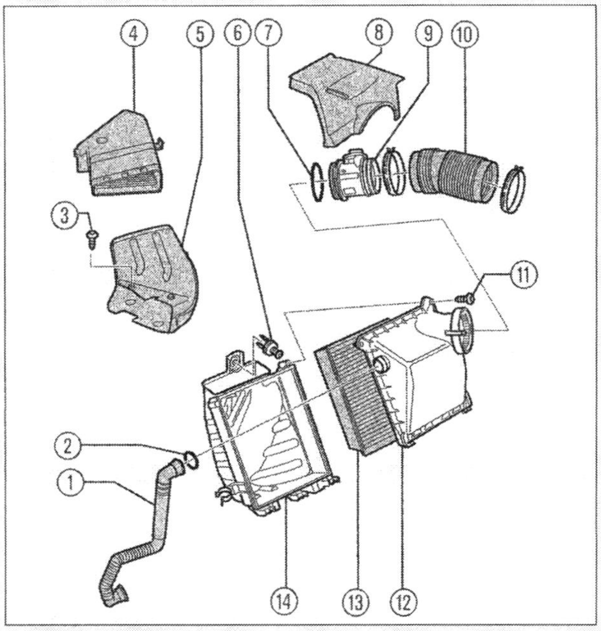

Luftfilter des 3,0 Liter-Motors ASN: *❶ Zum Motor V101 für Sekundärluftpumpe, ❷ und ❼ O-Ring und Dichtring, ❸ und ⓫ Blechschrauben, ❹ und ❺ Teile der Luftführung, ❻ Spreizclip, ❽ Abdeckung, Luftmassenmesser G70, ❿ Verbindungsschlauch, ⓬ Luftfilter-Gehäuseoberteil, ⓭ Filtereinsatz, ⓮ Gehäuseunterteil.*

④ Nehmen Sie den alten Filtereinsatz heraus, reinigen Sie das Filtergehäuse, legen Sie einen neuen Filtereinsatz ein.

Luftfiltereinsatz reinigen

■ Papierfilter auf harter Unterlage ausklopfen. So entfernen Sie die gröberen Staubteilchen.

■ Den feinen Staub mit Druckluft ausblasen. Luftstrahl seitlich an den Filterlamellen vorbeistreichen lassen. Dabei nicht von außen nach innen blasen, sonst wird der Staub noch fester in die Filterporen gedrückt. Den Papierfilter niemals in Flüssigkeiten reinigen. Das verstopft die Filterporen hoffnungslos, die Leistung des Motors lässt nach und die Abgaswerte verschlechtern sich dramatisch.

■ Wenn Sie den Filter tauschen: Achten Sie beim Einsetzen des neuen Filterelements darauf, dass die Dichtung sauber im Gehäuse-Unterteil sitzt.

⑤ Der **Einbau** erfolgt in umgekehrter Reihenfolge. Überprüfen Sie dabei die Dichtungen auf Beschädigung. Wenn nötig: ersetzen.

Einspritzanlage

Störungsbeistand

Störung	Ursache	Abhilfe
A Kalter Motor springt nicht oder schlecht an.	**1** Spannungsversorgungs-Relais defekt.	Überprüfen lassen.
	2 Kraftstoffpumpe fördert nicht oder ungenügend.	Benzin im Tank? Pumpe kontrollieren, Fördermenge messen lassen.
	3 Druckregler defekt.	Systemdruck messen lassen.
	4 Unterdrucksystem undicht.	Sämtliche Schlauchleitungen überprüfen.
	5 Kühlmittel-Temperatursensor defekt.	Prüfen (lassen).
	6 Drosselklappen-Steuerteil defekt.	Prüfen lassen.

Einspritzanlage (Fortsetzung)

Störungs-beistand

Störung	Ursache	Abhilfe
	7 Zündanlage defekt.	Siehe Kapitel »Die Zündanlage«.
	8 Drehzahlgeber defekt oder Kabelverbindung unterbrochen.	Überprüfen, und/oder auswechseln lassen.
	9 Steuergerät defekt.	Kontrollieren lassen.
	10 Ansaugsystem undicht (Nebenluft).	Sämtliche Schlauchleitungen überprüfen.
	11 Sicherung defekt.	Auswechseln.
	12 Kabelstrang zwischen Hallgeber und Steuergerät defekt.	Kabelverlauf kontrollieren
B Warmer Motor springt nicht oder schlecht an.	**1** Siehe A1 – 10.	
	2 Unterdruckleitung zum Kraftstoff-Druckregler defekt.	Prüfen lassen.
	3 Einspritzventil(e) undicht.	Ventil(e) überprüfen (lassen).
C Motor springt an, stirbt aber wieder ab.	**1** Drosselklappen-Steuerteil nicht abgeglichen (nur nach Tausch bzw. Ausbau).	Grundeinstellung überprüfen (lassen).
	2 Siehe A6.	
	3 Lambda-Sonde defekt.	Funktion prüfen, ggf. ersetzen lassen.
	4 Siehe B2.	
D Kalter Motor schüttelt im Leerlauf.	**1** Siehe A1 und 5.	
	2 Siehe C1.	
E Warmer Motor schüttelt im Leerlauf.	**1** Siehe C1. **2** Siehe A6.	
F Leerlauf fällt beim Einschalten starker Stromverbraucher bzw. bei vollem Einschlag der Servolenkung ab.	**1** Siehe A6. **2** Siehe C1.	
G Motor hat Aussetzer.	**1** Kraftstofffilter verstopft.	Filter auswechseln.
	2 Siehe A2.	
	3 Siehe B3.	
	4 Siehe C3.	
H Schwankende Drehzahlen bei 2000–4000/min.	Siehe A9.	
I Motor stottert, setzt aus.	Siehe A2.	
J Motorleistung ungenügend.	**1** Siehe A2, 4 und 10.	
	2 Drosselklappe geht nicht in Vollgasstellung.	Steuerung überprüfen (lassen).
K Motor patscht ins Saugrohr.	Siehe A3.	

DIE ZÜNDANLAGE

Zündung beim 2,0 Liter-FSI-Motor:
Nur wenn das Kraftstoff-Luft-Gemisch exakt zum richtigen Zeitpunkt gezündet wird, entfaltet es optimale Wirkung. Die Zündkerzen unter den Steckern müssen präzise angesteuert werden.

Die Zündanlage hat beim Benzinmotor die Aufgabe, das Kraftstoff-Luft-Gemisch in den Brennräumen der Zylinder zu entflammen. Damit wird die Verbrennung eingeleitet. Gezündet wird mit einem elektrischen Funken, also einer kurzzeitigen Lichtbogenentladung zwischen den Elektroden der Zündkerze.

Das Gemisch kann seine optimale Wirkung nur entwickeln, wenn es exakt zum richtigen Zeitpunkt gezündet wird. Zudem ist eine unter allen Umständen sicher arbeitende Zündung die Voraussetzung für den einwandfreien Betrieb des Katalysators. Kommt es zu Zündaussetzern, kann der Katalysator wegen Überhitzung bei der Nachverbrennung des unverbrannten Gemischs geschädigt oder gar ganz zerstört werden.

Dabei ist der Zündvorgang eine komplizierte Angelegenheit. Läuft der Motor Ihres Audi A4 zum Beispiel mit 3000 Umdrehungen pro Minute, müssen rund 50 Zündfunken in der Sekunde punktgenau an die einzelnen Zylinder verteilt werden. Nicht nur die Zeit, auch die Zündenergie muss stimmen: Wenigstens 0,2 mJ pro Einzelzündung bei im günstigsten Verhältnis zusammengesetzten Gemisch, über 3 mJ bei fettem oder magerem Gemisch sind nötig. Reicht die Zündenergie nicht, kommt die Verbrennung nicht zustande, es gibt die fatalen Verbrennungsaussetzer.

Steuerung der Zündung

Von der Gemischentflammung bis zur vollständigen Verbrennung vergehen zwei Millisekunden. Bei gleicher Gemischzusammensetzung bleibt diese Zeit konstant. Der Zündfunke muss deshalb so frühzeitig überspringen, dass der Verbrennungsdruck in jedem Betriebszustand des Motors optimal ist.

Für den genauen Zündzeitpunkt ist das Steuergerät zuständig, das auch das Einspritzsystem kontrolliert. Der Prozessor ist mit den Zündzeitpunkten für die verschiedenen Lastzustände des Motors programmiert. Um aus dem Speicher den richtigen Zündzeitpunkt auszuwählen, erhält das Steuergerät Informationen über den jeweiligen Belastungszustand des Motors. Dazu wertet es die von den einzelnen Sensoren übermittelten Daten wie Temperatur und Drehzahl des Motors sowie Stellung der Drosselklappe und Stellung der Nockenwelle aus.

Der optimale Zündzeitpunkt

Der Zündzeitpunkt soll so gewählt sein, dass folgende vier Forderungen erfüllt werden können:

- maximale Motorleistung,
- sparsamer Kraftstoffverbrauch,
- Vermeidung des Motorklopfens und
- möglichst sauberes Abgas.

Wenn Sie das Gaspedal zum Beispiel nur gering treten (Teillast), verbrennt das Gemisch in den Brennräumen langsamer. Um die Energie des Kraftstoffs trotzdem vollständig zu nutzen, löst das Steuergerät in diesem Fall die Zündung früher aus. Die besten Werte stellen sich ein, wenn das Kraftstoff-Luft-Gemisch im Moment der höchsten Verdichtung gezündet wird. Das ist beim Viertaktmotor der Augenblick, in dem der Kolben von der Aufwärtsbewegung des Kompressionshubs in die Abwärtsbewegung des Arbeitstaktes übergehen will.

Zündung und Verbrennung

Allerdings liegt der Zündzeitpunkt nicht exakt auf dem oberen Totpunkt (OT). Denn die Kraftstoffteilchen brauchen rund eine dreitausendstel Sekunde, bis sie sich entzünden. Der Startschuss für den Funken erfolgt deshalb noch während der Aufwärtsbewegung des Kolbens (Frühzündung). Der Verbrennungsdruck dagegen setzt ein, wenn der Kolben den OT gerade überschritten hat. Da das Kraftstoff-Luft-Gemisch stets die gleiche Zeit zum Entflammen benötigt, wird es mit steigender Motordrehzahl früher gezündet.

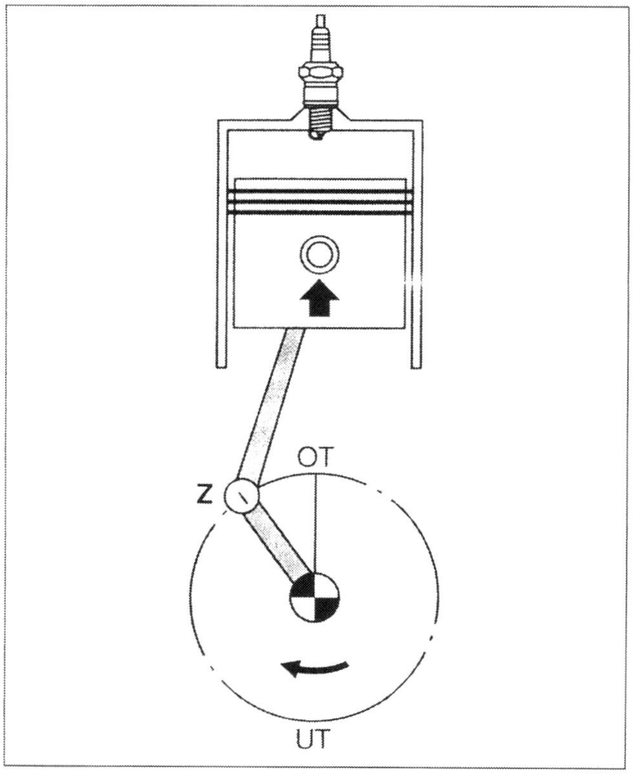

Stellung von Kurbelwelle und Kolben im Zündzeitpunkt **Z** *bei Frühzündung.*

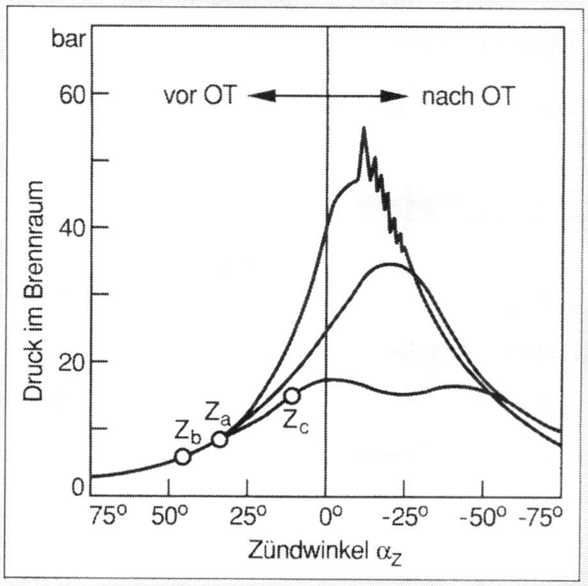

Druckverlauf im Brennraum: *❶ Zündung Za im richtigen Zeitpunkt, ❷ Zündung Zb zu früh (klopfende Verbrennung), ❸ Zündung Zc zu spät.*

Klopfende Verbrennung

Technik-lexikon

In Ottomotoren können unter bestimmten Bedingungen anormale Verbrennungsvorgänge auftreten. Sie begrenzen die Steigerung von Leistung und Wirkungsgrad. Dieser unerwünschte Verbrennungsvorgang wird als Klopfen bezeichnet. Er spielt sich als stoßartige Verbrennung von Gemischteilen ab, die noch nicht von der Flammenfront erfasst sind. Der Zündzeitpunkt liegt dann zu weit in Richtung früh.

Dabei können Flammgeschwindigkeiten von 2000 Meter pro Sekunde auftreten, während bei normalen Verbrennungen nur Geschwindigkeiten von 30 Meter pro Sekunde vorkommen. Dauert die schlagartige Verbrennung mit zu starkem Druckanstieg länger an, können Zylinderkopf und Zylinderkopfdichtung, Kolben, Lager und Zündkerzen beschädigt werden.

Die Klopfsensoren nehmen die Schwingungen der unregelmäßigen Verbrennung auf und veranlassen das Steuergerät, die Zündung etwas zurückzunehmen. Dank der Klopfregelung ist es beispielsweise auch möglich, einen für Superbenzin ausgelegten Motor vorübergehend mit Normalbenzin zu fahren.

Die Zündspule

Damit an der Zündkerze ein Funke überspringt, muss an den Zündkerzenelektroden eine Hochspannung anliegen. Sie beträgt je nach Zündanlage bis zu 30.000 Volt. Um diesen Wert zu erreichen, muss die bescheidene Bordspannung von 12 Volt erst einmal transformiert werden.

Diese Aufgabe übernimmt die induktive Zündanlage mit ihrem Kernstück Zündspule (Zündtrafo).

Die Zündspannung muss an jeder einzelnen Zündkerze anliegen Dazu steckt direkt auf jeder Zündkerze der Audi A4-Motoren eine Zündspule (mit integrierter Endstufe). Die Zündfunken werden also per Direktzündung ohne Zündverteiler erzeugt. Elektronische Bauteile ersetzen den früheren mechanisch arbeitenden Verteilerläufer.

Eine Ausnahme bildet der 1,6 Liter-Motor ALZ. Er arbeitet mit Doppelfunkenzündung mit 2 Zündspulen.

So funktioniert die Zündspule

Die Zündspule besteht aus Primärwicklung mit relativ wenigen Windungen und Sekundärwicklung mit einigen Tausend Windungen aus dünnerem Draht. Ein typisches Windungsverhältnis ist 1 : 100. Beide Wicklungen umschließen einen lamellierten Eisenkern – die Sekundärwicklung innen auf dem Kern, die Primärwicklung darüber. Vom Steuergerät über die Endstufe gesteuert, erhält die Primärwicklung über die Klemmen 15 und 1 Strom von der Batterie (Niederspannung). Dadurch baut sich ein Magnetfeld auf, das durch den Eisenkern verstärkt wird. Unterbricht das Steuergerät diesen Stromkreis, bricht das Magnetfeld für Bruchteile von Sekunden schlagartig zusammen. Dabei entsteht eine Spannung bis zu 400 Volt. Diese erzeugt in der Sekundärwicklung einen Hochspannungs-Stromstoß (Induktion), der als Zündenergie auf die Zündkerze übertragen wird, wo sich diese Zündenergie in der Funkenstrecke entlädt.

Die Zündkerzen

Die Zündkerzen haben die Aufgabe, das Kraftstoff-Luft-Gemisch im Brennraum zu entzünden. Dabei entstehen Temperaturen von rund 2.500 Grad und Drücke bis 60 bar. Damit der Funke trotzdem zuverlässig zwischen den Elektroden überspringt, ist der Anschlussbolzen der Kerze von einem keramischen Isolator umgeben. Mittelelektrode und Anschlussbolzen stecken außerdem in einer elektrisch leitenden Glasschmelze, die für die Verankerung dieser Teile und die Abdichtung gegenüber dem Brennraum sorgt. Ist die erforderliche Zündspannung erreicht, springt der elektrische Funke von der Mittelelektrode zur Masseelektrode über und entzündet dabei die Kraftstoffteilchen im Brennraum.

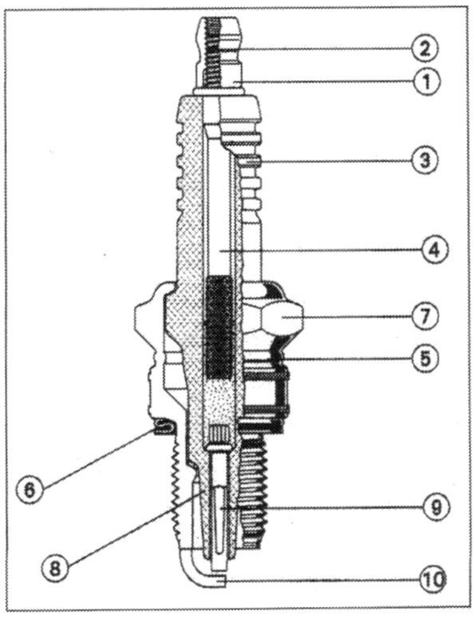

Wichtigste Teile der Zündkerze: *❶ und ❷ Zündkabel-Anschlussmutter mit Gewinde, ❸ Keramikisolator mit Kriechstrombarriere, ❹ Anschlussbolzen, ❺ Stauch- und Warmschrumpfzone, ❻ Dichtring, ❼ Zündkerzenkörper, ❽ Isolatorfuß, ❾ Mittelelektrode, ❿ Masse-Elektrode.*

Während das Zündsystem verschleiß- und wartungsfrei arbeitet, müssen die Zündkerzen regelmäßig erneuert werden. Allerdings kann das Intervall dafür sehr unterschiedlich sein. Es liegt zwischen 20.000 und 100.000 km. Ausschlaggebend hierfür ist vor allem der Elektrodenwerkstoff.

Der Wärmewert

Damit eine Zündkerze exakt arbeitet, muss sie nach dem Motorstart schnell ihre Selbstreinigungstemperatur von etwa 400 Grad erreichen. Sonst setzen sich Verbrennungsrückstände am Isolatorfuß fest. Bei Volllast darf die Temperatur etwa 800 Grad nicht überschreiten. Allerdings sind die Arbeitsbedingungen für die Zündkerzen nicht in allen Motoren gleich. Erst der so genannte Wärmewert entscheidet, ob Zündkerze und Triebwerk zueinander passen. Verwenden Sie zum Beispiel eine Zündkerze mit zu hohem Wärmewert, kann sich der Isolatorfuß stark erhitzen. Das hätte unkontrollierte Glühzündungen zur Folge, die den Motor sogar zerstören können. Wählen Sie dagegen eine Zündkerze mit zu niedrigem Wärmewert, erreicht diese nicht die nötige Temperatur zur Selbstreinigung und der Isolatorfuß verschmutzt. Der richtige Zündkerzen-Wärmewert wird vom Automobilhersteller festgelegt.

Geringerer Verschleiß nach 90.000 km Straßenlauf: *Die neue Nickel-Yttrium-Legierung (oben) hält sichtbar besser durch als Standard-Nickel (unten).*

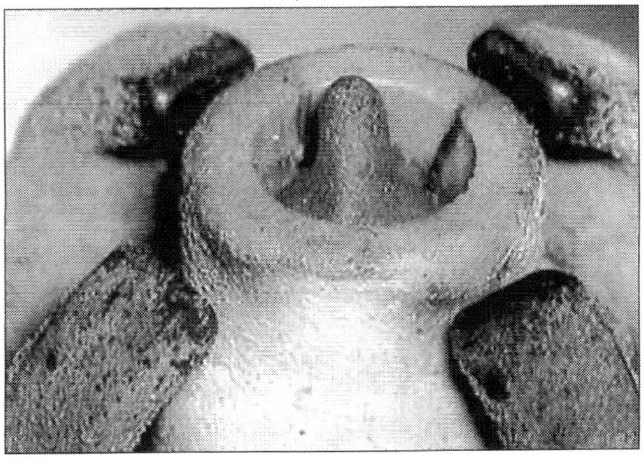

Elektrodenabstand

Technik-lexikon

Neben dem richtigen Wärmewert müssen die Zündkerzen einen speziellen Abstand zwischen den Elektroden aufweisen. Er beträgt bei den meisten Motoren 0,9 bis 1,1 Millimeter. Dieser Abstand kann sich jedoch mit zunehmender Laufzeit der Zündkerzen verändern.
Durch die hohe Spannung beim Funkenüberschlag werden nämlich immer wieder kleine Metallpartikel von den Elektroden abgesprengt. Dadurch vergrößert sich der Funkenspalt, was eine höhere Zündspannung erforderlich macht. Wird der Abstand zu groß, kann es zu Zündaussetzern kommen. Eventuell springt dann der Motor überhaupt nicht mehr an.

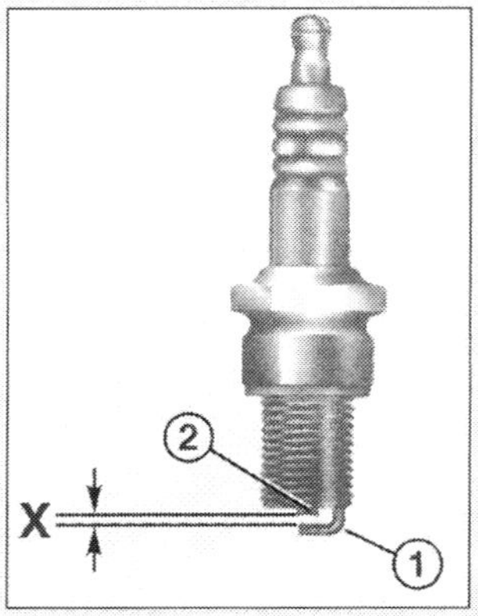

Um den Abstand zwischen Masse-Elektrode ❶ und Mittelelektrode ❷ zu messen, benötigen Sie eine Fühlerlehre. Der Abstand soll 1,0 mm betragen, eine Toleranz von ± 0,1 mm ist zulässig. Bei den immer gebräuchlicher werdenden Mehrelektrodenzündkerzen ist eine Korrektur des Abstandes nicht mehr möglich. Diese Zündkerzen haben aber auch eine sehr hohe Stabilität. Wenn der gemessene Wert dennoch jenseits der Toleranzgrenze liegt, müssen die Zündkerzen ausgewechselt werden.

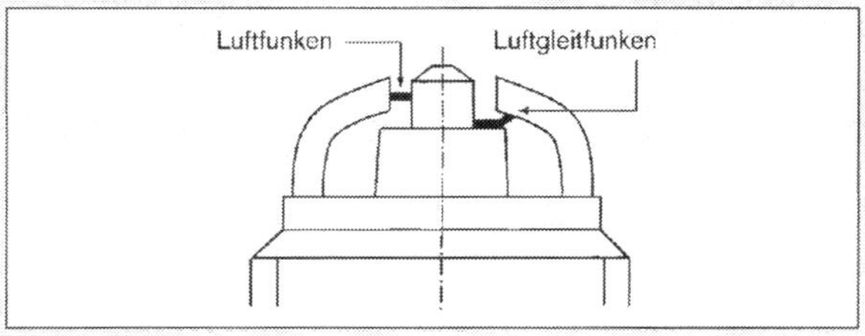

Neues Konzept für neue Motoren: *Die Zündkerzen mit Luftfunken werden von solchen mit Luftgleitfunken abgelöst.*

Was sagt das Kerzengesicht

Technik-lexikon

Am Zustand der Kerzenelektroden (»Kerzengesicht«) können Sie erkennen, ob der Motor optimal arbeitet. Die Zündkerzen sind gewissermaßen Zeugen der Verbrennung im Zylinder. Achten Sie bei der Kontrolle der ausgebauten Zündkerzen auf diese Punkte:

Isolatorspitze hellgrau bis grau gefärbt. Gute Einstellung der Einspritzanlage, der Motor läuft wirtschaftlich.
Isolatorspitze weißlich gefärbt. Zündzeitpunkt stimmt nicht, automatische Zündzeitpunktverstellung im Steuergerät defekt.
Schwarze rußartige Ablagerungen. Zündkerze erreicht ihre Selbstreinigungs-Temperatur nicht (häufiger Kurzstreckenverkehr), falscher Wärmewert, CO-Gehalt zu hoch.
Ölschicht über Elektroden. Kolbenringe, Ventilführungen oder Abdichtungen der Ventilschäfte schadhaft. Möglicherweise haben Sie auch Motoröl oder Kraftstoff mit Zusätzen verwendet. Tauschen Sie die Zündkerzen aus, wechseln Sie Öl und Kraftstoffmarke und prüfen Sie erneut den Zustand der Kerzen.

Arbeiten an der Zündanlage

Gefahren-hinweis

Die Zündanlage gilt nach gesetzlichen Richtlinien als gefährliche Anlage. Für alle Arbeiten an diesem System sind besondere Sicherheitsmaßnahmen zu beachten. Überlassen Sie die Arbeit an der elektronischen Zündanlage daher der Werkstatt. Aber auch bei Wartungsarbeiten ist besondere Vorsicht angesagt.

- Berühren Sie bei eingeschalteter Zündung auf keinen Fall die spannungsführenden Teile von Primär- und Sekundärstromkreis! Das bedeutet Lebensgefahr.
- Ziehen Sie bei laufendem Motor oder bei Anlassdrehzahl keinesfalls die Zündleitungen ab. Berühren Sie sie dann auch nicht!
- Schalten Sie bei allen Wartungsarbeiten und Reparaturen stets die Zündung aus. Das gilt für den Wechsel der Zündkerzen ebenso wie für den Anschluss von Prüfgeräten.
- Bei eingeschalteter Zündung genügt eine Erschütterung des Fahrzeugs, um an einer Zündkerze einen Hochspannungsimpuls auszulösen. Bei Arbeiten im Motorraum bedeutet dies Lebensgefahr. Außerdem können Bauteile der Zündanlage zerstört werden.
- Wenn Sie elektrische Schweißarbeiten am Fahrzeug durchführen, müssen Sie beide Kabel an der Batterie abklemmen.
- Wenn der Motor mit Anlassdrehzahl betrieben werden soll, ohne dass er anspringt, beispielsweise bei der Kompressionsdruck-Prüfung, ziehen Sie die Stecker von den Zündspulen und von den Einspritzventilen ab.
- Zum Schutz des Motorsteuergerätes müssen Sie die Zündung ausschalten, wenn die Batterie an- oder abgeklemmt werden soll.

Einspritz- und Zündanlage

Die technischen Daten, die im Zusammenhang mit Kraftstoffeinspritzung und Zündung von Bedeutung sind, haben wir in der folgenden Tabelle für alle Motoren des Audi A4 zusammengestellt:

Motortyp	**ALZ / 1,6 l / 75 kW**	**AVJ / 1,8 l / 110 kW**	**ALT / 2,0 l / 96 kW**	**ASN / 3,0 l / 162 kW**
Leerlaufdrehzahl (nicht einstellbar, durch Stabilisator geregelt)	700 ... 840/min	Frontantrieb: 740 ... 860/min Allradantrieb: 760 ... 880/min	700 ... 960/min	630 ... 730/min
Drehzahlbegrenzung durch Abschalten der Einspritzventile, durch Schließen der Drosselklappe	6 800/min 6 500/min	6 500/min	6 800/min	6 800/min
Zündzeitpunkt	Wird im Steuergerät bestimmt. Einstellung nicht möglich.	Wird im Steuergerät bestimmt. Einstellung nicht möglich.	Wird im Steuergerät bestimmt. Einstellung nicht möglich.	Wird im Steuergerät bestimmt. Einstellung nicht möglich.
Zündanlage	Doppelfunkenzündung mit 2 Zündspulen	Einzelspulenzündung mit 4 Zündspulen (Endstufen integriert), die über die Zündkerzenstecker direkt auf die Zündkerzen gesteckt sind.	Einzelspulenzündung mit 4 Zündspulen (Endstufen integriert), die über die Zündkerzenstecker direkt auf die Zündkerzen gesteckt sind.	Einzelspulenzündung mit 6 Zündspulen (Endstufen integriert), die über die Zündkerzenstecker direkt auf die Zündkerzen gesteckt sind.
Zündkerzen	Anzugsdrehmoment 30 Nm	Anzugsdrehmoment 30 Nm	Anzugsdrehmoment 30 Nm	Anzugsdrehmoment 30 Nm
Zündkerzenstecker	Widerstand ca. 5 Kiloohm			
Zündfolge	1-3-4-2	1-3-4-2	1-3-4-2	1-4-3-6-2-5
Kraftstoffdruck bei Leerlaufdrehzahl ▪ Unterdruckschlauch aufgesteckt ▪ Unterdrucksclauch abgezogen	 3,5 bar Überdruck 4,0 bar Überdruck	4,0 bar Überdruck	 3,5 bar Überdruck 4,0 bar Überdruck	 3,2 ... 3,8 bar 3,8 ... 4,2 bar
Haltedruck nach 10 Minuten ▪ kalter Motor ▪ warmer Motor	2,5 bar Überdruck	2,5 bar Überdruck	2,5 bar Überdruck	 2,2 bar Überdruck 3,0 bar Überdruck
Einspritzventile ▪ Abspritzstrahl ▪ Einspritzmenge in 30 s ▪ Widerstand bei Raumtemperatur	Bei allen Ventilen gleich 85 ... 105 ml 14 ... 17 Ohm	Zweilochdüse/Bei allen Ventilen gleich 125 ... 145 ml 12 ... 13 Ohm	Bei allen Ventilen gleich 85 ... 105 ml 14 ... 17 Ohm	Zweilochdüse/Bei allen Ventilen gleich 90 ... 125 ml

Zündkerzen ausbauen, prüfen und wechseln

Audi schreibt im Wartungsplan einen Wechsel erst nach 60.000 Kilometern vor. In der Regel stehen die Kerzen dieses Intervall ohne Probleme durch. Springt der Motor nur unwillig an oder ruckelt er nach dem Start, kann dies freilich auch an den Zündkerzen liegen. Unsichtbare Risse im Keramikisolator füllen sich beim Kaltstart mit kondensierendem Kraftstoff, wodurch der Zündfunke abgeleitet wird. Wenn Sie glauben, dass die Kerzen nicht richtig arbeiten, sollten Sie diese Teile zur Sicherheit austauschen.

Die Kerzen sollen bei kaltem Motor gewechselt werden. Wenn die Kerzen bei heißem Motor ausgebaut werden, könnte das Kerzengewinde des Leichtmetall-Zylinderkopfes ausreißen. Zum Ausbau benötigen Sie einen Zündkerzen-Steckschlüssel 16 mm (HAZET 900AKF; HAZET 2506 oder 4766-1; Audi-Werkstätten verwenden den Kerzenschlüssel 3122 B). Günstig ist auch der Einsatz der Spezialzange HAZET 1849 (3277 A) zum Abziehen der Kerzenstecker.

Arbeits-schritte | W 60.000 km

4-Zylinder 2V-Motoren 1,6 Liter ALZ

① Bauen Sie die Motorabdeckung aus.

② Ziehen Sie bei ausgeschalteter Zündung die Stecker ❶ an den Zündkerzen ab.

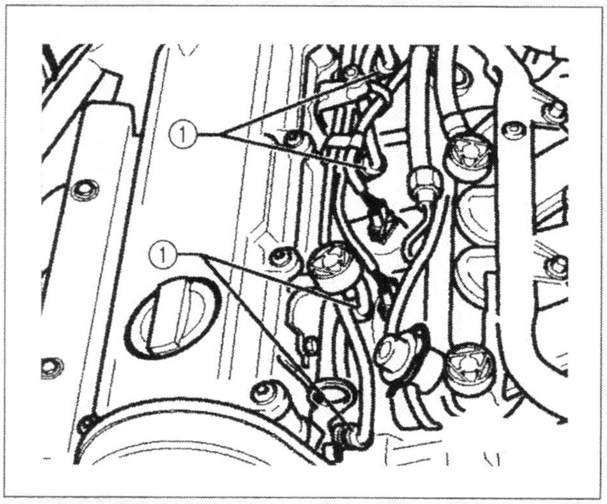

Zündkerzen beim ALZ.

③ Schrauben Sie die Zündkerzen mit dem Schlüssel 3122B (oder vergleichbaren Zündkerzenschlüssel) heraus.

④ Schrauben Sie die neuen Zündkerzen ein (30 Nm).

⑤ Prüfen Sie Zündleitungen und Kerzenstecker auf festen Sitz.

⑥ Beim von der Simos 3.4 gesteuerten Motor ALZ müssen Sie überprüfen, ob die Zündkabel in der richtigen Folge an der Zündspule angesteckt sind. Nach möglichem Austausch der Zündkabel muss ein falsches Anschließen der neuen Kabel verhindert werden.
Beachten Sie daher die Hochspannungsanschlüsse an der Zündspule (Bild rechts oben).

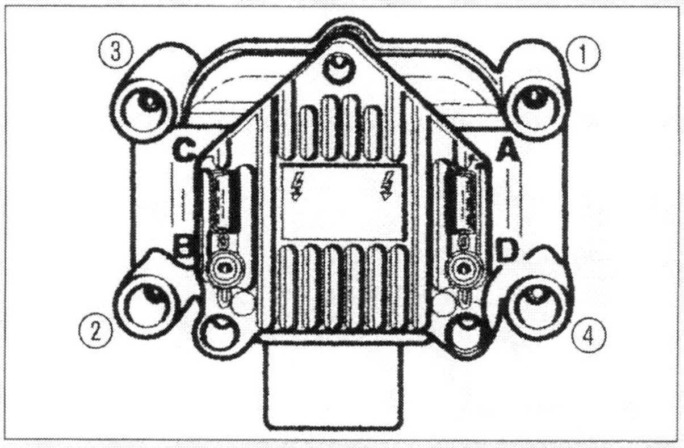

***Zündspule für den Motor ALZ:** Zündausgang **A** an der Spule zu Zylinder 1, Zündausgang **B** an der Spule zu Zylinder 2, Zündausgang **C** an der Spule zu Zylinder 3, Zündausgang **D** an der Spule zu Zylinder 4.*

4-Zylinder 5V-Motoren 1,8 Liter Turbo AVJ

① Bauen Sie die Motorabdeckung aus.

② Ziehen Sie bei ausgeschalteter Zündung die Stecker ❶ an den Zündspulen ab.

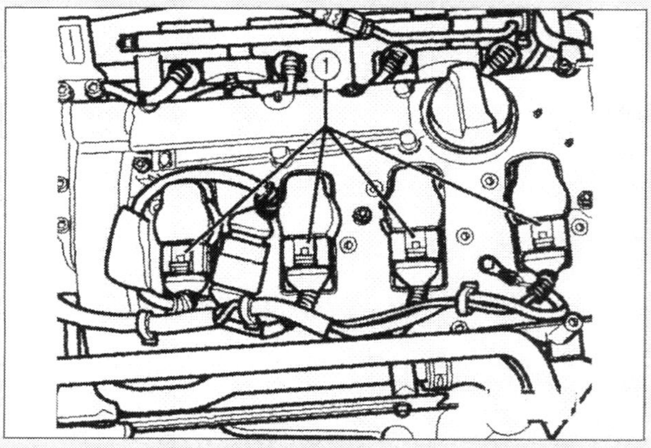

Zündkerzen beim AVJ.

③ Hebeln Sie mit einem Plastikkeil die Zündspulen von den Zündkerzen ab.

④ Schrauben Sie die Zündkerzen mit dem Schlüssel 3122B (oder vergleichbaren Zündkerzenschlüssel) heraus.

⑤ Schrauben Sie die neuen Zündkerzen ein (30 Nm).

⑥ Stecken Sie die Zündspulen mit einer leichten Drehung auf. Sie müssen spürbar einrasten.

4-Zylinder 5V-Motoren 2,0 Liter ALT

① Bauen Sie die Motorabdeckung aus.

② Entfernen Sie die beiden Schrauben ❶ und ziehen Sie bei ausgeschalteter Zündung die Stecker ❷ an den Zündspulen ab.

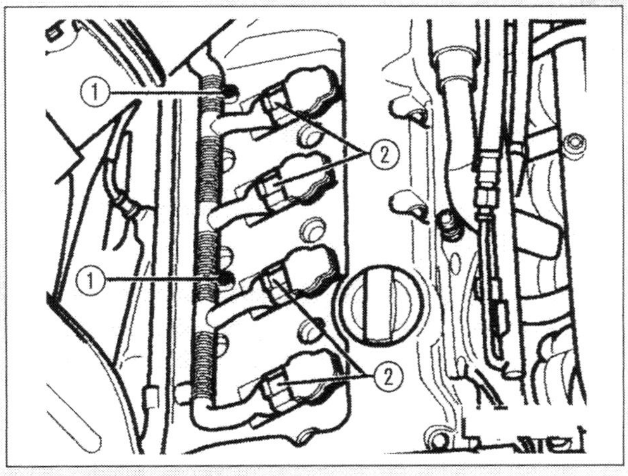

Zündkerzen beim ALT.

③ Hebeln Sie mit einem Plastikkeil die Zündspulen von den Zündkerzen ab.

④ Schrauben Sie die Zündkerzen mit dem Schlüssel 3122B (oder vergleichbaren Zündkerzenschlüssel) heraus.

⑤ Schrauben Sie die neuen Zündkerzen ein (30 Nm).

⑥ Stecken Sie die Zündspulen mit einer leichten Drehung auf. Sie müssen spürbar einrasten.

6-Zylinder 5V-Motoren 3,0 Liter ASN / Rechte Zylinderbank

① Schalten Sie die Zündung aus und bauen Sie die Motorabdeckung aus. Bauen Sie das Luftfilteroberteil aus.

② Entfernen Sie die beiden Schrauben ❶ und ziehen Sie die Stecker ❷ an den Zündspulen ab.

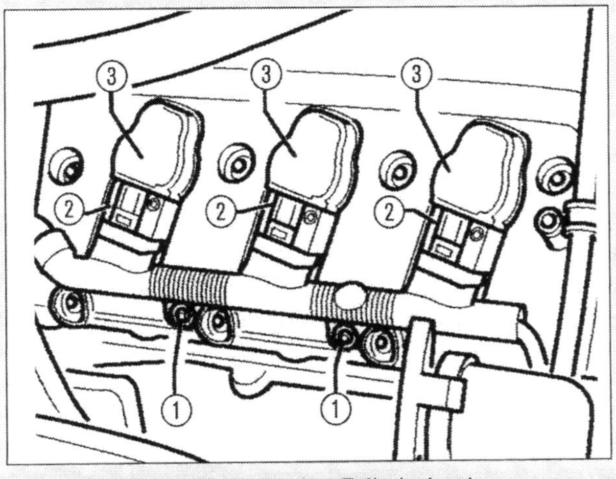

Zündkerzen beim ASN, rechte Zylinderbank.

③ Hebeln Sie mit einem Plastikkeil die Zündspulen ❸ von den Zündkerzen ab.

④ Schrauben Sie die Zündkerzen mit dem Schlüssel 3122B (oder vergleichbaren Zündkerzenschlüssel) heraus.

⑤ Schrauben Sie die neuen Zündkerzen ein (30 Nm).

⑥ Stecken Sie die Zündspulen mit einer leichten Drehung auf. Sie müssen spürbar einrasten.

6-Zylinder 5V-Motoren 3,0 Liter ASN / Linke Zylinderbank

① Schalten Sie die Zündung aus und bauen Sie die Motorabdeckung aus. Bauen Sie das Luftfilteroberteil aus. Schrauben Sie den Kühlmittel-Ausgleichsbehälter ab (Pfeil im oberen Bild), binden Sie den Kühlmittel-Ausgleichsbehälter mit angeschlossenen Kühlmittelschläuchen (❶, ❷ und ❸ im oberen Bild) zur Seite.

② Entfernen Sie die beiden Schrauben ❶ (im unteren Bild linke Seite) und ziehen Sie die Stecker ❷ (unteres Bild linke Seite) an den Zündspulen ab.

③ Hebeln Sie mit einem Plastikkeil die Zündspulen ❸ (unteres Bild linke Seite) von den Zündkerzen ab.

④ Schrauben Sie die Zündkerzen mit dem Schlüssel 3122B (oder vergleichbaren Zündkerzenschlüssel) heraus.

⑤ Schrauben Sie die neuen Zündkerzen ein (30 Nm).

⑥ Stecken Sie die Zündspulen mit einer leichten Drehung auf. Sie müssen spürbar einrasten.

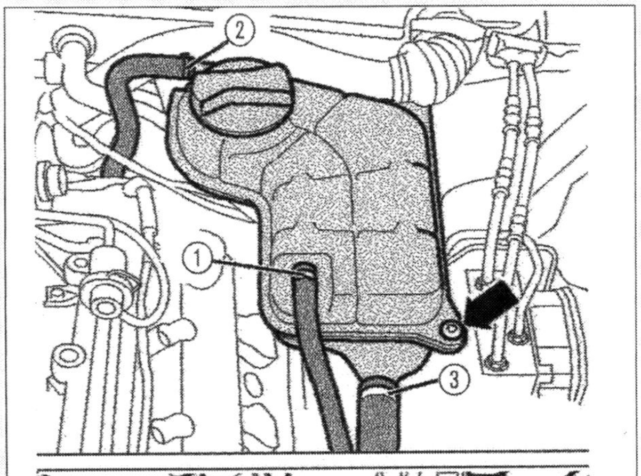

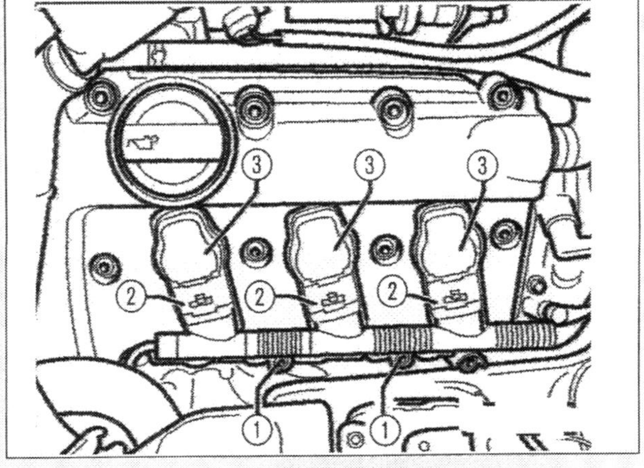

Zündkerzen beim ASN, linke Zylinderbank.

Sichtprüfung: Zündspulen und Kabel

Arbeits-schritte

① Sitzen die Kabelanschlüsse und Mehrfachstecker an Zündspulen und Steuergerät fest? Die Zündkabel müssen fest in den Buchsen stecken. Sie können durch Erwärmung der eingeschlossenen Luft in den Buchsen etwas abheben und dadurch Stottern des Motors verursachen. Wenn die Kabel an den Kerzen nicht fest sitzen, kann es aufgrund der hohen Spannungen zu Kriechströmen und Funkenüberschlägen kommen.

② Kontrollieren Sie die Kapseln der Zündspulen. Sie dürfen keine Risse oder Brandspuren aufweisen (von überschlagenden Funken).

③ Prüfen Sie den Zustand der Kabel. Sie dürfen an keiner Stelle durchgescheuert sein. Kabel mit Scheuer- oder Schmorstellen oder mit den berüchtigten Marderbissen sollten Sie umgehend ersetzen.

④ Streusalzschichten auf den Kabeln sollten Sie entfernen.

Zündstrom prüfen

Arbeits-schritte

① Einen Kerzenstecker abziehen, Zündspule abhebeln, Zündkerze herausschrauben.

② Stecker wieder auf die Zündkerze stecken. Dann die Kerze so auf dem Motorblock ablegen, dass sie einwandfrei Massekontakt hat und nicht vom Motor abgeschüttelt werden kann.

③ Ziehen Sie von allen Einspritzventilen die Stecker ab. Tun Sie das nicht, kann unverbrannter Kraftstoff in den Auspuff gelangen und den Katalysator beschädigen.

④ Motor von einem Helfer starten lassen.

⑤ Springen kräftige Funken am Kabelende bzw. an der Kerzenelektrode über, ist Zündstrom vorhanden.

⑥ Springen keine Funken über, sollten Sie zunächst eine Sichtprüfung der Zündanlage vornehmen. Wenn Sie keine Unregelmäßigkeit feststellen, sollten Sie die Stromversorgung der Zündanlage prüfen.

Zündanlage prüfen

Zündspulen mit integrierter Endstufe, Hallgeber, Motordrehzahlgeber und andere Elemente werden einzeln oder im gesamten System der Zündanlage mit der Prüfbox V.A.G. 1598/31 und Messhilfsmitteln kontrolliert. Zur einwandfreien Funktion aller elektrischen Bauteile muss eine Spannung von mindestens 11,5 V gewährleistet sein.
Dabei ist zu berücksichtigen, dass das Motorsteuergerät mit Eigendiagnose ausgestattet ist. Durch Abziehen der Stecker vom Motorsteuergerät werden die Lernwerte gelöscht, der Inhalt des Fehlerspeichers aber bleibt erhalten.

Überprüft werden alle Parameter entsprechend der bereits vorgelegten Tabelle Einspritz- und Zündanlage. Bei einigen Prüfungen kann es vorkommen, dass vom Steuergerät ein Fehler erkannt und gespeichert wird. Deshalb ist nach Beendigung aller Prüfungen und Reparaturen der Fehlerspeicher abzufragen und ggf. zu löschen (Werkstatt!).
Springt der Motor nach Fehlersuche, Reparatur oder Prüfung von Bauteilen nur kurz an und geht dann aus, kann es sein, dass die Wegfahrsicherung das Motorsteuergerät sperrt. Dann muss wieder der Fehlerspeicher abgefragt und ggf. das Steuergerät angepasst werden.

Zündung lahmlegen

Praxistipp

Das Steuergerät erleidet unweigerlich Schaden, wenn der Motor bei abgezogenem Hauptzündkabel vom Anlasser durchgedreht wird. Deshalb muss zu bestimmten Arbeiten die Zündung lahmgelegt werden.

Dafür montieren Sie zunächst die Motor-Abdeckung ab. Bei abgeschalteter Zündung ziehen Sie die Stecker der Leistungsendstufen ab.

Motor und Zündanlage

Störungs-beistand

Störung	Ursache	Abhilfe
A Motor springt schlecht oder gar nicht an.	**1** Zündtrafo oder Zündkerzen feucht oder verschmutzt.	Trocknen oder reinigen,evtl. mit Zündspray behandeln.
	2 Steckverbindungen locker oder oxidiert.	Kontrollieren, erneuern (lassen).
	3 Zündkerzen nass (nach häufigen Startversuchen).	Ausbauen und trocknen.
	4 Drehzahl-/Positionssensor lose; zu großer Abstand zur Schwungscheibe.	Festziehen.
	5 Drehzahl-/Positionssensor defekt; Kabel hat Masse oder ist unterbrochen.	Erneuern lassen; Kabel kontrollieren oder. erneuern.
	6 Zündtrafo defekt.	Austauschen.
	7 Endstufe oder Steuergerät defekt.	Kontrollieren lassen, austauschen.
B Motor läuft unrund, hat Zünd-aussetzer.	**1** Zündkerze defekt.	Austauschen.
	2 Zündkabel unterbrochen.	Leitung ersetzen.
	3 Siehe A1–7.	
C Motor hat keine Leistung.	**1** Luftmassenmesser defekt oder Steck-verbindung sitzt nicht korrekt.	Kontrollieren lassen, ersetzen.
	2 Ansaugluft-Temperatursensor defekt oder Stecker sitzt nicht korrekt.	Steckverbindungen kontrollieren, Sensor ersetzen lassen.
	3 Siehe A4–7.	

Dieser Störungsbeistand setzt voraus, dass der Motor mechanisch in Ordnung ist und Kraftstoffversorgung sowie Benzineinspritzanlage einwandfrei arbeiten.

DIE KRAFTSTOFF-VERSORG

UNG

Wartung

Reparatur

Moderne Fahrzeuge wie Ihr Audi A4 sind kraftstoffsparend konzipiert. Dennoch liegt auch viel an Ihnen: Die richtige Fahrweise und ein paar Tricks in diesem Kapitel sollen helfen, die Umwelt zu schonen und Kraftstoff zu sparen.

Fünf Baugruppen bilden die Kraftstoffanlage Ihres Autos: Der Kraftstoffbehälter, die entsprechenden Leitungen, der Kraftstofffilter, die Kraftstoffpumpe und die Einspritzanlage, die in einem vorangegangenen Kapitel bereits ausführlich besprochen wurde. Der Kraftstofftank Ihres Audi A4 besteht aus Kunststoff und fasst 70 (quattro 66) Liter. Beim quattro ist der Tank ein kunstvoll geformtes Stück, weil er sich um das Differenzial herumwinden muss. Der Kraftstoffbehälter bei Fahrzeugen mit Allradantrieb ist in eine linke und rechte Kammer unterteilt, weshalb Saugstrahlpumpen (siehe Technik-Lexion) nötig werden.
An der Oberseite des Kraftstofftanks ist der Geber für die Kraftstoff-Vorratsanzeige (im Instrumenteneinsatz) zusammen mit der Kraftstoffvor- und -rücklaufleitung angebracht. Diese Leitungen müssen einem hohen Betriebsdruck bis zu 3 bar widerstehen. Sie sind daher aus besonders druckfestem Material gefertigt und werkseitig mit Federband- oder Klemmschellen gesichert. Aus Sicherheitsgründen sollten bei einem Tausch immer originale Federbandschellen benutzt werden. Schraubschellen sind nicht erlaubt!

Ausgeklügeltes Belüftungssystem

Die Pumpe befördert den Kraftstoff über das Leitungssystem vom Tank zum Motor. In die Vorlaufleitung ist ein Kraftstofffilter eingeschaltet. In den Einfüllstutzen aus Gummi münden auch die Tank-Be- und -Entlüftung. Durch dieses ausgeklügelte Belüftungssystem entweicht die Luft, wenn der Tank mit Kraftstoff gefüllt wird. Während der Fahrt strömt durch diese Leitung entsprechend der verbrauchten Kraftstoffmenge von außen Luft in den Tank hinein, so dass sich kein Unterdruck bilden kann.
Die Entlüftungsleitung des Kraftstofftanks führt natürlich nicht einfach ins Freie. Ein spezielles Entlüftungssystem sorgt für die richtige Behandlung der schädlichen Kraftstoffdämpfe. Sie werden zu einem Aktivkohlebehälter geleitet und von diesem dem Motor wieder zur kontrollierten Verbrennung zugeführt.

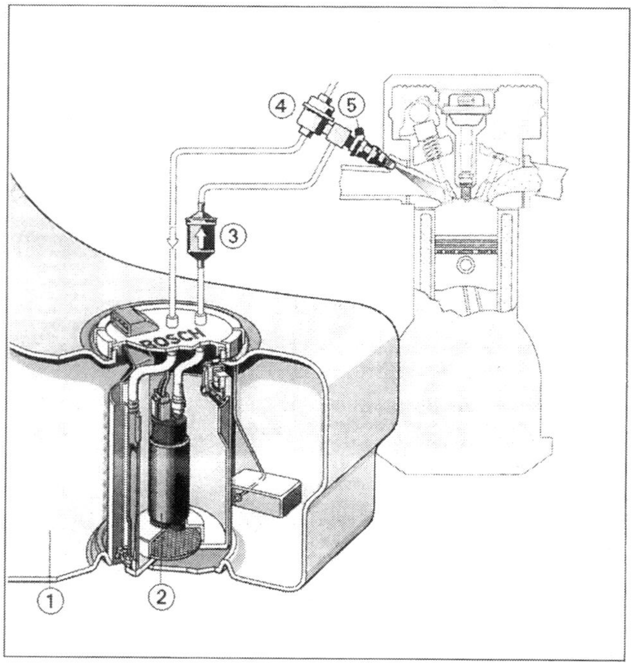

Das Kraftstoffversorgungssystem mit Rücklauf: *❶ Kraftstoffbehälter, ❷ Kraftstoff-Fördereinheit, ❸ Kraftstofffilter, ❹ Kraftstoffdruckregler, ❺ Einspritzventil.*

Sauberkeitsregeln beachten

Bei Arbeiten an der Kraftstoffversorgung/Einspritzung rät Audi, die folgenden **6 Regeln zur Sauberkeit** zu beachten:

1. Verbindungsstellen und deren Umgebung vor dem Lösen gründlich reinigen.
2. Ausgebaute Teile auf einer sauberen Unterlage ablegen und abdecken. Keine fasernden Lappen benutzen!
3. Geöffnete Bauteile sorgfältig abdecken bzw. verschließen, wenn die Reparatur nicht umgehend ausgeführt wird.
4. Nur saubere Teile einbauen: Ersatzteile erst unmittelbar vor dem Einbau aus der Verpackung nehmen. Keine Teile verwenden, die unverpackt (z. B. in Werkzeugkästen usw.) aufbewahrt wurden.
5. Bei geöffneter Anlage: Nicht mit Druckluft arbeiten. Das Fahrzeug möglichst nicht bewegen.
6. Getrennte elektrische Steckverbindungen: Vor Schmutz und Nässe schützen. Nur im trockenen Zustand zusammenstecken.

So funktioniert die Saugstrahlpumpe

Technik-lexikon

Der Tank ist bei Fahrzeugen mit Allradantrieb in eine linke und eine rechte Kammer unterteilt. Um das Kraftstoffvolumen aus der linken Behälter-Hälfte nach rechts zum Staugehäuse ❽ der Kraftstoff-Fördereinheit (Benzinpumpe) zu transportieren, ist die Saugstrahlpumpe ❶ erforderlich. Eine zweite Saugstrahlpumpe ❼ sitzt in der rechten Kammer und verbessert dort die Kraftstoffzufuhr zum Staugehäuse der Benzinpumpe.

Die Saugstrahlpumpen funktionieren nach einem einfachen physikalischen Prinzip: Ein Triebstrahl aus der Kraftstoff-Rücklaufleitung ❸ wird in den Saugstrahlpumpen ❶ und ❼ durch eine Düse gedrückt und dadurch beschleunigt. Dieses Beschleunigen bewirkt, dass der umliegende Kraftstoff mitgerissen und zum Staugehäuse der Kraftstoff-Fördereinheit gedrückt wird. Die rechte Saugstrahlpumpe ❼ fördert direkt ins Staugehäuse, die linke Saugstrahlpumpe ❶ über eine separate Leitung ❹. Über die Y-Verteilerkupplung ❷ wird der Kraftstoff aus der Rücklaufleitung auf die beiden Saugstrahlpumpen verteilt. Das Verteilerstück ❻ begrenzt den Druck in den Leitungen zu den Saugstrahlpumpen auf ca. ein bar. Überschüssiger Kraftstoff wird dabei über eine direkte Leitung in das Staugehäuse geführt. Der Pfeil zeigt in Fahrtrichtung. Die Kraftstoff-Vorlaufleitung ❺ sitzt auf der Kraftstoff-Fördereinheit.

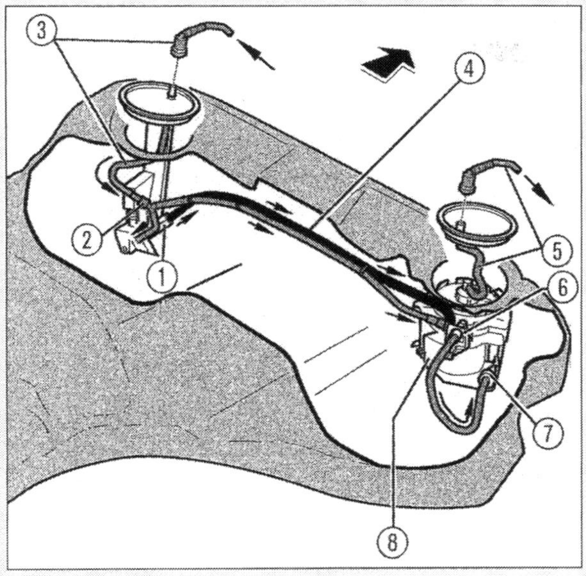

Nur die Saugstrahlpumpe auf der linken Behälterseite ❶ lässt sich ausbauen. Die auf der rechten Seite ❼ ist Bestandteil des Staugehäuses der Kraftstoff-Fördereinheit und kann nicht einzeln ersetzt werden.

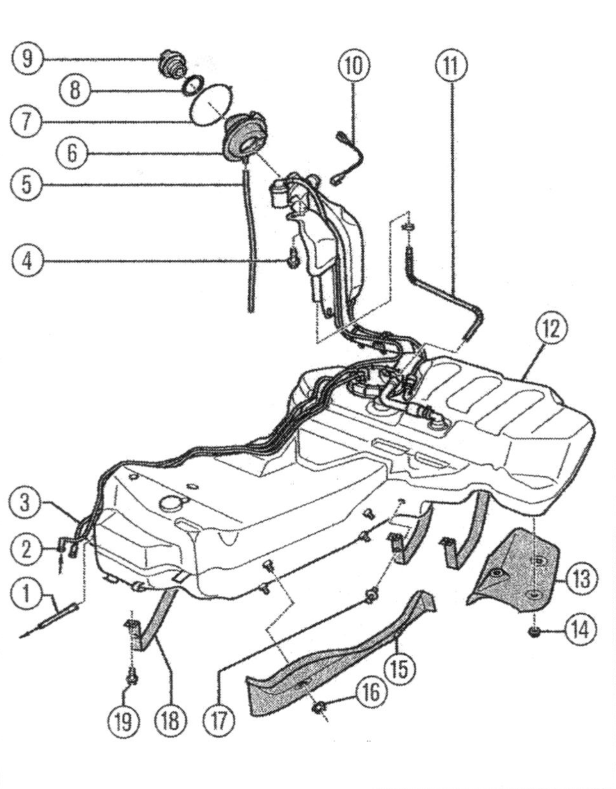

Kraftstoffbehälter mit Anbauteilen: *❶ Kraftstoff-Vorlaufleitung vom Kraftstofffilter zum Motor, ❷ Kraftstoff-Rücklaufleitung vom Motor, ❸ Entlüftungsleitung zum Aktivkohlebehälter, ❹ Schraube 23 Nm zum Befestigen des Einfüllstutzens und der Masseverbindung, ❺ Überlaufschlauch, ❻ Gummitopf, ❼ Spannring, ❽ Dichtring, ❾ Verschlussdeckel, ❿ Masseverbingung zum Ableiten elektrostatischer Aufladung, ⓫ Entlüftungsleitung, ⓬ Kraftstoffbehälter, ⓭ und ⓯ Wärmeschutzblech, ⓮ und ⓰ Mutter 2 Nm, ⓱ Spreizclip, ⓲ Spannband, ⓳ Schraube 23 Nm.*

Die wichtigsten Bauteile des Systems

Kraftstoffbehälter. Der Tank besteht aus Kunststoff und befindet sich vor der Hinterachse unter dem Bodenblech. Bei Fahrzeugen mit Allradantrieb muss der Kraftstoffbehälter um das Differenzial herumgewunden werden.

Kraftstoffpumpe. Eine elastisch aufgehängte Tauchpumpe, direkt im Tank eingebaut (Intank-Kraftstoffpumpe). Umgeben von einem Behälter mit Sieb, der auch bei stark schwappendem Kraftstoff (z. B. in Kurven) die Versorgung ermöglicht. Die Pumpe wird elektrisch betrieben und ist (beim Benziner) mit dem Geber der Kraftstoffanzeige in einem Bauteil zusammengefasst.

Kraftstofffilter. Filtert flüssige und feste Fremdstoffe aus dem Kraftstoff. Er befindet sich am Unterboden vor dem Tank, in Fahrtrichtung gesehen, und ist in die Kraftstoffvorlaufleitung eingebaut. Enthält zwei Filterelemente, an denen Verunreinigungen abgeschieden werden.

Tankgeber. Besteht aus Schwimmer und Potentiometer. Mit sinkendem Kraftstoffspiegel sinkt auch der Schwimmer des Gebers und bewegt das Potentiometer so, dass sich der Widerstand erhöht. Dadurch sinkt die Spannung am Anzeigeinstrument, der Zeiger geht in Richtung »leer«.

Ein Überdruckventil lässt zuviel geförderten Kraftstoff und Gase direkt in den Kraftstofftank entweichen und hält den Systemdruck auch bei ausgeschalteter Zündung aufrecht.

Aktivkohlebehälter. Sitzt unter der Radhausschale vorn rechts. Die über der Oberfläche des Kraftstoffs sich ständig im Tank bildenden Dämpfe gelangen über ein Schwerkraft- und ein Entlüftungsventil in den Aktivkohlebehälter. Die Aktivkohle speichert diese Gase wie ein Schwamm. Je nach Lastzustand und Drehzahl des Motors öffnet das Steuergerät über ein als Regenerierventil bezeichnetes Magnetventil einen Unterdruckschlauch zum Ansaugkrümmer. Die Kraftstoffdämpfe werden aus dem Aktivkohlebehälter abgesaugt und der Verbrennung zugeführt.

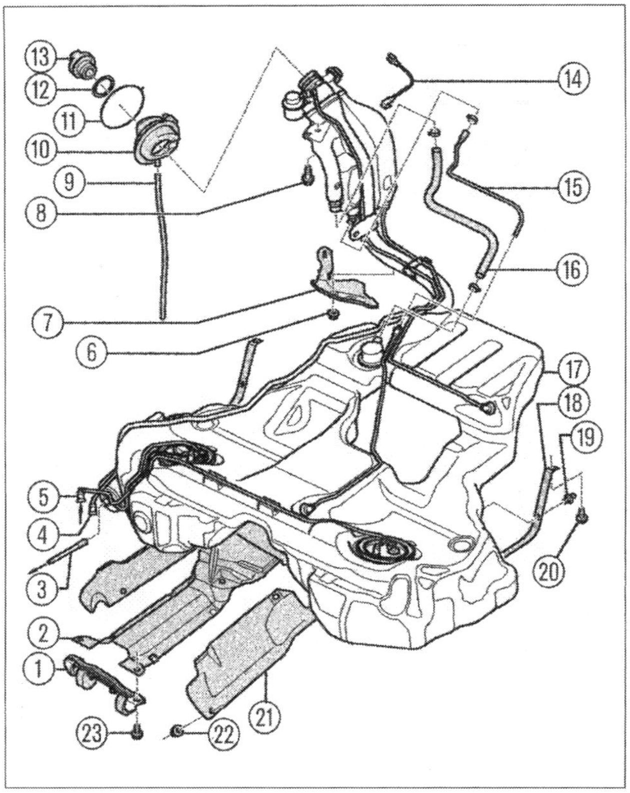

Kraftstoffbehälter mit Anbauteilen bei Fahrzeugen mit Allradantrieb: *❶ Halter für Abgasanlage, ❷ Trägerblech, ❸ Kraftstoff-Vorlaufleitung vom Kraftstofffilter zum Motor, ❹ Entlüftungsleitung zum Aktivkohlebehälter, ❺ Kraftstoff-Rücklaufleitung vom Motor, ❻ Mutter 2 Nm, ❼ Wärmeschutzblech, ❽ Schraube 23 Nm zum Befestigen des Einfüllstutzens und der Masseverbindung, ❾ Überlaufschlauch, ❿ Gummitopf, ⓫ Spannring, ⓬ Dichtring, ⓭ Verschlussdeckel, ⓮ Masseverbindung zum Ableiten elektrostatischer Aufladung, ⓯ und ⓰ Entlüftungsleitung, ⓱ Kraftstoffbehälter, ⓲ Spannband, ⓳ Spreizclip, ⓴ Schraube 23 Nm, ㉑ Wärmeschutzblech, ㉒ Mutter 2 Nm, ㉓ Schraube 23 Nm.*

So funktioniert der Aktivkohlebehälter

Technik-lexikon

Während des so genannten Spülvorganges wird die voll Kraftstoffdampf gesaugte Aktivkohle regeneriert. Dazu wird durch den Saugrohrunterdruck Frischluft durch die Belüftungsöffnung an der Unterseite des Aktivkohlebehälters angesaugt. Die zwischengespeicherten Kraftstoffdämpfe werden zusammen mit Frischluft dosiert der Verbrennung zugeführt.

Ein Entlüftungsventil verhindert, dass bei geöffnetem Tankentlüftungsventil und anliegendem Saugrohrunterdruck weitere Kraftstoffdämpfe aus dem Tank gesaugt werden. Es stellt die vorrangige Entleerung des Aktivkohlebehälters sicher. Falls das Tankentlüftungsventil z.B. infolge Leitungsunterbrechung stromlos wird, bleibt es geschlossen. Der Aktivkohlebehälter wird dann nicht entleert.

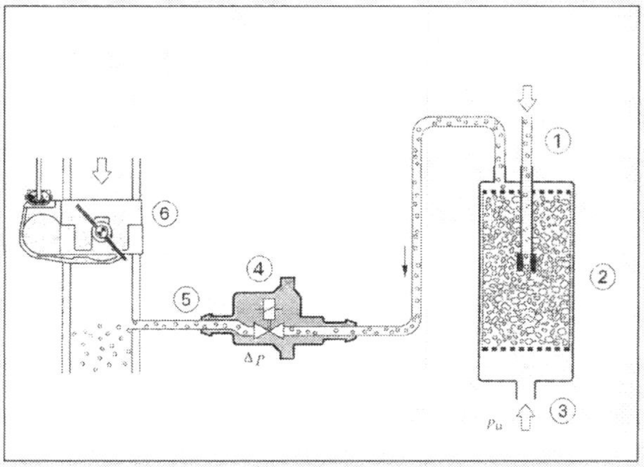

Prinzip des Aktivkohlefilters: *❶ Leitung vom Tank zum Aktivkohlebehälter, ❷ Aktivkohlebehälter, ❸ Frischluft, ❹ Regenerierventil, ❺ Leitung zum Saugrohr, ❻ Drosselvorrichtung mit Drosselklappe.*

Der Kraftstoff

Die Motoren benötigen den bleifreien Kraftstoff Euro Super (ROZ 95), der 3,0-Liter-Motor braucht Super Plus (ROZ 98). Sie können aber auch Normal (ROZ 91), beziehungsweise beim Dreiliter Super (ROZ 95) tanken. Die Kraftstoffarten sind von gleicher Qualität. Wesentlich ist, dass der bleifreie Kraftstoff der DIN EN 228 entspricht. Das bestimmende Unterschiedsmerkmal ist die Klopffestigkeit. Sie wird durch die Oktanzahl (ROZ) gekennzeichnet und liegt bei Super höher als bei Normalbenzin. Bei der Verwendung von Normalbenzin ist nur mit einer geringen Leistungsminderung des Motors zu rechnen.
Hat der verfügbare Kraftstoff eine niedrigere Oktanzahl als der Motor benötigt, darf nur mit mittleren Drehzahlen und geringer Motorbelastung gefahren werden. Starke Motorbelastung (Vollgas) oder hohe Drehzahlen könnten sonst zu Motorschäden führen.

So sparen Sie Kraftstoff

Nach dem Motorstart gleich losfahren, auch bei Frost. Beschleunigen Sie stets zügig, schalten Sie jedoch möglichst früh in den nächst höheren Gang. Ist die gewünschte Geschwindigkeit erreicht, wählen Sie den höchstmöglichen Gang und lassen den Wagen mit wenig Gas rollen. Der Motor soll nur beim Überholen oder beim Einspuren in den fließenden Verkehr hochdrehen. Außerdem sollten Sie auch beim kurzen Halt vor einer Eisenbahnschranke oder Baustellenampel und im Stau den Motor abstellen – bereits bei fünf bis sieben Sekunden Wartezeit sparen Sie Kraftstoff. Immer vorausschauend fahren und nicht unnötig bremsen.

Der Reifendruck kann um 0,1 bar erhöht werden, was den Rollwiderstand verringert und Kraftstoff spart. Wer nicht auf den richtigen Reifendruck achtet, vermindert damit nicht nur seine Sicherheit, sondern steigert auch seinen Benzinverbrauch. 0,5 bar weniger Luftdruck als empfohlen haben im Endeffekt einen Mehrverbrauch von 5 % zur Folge. Dafür lohnt sich das Bücken. Für idealen Reifendruck, um Sprit zu sparen, kann auch die Befüllung mit Stickstoff sorgen.

Mit einem Mehrverbrauch muss hingegen rechnen, wer überflüssige Kilogramm im Kofferraum hin- und herfährt oder andere unnötige Zuladung (Dachgepäckträger) mit sich führt.

Sparklicks im Internet

Schließlich können Sie die Spritkasse aufbessern, wenn Sie die richtigen Tricks und Klicks im Internet kennen. Vor einer größeren Reise ist unbedingt die Konsultation eines guten Routenplaners zu empfehlen. Für Clubmitglieder gibt es diesen Service unter www.adac.de. Kostenlose Routenplaner sind auch unter www.teleinfo.de, www.aral.de oder www.shell.de zu finden. Noch ein heißer Tipp: Preisvergleich der Tankstellen in unmittelbarer Nachbarschaft ihrer Postleitzahl. Ganz aktuelle Infos bieten zum Beispiel www.clever-tanken.de und www.nice-prices.de/tanken.htm.

Verbrauchsoptimierung durch multitronic

Eine Optimierung des Kraftstoffverbrauchs lässt sich auch durch die Wahl der stufenlosen Automatik erzielen. Durch den Einsatz geballter Hightech-Regeltechnik lassen sich mit der Audi multitronic nicht nur sehr gute Fahrleistungen, sondern auch hervorragende Verbrauchswerte erzielen. Die multitronic setzt den Fahrerwunsch ohne Kompromisse in Fahrleistung um, ohne dabei Abstriche bei Dynamik, Komfort oder Wirtschaftlichkeit notwendig zu machen. Deshalb darf sie als derzeit intelligenteste Verbindung zwischen »Kopf und Straße« gelten.

Begriffe rund um den Kraftstoff

Technik-lexikon

Normalbenzin/Superbenzin.

Fast identisch hinsichtlich Reinheitsgrad, Verhalten bei Verdampfung (wichtig für Entzündbarkeit) und Energiebilanz (Heizwert je Kilogramm Kraftstoff). Entscheidender Unterschied: die Klopffestigkeit. Sie ist bei Super höher als bei Normalbenzin.

Klopffestigkeit.

Je höher das Kompressionsverhältnis ist, desto leichter kommt es zu Selbstentzündungen im Zylinder, wenn der Kraftstoff nicht klopffest genug ist. Superkraftstoff hält höhere Drücke aus als Normalbenzin, entzündet sich daher schwerer. Der Klopfsensor des Motormanagements regelt die Zündung entsprechend. Es ist allerdings mit geringerer Motorleistung zur rechnen, wenn Kraftstoff mit niedrigerer Oktanzahl als empfohlen getankt wird.

Oktanzahl.

Steht für die Klopffestigkeit eines Kraftstoffs. An der Zapfsäule findet man in der Regel die Bezeichnung »ROZ« (Research-Oktanzahl), seltener die Spezifikation »MOZ« (Motor-Oktanzahl). Die Oktanwerte für die Mindestanforderungen an bleifreien Kraftstoff wurden in Deutschland früher vom Deutschen Institut für Normung (DIN) nach DIN 51 607 festgeschrieben. Heute gilt die Euro-Norm EN 228.

Cetanzahl.

Steht für die Zündwilligkeit eines Kraftstoffes. Eine reine Verhältniszahl, die im Labor ermittelt wird. Dem sehr zündwilligen Kraftstoff Cetan wird die Zahl 100 zugeordnet, dem extrem zündträgen Vergleichskraftstoff (Methylnaphtalin) die Ziffer 0. Die Cetanzahl gibt an, wieviel Volumenprozent Cetan sich in einem Gemisch mit diesem Vergleichskraftstoff befinden müssen, das die gleiche Zündwilligkeit besitzt wie der zu messende Kraftstoff.

Der Umgang mit Kraftstoff

Gefahrenhinweis

Der Umgang mit Kraftstoff ist gefährlich. Nehmen Sie daher Wartungsarbeiten und Reparaturen an Teilen der Kraftstoffanlage nicht auf die leichte Schulter. Vor allem beim Entleeren des Kraftstoffbehälters müssen Sie mit äußerster Vorsicht vorgehen. Grundsätzlich müssen Sie beim Umgang mit Kraftstoff folgende Vorsichtsmaßnahmen beachten:

- Zuerst die Batterie abklemmen, Kabel gegen Berühren mit den Polen der Batterie sichern.
- CO_2-Pulver- oder Schaumlöscher der Brandklasse B muss in greifbarer Nähe sein.
- Kraftstoffbehälter nur im Freien entleeren. Dazu brauchen Sie ein entsprechendes Abpumpgerät (z. B. Balgen-Schlauchpumpe). Auf keinen Fall den Kraftstoff durch die Öffnung des Gebers der Kraftstoff-Vorratsanzeige auskippen oder durch Ansaugen an einem Schlauch mit dem Mund entleeren – Vergiftungsgefahr durch die hochgiftigen Kraftstoffzusätze!
- Hautkontakt mit Kraftstoff vermeiden! Deshalb möglichst Kraftstoff-beständige Handschuhe tragen.
- Den Kraftstoffbehälter nie über einer Grube entleeren. Die entweichenden Gase sind schwerer als Luft, würden für mehrere Stunden in der Grube bleiben. Folge: Gesundheitsschädigung durch Einatmen, akute Explosionsgefahr.
- Stellen Sie sicher, dass sich während der Arbeit mit Kraftstoff keine eingeschalteten elektrischen Geräte, offenen Flammen, Wärme- und Funkenquellen im Raum befinden.
- Kraftstoff darf nur in einen verschließbaren, klar beschrifteten Behälter umgefüllt werden. Dazu gibt's spezielle Behälter mit Flammschutz und Druckausgleichs-Verschluss.
- Im entleerten Kraftstofftank befinden sich Restgase. Auch die sind gefährlich. Alle Arbeiten deshalb mit besonderer Vorsicht ausführen!

Kraftstoff ablassen

Der Tank besitzt keine Ablassschraube. Da die Kraftstoffsaugleitung und der Rücklauf an der Tankoberseite sitzen, kann man nicht einfach eine Leitung abziehen und den Kraftstoff auslaufen lassen. Die Audi-Werkstatt benutzt zum Entleeren des Kraftstoffbehälters ein spezielles Gerät (VAS 5190 oder V.A.G. 1433 A), dessen Anschaffung für den Hobbyschrauber viel zu kostspielig wäre. Behelfen kann man sich mit einem benzintauglichen Schlauch.

Arbeitsschritte

① Ist der Tank noch gut gefüllt, durch den Einfüllstutzen einen Schlauch so tief wie möglich in den Tank schieben.

② Obere Schlauchöffnung mit dem Finger dicht verschließen. Das Auffanggefäß muss unterhalb des Tankbodenniveaus stehen. Schlauch wieder ein Stück herausziehen und ins Gefäß halten. Reicht der Schlauch weit genug in den Kraftstoff, fließt er jetzt durch das Gefälle heraus. Ansaugen von Kraftstoff mit dem Mund gefährdet die Gesundheit.

③ Befindet sich zu wenig Kraftstoff im Tank, hilft diese Methode meist nicht mehr. Dann müssen Sie den Kraftstoff mit einer kraftstofffesten Handpumpe (Schlauch-Balgenpumpe) abpumpen.

Sicherheitsmaßnahmen bei Arbeiten am Tank

Praxistipp

Beim Aus- und Einbau des Gebers für Kraftstoffvorratsanzeige oder der Kraftstoffpumpe (Kraftstofffördereinheit) aus gefüllten oder teilweise gefüllten Kraftstoffbehältern muss stets beachtet werden, dass die Kraftstoffvorlaufleitung unter Druck steht. Legen Sie deshalb vor dem Lösen von Schlauchverbindungen Putzlappen um die Verbindungsstelle. Sorgen Sie dann durch vorsichtiges Abziehen des Schlauches für Druckabbau.

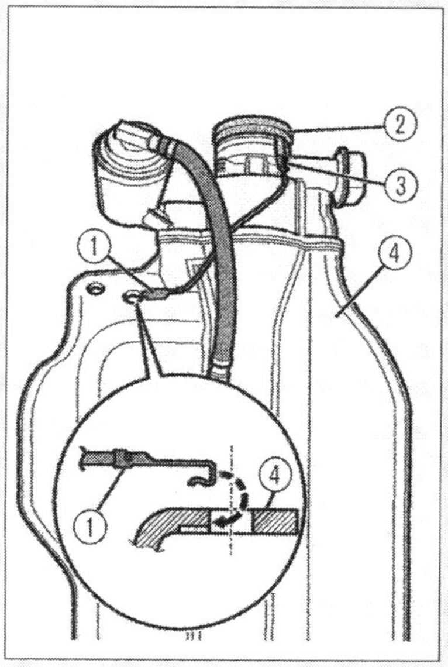

Bei der Einbaulage der Masseverbindung ist zu beachten, dass die Kontaktzunge ❶ in die Befestigungsbohrung am Kraftstoffbehälter ❹ eingehängt ist und der Stecker ❸ fest am Blechring ❷ des Einfüllstutzens sitzt.

Schon vor Beginn der Arbeiten sollte in die Nähe der Montageöffnung des Kraftstoffbehälters zum Absaugen der freiwerdenden Kraftstoffgase der Abgasschlauch einer eingeschalteten Abgas-Absauganlage gelegt werden. Wenn eine solche spezielle Anlage nicht zur Verfügung steht, kann ein Radiallüfter mit außerhalb des Luftstroms liegendem Motor verwendet werden. Er soll ein Fördervolumen größer als 15 m³/h aufweisen.

Der aus Kunststoff gefertigte Kraftstoffbehälter muss geerdet sein. Darum ist bei allen Arbeiten die Einbaulage der Masseverbindung zu beachten. Prüfen Sie nach dem Einbau mit einem Ohmmeter die elektrische Verbindung des Blechringes am Kraftstoff-Einfüllstutzen zu einer blanken Stelle an der Karosserie. Der Sollwert muss ca. 0 Ohm betragen.

Kraftstofffilter ersetzen

Der Kraftstofffilter ist so dimensioniert, dass er nicht gewechselt werden muss. Trotzdem kann es bei Falschbetankung oder ähnlichen ungewöhnlichen Vorkommnissen erforderlich sein, ihn auszubauen. Wegen seines Einbauortes am Unterboden hinter dem Tank ist die Erneuerung des Kraftstofffilters eigentlich Sache der Werkstatt. Wer eine Hebebühne zur Verfügung hat oder bei sicher aufgebocktem Wagen unter das Auto kriechen möchte, kann das auch selber machen. Achten Sie darauf, dass der Arbeitsraum gut belüftet ist. Beim Ausbau des Filters kann etwas Kraftstoff austreten. Kraftstoffdämpfe sind giftig und feuergefährlich.

Arbeitsschritte

① Massekabel der Batterie abklemmen und Fahrzeug hinten aufbocken.

② Bauen Sie die Abdeckung rechts neben dem Kraftstoffbehälter aus (Pfeile) und stellen Sie einen Auffangbehälter unter den Kraftstofffilter.

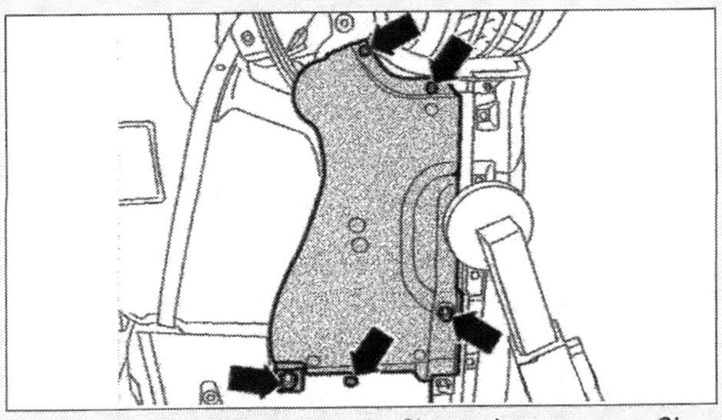

An den Kraftstofffilter kommen Sie nur heran, wenn Sie vorher die Abdeckung rechts neben dem Tank ausbauen.

③ Druck beachten, Lappen um die Leitungen legen. Dann durch vorsichtiges Lösen der Verbindungsstelle Druck abbauen.

④ Klemmen Sie die Kraftstoffleitungen ❶ und ❸ ab (Entriegelungstaste drücken) und drehen die Schraube ❷ heraus. Dann kann der Kraftstofffilter abgenommen werden.

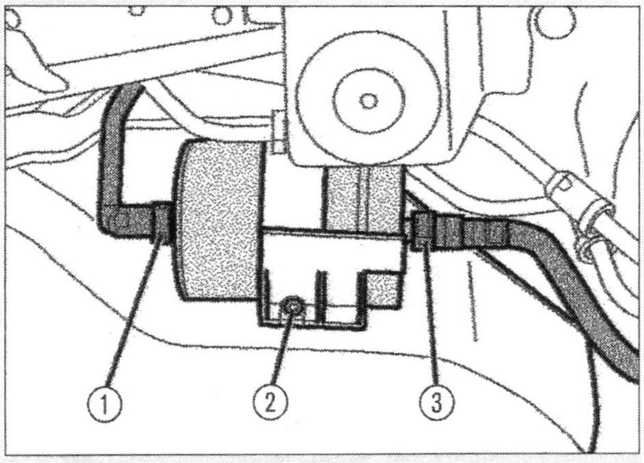

Die Kraftstoffleitungen können leicht abgezogen werden, wenn Sie die Entriegelungstasten drücken.

⑤ Beim Turbo-Motor müssen vor dem Abnehmen des Filters die Rücklaufleitung ❶, die Vorlaufleitung vom Kraftstoffbehälter ❷, die Vorlaufleitung zum Motor ❸ und die Entlüftungsleitung ❹ abgezogen und die Schraube ❺ herausgedreht werden.

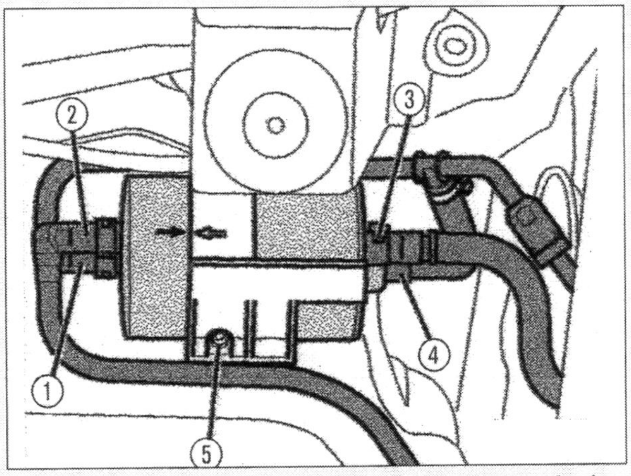

Der Filterausbau bei einem Turbo-Motor macht erforderlich, vier verschiedene Kraftstoffleitungen abzuziehen.

⑥ Beim **Einbau** in umgekehrter Reihenfolge nicht vergessen, dass die mit einem Pfeil markierte Durchflussrichtung beachtet wird. Die Pfeilmarkierung ❶ am Filter muss der Pfeilmarkierung ❷ am Halter gegenüber stehen.

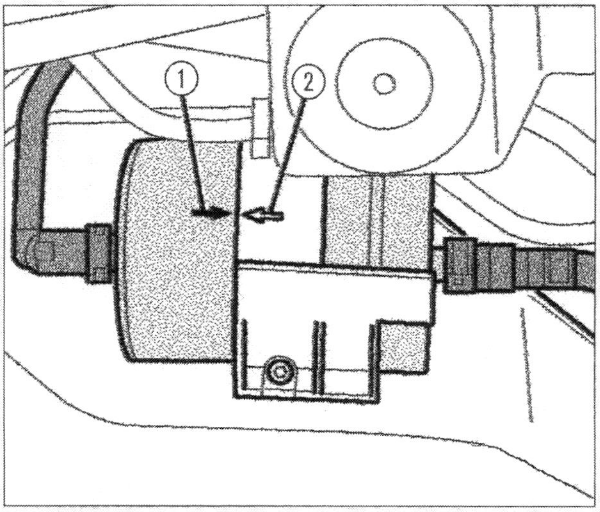

Pfeilmarkierungen erleichtern den Einbau des Kraftstofffilters.

⑦ Die Zuordnung der Anschlüsse beim Turbo-Motor ist am Filter gekennzeichnet: ❶ Rücklaufleitung »RL«, ❷ Vorlaufleitung vom Kraftstoffbehälter »VL«, ❸ Vorlaufleitung zum Motor »MOTOR« und ❹ Entlüftungsleitung »E«.

⑧ Nach einer Probefahrt sollten Sie überprüfen, ob die Schlauchanschlüsse dicht sind.

Leitungen und Schläuche ausbauen

Auch längere Zeit nach dem Abschalten des Motors steht das Kraftstoffsystem noch unter Druck. Beim Losschrauben einer Kraftstoffleitung daher stets einen Lappen bereithalten, damit kein Kraftstoff heraus spritzen kann.

Arbeitsschritte

① Bei Quetschklemmen mit einem feinen Schraubendreher unter die Schelle fahren und diese durch seitliches Hebeln lockern.

② Schlauch unter Drehbewegungen abziehen. Ist dies nicht möglich, kleinen Gabelschlüssel hinter dem Schlauchende ansetzen und Schlauch damit abdrücken.

③ Zum Wiederanschluss der Schläuche nur Federbandschellen verwenden. Klemm- oder Schraubschellen sind nicht erlaubt!

Fehlersuche an der Kraftstoffpumpe

Die elektrische Kraftstoffpumpe wird über ein Relais mit Spannung versorgt. Die Kraftstoffpumpe ist nur in Betrieb, wenn der Motor läuft oder wenn Sie den Zündschlüssel zum Anlassen des Motors drehen. Ein zweites Relais tritt in Aktion, wenn der Motor bei eingeschalteter Zündung stillsteht (Steuergerät empfängt keine Drehzahlimpulse mehr). Das Relais unterbricht über eine Sicherheitsschaltung im Motor-Steuergerät die Stromzufuhr. So kann zum Beispiel nach einem Unfall kein Benzin auslaufen.
Die Prüfung und vor allem der Ausbau der Kraftstoffpumpe sind wegen des benötigten Spezialwerkzeugs (Schlüssel für Überwurfmutter u.a.) Arbeiten für die Werkstatt. Wenn Sie einen Defekt an diesem Bauteil vermuten, sollten Sie sich auf folgende Fehlersuche beschränken. Beachten Sie, dass die Pumpe auch dann nicht oder nicht richtig fördert, wenn der Kraftstofffilter verstopft ist oder ein Relais in der Zentralelektrik versagt.

Arbeitsschritte

① Kontrollieren Sie als erstes die Sicherung für die Kraftstoffpumpe (Steckplatz 28) im Sicherungskasten an der linken Seite der Armaturentafel.

② Wenn Sie genau hinhören, müssten Sie die Laufgeräusche der Pumpe vernehmen. Lauschen Sie hinten in Höhe des Tanks, während ein Helfer die Zündung einschaltet.

③ Wenn Sie etwas hören, ist die Pumpe wahrscheinlich in Ordnung. Wenn nicht, ist zu prüfen, ob Kraftstoff gefördert wird.

④ Dazu bauen Sie die Zuleitung oder Rücklaufleitung der Einspritzung ab. Achtung, es kann sein, dass die Leitungen unter Druck stehen. Halten Sie die Leitung in ein Gefäß.

⑤ Schon bei nicht laufendem Motor muss etwas Benzin austreten, da im Kraftstoffsystem etwas Restdruck vorhanden ist.

⑥ Kommt kein Benzin, lassen Sie einen Helfer den Anlasser betätigen. Die Pumpe muss jetzt fördern.

⑦ Kommt nichts, muss am Tank-Anschlussflansch geprüft werden, ob die Pumpe mit Strom versorgt wird.

⑧ Schrauben Sie dazu die Abdeckung für den Verschlussflansch unter der Auskleidung im Kofferraumboden ab. Vorher Rücksitzbank nach vorn klappen.

⑨ Ziehen Sie den Vierfachstecker ab. Er muss vorsichtig mit dem Schraubendreher entriegelt werden.

⑩ Schließen Sie zur Spannungsmessung ein Multimeter an die beiden äußersten Kontakte ❶ und ❹ an. Ein Helfer soll den Anlasser betätigen. Während der Anlasser läuft, muss etwa die Batteriespannung anliegen.

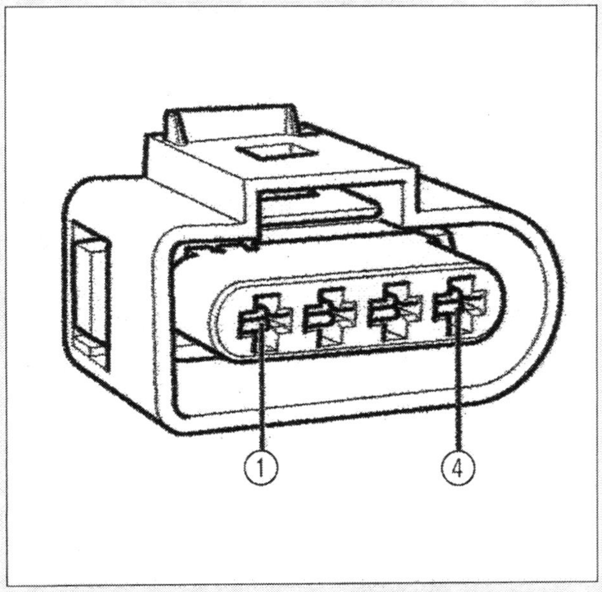

Zur Spannungsmessung muss das Multimeter zwischen den äußeren Kontakten angeschlossen werden.

⑪ Wird der Sollwert nicht erreicht, könnte das zuständige Relais defekt sein. Siehe hierzu Kapitel »Die Fahrzeugelektrik«.

⑫ Wird der Sollwert erreicht und kein Laufgeräusch vernommen, muss man einen genauen Blick auf die Kraftstoffpumpe werfen. Dazu muss die Kraftstoffördereinheit ausgebaut werden (siehe entsprechende Arbeitsschritte).

⑬ Prüfen Sie, ob die elektrischen Leitungen zwischen Flansch und Kraftstoffpumpe angeschlossen sind und Durchgang haben. Ist kein Defekt feststellbar, muss die Kraftstoff-Fördereinheit erneuert werden.

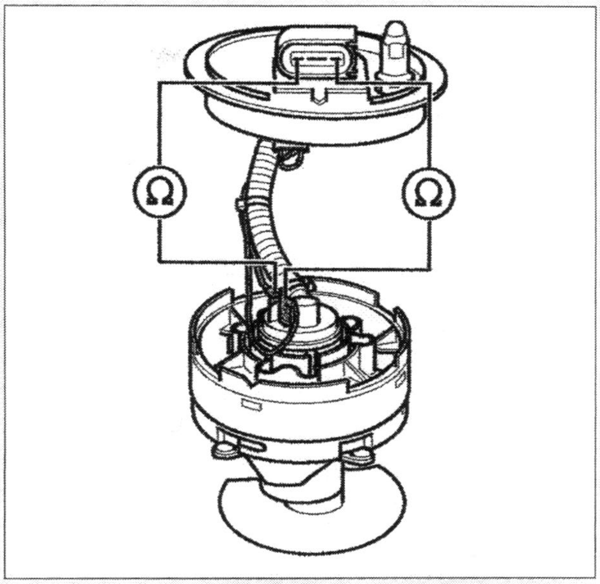

Die elektrischen Leitungen zwischen Flansch und Kraftstoffpumpe sind auf Durchgang zu prüfen.

Kraftstofffördereinheit ausbauen

Die Kraftstoffpumpe sitzt in der Kraftstofffördereinheit im Benzintank. Die Aus- und Einbauarbeit ist – wie gesagt – eher eine Aufgabe für die Werkstatt. Benötigt wird Spezialwerkzeug, der Schlüssel für den Tankgeber 3087 und der Schlüssel für die Kraftstoffpumpe 3307.
Falls Sie in der Lage sind, es sich auszuleihen, gehen Sie folgendermaßen vor.

Arbeitsschritte

① Beachten Sie, dass der Tank maximal zur Hälfte gefüllt ist. Anderenfalls treten große Mengen Kraftstoff aus.

② Klemmen Sie das Batteriemassekabel bei ausgeschalteter Zündung ab.

③ Öffnen Sie kurz den Verschlussdeckel für den Tank, um Druck auszugleichen.

④ Bauen Sie die Rücksitzbank aus und schrauben Sie die Abdeckung für den Verschlussflansch rechts ab.

⑤ Die jetzt sichtbare elektrische 4-fach-Steckverbindung auf dem Flansch ist vorsichtig zu entriegeln und abzuziehen.

⑥ Ziehen Sie die Vor- und gegebenenfalls die Rücklaufleitung vom Flansch ab.

⑦ Setzen Sie den Schlüssel 3087 an, um den Verschlussring abzuschrauben. Nach dem Abschrauben können der Verschlussflansch und der Dichtring aus der Öffnung des Kraftstoffbehälters herausgenommen werden.

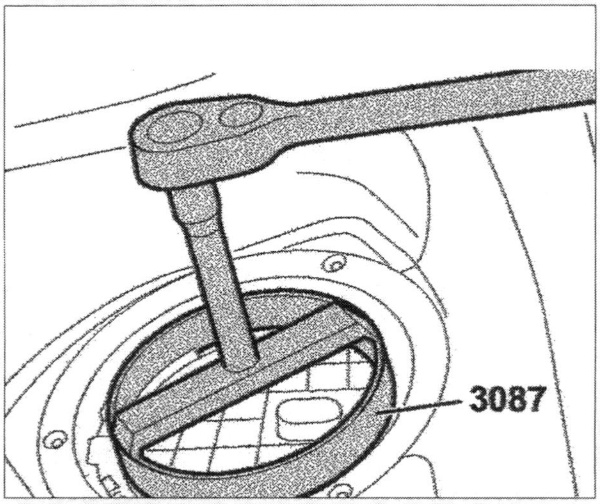

Mit dem Schlüssel für den Tankgeber lösen Sie den Verschlussring.

⑧ Jetzt ziehen Sie an der Innenseite des Verschlussflansches die Steckverbindung (Pfeil) zur Kraftstoffvorratsanzeige ab.

Die Steckverbindung zur Kraftstoffvorratsanzeige an der Innenseite des Verschlussflansches muss abgezogen werden.

⑨ Der Schlüssel für die Kraftstoffpumpe 3307 muss durch die Öffnung des Kraftstoffbehälters eingeführt und an der Kraftstoff-Fördereinheit angesetzt werden. Dann die Kraftstoff-Fördereinheit ca. 15° nach links drehen, den Bajonettverschluss lösen und die Kraftstoff-Fördereinheit herausnehmen.

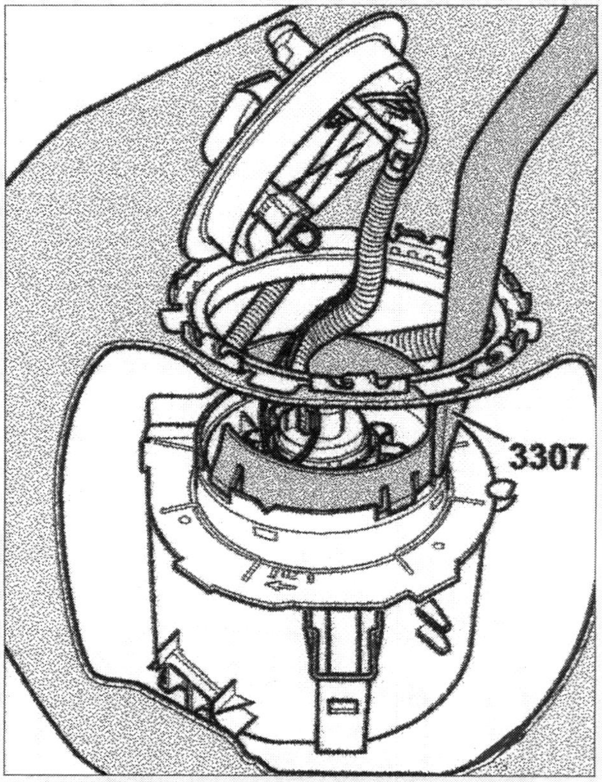

Mit dem Spezialschlüssel 3307 wird der Bajonettverschluss gelöst, damit die Kraftstoff-Fördereinheit aus dem Tank herausgenommen werden kann.

⑩ Beim Einbau darauf achten, dass der Geber für die Kraftstoffvorratsanzeige nicht verbogen wird.

⑪ Verwenden Sie grundsätzlich neue Dichtungen. Der Dichtring des Flansches muss zur Montage mit Kraftstoff benetzt werden.

⑫ Die Markierungen auf dem Verschlussflansch und dem Tank müssen übereinstimmen.

Kraftstoffpumpenrelais prüfen

Fahrzeuge mit Airbag verfügen über eine Crash-Kraftstoffabschaltung. Sie soll die Gefahr eines Fahrzeugbrandes nach einem Crash reduzieren, indem die Kraftstoffpumpe durch das Kraftstoffpumpenrelais abgeschaltet wird. Diese Einrichtung bewirkt übrigens auch eine Komfortverbesserung des Startverhaltens beim Motor. Beim Öffnen der Tür wird die Kraftstoffpumpe 2 Sekunden lang angesteuert, damit sich im Kraftstoffsystem Druck aufbaut.

Wenn die Kraftstoffpumpe nicht anläuft, ist das Kraftstoffpumpenrelais zu prüfen. Es befindet sich auf Steckplatz 1 im 9-fach Relaisträger hinter dem Ablagefach an der Fahrerseite.

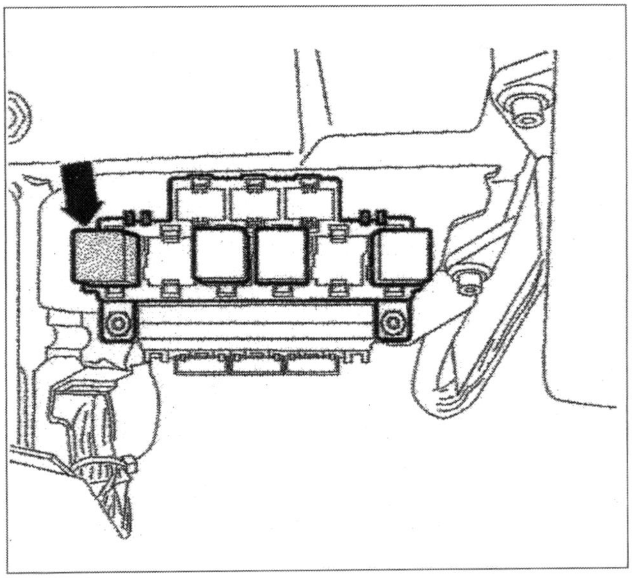

Kraftstoffpumpenrelais auf Steckplatz 1.

Arbeitsschritte

① Ziehen Sie die Sicherung für die Kraftstoffpumpe (S228) aus dem Steckplatz 28 heraus. Dieser befindet sich im Sicherungskasten an der linken Seite der Armaturentafel.

② Schließen Sie eine Diodenprüflampe zwischen Masse und einem der beiden Kontakte der Sicherung an.

③ Betätigen Sie den Anlasser. Das Kraftstoffpumpenrelais muss hörbar und fühlbar anziehen. Außerdem muss die Diodenprüflampe aufleuchten.

④ Leuchtet die Prüflampe nicht, obwohl das Relais anzieht, wiederholen Sie die Prüfung mit dem anderen Kontakt der Sicherung.

⑤ Leuchtet die Lampe wieder nicht, müssen die Leitungen nach dem Stromlaufplan überprüft werden. Gegebenenfalls ist eine Leitungsunterbrechung zu beseitigen.

⑥ Sind die Leitungen und auch die Ansteuerung sowie die Spannungsversorgung in Ordnung, muss das Relais ausgetauscht werden

Die Auspuffanlage

Die Auspuffanlage hat die Aufgabe, Verbrennungsabgase abzuleiten und dabei die Schadstoffe im Abgas möglichst gering zu halten (Katalysatorbetrieb). Außerdem werden durch das Auspuffsystem die Geräusche, die bei der Verbrennung entstehen, auf ein Minimum reduziert. Der Aufbau der Auspuffanlage hängt von der Motorversion Ihres Fahrzeugs ab. Bei den Turbomodellen sitzt im Abgaskrümmer ein Turbolader.

In allen Fällen folgen nach dem Krümmer der Katalysator, das vordere Abgasrohr und der Mittel- und Nachschalldämpfer. Die Teile der Abgasanlage sind miteinander verschraubt beziehungsweise mit Klemmschellen verbunden und lassen sich einzeln auswechseln. Mittel- und Nachschalldämpfer sind in

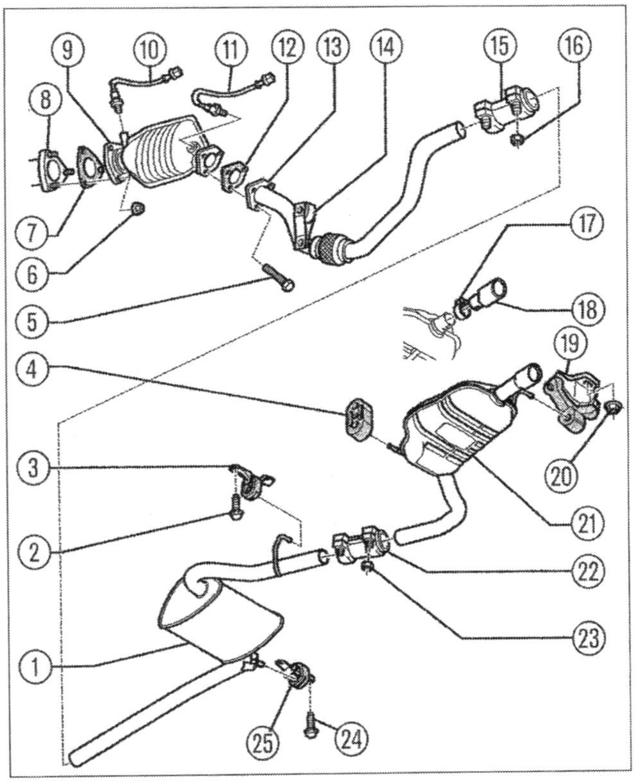

Abgassystem beim Vierzylinder: *(1) Vorschalldämpfer, (2), (5), (20) und (24) Schraube 25Nm, (3), (4), (14), (19) und (25) Aufhängung, (6) Mutter 30 Nm, (7) und (12) Dichtung, (8) Abgaskrümmer, (9) Katalysator, (10) und (11) Lambdasonde 55 Nm, (13) Abgasvorrohr, (15) und (22) Klemmhülse, (17) Klemmschelle 25 Nm, (18) Endrohr, (20) Mutter 25 Nm, (21) Nachschalldämpfer (in Erstausrüstung Baueinheit mit Vorschalldämpfer), (23) Mutter 40 Nm.*

der Erstausstattung in einem durchgehenden Abgasrohr gefertigt. Bei einer Reparatur können die Schalldämpfer einzeln erneuert werden. Dazu muss das Verbindungsrohr an der markierten Stelle durchgesägt oder –geflext werden. Nach dem Einbau werden die beiden Teile mit einer Klemmhülse verbunden. Grundsätzlich haben Fahrzeuge mit Allradantrieb eine anders aufgebaute Abgasanlage. Auch bei Fahrzeugen mit FSI-Direkteinspritzung ändert sich die Abgasbehandlung.

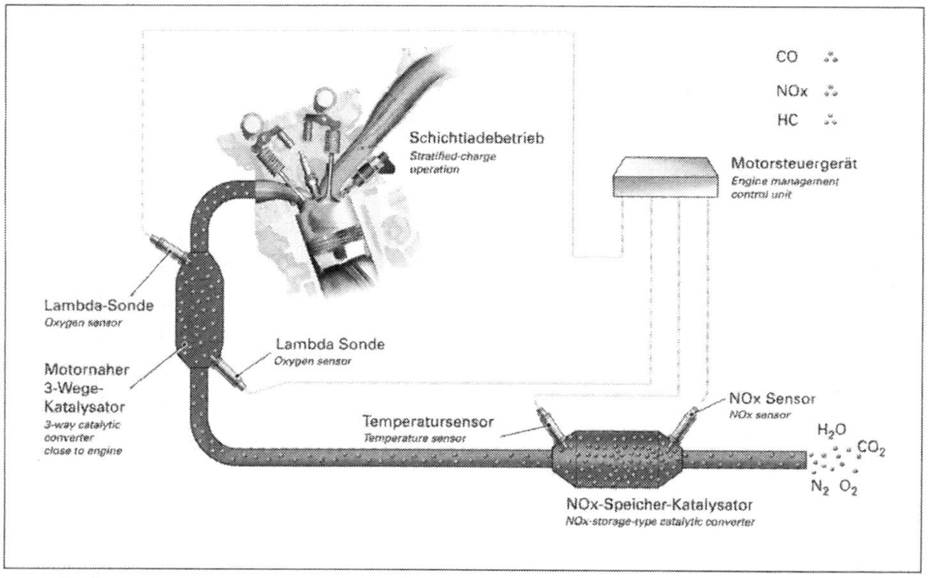

*Die **Abgasbehandlung beim FSI-Motor** führt zu einer weiteren Verminderung der Schadstoffemissionen.*

Hitzeschutzbleche im Rohrverlauf verhindern bei allen Modellen zu starke Hitze-Abstrahlung auf die Bodengruppe. Selbstsichernde Muttern und Dichtungen sollten nach dem Ausbau ersetzt werden. Halteringe und Gummipuffer sind gegebenenfalls auszuwechseln.

Lebensdauer des Auspuffs

Der Auspuff Ihres Autos ist für etwa 60.000 Kilometer gut. Die Lebensdauer hängt natürlich auch von den Einsatzbedingungen Ihres Fahrzeugs ab. Sind Sie überwiegend auf kurzen Strecken unterwegs, fallen wesentlich mehr Kondensat, Ruß und aggressive Säuren im Innern der Anlage an als beim Langstreckenbetrieb mit voll durchgewärmtem Motor.

- Das Auspuffrohr mit angebautem Katalysator ist seltener als die anderen Teile vom Rost bedroht, weil dort die Verbrennungsgase noch mit Temperaturen zwischen 800 und 1000° C einströmen.
- Im Auspuffrohr und dem Nachschalldämpfer kühlen die Abgase zunehmend ab; am Endrohr sind sie nur noch 150 – 300° C heiß. Im letzten Nachschalldämpfer tritt daher das meiste Kondenswasser aus. Es vermischt sich mit Verbrennungsrückständen zu aggressiven Säuren und lässt das Auspuffblech von innen nach außen durchrosten.
- Die vorderen Teile der Auspuffanlage können bei Langstreckenfahrten unter Temperaturspannungen leiden, wenn bei Regen das heiße Blech ständig kalten Duschen ausgesetzt ist. Dann kann das Material reißen oder brechen.
- Spritz- und Salzwasser fördern den Rostfraß von außen. Steinschlag oder Aufsetzen auf hartem Untergrund wirken ebenso lebensverkürzend wie Schwingungen, die bei defekten oder fehlenden Aufhängegummis entstehen.

Die Abgasentgiftung

Kraftstoff besteht im wesentlichen aus den Elementen Kohlenstoff und Wasserstoff. Bei der Verbrennung im Motor verbindet sich der Kohlenstoff mit dem Sauerstoff der Luft zu Kohlendioxid (CO_2), der Wasserstoff (H) vereinigt sich mit Sauerstoff (O_2) zu Wasser (H_2O). Aus einem Liter Kraftstoff entstehen rund 0,9 Liter Wasser, das durch die Verbrennungswärme unsichtbar aus dem Auspuff entweicht. Im Winter können Sie nach dem Kaltstart eines Fahrzeugs oft weiße Auspuffwolken beobachten – ein Hinweis auf kondensierendes Wasser.

Der geregelte Dreiwege-Kat

Die in Deutschland angebotenen Modelle sind alle mit einem geregelten Dreiwege-Katalysator ausgerüstet. Der Katalysator verringert in seinem Arbeitsleben den Anteil des Kohlenmonoxids durchschnittlich um etwa 85 Prozent, der Kohlenwasserstoffe um 80 und der Stickoxide um 70 Prozent. Mit zunehmender Laufleistung des Fahrzeugs verliert er jedoch einen Teil seiner Wirkung. Die Bezeichnung »geregelt« weist darauf hin, dass die Verminderung der Schadstoffe durch die Zusammensetzung des Kraftstoff-Luft-Gemisches beeinflusst (geregelt) wird.

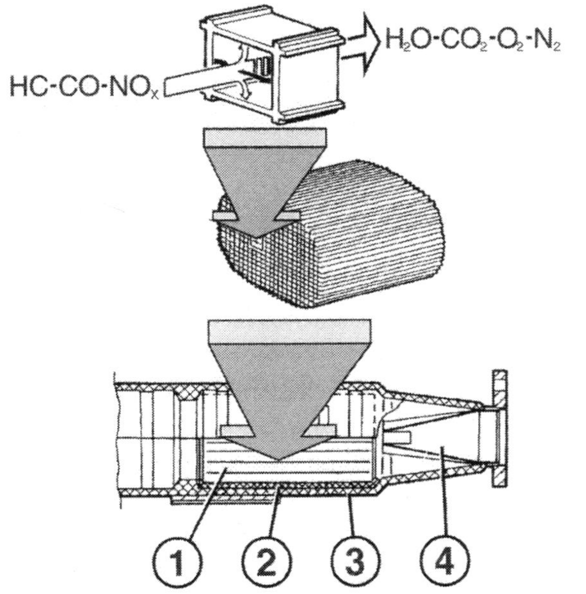

Oxidationsvorgang im Katalysator (Schema): *Der Kat besteht aus der Wabenstruktur des Keramikträgers ❶, der in einem elastischen, die Schwingungen dämpfenden Metallgewebe ❷ eingebettet ist. Dieses Paket ist von einem hochtemperaturfesten Edelstahlgehäuse ❸ umgeben. Damit die einströmenden Abgase die Katalysatorwaben gleichmäßig durchströmen, ist davor ein Trichtersieb ❹ angeordnet.*

Lambda-Sonden messen Sauerstoff

Dazu sitzt am Einlassrohr des Katalysators eine Lambda-Sonde und eine andere nach dem Kat. Die Lambda-Sonden haben den Sauerstoffanteil im Abgas ständig zu messen. Nach diesen Messwerten gibt das Steuergerät den Befehl zum Anreichern oder Abmagern des Kraftstoff-Luft-Gemisches. Das geschieht in rasch wechselnder Folge: Luftüberschuss zur Verbrennung der Kohlenwasserstoffe, Luftmangel zur Verringerung der Stickoxide. Die aus dieser Mischung entstehenden Abgase gelangen in den Katalysator, der sie nahezu vollständig in Stoffe wie Kohlendioxid, Wasserdampf und Stickstoff umwandelt.

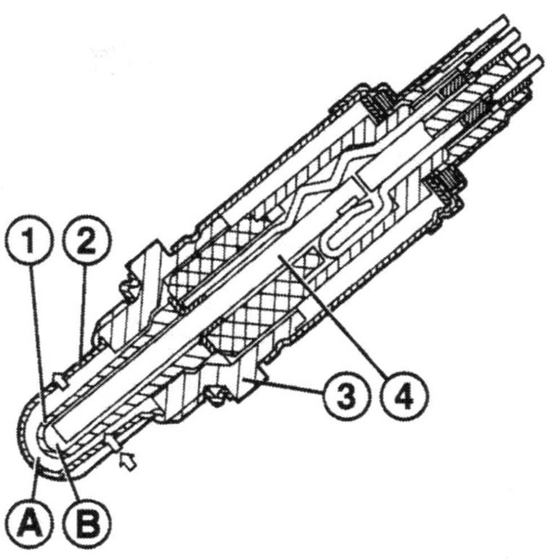

Die Lambda-Sonde (Schnitt): *Die Außenseite* **B** *der Sonde steht mit der Außenluft in Verbindung, die Innenseite* **A** *ragt in den Abgasstrom. Durch den unterschiedlichen Sauerstoffanteil entsteht eine unterschiedliche elektrische Spannung. Diese Werte werden an das Steuergerät gemeldet, das die Einspritzmenge entsprechend verändert. ❶ Keramisches Stützrohr, ❷ Schutzmantel, ❸ Sondengehäuse, ❹ elektrischer Widerstand.*

Arbeitstemperaturen des Katalysators

Damit Katalysator und Lambda-Sonde ihre Arbeit aufnehmen können, müssen sie erst einmal kräftig angeheizt werden (Katalysator: ca. 300°C.). Das dauert in der Regel 25 – 80 Sekunden. Beide Bauteile reagieren jedoch auf zu große Hitze sehr empfindlich. Wenn sich zum Beispiel unverbranntes Gemisch im heißen Katalysator entzündet, lässt dies die Temperaturen in ge-

Praxistipp

Kraftstoff sparen durch Lambda-Sonde

Bei richtiger Funktion der Lambda-Sonde spart Ihr Fahrzeug im Vergleich zum Fehlen der Lambda-Regelung bis zu 15% Kraftstoff. Normalerweise kann mit einer Lebensdauer der Sonde bis zu 100.000 km gerechnet werden. Wird sie allerdings durch Überhitzung geschädigt oder gar zerstört, ist Auswechseln ratsam. Es ist durchaus empfehlenswert, nach 30.000 km Fahrt die Lambda-Sonden bei der Durchsicht checken zu lassen. Lambda-Sonden sind als Ersatzteile zu kaufen und können verhältnismäßig leicht von jedem erfahrenen Schrauber gewechselt werden.

fährliche Höhen ansteigen. Steigen die Temperaturen im Katalysator über 900°C, altert er rapide, ab 1200°C wird er zerstört. Bei Temperaturen ab 1400°C schmilzt der Keramikkörper der Lambda-Sonde. Das Auspuffsystem verstopft und der Motor verliert Leistung.

Aufwendiges Abgassystem beim FSI

Um mit dem effizient und sauber arbeitenden Benzin-Direkteinspritzer die strenge Euro 4-Abgasnorm zu erreichen und noch zu übertreffen, muss ein aufwendiges System zur Abgasnachbehandlung ins Fahrzeugkonzept integriert werden. Denn während des mager gefahrenen Schichtladebetriebes (Kapitel »Das Motormanagement« und »Die Benzineinspritzung«) entstehen große Mengen Stickoxide, die auf dem Weg zum Auspuff in harmlosen Stickstoff umgewandelt werden müssen.
Der 2,0 Liter FSI hat deshalb außer einem kleinen, nahe am Motor und deshalb nach dem Kaltstart schnell ansprechenden Dreiwege-Kat noch einen zusätzlichen NO_x-Speicherkatalysator und einen – weltweit erstmalig – NO_x-Sensor. Während des Schichtladebetriebes werden die Stickoxide von Bariummolekülen im Speicherkat festgehalten. Der Sensor erkennt, wenn deren Kapazitäten erschöpft sind und der NO_x-Kat »überzulaufen« droht. Das ist etwa alle 60 Sekunden der Fall. Dann gibt der Sensor einen Impuls an das zentrale Motormanagement, damit für etwa zwei Sekunden auf den fetteren Regenerationsbetrieb mit höheren Abgastemperaturen umgeschaltet wird.

Umgang mit dem Kat

Praxistipp

- Auch wenn der Motor nur wegen einer leeren Batterie nicht startet: Verzichten Sie aufs Anrollenlassen, Anschieben oder Anschleppen. Dabei kann unverbrannter Kraftstoff in den Katalysator gelangen, was ihn auf Dauer schädigt.
- Zündaussetzer oder Fehlzündungen deuten auf einen Defekt an der Zündanlage hin. Lassen Sie dies sofort überprüfen.
- Wenn Sie Unterbodenschutz auftragen: Das Mittel darf nicht an den Katalysator kommen.
- Kontrollieren Sie gelegentlich bei aufgebocktem Fahrzeug, ob der Hitzeschutz über dem Katalysator nicht beschädigt ist.
- Durch einen Riss im Auspuffrohr vor der Lambda-Sonde ermittelt die Sonde einen erhöhten Sauerstoffanteil im Abgas – das Gemisch wird angefettet, der Kraftstoffverbrauch steigt.

Begriffe rund ums Abgas

Technik-lexikon

Kohlenmonoxid (CO): Wird bei der Abgasuntersuchung gemessen. Exakte Steuerung der Einspritzmenge und der Zündverstellwerte sowie gleichmäßige Gemischverwirbelung im Verbrennungsraum sind Voraussetzung für einen niedrigen CO-Anteil. In geschlossenen Räumen giftig, verbindet sich in der Luft mit Sauerstoff zum ungiftigen Kohlendioxid, das indes wesentlich am Treibhauseffekt beteiligt ist.

Kohlenwasserstoffe (CH): Werden an kalten Stellen und engen Winkeln im Brennraum teilweise nicht verbrannt. Ihr Anteil hängt ab von der Konstruktion des Motors (unveränderliche Größe); zu fettes oder zu mageres Gemisch erhöhen jedoch den Ausstoß. Zusammen mit Stickoxiden für Smog (schwer auflösbare Abgasnebelwolken) verantwortlich.

Stickoxide (NO_x): Ihr Anteil steigt bei hohen Verbrennungstemperaturen. Das ist z. B. bei Motoren der Fall, die für geringen CO- und HC-Ausstoß ausgelegt sind (reduziert Kraftstoffverbrauch). Können bei starker Konzentration Atmungsorgane reizen. In Verbindung mit Wasser bildet sich Salpetersäure (saurer Regen).

Schwefel: Die Wirksamkeit des NO_x-Speicherkatalysators bei direkt einspritzenden Benzinmotoren wird erheblich vom Schwefelgehalt im Kraftstoff beeinträchtigt. Normalbenzin hat über 150 ppm (1 ppm = ein millionstel Teil). Für die Zukunft sind schwefelarme Kraftstoffe unter 10 ppm gefordert.

Abgassonderuntersuchung (ASU): Für Fahrzeuge mit geregeltem Kat seit Dezember 1993 Pflicht. Am Neuwagen ist die ASU-Plakette drei Jahre gültig, dann sind Kontrollen im Zweijahres-Rhythmus fällig. ASU führen markengebundene und freie Werkstätten, Tankstellen, DEKRA und TÜV durch. Die Auspuffanlage muss intakt sein, ins Ansaugsystem darf keine Nebenluft eintreten. Lassen Sie Ihr Fahrzeug stets in der Werkstatt warten, gehört die ASU zum Service dazu.

Tipps für die Arbeit an der Auspuffanlage

Auf rostigem Blech können Sie nicht mehr richtig schweißen. Der Erfolg von Reparaturen an einer durchgerosteten Auspuffanlage ist daher meist nur von kurzer Dauer. Auspuffkitt und Bandagen halten zwar einigermaßen, aber das Blech bricht dann bald neben der Reparaturstelle aus. Bei Auspuffanlagen mit mehr als einem Schalldämpfer kommt es häufig vor, dass nach dem Austausch des ersten wenige Monate später auch der zweite den Geist aufgibt. Werkstätten wechseln deshalb die Auspuffanlage in der Regel komplett aus. Das muss jedoch nicht immer sein. Prüfen Sie den Zustand der Anlage genau und entscheiden Sie erst dann, ob Sie einzelne Teile oder das ganze System austauschen.

Achten Sie darauf, dass bei dem Einbau einer Klemmhülse das Schraubenende nicht über die Unterkante der Klemmhülse hinausragt.

Markierungen helfen bei der Instandsetzung der Abgasanlage. Wenn Sie zum Beispiel das Endrohr ① ersetzen wollen, müssen Sie es an der Trennstelle C mit einer Karosseriesäge rechtwinklig trennen. Das neue Endrohr ③ wird bis Markierung A aufgesteckt. Dabei ist der Schlitz im Endrohr mit der Markierung B in Deckung zu bringen. Die Klemmschraube ② wird mit 25 Nm angezogen.

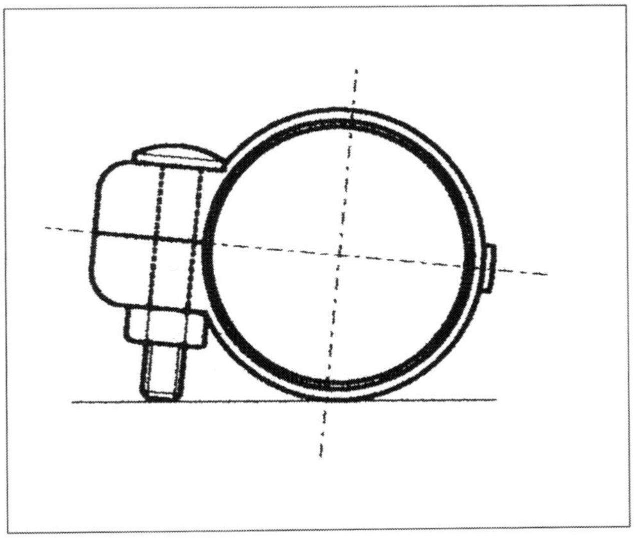

Einbaulage der Klemmhülse.

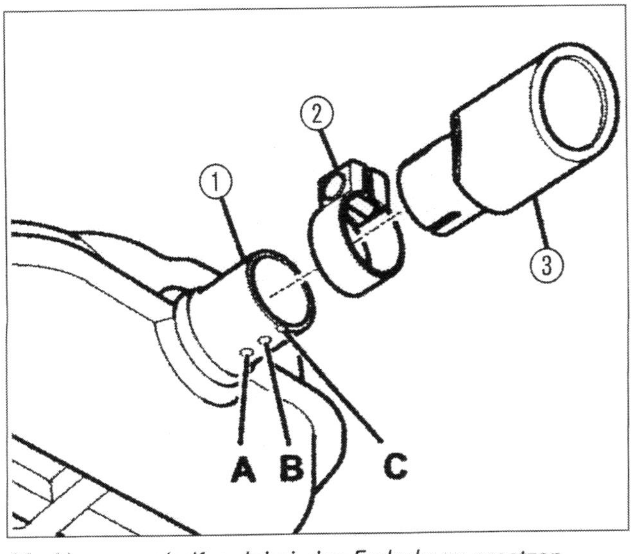

Markierungen helfen dabei, das Endrohr zu ersetzen.

Arbeitsschritte

① Der Wagen muss absolut rüttelsicher aufgebockt sein. Er soll schließlich nicht kippen, wenn Sie heftig an den Rohren drehen oder zerren.

② Wenn sich beim Demontieren eine Verschraubung nicht lösen lässt, sollten Sie sie durch Überdrehen abreißen. Beim Einbau grundsätzlich neue Schrauben und Muttern verwenden.

③ Haltegummis zur Sicherheit ebenfalls gleich austauschen.

④ Ist schon einmal ein Teil der Auspuffanlage ersetzt worden, lassen sich die Steckverbindungen der Rohrenden am besten in erhitztem Zustand trennen. Die Werkstatt nimmt dafür einen Schweißbrenner. Sie können aber auch einen Propangasbrenner für Heimwerker verwenden. Halten Sie bei dieser Arbeit unbedingt einen Feuerlöscher bereit. Wenn Sie das Gerät nicht haben: Versuchen Sie es mit Rostlösemitteln.

⑤ Die Rohre werden durch kräftige Drehbewegungen oder Hammerschläge getrennt.

⑥ Hilft das nicht, sägen Sie die Rohrverbindung des defekten Schalldämpfers knapp 10 Zentimeter hinter der Verbindungsstelle ab. Den Rest des Rohres mit der Metallsäge in Längsrichtung aufsägen und mit einem kräftigen Schraubendreher aufhebeln.

⑦ Die Verschraubungen der Auspuffanlage lassen sich beim nächsten Mal leichter lösen, wenn Sie die Gewinde beim Einbau mit hochhitzefestem Kupferfett bestreichen. Das gilt auch für die Rohrverbindungen.

Zustand der Auspuffanlage kontrollieren

Die Auspuffanlage ist mit dem Auspuffkrümmer durch Bolzen und Muttern fest verbunden. Am Fahrzeugboden hängt sie freischwingend in Gummistegschlaufen.

Arbeitsschritte | 12 Monate

① Gummistegschlaufen auf Brüchigkeit, Einrisse oder sonstige Schäden überprüfen, bei Bedarf ersetzen. Zur Kontrolle den Auspuff an den Gummischlaufen etwas nach unten ziehen.

② Verschraubungen am Auspuffkrümmerflansch auf festen Sitz überprüfen.

③ Halten Sie mit einem Lappen in der Hand das Auspuffendrohr zu. Der Motor muss nach kurzer Zeit ausgehen. Hören Sie zischelnde Geräusche und läuft der Motor ungestört weiter, ist die Anlage an der Geräuschstelle undicht.

④ Ein sehr dumpfer Auspuffton und Knallen im Schiebebetrieb weisen auf einen durchgerosteten Auspuff hin.

⑤ Klopfen Sie den Schalldämpfer mit einem Hammer rundum gründlich ab, auch an den Stirnseiten. Dabei nicht zu zaghaft hämmern. Klingt es bei jedem Schlag hell, ist das Blech noch gesund. Wird das Klopfgeräusch an manchen Stellen dumpfer, ist die Außenhaut bereits geschwächt und wird bald durchbrechen.

Denken Sie grundsätzlich daran, beim Ersatzteilkauf neue selbst sichernde Muttern mitzunehmen. Auch Dichtungen und altersschwache Haltegummis sollten Sie ersetzen. Fahrzeuge mit Allradantrieb und der Sechszylinder haben zwei Nachschalldämpfer.

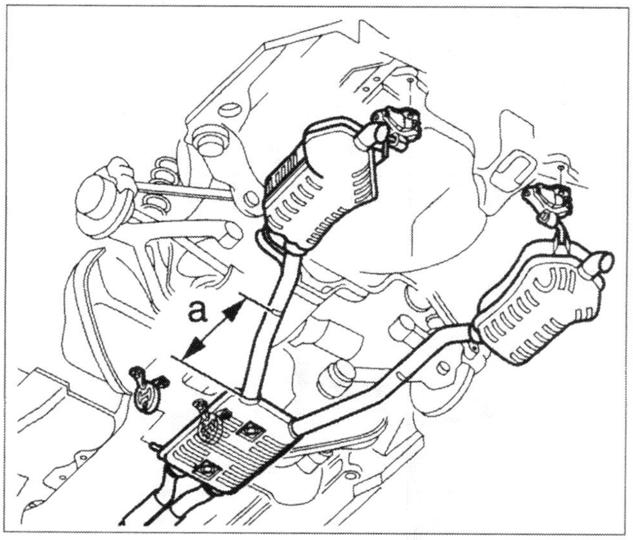

Der quattro hat zwei Nachschalldämpfer. Zum einzelnen Ersetzen sägen Sie das Verbindungsrohr durch. Die Trennstelle sehen Sie auf der Zeichnung. Das Maß a beträgt 244 Millimeter.

Auspuffanlage wechseln und einrichten

Wie bereits erwähnt, haben die Fahrzeuge je nach Motorvariante unterschiedlich aufgebaute Abgasanlagen. Wenn Sie nur einzelne Teile auswechseln wollen, sollten sie dennoch die gesamte Anlage ab Krümmer bzw. Turbolader demontieren. Beachten Sie, dass das Abkoppelelement im Vorrohr am Katalysator nicht mehr als 10 Grad geknickt werden darf.

Die Abgasanlage darf bei der Demontage keinesfalls herunterfallen. Der Keramikkörper im Katalysator könnte beschädigt werden, wodurch der Katalysator unbrauchbar würde.

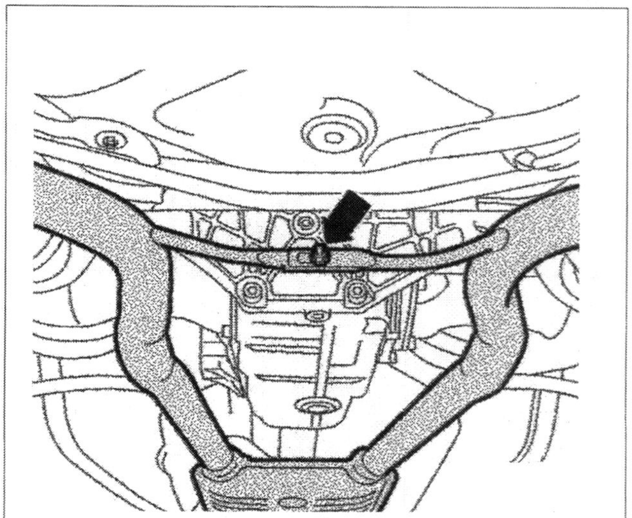

Die Mutter an der Strebe zwischen den Abgasrohren beim Sechszylinder ist mit 23 Nm fest zu ziehen.

Arbeits-schritte

① Fahrzeug rüttelsicher aufbocken.

② Gegebenenfalls untere Motorabdeckung ausbauen. Sämtliche Verschraubungen der Abgasanlage mit Rostlöser einsprühen und einige Zeit einwirken lassen.

③ Auspuffanlage abstützen oder mit Draht am Unterboden aufhängen, damit sie nicht herunterfällt und den Katalysator beschädigt. Steckverbindungen für Lambdasonden trennen.

④ Vor- und Nachschalldämpfer werden serienmäßig als ein einziges Teil angebaut. Soll nur ein Dämpfer ersetzt werden, müssen Sie das Verbindungsrohr an der durch eine Eindrückung markierten Stelle rechtwinklig durchsägen (V.A.G.-Karosseriesäge 1523) oder -flexen. Vor- und Nachschalldämpfer werden für den Reparaturfall einzeln als Ersatzteile zusammen mit einer Reparatur-Doppelschelle (Klemmhülse) geliefert.

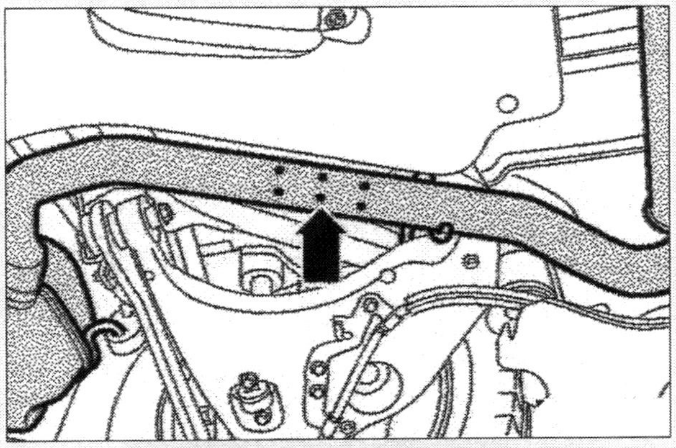

Trennstelle am Abgasrohr: *Das Abgasrohr beim Vierzylinder ist an der Trennstelle (Pfeil) rechtwinklig zu trennen.*

⑤ Die Hülse muss mittig zum Sägeschnitt positioniert werden. Die Schraubenköpfe sollen laut Audi-Vorschrift nach links zeigen.

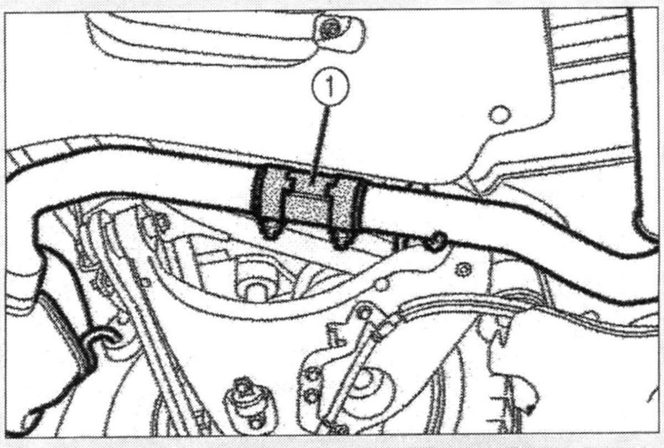

Die Reparaturdoppelschelle (Klemmhülse) ❶ *wird mittig zum Sägeschnitt positioniert.*

⑥ Beim **Einbau** alle Teile der Auspuffanlage am Fahrzeug erst einmal lose montieren, die Schraubverbindungen an Flanschen und Schellen handfest beidrehen.

⑦ Die Abgasanlage wird im kalten Zustand spannungsfrei eingerichtet. Bei Fahrzeugen mit Klemmhülsen zwischen Vor- und Nachschalldämpfer muss zusätzlich der Vorschalldämpfer eingerichtet werden.

⑧ Dazu die Abgasanlage so weit nach vorn schieben (Pfeil), bis die Vorspannung an der Halteschlaufe rechts vorne am Vorschalldämpfer a = 7...9 mm berägt. Dann die Verschraubungen der Klemmhülse vorn (Position 22 in der Übersicht Abgassystem beim Vierzylinder) gleichmäßig mit 40 Nm anziehen.

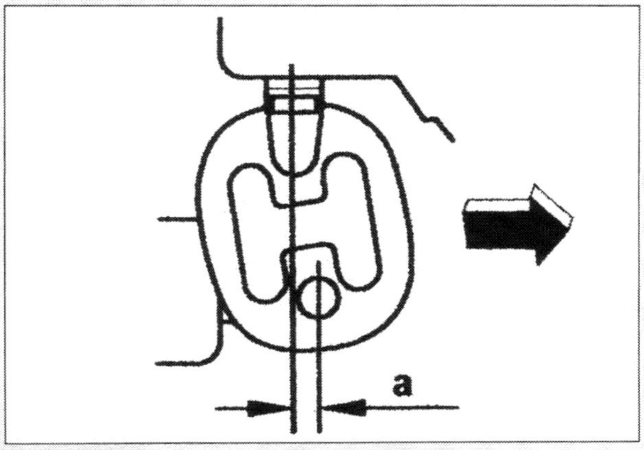

Vorschalldämpfer einrichten.

⑨ Der hintere Teil Abgasanlage ist so weit nach vorn zu schieben (Pfeil), bis die Vorspannung an der Halteschlaufe (bzw. den Halteschlaufen beim 3,0 Liter) hinten am Nachschalldämpfer a = 7...11 mm beträgt.

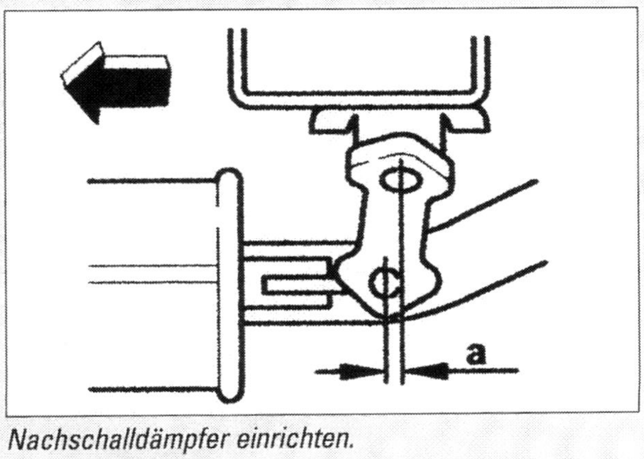

Nachschalldämpfer einrichten.

⑩ Ziehen Sie die Verschraubungen gleichmäßig fest.

⑪ Damit alle Verschraubungen später wieder leicht zu lösen sind, streichen Sie sie mit einer Hochtemperaturpaste ein.

DIE KRAFT-ÜBERTRAG

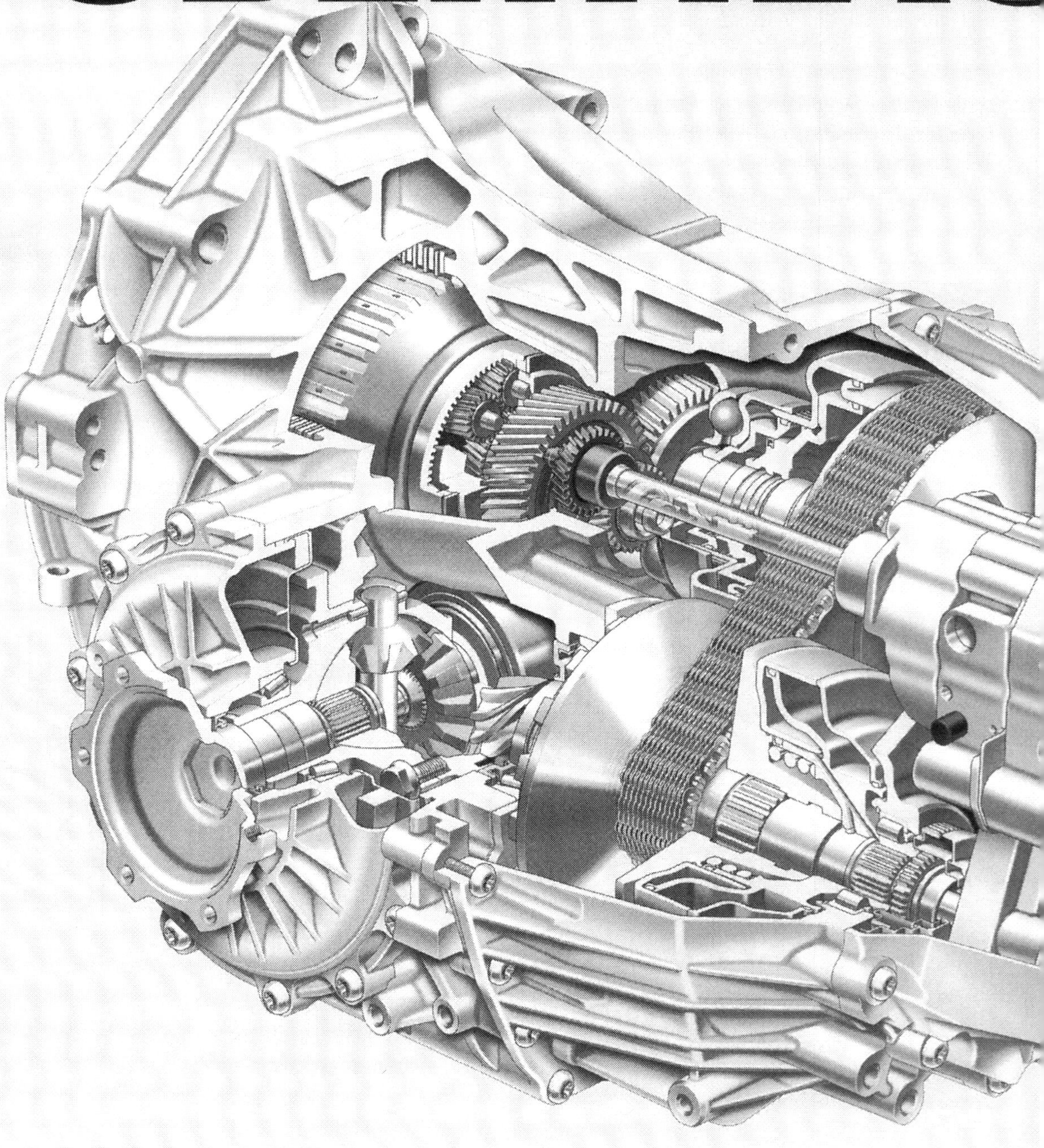

UNG

Wartung

Reparatur

Der beste Motor vermag nichts ohne ein ausgeklügeltes System der Kraftübertragung. Audi entwickelte für den A 4 die stufenlose multitronic weiter.

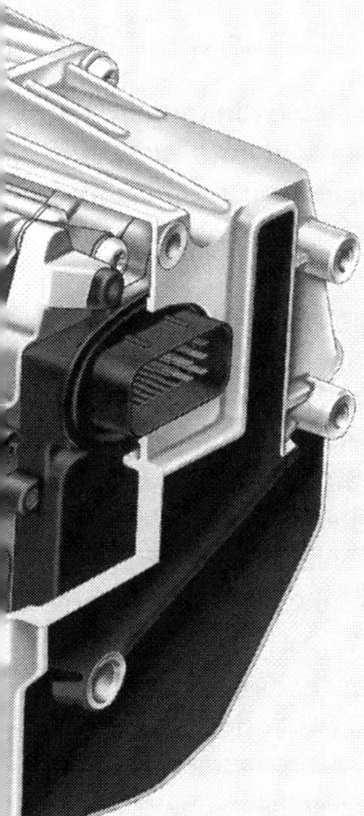

Getriebe, Kupplung und Achsantrieb gehören zum System der Kraftübertragung. Damit alle Akteure perfekt zusammenarbeiten und die vom Motor produzierte Leistung an die Antriebsräder übertragen, sind sie durch Gelenke, Wellen und Zahnräder miteinander verbunden.
Welche Kraft tatsächlich an den Rädern benötigt wird, hängt davon ab, was Sie Ihrem Fahrzeug während der Fahrt abverlangen. Der Motor bietet jedoch nur in einem begrenzten Drehzahlbereich eine verwertbare Leistung an. Damit Ihr Auto beim Beschleunigen und Bergfahren trotzdem genügend Zugkraft entwickelt, ist das Getriebe nötig. Mit seinen verschiedenen Gängen gewährleistet es eine jeweils passende Übersetzung.

Übersetzungen für die Zugkraft

Beim Anfahren zum Beispiel wird an den Antriebsrädern ein großes Drehmoment benötigt, während der niedrig drehende Motor nur ein geringes Drehmoment zur Verfügung stellt. Legen Sie den ersten Gang ein, wird die Motordrehzahl durch die Übersetzung ins Langsamere vergrößert. Auf der schnellen Autobahnfahrt im fünften Gang verhält es sich genau umgekehrt. Dann ist eine Übersetzung ins Schnellere wirksam, die Motordrehzahl wird im Vergleich zur Drehzahl der Antriebsräder verkleinert. Das Getriebe passt die Umdrehungen des Motors der gewünschten Geschwindigkeit der Räder an.

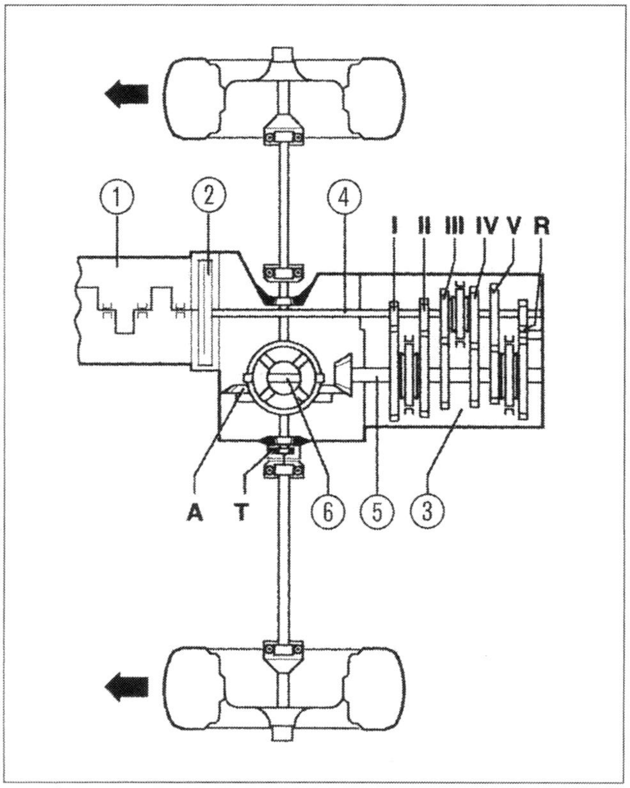

Übersicht Kraftübertragung Frontantrieb:
❶ Motor, ❷ Kupplung, ❸ Schaltgetriebe, ❹ Antriebswelle, ❺ Triebling (Abtriebswelle), ❻ Ausgleichsgetriebe (Pfeile zeigen in Fahrtrichtung).
I - *1. Gang,* II - *2.Gang,* III - *3. Gang,* IV - *4. Gang,* V - *5. Gang,* R - *Rückwärtsgang,* A - *Achsantrieb,* T - *Tachoantrieb.*

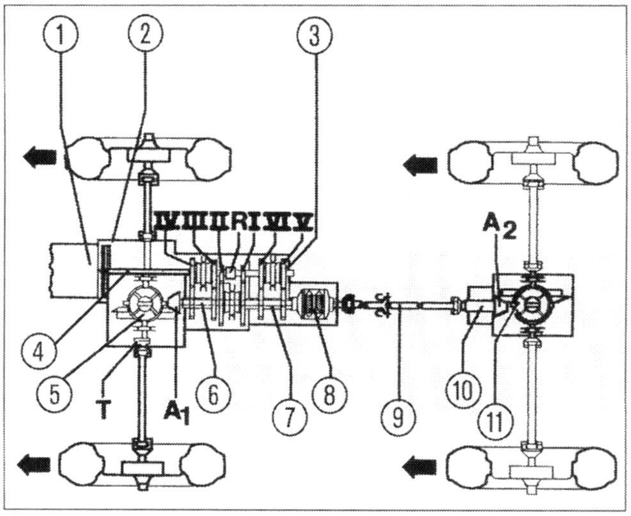

Übersicht Kraftübertragung Allradantrieb:
❶ Motor, ❷ Kupplung, ❸ Schaltgetriebe, ❹ Antriebswelle, ❺ Ausgleichsgetriebe vorn, ❻ Triebling vorn (Abtriebswelle), ❼ Hohlwelle, ❽ Torsendifferenzial, ❾ Kardanwelle, ❿ Triebling hinten, ⓫ Ausgleichsgetriebe hinten (Pfeile zeigen in Fahrtrichtung).
I - *1. Gang,* II - *2.Gang,* III - *3. Gang,* IV - *4. Gang,* V - *5. Gang,* VI - *6. Gang,* R - *Rückwärtsgang,* A1 - *Achsantrieb vorn,* A2 - *Achsantrieb hinten,* T - *Tachoantrieb.*

Kupplung unterbricht den Kraftfluss

Der direkte Kraftfluss vom Motor zum Getriebe muss auch unterbrochen werden können. Das ist erforderlich, wenn Sie das Fahrzeug starten, mit laufendem Motor an einer roten Ampel stehen oder die Gänge wechseln wollen.

Bei Fahrzeugen mit Schaltgetriebe übernimmt die Kupplung das Trennen. Sie ermöglicht auch ruckfreies Anfahren, indem sie die unterschiedlichen Drehzahlen von Kurbelwelle und Antriebswelle des Getriebes ausgleicht.

Komplizierter wird die Angelegenheit beim automatischen Getriebe, zumal Audi mit der multitronic ein kleines technisches Wunderwerk anbietet. Ein elektronisches Steuergerät sorgt dafür, dass für jeden Betriebszustand des Fahrzeugs und für jeden Fahrerwunsch die sinnvollste Getriebeübersetzung ausgewählt wird. Das Steuergerät erkennt an der Geschwindigkeit, mit der das Gaspedal getreten wird, wie sportlich oder verbrauchsorientiert der Fahrer fahren möchte. In die Regelung der Schaltpunkte werden Fahrwiderstände wie Bergauf- und Bergabfahrten, Hängerbetrieb oder Gegenwind einbezogen.

Beim Tiptronic-Getriebe lassen sich die Gänge wahlweise auch manuell schalten. Der Fahrer gibt durch Antippen des Wählhebels ein Signal an das Steuergerät, das den Schaltbefehl umgehend an das Getriebe leitet.

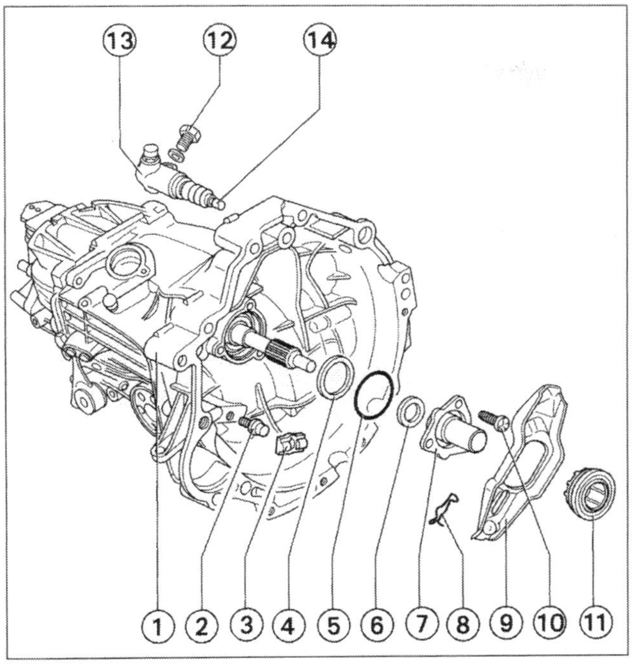

Teile der Kupplungsausrückung:
❶ Getriebe, ❷ und ❸ Zwischenstück, ❹ Tellerfeder, ❺ Rundschnurring, ❻ Dichtring, ❼ Führungshülse, ❽ Haltefeder, ❾ Kupplungsausrückhebel, ❿ Innentorxschraube, ⓫ Ausrücklager, ⓬ Innensechskantschraube, ⓭ Nehmerzylinder, ⓮ Stößel.

Die Reparatur eines komplizierten Getriebeautomaten ist nur in einer Fachwerkstatt möglich.

Aufgabe des Achsantriebs

Der Achsantrieb ist die letzte Zwischenstation, über die das vom Motor produzierte Drehmoment die Antriebsräder erreicht. Seine Aufgabe besteht darin, die vom Getriebe kommenden Drehzahlen ins Langsamere zu übersetzen, das Drehmoment zu vergrößern und gleichmäßig an die Antriebsräder zu übertragen.

Die Kupplung

Die Modelle mit Schaltgetriebe haben eine hydraulisch betätigte Einscheiben-Trockenkupplung mit asbestfreien Belegen und ein Zweimassen-Schwungrad. Fahrzeuge mit der stufenlosen Automatik multitronic fahren mit einer hydraulisch betätigten Lamellenkupplung. Die 5-stufige Tiptronic braucht einen hydraulischen Drehmomentwandler mit geregelter Überbrückungskupplung. Das sind sehr zweckmäßige und zum Teil komplizierte Konstruktionen. Für das Do it yourself gibt es allerdings den Nachteil, dass das Verschleißteil Mitnehmerscheibe nicht ohne weiteres zugänglich ist. Dazu muss das Getriebe vom Motor getrennt und nach unten ausgebaut werden. Diese Arbeit erfordert viel Know-how und Spezialwerkzeuge. Der Verschleiß der Mitnehmerscheibe, die gewöhnlich erst nach mehr als 100.000 Kilometern zu erneuern ist, hängt von der Belastung (zum Beispiel Anhängerbetrieb) und der Fahrweise ab. Den Austausch von Kupplungsteilen sollten Sie der Werkstatt überlassen.

Die wichtigsten Teile der Kupplung

Motorschwungscheibe (Schwungrad). Ist fest mit der Kurbelwelle verbunden. Einige Motoren sind mit einem Zweimassen-Schwungrad ausgerüstet. Dessen Feder- und Dämpfersystem reduziert die Weitergabe von Motorschwingungen auf das Getriebe.

Kupplungsscheibe (Mitnehmerscheibe). Sitzt auf der Eingangswelle des Getriebes. Auf beiden Seiten sind Beläge aufgenietet.

Kupplungsdruckplatte. Ist mit dem Schwungrad fest verschraubt. Presst die Kupplungsscheibe mittels Tellerfeder (Membranfeder) gegen die Schwungscheibe.

Ausrücklager. Beim Tritt aufs Kupplungspedal wird über die Kupplungshydraulik der Ausrückhebel mit der Ausrückgabel betätigt. Die Ausrückgabel drückt das Ausrücklager auf der Ausrückwelle gegen die tortenförmig eingeschnittene Tellerfeder der Kupplungsdruckplatte.

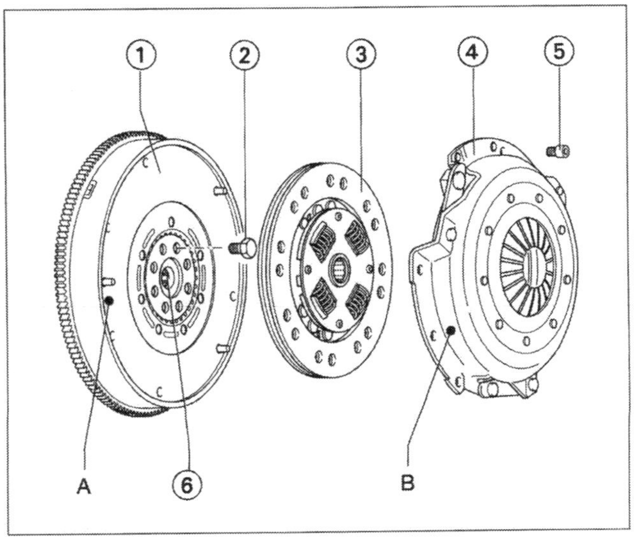

Elemente der Kupplung: A *und* B *Markierungen beim Zweimassenschwungrad.* *❶ Schwungrad, ❷ Schraube, ❸ Kupplungsscheibe, ❹ Druckplatte, ❺ Schraube, ❻ Nadellager zur Getriebewellen-Führung.*

So funktioniert die Kupplung

Technik-lexikon

Kupplungsbetätigung. Der Ausrückhebel wird über ein hydraulisches System betätigt. Das System gleicht Kupplungsverschleiß selbsttätig aus, ist also wartungsfrei. Der Geberzylinder sitzt am Kupplungspedal, der Nehmerzylinder am Getriebe, beide Zylinder sind über eine hydraulische Leitung verbunden. In der Leitung fließt dieselbe Flüssigkeit wie im Bremssystem. Sinkender Pegel im Bremsflüssigkeitsbehälter kann also auch durch einen Defekt in der Kupplungsbetätigung verursacht werden. Für die Bremse besteht aber keine Gefahr: Der Entnahmestutzen zur Kupplungshydraulik ist relativ hoch am Bremsflüssigkeits-Behälter angebracht, so dass immer ein ausreichender Flüssigkeitsrest für die Bremse zurückbleibt.

Kupplungsspiel. Solange das Kupplungspedal nicht gedrückt wird, sorgt das Kupplungsspiel dafür, dass das Ausrücklager nicht ständig unter Druck steht. Das Kupplungsspiel verringert sich mit der Abnutzung der Beläge (Pedalspiel wird größer).
Die Druckplatte nähert sich dem Ausrücklager. Liegt das Lager ohne Spiel am Ausrückhebel an, stützt sich die Tellerfeder der Druckplatte gegen das Ausrücklager ab. Statt die Mitnehmerscheibe gegen die Anlageflächen von Schwungscheibe und Druckplatte zu pressen, wird die Feder entlastet und die Reibungskraft geringer – die Kupplung rutscht durch.

Auskuppeln. Wenn Sie das Kupplungspedal treten, überwindet das Ausrücklager die Federkraft der Tellerfeder. Die Druckplatte wird entlastet und bei völlig durchgetretenem Pedal zurückgezogen. Die Mitnehmerscheibe kann nun im Raum dazwischen frei umlaufen.

Einkuppeln. Die Tellerfeder der Druckplatte drückt die Mitnehmerscheibe langsam gegen das Motorschwungrad, bis sie sich mit der gleichen Drehzahl dreht. So werden die Kräfte sanft übertragen. Dabei schleifen die Anlageflächen eine kurze Zeit aufeinander, ehe die Reibung wieder so groß ist, dass die Motorleistung vollständig auf das Getriebe übertragen wird.

Kupplung prüfen

Eine schleifende Kupplung macht sich zuerst bemerkbar, wenn Sie Ihr Fahrzeug im höchsten Gang beschleunigen. Der Motor dreht hoch, ohne dass die Fahrgeschwindigkeit zunimmt. Die folgende Prüfmethode zeigt Ihnen, ob die Kupplung noch gut funktioniert. Diesen Test sollten Sie jedoch nur gelegentlich durchführen. Außerdem muss dafür die Handbremse in Ordnung sein.

Arbeitsschritte

① Handbremse anziehen und Motor starten.
② Legen Sie den 3. Gang ein; dann langsam einkuppeln und Gas geben.
③ Bei einwandfreier Kupplung wird der Motor abgewürgt.
④ Dreht der Motor weiter, ist ein Kupplungstausch fällig.

Die »Kupplungsmörder«

Praxistipp

Anfahren mit hoher Motordrehzahl (Kavalierstart) oder im 2. Gang bewirkt einen starken Verschleiß der Kupplungsbeläge. Wenn Sie während der Fahrt den Fuß nicht neben dem Kupplungspedal abstellen, sondern ihn darauf ausruhen lassen, schleift die Kupplung ständig leicht. Das halten die besten Beläge nicht lange aus. Ebenso wenig die Unsitte, das Fahrzeug an einer Steigung mit Kupplungs- und Gaspedal in der Waage zu halten. Wenn Sie stets mit eingelegtem 1. Gang und durchgetretenem Kupplungspedal an der roten Ampel warten, ist dies ebenfalls ein Verschleißfaktor. In diesem Fall wird das Ausrücklager stark beansprucht. Kuppeln Sie lieber aus, solange die Ampel rot zeigt, und legen Sie den 1. Gang erst ein, wenn die Ampel auf Gelb schaltet.

Trennt die Kupplung richtig?

Wenn kratzende oder krachende Geräusche den Schaltvorgang untermalen, trennt meistens die Kupplung nicht mehr richtig. Machen Sie folgende Probe mit dem nicht synchronisierten Rückwärtsgang – so schließen Sie eine mögliche Ursache dieser Geräusche durch ein defektes Getriebe aus.

Arbeitsschritte

① Motor im Leerlauf drehen lassen.
② Kupplungspedal voll durchtreten, etwa drei Sekunden warten, dann Rückwärtsgang einlegen. Wenn Sie jetzt das kratzende Geräusch hören, läuft die Mitnehmerscheibe nicht ganz frei – die Kupplung trennt nicht sauber.
③ Kontrollieren Sie in diesem Fall die Funktion der hydraulischen Übertragungselemente. Eventuell muss die Kupplungsbetätigung entlüftet werden. Untersuchen Sie die Teile der Kupplungsbetätigung auf Undichtigkeiten.

Praxistipp

Fahren mit defekter Kupplungsbetätigung

Wenn unterwegs die Kupplungsbetätigung ausfällt, muss das nicht unbedingt das Ende der Fahrt bedeuten. Ein nahes Ziel oder die nächste Werkstatt erreichen Sie auch ohne Betätigung der Kupplung. Bei feinfühligem Umgang mit Gaspedal und Schalthebel können Sie sogar hoch- und herunterschalten.

Anfahren. 1. Gang einlegen und Anlasser betätigen. Der Wagen ruckelt los und setzt sich mit anspringendem Motor in Bewegung. Wer während der Fahrt nicht schalten will, fährt auf diese Weise in der Ebene im 2. Gang an.

Hochschalten. 1. Gang nur knapp über Leerlaufdrehzahl hinausdrehen (ca. 1000/min). Gas etwas zurücknehmen, Schalthebel in Leerlauf-Stellung ziehen. Wenn der Gang klemmt, ein wenig Gas geben. Dann Gaspedal loslassen und den Schalthebel sachte in Richtung des 2. Gangs drücken. Bei richtiger Drehzahl von Motor und Getriebe rutscht der Gang fast von selbst hinein.

- Wenn Sie zu lange gewartet haben, müssen Sie ein wenig Gas geben, damit sich die Fahrstufe ohne knirschende Zahnräder einlegen lässt.
- Hat es nicht geklappt, halten Sie nochmals an und versuchen das Ganze von neuem.
- In die weiteren Gänge schalten Sie auf die gleiche Weise hoch. Am leichtesten geht das mit niedrigen Geschwindigkeiten: In den 3. Gang bei 30 km/h, in den 4. bei 40 km/h und in den 5. bei 50 km/h.

Herunterschalten. Geht am besten bei niedrigen Drehzahlen und Geschwindigkeiten.

- Zuerst mit dem Fuß vom Gas gehen und Gang herausnehmen.
- Dann behutsam Gas geben, um die Motordrehzahl anzuheben. Gleichzeitig den Schalthebel in Richtung des niedrigeren Gangs drücken. Bei richtiger Motordrehzahl rutscht der Gang fast ohne Nachdruck hinein.

Kupplungs-Geberzylinder ersetzen

Bei den nachfolgenden Arbeiten müssen Sie darauf achten, dass keine Bremsflüssigkeit in den Wasserkasten und auf das darunter liegende Getriebe gelangt. Bremsflüssigkeit ist aggressiv. Sie greift Lacke und Metalle an.

Arbeitsschritte

① Klemmen Sie den Nachlaufschlauch zum Bremsflüssigkeitsbehälter mit einer Klemmzange ab. Ziehen Sie den Schlauch ab.

② Trennen Sie die Rohrleitung vom Geberzylinder, indem Sie die Sicherungsklammer abhebeln.

③ Bauen Sie das Ablagefach an der Fahrerseite ab. Schauen Sie dazu in das Kapitel »Der Innenraum«. Gegebenenfalls ist der Schalter über dem Kupplungspedal herauszuziehen.

④ Trennen Sie das Kupplungspedal vom Geberzylinder. Dazu müssen Sie die Sicherungsklammer mit einem Schraubendreher in Pfeilrichtung ❶ aushebeln und den Bolzen in Pfeilrichtung ❷ herausziehen.

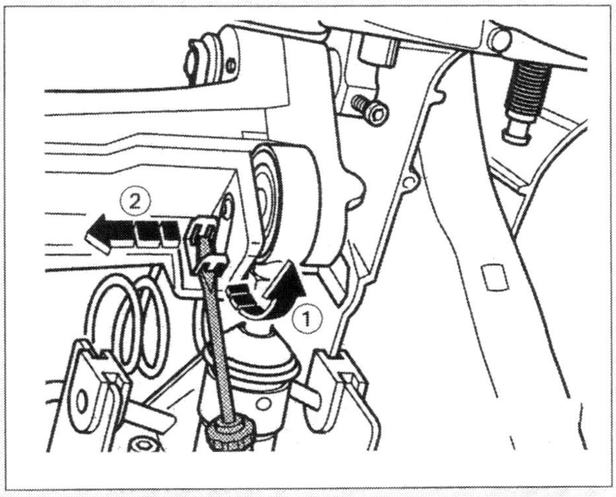

Den Geberzylinder trennen Sie vom Kupplungspedal mit einem Schraubendreher.

⑤ Den Geberzylinder können Sie vom Fahrgastraum aus abschrauben.

⑥ Beim Einbauen verbinden Sie den Geberzylinder mit dem Kupplungspedal. Rasten Sie die Bolzensicherung im Kupplungspedal ein.

⑦ Drücken Sie die Sicherungsklammer bis zum Anschlag ein.

⑧ Stecken Sie die Rohrleitung in den Geberzylinder. Sie muss hörbar einrasten.

⑨ Schieben Sie den Nachlaufschlauch vom Bremsflüssigkeitsbehälter bis zum Anschlag auf.

⑩ Zum Schluss muss die Anlage entlüftet werden.

Kupplungs-Nehmerzylinder ersetzen

Arbeitsschritte

① Fahrzeug vorn aufbocken und untere Motorraumabdeckung abbauen.

② Schrauben Sie die Hydraulik-Druckleitung am Nehmerzylinder ab. Vorsicht, dabei läuft Bremsflüssigkeit aus, die nicht auf das Getriebe gelangen darf. Denken Sie auch daran, dass nach dem Lösen Kupplungspedal nicht betätigt werden darf.

③ Halteschrauben lösen und den Zylinder nach hinten aus dem Getriebegehäuse herausziehen.

④ Beim Einbau sollten Sie bei Nehmerzylinder mit Stützring die Ringaußenfläche leicht einfetten.

⑤ Beim Einsetzen drücken Sie den Nehmerzylinder so weit nach hinten, bis sich die Befestigungsschraube montieren lässt.

⑥ Zum Schluss muss die Hydraulik entlüftet werden.

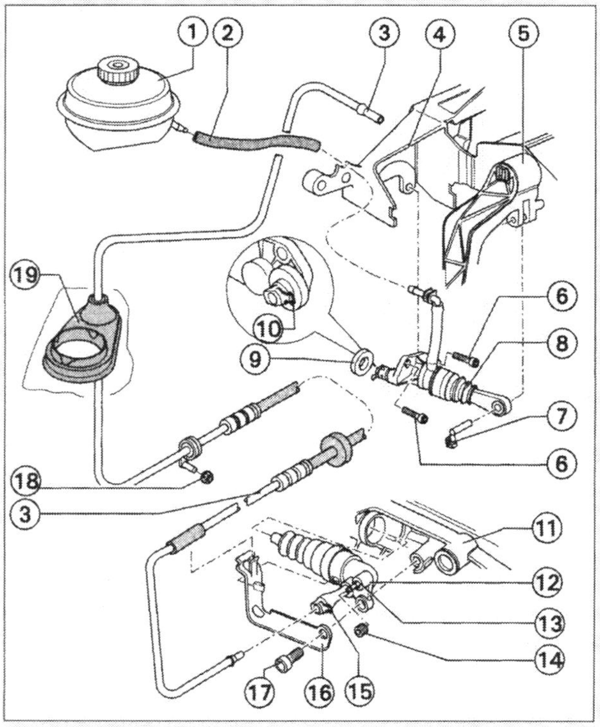

Teile der Kupplungshydraulik mit Nehmerzylinder:
❶ Bremsflüssigkeitsbehälter, ❷ Nachlaufschlauch, ❸ Rohrschlauchleitung, ❹ Lagerbock, ❺ Kupplungspedal, ❻ Innensechskantschraube, ❼ Bolzen, ❽ Geberzylinder, ❾ Dichtung, ❿ Sicherungsklammer, ⓫ Getriebe, ⓬ Nehmerzylinder, ⓭ Entlüfterventil, ⓮ Sicherungsklammer, ⓯ Halter, ⓰ Innensechskantschraube, ⓱ Sechskantschraube, ⓲ und ⓳ Dichtung.

Kupplungshydraulik entlüften

In der Werkstatt wird die Kupplung mit einem Spezialgerät entlüftet. Mit etwas Geschick können Sie das Entlüften ohne großen Aufwand selbst machen. Es funktioniert in etwa ebenso wie das Entlüften der Bremsanlage. Beachten Sie auch hier auf jeden Fall die Sicherheitshinweise für den Umgang mit der giftigen Bremsflüssigkeit, die keinesfalls über einen Schlauch mit dem Mund abgesaugt werden darf.

Arbeitsschritte

① Fahrzeug vorn aufbocken und untere Motorraumabdeckung abbauen.

② Der Bremsflüssigkeitsstand im gemeinsamen Vorratsbehälter ist zu prüfen und gegebenenfalls bis zur MAX-Markierung aufzufüllen.

③ Nehmen Sie die Schutzkappe vom Entlüftungsnippel am Nehmerzylinder und einer Vorderradbremse ab, um die Entlüftungsventile vorsichtig gangbar zu machen. Drehen Sie die Nippel um etwa 1,5 Umdrehungen los.

④ Verbinden Sie beide Nippel mit einem Schlauch.

⑤ Lassen Sie das Bremspedal von einem Helfer langsam durchtreten. Wenn das Pedal ganz durchgetreten ist, drehen Sie die Entlüfterschraube an der Bremse zu. Der Helfer kann das Pedal loslassen. Auf diese Weise pumpen Sie Bremsflüssigkeit von der Vorderradbremse durch die Kupplungshydraulik. Treten Sie nicht zu fest, andernfalls könnte der Schlauch abrutschen.

⑥ Behalten Sie den Flüssigkeitsstand im Bremsflüssigkeits-Behälter im Auge. Der Pegel darf nicht unter die MIN-Marke absinken.

⑦ Wenn keine Luftbläschen mehr aus der Kupplungshydraulik im Bremsflüssigkeitsbehälter aufsteigen, können Sie beide Nippel zudrehen und den Schlauch abnehmen. Die Kupplungshydraulik ist entlüftet.

⑧ Kontrollieren Sie zum Schluss noch einmal den Pegel im Bremsflüssigkeits-Behälter.

Kupplung

Störungs-beistand

Störung	Ursache	Abhilfe
A Kupplung rutscht.	**1** Kupplungsbeläge abgenutzt.	Mitnehmerscheibe ersetzen lassen.
	2 Anpressdruck der Kupplung zu gering.	Kupplungsdruckplatte ersetzen lassen.
	3 Kupplungsbelag verölt.	Mitnehmerscheibe und defekte Getriebe- oder Kurbelwellendichtung ersetzen lassen.
	4 Kupplung wurde überhitzt.	Defekte Teile ersetzen lassen.
B Kupplung trennt nicht.	**1** Luft in der Kupplungshydraulik.	Entlüften, defektes Teil ersetzen.
	2 Mitnehmerscheibe klemmt auf Getriebewelle.	Kerbverzahnung reinigen und schmieren.
	3 Mitnehmerscheibe hat Schlag.	Mitnehmerscheibe ersetzen lassen.
	4 Mitnehmerscheibe verzogen oder Belag gebrochen.	Mitnehmerscheibe ersetzen lassen.
	5 Belag nach sehr langer Standzeit an Schwungrad festgerostet.	Brutal anfahren, Kupplungspedal dauernd durchgetreten halten. Gaspedal ruckartig durchtreten und loslassen, um die Kupplung loszubrechen. Andernfalls wechseln lassen.
C Kupplung trennt nicht und rutscht gleichzeitig durch.	Kupplungsdruckplatte defekt.	Auswechseln lassen.
D Kupplung rupft.	**1** Siehe A3.	
	2 Motor- oder Getriebeaufhängung locker oder defekt.	Motor- oder Getriebeaufhängung festziehen oder ersetzen.
	3 Unebenheiten auf der Anlagefläche von Schwungscheibe oder Druckplatte.	Defektes Teil ersetzen lassen.
	4 Falsche Beläge.	Mitnehmerscheibe ersetzen lassen.
E Kupplungs-geräusche.	**1** Unwucht der Kupplungsdruckplatte.	Defektes Teil ersetzen lassen.
	2 Torsions-Dämpferfeder defekt.	Mitnehmerscheibe ersetzen lassen.
	3 Ausrücklager defekt.	Ausrücklager ersetzen lassen.
	4 Nietverbindungen in der Kupplung locker.	Kupplungsdruckplatte ersetzen lassen.

Das Getriebe

Beim A4 kann man zwischen einem 5-Gang-Schaltgetriebe, einer neuartigen stufenlosen Automatik (multitronic) und einem automatisierten Getriebe mit Tiptronic wählen.
Die Vorwärtsgänge beim Schaltgetriebe sind alle vollsynchronisiert, die Übersetzungsverhältnisse der einzelnen Gänge genau auf die jeweilige Motorleistung abgestimmt.

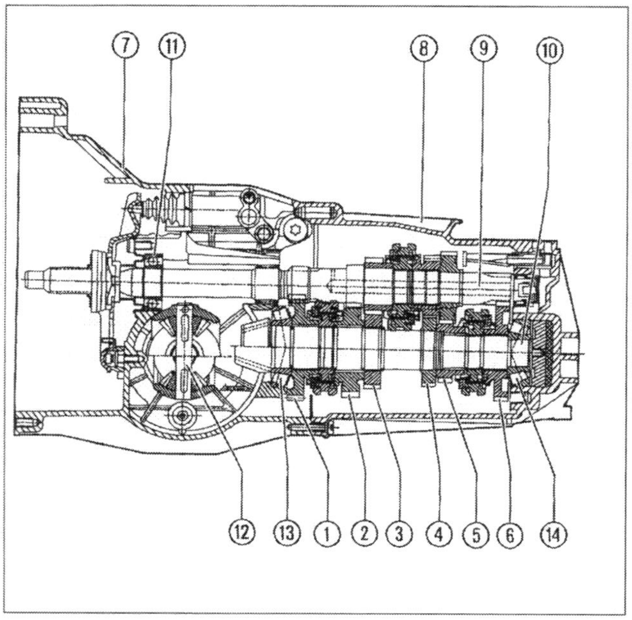

Das Fünfganggetriebe: *❶ 1. Gang, ❷ 2. Gang, ❸ 3. Gang, ❹ 4. Gang, ❺ 5. Gang, ❻ Rückwärtsgang, ❼ Getriebegehäuse, ❽ Getriebedeckel, ❾ Antriebswelle, ❿ Triebling, ⓫ Kugellager, ⓬ Ausgleichsgetriebe, ⓭ und ⓮ Kegelrollenlager.*

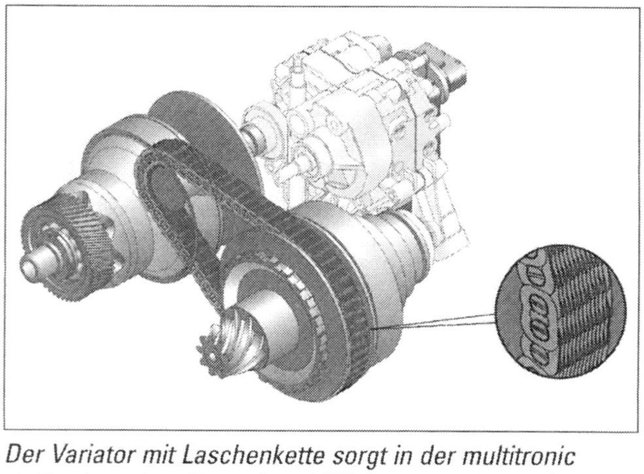

Der Variator mit Laschenkette sorgt in der multitronic dafür, dass der »Gummiband-Effekt« der herkömmlichen Automatikgetriebe der Vergangenheit angehört.

Die Zahnradsätze haben eine sehr hohe Lebenserwartung. Wenn das Getriebe trotzdem einmal defekt ist, müssen Sie die Reparatur der Werkstatt überlassen. Das Zerlegen der Wellen und Zahnräder erfordert Spezialwerkzeuge und viel Know-how. Selbst Fachwerkstätten schicken reparaturbedürftige Getriebe in der Regel zu einem Spezialbetrieb.

So funktioniert das Schaltgetriebe

Technik-lexikon

Die Motorleistung wird über die Kupplung auf die Antriebswelle (Eingangswelle) des Schaltgetriebes geleitet. Auf dieser Welle sitzen fünf Zahnräder (plus eines für den Rückwärtsgang). Diese Zahnräder stehen mit den dazu passenden Zahnrädern auf der Abtriebswelle ständig im Eingriff. Die Zahnräder auf beiden Wellen sind auf stiftartigen Rollen (Nadeln) gelagert – es besteht keine starre Verbindung zwischen Welle und Rad.

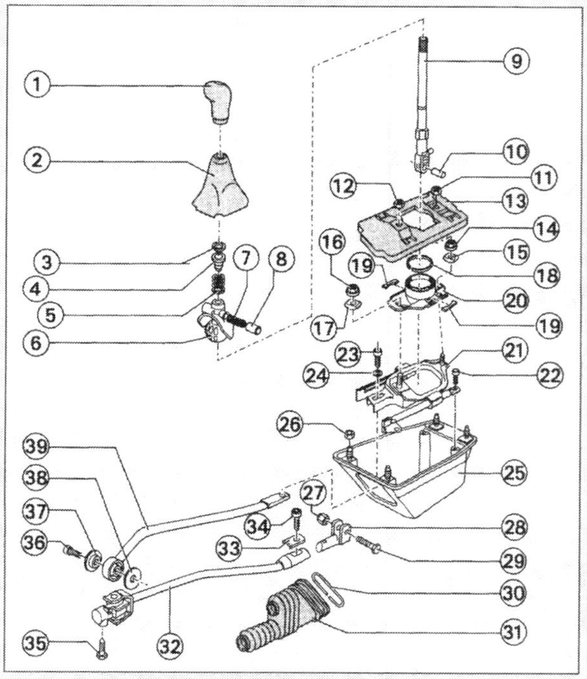

Schaltgänge Fünfganggetriebe: *❶ Schaltknopf, ❷ Abdeckung, ❸ Sicherungsring, ❹ Distanzbuchse, ❺ Druckfeder, ❻ Kugelanschlag, ❼ Druckfeder, ❽ Buchse, ❾ Schalthebel, ❿ Distanzrohr, ⓫, ⓬, ⓮, ⓰, (26) und (27) Mutter, ⓭ Abdeckung, ⓯ und ⓱ Verbindungsstück, ⓲ Sicherungsring, ⓳ Puffer, ⓴ Kugelgehäuse, (21) Schubstange, (22) und (23) Schraube, (24) Scheibe, (25) Schaltgehäuse, (28) Schaltgabel, (29), (34), (35) und (36) Schraube, (30) Spannring, (31) Faltenbalg, (32) Schaltstange, (33) Klemmstück, (37) und (38) Scheibe, (39) Schubstange.*

Zahnräder und Wellen

Die Zahnräder laufen frei um, bis eines von ihnen durchs Schalten in einen Gang mit seinem Gegenpart auf der anderen Welle gekuppelt wird. Dazu wird zunächst auf jeder Welle über einen Synchronring eine starre Verbindung zwischen Zahnrad und Welle hergestellt – das Zahnrad sitzt jetzt fest auf der Welle und kann eine kraftübertragende Verbindung mit dem Gegenrad eingehen. Damit die Zahnräder ineinandergreifen können, müssen zuerst die Drehzahlen der Wellen übereinstimmen. Zu diesem Zweck schleift ein Teil einer Welle über Reibelemente gegen ein Teil der anderen Welle. Durch die Reibung wird die schnellere Welle abgebremst, bis beide Wellen gleich (synchron) drehen.

Vorwärtsgänge und Rückwärtsgang

Die ersten drei Gänge übersetzen die Drehzahl ins Langsamere. Der vierte Gang ist der sogenannte direkte Gang, der die Motordrehzahl etwa im Verhältnis 1:1 überträgt. Im fünften Gang ist die Drehzahl der Abtriebswelle größer als die Motordrehzahl. Ein Auto muss natürlich auch rückwärts fahren können. Dazu sitzt auf jeder Antriebswelle ein zusätzliches Zahnrad, das den Drehsinn der Antriebsräder umkehrt. Mit dem Schalthebel wählen Sie den gewünschten Gang – eine Schaltstange überträgt die Bewegung des Schalthebels auf ein Schaltsegment am Getriebe.

*Am **Schnittmodell** ist das Prinzip der Schaltung gut zu erkennen: ❶ und ❸ Haltemuttern für das Schaltkugelgehäuse, ❷ und ❹ starre Reaktionsstange, ❺ Schaltstange.*

Die stufenlose multitronic

Das Fahrzeug mit der neuentwickelten multitronic beschleunigt besser, verbraucht weniger und fährt komfortabler als ein vergleichbares Fahrzeug mit einem 5-Gang-Handschaltgetriebe. Die Audi multitronic unterscheidet sich durch zahlreiche Änderungen, Verbesserungen und Eigenentwicklungen von bisher auf dem Markt befindlichen CVT-Systemen (Continuously Variable Transmission). Mit der optimierten Hydraulik stellen die Getriebeingenieure sicher, dass die Verstellvorgänge hochdynamisch vonstatten gehen und keinerlei Nachlaufeigenschaften mehr zur Folge haben. Damit gehört der bei bisherigen CVT-Getrieben als »Gummiband-Effekt« oder »Schleifende-Kupplung-Syndrom« kritisierte Nachteil der Vergangenheit an. Die zum Teil völlig neuartigen Regelabläufe der Elektronik tragen dazu bei, die Nachteile bisheriger CVT-Getriebe auszumerzen. Den schon erwähnten »Gummiband-Effekt« vermeidet eine elektronisch gesteuerte Drehzahlnachführung, die zu einem dynamischen Fahrverhalten bei gewohntem Geräuschbild führt.

Die Elektronik arbeitet darüber hinaus auch mit einer Fahrer- und Umwelterkennung, dem »Dynamischen Regelprogramm DRP«. Dieses ermisst an der Art der Gaspedalbewegung, ob der Fahrer eher leistungs- oder verbrauchsorientiert fahren möchte. In letzterem Fall stellt sie auf der Basis eines gespeicherten Economy-Kennfelds die Motordrehzahl schon ab Tempo 60 auf niedrige Übersetzung (Overdrive). Gibt der Fahrer Vollgas (Kickdown), stellt sie sofort auf das gespeicherte Sportkennfeld um und schaltet die Übersetzung so zurück (Underdrive), dass die für maximale Leistung erforderlichen hohen Drehzahlen schon bei niedrigen Geschwindigkeiten zur Verfügung stehen. Im normalen Fahrbetrieb wählt sie zwischen beiden Extremen die jeweils günstigste Übersetzung aus, wobei alle Übersetzungsänderungen im Gegensatz zu den Schaltvorgängen eines Stufenautomaten völlig ruckfrei und unmerklich vonstatten gehen. Die Elektronik erkennt aber auch Steigungen und Gefälle und unterstützt dabei den Fahrer durch Lastkompensation beziehungsweise erhöhtes Motorbremsmoment. Der Clou dieser Elektronik ist der als Option vorgesehene sogenannte »manuelle Modus«, bei dem sechs feste Übersetzungsstufen per Tipfunktion in der bekannten zweiten Schaltebene rechts oder per Wippschalter am Lenkrad geschaltet werden können, und zwar ebenfalls völlig ruckfrei.

So funktioniert der Variator

Technik-lexikon

Bei der multitronic haben die Audi-Techniker den Variator des stufenlosen Getriebes durch ein neues Übertragungselement, die so genannte Laschenkette, der dauerhaften Übertragung der hohen Kräfte und Drehmomente angepasst.

Dabei übertrifft der Variator mit der so genannten Übersetzungs-Spreizung von 6 alle bisherigen Automatikgetriebearten hinsichtlich größter und kleinster Übersetzung. Dank der hohen größtmöglichen Übersetzung erleichtert der Variator zum Beispiel das Anfahren und ermöglicht den Verzicht auf einen hydraulischen Drehmomentwandler.

Stattdessen verwendet Audi eine ölgekühlte Lamellenkupplung, die nicht nur die typischen Übertragungsverluste des Drehmomentwandlers vermeidet, sondern auch verschiedene Anfahrstrategien verwirklicht. Sie werden von der elektronischen Steuerung entsprechend des Fahrerwunsches ausgewählt, der wiederum an der Art der Gaspedalbewegung erkannt wird.

Ausserdem wurde die Hydraulik durch ein sinnfälliges Doppelkolben-Prinzip am Variator und durch die Aufteilung des Ölstroms in Hochdruck- und Kühlkreislauf so ausgelegt, dass gegenüber konventioneller Auslegung eine deutlich reduzierte Pumpleistung benötigt wird. Damit verbessern sich der Getriebewirkungsgrad und damit die möglichen Fahrleistungen.

Die Laschenkette des Variators in der multitronic macht einen hydraulischen Drehmomentwandler überflüssig.

Magnesium-getriebe

Praxistipp

Im Audi A4 werden neben Schaltgetrieben mit Aluminiumgehäuse auch Schaltgetriebe verbaut, bei denen das Getriebegehäuse aus Magnesium besteht.

Um Kontaktkorrosion zu vermeiden, dürfen Sie nur Original-Audi-Teile (Schrauben und Anbauteile). Schäden durch Kontaktkorrosion fallen nicht unter die Gewährleistung. So erkennen Sie ein Magnesiumgetriebe: Der Schriftzug »Mg Al 9 Zn 1« befindet sich auf der linken Getriebeseite.

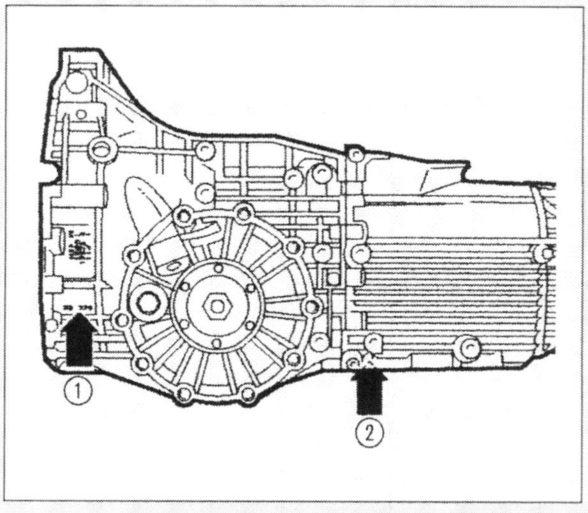

Im Bereich der Pfeile ❶ und ❷ befindet sich bei Getrieben aus Magnesium der Schriftzug »Mg Al 0 Zn 1«.

Schaltung einstellen

Wenn die Schaltung Probleme bereitet, kann sie mit Hilfe eines Helfers ohne großen Aufwand eingestellt werden. Kontrollieren Sie vor Arbeitsbeginn, ob die Teile der Schaltbetätigung nicht verbogen und die Lagerbuchsen nicht verschlissen sind. Außerdem müssen die Schaltbetätigung leichtgängig und Getriebe, Kupplung und Kupplungsbetätigung in einwandfreiem Zustand sein. Vom eingelegten 5. Gang aus darf ein direktes Durchschalten in den Rückwärtsgang nicht möglich sein. Wenn ein direktes Durchschalten möglich ist oder wenn nur der 5. Gang und der Rückwärtsgang nicht eingelegt werden können, ist die Sperreinrichtung für diese Gänge zu überprüfen und gegebenenfalls zu ersetzen.

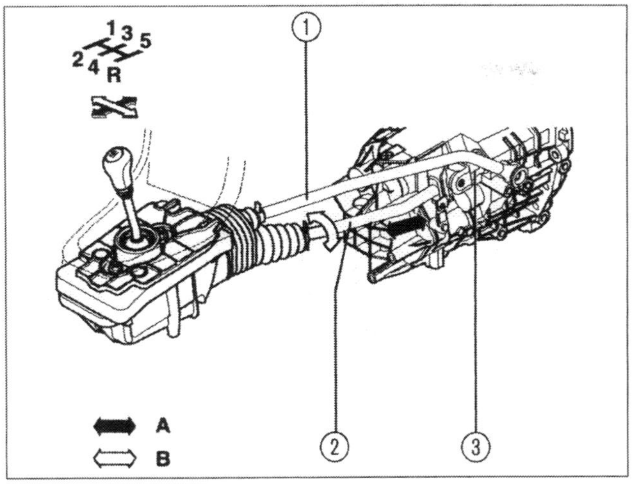

Einbaulage der Schaltbetätigung:
❶ *Schaltstange,* ❷ *Schubstange - vorn,* ❸ *Getriebeschalthebel. Pfeil* **A** *Schaltbewegung, Pfeil* **B** *Wählbewegung.*

Arbeitsschritte

① Schalten Sie den Leerlauf ein.

② Der Schaltknopf wird zusammen mit der Schalthebelabdeckung und der Abdeckung für die Mittelkonsole ausgebaut.

③ Heben Sie die Abdeckung für die Mittelkonsole nach oben (Pfeile) ab.

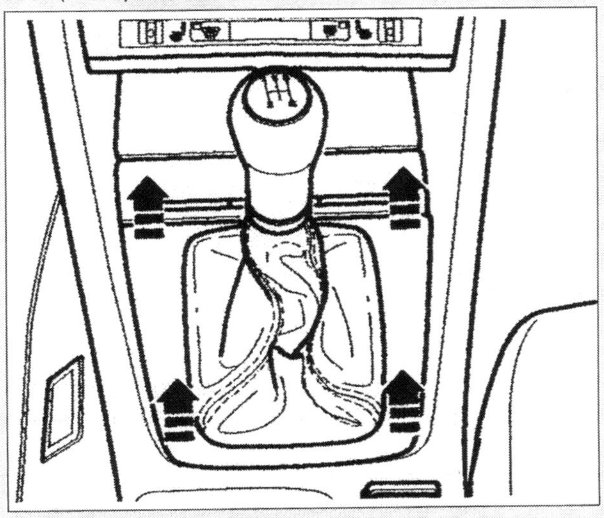

Abdeckung für Mittelkonsole.

④ Entriegeln Sie das Anschlussteil ❶ in Pfeilrichtung und ziehen Sie den Schaltknopf zusammen mit der Schalthebelabdeckung nach oben ab.

⑤ Heben Sie die Abdeckung ❶ zuerst in Pfeilrichtung **A** hoch und ziehen Sie diese in Pfeilrichtung **B** heraus. Drehen Sie die Schrauben (Pfeile **C**) heraus und ziehen Sie anschließend den Aschenbecher ❷ aus der Mittelkonsole.

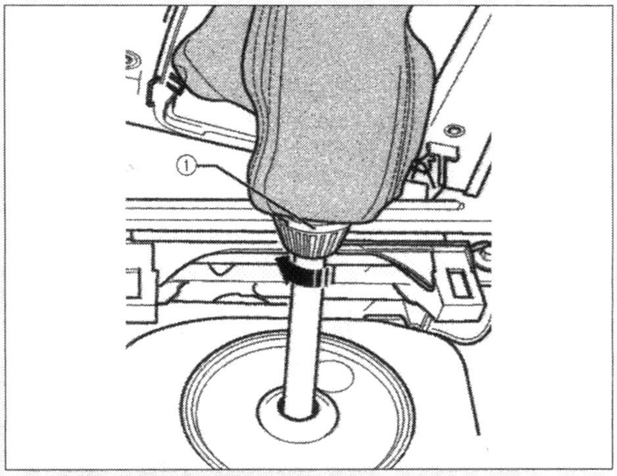

Anschlussteil entriegeln.

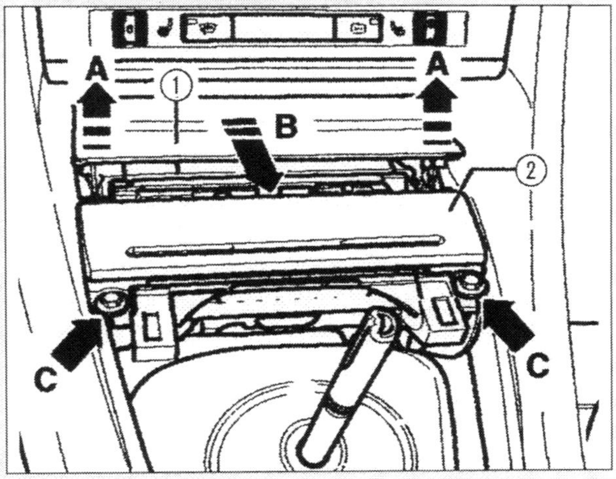

Abdeckung herausziehen.

⑥ Heben Sie die Dämpfungsscheibe ❶ und die Geräuschdämmung ❷ nach oben heraus.

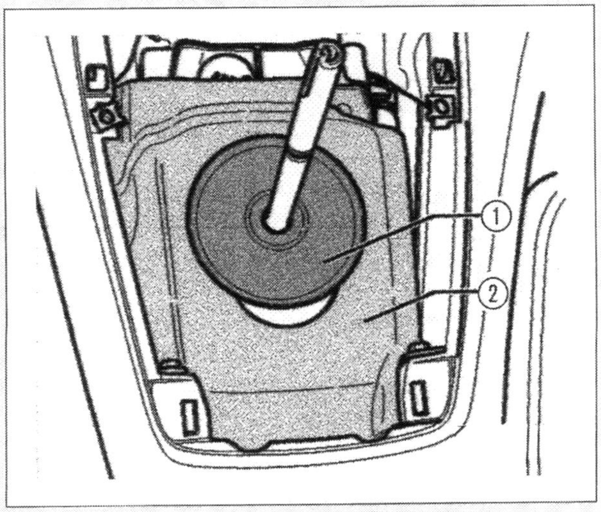

Dämpfungsscheibe und Geräuschdämmung.

⑦ Schrauben Sie die Geräuschabdeckung für das Schaltgehäuse (Pfeile) ab. Die darunter liegenden vier Befestigungsmuttern für das Schaltgehäuse sind abzuschrauben, damit das Schaltgehäuse abgesenkt werden kann.

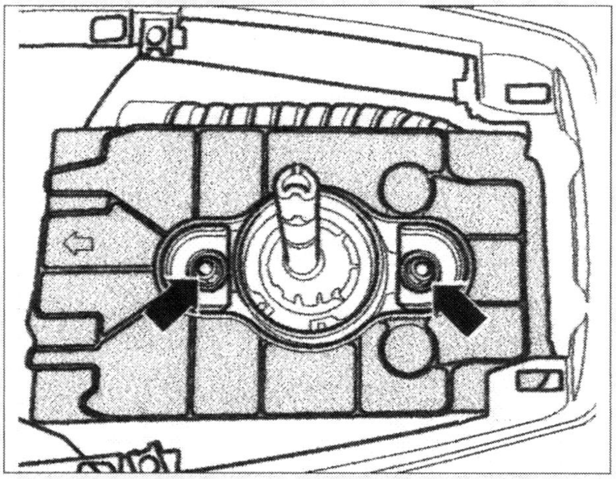

Geräuschabdeckung für das Schaltgehäuse.

⑧ Jetzt können Sie den Abstand **a** zwischen den beiden Gewindebolzen in der Schaltbetätigung messen. Gemessen wird von Bolzenmitte zu Bolzenmitte. Der Sollwert beträgt 85 mm.

⑨ Ist das nicht der Fall, kann der exakte Abstand **a** wie folgt hergestellt werden: Schraube (Pfeil) für die Schubstange lösen. Die Schubstange hinten (in der Schaltbetätigung) muss sich leicht auf dem Schiebestück vor und zurück bewegen lassen. Maß **a** durch Verschieben der Spurstange einstellen und Schraube mit 25 Nm festziehen.

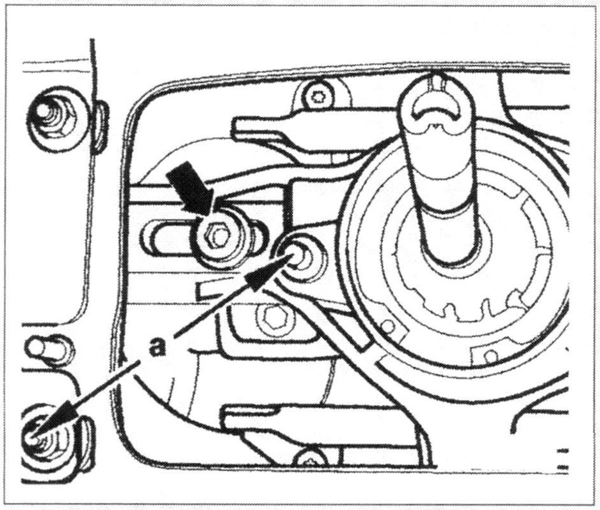

Der Sollwert des Abstands a beträgt 85 mm.

⑩ Lösen Sie dann die Schraube für die Schaltstange (Pfeil). Die Verbindung Schaltstange/Schaltbetätigung muss leicht gängig sein.

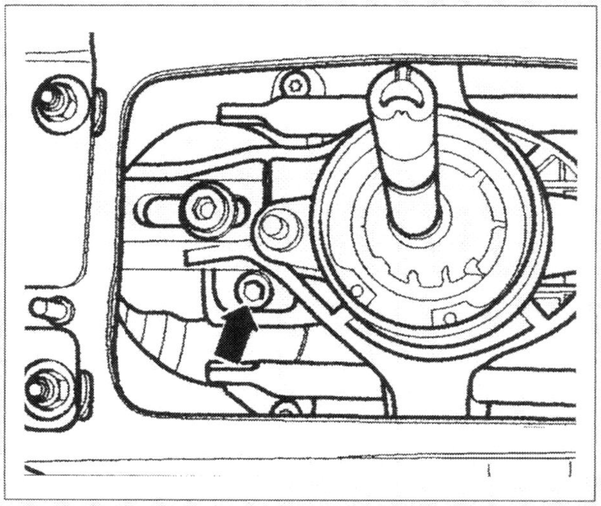

Schraube für Schaltstange.

⑪ Zentrieren Sie nun den Schalthebel unten mittig in der Kugelpfanne. Der Abstand von der Kugelpfanne zum Schalthebel unten (Pfeile) muss an allen Stellen gleich sein. Der Schalthebel steht in Fahrtrichtung senkrecht. Schalthebel in dieser Stellung festhalten.

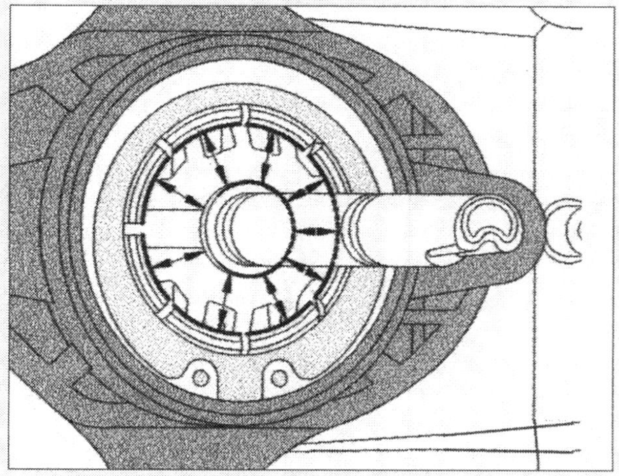

Schalthebel zentrieren.

⑫ Ziehen Sie die Schraube für die Schaltstange mit 25 Nm an. Die Lage darf beim Festziehen der Schraube nicht verändert werden.

⑬ Nachdem Abdeckungen und Schaltknopf wieder montiert sind, prüfen Sie, ob die Einstellung korrekt ist: Steht der Schalthebel im Leerlauf in der Gasse für den 3. und 4. Gang? Lassen sich bei getretenem Kupplungspedal alle Gänge sauber durchschalten? Achten Sie dabei besonders auf die Funktion der Rückwärtsgang-Sperre. Der Schalthebel muss sich auch selbsttätig von der Gasse des 5. Ganges in die Gasse des 3. und 4. Ganges zurückstellen. Der Schalthebel darf beim Durchschalten nicht an der Abdeckung für die Mittelkonsole anstoßen.

Getriebeölstand kontrollieren

Das Schaltgetriebe ist mit einer Dauerfüllung versehen. Denn im Getriebe wird – anders als im Motor – das Schmiermittel nicht verbraucht. Getriebeöl kann jedoch durch undichte Stellen ins Freie gelangen. Zeigt das Getriebegehäuse von außen keine öldurchtränkte Schmutzkruste, dürfte kaum Öl fehlen. Andernfalls muss der Ölstand geprüft werden. Bei Automatikgetrieben kann der Ölstand nur mit einem speziellen Diagnosegerät geprüft werden (Arbeit einer Fachwerkstatt).

Spezifikation des Herstellers

Wenn Sie Öl nachfüllen, muss das Schmiermittel den Anforderungen des Herstellers entsprechen: Synthetik-Getriebeöl G 052 911 SAE 75 W-90. Ein kompletter Ölwechsel ist nur nach Getriebereparaturen fällig.

Arbeitsschritte | 30 000 km / 12 Monate

① Zur Ölstandsprüfung muss das Fahrzeug absolut waagerecht stehen. Am besten eignet sich hierzu eine Montagegrube oder eine 4-Säulen-Hebebühne. Die Öleinfüllschraube befindet sich meist links am Getriebe unterhalb des Gebers für den Geschwindigkeitsmesser. Sie kann vom Wärmeschutzblech für die Gelenkwelle verdeckt werden.

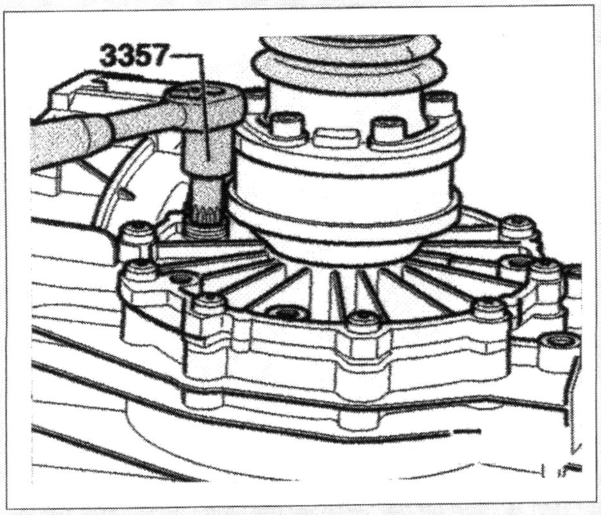

Öleinfüllschraube herausdrehen.

② Öleinfüllschraube aus dem Getriebegehäuse herausdrehen. Läuft bereits etwas Getriebeöl heraus, stimmt der Ölstand. Wollen Sie bei der Kontrolle ganz sicher gehen, biegen Sie ein Stück Draht rechtwinklig ab und prüfen Sie damit den Ölstand von der Unterkante der Einfüllöffnung aus. Bei den meisten Getrieben soll der Ölstand sieben Millimeter unterhalb der Einfüllöffnung sein.

③ Zulässig ist auch eine Befüllung bis zur Unterkante.

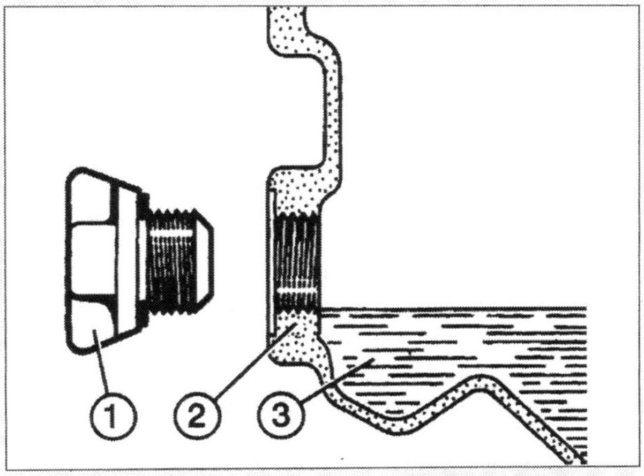

***Getriebeölstand:** Nach Herausdrehen der Einfüllschraube ❶ steht das Öl ❸ an der Unterkante ❷ der Öffnung.*

④ Stimmt der Ölstand, Einfüllschraube einschrauben und festziehen.

Getriebeöl wechseln

Arbeitsschritte

① Wenn Sie das Getriebeöl wechseln, gehen Sie zunächst wie bei der Kontrolle vor; stellen Sie dann eine Auffangwanne unter das Fahrzeug. Günstig ist es, den Motor vorher auf normale Betriebstemperatur gebracht zu haben, damit das warme und dünnflüssige Getriebeöl vollständig abläuft.

② Ölablassschraube unten am Getriebe herausschrauben, Öl auslaufen und ganz abtropfen lassen. Ölablassschraube mit neuer Dichtung einschrauben und festziehen.

③ Für den Ölwechsel sind Trichter, Schlauch oder eine Ölspritzkanne hilfreich. Das Einfüllen des sehr zähflüssigen Getriebeöls durch die seitliche Getriebeöffnung ist allerdings eine Geduldsprobe.

④ Einige Zeit warten, bis sich der Ölstand beruhigt hat. Dichtflächen der gut gereinigten Einfüllschraube mit Dichtmittel bestreichen. Einfüllschraube einschrauben und mit 25 Nm festziehen. Fahrzeug wieder auf den Boden ablassen.

Praxistipp

Getriebgeräusche

Geräusche aus dem Getriebe bedeuten fast immer einen Verschleiß von Zahnrädern oder Wellenlagern. Solche Geräusche treten meist nur bei Fahrzeugen auf, die schon eine hohe Laufleistung auf dem Buckel haben. Kontrollieren Sie in diesem Fall zunächst einmal den Ölstand im Getriebe.

- Ein heulendes Geräusch nur in einem Gang bedeutet, dass die Verzahnung des betreffenden Gangradpaares vermutlich verschlissen ist.
- Bei Geräuschen in allen Gängen liegt die Ursache am Achsantrieb oder an den Wellenlagern des Getriebes.
- Rauhe, mahlende Geräusche, die erst bei warmem Getriebe hörbar werden, deuten auf schlagende Synchronringe hin.

Das Automatikgetriebe

Das Automatikgetriebe übernimmt beim Anfahren die Aufgaben der herkömmlichen Kupplung. Während der Fahrt erledigt die Automatik die sonst übliche Schaltarbeit. Als Schmierstoff für das automatische Getriebe dient ATF (Automatic Transmission Fluid), für den eine Lebensdauerfüllung vorgesehen ist
Die wesentlichen Baugruppen des Automatikgetriebes sind bei der tiptronic der Drehmomentwandler, Planetengetriebe und hydraulische und/oder elektronische Getriebesteuerung. Das Planetengetriebe ist der mechanische Teil des automatischen Getriebes und wird über Kupplungen und Bremsen ohne Kraftflussunterbrechung geschaltet. Die drehenden Teile im Getriebe werden durch eine Band- und eine Lamellenbremse festgehalten. Der Drehmomentwandler überträgt das Motordrehmoment auf das Getriebe und dient als hydraulische Anfahrkupplung. Bei der multitronic macht der Variator mit Laschenkette (siehe Technik-Lexikon »So funktioniert der Variator«) den Drehmomentwandler überflüssig.
Ein Automatikgetriebe ist ohne den Großeinsatz von Elektronik heute nicht mehr denkbar. Es verfügt über ein eigenes Steuergerät, das in ständigem Austausch mit dem Motorsteuergerät steht. Dieses liefert Informationen über Motordrehzahl, Kraftstoffverbrauch und Drosselklappenstellung. Andere wichtige Größen für die Automatik-Regelung kommen vom ABS-Steuergerät (für die Antriebsschlupfregelung), dem Wählhebel und verschiedenen Sensoren im Getriebe.

Der Drehmomentwandler

Zwischen Planetengetriebe und Motor sitzt ein hydraulischer Drehmomentwandler, der mittels einer Wandlerflüssigkeit das eingeleitete Motor-Drehmoment ans Getriebe weitergibt. Dazu treibt der Motor im Drehmomentwandler ein Pumpenrad an – die ATF-Flüssigkeit wird über ein sogenanntes Leitrad gegen das mit dem Getriebe verbundene Turbinenrad gedrückt, das sich dann in Bewegung setzt.
Zwischen dem Pumpenrad und dem Turbinenrad besteht immer eine gewisse Drehzahldifferenz. Sie ist beim Anfahren am größten und nimmt mit zunehmender Geschwindigkeit immer mehr ab. Es herrscht also immer ein gewisser Schlupf. Bei hohen Drehzahlen werden nur noch 85 Prozent des Motordrehmoments weitergeleitet – ein Grund für den gegenüber handgeschalteten Getrieben höheren Verbrauch.
Um diesen Nachteil zu vermeiden, werden die Automatikgetriebe mit einer Wandlerüberbrückungskupplung ausgestattet. Sie ist einer Kupplungsscheibe nicht unähnlich: Bei geschlossener Überbrückungskupplung drückt ein Reibbelag auf den Wandlerdeckel, auf der anderen Seite ist die Kupplung über eine Verzahnung mit der Getriebeeingangswelle formschlüssig verbunden. Die Zahnradpumpe für das Getriebeöl ATF (Automatic Transmission Fluid) wird durch den Drehmomentwandler angetrieben.

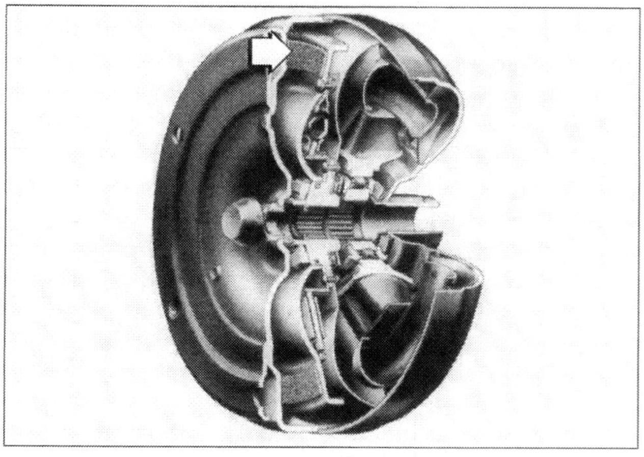

Das Schnittbild des Drehmomentwandlers zeigt die Schaufeln des Pumpenrades und des Leitrades. Der Pfeil deutet auf den Reibbelag der Wanderkupplung, die – außer bei kalter ATF – ab höheren Geschwindigkeiten zur Vermeidung von Schlupf auf starren Durchtrieb schaltet.

Die Sensoren

- **Getriebeingangsdrehzahl.** Dieses Signal benötigt das Steuergerät, um die Schaltübergänge möglichst sanft regeln zu können. Fällt dieser Sensor aus, läuft das Getriebe im Notlaufprogramm.
- **Getriebedrehzahl.** Dieser Sensor informiert über die gefahrene Geschwindigkeit. Von ihr hängt ab, welcher Gang geschaltet wird und wie der Schaltdruck bei den Schaltübergängen eingestellt wird. Fällt der Sensor aus, kommt der Notlauf zum Einsatz.
- **Kickdown-Schalter.** Tritt der Fahrer das Gaspedal bis zum Anschlag, schaltet das Getriebe bis zu zwei Stufen direkt herunter, danach eine weitere. Nagelt der Fahrer das Gaspedal länger am Bodenblech fest, wird die Klimaanlage abgeschaltet, um mehr Motorleistung zur Verfügung zu stellen. Fällt dieser Schalter aus, holt sich das Steuergerät entsprechende Informationen vom Drosselklappen-Geber.
- **Bremslichtschalter.** Das Steuergerät löst die Wählhebelsperre bei stehendem Fahrzeug, wenn das Bremspedal getreten wird. Bei rollendem Fahrzeug und getretener Bremse nimmt der Computer Bergabfahrt an und schaltet herunter.
- **Getriebeöltemperatur.** Steigt die ATF-Öltemperatur auf über 120 Grad, wird die Wandlerüberbrückung früher geschlossen.
- **Signal vom ABS/ASR-Steuergerät.** Wenn die Antriebsschlupfregelung aktiviert wird, schaltet die Automatik weniger und verschiebt die Schaltzeitpunkte.
- **Signale vom Motorsteuergerät** über Motordrehzahl, Verbrauch und Drosselklappenstellung. All diese Informationen werden zur Berechnung des optimalen Schaltzeitpunktes gebraucht. Wird die Verbindung unterbrochen, arbeitet das Getriebe im Notlauf.

Das Notlaufprogramm

Fallen wichtige Sensoren aus, schaltet das Steuergerät auf ein Notlaufprogramm. Der Notlauf ist der Zustand des Steuergeräts, um bei erkannten Fehlern die Fahrsicherheit weiter zu gewährleisten, das Getriebe vor Schaden zu schützen und dabei das Fahrverhalten so wenig wie nötig zu beeinträchtigen. Ihr Fahrzeug bleibt weiterhin fahrtüchtig, muss aber natürlich so schnell wie möglich in die Werkstatt. In diesem Programm sind alle Magnetventile im Getriebe stromlos und werden von Federn in ihre Ruheposition gedrückt. Vorwärts fährt das Auto nur noch im vierten Gang. Der Rückwärtsgang funktioniert noch, die Wandlerüberbrückungskupplung wird jedoch nicht mehr geschlossen. Beachten Sie in solchen Situationen die Ganganzeige im Tacho: Wenn alle Segmente aufleuchten, ist das Steuergerät noch aktiv. Ist alles dunkel, funktioniert auch das Steuergerät nicht mehr. In diesem Fall ist die Wählhebelsperre nicht aktiviert.

Stellungen des Wählhebels

Technik-lexikon

Bei tiptronic oder multitronic hat der Wählhebel eine zweite Wahlgasse, um die Gänge manuell zu schalten. Tippt der Fahrer dort den Wählhebel nach vorn (+), schaltet das Getriebe einen Gang höher. Der Druck nach hinten (-) schaltet einen niedrigeren Gang.

P (Parken). In dieser Position wird das Antriebsrad im Ausgleichsgetriebe des Getriebes blockiert. Dazu greift eine Klaue in ein mit Nocken versehenes Rad am Antriebsrad des Ausgleichsgetriebes. Die Räder lassen sich in dieser Stellung nicht drehen und bleiben blockiert. Wenn Sie Ihren Wagen parken, sollten Sie den Wählhebel auf »P« stellen – allerdings nur bei stehendem Fahrzeug. Zum Herausnehmen des Wählhebels aus dieser Stellung muß das Bremspedal getreten werden.

R (Rückwärtsgang). Um diesen Gang einzulegen, muss der Wagen stehen und der Motor im Leerlauf drehen. Wird während der Vorwärtsfahrt irrtümlich der Rückwärtsgang eingelegt, verhindert oberhalb einer bestimmten Geschwindigkeit ein Sicherheits-Steuerventil das Einrücken der Rückwärtsgang-Kupplung.

N (Neutral). In dieser Position besteht zwischen Motor und Antriebsrädern keine Verbindung. Im Gegensatz zur »P«Stellung sind die Antriebsräder nicht blockiert, da alle Kupplungen gelöst sind und kein Radsatz festgehalten wird. Zum Herausnehmen des Wählhebels aus dieser Stellung muss das Bremspedal getreten werden.

D (Drive). In dieser Stellung wird auf die Vorwärtskupplung ein hydraulischer Druck ausgeübt. Dadurch wird das Drehmoment des Motors auf die Antriebsräder gebracht. Bewegt sich der Wagen dabei mit »Kriech«-Geschwindigkeit vorwärts, kann das durch leichtes Bremsen verhindert werden. Beim Beschleunigen besteht normaler Fahrbetrieb mit allen Fahrstufen.

Wählhebelsperre: Zum Einlegen von »R« und »P« sowie zum Verlassen von »P« muss erst der seitliche Sperrknopf am Wählhebel gedrückt werden. Der Motor kann nur in Wählhebelstellung »P« oder »N« angelassen werden. Bei eingelegter »R« oder »D«-Position verhindert ein Sicherheitsschalter am Getriebe den Startvorgang.

Zündschlüsselabzugssperre. Der Zündschlüssel lässt sich nur abziehen, wenn die Parkstellung P geschaltet ist.

Schalthebel für multitronic.

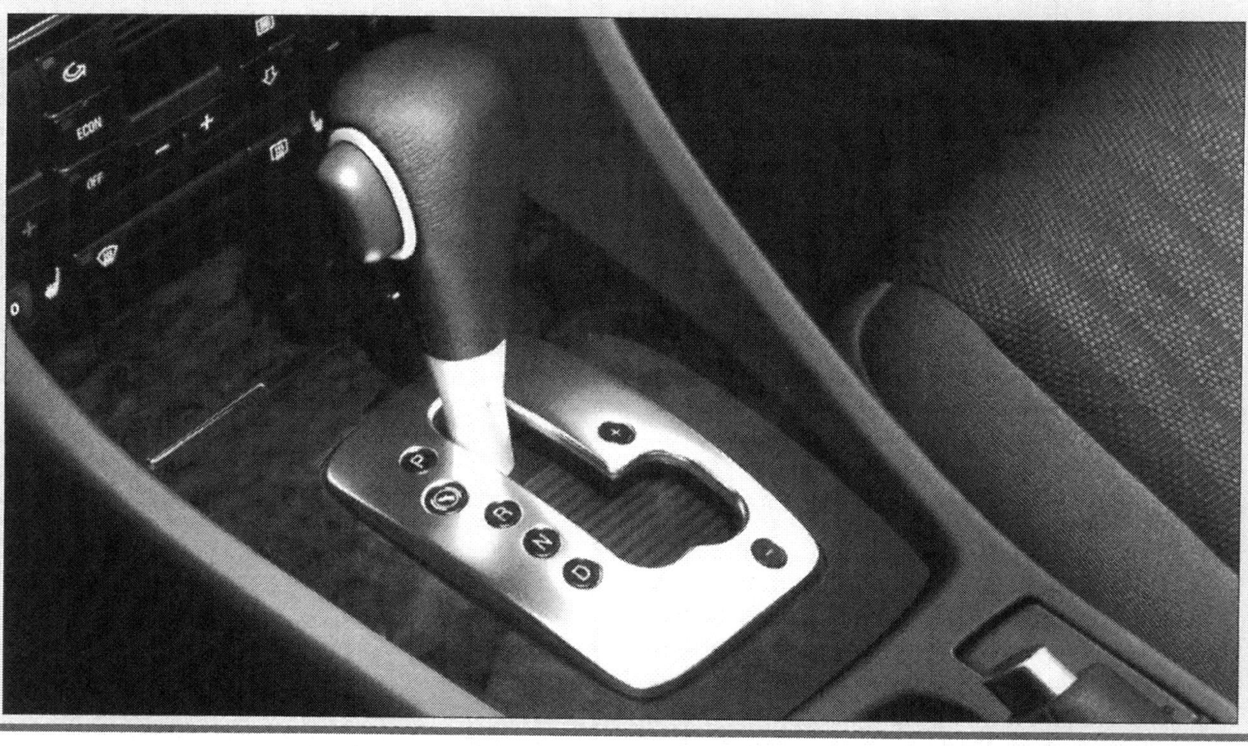

Automatikgetriebe prüfen

Achten Sie während der Fahrt gelegentlich darauf, ob das Automatikgetriebe noch richtig funktioniert. Die Art, wie die Schaltvorgänge erfolgen, gibt Aufschluss über den Zustand des Automatikgetriebes.

Arbeitsschritte

Hochschalten. Bei teilweise durchgetretenem Gaspedal ist der Gangwechsel kaum wahrnehmbar; bei Vollgas oder Kickdown werden die Übergänge zwar etwas deutlicher, doch muß der höhere Gang stets geschmeidig fassen. Kurzes Hochdrehen des Motors beim Gangwechsel deutet auf Fehler hin, die genauer untersucht werden müssen.

Herunterschalten. Das Herunterschalten darf bei niederen Geschwindigkeiten (Fuß vom Gas) kaum spürbar sein. Ein Stoß ist beim Zurückschalten mit Teil- oder Vollgas normal. Das Zurückschalten ohne Gas mit dem Wählhebel dauert eine bis zwei Sekunden. Wird bei zwangsweisem Zurückschalten mit dem Wählhebel zugleich Gas gegeben, erfolgt der Gangwechsel ohne Verzögerung.

Praxistipp

Vorsicht beim Abschleppen

Springt Ihr Auto mit Automatikgetriebe einmal nicht an, hilft Anschieben oder Anschleppen nicht weiter. Der hydraulische Drehmomentwandler kann bei stehendem Motor keine Verbindung zum Motor herstellen. Versuchen Sie es daher zunächst mit Starthilfekabeln. Wollen Sie Ihr Fahrzeug abschleppen lassen, dann nur in Vorwärtsrichtung bei Wählhebelstellung »N«. Dabei nicht schneller als 50 km/h fahren und höchstens 50 km weit schleppen – sonst reicht die Getriebeschmierung wegen Überhitzung nicht aus. Lassen Sie im Zweifelsfall das Auto lieber verladen.

Mit dem Abschleppwagen darf das Fahrzeug nur vorn angehoben werden.

Automatikgetriebe

Störungs-beistand

Störung	Ursache	Abhilfe
A Verzögerter Einschaltstoß bei manueller Gangwahl.	**1** ATF-Stand stimmt nicht.	Prüfen lassen.
	2 Mehrfachstecker sitzen nicht korrekt oder sind oxidiert.	Alle Steckverbindungen kontrollieren.
	3 ATF verunreinigt.	ATF wechseln lassen.
	4 Gestörte Kupplungs- oder Bremsband-Funktion bzw. falscher Steuerdruck.	Druckprüfung durchführen lassen.
	5 Schaltzug beschädigt, klemmt oder falsch eingestellt.	Einstellen (lassen).
B Harter Einschaltstoß bei Vorwärts- oder Rückwärtsgang-Vorwahl.	**1** Siehe A1 – 4.	
	2 Leerlaufdrehzahl zu hoch.	Leerlaufdrehzal einstellen (lassen).
	3 Unterdrucksystem undicht.	»Falschluft«-Prüfung durchführen.
	4 Achswellengelenke oder Motorlager ausgeschlagen.	Kontrollieren und ggf. erneuern (lassen).
C Schaltzeitpunkte unkorrekt.	**1** Siehe A1, 3 und 4.	
	2 Steuergerät hat Defekt.	Überprüfen und ggf. austauschen lassen.
D Fahrzeug fährt in der 2. oder 3. Fahrstufe an.	**1** Siehe A1, 4 und 5.	
	2 Siehe C2.	
	3 Druckprobleme durch innere Undichtigkeiten.	Druckprüfung durchführen und Getriebe überholen lassen.
E Getriebe schaltet direkt von der 1. in die 3. Fahrstufe.	**1** Siehe A1 und 4.	
	2 Bremsband verschlissen.	Erneuern lassen.
F Kein Zurückschalten bei Kickdown.	**1** Siehe A1, 4 und 5.	
	2 Siehe C2.	
G Motor dreht beim Zurückschalten zwischen den Fahrstufen hoch.	**1** Siehe A1, 4 und 5.	
	2 Siehe C2.	
	3 Siehe E2.	
H Keine Motor-Bremswirkung.	**1** Siehe A1 – 5.	
	2 Siehe C2.	
	3 Siehe E2.	
I Parksperre hält nicht in Wählhebelposition »P«.	**1** Siehe A5.	
J Motor kann in »N« oder »P« nicht gestartet werden.	**1** Siehe A2 und 5.	
	2 Magnetschalter defekt.	Kontrollieren und ggf. auswechseln lassen.
	3 Bremsfunktionsschalter defekt.	Kontrollieren und ggf. auswechseln.

Automatikgetriebe (Fortsetzung)

Störungs-beistand

Störung	Ursache	Abhilfe
K Motor kann in allen Wählhebel-positionen gestartet werden.	**1** Siehe A5.	
	2 Schalter der Startsperre defekt oder Kabel hat Masseschluss.	Überprüfen und ggf. austauschen lassen.
L Kein Antrieb in allen Wählhebel-positionen.	**1** Siehe A1 und 5.	
	2 Innere Undichtigkeiten.	Druckprüfung durchführen und Getriebe überholen lassen.
	3 Kupplungen oder Bremsband verschlissen.	Getriebe überholen lassen.
	4 Drehmomentwandler defekt.	Austauschen lassen.
M Kein Antrieb im Rückwärtsgang bzw. Schlupf und Rattern (Vorwärtsgänge in Ordnung).	**1** Siehe A1 und 5.	
	2 Rückwärtskupplung verschlissen.	Überprüfen lassem.
N Kein Antrieb in Wählhebelposition »D«, »1« und »2« (Rückwärtsgang in Ordnung	**1** Siehe A1, 4 und 5.	
	2 Siehe L3.	
O Kein Hochschalten in Wählhebel-stellung »D«.	**1** Siehe A1 und 3 – 5.	
	2 Siehe C2.	
P Schlürfgeräusche oder plötzliche Kraftschlussunter-brechung beim Anfahren.	**1** Siehe A1, 4 und 5.	
Q Getriebe wird zu heiß.	**1** Siehe A1, 3 und 4.	
	2 Siehe B2.	
	3 Zuglast (bei Hängerbetrieb) zu hoch.	Siehe Kfz-Schein.
	4 Ölkühler und/oder Ölleitungen verengt oder verstopft.	Reinigen oder auswechseln (lassen).

Der Achsantrieb

Das Getriebe gibt das gewandelte Drehmoment über ein kleines und ein großes Zahnrad (Achsantriebsrad) an den Achsantrieb weiter. An das große Zahnrad ist das Gehäuse des Achsantriebs angeschraubt. Die Antriebswellen stellen die kraftschlüssige Verbindung zwischen Achsantrieb und Radnabe her.

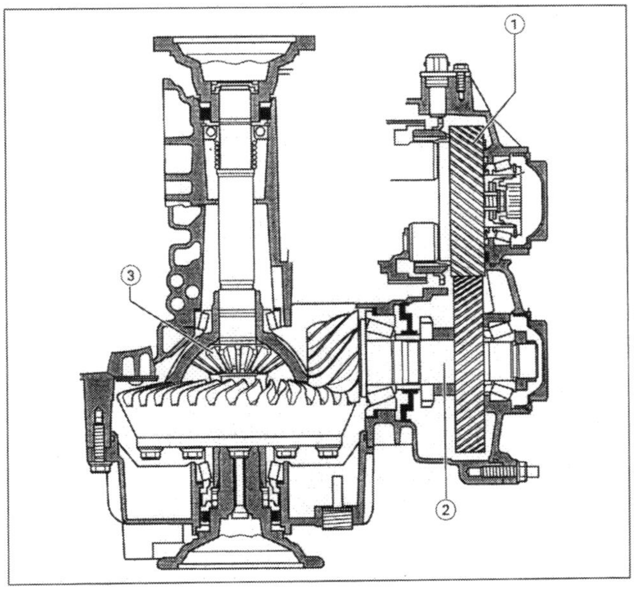

Achsantrieb im Schnitt. *Die Kraft verläuft über das Antriebsrad ❶ über den Triebling ❷ zum Ausgleichsgetriebe ❸, das auch Differenzial genannt wird.*

Achsantrieb und Antriebswellen

Achsantrieb: Sitzt mit dem Ausgleichsgetriebe (Differenzial) und dem Schaltgetriebe beziehungsweise Automatikgetriebe in einem Gehäuse. Darin befinden sich auch vier ineinandergreifende Kegelräder, von denen zwei mit den Antriebswellen verbunden sind.

Geradeausfahrt: Beide Vorderräder rollen mit der Drehzahl des Achsantriebsrades. Das Ausgleichsgetriebe dreht im gleichen Tempo, die Kegelräder stehen still.

Kurvenfahrt: Das kurvenäußere Rad muss einen längeren Weg zurücklegen als das innere. Die unterschiedlichen Radumdrehungen müssen also ausgeglichen werden, da sonst der Wagen ruckartig mit durchdrehenden Vorderrädern durch die Kurven fahren würde. Jetzt treten die Kegelräder in Aktion: Die schnellere Drehung des äußeren Kegelrades wirkt über die beiden Übertragungskegelräder auf das Kegelrad auf der Kurveninnenseite ein. Dieses dreht sich dann langsamer.

Kraftübertragung auf Räder (vom Ausgleichsgetriebe): Erfolgt über zwei Antriebswellen (Gelenkwellen) auf die Vorderräder. Es kommen dabei zwei verschiedene Gelenk-Typen zum Einsatz: Eine Version sind die so genannten homokinetischen Gelenke oder Gleichlaufgelenke. Bei ihnen laufen beim Knicken des Gelenks sechs Kugeln in speziell geschliffenen Laufbahnen. So kann bei jedem Beugewinkel der Antriebswelle eine gleichmäßige Kraftübertragung gewährleistet werden. Die andere Version sind die Tripodegelenke. Statt der sechs Kugeln besitzt dieses Gelenk drei Rollen auf Nadellagern. Diese Technik überträgt weniger Schwingungen vom Antrieb zur Karosserie.

Beim **quattro** verläuft die Antriebskraft vom Motor in das Parallel-Axis-Torsen-Mittendifferenzial (PAT) und von da aus zur Vorder- und Hinterachse. Für den Hinterachsantrieb braucht der quattro zusätzlich wie ein Hecktriebler Kardanwelle, Hinterachsdifferenzial und Antriebwellen zu den Hinterrädern. Das PAT-Mittendifferenzial reguliert selbstständig und auf rein mechanischem Weg die Kraftverteilung zwischen den beiden Achsen. Bei Drehzahldifferenzen zwischen den Achsen geht es selbsttätig in eine Sperrfunktion. Für das PAT-Differenzial ist keine Wartung vorgesehen. Seine Lebensdauer entspricht der des ganzen Autos.

Praxistipp

Wenn die Antriebswelle knackt

Die Lebensdauer der Antriebswellen hängt auch von Ihrer Fahrweise ab. Vermeiden Sie Vollgasstarts mit eingeschlagenen Vorderrädern und Anfahren mit durchdrehenden Antriebsrädern. Geräusche, die auf einen Defekt hinweisen, können plötzlich auftreten, dann aber wieder für mehrere Tage aufhören.

- Rhythmische Schlag- oder Knack-knack-knack-Geräusche beim Gasgeben und im Schiebebetrieb (können sich beim Lenkeinschlag verändern) deuten auf einen Defekt am Rad-seitigen Gelenk hin.
- Wenn bei eingeschlagenen Rädern das Lenkrad vibriert und zittert, ist vermutlich ebenfalls das äußere Gelenk beschädigt.
- Ein Knackgeräusch beim Anfahren mit eingeschlagenen Rädern kann einen Defekt an der Antriebswelle bedeuten. Achtung: Ein Schaden am Radlager äußert sich mit dem gleichen Symptom.

Manschetten der Antriebswellen prüfen

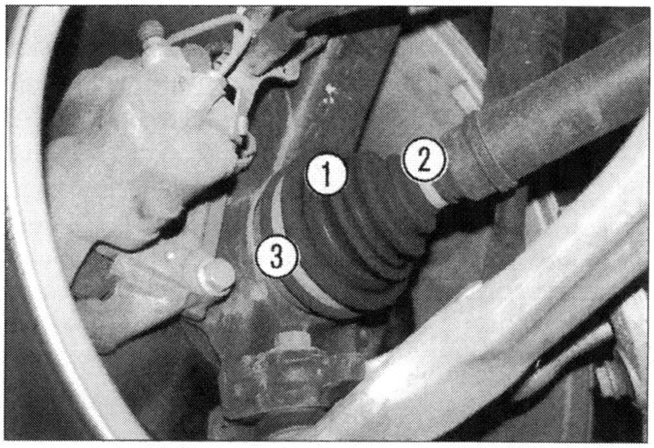

Bei der Kontrolle der Gelenkmanschetten ❶ sollten Sie den festen Sitz des inneren ❷ und des äußeren ❸ Spannbandes überprüfen.

Arbeitsschritte | **W** | **12 Monate**

① Wagen vorn mit frei hängenden Rädern aufbocken.

② Am Rad drehen und beide Gummimanschetten der Welle auf feine Risse und spröde Stellen kontrollieren. Dringen Schmutz und Feuchtigkeit ein, dauert es nur kurze Zeit, bis das Gelenk hinüber ist.

③ Sitz der Haltebänder prüfen.

④ Fettspuren an der Manschette sind ein Alarmsignal – fehlt Schmiermittel, kann dies das Gelenk zerstören.

⑤ Beschädigte Manschetten sofort ersetzen. Dazu müssen Sie die Antriebswelle aus dem jeweiligen Antriebsgelenk ausbauen.

Gelenkwellen aus- und einbauen

An diese Arbeit können Sie nicht allein herangehen. Ein zweiter »Mechaniker« muss Ihnen helfen. Die Außengelenke sind mit dem Schmierfett G 000 603, Tripodegelenke mit dem Schmierfett G 000 605 gefüllt.

Arbeitsschritte

① Radzierblende abnehmen, bei Leichtmetallrädern Abdeckkappe abziehen.

② Sechskantschraube für Außengelenk der Gelenkwelle maximal 90° lösen.

③ Rad abmontieren und alle fünf Radschrauben wieder einschrauben.

④ Sechskantschraube für Außengelenk der Gelenkwelle herausschrauben.

⑤ Gelenkwelle von Flanschwelle/Getriebe abschrauben.

Beim Tripodegelenk an einem automatischen Getriebe müssen Innenvielzahnschrauben (Pfeile) gelöst werden.

⑥ Ist nicht genügend Platz zur Verfügung, um die Gelenkwelle herauszunehmen, ist folgender Arbeitsschritt durchzuführen: Mutter ❶ lösen, Sechskantschraube herausnehmen und beide Lenker ❷ nach oben herausziehen.

Hinweis: Die Schlitze im Radlagergehäuse dürfen nicht mit Meißel oder ähnlichem aufgeweitet werden. Die Schrauben ❸ und ❹ nicht lösen, sonst verändert sich die Einstellung der Vorderachse!

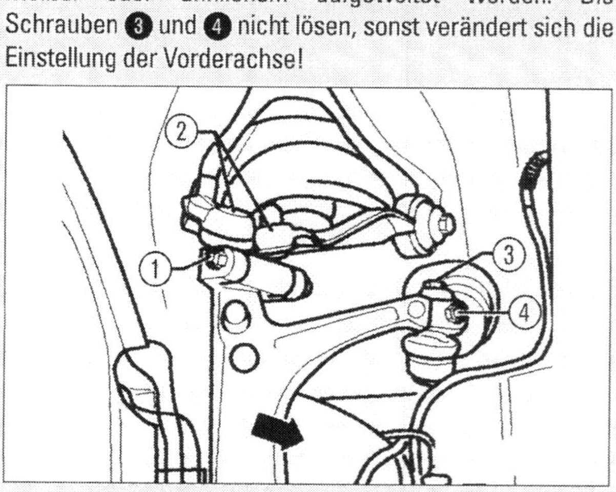

Die Schrauben ❸ und ❹ dürfen nicht gelöst werden!

⑦ Jetzt kann das Radlagergehäuse in Pfeilrichtung seitlich weggeschwenkt und die Gelenkwelle herausgenommen werden.

⑧ Beim Einbau ist die Gelenkwelle in das Radlagergehäuse einzusetzen. Beide Lenker oben werden eingesetzt. Mutter mit 40 Nm festziehen. Der Achslenker ist während des Festziehens soweit wie möglich in Richtung Radlagergehäuse zu drücken.

⑨ Gelenkwelle an Getriebe anschrauben und Außengelenk der Gelenkwelle verschrauben.

Hinweis: Beim Festziehen des Außengelenks der Gelenkwelle, darf das Fahrzeug den Boden nicht berühren!

⑩ Für den nächsten Schritt ist ein Helfer nötig, der sich in das Fahrzeug setzt und die Fußbremse betätigt.

⑪ Ziehen Sie indessen die Sechskantschraube für die Gelenkwelle an.

⑫ Montieren Sie das Rad. Nur wenn das Fahrzeug wieder auf den Rädern steht, kann die Sechskantschraube festgezogen werden.

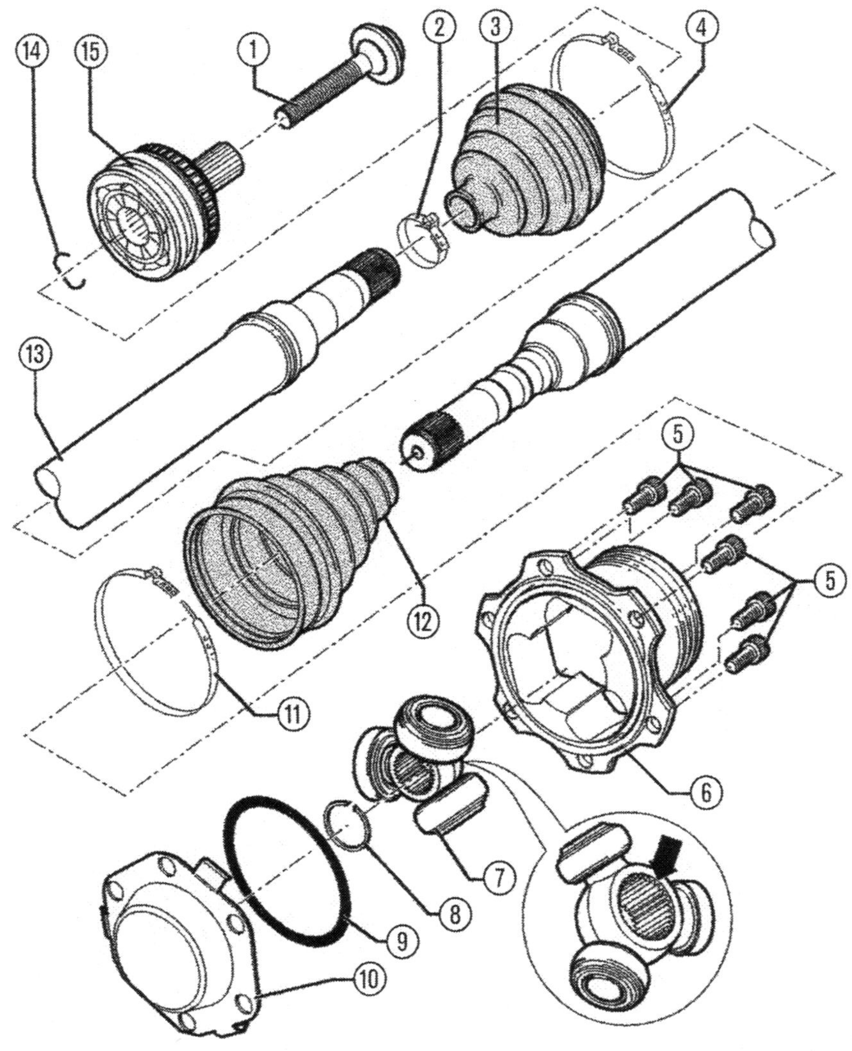

Gelenkwelle mit Tripodegelenk: *❶ Sechskantschraube, ❷ und ❹ Klemmschelle, ❸ Gelenkschutzhülle für Gleichlaufgelenk (auf Risse und Scheuerstellen prüfen), ❺ Innenvielzahlschraube, ❻ Gelenkstück, ❼ Tripodestern mit Rollen, ❽ Sicherungsring und ⓮, ❾ Runddichtring, ❿ Deckel, ⓫ Schlauchbinder für Tripodegelenk, ⓬ Gelenkschutzhülle, ⓭ Gelenkwelle, ⓯ Gleichlaufgelenk außen.*

DAS FAHR-WERK

Wartung

Reparatur

Das Leichtbau-Fahrwerk im Audi A4 (hier mit Allradantrieb) sorgt unter allen Bedingungen für ein Optimum an Fahrsicherheit.

Eine ausgereifte Technik ist auch beim Fahrwerk zuständig für Fahreigenschaften und Fahrkomfort Ihres Fahrzeugs. Durch seine geringen ungefederten Massen sorgt das Leichtbaufahrwerk des A4 für beispielhafte Fahrdynamik. Es hat vor allem die Aufgabe, die Räder bei ihrer Bewegung präzise zu führen. Nur dann bleibt das Auto sicher beherrschbar. Dieser Job ist nicht einfach. Denn die Räder müssen sich bei der Fahrt nicht nur drehen, sondern auch Auf- und Abwärtsbewegungen durchführen – schließlich ist keine Fahrbahn völlig eben.

Auch beim Bremsen, Beschleunigen und bei der Fahrt durch eine Kurve entstehen erhebliche Kräfte, mit denen das Fahrwerk fertig werden muss. Das geht jedoch nur, wenn seine Komponenten optimal aufeinander abgestimmt sind. Zum Fahrwerk gehören die Federung und Dämpfung, die Radaufhängung an Vorder- und Hinterachse, die Lenkung sowie die Räder und Reifen. Die Bremsen, ebenfalls Teil des Fahrwerks, stellen wir Ihnen in einem eigenen Kapitel vor.

Auslegung des Fahrwerks

Die richtige Radaufhängung ist eine Wissenschaft für sich. Fahren Sie mit Ihrem Wagen zum Beispiel über eine Bodenwelle oder mit hohem Tempo durch eine Kurve, verändert sich jedesmal die Geometrie der Räder, die in genau definierten Winkeln zur Fahrzeugachse stehen. Die Reifen dürfen nie den Kontakt zur Fahrbahn verlieren, weil sie dann keine Brems- und Lenkkräfte mehr übertragen können. Damit die Räder auf dem Boden bleiben, tritt die Federung in Aktion. Sie nimmt Stöße auf und folgt den Unebenheiten der Straße. Unerwünschtes Nachschwingen des Aufbaus verhindern die Stoßdämpfer. Sie müßten eigentlich Schwingungsdämpfer heißen, da sie keine Stöße dämpfen, sondern durch Federn verursachte Schwingungen abschwächen.

Lenkung und Fahrsicherheit

Die Lenkung soll möglichst feinfühlig sein und zielgenaues Lenken ermöglichen. Sie ist genau auf die Achsen und die Lenkgeometrie abgestimmt. Wie bei fast allen Autos heutzutage kommt beim A4 eine Zahnstangenlenkung zum Einsatz. Die serienmäßige Servounterstützung erleichtert die Lenkarbeit und sorgt für ein noch direkteres und feinfühligeres Ansprechen der Lenkung. Die Lenkung ist ein Bauteil, von dem die gesamte Fahrsicherheit in besonderem Maße abhängt. Defekte, falsche Einstellungen und fehlerhafte Reparaturarbeiten können fatale Auswirkungen haben.

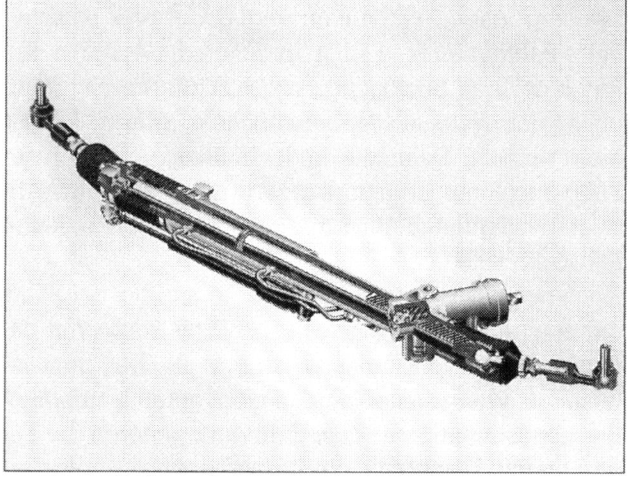

Die Zahnstangenlenkung, die beim A4 wie beim A6 zum Einsatz kommt, hat sich heute im Automobilbau durchgesetzt.

Begriffe der Lenkgeometrie

Technik-lexikon

Vorspur. Die Vorderräder stehen vorn enger zusammen als hinten (rollen aufeinander zu). Das gleicht die Reibung zwischen Rad und Straße aus, die das linke Rad nach links und das rechte nach rechts drücken will. Die Vorspur verhindert Flattern der Räder und Radieren der Reifen. Bei der Fahrt durch eine Kurve schwenkt das kurveninnere Rad zur Unterstützung der Lenkbewegung und der Lenkkräfte stärker ein als das kurvenäußere – die Vorspur geht in Nachspur über (Räder stehen hinten enger zusammen als vorn).

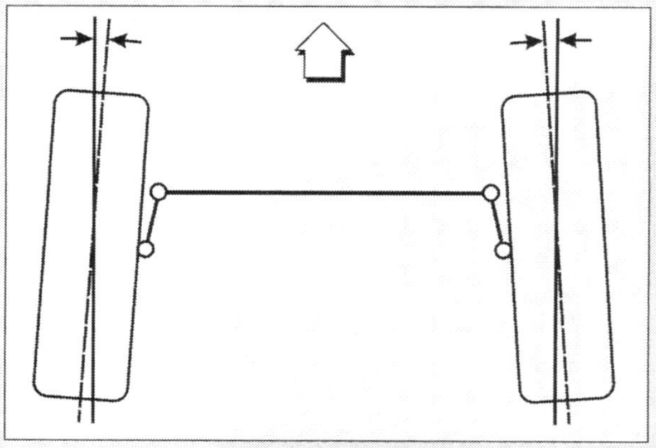

Vorspurschema: Die Räder laufen vorne »ineinander«.

Sturz. Die Neigung des Rades zu einer Senkrechten. Vermindert Fahrbahnstöße auf die Teile der Lenkung, reduziert Lenkkräfte und Reibung der Räder auf der Fahrbahn. Die Vorderräder haben positiven Sturz – sie stehen oben im Radkasten geringfügig weiter auseinander als unten am Boden.

Spreizung. Die Neigung der Lenkungsdrehachse zu einer Senkrechten. Denkt man sich eine Linie dieser Achse zum Boden und mißt den Abstand zur Mittellinie durch das Rad (Mittelpunkt der Reifenaufstandsfläche), erhält man den Lenkrollradius. Dieser soll möglichst klein sein, um die Störkräfte in der Lenkung zu verringern. Die Spreizung bewirkt außerdem zusammen mit dem Nachlauf, dass sich bei eingeschlagenen Rädern das Fahrzeug etwas anhebt. Lässt man das Lenkrad los, stellen sich die Räder selbst in die Mittelstellung zurück (Rückstellmoment).

Nachlauf. Abstand (in Fahrtrichtung) zwischen der gedachten Verlängerungslinie der Lenkdrehachse zum Boden und dem Mittelpunkt der Reifenaufstandsfläche. Durch den Nachlauf werden die Räder gezogen (und nicht geschoben). Sie neigen deshalb dazu, sich von selbst geradeaus zu stellen und diese Stellung beizubehalten.

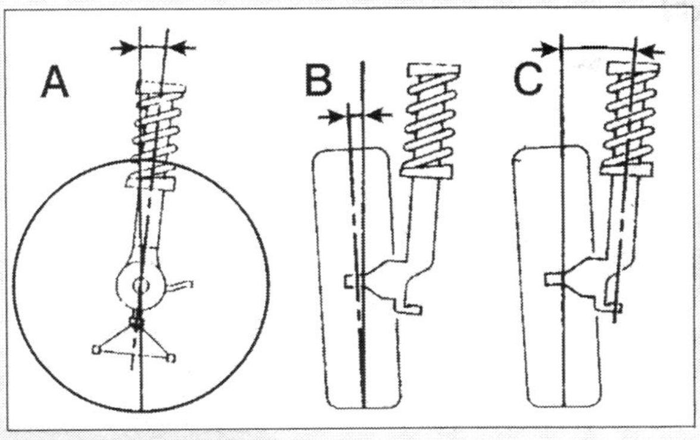

Die Radeinstellungen:
A: Nachlauf. B: Radsturz. C: Spreizung.

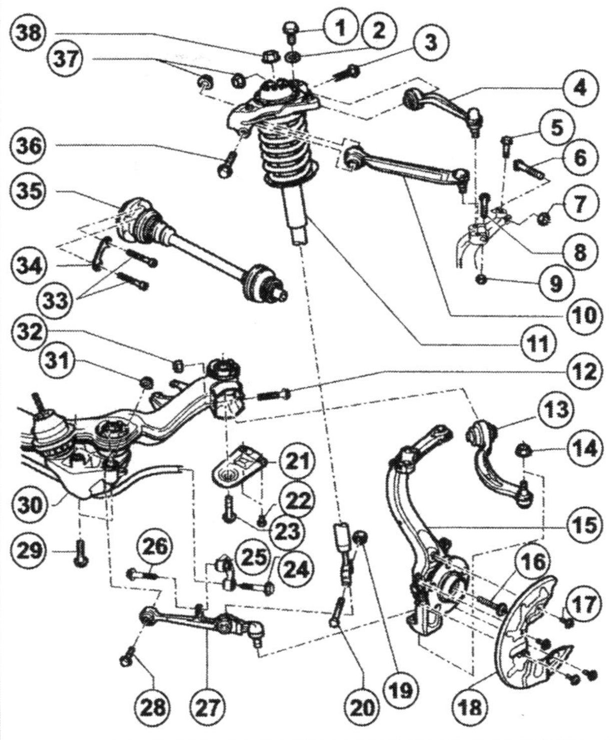

Bauteilanordnung der Vorderachse: *1 Sechskantschraube 75 Nm, 2 Scheibe, 3 Sechskantschraube (nach jeder Demontage ersetzen), 4 Achslenker oben hinten, 5 Sechskantschraube 5 Nm, 6 Schraube, 7 selbstsichernde Mutter 50 Nm (nach jeder Demontage ersetzen), 8 Sechskantschraube, 9 selbstsichernde Mutter 40 Nm, 10 Achslenker oben vorne, 11 Federbein, 12 Sechskantschraube (nach jeder Demontage ersetzen, 13 Führungslenker unten (bei Undichtigkeit des Hydrolagers ersetzen), 14 selbstsichernde Mutter 120 Nm (nach jeder Demontage ersetzen), 15 Radlagergehäuse, 16 Sechskantschraube (nach jeder Demontage ersetzen, als M14 115 Nm und 180°, als M16 190 Nm und 180°), 17 Flanschschraube 10 Nm, 18 Abdeckblech, 19 selbstsichernde Mutter 90 Nm (nach jeder Demontage ersetzen), 20 Sechskantschraube, 21 Stütze für Aggregateträger, 22 Sechskantschraube 55 Nm, 23 und 24 Sechskantschraube 115 Nm und 90° (nach jeder Demontage ersetzen), 25 Koppel, 26 Sechskantschraube 40 Nm und 90° (nach jeder Demontage ersetzen), 27 Traglenker unten, 28 Sechskantschraube M12x1,5x85 (nach jeder Demontage ersetzen), 29 Sechskantschraube 75 Nm (nach jeder Demontage ersetzen), 30 Aggregateträger, 31 und 32 selbstsichernde Mutter 70 Nm und 180° (nach jeder Demontage ersetzen), 33 Innenvielzahnschraube (M8: 40 Nm, M10 70 Nm), 34 Unterlegplatte, 35 Gelenkwelle, 36 Sechskantschraube (nach jeder Demontage ersetzen), 37 selbstsichernde Mutter 50 Nm und 90° (nach jeder Demontage ersetzen), 38 Bundmutter 60 Nm (nach jeder Demontage ersetzen).*

Die Vorderachse

Vorderrad-Aufhängung. Die Vierlenker-Leichtbauachse mit virtueller Lenkachse für die Vorderrad-Aufhängung wird komplettiert durch einen Rohr-Querstabilisator, Zweirohr-Gasdruckstoßdämpfer und Schraubenfedern, Zuganschlagfeder und einem elastisch gelagerten Achsträger. Schraubenfeder und Stoßdämpfer sind zu jeweils einem, Platz sparenden Federbein zusammen gefasst.

Die Übertragung der Motor-Antriebskraft erfolgt über zwei Gelenkwellen. Sie sind über jeweils zwei Gleichlaufgelenke mit den Rädern und dem Achsantrieb verbunden.

Optimale Fahreigenschaften und geringster Reifenverschleiß sind nur dann zu erreichen, wenn die Räder einwandfrei eingestellt sind. Bei unnormaler Reifenabnutzung und mangelhafter Straßenlage sollte eine Werkstatt zur optischen Vermessung aufgesucht werden.

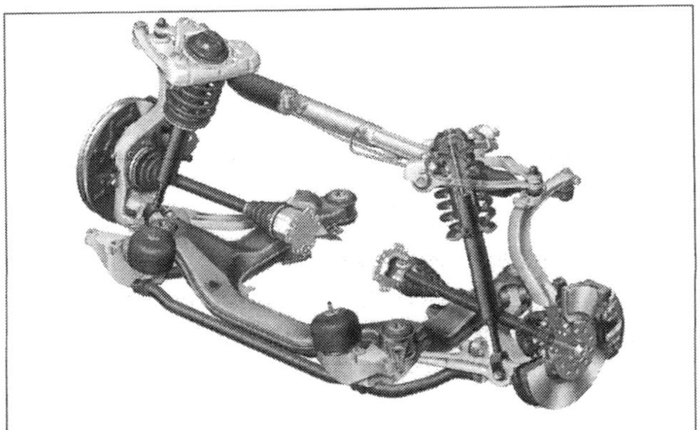

Vorderachse: *Die Vierlenker-Leichtbauachse mit virtueller Lenkachse bildet zusammen mit dem Rohr-Querstabilisator vorn die Konstruktion für eine präzise Radführung.*

Die Hinterachse

Hinterrad-Aufhängung. Die Einzelradaufhängung wird übernommen durch eine Trapezlenker-Hinterachse mit elastisch gelagertem Achsträger. Die Vorteile dieser Konstruktion sind eine hohe Quersteifigkeit und eine hohe Spurkonstanz sowie der geringe Raumbedarf. Hinzu kommen Zweirohr-Gasdruckstoßdämpfer, Schraubenfeder und Zuganschlagfeder. Durch die getrennte Anordnung von Schraubenfedern und Stoßdämpfern konnte der Ladeboden des Kofferraums sehr tief gelegt und die Durchladebreite erfreulich groß werden. Etwas aufwendiger ist die Konstruktion für den quattro, weil hier die Unterbringung von Differenzial und Antriebswellen zu berücksichtigen war. Räder, die Antriebskraft übertragen, müssen grundsätzlich besser geführt werden. Die stabile Einzelradaufhängung sorgt für sichere Radführung.

Die eingesetzten Gummimetalllager haben einen begrenzten Verdrehbereich. Deshalb dürfen bei Montagearbeiten die Schraubverbindungen an den Lenkern der Radaufhängung erst dann fest gezogen werden, wenn das Fahrzeug auf dem Boden steht.

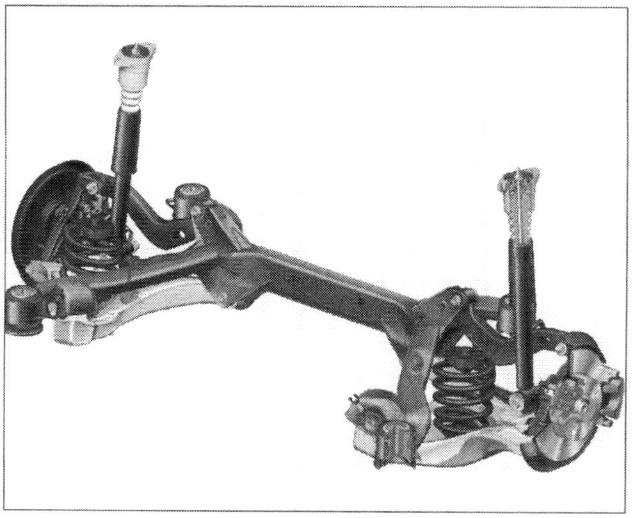

***Hinterachse:** Einzelradaufhängung mit hoher Spurkonstanz ermöglicht die Trapezlenker-Hinterachse mit elastisch gelagertem Achsträger.*

***Hinterachse beim quattro:** Bei der Trapezlenker-Hinterachse des quattro mussten die Konstrukteure noch die Unterbringung von Differenzial und Antriebswellen berücksichtigen.*

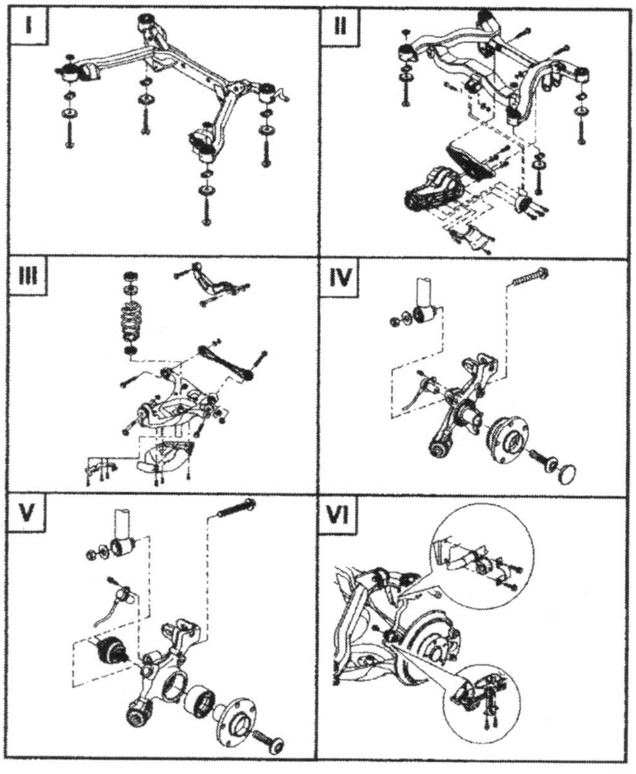

Die Bauteilgruppen der Hinterachse:
Teil I *Aggregateträger Frontantrieb mit Kunststoffeinsätzen, Scheiben und Schrauben,* Teil II *Aggregagteträger Allradantrieb mit Querträger hinten, Getriebestütze vorn und Kleinteilen,* Teil III *Trapezlenker mit Querlenker, Spurstange und Schraubenfeder,* Teil IV *Radträger Frontantrieb mit Radlagereinheit und Stoßdämpfer,* Teil V *Radlagergehäuse Allradantrieb,* Teil VI *Stabilisator mit Koppelstange und Kleinteilen.*

Gefahren-hinweis

Do it yourself an Fahrwerk und Lenkung

Arbeiten an Fahrwerk und Lenkung setzen Erfahrung und oft auch spezielle Werkstattgeräte voraus. Wenn Sie sich nicht sicher sind, ob Sie die betreffende Reparatur selbst ausführen können oder wenn Sie diese Werkzeuge nicht besitzen – überlassen Sie die Arbeit der Werkstatt. Mit fehlerhaften Reparaturen gefährden Sie sich und andere. Beschädigte Teile der Radaufhängung dürfen Sie nicht richten oder schweißen – sie müssen grundsätzlich erneuert werden.

Radeinstellung prüfen

Die richtige Stellung der Vorderräder entscheidet darüber, ob Ihr Fahrzeug auf ebener Strecke und in Kurven ruhig und sicher auf der Straße liegt. Eine harte Berührung des Bordsteins kann die Geometrie der Vorderradaufhängung jedoch empfindlich stören. Auch verschlissene Gelenke und Gummilager oder unsachgemäße Reparaturen können sich negativ auf das Fahrverhalten auswirken. Die Vermessung der Radstellung ist Sache der Werkstatt, die dazu einen speziellen Achsmessstand verwendet. Einer fehlerhaften Lenkgeometrie können Sie beim Fahren aber selbst auf die Schliche kommen. Dazu müssen beide Vorderreifen dieselbe Reifensorte, Profiltiefe und den vorgeschriebenen Luftdruck aufweisen.

Arbeits-schritte

① Stehen die Lenkradspeichen bei Geradeausfahrt symmetrisch? Ein schief sitzendes Lenkrad ist ein Zeichen für falsche Einstellung der Spur.

② Stehen die Vorderräder in Geradeausstellung symmetrisch zueinander?

③ Läuft das Auto auf ebener Fahrbahn und bei losgelassenem Lenkrad geradeaus? Oder zieht es zur Seite?

④ Stellt sich die Lenkung nach Kurven von selbst geradeaus?

⑤ Ist das Reifenprofil gleichmäßig abgenutzt? Oder zeigen die Außenkanten stärkere Verschleißspuren als innen?

Zustand der Stoßdämpfer prüfen

Nach zwei verschlissenen Reifensätzen besitzen die Stoßdämpfer in der Regel nur noch die Hälfte ihrer ursprünglichen Wirkung. Sie sind dann reif für den Austausch. Die nachlassende Wirkung der Dämpfer gleichen die meisten Fahrer unbewusst durch verändertes Fahrverhalten aus. Lassen Sie das Bauteil zur exakten Diagnose einmal im Jahr auf dem Prüfstand eines Automobilclubs oder von TÜV und DEKRA kontrollieren. Die Schaukelmethode, bei der man den Wagen am betreffenden Kotflügel aufschaukelt und plötzlich loslässt, ersetzt keine Prüfung. Damit können Sie nur einen total ausgefallenen Stoßdämpfer feststellen. Es gibt jedoch einige Anzeichen, die auf eine nachlassende Wirkung der Stoßdämpfer hinweisen. Achten Sie auf die folgenden Punkte.

Arbeits-schritte

① Flattert die Lenkung? In diesem Fall haben die Räder keinen ständigen Kontakt zum Boden.

② Schwingt die Karosserie bei der Fahrt über Fahrbahnunebenheiten nach?

③ Wirkt das Fahrzeug in Kurven schwammig? Dann werden die kurveninneren Räder nicht genügend auf den Boden gedrückt, die äußeren nicht stark genug entlastet.

④ Springen die Räder auch auf normaler Fahrbahn?

⑤ Nutzen sich die Reifen ungleichmäßig ab?

Technik-lexikon

Das Elektronische Stabilitätsprogramm ESP

Stabil bis an die physikalische Grenze wird das Fahrzeug durch das elektronische Stabilitätsprogramm ESP. Das Auto braucht diese Elektronik nicht, um etwaige Fahrwerksschwächen zu kompensieren. Der Wagen erhält das ESP einzig und allein, um die aktive Fahrsicherheit weiter zu erhöhen. Er bleibt damit selbst in kritischen Situationen noch besser beherrschbar.

Das ESP überwacht ständig den Fahrzeugkurs und greift in fahrdynamisch kritischen Situationen ein, wenn das Fahrzeug beginnt, außer Kontrolle zu geraten.

Das ESP baut auf dem elektronischen Antiblockiersystem ABS auf und enthält zusätzlich eine Antriebsschlupf-Regelung ASR. Während ABS und ASR in Fahrzeug-Längsrichtung wirken, beeinflusst das ESP die Querdynamik. Diese Möglichkeit wurde durch den sogenannten Gierraten-Sensor geschaffen. (Mit dem Begriff »Gieren« bezeichnen Fahrwerks-Spezialisten die Drehbewegung des Fahrzeugs um seine Hochachse.)

Wenn sich das Fahrzeug in der Kurve drehen will, bremst das ESP in Bruchteilen von Sekunden das kurvenäußere Rad ab, noch bevor das Heck nach außen drängen kann. Wenn der Wagen plötzlich untersteuert, weil die Vorderräder zuerst auf rutschige Fahrbahn kommen und aus der Kurve drängen, greift das ESP an der Hinterachse ein, bremst das kurveninnere Hinterrad und dreht das Auto auf den neutralen Kurs zurück.

Die Fahrfreude wird durch den elektronischen Fahrstabilisator nicht kaputt gemacht. Das ESP überwacht zwar permanent den Fahrzustand, bleibt aber im fahrdynamisch stabilen Bereich für den Fahrer unmerklich im Hintergrund.

Per Knopfdruck kann das ESP übrigens ausgeschaltet werden. Diese Möglichkeit wurde aber in erster Linie für das Abschalten des ASR in bestimmten Fahrsituationen geschaffen. Wenn das Programm abgeschaltet ist, leuchtet im Tacho eine gelbe Warnleuchte auf.

Lenkungsspiel prüfen

Das Spiel der Lenkung kann nachgestellt werden, wenn es nicht durch einen Defekt verursacht wird. Die Einstellung sollten Sie jedoch besser der Werkstatt überlassen.

Arbeitsschritte

① Die Räder geradeaus stellen.

② Greifen Sie durchs geöffnete Fenster und drehen Sie das Lenkrad kurz hin und her.

③ Das Vorderrad muss sich sofort mit bewegen. Achten Sie auf die Felge, denn der elastische Reifen kann einen Teil des Einschlags schlucken, ehe er sich bewegt.

④ Hat die Lenkung um die Geradeausstellung kein Spiel, klemmt aber bei stärkerem Einschlag, ist die Zahnstange der Lenkung verschlissen. Das Lenkgetriebe muss dann ausgetauscht werden.

Manschetten der Lenkzahnstange prüfen

Die aus dem Zahnstangengehäuse austretende Zahnstange wird links und rechts durch eine Gummimanschette geschützt. Dringen durch einen rissigen oder beschädigten Faltenbalg Schmutz und Feuchtigkeit ein, verbinden sie sich mit dem Fett des Lenkgetriebes zu einer Schleifpaste, die ständig am Lenkritzel nagt. Eine verschliessene Manschette sollten Sie sofort ersetzen.

Arbeitsschritte

① Leuchten Sie mit einer Taschenlampe jeden Faltenbalg ab.

② Schlagen Sie die Lenkung voll nach rechts oder links ein. Um Risse in den Falten zu erkennen, ziehen Sie den Faltenbalg Stück um Stück auseinander.

③ Die Spannbänder müssen fest auf der Manschette sitzen.

Um die Lenkungsmanschetten zu prüfen, müssen Sie weit in die vorderen Radkästen hinein greifen. Die Lenkung wird in beide Richtungen voll eingeschlagen. Durch Auseinanderziehen der Falten (Pfeil) lassen sich Beschädigungen entdecken.

Spurstangenköpfe und Manschetten prüfen

Das Spurstangengelenk sitzt rechts und links zwischen Spurstange und Spurstangenhebel des Lenk-Schwenklagers. Selbstschmierender Kunststoff umhüllt den stählernen Kugelkopf, eine Manschette schützt ihn vor Schmutz und Feuchtigkeit. Spurstangenköpfe mit defekter Manschette oder Spiel müssen Sie umgehend ersetzen. Beim Bewegen der Spurstangen und Räder darf kein Spiel vorhanden sein.

Arbeitsschritte | W | 15.000 km 12 Monate

① Kontrollieren Sie die Dichtungsbälge (Pfeil) der Spurstangengelenke auf Risse.

② Prüfen Sie, ob das Gelenk Spiel hat. Fahren Sie das Auto dazu am besten über eine Grube.

③ Lassen Sie einen Helfer das Lenkrad mehrmals kurz nach links und rechts drehen. Durch Bewegen der Spurstangen und Räder können Sie mit der Hand fühlen, ob die Spurstangengelenke Luft haben.

④ Überprüfen Sie den Festsitz der Kontermutter ❶. Sie muss mit 40 Nm angezogen sein.

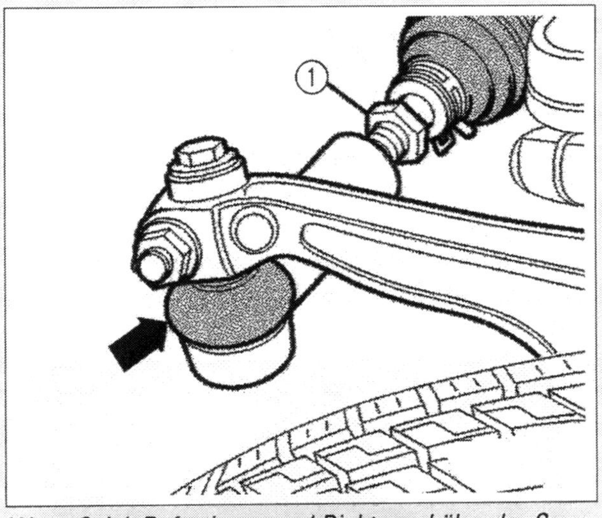

Wenn Spiel, Befestigung und Dichtungsbälge der Spurstangenköpfe zu prüfen sind, müssen das Fahrzeug angehoben und die Räder freihängend sein.

⑤ Ist die Manschette (Dichtungsbalg) defekt, sollte der komplette Spurstangenkopf gewechselt werden.

Achsgelenke kontrollieren

Die Kugelgelenke der Achsgelenke (rechts und links zwischen Querlenker und Lenk-Schwenklager) sitzen in einer Fett-Dauerfüllung in Kunststoffschalen. Staubkappen aus Kunststoff schützen sie vor Nässe und Schmutz. Die Gelenke sind wartungsfrei. Eine beschädigte Staubkappe bedeutet allerdings das vorzeitige Aus fürs Gelenk – eindringender Schmutz wirkt wie Schmirgelsand, Feuchtigkeit lässt es mit der Zeit fest rosten.

Arbeitsschritte | W | 15.000 km 12 Monate

① Lenkung nach einer Seite voll einschlagen.

② Kappen der Achsgelenke rechts und links auf Beschädigungen kontrollieren. Dabei die Kappen zusammendrücken – so entdecken Sie auch versteckte Risse.

③ Eine schadhafte Staubkappe kann nicht einzeln ersetzt werden, der Querlenker muss komplett ausgetauscht werden.

④ Das Axialspiel prüfen, indem der Achslenker kräftig nach unten gezogen und wieder hochgedrückt wird.

⑤ Das Radialspiel prüfen, indem das Rad kräftig nach innen und außen gedrückt wird.

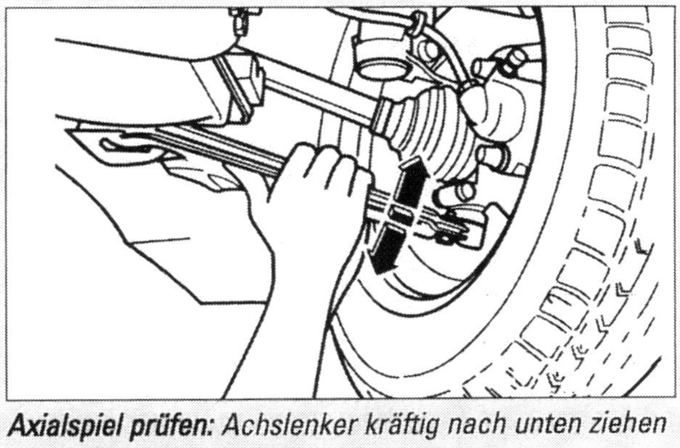

Axialspiel prüfen: *Achslenker kräftig nach unten ziehen und wieder hochdrücken.*

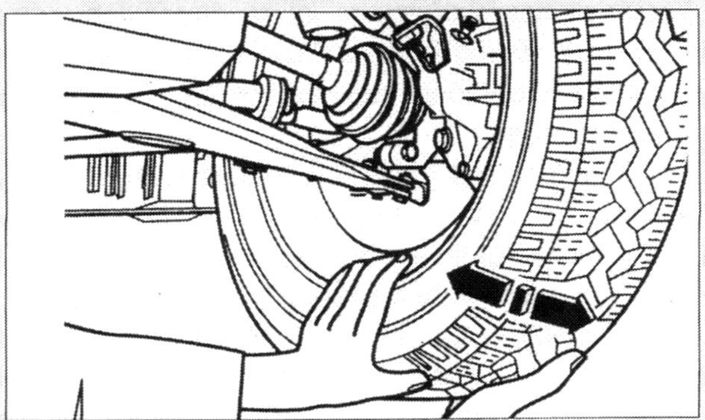

Radialspiel prüfen: *Rad unten kräftig nach innen und außen drücken.*

Radlagerspiel prüfen

Ein Defekt macht sich meist durch laute Laufgeräusche bemerkbar. Treten sie zum Beispiel in Rechtskurven auf, ist das linke Radlager defekt. Die Radlager können nicht eingestellt werden und müssen bei einem Schaden ausgetauscht werden. Das ist freilich Sache der Werkstatt – Lager, Laufringe, Nabe und Lenk-Schwenklager sind in sehr engen Toleranzen gefertigt, die bei der Montage Spezialwerkzeuge erforderlich machen.

Arbeitsschritte

① Wagen auf festem Boden abstellen. Packen Sie das Rad im oberen Bereich und versuchen Sie, es quer zum Wagen zu bewegen. Bei einwandfreien Lagern darf kein Spiel vorhanden sein.

② Wenn Sie Spiel an den vorderen Radlagern feststellen: Helfer Bremse treten lassen und Kontrolle wiederholen. Ist dann immer noch Spiel vorhanden, ist das Achsgelenk defekt.

Federbein aus- und einbauen

Nach dem Aus- und Einbau der Federbeine müssen Sie Spur und Sturz in der Werkstatt einstellen lassen. Vor Ausbau der Federbeine sollte generell die Sturzeinstellung an den unteren Befestigungsschrauben markiert werden. Wenn das bisherige Federbein wieder eingebaut werden soll, sollten Schraubenköpfe und Muttern am Federbein unten mit einer Reißnadel umkreist oder mit Filzstift markiert werden. Vor dem Abnehmen der Vorderräder ist zu empfehlen, deren Stellung zur Radnabe zu kennzeichnen. So kann das ausgewuchtete Rad wieder in der selben Position aufgesteckt werden.

Die Instandsetzung eines Federbeins sollten Sie der Werkstatt überlassen. Hier wird zur Information die nachfolgende Abbildung der Verbauungsübersicht gegeben. Je nach Fahrwerksausführung (siehe Fahrzeugdatenträger) sind leichte Differenzen möglich. In jedem Fall ist zu beachten, dass defekte Stoßdämpfer vor dem Verschrotten grundsätzlich entgast und entleert werden müssen.

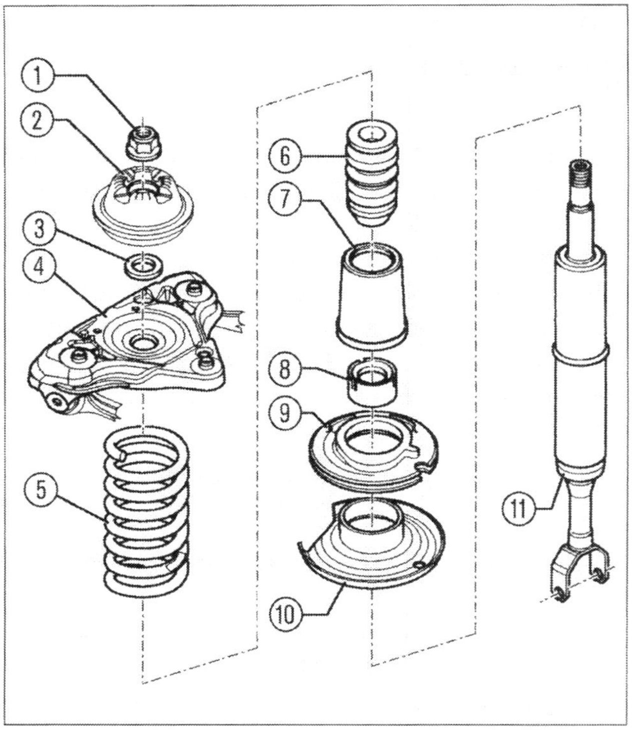

Verbauungsübersicht Federbein: *❶ Bundmutter 60 Nm (grundsätzlich ersetzen), ❷ Dämpferlager, ❸ Scheibe, ❹ Lagerbock, ❺ Schraubenfeder, ❻ Zusatzfeder, ❼ Schutzhülle, ❽ Schutzkappe, ❾ Federauflage unten, ❿ Federteller unten, ⓫ Stoßdämpfer.*

Arbeitsschritte

① Rad abmontieren.

② Vor der Demontage des Federbeins muss das LWR-Gestänge durch Öffnen der Metallschelle vom Traglenker gelöst werden.

③ Den Bremssattel müssen Sie abmontieren und am Aufbau befestigen. Sichern Sie die Bremsscheibe mit einer Radschraube.

Zum Abnehmen des Bremssattels brauchen Sie nur die beiden Schrauben (Pfeile) heraus zu drehen.

④ Mit einer Zange entfernen Sie den Clip ❶, der nicht wieder eingesetzt zu werden braucht. Lösen Sie die Mutter ❷. Jetzt Sechskantschraube herausnehmen und beide Achslenker nach oben herausziehen. Achtung! Die Schlitze im Radlagergehäuse dürfen nicht mit Meißel oder ähnlichem aufgeweitet werden.

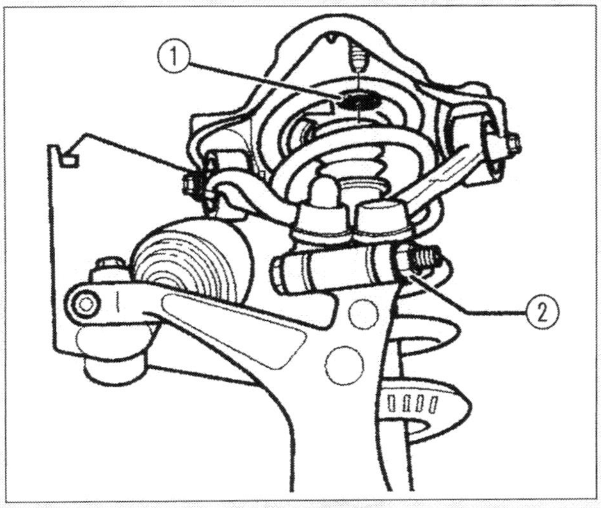

Zur Demontage des Federbeins sind der Clip ❶ zu entfernen und die Mutter ❷ zu lösen.

⑤ Schützen Sie den Faltenbalg des Lenkgetriebes gegen Beschädigung. In die Schutzhülle ❶ ist ein Streifen **A** von 20...25 mm herauszuschneiden.

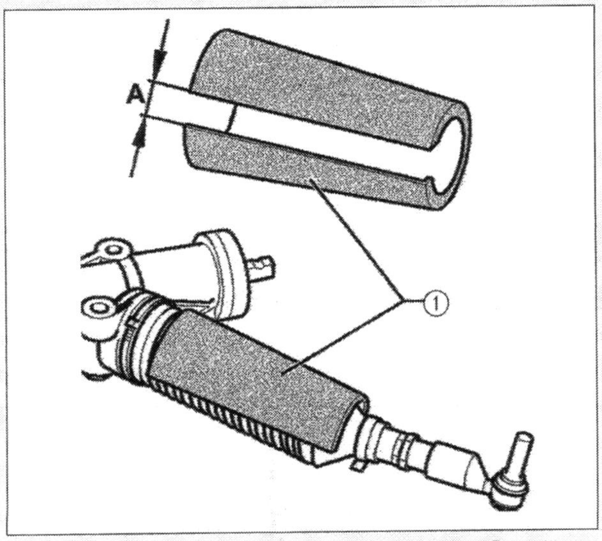

Die offene, geschlitzte Stelle der Schutzhülle ❶ soll nach unten zeigen.

⑥ Damit die Gelenke der unteren Lenker nicht beschädigt werden, müssen Motor und Getriebe gegen zu starkes Ausfedern abgestützt werden.

⑦ Nachdem die Sechskantschraube (Pfeil) von Federbein/Traglenker ausgeschraubt ist, kann das Radlagergehäuse seitlich weggeschwenkt werden.

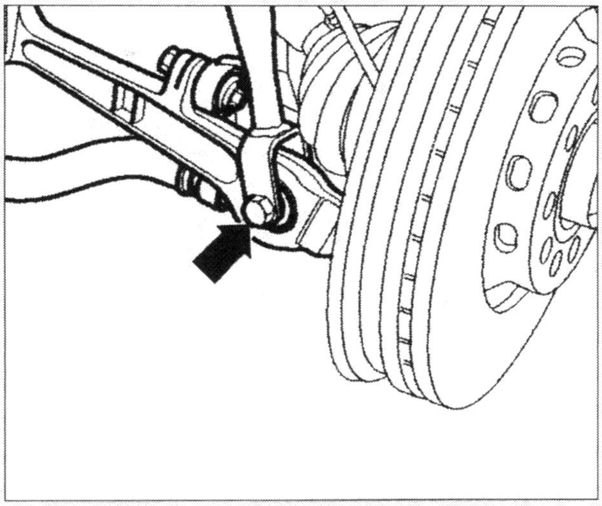

Federbein/Traglenker (Pfeil) abschrauben und Radlagergehäuse wegschwenken.

⑧ Die Befestigung des Kühlwasserausgleichsbehälter ist zu lösen und die Wasserkastenabdeckung zu entfernen. Dazu müssen Sie die Abdeckung (Pfeil) der Schraube entfernen.

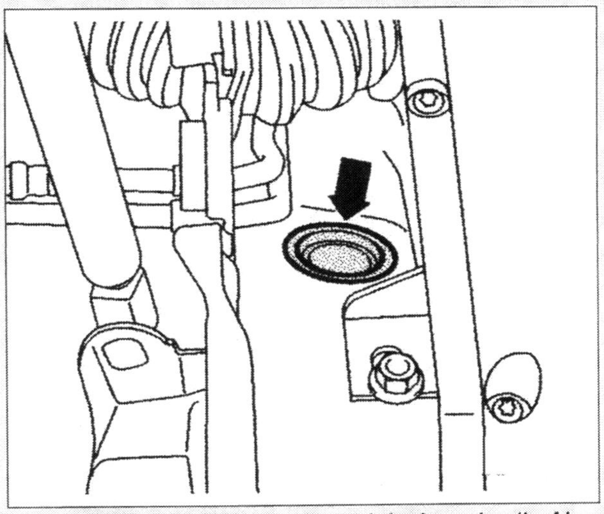

Nach Ausbau der Wasserkastenabdeckung ist die Abdeckung der Schraube zu entfernen.

⑨ Die Sechskantschrauben ❶ im Wasserkasten sind auszuschrauben, ehe Sie das Federbein mit Lagerbock herausnehmen können. Beschädigen Sie dabei nicht die Gelenkschutzhülle!

⑩ Beim Einbau ist das Federbein mit Lagerbock in den Federbeindorn einzusetzen. Vor dem Festziehen der Sechskantschrauben ❶ im Wasserkasten achten Sie auf den richtigen Sitz der Unterlegscheiben.

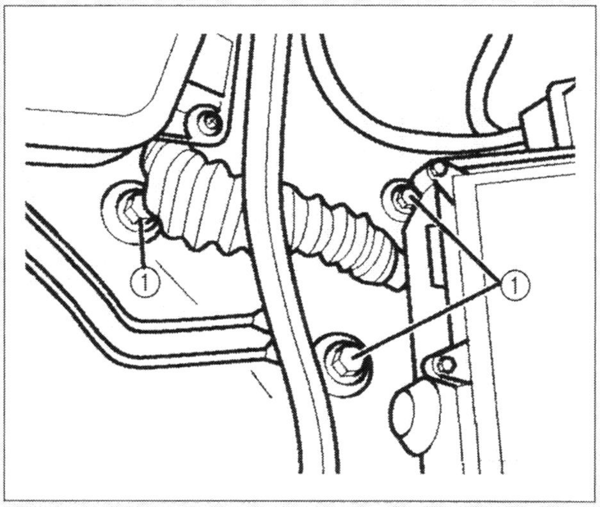

Nach dem Enfernen der Schrauben im Wasserkasten kann das Federbein herausgenommen werden.

⑪ Gummimetalllager ❷, ❸, ❹ und ❺ haben einen begrenzten Verdrehbereich. Ziehen Sie deshalb die Schraubverbindungen an den Lenkern der Radaufhängung erst dann fest, wenn das Fahrzeug auf dem Boden steht. Nachdem der Gabelkopf des Federbeins in den Achslenker eingesetzt wurde, ist die Schraube ❶ mit 90 Nm festzuziehen. Die Schraube muss gegen die Fahrtrichtung eingesetzt werden.

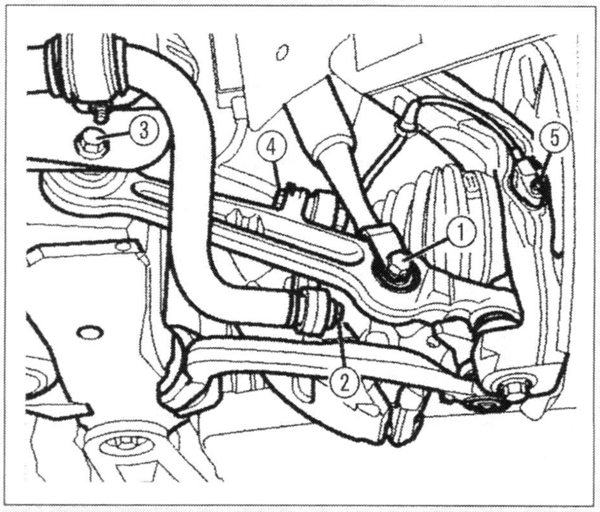

Gummimetalllager und Gabelkopf des Federbeins.

⑫ Beide Achslenker oben sind wieder einzusetzen. Die Mutter ❷ wird mit 40 Nm festgezogen. Die oberen Achslenker sind während des Festschraubens soweit wie möglich nach unten zu drücken.

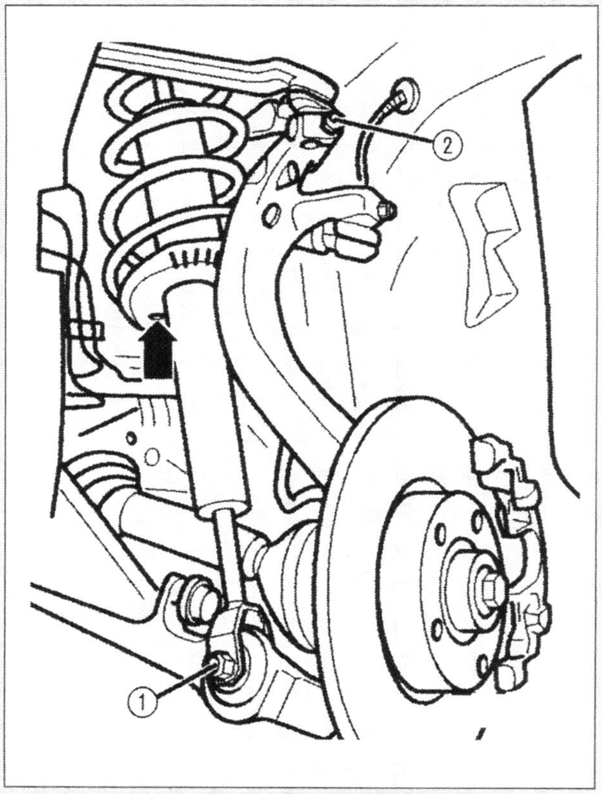

Die oberen Achslenker sind beim Festschrauben soweit wie möglich nach unten zu drücken.

⑬ Die ABS-Leitung in die Halterung am Bremssattel einsetzen, Bremssattel anschrauben und mit 190 Nm festziehen.

Stoßdämpfer/Feder vorne ausbauen

Die Schraubenfeder steht unter einem enormen Druck (etwa vierfache Vorspannung). Für diese Arbeit brauchen Sie unbedingt eine Spannvorrichtung (V.A.G 1752). Andernfalls kann es passieren, dass die Teile der Feder nach dem Lösen der zentralen Halteschraube explosionsartig auseinanderfliegen. Das bedeutet für Sie größte Verletzungsgefahr. Wenn Sie eine neue Feder einbauen, sollten Sie beim Ersatzteilkauf auf die richtige Federkennung für Ihr Modell achten. Welche Federn und Dämpfer in ihrem Fahrzeug eingebaut sind, sehen Sie auf dem Fahrzeugdatenträger im Kofferraum oder im Service-Scheckheft.

Arbeitsschritte

① Federbein ausbauen.

② Schraubenfeder mit einem geeigneten Federspanner vorspannen. Dabei müssen Sie beachten, dass die Federwindungen sicher umfasst werden und die Spannvorrichtung nicht abrutschen kann.

③ Schrauben Sie die Mutter von der Kolbenstange ab. Dabei mit einem Innensechskantschlüssel gegenhalten.

④ Entspannen sie langsam die Schraubenfeder und nehmen die Einzelteile ab. Den Federteller lösen Sie gegebenenfalls mit leichten Schlägen eines Kunststoffhammers und nehmen ihn ab.

⑤ Beim Einbau neuer Federn darauf achten, dass der Schutzlack gegen Korrosion nicht beschädigt ist.

Spurstangenköpfe auswechseln

Die Spurstangenköpfe sind jeweils links und rechts an die Spurstange angeschraubt. Das hat den Vorteil, dass Sie bei einem Defekt an diesen Teilen nicht die komplette Spurstange austauschen müssen. Die Spurstangenköpfe dürfen kein Spiel haben. Die Staubkappen dürfen keine Beschädigung aufweisen. Gegebenenfalls müssen Spurstangenköpfe beziehungsweise die Staubkappen umgehend erneuert werden. Beim Ersatzteilkauf auf die richtige Zuordnung achten, denn die Spurstangenköpfe links und rechts sind unterschiedlich. Nach einem Austausch der Spurstangköpfe sollte die Vorderachse von einem autorisierten Betrieb eingestellt werden.

Arbeitsschritte

① Wagen vorne aufbocken und Rad abmontieren.

② Schraube ❶ lösen und herausnehmen. Die Sechskantmutter ❺ lösen und Schraube ❷ herausnehmen.

③ Jetzt können Sie die Spurstange nach unten wegdrücken und die Sechskantmutter ❸ lösen. Beim Abschrauben des Spurstangenkopfes dient der Sechskant ❹ am Axialgelenk zum Gegenhalten.

④ Machen Sie nach dem Ausbau den Spurstangenkopf und die Klemmbohrung am Radlagergehäuse fettfrei.

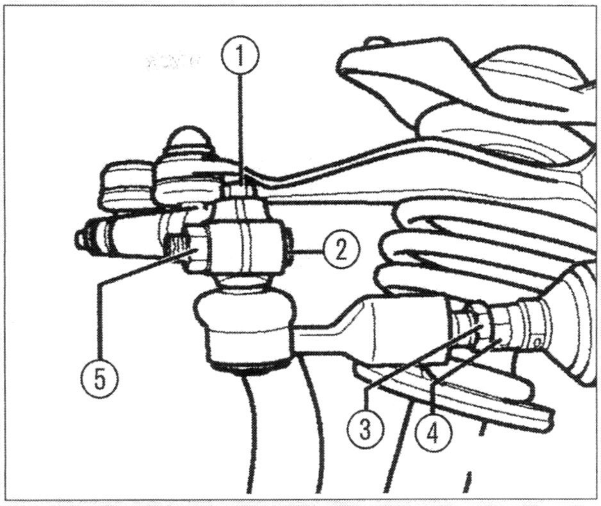

Ausbau des Spurstangenkopfes.

⑤ Der Einbau erfolgt in umgekehrter Reihenfolge. Zuerst ziehen Sie die Klemmmutter ❺ mit 50 Nm an. Die Sechskantschraube ❶ mit 5 Nm anziehen.

⑥ Vorderrad so ansetzen, dass die beim Ausbau angebrachten Markierungen übereinstimmen. Vorher Zentriersitz der Felge an der Radnabe mit Wälzlagerfett dünn einfetten. Radschrauben nicht fetten oder ölen. Korrodierte Radschrauben erneuern. Rad anschrauben.

⑦ Lassen Sie die Spur in einer autorisierten Werkstatt kontrollieren. Bei jeder Vermessung müssen Vorder- und Hinterachse vermessen werden.

Federn und Dämpfer hinten aus- und einbauen

Wegen des getrennten Aufbaus von Feder und Dämpfer an der Hinterachse ist der Wechsel der beiden Teile relativ leicht zu bewerkstelligen. Welche Federn und Dämpfer in ihrem Fahrzeug eingebaut sind, sehen Sie auf dem Fahrzeugdatenträger in der Reserveradmulde oder im Service-Scheckheft. Beim Ausbau der Federn ist eine entsprechende Spannvorrichtung mit passenden Haltern unerläßlich. Die Schraubenfeder kann auch ohne Ausbau des Stoßdämpfers aus- und eingebaut werden. Schraubenfeder und Stoßdämpfer dürfen einzeln ersetzt werden.

Arbeitsschritte

① Bocken Sie das Auto auf beiden Seiten auf und sichern es mit Unterstellböcken

② Nehmen Sie die Räder ab.

③ Setzen Sie das Federspanngerät V.A.G 1752/1 mit dem Federhalter V.A.G 1752/16 in die Schraubenfeder ein. Gegebenenfalls Federhalter einzeln in die Windungen einführen und dann mit dem Federspanngerät verschrauben. Dabei Trapezlenker nicht beschädigen. Es müssen 4 Windungen gespannt werden.

④ Spannen Sie den Federspanner bis auf Anschlag (Pfeil) und nehmen Sie die Feder heraus.

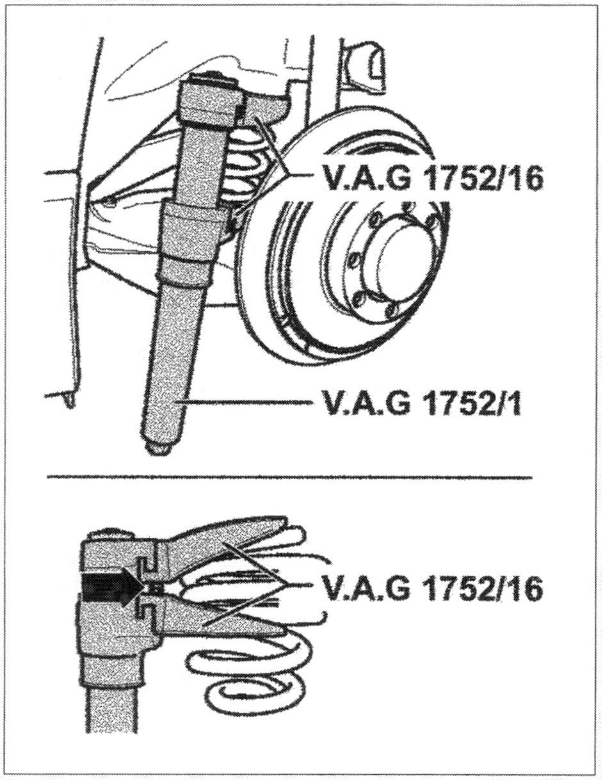

Achten Sie stets auf den richtigen Sitz der Schraubenfeder im Federhalter (Unfallgefahr).

⑤ Nachdem die Schraubenfeder ausgebaut ist, können Sie an die Demontage des Stoßdämpfers gehen. Die Radhausschale bleibt dabei eingebaut.

⑥ Schrauben Sie die Mutter ❶ ab und ziehen Sie die Stoßdämpferschraube heraus (die Abbildung zeigt das Teil ohne Abdeckblech). Jetzt Muttern ❷ ausschrauben und Stoßdämpfer herausnehmen.

⑦ Beim Einbau des Stoßdämpfers ersetzen Sie Schrauben und selbstsichernde Muttern.

⑧ Neue Muttern ❷ mit 35 Nm festziehen.

⑨ Untere Stoßdämpferbefestigung ❶ vorerst mit 20 Nm anziehen.

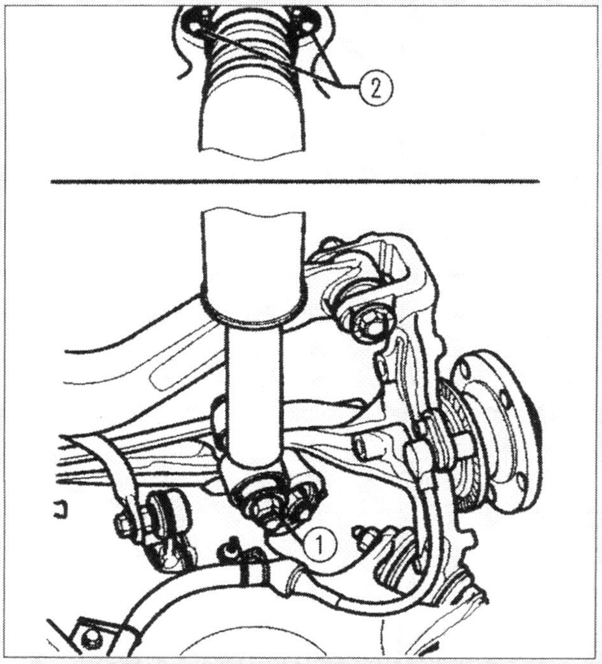

Die Radhausschale bleibt eingebaut, wenn Sie den Stoßdämpfer abschrauben und herausnehmen.

⑩ Bauen Sie die Schraubenfeder ein.

⑪ Achten Sie beim Einbau der neuen Feder darauf, dass das konische Ende nach unten zeigt. Farbmarkierungen (Pfeil B) müssen unten sein. Diesen Zapfen setzen Sie in die Bohrung des Trapezlenkers ❷ ein.

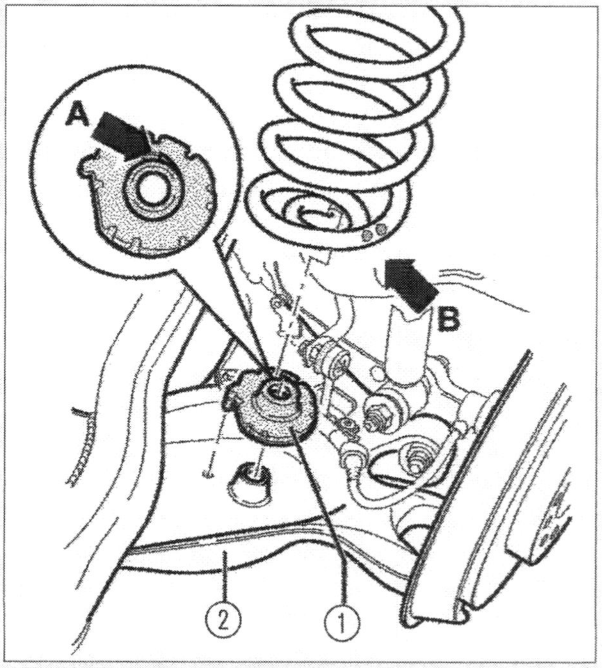

Beim Einbau einer neuen Feder ist darauf zu achten, dass das konische Ende nach unten zeigt.

⑫ Das Ende der Schraubenfeder müssen Sie so drehen, dass es am Anschlag der Federauflage liegt (Pfeil A).

⑬ Setzen Sie dann die Federauflage oben (nicht im Bild) in das obere Federende ein.

⑭ Entspannen Sie die Feder. Dabei obere Federauflage in der Karosseriebohrung ausrichten.

⑮ Nach dem Einbau der Feder gehen Sie zum Festziehen der unteren Stoßdämpferbefestigung wie folgt vor: Fahrzeug auf Räder stellen und Schraubverbindungen lösen. Fahrzeug mehrmals durchfedern. Mutter ❶ mit 160 Nm anziehen und 90° weiterdrehen.

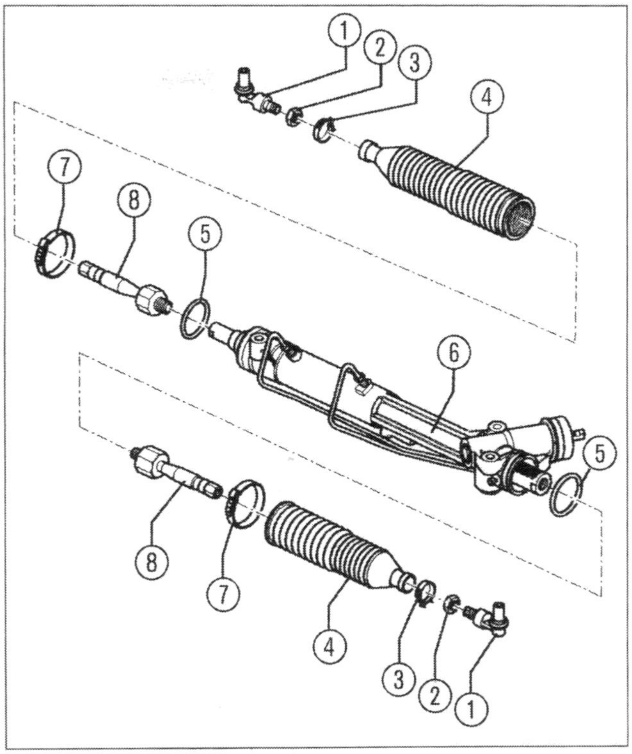

Servolenkgetriebe: *❶ Spurstangenkopf, ❷ Sechskantmutter 40 Nm, ❸ Federbandschelle (grundsätzlich ersetzen), ❹ Manschette (darf nach Spureinstellen nicht verdrillt sein), ❺ Runddichtring (grundsätzlich erneuern), ❻ Servolenkgetriebe (Zahnstange mit Lenkgetriebefett A0F 000 05 fetten), ❼ Ohrschlauchklemme (grundsätzlich erneuern), ❽ Spurstange.*

Die Servolenkung

Die serienmäßige Servolenkung im A4 erleichtert erheblich die Lenkarbeit. Im Behördendeutsch heißt so eine Lenkung auch Hilfskraftlenkung. Sie sorgt für größtmöglichen Komfort beim Rangieren und für präzises Lenkgefühl bei schnellen Autobahnfahrten.
Die Kraft für die Servounterstützung stellt ein hydraulisches System zur Verfügung. Es besteht aus der Servopumpe, die vom Keilrippenriemen des Motors angetrieben wird, dem Vorratsbehälter und den Hydraulikleitungen.
Die Funktionsweise: Die Pumpe saugt das Öl aus dem Vorratsbehälter und presst es unter hohem Druck zum Ventilkörper im Lenkgetriebe. Je nach Lenkeinschlag wird das Öl zur linken oder zur rechten Seite des Arbeitszylinders geleitet. Dort drückt das Öl gegen den Zahnstangenkolben und unterstützt so die Lenkbewegung.

Abgesehen von einigen Einstell- und Wartungsarbeiten lässt sich an der Servolenkung nicht viel selbst reparieren. Häufigste Arbeit ist die regelmäßige Kontrolle des Ölstandes im Vorratsbehälter.

Praxistipp

Servolenkung und Selbsthilfe

Reparaturen an der Servolenkung sind eine Sache der Werkstatt. Sie verfügt über spezielle typgebundene Prüfgeräte mit genauen Codeabfragen für das Steuergerät und das entsprechende Know-how. Nur so lassen sich Schäden an den elektronischen Bauteilen und Folgeschäden mit teueren Reparaturen verhindern. Reparaturen an der Servolenkung müssen Sie deshalb unbedingt der Werkstatt überlassen. Bei fehlerhafter Instandsetzung kann die Servounterstützung beim Lenken ausfallen.

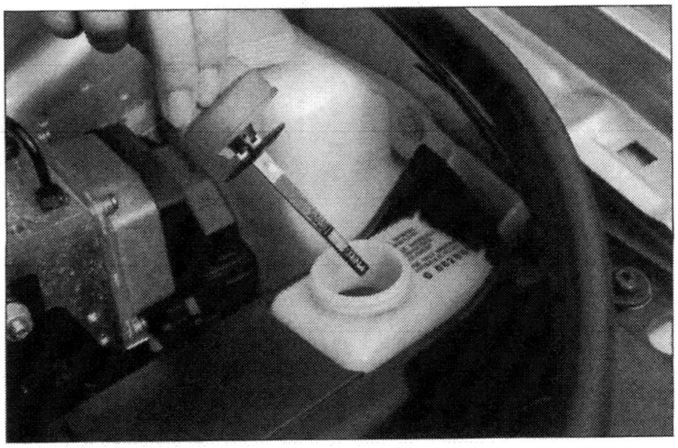

Den Ölstand der Servolenkung sollten Sie regelmäßig kontrollieren.

Airbag-Lenkrad – ein Fall für die Werkstatt

Praxistipp

Schon bei Transport und Lagerung des Airbags sind strenge Vorschriften zu beachten, ebenso für den Arbeitsplatz, an dem Ein- und Ausbau der Einheit vorgenommen werden. Überdies unterliegt der Gasgenerator, der mit seiner Festbrennstoff-Füllung im Fall eines Crashs für das blitzschnelle Aufblasen des Prallsacks sorgt, den Bestimmungen des Sprengstoffgesetzes. Der Hersteller lässt daher schon beim serienmäßigen Einbau nur speziell geschulte Fachkräfte ans Werk; in den Werkstätten werden Mechaniker für Airbag-Arbeiten extra qualifiziert. Wir raten Ihnen daher dringend von Arbeiten an einem Lenkrad mit Airbag und am Beifahrer-Airbag ab. Das gilt auch für Schönheitsreparaturen, bei denen Sie zum Beispiel ein Lenkrad mit Holz- oder Lederbezug nachrüsten. Der Umgang mit dem Airbag ist in jedem Fall ein Job für die Werkstatt.

Ölstand der Servolenkung prüfen

Arbeitsschritte | 60.000 km 12 Monate

① Wenn das Hydraulik-Öl kalt ist, lassen Sie den Motor nicht laufen und bringen die Räder in Geradeausstellung.

② Schrauben Sie den Verschlussdeckel vom Vorratsbehälter ab.

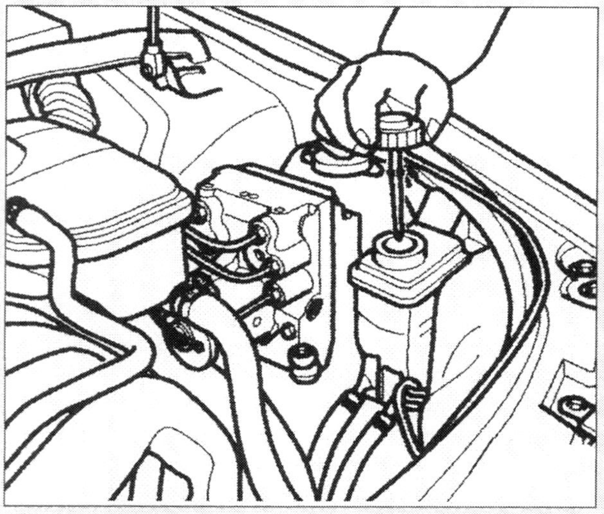

Der Vorratsbehälter für die Servolenkung befindet sich links vor dem ABS-Steuergerät.

③ Wischen Sie den am Verschlussdeckel sitzenden Messstab mit einem sauberen Lappen ab und schrauben den Deckel wieder handfest ein. Es gilt nur der Ölstand bei vorher eingeschraubtem Verschlussdeckel.

④ Der Ölstand muss folgendermaßen sein: Bei kaltem Motor im Bereich der MIN-Markierung. Die Toleranz ist zwei Millimeter darunter oder darüber. Bei betriebswarmem Motor (ab ca. 50°) muss sich der Ölstand zwischen der MIN- und der MAX-Markierung befinden.

⑤ Ist der Ölstand zu hoch, muss Öl abgesaugt werden. Ist er zu niedrig, kontrollieren Sie das System auf Dichtheit. Es genügt dann nicht, lediglich Öl nachzufüllen.

⑥ Abgelassenes Hydrauliköl nicht mehr verwenden.

Servolenkung auf Dichtheit prüfen

Arbeitsschritte | 60.000 km 12 Monate

① Drehen Sie die Lenkung bei laufendem Motor einmal ganz nach rechts und ganz nach links. So baut sich im System der höchste Druck auf, Undichtigkeiten werden am ehesten sichtbar. Um Schäden an der Pumpe zu vermeiden, darf der Motor bei dieser Prüfung nicht länger als zehn Sekunden laufen.

② Lassen Sie das Lenkrad von einem Helfer an einem Anschlag festhalten und suchen Sie nach den Undichtigkeiten:

③ Zunächst am Dichtring für das Lenkritzel am Ventilgehäuse des Lenkgetriebes.

④ Beobachten Sie dann alle Leitungsanschlüsse. Prüfen Sie diese und ziehen Sie diese gegebenenfalls nach.

Servolenkung entlüften

Arbeitsschritte

① Das System muss entlüftet werden, wenn Teile der Hydraulik demontiert wurden. Prüfen Sie zuerst den Hydraulikölstand, gegebenenfalls nachfüllen.

② Heben Sie das Fahrzeug so weit an, dass beide Vorderräder frei sind.

③ Drehen Sie bei abgeschaltetem Motor das Lenkrad zehn Mal von Anschlag zu Anschlag.

④ Prüfen Sie den Ölstand und füllen gegebenenfalls nach.

⑤ Senken Sie das Fahrzeug ab, starten den Motor und drehen das Lenkrad wieder zehn Mal von Anschlag zu Anschlag. Läuft die Flügelpumpe nicht geräuschfrei, wiederholen Sie den gesamten Vorgang bei stehendem Fahrzeug.

⑥ Ölstand prüfen und gegebenenfalls nachfüllen. Eventuell im System verbliebene Restluft entweicht im Fahrbetrieb nach 10...20 Kilometer von selbst.

Servolenkgetriebe einstellen

Wenn die Lenkung zu viel Spiel hat, versuchen Sie zunächst, diese einzustellen. Das ist durchaus möglich, wenn die Zahnstange noch keinen zu großen Verschleiß aufweist. Sie müssen dazu aber das Auto so aufbocken, dass beide Vorderräder angehoben sind. Außerdem brauchen Sie einen Helfer.

Arbeitsschritte

① Fahrzeug vorn auf beiden Seiten aufbocken und mit Unterstellböcken sichern.

② Die Räder müssen in Geradeausstellung stehen.

③ Lassen Sie von einem Helfer das Lenkrad hin und her drehen (etwa 30° um die Mittelachse). Wenn die Lenkung zu viel Spiel hat, ist jetzt ein Klappergeräusche zu hören.

④ Drehen Sie die Einstellschraube (Pfeil) vorsichtig so weit in den Deckel, bis sich das Klappergeräusch im Fahrzeuginneren verliert.

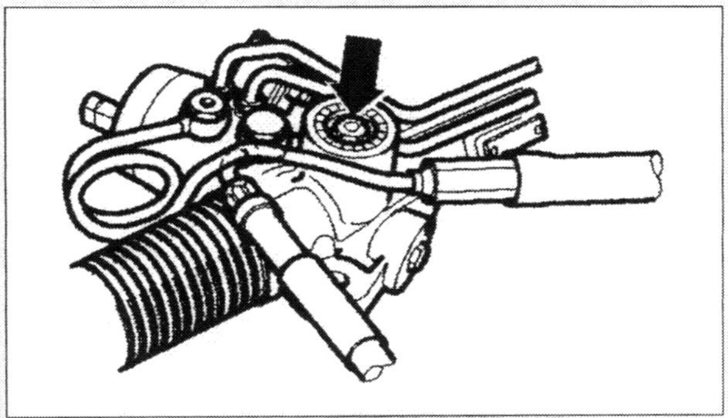

Einstellschraube des Servolenkgetriebes.

⑤ Machen Sie jetzt eine Probefahrt. Stellt sich die Lenkung nach dem Rangieren oder nach einer Kurvenfahrt selbsttätig und ohne zu haken zurück? Wenn nicht, korrigieren Sie die Einstellung. Sichern Sie zum Schluss die Einstellmutter durch einen Körnerschlag.

Servolenkung

Störungsbeistand

Störung	Ursache	Abhilfe
A Hydraulikölstand im Behälter zu niedrig.	**1** Eingeschlossene Luft im Hydrauliksystem hat sich selbst ausgeschieden.	Hydrauliköl bis »MAX« auffüllen.
	2 Undichtigkeiten im Hydrauliksystem.	Leitungsanschlüsse nachziehen, neue Dichtungen einsetzen, Hydraulikpumpe prüfen (lassen).
B Lenkung ist schwergängig.	**1** Förderdruck der Pumpe ist zu gering.	Druck prüfen lassen.
	2 Lenkgetriebe defekt.	Ersetzen lassen.
C Lenkgeräusche.	**1** Ölstand zu niedrig, Flüssigkeit mit Luftbläschen durchsetzt.	Lenkung entlüften, Öl auffüllen.
	2 Saugseitige Verschraubung der Pumpe undicht.	Dichtungen ersetzen, Verschraubungen nachziehen.
	3 Keilrippenriemen lose.	Nachspannen.
D Die Lenkung ist nur in eine Richtung schwergängig.	Hydraulischer Defekt am Servolenkgetriebe.	Lenkgetriebe ersetzen lassen.

Reifen und Felgen

Reifenunterbau, Gummimischung und das ausgefeilte Reifenprofil machen moderne Reifen zu echten Hightech-Produkten, die einen wichtigen Beitrag zur passiven Sicherheit Ihres Autos leisten. Sie tragen das Gewicht eines Fahrzeugs, fangen kleinere Stöße der Fahrbahn ab und übertragen die Kräfte, die bei Antrieb, Bremsen und Kurvenfahrt entstehen. Die Reifen an den Vorderrädern bringen es durchschnittlich auf eine Laufleistung von 50 000 bis 60 000 Kilometer. Aber auch wenn Sie Ihr Fahrzeug nur selten bewegen – spätestens nach sieben, acht Jahren sind die Reifen am Ende, weil sich die Mischung des Gummis mit der Zeit auflöst.

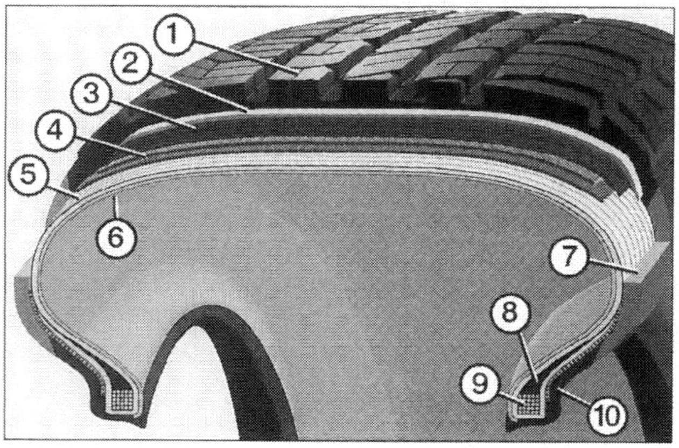

Das vielschichtige Innenleben eines PKW-Reifens.
❶ Laufstreifen, Profil und Mischung beeinflussen die Eigenschaften, ❷ Base, senkt den Rollwiderstand, ❸ Nylon-Spulbandagen, ❹ Stahlcord-Gürtellagen, steigern die Fahrstabilität, ❺ Karkasse, Form- und Festigkeitsträger des Reifens, ❻ Innenseele, gasdichte Innenschicht ersetzt den Schlauch, ❼ Seitenteil, schützt Karkasse vor Beschädigungen, ❽ Kernprofil, unterstützt Lenk- und Fahrpräzision, ❾ Kern, sorgt für festen Sitz auf der Felge, ❿ Wulstverstärker, fördert präzises Lenkverhalten und hohe Fahrstabilität.

Reifen und Felgen (Auswahl)

Reifengröße	Felgengröße	Einpresstiefe
195/65 R 15	7J x 15	45 mm
215/55 R 16 Y	7J x 16	45 mm

Die Felgen für den A4

Welche Reifengrößen und Felgen für Ihr Fahrzeug zugelassen sind, steht in den Kfz-Papieren. In Serienausstattung gibt es Aluminium-Schmiedeleichtbauräder 7J x 15 mit den Reifen 195/65 R15 oder für den 3,0 Aluminium-Gussräder 7J x 16 mit den Reifen 215/55 R16 Y. Als Sonderausstattung stehen weitere 16- oder 17-zollige Leichtmetallräder in verschiedenem Design zur Verfügung. Wenn Sie andere Reifen oder Felgen montieren wollen, müssen Sie die Papiere von der Zulassungsstelle berichtigen lassen. Dazu ist allerdings ein so genanntes Teilgutachten von TÜV/DEKRA erforderlich. Wenn Sie das Reifenformat wechseln wollen und Ihr Auto ein Navigationssystem hat, muss es in der Werkstatt neu kalibriert werden.

Ultra-Leicht-Reifen

Technik-lexikon

Beim ULW, dem Ultraleichtreifen, sind die Stahleinlagen durch Aramidfasern ersetzt. Aramid ist ein Kunststoff, der gegenüber Stahl sechsmal leichter und etwa zehnmal zugfester ist. Außerdem ist die Außenwandstärke des Reifens zehn Prozent geringer. Der ULW-Reifen mit der Reifengröße 195/65 R 15 ist so etwa drei Kilogramm leichter als ein herkömmlicher Reifen. Das spart nicht nur Kraftstoff. Wegen der geringeren rotierenden Radmassen sind auch höhere Regelfrequenzen beim ABS möglich. Auf rutschigem Untergrund kann so ein kürzerer Bremsweg erreicht werden. Und noch ein Vorteil des Aramid-Reifens: Er lässt sich besser runderneuern, weil der Kunststoff nicht rostet.

Die Felgen

Technik-lexikon

Die Größe einer Felge gibt man nach Normvorschrift stets in Zoll an. Die Bezeichnung 7J x 15 zum Beispiel bezeichnet eine Tiefbettfelge (x) mit einer Breite von sieben Zoll und einem Durchmesser von 15 Zoll. Der Buchstabe »J« steht für die Form des Felgenhorns. Das Besondere der Tiefbettfelge: Damit die Reifen besser sitzen, befindet sich an einer Schulter der Felge eine rundum laufende Erhöhung (Hump). Sie verhindert, dass bei schneller Fahrt durch eine Kurve der Reifenwulst durch die Seitenkräfte von der Schulter der Felge ins Tiefbett gedrückt wird.

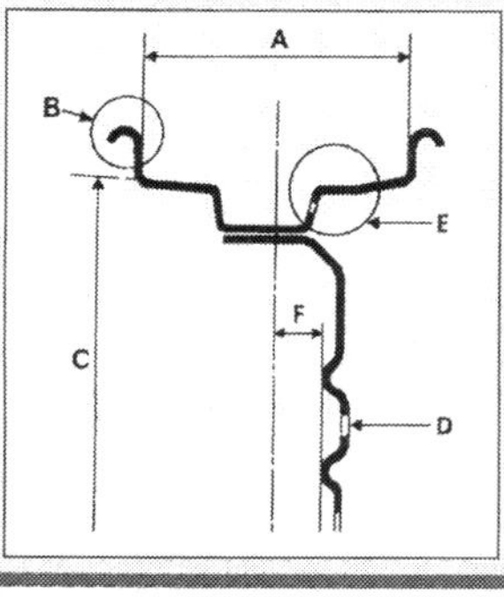

Bemaßung an einer Felge: **A** *Maulweite in Zoll,* **B** *Profil des Felgenhorns in Zoll,* **C** *Felgendurchmesser in Zoll,* **D** *Lochzahl,* **E** *Kombinationshump,* **F** *Einpresstiefe in mm.*

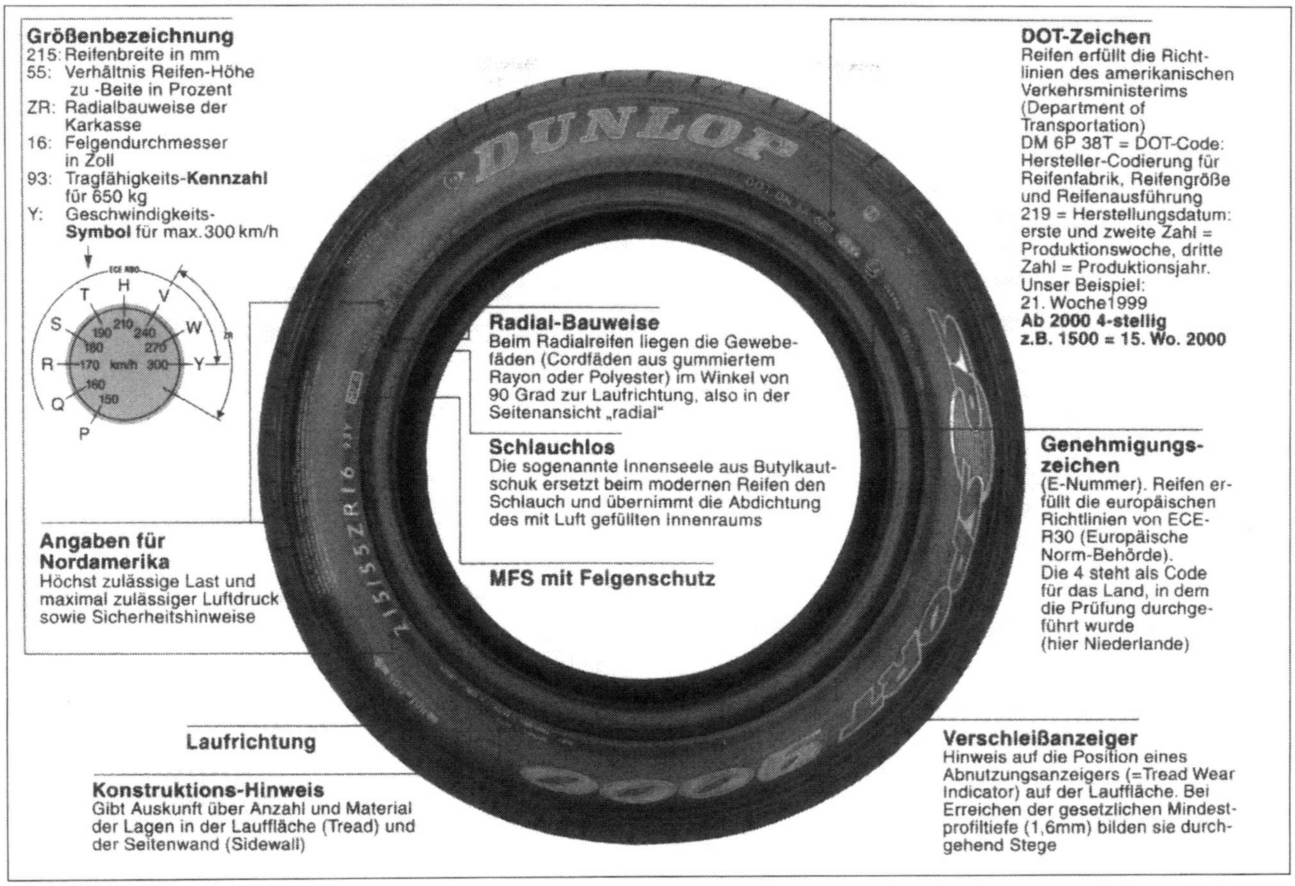

Reifendaten auf der Flanke *Beachten Sie beim Reifenkauf die Daten auf seiner Flanke, damit der neue Reifen wirklich auf die Felge passt.*

Die wichtigsten Reifendaten

Auf der Flanke eines Reifens befinden sich eine Reihe von Ziffern und Buchstaben, mit denen die Hersteller die vorgeschriebenen Reifendaten verschlüsseln. Den Autofahrer interessiert freilich vor allem das Format des Reifens. 195/65 R 15 bedeutet zum Beispiel, dass der Reifenquerschnitt eine Breite von 195 Millimetern aufweist. Die zweite Zahl bestimmt das Verhältnis von Höhe und Breite des Reifens. Im Beispiel beträgt es 65 Prozent. Je kleiner dieses Verhältnis, um so flacher und breiter ist der Reifen. »R« steht für die Radialbauart von Gürtelreifen, die Zahl hinter diesem Buchstaben bestimmt den Durchmesser der Felge in Zoll.

Höchstgeschwindigkeit

Ein anderer Buchstabe steht für die zulässige Höchstgeschwindigkeit des Reifens. Ein Reifen mit dem Kennbuchstaben »S« ist für eine Top-Speed bis 180 km/h, mit »T« bis 190 km/h zugelassen. Eine Höchstgeschwindigkeit bis 210 km/h gilt für Reifen mit dem Kennbuchstaben »H«. Für maximal 300 km/h gilt das Geschwindigkeitssymbol Y. Wenn Sie mit einem herkömmlichen M+S-Reifen durch den Winter fahren, müssen Sie früher vom Gas gehen: Die Pneus mit dem Kürzel »Q« sind nur für 160 km/h zugelassen.

Reifenalter und ECE-Prüfnummer

Das Datum der Herstellung verrät die dreistellige »DOT«-Nummer. Ab dem Produktionsjahr 1990 steht hinter dieser Zahl ein kleines Dreieck. Die Nummer 187 besagt zum Beispiel, dass der Reifen in der 18. Woche des Jahres 1997 produziert wurde. Neureifen, die nach dem 1. Oktober 1998 hergestellt wurden, müssen eine ECE-Prüfnummer auf der Reifenflanke ragen. Diese Nummer besagt, dass der Pneu ein typgeprüftes Bauteil entsprechend dem Qualitäts-Standard der Economic Commission of Europe (ECE) ist. Bei Neureifen ab 1/2000 gilt ein geändertes 4-stelliges

Herstellungsdatum. So bedeutet 0901, dass der Reifen in der 9. Produktionswoche des Jahres 2001 hergestellt wurde.

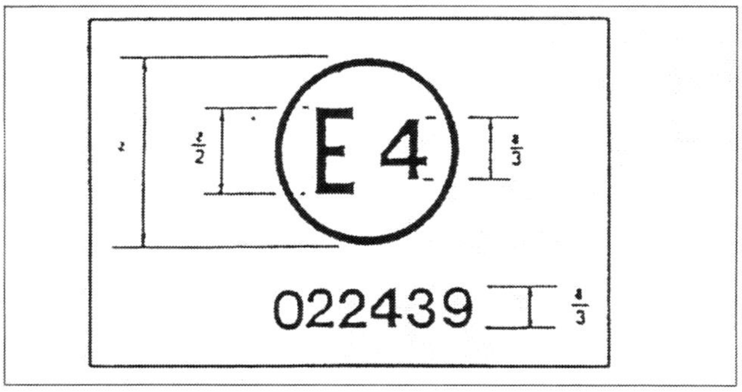

Die Prüfnummer ist erkennbar an einem großen "E" und der Nummer des Herkunftslandes, zum Beispiel 1 für Deutschland, 4 für Niederlande.

Winterreifen - Spezialisten für Schnee und Eis

Winterreifen rollen auf Schnee und Eis sicherer als Sommerreifen. Sie werden aus einer speziellen Gummischung mit einem hohen Anteil Naturkautschuk hergestellt, die bei Temperaturen unter sieben Grad auf trockener und nasser Straße besser haftet. Voraussetzung für die gute Übertragung der Motor- und Bremskräfte auf die Straße ist jedoch ein Profil von mindestens vier Millimetern – weniger Profil ist nicht erlaubt und disqualifiziert den Reifen für den Wintereinsatz. Bestücken Sie in jedem Fall alle vier Räder mit Winterreifen eine Kombination von Sommer- und Winterreifen kann gefährlich werden.

Winterreifen auf Felgen montieren

Für einen Winterreifen genügt durchaus eine schmale Ausführung. Investieren Sie das für breitere Pneus gesparte Geld lieber in einen zweiten Satz passender Felgen. Das Ummontieren der Reifen im Frühjahr und Herbst kommt auf die Dauer viel teurer.
Manche Händler und Werkstätten lagern Ihre Winterreifen gegen eine geringe Gebühr bis zum nächsten Tausch. Die Räder müssen übrigens nach jeder Montage neu ausgewuchtet werden. Erhöhen Sie den Luftdruck um 0,2 bar. Wenn die Höchstgeschwindigkeit der Winterreifen (bis zu 160 km/h) unter der Ihres Fahrzeugs liegt, sollten Sie sich zur Erinnerung einen entsprechenden Aufkleber ins Blickfeld (nicht an die Windschutzscheibe!) kleben.

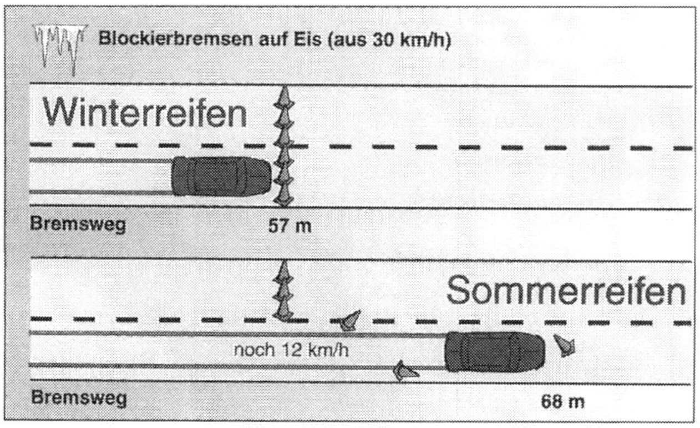

Bremsvergleich Sommer- und Winterreifen eines Autos ohne ABS.

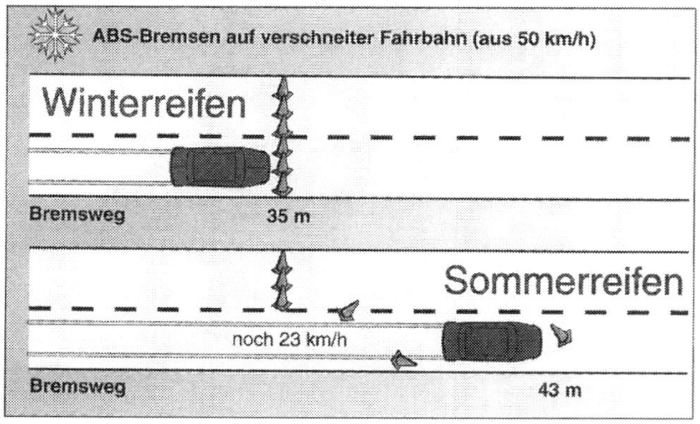

Bremsvergleich Sommer- und Winterreifen eines Autos mit ABS.

Praxistipp

So halten die Reifen länger

- Fahren Sie höchstens mit der Geschwindigkeit, für die Ihre Reifen zugelassen sind. Das gilt vor allem für M+S-Reifen der Kategorie »Q« (160 km/h). Zu hohes Tempo bewirkt mehr Abrieb, im schlimmsten Fall den Reifenkollaps.
- Vermeiden Sie Höchstgeschwindigkeit, wenn Ihr Auto schwer beladen ist. Machen Sie die Wärmeprobe: Ist der Reifen handwarm, steht es gut um ihn. Ein heißer Gummi ist ein Alarmzeichen, das auf zu niedrigen Luftdruck oder einen beschädigten Unterbau hinweist. In diesem Fall: Reifen abmontieren, beim Fachmann prüfen lassen.
- Wenn Sie häufiger auf der Autobahn mit hohem Tempo unterwegs sind: Montieren Sie Reifen, deren Geschwindigkeitsindex eine Klasse höher ist als im Fahrzeugschein verlangt (zum Beispiel »T« statt »S«).
- Achten Sie darauf, dass Sie beim Einparken mit der Reifenflanke nicht am Bordstein schrammen. Über Bordsteine und Schwellen nur langsam und immer im rechten Winkel rollen.

Reifendruck prüfen

Den Luftdruck sollten Sie stets bei kalten Reifen messen. Denn während der Fahrt erwärmt sich der Reifen, der Reifendruck steigt. Sie erhalten daher falsche Werte, wenn Sie direkt nach einer Autobahnfahrt zum Luftdruckprüfer greifen. Prüfen Sie den Reifendruck regelmäßig alle drei bis vier Wochen. Bei einem Markenreifen ist ein Druckverlust von 1,5 Prozent im Monat normal. Verliert der Reifen mehr Luft, sollten Sie sich ihn genauer ansehen.

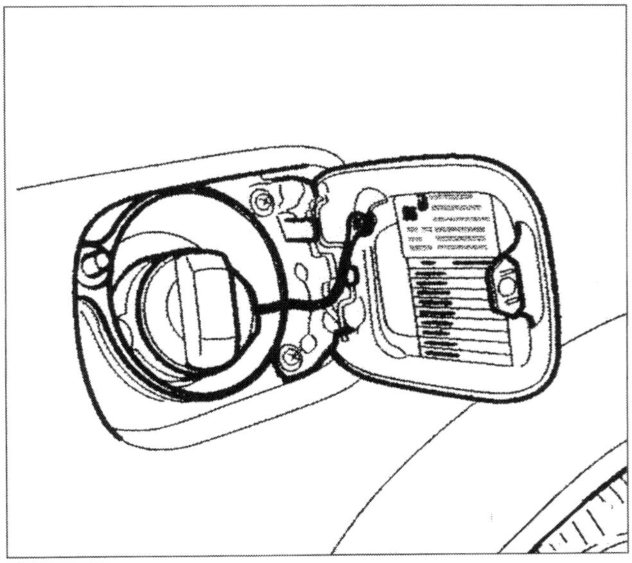

An den richtigen Reifenfülldruck erinnert Sie die offene Tankklappe.

Risikofaktor geringer Luftdruck

Technik-lexikon

Ein schlecht oder gar nicht gewarteter Reifen kann sich zum Risikofaktor für Fahrer und Auto entwickeln. Fahren Sie zum Beispiel einen Reifen mit zu geringem Luftdruck unter sehr hoher Last, kann dies zu teilweisen Ablösungen der Reifenlauffläche führen. Diese Schäden bleiben jedoch oft längere Zeit verborgen. Wird der vorher geschädigte Reifen dann stark beansprucht, können durch die enormen Fliehkräfte bei hohen Geschwindigkeiten sogar einzelne Reifenteile abreißen.

Ein schlecht gewarteter Reifen wird zum Risikofaktor.

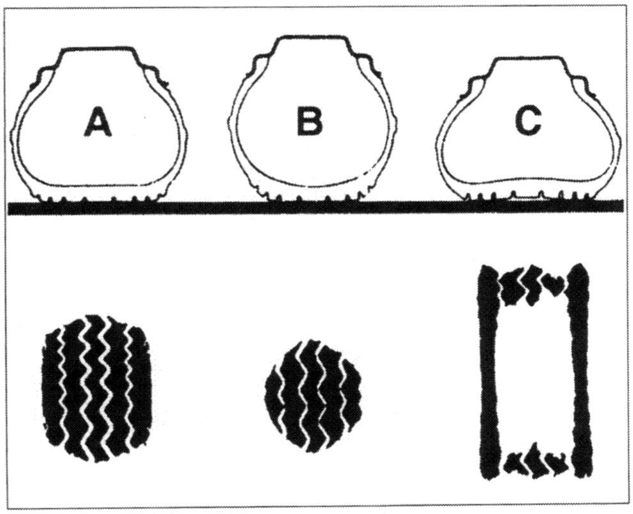

Der Reifendruck bestimmt Form und Größe der Reifenaufstandsfläche – und damit die Lebensdauer des Reifens (Profilverschleiß), den Kraftstoffverbrauch und das Fahrverhalten (Reifen walken und reagieren dann ungenau und mit Verzögerung auf Lenkbefehle).

A *Bei richtigem Reifendruck liegt die gesamte Reifenlauffläche auf der Fahrbahn auf.*

B *Ist der Druck zu hoch, hat der Reifen nur in der Mitte der Lauffläche Kontakt zur Fahrbahn.*

C *Bei zu niedrigem Luftdruck läuft das Rad auf den Reifenschultern.*

Schutzkappen für Ventile nicht vergessen

Die Reifenventile sollten Sie stets mit den Schutzkappen verschließen. Gelangt Schmutz ins Ventil, kann die Ventilnadel klemmen und es schließt nicht mehr dicht. Der Reifendruck sollte keinesfalls unter die in der Tabelle aufgeführten Werte sinken. Ein um 0,2 – 0,3 bar höherer Luftdruck hat dagegen Vorteile: Die Lenkung arbeitet feinfühliger, die Reifen halten länger und sogar der Kraftstoffverbrauch sinkt ein wenig. Nachteil: Das Fahrzeug federt nicht mehr so komfortabel wie beim normalen Druck.

Rad wechseln

Arbeitsschritte

① Handbremse anziehen und 1. Gang oder Rückwärtsgang einlegen. Unterwegs ggf. Warnblinker einschalten.

② Räder der anderen Wagenseite gegen Wegrollen sichern (Keile, Steine).

③ Ziehen Sie die Abdeckkappe ab. Den Abziehhaken dazu finden Sie im Bordwerkzeug. Bei einigen Leichtmetallfelgen müssen Sie Kunststoffkappen von den Radschrauben abziehen.

④ Alle Radschrauben lockern (eine Umdrehung). Gehen Sie dabei vorsichtig mit der Felge um. Sie ist mit einer Klarlackschicht versehen, die gegen Rost schützt. Wird die Schicht beschädigt, sollten Sie diese mit Klarlack ausbessern.

⑤ Wagen anheben. Den Wagenheber nur im bezeichneten Bereich am Falz des Türschwellers ansetzen und einrasten.

Der Kopf des waagerecht angesetzten Wagenhebers ist genau an den dafür markierten Ansatzpunkten einzurasten. Beim Hochkurbeln kann sonst der Schweller eingedrückt werden.

⑥ Markieren Sie das Rad, damit es in gleicher Stellung wieder montiert werden kann. Drehen Sie zunächst eine Radschraube heraus und drehen an ihrer Stelle den Montagestift aus Plastik herein. Er befindet sich im Bordwerkzeug und erleichtert das Aufstecken des neuen Rades. Drehen Sie nun auch die restlichen Radschrauben heraus.

⑦ Rad abnehmen. Bevor Sie das neue Rad aufsetzen, fetten Sie den Zentrierstift des Scheibenrades an der Radnabe dünn ein. So verhindern Sie ein Festrosten des Rades.

⑧ Rad auf der Nabe so drehen, dass die Radschraubenbohrungen der Felge mit dem Gewinde in der Radnabe in Deckung stehen.

⑨ Radschrauben eindrehen und so gut wie möglich mit dem Radschlüssel fest drehen. Die Schrauben dürfen nicht gefettet oder geölt werden. Beachten Sie auch, dass Bolzen und Felgen aufeinander abgestimmt sind. Radschrauben falscher Länge oder Kalottenform dürfen Sie nicht eindrehen, andernfalls kann die Funktion der Bremse oder der Festsitz des Rades beeinträchtigt werden.

⑩ Wagen ablassen und Radschrauben festziehen. Das Anzugsdrehmoment soll 120 Nm betragen – die Muttern da-

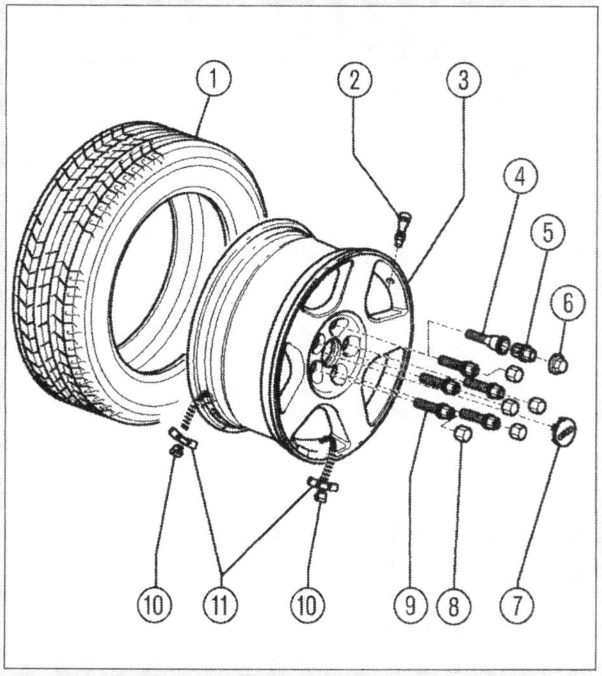

Vorteilhaft ist ein Rad mit einer gegen Diebstahl gesicherten Schraube: *❶ Reifen, ❷ Ventil, ❸ Rad, ❹ abschließbare Radschraube, ❺ Adapter für diebstahlhemmende Radschraube, ❻ Abdeckkappe, ❼ Abdeckkappe, ❽ Abdeckkappe, ❾ Radschraube 120 Nm, ❿ Haltefeder für Auswuchtgewichte (nicht bei Klebegewichten), ⓫ Klebeauswuchtgewichte (maximal 60 Gramm je Felgenhorn zulässig).*

her nicht mit einem verlängerten Radschlüssel anknallen. Andernfalls können sich die Bremsscheiben verziehen, was ungleichmäßige Bremswirkung und Reifenverschleiß zur Folge hätte.

⑪ Stecken Sie die Abdeckkappe(n) wieder auf.

⑫ Kontrollieren Sie in jedem Fall nach einigen Kilometern Fahrt, ob die Radmuttern richtig angezogen sind.

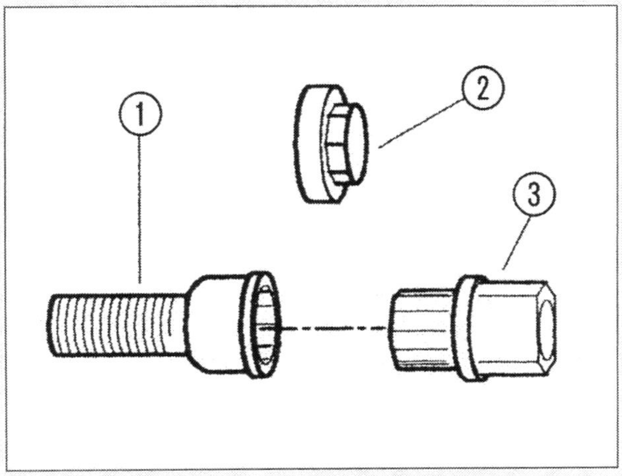

Diebstahlhemmende Radschraube im Detail: *❶ Radschraube, ❷ Abdeckkappe, ❸ Adapter für Radschraube.*

Zustand der Reifen kontrollieren

Die Vorderräder treiben das Fahrzeug an, lenken es und müssen die Hauptbelastung beim Bremsen aushalten. Sie sind daher auch früher verschlissen als die hinteren Pneus. Den Zustand der Reifen kontrollieren Sie am besten bei aufgebocktem Wagen.

Arbeitsschritte | 15.000 km 12 Monate

① Drehen Sie jedes Rad einmal komplett durch. Entfernen Sie Steinchen und andere Fremdkörper vorsichtig mit einem kleinen Schraubendreher aus den Profillamellen. Sitzt in der Reifendecke eine Glasscherbe oder ein Nagel, kann an dieser Stelle Luft entweichen.

② Achten Sie auf Unregelmäßigkeiten wie Einstiche, Schnitte, Risse und herausgebrochene Profilstücke. Bei einem beschädigten Gummi dringt leicht Feuchtigkeit ins Reifeninnere. Sie können jedoch von außen nicht erkennen, ob der stabilisierende Stahlgürtel schon vom Rost angefressen ist. Lassen Sie den Reifen zur Sicherheit vom Fachmann prüfen. Das gilt übrigens auch bei auffälligem Reifenabrieb.

③ Das Reifenprofil muss über die gesamte Lauffläche mindestens 1,6 Millimeter tief sein. Bei dieser Marke wird auf der Lauffläche an mehreren Stellen ein Profilstandsanzeiger sichtbar. Die Buchstaben »twi« (tread wear indicator) auf der Reifenflanke zeigen, wo sich diese Anzeiger befinden. Das Fahrverhalten wird mit abnehmendem Profil schlechter, vor allem auf nasser Fahrbahn. Tauschen Sie Sommerreifen zur Sicherheit bereits bei einer Profiltiefe von zwei Millimetern, Winterreifen bei vier Millimetern.

④ Kontrollieren Sie, ob alle Reifen gleichmäßig abgefahren sind.

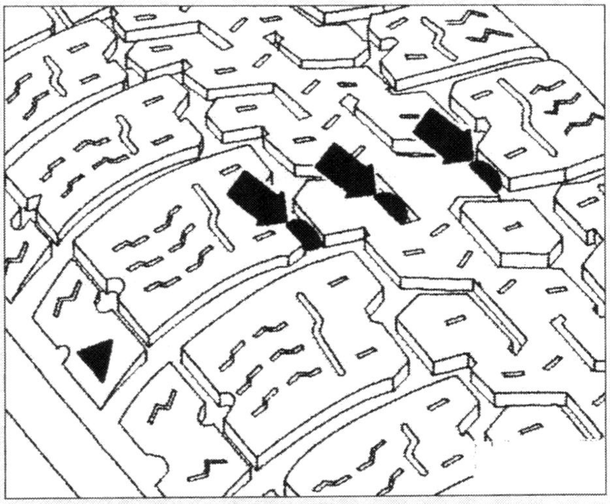

Die Mindestprofiltiefe ist erreicht, wenn der mehrmals am Reifenumfang angeordnete 1,6 mm hohe Verschleißanzeiger (Pfeile) an diesen Stellen kein Profil mehr aufweist.

⑤ Sehen Sie sich die Seitenwände (Reifenflanken) der Reifen genau an. Beulen deuten auf eine Beschädigung des Reifenunterbaus hin.

Was das Reifenlaufbild verrät

Technik-lexikon

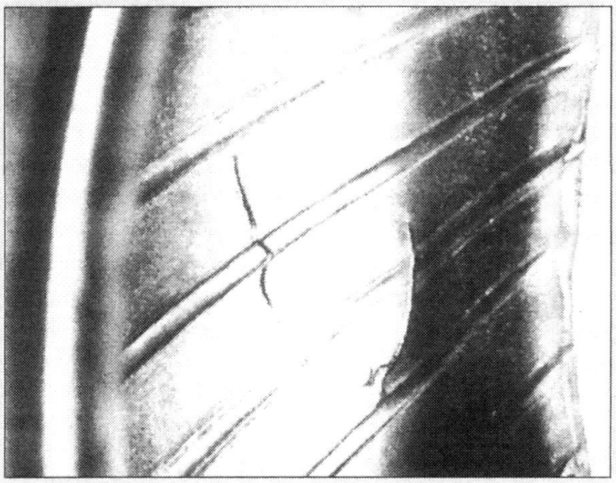

Karkassenbruch auf der Innenseite sichtbar.

Außenseite abgefahren (Vorderreifen). Flotte Fahrweise in Kurven. Reifen auf den Felgen drehen lassen oder gegen Hinterräder austauschen.

Außenseiten stärker abgefahren als Profilmitte. Der Reifen wurde lange Zeit mit zu niedrigem Luftdruck gefahren.

Gleichmäßige Auswaschungen. Vermutlich Stoßdämpfer defekt.

Ungleiche Abnutzung (an mehreren Stellen). Unwucht im Rad. Auswuchten lassen.

Stelle mit starker Abnutzung. Bremsung mit blockiertem Rad (Bremsplatte). Selbst das ABS kann kurzzeitiges Blockieren und damit einen gewissen Reifenverschleiß (Abflachungen) nicht verhindern.

***Bremsplatten:** Mit ABS unmöglich.*

Starke Abnutzung in der Profilmitte. Entsteht durch häufiges Fahren mit Höchstgeschwindigkeit. Die Reifen bauchen durch die Fliehkraft aus, nutzen daher in der Mitte stärker ab. Dieser Effekt tritt besonders deutlich an den Hinterrädern auf. Auch bei zu hohem Reifendruck.

Starke Abnutzung in der Profilmitte.

Schräges Profil. Deutet auf falsche Radeinstellung hin. Auch Leichtmetallräder können die Radstellung negativ beeinflussen, zum Beispiel durch die oft geringere Einpresstiefe der Felgen.

Schräges Profil.

Eine **Unwucht** im Rad macht sich durch Vibrationen am Lenkrad oder Schütteln im Vorderwagen bemerkbar. Ursache ist eine ungleichmäßige Gewichtsverteilung am Rad, die auch für erhöhten Reifenverschleiß sorgt. Die Beseitigung einer Unwucht ist Sache der Werkstatt. Dort schraubt man das Rad auf eine Auswuchtmaschine, die Unwuchten anzeigt. Bleigewichte an den richtigen Stellen der Felgen gleichen den unrunden Lauf des Rades aus.

Statische Unwucht A zeigt sich bereits, wenn man das Rad am hochgebockten Wagen frei auspendeln lässt: Der Schwerpunkt wird sich ganz von selbst nach unten begeben. Ein Rad mit einer statischen Unwucht hüpft beim Fahren, die Stoßdämpfer verschleißen schneller.

Dynamische Unwucht B kommt erst beim schnellen Drehen des Rades zur Wirkung. Die übergewichtige Stelle sitzt nicht in der Mittelebene des Rades, sondern etwas nach außen bzw. innen versetzt. Das Rad flattert und wackelt bei schneller Fahrt.

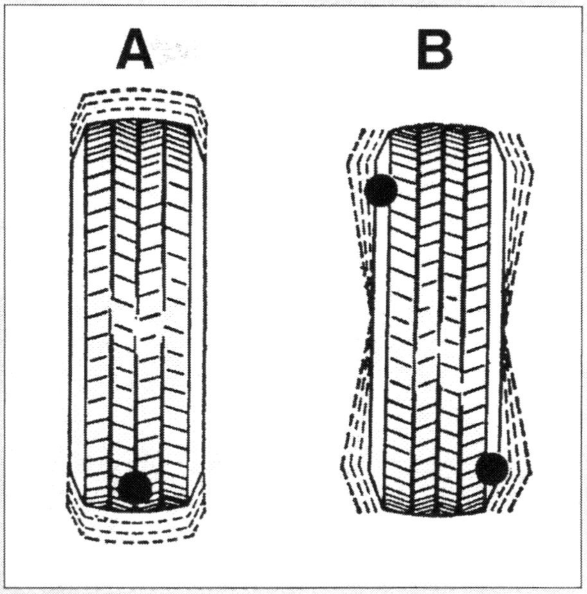

Radunwucht.

So lagern Sie Reifen richtig

Praxistipp

Nach dem Ummontieren der Sommer- oder Winterreifen sollten Sie die alten Reifen richtig lagern. Dazu eignet sich am besten ein trockener, kühler und dunkler Raum. Halten Sie Benzin, Öl, Fett und Chemikalien von den Reifen fern – sie sind Gift fürs Gummi.

- Markieren Sie zunächst Laufrichtung und Position der Reifen (VR = vorne rechts, VL = vorne links, HR = hinten rechts, HL = hinten links).
- Reifen abnehmen, mit Wasser reinigen und gut trocknen. Entfernen Sie Rollsplit und andere Fremdkörper aus den Profilrillen.
- Reifen mit Felgen stapelt man liegend, am besten auf einer alten Holzpalette.
- Reifen ohne Felgen sollten Sie senkrecht stellen. Drehen Sie die Pneus von Zeit zu Zeit.

Räder richtig tauschen

Praxistipp

Wenn sich unter der Kofferraumabdeckung das neue Ersatzrad befindet, können Sie Geld sparen. Voraussetzung ist, dass das gleiche Fabrikat mit demselben Profil noch lieferbar ist. Dann kaufen Sie einen entsprechenden Reifen dazu und haben bereits eine Achse neu bereift.

Sie können den Kauf neuer Reifen auch hinausschieben, indem Sie die Räder jeweils einer Fahrzeugseite (gleiche Laufrichtung, also nicht über Kreuz!) gegeneinander austauschen. Der Abrieb der Reifen erfolgt so gleichmäßiger.

Nachteil dieser Methode: Beim Ersatz der Reifen sind vier Exemplare auf einmal fällig. Außerdem können Sie beim Wechsel in kurzen Kilometerabständen im Reifenprofil mögliche Fehler der Radaufhängung, Lenkung und Stoßdämpfer nicht mehr deutlich erkennen.

Achten Sie beim Tausch der Reifen in jedem Fall darauf, dass Sie auf jeder Achse Reifen des gleichen Fabrikats, mit gleichem Profil und Alter montieren.

DIE BREMS-ANLAGE

Der Blick durch die Felgen zeigt: Der Audi A4 hat eine leistungsfähige Bremsanlage mit Scheibenbremsen an allen vier Rädern. Vorn sind die Scheiben innenbelüftet.

Wartung

Reparatur

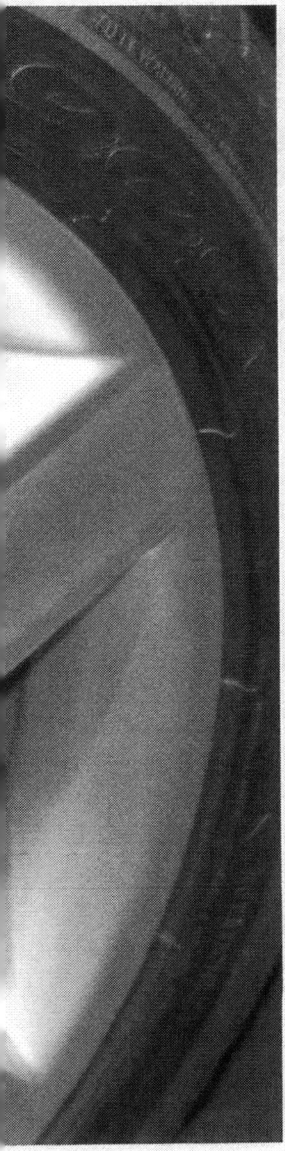

Die Bremsen des A4

Der A4 braucht natürlich eine leistungsfähige Bremsanlage. Schließlich erreichen die verschiedenen Modelle Höchstgeschwindigkeiten von 190 bis zu 245 km/h. Ein weiterer Stressfaktor neben der Geschwindigkeit ist für die Bremse die Masse des Fahrzeugs – der 3.0 quattro mit tiptronic hat immerhin ein Leergewicht von mehr als anderthalb Tonnen (1555 Kilogramm).

Um hohen konstruktiven Aufwand kommt man bei der Bremsanlage also nicht herum. Darum sind die Vorder- und Hinterräder generell mit Scheibenbremsen ausgestattet. Als Vorderradbremsen werden die Typen C54 und FN3, als Hinterradbremse der Typ C38 eingesetzt. Zur besseren Wärmeabfuhr sind die Bremsscheiben vorn innenbelüftet. Gut für den Heimwerker: Diese Bremsen brauchen nicht nachgestellt zu werden.
Ein Bremskraftverstärker nutzt bei Fahrzeugen mit Benzinmotoren einen Teil des vom Motor erzeugten Ansaugunterdrucks. Die Handbremse wirkt über Seilzüge auf die Hinterräder.

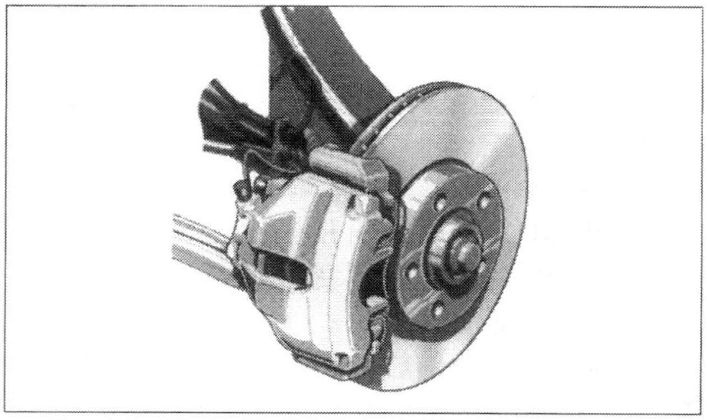

Vorn kommen grundsätzlich innenbelüftete Bremsscheiben zum Einsatz.

Auch hinten sind Scheibenbremsen eingebaut. Am Bremssattel befindet sich die Haltevorrichtung für das Handbremsseil.

Die Bremsanlage

Und so funktioniert die Bremsanlage: Beim Tritt aufs Bremspedal presst eine mit dem Pedal verbundene Druckstange zwei hintereinander liegende Kolben in den Hauptbremszylinder, der im Motorraum an den Bremskraftverstärker montiert ist. Die Kolben übertragen die Fußkraft auf die im Hauptbremszylinder eingeschlossene Bremsflüssigkeit. Dadurch entsteht ein hydraulischer Druck, der sich über Rohr- und Schlauchleitungen zu den Radbremszylindern fortsetzt. An den Rädern drücken Kolben die Bremsklötze gegen die Bremsscheiben.
Die Straßenverkehrs-Zulassungsordnung (StVZO) schreibt vor, dass ein Pkw stets mit zwei Bremsanlagen ausgestattet ist, die unabhängig voneinander arbeiten. Sinn dieser Vorschrift: Fällt ein System aus, kann das andere das Fahrzeug immer noch abbremsen.
Die Bremsanlage erfüllt diese Bestimmung mit einer diagonal aufgeteilten Zweikreisbremsanlage. Dabei ist ein Bremskreis jeweils für ein Vorderrad und das gegenüberliegende Hinterrad zuständig. Fällt ein Bremskreis aus, bleiben Vorderrad und Hinterrad des anderen Systems bremsfähig. In diesem Fall müssen Sie freilich stärker aufs Bremspedal treten, um die gleiche Wirkung zu erreichen wie bei einer intakten Anlage. Das Pedal lässt sich weiter durchtreten und der Anhalteweg wird wesentlich länger.

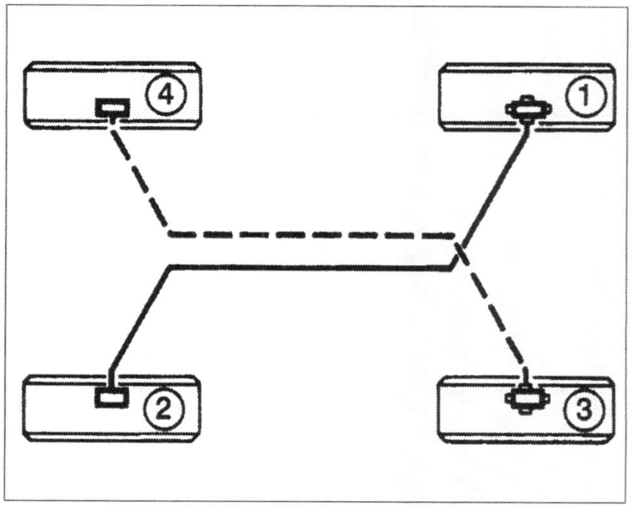

Die diagonal geteilte Bremsanlage (Schema): *❶ linkes Vorderrad, ❷ rechtes Hinterrad, ❸ rechtes Vorderrad, ❹ linkes Hinterrad.*

Auch bei der Bremse hilft Elektronik

Der A4 ist mit dem Antiblockiersystem (ABS) Bosch 5.7 ausgestattet. Es verhindert bei scharfem Bremsen ein Blockieren der Räder. Vorteil des Antiblockier-

systems: Der Wagen lässt sich auch bei einer Vollbremsung lenken. Dazu dosiert das ABS die Bremskraft an den einzelnen Rädern. Eine reine Blockierbremsung ist nicht mehr möglich. Störungen am ABS haben keinen Einfluss auf Bremsanlage und Verstärkung. Die herkömmliche Bremsanlage bleibt auch ohne ABS funktionsfähig.
Die Bremskraftverstärkung erfolgt pneumatisch durch den Vakuumbremskraftverstärker. Bei Ausstattungen mit ABS gibt es also keinen mechanischen Bremskraftregler mehr. Eine speziell abgestimmte Software im Steuergerät sorgt für die Bremskraftverteilung an der Hinterachse. Weitere Angaben entnehmen Sie bitte dem Technik-Lexikon »Das Antiblockierbremssystem im Detail«.

Die wichtigsten Teile der Bremsanlage

Zweikreisbremsanlage: Diagonal aufgeteilte hydraulische Anlage. Jeweils ein Bremskreis für ein Vorderrad und gegenüberliegendes Hinterrad.
Hauptbremszylinder: Wandelt die mechanische Kraft des Bremspedals in hydraulische Kraft um. Sorgt für schnellen Druckabbau im System beim Lösen der Bremsen.
Bremskraftverstärker: Bringt etwa 60 Prozent der Bremskraft auf. Bei Benzinmotoren wird der erforderliche Unterdruck am Ansaugrohr entnommen.
Radbremszylinder: Der Bremsflüssigkeitsdruck erreicht hier bis zu 120 bar. Die Kolben der Zylinder übertragen den Druck an Bremsklötze (Bremsbeläge).
Bremsscheibe: Eine massive Stahlscheibe, vorn innenbelüftet. Dreht sich mit jedem Vorderrad frei im Luftstrom (führt Reibungswärme ab).
Bremssattel: Sitzt wie ein Sattel auf der Bremsscheibe. Bei einem so genannten Faustsattel wird nur ein Bremskolben benötigt, um beide Bremsbeläge gegen die Bremsscheibe zu drücken.

Das passiert beim Bremsen:

Tritt aufs Bremspedal. Der Kolben im Bremssattel drückt die beiden Bremsbeläge (innerer und äußerer Bremsklotz) gegen die Bremsscheibe.
Lösen des Bremspedals. Die Kolbendichtung zieht den Kolben und dadurch auch den Bremssattel von den Bremsscheiben zurück. So entsteht zwischen Bremsklotz und Scheibe ein Spiel von weniger als einem Millimeter – die Bremsscheibe dreht wieder frei.

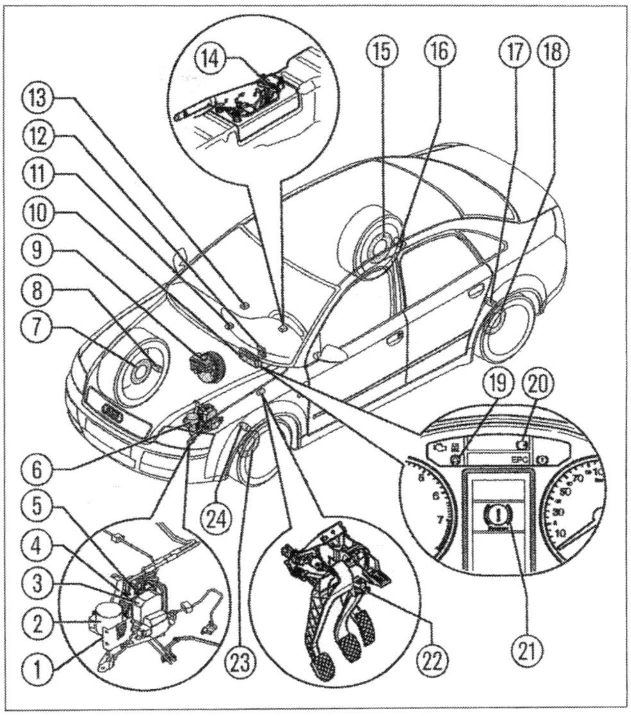

Bauteileübersicht ABS/ESP: ❶ *Hydroaggregateträger,* ❷ *Unterdruckpumpe für Bremskraftverstärker (nur für Ottomotoren mit Automatic),* ❸ *Steuergerät für ABS mit EDS (J104),* ❹ *Hydraulik-Einheit (N55),* ❺ *Geber für Bremsdruck,* ❻ *Hydrauliksteuereinheit (J104 und N55),* ❼ *Rotor für Drehzahlfühler vorne rechts,* ❽ *Drehzahlfühler vorne rechts (G45),* ❾ *Warnkontakt für Bremsflüssigkeitsstand (F34),* ❿ *Schalttafeleinsatz,* ⓫ *Taster für Antriebsschlupfregelung (E132),* ⓬ *Geber für Lenkwinkel (G85) bei ESP,* ⓭ *Geber (G200) für Querbeschleunigung und Geber (G202) für Drehrate,* ⓮ *Schalter für Handbremskontrolle (F9),* ⓯ *Rotor für Drehzahlfühler hinten rechts,* ⓰ *Drehzahlfühler hinten rechts (G44),* ⓱ *Drehzahlfühler hinten links (G46),* ⓲ *Rotor für Drehzahlfühler hinten links,* ⓳ *Kontrolllampe für ASR/ESP (K86),* ⓴ *Kontrolllampe für ABS (K47),* ㉑ *Symbol (K118) »Störung Bremsanlage«,* ㉒ *Bremslichtschalter (F),* ㉓ *Rotor für Drehzahlfühler vorne links,* ㉔ *Drehzahlfühler vorne links (G47).*

Technik-lexikon: Das Antiblockierbremssystem im Detail

ABS-Steuergerät: Sitzt im Motorraum links. Verarbeitet ständig die Drehzahl-Informationen der Radsensoren und vergleicht sie mit den programmierten Werten. Signalisieren unterschiedliche Drehzahlfrequenzen drohende Blockiergefahr an einem oder mehreren Rädern, aktiviert das Steuergerät die Hydraulikeinheit – der Bremsdruck für das betreffende Rad wird reduziert, bis es wieder frei läuft und erneut gebremst werden kann. Je nach Fahrbahnzustand erfolgt dieses Wechselspiel während des gesamten Bremsvorgangs im Millisekundentakt.

Das Steuergerät ist auch zuständig für eine Reihe weiterer Systeme zur Erhöhung der Fahrsicherheit. Zu nennen ist die elektronische Bremskraftverteilung (EBV), die elektronische Differenzialsperre (EDS) und das elektronische Stabilitätsprogramm (ESP).

EBV: Eine spezielle Software im ABS-Steuergerät regelt den Bremsdruck so, dass die Hinterräder nicht überbremsen können. Die Elektronische Bremskraftverteilung verteilt die Bremskraft an die Hinterräder. Ein lastabhängiger Bremskraftregler beziehungsweise das Druckminderventil werden überflüssig.

EDS: Die EDS ist eine Anfahrhilfe. Beim Anfahren auf glatten Fahrbahnen bremst die EDS automatisch das durchdrehende Rad ab. Dabei wird das Antriebsmoment durch das Differenzial-Getriebe auf das stillstehende Rad übertragen. Bei frontgetriebenen Fahrzeugen regelt das EDS bis 40 km/h, bei Allrad-Autos bis 80 km/h. Ergänzt wird das EDS durch die Antriebsschlupfregelung ASR. Diese greift nicht in die Bremsregelung ein, sondern in das Motormanagement. Melden die ABS-Drehzahlfühler durchdrehende Räder, wird die Motorleistung zurückgenommen. Diese Regelung funktioniert bei allen Geschwindigkeiten.

ESP: Das ESP reduziert automatisch die Schleudergefahr und erhöht damit die Fahrsicherheit in kritischen Situationen. Das System ist in der Lage, ein einzelnes Rad abzubremsen, wodurch ein zum Ausbrechen neigendes Fahrzeug stabilisiert werden kann. Beginnt beispielsweise das Heck auszubrechen, bremst das ABS das kurvenäußere Vorderrad ab. Das gegen Aufpreis lieferbare ESP benötigt eine zusätzliche Hydraulikpumpe, die bei Bedarf Bremsdruck bereitstellt (siehe auch Technik-Lexikon im Kapitel Fahrwerk).

Hydraulikeinheit: Hauptteil des ABS-Bremssystems. Sie ist mit dem Steuergerät verschraubt und kann nur im ausgebauten Zustand getrennt werden. Umfasst die Elektropumpe sowie den Ventilblock mit Magnetventilen. Beim Tritt aufs Bremspedal drückt der Hauptbremszylinder die Bremsflüssigkeit über den Ventilblock zu den Rädern. Tritt das ABS in Aktion, erteilt das Steuergerät den Befehl »Bremsdruck reduzieren«. Die Bremsflüssigkeit fließt direkt vom Ventilblock in den Ausgleichsbehälter zurück. Wird der Bremsdruck dann wieder verstärkt, strömt die Bremsflüssigkeit aus dem Ausgleichsbehälter durch die Hydraulikpumpe direkt in den entsprechenden Bremskreis. Wenn die Pumpe läuft, merken Sie das übrigens am Bremspedal: Es beginnt leicht zu pulsieren.

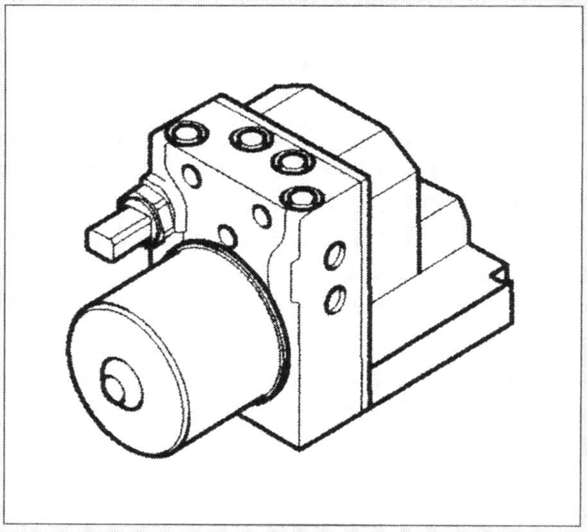

Hydraulikeinheit und Steuergerät bilden eine Einheit. Durch die direkte Verbindung werden Fehlerquellen reduziert. Schrauben, die die einzelnen Bauteile der Hydrauliksteuereinheit verbinden, dürfen nicht gelöst werden. Die Instandsetzung erfolgt durch Austausch.

Drehzahlfühler: Jeweils am Rad mit geringem Abstand zu einer Zahnscheibe (Rotor) montiert, die fest mit der Radnabe verbunden ist. Der Rotor dreht sich mit seinen zahnförmigen Erhebungen je nach Radumdrehung (Geschwindigkeit) schneller oder langsamer am Geber vorbei. Jeder Zahn des Impulsrades induziert so einen kurzen Spannungsanstieg. Dadurch wird im Geber eine Wechselspannung erzeugt, die entsprechend der Raddrehzahl ihre Frequenz ändert. Die Sensoren messen also die jeweilige Raddrehzahl und leiten sie als elektrische Signale an das Steuergerät.

Störungen am ABS-Bremssystem: Die Kontrollleuchte des ABS-Bremssystems leuchtet mit dem Einschalten der Zündung auf und verlischt, wenn der Motor läuft, spätestens jedoch nach 2 Sekunden oder wenn schneller als sechs km/h gefahren wird. Leuchtet sie während der Fahrt, dreht entweder ein Rad länger als 20 Sekunden durch, oder es liegt eine Störung im ABS-System vor. Es kann auch sein, dass die Bordspannung unter zehn Volt gefallen ist. Sie können dann aber trotzdem weiterfahren. Die Bremse funktioniert dann eben wie bei einem Wagen ohne ABS. Vorsicht ist allerdings angebracht, weil die elektronische Bremskraftverteilung nicht funktioniert und die Hinterräder leicht blockieren können.

Zur Beseitigung des Defekts müssen Sie eine Werkstatt aufsuchen. Dort fragt man die im Steuergerät gespeicherten System-Störungen mit dem Fehlerauslese-Gerät ab.

Wartung der Bremsen – im Zweifel in die Werkstatt

Gefahrenhinweis

Im Straßenverkehr entscheiden die Bremsen über Ihre Sicherheit und die anderer Verkehrsteilnehmer. Deshalb ist eine regelmäßige Kontrolle der Bremsanlage Ihre beste Lebensversicherung.

Scheuen Sie sich nicht, die Räder abzunehmen und den Zustand der Bremsbeläge zu prüfen. Die Wartungen an der Bremsanlage sind kein Hexenwerk. Auch die meisten Arbeiten an den Bremsen sind nicht anspruchsvoller als die Demontage eines Kotflügels oder Stoßfängers.

Trotzdem sollten Sie sich nur ans Schrauben machen, wenn Sie sich Ihrer Sache wirklich sicher sind. Überlassen Sie Arbeiten an der Bremse im Zweifelsfall lieber einer Fachwerkstatt. Bremsbeläge sind Bestandteil der Allgemeinen Betriebserlaubnis (ABE), außerdem vom Werk auf das jeweilige Fahrzeug abgestimmt. Deshalb dürfen nur vom Automobilhersteller beziehungsweise vom Kraftfahrtbundesamt (KBA) freigegebene Bremsbeläge verwendet werden. Sie haben eine KBA-Freigabenummer. Beim Reinigen der Bremsanlage fällt Bremsstaub an, der zu gesundheitlichen Schäden führen kann. Deshalb sollten Sie darauf achten, dass der Bremsstaub nicht eingeatmet wird.

Stand der Bremsflüssigkeit prüfen

Arbeitsschritte | ständige Wartung

① Der Behälter für die Bremsflüssigkeit sitzt links im Wasserkasten direkt auf dem Hauptbremszylinder. Kontrollieren Sie den Stand der Bremsflüssigkeit regelmäßig.

② Auch bei einer intakten Bremsanlage kann der Pegel sinken. Ursache ist der Verschleiß an den Belägen der vorderen Scheibenbremsen. Dann wandern die Kolben der Radzylinder aus den Zylindern heraus. Die Bremsflüssigkeit fließt nach. Da die Kupplungshydraulik ebenfalls dort angeschlossen ist, kann ein sinkender Pegel auch mit Defekten an diesem System zusammenhängen.

③ Ein sinkender Bremsflüssigkeits-Pegel ist kein Grund zur Sorge, solange die Bremsflüssigkeit im Behälter zwischen den Markierungen »MIN« und »MAX« steht.

④ Ob Sie Bremsflüssigkeit nachfüllen müssen, hängt vom Verschleißgrad der Bremsbeläge ab. Sind die Beläge nahezu abgefahren, kann der Pegel nahe der »MIN«-Marke verbleiben. Beim Einbau neuer Beläge werden die Bremskolben zurückgedrückt, der Stand im Bremsflüssigkeitsbehälter steigt dadurch wieder an. Bei neuen beziehungsweise neuwertigen Belägen sollten Sie gegebenenfalls nachfüllen. Tun Sie das aber nur, nachdem Sie sich vergewissert haben, dass keine Undichtigkeit am Bremssystem vorliegt.

⑤ Zum Nachfüllen verwenden Sie nur Bremsflüssigkeit nach US-Norm FMVSS 116 DOT 4. Achtung! Bremsflüssigkeit ist giftig und greift Lacke an. Weil sie zudem Wasser anzieht, muss sie immer in einem fest verschlossenen Behälter aufbewahrt werden.

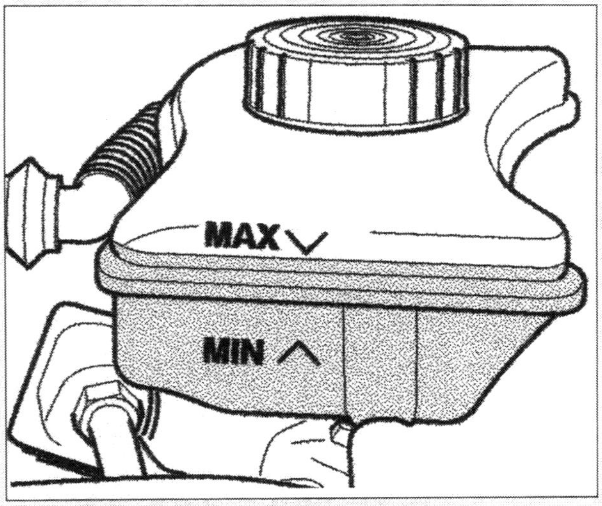

Wenn der Pegel im Bremsflüssigkeitsbehälter sinkt, muss nicht unbedingt etwas kaputt sein. Durch Abnutzung und automatische Nachstellung der Bremsbeläge sinkt der Stand immer etwas. Bevor Sie nachfüllen, sollten Sie daher immer die Bremsanlage kontrollieren und den Zustand der Bremsbeläge prüfen. Damit die Flüssigkeit nicht aus dem Behälter tritt, darf die MAX-Markierung nicht überschritten werden.

Zustand der Bremsanlage prüfen

Arbeitsschritte | 15.000 km 12 Monate

① Die Unterseite des Wagens muss trocken sein, damit Sie undichte Stellen erkennen.

② Prüfen Sie die Anschlüsse und Verbindungen von Schläuchen und Leitungen und die Bremssättel. Achten Sie auf dunkle und feuchte Flecken.

③ Prüfen Sie die Bremsschläuche. Sie dürfen keine Scheuerstellen aufweisen, weder feucht noch aufgequollen sein. In diesen Fällen: Schläuche auswechseln.

④ Reinigen Sie die Bremsleitungen mit einem Kaltreiniger. Die Leitungen sind zum Schutz gegen Rost mit einer Kunststoffschicht überzogen – daher zur Säuberung nie Schraubendreher, Schmirgelleinen oder Drahtbürste verwenden. Ist die Schutzschicht beschädigt, Rostschutzgrundierung dünn aufstreichen. Stellen Sie Rostnarben oder Verformungen an den Bremsleitungen fest, müssen Sie diese umgehend ersetzen.

⑤ Befinden sich Schutzkappen auf allen Entlüftungsventilen an den Bremssätteln?

⑥ Machen Sie eine (provisorische) Bremsdruckprobe. Treten Sie eine Minute mit voller Kraft aufs Bremspedal – das Pedal darf dabei nicht nachgeben, sonst ist eine der Manschetten im Hauptbremszylinder defekt. Eine exakte Druckprüfung ist allerdings Sache der Werkstatt.

Bremskraftverstärker prüfen

Arbeitsschritte

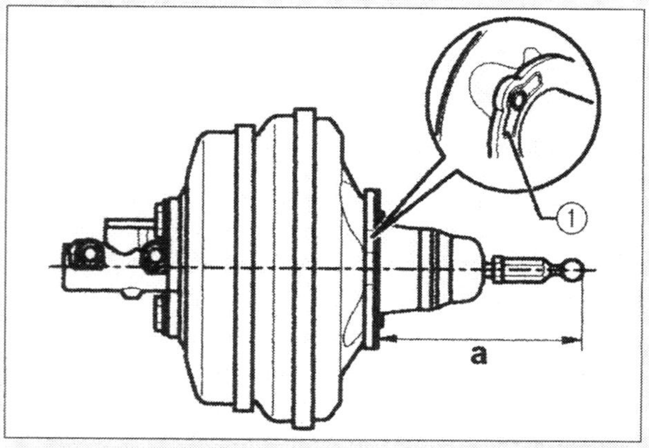

Voraussetzung für das Funktionieren des Bremskraftverstärkers ist die korrekte Kugelkopf-Einstellung: *❶ Bezugsfläche für Einstellmaß, a = 159 mm +/- 0.5 mm. Beim Messen muss der Kugelkopf rechtwinklig zur Fläche des Bremskraftverstärkers ausgerichtet sein. Ohne Dichtung bis Ende Kugelkopf messen. Anzugsdrehmoment des Kugelkopfs an Bremskraftverstärker: 30 Nm.*

① Motor abstellen, das Bremspedal mehrmals durchtreten und in seiner tiefsten Stellung halten.

② Motor starten. Das Pedal muss dann noch ein Stück nachgeben. Senkt sich das Pedal nicht, liegt das meist an einer der folgenden Ursachen:

Unterdruckschlauch ❶ vom Ansaugrohr zum Bremskraftverstärker undicht. In diesem Fall müssen Sie den Schlauch ersetzen.

Gummiring ⓮ zwischen Hauptbremszylinder und Bremskraftverstärker verschlissen. Zum Austausch muss der Hauptbremszylinder demontiert werden.

Membran des Verstärkers defekt. Eine Reparatur ist nicht möglich. Sie müssen den Bremskraftverstärker komplett ersetzen.

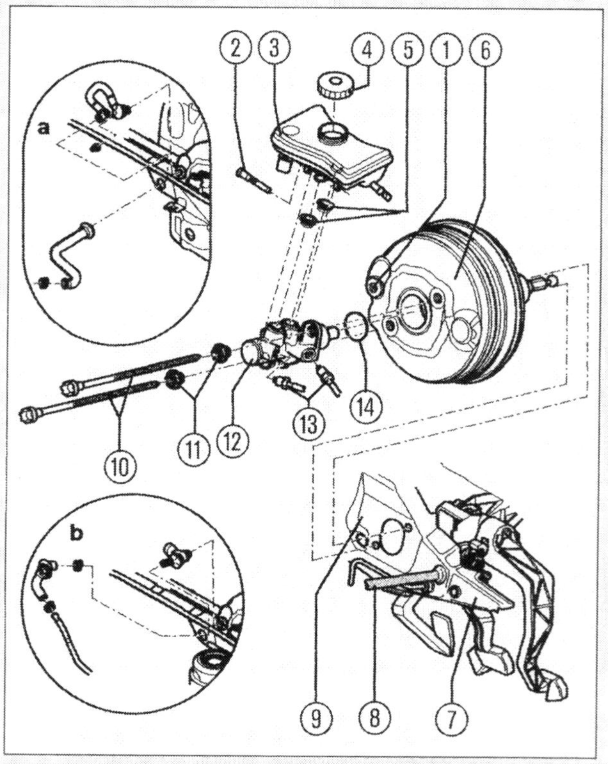

Tandem-Bremskraftverstärker/Hauptbremszylinder (Montageübersicht): *❶a Unterdruckschlauch (1,6, 2,0 Schaltgetriebe), ❶b Unterdruckschlauch (1,6, 2,0, 3,0 Automatic, 3,0 Schaltgetriebe), ❷ Zapfenschraube 10 Nm, ❸ Bremsflüssigkeitsbehälter mit Schwimmerwarnanzeige, ❹ Verschlussdeckel, ❺ Dichtungsstopfen, ❻ Bremskraftverstärker, ❼ Pedalbock, ❽ Nachlaufschlauch, ❾ Stirnwand, ❿ Schraube 25 Nm, ⓫ Flanschmutter 50 Nm, ⓬ Hauptbremszylinder (bei Störungen komplett ersetzen). ⓭ Bremsleitung 15 Nm, ⓮ Dichtring (nach Ausbau des Hauptbremszylinders ersetzen).*

Bremsen prüfen

Suchen Sie sich eine ebene, möglichst abgelegene Straße. Führen Sie die Bremsprüfung nur durch, wenn Sie Ihr Fahrzeug beherrschen und andere Verkehrsteilnehmer nicht behindern oder gefährden.

Arbeitsschritte

① Fahren Sie zuerst mit Schritttempo. Mit voller Kraft bremsen, dann den Gummiabrieb auf der Straße ansehen. Die Bremsen ziehen gleichmäßig, wenn die Spuren gleich lang sind. Die gleiche Übung mit der Handbremse durchführen.

② Beschleunigen Sie auf etwa 50 km/h. Lassen Sie das Lenkrad los (Hände griffbereit halten), bremsen Sie zuerst sanft und dann scharf bis zum Stillstand. Das Fahrzeug sollte die Spur halten. Zieht es zum Beispiel nach links, ist eine der rechten Bremsen nicht in Ordnung (Wagen zieht in Richtung des stärker gebremsten Rades). Bei scharfem Bremsen spüren Sie den Regeldruck des ABS im Pedal.

③ Lassen Sie Ihr Fahrzeug nach diesem Test auf einer leicht abschüssigen Strecke aus dem Stand losrollen. So stellen Sie fest, ob die Räder frei und leichtgängig sind. Machen Sie nach einer kurzen Fahrt die Wärmeprobe an den Felgen: Sie müssen alle gleich warm sein. Ursache für zu hohe Temperatur können schleifende Bremsen oder defekte Radlager sein.

Bremsbeläge messen

Die Beläge an den vorderen Scheibenbremsen leisten mehr Arbeit beim Bremsen als ihre Partner an den Hinterrädern. Sie nutzen sich daher auch schneller ab. Kontrollieren Sie die Stärke der Beläge regelmäßig, mindestens jedoch alle 15.000 Kilometer oder einmal im Jahr. Bei einer Belagdicke (einschließlich Rückenplatte) von 7 mm haben die Bremsbeläge ihre Verschleißgrenze erreicht und sind zu ersetzen. Die Beläge müssen grundsätzlich achsweise ersetzt werden.

Arbeitsschritte — 15.000 km / 12 Monate

① Die äußeren Bremsbeläge können Sie bei angebautem Rad mit einer Taschenlampe durch den Durchbruch erkennen. Den inneren Belag jedoch sehen Sie bestenfalls nur mit einem Spiegel. Nehmen Sie im Zweifelsfall jeweils das Rad ab. So kommen Sie besser an den Belag heran.

② Als Messinstrument eignet sich eine Münze. Halten Sie es zwischen Bremsscheibe und Belagsträger. Ist der Belag bei der Dicke des Geldstücks angelangt, ist es höchste Zeit für einen Tausch.

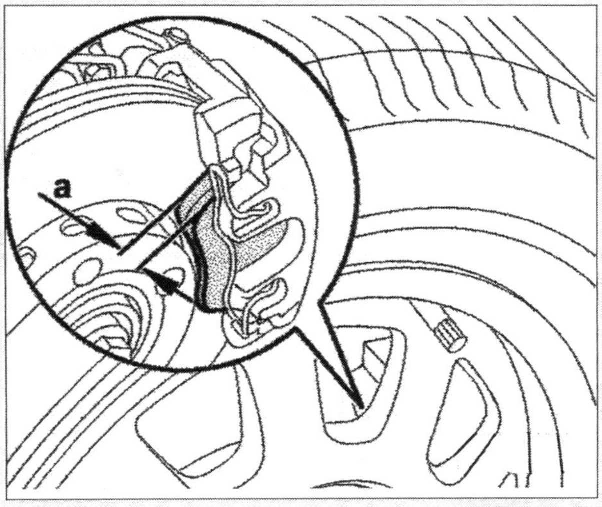

Bremsbelag vorn: *Das Verschleißmaß a beträgt 7 mm.*

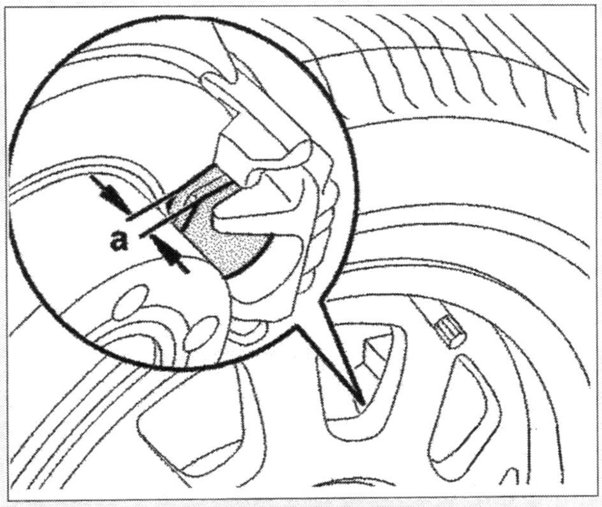

Bremsbelag hinten: *Das Verschleißmaß a beträgt 7 mm.*

Praxistipp

Bremspedal und Bremsbelag

Der Leerweg des Bremspedals soll höchstens ein Drittel des gesamten Pedalwegs betragen. Lässt sich das Pedal weiter nach unten drücken (mit der Hand prüfen), sollten Sie sofort die Scheibenbremsen untersuchen – die Bremsbeläge können stark abgefahren oder verklemmt sein. Vielleicht ist auch die Bremszange im Bremssattel festgerostet.

Die Prüfung des Pedalwegs ersetzt jedoch keine Kontrolle der Bremsbeläge: Der Bremskolben schiebt den abnutzenden Belag beim Bremsen so weit nach, dass er nach dem Loslassen des Pedals immer die gleiche Grundstellung zur Bremsscheibe hat. Der Pedalweg bleibt also fast gleich, solange die Beläge nicht auf das Mindestmaß geschrumpft sind. Wird der Pedalweg durch Pumpen geringer, ist möglicherweise Luft im System – dann muss die Anlage entlüftet und nach der Ursache geforscht werden.

Zustand der Bremsscheiben kontrollieren, Rotor prüfen

Für diese Wartung müssen Sie die Vorderräder abnehmen. Kontrollieren Sie den Zustand der Bremsscheiben stets gemeinsam mit den Bremsbelägen. Dabei sind Taschenlampe, Spiegel und Schieblehre hilfreich. Bei dieser Gelegenheit sollte auch der Rotor durch Drehen der Bremsscheibe auf Verschmutzung und Beschädigung geprüft werden.

Maße der Bremsscheiben (Auswahl)

Typ	Durchmesser	Stärke	Verschleißgrenze
FN 3 (vorn)	288 mm	25 mm	22 mm
C54 (vorn)	280 mm	22 mm	20 mm
C38 (hinten)	245 mm	10 mm	8 mm

Arbeitsschritte

① Eine bläuliche Verfärbung der Scheibe ist normal.

② Achten Sie auf Rillen in den Scheiben. Sie entstehen durch Schmutz oder zu stark abgefahrene Beläge. Die Rillen dürfen nicht zu tief sein.

③ Die Bremsscheiben dürfen nicht nachgearbeitet werden. Bei Riefen oder zu starken Verschleißspuren ist stets ein paarweiser Austausch fällig.

④ Die Stärke der Scheiben messen Sie am besten, indem Sie zwischen Schieblehre und Bremsscheibe jeweils eine Münze legen. So erhalten Sie auch bei eingelaufenen Bremsscheiben genaue Werte. Die Dicke der Münzen müssen Sie dann natürlich vom gemessenen Wert abziehen. Messen Sie die Bremsscheibe an mehreren Punkten. Es gilt der jeweils schlechteste Wert.

⑤ Zu dünne Scheiben müssen immer paarweise ausgetauscht werden.

Die Stärke der Bremsscheiben messen: *Damit das Ergebnis stimmt, müssen Sie natürlich die Stärke der dazwischen eingelegten Münze abziehen.*

Bremsen

Störungsbeistand

Störung	Ursache	Abhilfe
A Bremse quietscht.	**1** Resonanzgeräusche zwischen Bremsscheibe und Belägen.	Beläge wechseln, ggf. Bremsbelagträgerplatte auf der Rückseite mit Anti-Quietsch-Paste einstreichen.
	2 Beläge verschlissen bzw. verhärtet.	Erneuern.
	3 Bremsflächen der Scheiben stark verschmutzt, verschmiert oder abgenutzt.	Scheiben abschleifen, ausdrehen lassen. Ggf. austauschen.
	4 Belagführung am Bremssattel verschmutzt oder verrostet.	Säubern bzw. blank schleifen.
	5 Festsitzender Kolben im Bremssattel.	Gängig machen oder Bremssattel überholen (lassen).
	6 Neue Bremsbeläge liegen nicht plan an.	Außenkanten der Beläge mit einer Feile brechen.

Bremsen

Störungs-beistand

Störung	Ursache	Abhilfe
B Bremswirkung lässt nach (Fading).	**1** Pedalweg normal: a) Beläge verölt, verbrannt oder verhärtet. b) Siehe A3.	 Bremsbeläge ersetzen (lassen).
	2 Pedalweg kurz: Bremskraftverstärker arbeitet nicht oder kein Unterdruck am Verstärker.	Bremskraftverstärker bzw. Unterdruckleitung auf Knicke prüfen; das Teil prüfen und evtl. ersetzen (lassen).
	3 Pedalweg lang: a) Siehe A5. b) Ein Bremskreis ausgefallen.	 Kontrollieren, schadhafte Teile auswechseln lassen.
	4 Falscher Belag.	Bremsbeläge tauschen (lassen).
C Bei hohem Bremspedaldruck schwache Bremsleistung.	**1** Siehe A2 bis 6. **2** Siehe B1 bis 4.	
D Bremspedalweg schwammig.	**1** Luft in der Anlage.	Bremsanlage prüfen, entlüften (lassen).
	2 Bei überbeanspruchter Bremse (Gebirgsfahrt, Anhängerbetrieb) Dampfblasenbildung.	Anhalten, Bremse abkühlen lassen. Verhalten fahren und bremsen, häufiger herunter schalten (Motorbremse).
	3 Hauptbremszylinder nicht mehr richtig befestigt.	Befestigung prüfen.
E Bremspedal lässt sich ganz durchtreten, keine Bremswirkung.	**1** Hauptbremszylinder ausgefallen.	Austauschen.
	2 Bremsschlauch oder Leitung gerissen, Dichtung leck.	Ersetzen.
	3 Bremsflüssigkeit zu alt oder überhitzt.	Auswechseln.
F Pedalweg zu lang.	**1** Lager an der Radseite lose oder verschlissen.	Befestigen, evtl. ersetzen lassen.
	2 Scheiben unrund, Beläge verschoben.	Scheibe und Beläge prüfen, evtl. ersetzen (lassen).
	3 Bremsflüssigkeit läuft aus.	Hydraulik auf Leck prüfen und Mangel beheben (lassen).
G Stand der Bremsflüssigkeit zu niedrig.	**1** Bremsbeläge verschlissen.	Bremsbeläge prüfen, ersetzen (lassen).
	2 Leck in der Hydraulik.	Hydraulik auf Leck prüfen und Mangel beheben (lassen).
H Bremsen ziehen einseitig.	**1** Bremsscheiben defekt oder unterschiedliche Beläge.	Prüfen, evtl. ersetzen (lassen).
	2 Siehe A3.	
	3 Siehe A5.	
	4 Falsche Reifen oder falscher Reifendruck.	Prüfen; richtige Reifen aufziehen, Reifendruck kontrollieren.
	5 Stoßdämpfer verschlissen.	Prüfen, evtl. ersetzen (lassen).
I Beläge stark oder ungleichmäßig verschlissen.	**1** Bremsscheiben sind korrodiert oder weisen Riefen auf.	Prüfen, evtl. ersetzen (lassen).
	2 Siehe A5.	

Bremsanlage entlüften

Gelangt Luft ins Bremssystem, müssen Sie die Anlage entlüften. Das gilt zum Beispiel für alle Arbeiten, bei denen Sie die Bremsschläuche abnehmen oder die Bremsleitungen öffnen. In der Regel genügt es, wenn Sie nur den Bremskreis entlüften, an dem Sie gearbeitet haben.

Fürs Entlüften brauchen Sie neue Bremsflüssigkeit (Spezifikation US-Norm FMVSS 116 DOT 4) und einen durchsichtigen Schlauch. Den bekommen Sie im Baumarkt. Außerdem sollten Sie sich von einem Helfer unterstützen lassen. Das Fahrzeug muss mit allen vier Rädern auf ebenem Boden stehen. Achtung: Beobachten Sie während des Entlüftens stets den Stand der Bremsflüssigkeit im Vorratsbehälter. Füllen Sie bei Bedarf Bremsflüssigkeit nach. Der Behälter darf nicht leer sein, sonst wird wieder Luft ins System angesaugt.

Sicherheitshinweis: Wenn beim Entlüften der Pegel im Bremsflüssigkeitsbehälter so weit absinkt, dass Luft angesaugt wird, muss die Bremsanlage in der Werkstatt mit einem speziellen Entlüftergerät entlüftet werden. Der Grund: Luft kann in die ABS-Hydraulikpumpe gelangt sein. Nach dem Einbau eines neuen Bremsschlauches muss ebenfalls in der Werkstatt entlüftet werden.

Arbeitsschritte

① Wenn erforderlich, die Entlüftungsventile einige Stunden vor der Arbeit mit Rostlöser einsprühen. Das mindert das Risiko, dass die Ventile beim Lösen abgerissen werden.

② Arbeitsreihenfolge: 1. Radbremszylinder hinten rechts, 2. Radbremszylinder hinten links, 3. Bremssattel vorn rechts, 4. Bremssattel vorn links.

③ Gummikappe vom Entlüftungsventil abziehen, Ventilnippel säubern.

④ Kunststoffschlauch auf den Nippel schieben und das freie Schlauchende in einen teilweise mit Bremsflüssigkeit gefüllten Auffangbehälter stecken.

⑤ Entlüftungsschraube mit einem Ringschlüssel maximal eine Umdrehung lösen. Der Helfer tritt das Bremspedal langsam bis zum Boden, damit die Bremsflüssigkeit und die darin eingeschlossene Luft herausgepumpt werden. Achten Sie dabei auf Schlauch und Auffangbehälter – Sie müssen die Luftbläschen sehen können. Das Bremspedal am Boden halten.

Den Entlüftungsnippel lösen Sie am besten mit einem Ringschlüssel.

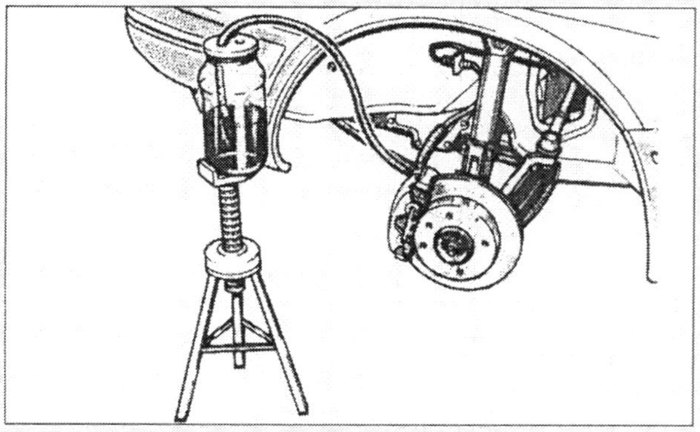

So entlüften Sie die Bremsanlage:
Der durchsichtige Kunststoffschlauch ist auf das Ventil gesteckt. Die giftige und Lack angreifende Bremsflüssigkeit gelangt sicher in ein Gefäß.

⑥ Schließen Sie die Entlüftungsschraube. Erst dann das Pedal zurücknehmen.

⑦ Wiederholen Sie diesen Vorgang so lange, bis keine Luftbläschen mehr aufsteigen - dann ist keine Luft mehr im System. Beobachten Sie ständig den Stand der Bremsflüssigkeit im Ausgleichsbehälter. Füllen Sie bei Bedarf nach – aber nur soviel, dass der vorherige Stand im Bremsflüssigkeitsbehälter nicht überschritten wird. Dadurch verhindern Sie, dass bei einem späteren Wechsel der Bremsbeläge zuviel Bremsflüssigkeit im System ist und der Behälter beim Zurückdrücken der Bremskolben überläuft. Warten Sie bis zum nächsten Pumpen jeweils etwa drei Sekunden, damit sich der Hauptbremszylinder wieder füllen kann.

⑧ Nach dem letzten Durchgang muss der Helfer das Bremspedal wieder am Boden halten, bis das Entlüftungsventil endgültig geschlossen ist (Schraube nicht anknallen).

⑨ Die Arbeit an den anderen Entlüftungsventilen wiederholen.

⑩ Lässt sich die Bremse nach vorgenannter Methode nicht vollständig entlüften, sollten Sie alle Entlüftungsventile schließen, den Motor starten und mehrfach die Bremse betätigen. Dann nochmals einen Entlüftungsdurchgang vornehmen.

⑪ Kontrollieren Sie zum Schluss noch einmal alle Bremsleitungen, Entlüftungsventile (angezogen?), den Stand im Bremsflüssigkeitsbehälter und die Funktion der Bremsen bei einer (vorsichtigen) Probefahrt. Bremsen Sie einmal so stark, dass die ABS-Regelung greift.

Die Bremsflüssigkeit

Technik-lexikon

Hauptbestandteile der Bremsflüssigkeit sind Glykol und Polyglykoläther. Diese Mischung ist bei -40° C noch dünnflüssig und hat einen sehr hohen Siedepunkt von etwa 270°C. Als hygroskopische Flüssigkeit nimmt Bremsflüssigkeit allerdings Wasser auf (undichte Bremsschläuche und Gummimanschetten). Dadurch sinkt der Siedepunkt – bei einem Wassergehalt von 2,5 Prozent liegt er nur noch bei 150° C. In diesem Fall können sich bei stark erhitzten Bremsen (Gebirgsfahrt, Vollbremsungen) Dampfblasen in der Bremsflüssigkeit bilden. Diese werden beim Bremsen zusammengepresst, das System kann keinen stabilen Bremsdruck aufbauen, das Bremspedal lässt sich tief durchtreten (im Extremfall bis auf den Boden). Wechseln Sie daher zu Ihrer Sicherheit die Bremsflüssigkeit regelmäßig – sie soll alle zwei Jahre, möglichst im Frühjahr erneuert werden.

Vorsicht beim Umgang mit Bremsflüssigkeit!

Bremsflüssigkeit ist giftig. Nicht mit Mund oder offenen Wunden in Berührung bringen. Sie greift Metall- und Gummiteile zwar nicht an, wirkt jedoch auf Autolack aggressiv. Bremsflüssigkeit, die Sie einmal aus dem System abgelassen haben, dürfen Sie später nicht mehr einfüllen. Verwenden Sie auch keine Bremsflüssigkeit aus einem Behälter, der längere Zeit offen gestanden hat. Gebrauchte Bremsflüssigkeit ist Sondermüll – kümmern Sie sich um eine fachgerechte Entsorgung.

Bremsflüssigkeit wechseln

Der Wechsel der Bremsflüssigkeit ist – wie schon gesagt – alle zwei Jahre fällig und sollte möglichst nach der kalten Jahreszeit stattfinden. Die Werkstatt erledigt diesen Wartungspunkt mit einem speziellen Befüllgerät. Sie können sich aber auch selbst ans Werk machen – die Arbeit ist die gleiche wie beim Entlüften. Sie benötigen knapp 1,5 Liter frische Bremsflüssigkeit (auf Spezifikation achten).

Arbeitsschritte W 2 Jahre

① Beachten Sie bitte alle Hinweise und Arbeitsschritte unter »Bremsanlage entlüften«.

② Beachten Sie bei Fahrzeugen mit Schaltgetriebe, dass auch das Hydrauliksystem der Kupplungsbetätigung mit neuer Bremsflüssigkeit gespült werden muss. Lesen Sie dazu bitte im Kapitel »Die Kraftübertragung« die Arbeitsanweisungen zum Thema »Kupplungshydraulik entlüften« nach. Am Kupplungsnehmerzylinder müssen für eine komplette Erneuerung der Flüssigkeit mindestens 0,1 Liter Bremsflüssigkeit herausgepumpt werden.

③ Die Arbeitsschritte an den einzelnen Entlüftungsventilen sind die gleichen wie beim Entlüften. Sie müssen natürlich regelmäßig Bremsflüssigkeit in den Ausgleichsbehälter einfüllen – bei jedem Ventil soll mindestens ein Viertel Liter Bremsflüssigkeit herausgepumpt werden, damit ein kompletter Austausch erfolgt. Die ausgepumpte Bremsflüssigkeit soll auf jeden Fall klar und blasenfrei sein.

Vorratsbehälter der Bremsflüssigkeit aus-/einbauen

Arbeitsschritte

① Nehmen Sie zum **Ausbau** die Abdeckung für den Wasserkasten ab.

② Ziehen Sie die Steckverbindung vom Geber der Schwimmerwarnanzeige ab.

③ Stecken Sie einen Entlüfterschlauch mit einem Gefäß auf den Bremssattel vorn links. Öffnen Sie die Entlüfterschraube. Pumpen Sie durch Betätigen des Bremspedals soviel Bremsflüssigkeit wie nötig aus. Achten Sie darauf, dass der Hauptbremszylinder nicht leer gepumpt wird. Schließen Sie die Entlüfterschraube.

④ Ziehen Sie den Nachlaufschlauch für den Kupplungsgeberzylinder ab und verschließen Sie ihn mit einem Blindstopfen.

⑤ Vorratsbehälter durch seitliches Kippen vom Hauptbremszylinder trennen und abheben. Vergessen Sie nicht, die Einrastlasche nach unten zu drücken.

⑥ Beim **Einbau** neue Dichtringe in die Bohrungen des Hauptbremszylinders einsetzen. Dazu die Dichtringe mit Bremsflüssigkeit einreiben.

⑦ Drücken Sie den Vorratsbehälter ein, bis er einrastet. Nachlaufschlauch für die Kupplungshydraulik und Stecker für den Geber für die Schwimmerwarnanzeige anschließen.

⑧ Entlüften Sie die Bremsanlage.

Hauptbremszylinder mit Bremskraftverstärker aus-/ einbauen

Der Hauptbremszylinder kann nicht instand gesetzt werden. Bei Störungen ist er komplett zu ersetzen. Der Hauptbremszylinder muss zusammen mit dem Bremskraftverstärker aus- und eingebaut werden. Um das Bremspedal vom Bremskraftverstärker zu trennen, benötigen Sie spezielles Entriegelungswerkzeug aus einer Fachwerkstatt. Außerdem brauchen Sie einen Reparatursatz von Verschlussstopfen. Zum Absaugen der Bremsflüssigkeit benutzt die Audi-Werkstatt das Bremsenfüll- und Entlüftungsgerät V.A.G 1869 oder V.A.S 5234. Mit einer funktionierenden Absaugflasche können Sie sich behelfen.

Arbeits-schritte

① Zuerst müssen Sie das Ablagefach an der Fahrerseite **ausbauen**.

② Den jetzt sichtbaren Bremslichtschalter ❶ drehen Sie um 45° nach links (Pfeil), um den Schalter herausziehen zu können.

③ Das Bremspedal trennen Sie vom Bremskraftverstärker mit dem Entriegelungswerkzeug T40024.

④ Nehmen Sie die Abdeckung für den Wasserkasten ab und schützen Sie den Motorraum gegen auslaufende Bremsflüssigkeit. Öffnen Sie den Bremsflüssigkeitsbehälter (Pfeil) und führen Sie den Schlauch des Entlüftergeräts ein.

⑤ Ziehen Sie die Steckverbindung vom Geber der Schwimmerwarnanzeige ❶ ab. Ebenso wird der Unterdruckschlauch ❷ abgezogen (Abb. S. 205, links oben).

⑥ Schrauben Sie die Befestigungsschraube ❶ für den Bremsflüssigkeitsbehälter heraus. Der Behälter ist an der unteren Seite in den Hauptbremszylinder eingerastet. Zum Abnehmen drücken Sie die die Einrastlasche nach unten. Gleichzeitig ziehen Sie den Bremsflüssigkeitsbehälter aus den Dichtstopfen. Der Behälter wird abgezogen und seitlich abgelegt (Abb. S. 205, links Mitte).

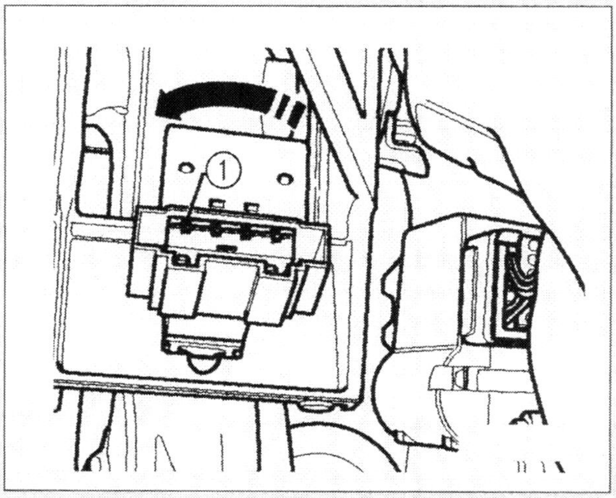

Nach dem Ausbau des Ablagefachs an der Fahrerseite wird der Bremslichtschalter ❶ sichtbar.

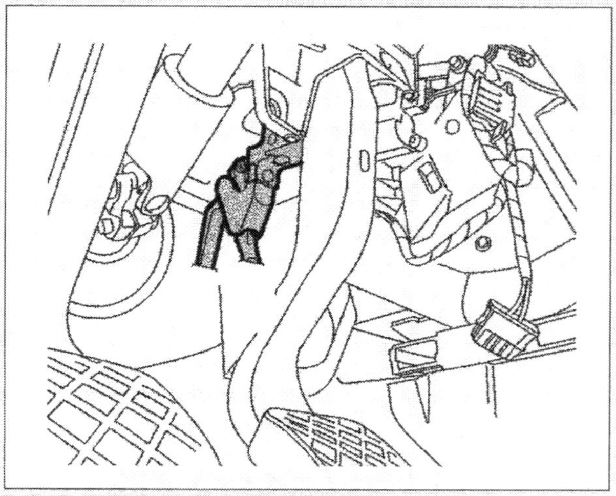

Bremspedal vom Bremskraftverstärker trennen.

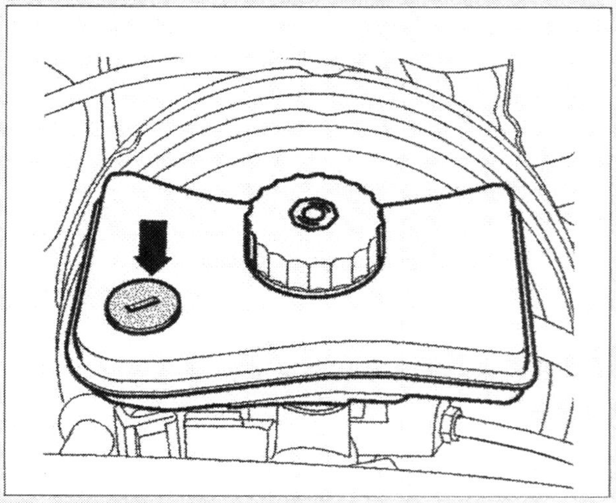

Der Bremsflüssigkeitsbehälter wird an der Entlüfterschraube geöffnet.

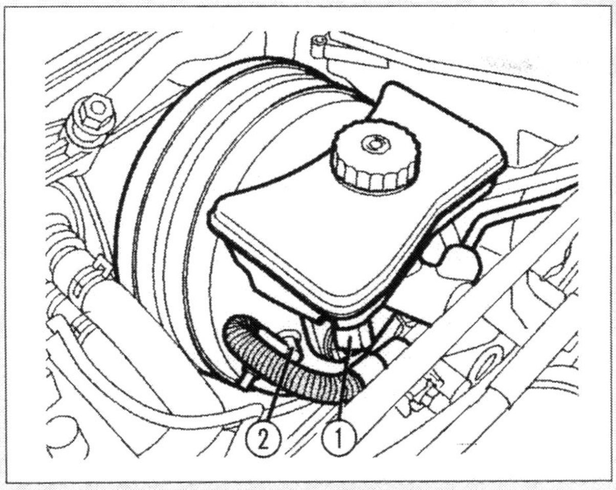

Steckverbindung vom Geber für Schwimmerwarnanzeige ❶ und Unterdruckschlauch ❷ sind abzuziehen.

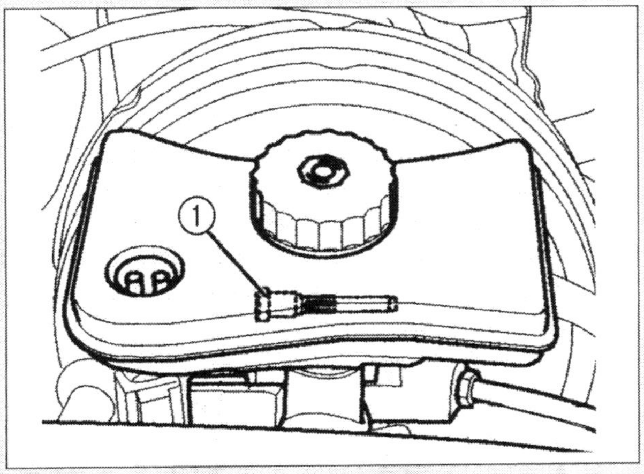

Bremsflüssigkeitsbehälter abschrauben.

⑦ Die Bremsleitungen ❶ und ❷ sind vom Hauptbremszylinder abzuschrauben und mit Blindstopfen zu verschließen.

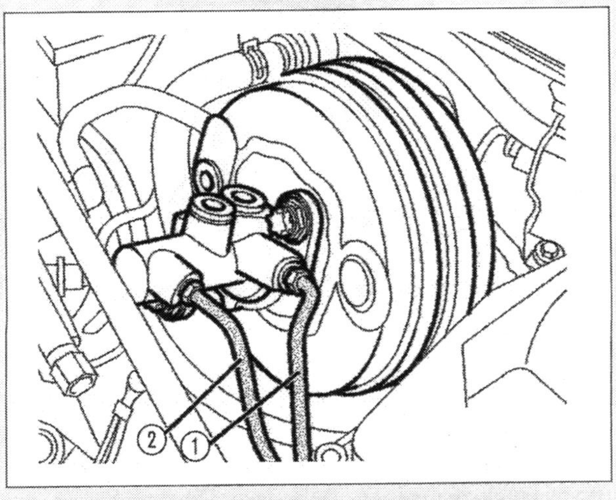

Bremsleitungen ❶ und ❷ vom Hauptbremszylinder werden abgeschraubt.

⑧ Legen Sie ausreichend nicht fasernde Lappen im Bereich der Hydraulik-Steuereinheit aus, bevor Sie die Bremsleitungen ❶ und ❷ vom Steuergerät abschrauben und mit Gummitülle herausnehmen.

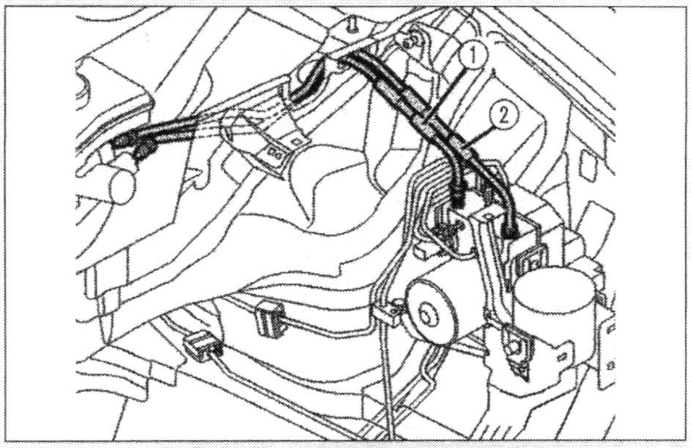

Schützen Sie die Hydraulik-Steuereinheit vor dem Abschrauben der Bremsleitungen mit nicht fasernden Lappen.

⑨ Die Befestigungsschrauben für den Bremskraftverstärker (Torx T45) sind auszuschrauben, um den Bremskraftverstärker mit dem Hauptbremszylinder zu entnehmen. Die Befestigungsmuttern für den Hauptbremszylinder ❶ müssen noch abgeschraubt werden, damit Sie den Hauptbremszylinder vorsichtig aus dem Bremskraftverstärker nehmen können.

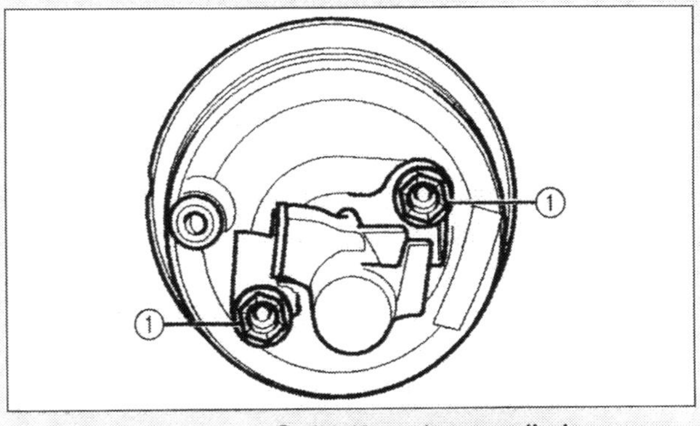

Befestigungsmuttern ❶ für Hauptbremszylinder.

⑩ Beim **Einbau** in umgekehrter Ausbaureihenfolge müssen Sie darauf achten, dass der Wasserkasten von restlicher ausgelaufener Bremsflüssigkeit gesäubert wird. Beim Zusammensetzen des Hauptbremszylinders mit dem Bremskraftverstärker ist auf den richtigen Sitz der Druckstange im Hauptbremszylinder zu achten. Durch leichtes Drücken des Bremspedals bewegen Sie die Druckstange in Richtung des Hauptbremszylinders. So führen Sie die Druckstange leichter ein.

⑪ Stellen Sie den Bremslichtschalter ein.

⑫ Entlüften Sie die Bremsanlage.

Praxistipp: So läuft keine Bremsflüssigkeit aus

Wenn Sie eine Bremsleitung (oder einen Bremsschlauch) lösen, läuft langsam die Bremsflüssigkeit aus dem Vorratsbehälter. Das lässt sich jedoch verhindern. Lösen Sie vor dem Öffnen der Verschraubung eine Entlüftungsschraube im betreffenden Bremskreis. Stecken Sie einen Entlüftungsschlauch auf und platzieren Sie das andere Ende in ein sauberes Gefäß. Dann das Bremspedal voll durchtreten und zum Beispiel mit einer Holzlatte in dieser Stellung fixieren. Die Zulaufbohrungen im Hauptbremszylinder sind jetzt verschlossen, es kann keine Bremsflüssigkeit mehr auslaufen.

Bremsschlauch aus-/einbauen

Der Hauptbremszylinder und die vier Radbremsen sind mit starren Bremsleitungen und flexiblen druckfesten Bremsschläuchen verbunden. Arbeiten an den Bremsleitungen aus Metall sollten der Werkstatt überlassen werden, da zur fachgerechten Montage viel Erfahrung gehört. Bremsschläuche können Sie bei erkennbaren Schäden selbst auswechseln. Bei der Montage sind sie an den Originalbefestigungspunkten zu befestigen.

Arbeitsschritte

① Zum **Ausbauen** die Überwurfmutter der betreffenden Bremsleitung losdrehen. Dabei darauf achten, dass sich die Leitung nicht verdreht.

② Manche Bremsschläuche sind mit einem so genannten Schlauchhalter (Blechbügel) gegen Rutschen an der Karosserie gesichert. Beim Zusammenbau diesen Schlauchhalter nicht vergessen!

③ Beim **Einbau** den Schlauch immer zuerst an der Stelle festdrehen, an der das Außengewinde sitzt. Dann die andere Verschraubung anziehen.

④ Der Bremsschlauch darf nicht in sich verdreht sein. Den richtigen Sitz erkennen Sie am durchgehenden Farbstreifen, dem Gummianguss oder dem Gummiprofil entlang des Schlauches.

⑤ Bremssystem entlüften.

⑥ Kontrollieren Sie unbedingt, ob der Bremsschlauch bei Federbewegungen an einer Stelle scheuern kann. Dann müssen Sie den Abstandshalter verschieben. Wiederholen Sie diese Kontrolle nach einer längeren Fahrstrecke.

Bremsbeläge vorn aus-/einbauen

Bei dieser Arbeit müssen Sie sich gleich zweimal ans Werk machen. Die Beläge dürfen nämlich grundsätzlich nur auf beiden Seiten ausgetauscht werden. Mit neuen Bremsbelägen sollten Sie auf den ersten 200 Kilometern häufige Vollbremsungen vermeiden. Der Belag verändert sonst seine Struktur. Er verhärtet (»verglast«) und erreicht dadurch nicht seine beste Bremswirkung. Weiter zu verwendende Bremsbelege sollten beim Ausbau gekennzeichnet werden. Sie müssen an gleicher Stelle wieder eingebaut werden, da sonst ungleichmäßige Bremswirkung die Folge wäre.

Arbeitsschritte

① Wagen vorne aufbocken, Räder abbauen. Sichern Sie die Bremsscheiben, indem Sie zwei Radbolzen eindrehen. Trennen Sie bei Fahrzeugen mit Bremsbelagverschleißanzeige die Steckverbindung ❶. Die Fixierlasche am Steckerunterteil ❷ ist dazu etwas anzuheben und anschließend um 90° zu drehen. Ziehen Sie das Steckerunterteil aus dem Halter.

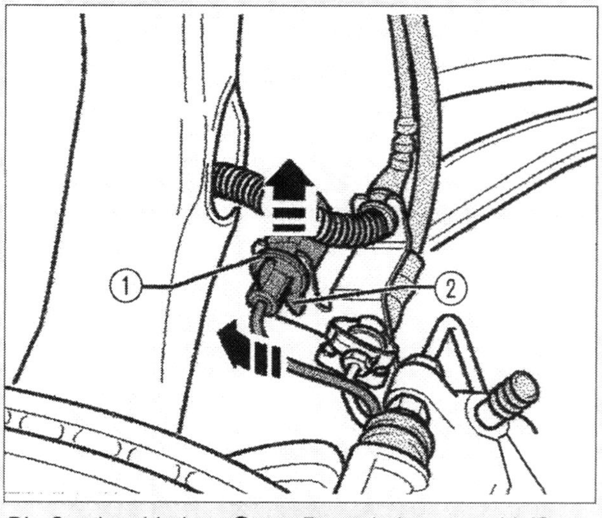

Die Steckverbindung ❶ zur Bremsbelagsverschleißanzeige ist zu trennen.

② Lenkung einschlagen, damit die Beläge gut zugänglich sind.

③ Schrauben Sie die untere Befestigungsschraube vom Bremssattelgehäuse ab. Dabei am Führungsbolzen gegenhalten.

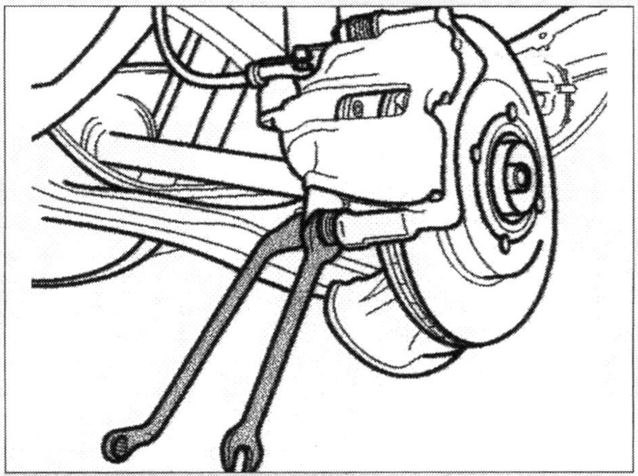

Die untere Befestigungsschraube des Bremssattelgehäuses wird abgeschraubt, damit dieses nach oben geschwenkt werden kann.

(4) Schwenken Sie den Bremssattel nach oben. So können Sie die Bremsbeläge herausnehmen.

(5) Nehmen Sie die Bremsbeläge heraus. Wenn Sie diese wieder verwenden wollen, vergessen Sie nicht die Kennzeichnung. An falscher Stelle eingebaute alte Beläge führen zu ungleichmäßiger Bremswirkung.

(6) Wenn Sie neue Bremsbeläge montieren, müssen Sie den Bremskolben in den Zylinder zurückdrücken. Wenn Sie dafür kein Spezialwerkzeug haben, können Sie auch eine Schraubzwinge verwenden. Schützen Sie den Kolben mit einem Stück Holz. Beschädigen Sie die Manschette nicht. Vor dem Zurückdrücken sollten Sie mit einer Entlüfterflasche Bremsflüssigkeit aus dem Bremsflüssigkeitsbehälter absaugen. Sonst kann – wenn zwischenzeitlich Bremsflüssigkeit nachgefüllt wurde – Bremsflüssigkeit auslaufen und zu Schäden führen.

Vor dem Einsetzen neuer Bremsbeläge ist der Kolben in den Zylinder zu drücken.

(7) Reinigen Sie das Bremssattelgehäuse ausschließlich mit Spiritus. Setzen Sie die Bremsbeläge ein, schwenken das Bremssattelgehäuse nach unten und ziehen die Befestigungsschraube mit 30 Nm an. (Zum Reparatursatz gehören vier selbstsichernde Sechskantschrauben, die zu verwenden sind.)

(8) Wenn Sie fertig sind, treten Sie mehrmals kräftig das Bremspedal durch. So nehmen die Beläge den richtigen Sitz ein. Danach kontrollieren Sie den Stand im Bremsflüssigkeitsbehälter.

Bremsbeläge hinten aus-/einbauen

Der Aus- und Einbau der Scheibenbremsbeläge für die Hinterräder erfolgt prinzipiell wie bei den Vorderrädern. In den Arbeitsschritten werden die abweichenden Arbeiten illustriert. Zum Beispiel muss das Handbremsseil ausgehängt werden. Außerdem ist zum Zurückdrücken des Bremskolbens unbedingt Spezialwerkzeug (3272 Rückstell- und Ausdrehwerkzeug) nötig. Ohne das Werkzeug kann beim Zurückdrücken der Nachstellmechanismus für die Handbremse zerstört werden.

Arbeitsschritte !

(1) Ziehen Sie zum **Ausbauen** die Sicherungsscheibe **1** heraus, um das Handbremsseil auszuhängen. Achten Sie darauf, dabei den Faltenbalg des Handbremsseils nicht zu beschädigen.

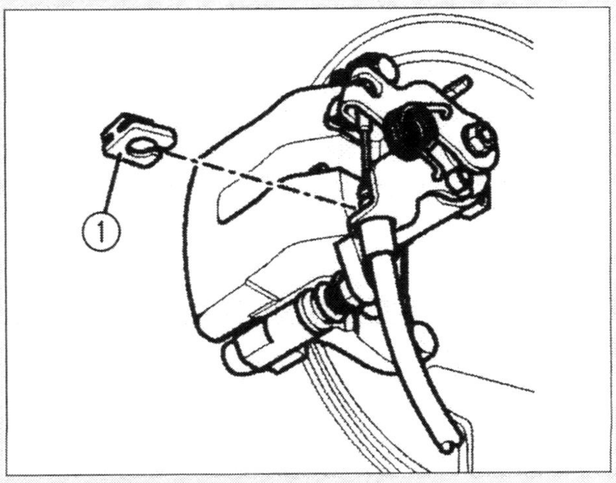

Beim Aushängen des Handbremsseils darf der Faltenbalg nicht beschädigt werden.

(2) Schrauben Sie die Befestigungsschrauben vom Bremssattelgehäuse ab. Der Führungsbolzen muss dabei mit einem Maulschlüssel gegengehalten werden.

③ Nehmen Sie die Bremsbeläge ab, nachdem Sie die Belaghaltefedern ausgebaut haben. Wenn Sie die Beläge wieder einbauen wollen, müssen Sie diese kennzeichnen und an der selben Stelle wieder einsetzen.

④ Reinigen Sie den Bremssattel ausschließlich mit Spiritus. Keine Drahtbürste zum Reinigen des Gehäuses verwenden.

⑤ Drücken Sie den Kolben im Bremssattel mit dem Spezialwerkzeug 3272 zurück. Kolben durch Rechtsdrehen mit dem Werkzeug unter kräftigem Druck langsam einschrauben. Der Bund (Pfeil) des Werkzeugs muss am Bremssattel anliegen.

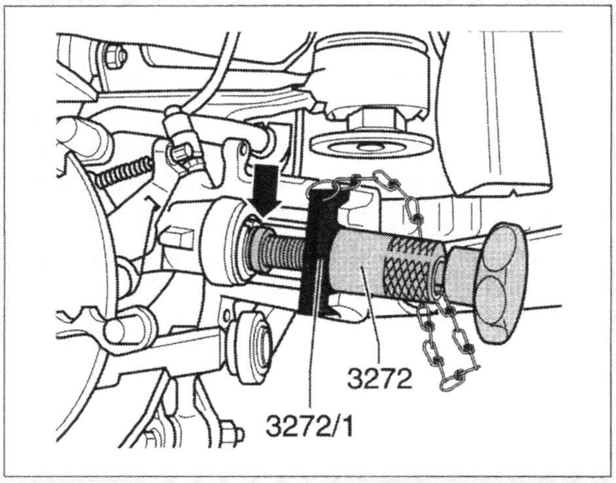

Der Kolben darf nur mit dem Spezialwerkzeug zurückgedrückt werden. Dies geschieht durch Drehen der Gewindespindel nach rechts und des Rändelrades nach links.

⑥ Ziehen Sie die Schutzfolie von den Rückseiten der Bremsbeläge ab und setzen diese zusammen mit den Belaghaltefedern ein.

⑦ Schrauben Sie das Bremssattelgehäuse mit neuen selbstsichernden Schrauben ein.

⑧ Hängen Sie das Handbremsseil wieder ein.

⑨ Zum Abschluss des **Einbaus** ist die Handbremse einzustellen.

Bremsscheiben aus-/einbauen

Die Bremsscheiben müssen Sie stets auf beiden Seiten erneuern. Ein Wechsel nur auf einer Seite kann eine ungleiche Wirkung der Bremsen zur Folge haben. Der Ausbau ist vorn und hinten weitgehend identisch. Sie müssen im Prinzip nur den Bremssattel abbauen, dann fällt Ihnen die Bremsscheibe schon entgegen. Beachten Sie dabei, dass zum Zurückdrücken des Bremskolbens am hinteren Bremssattel Spezialwerkzeug nötig ist.

Arbeitsschritte

① Wagen aufbocken und Rad abbauen.

Wenn Sie das Rad abmontiert haben, sitzt die Scheibe schon lose auf der Nabe – wenn sie nicht festgerostet ist.

② **Vorn:** Lösen Sie die Befestigungsschrauben des Bremssattels. Ziehen Sie den Bremssattel vom Radlagergehäuse in Pfeilrichtung ab. Hängen Sie den Sattel mit einem Stück Draht o. ä. an die Karosserie. Nicht am Bremsschlauch baumeln lassen.

Hinten: Bauen Sie den Bremssattel und die Bremsbeläge wie bereits beschrieben ab. Der Bremsschlauch muss in keinem Fall gelöst werden. Andernfalls ist eine Entlüftung der Bremsanlage nötig.

③ Die Bremsscheibe kann nun abgezogen werden. Ist sie festgerostet, helfen Sie mit kräftigen Hammerschlägen nach – aber nur wenn Sie vorhaben, neue einzubauen.

④ Bevor Sie die neue Scheibe aufsetzen, sollten Sie die Radnabe säubern. Die neue Bremsscheibe kann mit einem Schutzlack gegen Korrosion versehen sein, den Sie mit Verdünner entfernen müssen.

⑤ Schrauben Sie den Bremssattel fest. Benutzen Sie neue selbstsichernde Schrauben.

⑥ Rad montieren.

Bremskolben vorn gängig machen

Korrosion an den Gleitflächen von Bremssattel und Bremszange macht den Bremssattel schwergängig. Bei einer defekten oder nachlässig montierten Staubmanschette können Schmutz und Feuchtigkeit in den Bremskolben eindringen, außerdem kann der Kolben im Bremssattel festgehen. Beides führt zu einer ungleichmäßigen Wirkung der Bremse.

Arbeitsschritte

① Bremsbeläge ausbauen. Bremssattelgehäuse ausschließlich mit Spiritus reinigen. Die Klebefläche für den Bremsbelag muss frei von Kleberesten und Fett sein.

② Kontrollieren Sie, ob sich die Beläge in ihren Führungen leicht bewegen lassen. Sonst säubern Sie die Führungen mit einem Schraubendreher. Dabei die Bremskolbenmanschette nicht beschädigen. Vor dem Einsetzen der Bremsbeläge etwas Kupferfett angeben (darf nicht auf die Bremsflächen von Bremsscheiben und -belägen gelangen).

③ Auch der Bremssattel sollte sich bewegen lassen. Ist dies nicht der Fall, Führungsbolzen säubern. Damit sie gängig bleiben, an den Gleitstellen etwas hitzebeständiges Fett auftragen.

Bremskolben prüfen (nur vorn!)

① Um die Gängigkeit des Bremskolbens zu prüfen, als Anschlag im Bremssattel mit einer Schraubzwinge ein Holzstück ansetzen (verhindert, dass der Kolben aus dem Zylinder springt und die Kolbenfläche beschädigt wird).

② Ein Helfer soll das Bremspedal vorsichtig treten (der andere Bremssattel muss natürlich eingebaut sein). Bewegt sich der Kolben? Wenn nicht, so lange mit dem Bremspedal pumpen, bis er sich bewegt. Dann Kolben durch Drehen der Schraubzwinge zurückdrücken. Diese Übung so lange wiederholen, bis er sich leichtgängig bewegt.

An der Hinterradbremse dürfen Sie nicht so vorgehen, weil sonst der Nachstellmechanismus der Handbremse zerstört wird.

Die Handbremse

Mit der Handbremse sichern Sie Ihr Fahrzeug im Stand gegen eine unbeabsichtigte Fortbewegung. Sie wirkt auf die beiden Hinterräder und wird mechanisch betätigt. Damit wird auch den gesetzlichen Vorschriften Genüge getan, die eine zweite unabhängige Bremsbetätigung fordern.

Die Handbremsbetätigung ist in die Bremssättel der Hinterrad-Bremse integriert. Weil die Hinterradbremse sich automatisch nachstellt, muss die Handbremse nicht regelmäßig nachgestellt werden.

Anders bei der mechanischen Betätigung der Handbremse: Hier würde der Druckstößel der Handbremsbetätigung den weiter nach außen gerückten Kolben irgendwann nicht mehr erreichen. Die Nachstellvorrichtung verlängert den Druckstößel je nach Verschleißgrad der Bremsbeläge. Kernstück der Nachstellung ist ein Gewinde, auf dem sich ein zweites Teil je nach Belagverschleiß immer weiter nach vorn schraubt. Beim Belagwechsel darf der Bremskolben also nicht einfach wieder zurückgedrückt werden. Er wird stattdessen auf der Nachstellvorrichtung zurückgeschraubt.

Auf dem Foto ist das Prinzip der mechanischen Betätigung der im Bremssattel integrierten Handbremse (Pfeil) deutlich zu erkennen.

Wirkung der Handbremse prüfen

Arbeitsschritte

① Lassen Sie Ihr Fahrzeug auf einer Straße mit leichtem Gefälle im Leerlauf rollen. Ziehen Sie den Handbremshebel in die erste Raste – die Bremse sollte bereits wirken (Wagen darf nicht schneller werden).

② Ziehen Sie den Hebel weiter nach oben. In der dritten, spätestens der vierten Raste sollten die Hinterräder blockieren.

③ Ein längerer Leerweg kann im Prinzip kaum durch abgefahrene Bremsbeläge entstehen. Das Spiel wird ja durch die Nachstellvorrichtung automatisch kompensiert. Trotzdem sollten Sie die hinteren Bremsbeläge prüfen. Andere Ursachen: Wenn Sie beim Parken die Handbremse regelmäßig kräftig anziehen, kann ein langer Leerweg des Hebels bedeuten, dass die Seilzüge gedehnt sind oder Spiel in den Übertragungsteilen von Handbremse und Nachstellmechanismus entstanden ist.

Handbremszüge wechseln

Arbeitsschritte

① Fahrzeug so aufbocken, dass Sie unter dem Auto arbeiten können. An die hinteren Bremssättel kommen Sie besser heran, wenn Sie die Hinterräder abbauen. Das ist aber nicht unbedingt nötig.

② Bauen Sie Abdeckungen und Blenden sowie die Verlängerung der Mittelkonsole aus. Der Auspuff hinten ist abzuhängen. Bei Fahrzeugen mit Allradantrieb sind das Wärmeschutzblech hinten am Tank, das unter sowie das über der Kardanwelle verlaufende hintere Tunnelabschirmblech abzumontieren.

③ Ziehen Sie die Sicherungsscheibe heraus und hängen Sie das Handbremsseil am Bremssattel aus (siehe S.207 rechts). Achten Sie darauf, dass die Faltenbälge beim Ein- und Aushängen nicht beschädigt werden.

④ Clipsen Sie bei Fahrzeugen mit Frontantrieb die Bremsleitung ❶ aus der Halterung ❷ aus.

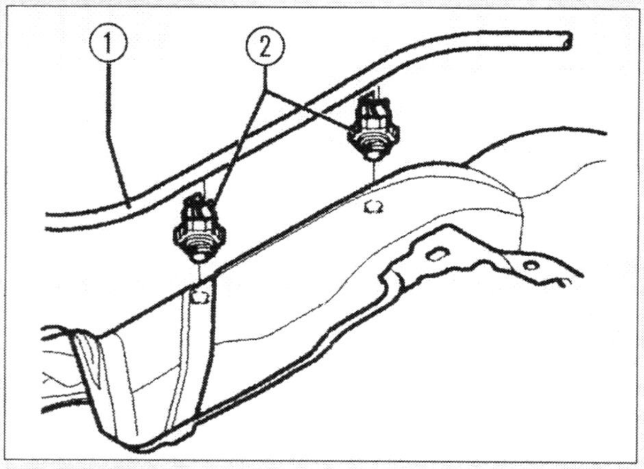

Bremsleitung ausclipsen.

⑤ Jetzt können Sie das Handbremsseil ❶ aus der Halterung am Kraftstofftank ❷ ausclipsen.

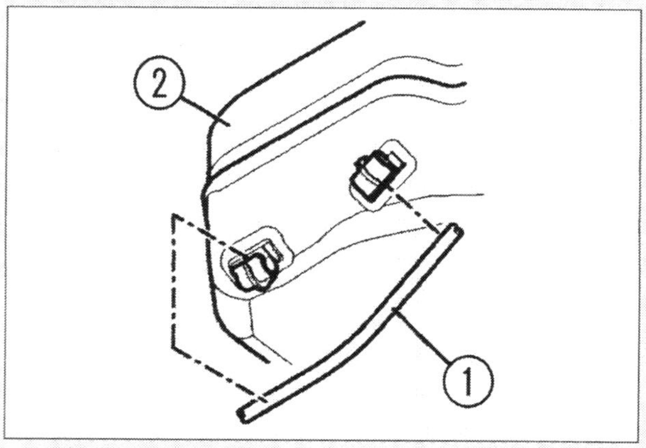

Handbremsseil vom Tank ausclipsen.

⑥ Das Ausclipsen der Handbremsseile ❶ ist bei Fahrzeugen mit Allradantrieb etwas aufwendiger. Hier werden die Halterungen ❷ und ❹ und die Befestigungsmuttern ❸ gezeigt.

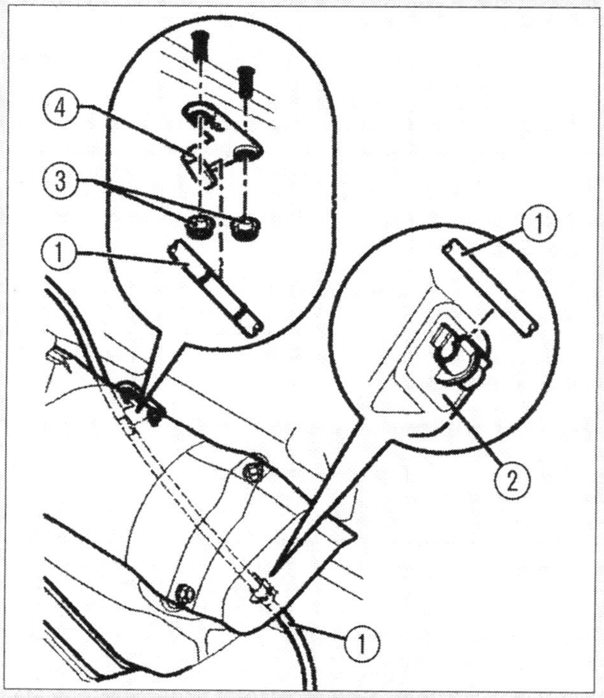

Handbremsseile bei Allradfahrzeugen ausclipsen.

⑦ Um neue Seilzüge einhängen zu können, müssen Sie den Handbremshebel ausbauen und den Mechanismus zurückstellen.

⑧ Entriegeln Sie dazu den Handgriff des Bremshebels mit einem Schraubendreher. Nachdem Sie diesen abgezogen haben, können Sie die beiden Sechskantschrauben ❷ herausschrauben und den Träger ❶ abnehmen.

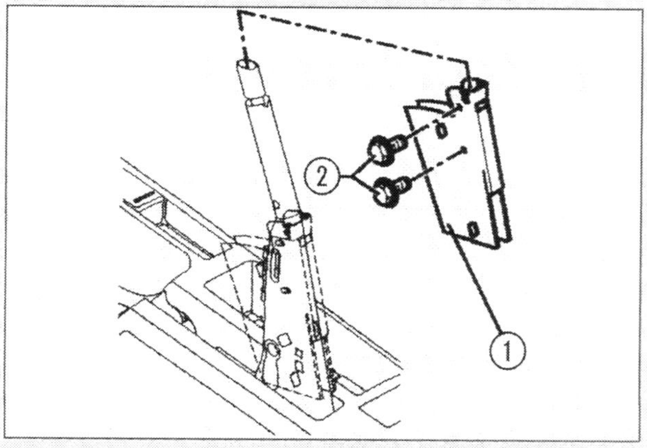

Zum Ausbau des Handbremshebels müssen Sie den Träger ❶ abschrauben.

⑨ Stecken Sie einen Schraubendreher in die Entriegelungsöffnung und drücken diesen in Richtung »Mitte Nachstellung«. Den Schraubendreher lassen Sie gedrückt, wenn Sie jetzt den Handbremshebel langsam betätigen. Achten Sie darauf, dass die Seilösen nicht von den Haken springen.

⑩ Entfernen Sie den Schraubendreher und hängen Sie die Handbremsseile aus.

⑪ Beim Einbau in umgekehrter Reihenfolge sind zuerst die Handbremsseile in die Ausgleichbügel einzusetzen. Bei Fahrzeugen mit Frontantrieb muss der Seilzug ❶ unter dem Seilzug ❷ liegen. Die Handbremsseile ❶ bei Fahrzeugen mit Allradantrieb verlaufen parallel.

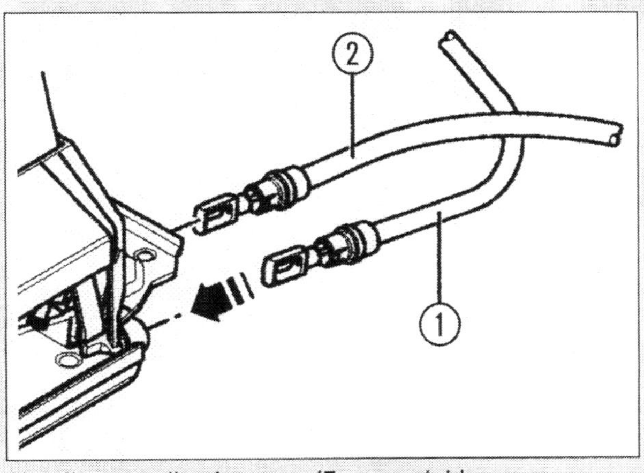

Handbremsseile einsetzen (Frontantrieb).

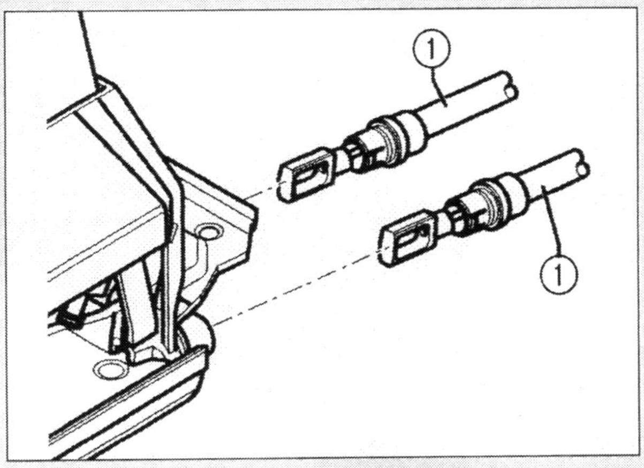

Handbremsseile einsetzen (Allradantrieb).

Handbremse einstellen

Die Neueinstellung der Handbremse ist nur bei Ersatz der Handbremsseile, der Bremssättel und Bremsscheiben erforderlich.

Kontrollieren Sie vor dem Einstellen, ob das Handbremsseil in den Führungen richtig verlegt ist. Auch die Nachstellvorrichtung in den Hinterradbremsen sollte einwandfrei arbeiten. Durch die automatische Nachstellung ist eine Justierung der Handbremse normalerweise nicht nötig. Sie muss allerdings vorgenommen werden, wenn die Handbremsseile, Bremssättel, Bremsbeläge oder Bremsscheiben ausgetauscht wurden. Vorraussetzung für eine korrekte Einstellung ist eine entlüftete und fehlerfreie Fußbremsanlage.

Arbeitsschritte

① Fahrzeug hinten aufbocken. Hebelstellung an den Bremssätteln (A = 1,5 mm) mittels Spacer fixieren.

② Das nachfolgende Bild zeigt zur besseren Darstellung den Handbremshebel im ausgebauten Zustand

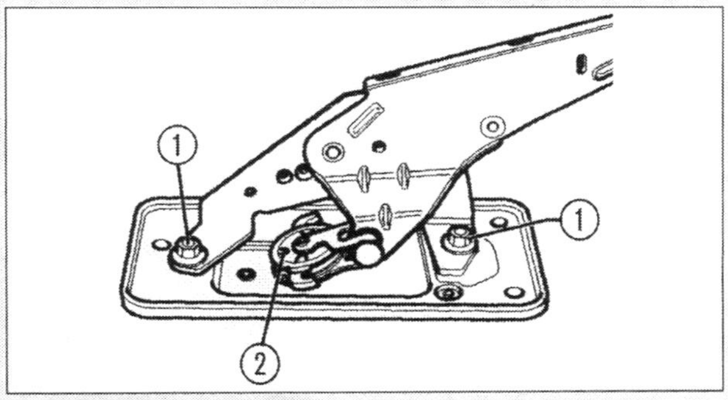

Handbremshebel in ausgebautem Zustand, ❶ Flanschmuttern.

③ Drücken Sie die Entriegelungstaste ❷. Beide Schnapphaken müssen die Handbremsseilösen fangen. Lassen Sie die Entriegelungstaste wieder los.

④ Handbremse drei Mal fest anziehen und anschließend wieder lösen.

⑤ In Ruhestellung des Handbremshebels drücken Sie erneut die Entriegelungstaste. Beide Schnapphaken müssen die Handbremsseilösen fangen. Lassen Sie die Entriegelungstaste wieder los.

⑥ Spacer an den Bremssätteln entfernen.

⑦ Kontrollieren Sie die Hebelstellung an den Bremssätteln. Der Abstand A zwischen Hebel und Anschlag kann größer als 0 und muss kleiner als 1,5 mm sein.

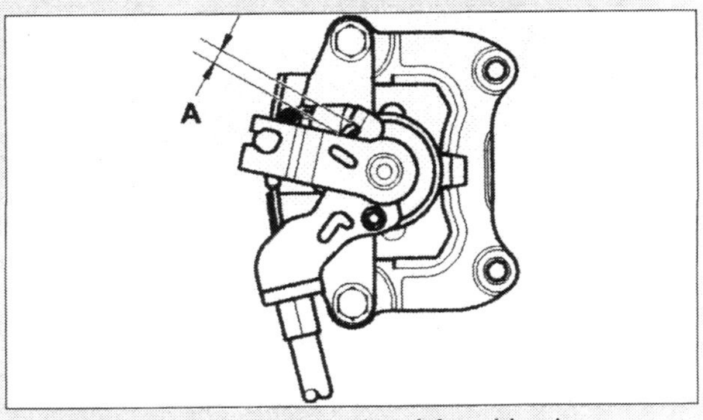

Der Abstand zwischen Hebel und Anschlag kann größer als 0 und muss kleiner als 1,5 mm sein.

DIE FAHRZEUG-ELEKTRIK

In Fahrzeugen der neuen Generation kommt für die Bordelektrik das moderne Controller Area Network (CAN) zum Einsatz. Es verbindet einzelne Steuergeräte zu einem Gesamtsystem. Das Bild zeigt, dass der Audi A4 drei parallele CAN-Netze hat: Das Antriebs-, das Komfort- und das Infotainment-CAN.

Reparatur

Wartung

Das elektrische System

Schon im Stand, aber natürlich erst recht während der Fahrt benötigt Ihr Fahrzeug elektrischen Strom. Motorsteuerung und Benzineinspritzung müssen mit Energie versorgt werden. Alle weiteren unbedingt erforderlichen oder für Ihre Sicherheit und Bequemlichkeit eingebauten automatischen Systeme sowie die gesamte Lichtanlage sind ohne elektrische Energie arbeitsunfähig. Autoelektrik ist also eine hochwichtige Angelegenheit.
Die Audi-Experten gehen davon aus, dass in Zukunft rund 90 Prozent der Innovationen im Fahrzeug von der Schlüsseltechnologie Elektronik geprägt sein werden. Im Automobil der Zukunft sollen intelligente Systeme in Echtzeit Informationen austauschen. Das Auto soll mit seiner Umwelt via Internet kommunizieren und über zahlreiche Sensoren seine Umgebung wahrnehmen können, aber dennoch einfach zu bedienen sein.

Bordnetz im Wandel

Die Übergänge zu den innovativen Ausstattungen von morgen sind fließend, vieles ist schon heute verwirklicht, anderes kommt im Abstand von wenigen Monaten hinzu. In seiner Sammlung von Stromlaufplänen zum Beispiel bietet Audi bereits Mitte 2001 viele erst ab 2002 gültige Pläne.

1 Lichtanlage (Bordnetz), **2** Starter, **3** Motormanagement (Bordnetz), **4** Startbatterie, **5** weitere Bordnetzverbraucher (z.B. Schiebedachbetätigung), **6** Versorgungsbatterie, **7** Generator, **8** Lade-/Trennmodul.

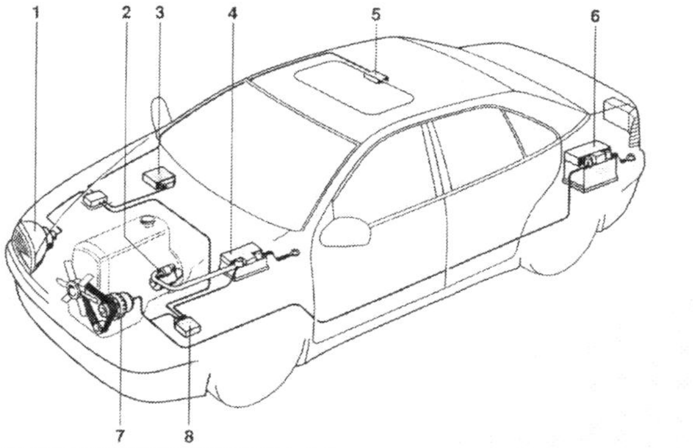

Bordnetz der Zukunft: *Getrennte Batterien sichern stabilen Start und störungsfreie Bordnetzversorgung. Das Lade/Trennmodul verhindert Spannungseinbruch beim Start und Entladung der Startbatterie durch Bordnetzverbraucher.*

Intensiv wird an neuen Prinzipien der Stromversorgung gearbeitet. Im 12-Volt-Bordnetz der heutigen Serienfahrzeuge ist ja die Batterie ein Kompromiss. Sie muss sowohl für den Startvorgang als auch für die Versorgung dieses Bordnetzes dimensioniert sein. Die beiden Anforderungen widersprechen sich zum Teil: Für den Startvorgang muss die Batterie Ströme zwischen 300 und 500 Ampere und damit eine hohe Leistung liefern können, worunter infolge

Die Bedienelemente der Bordelektrik und -elektronik im A4-Cockpit.

Spannungseinbruch Geräte mit Mikroprozessoren leiden. Im Fahrbetrieb dagegen fließen nur noch geringe Ströme.

Eine einzige Batterie lässt sich nur schwer für beide Anforderungsprofile auslegen. Bei künftigen Bordnetzen werden die Funktionen durch Einsatz einer Startbatterie und einer Versorgungsbatterie getrennt. Dadurch ist dann sogar ein sicherer Kaltstart bei einem Ladezustand der Versorgungsbatterie von 30 % gewährleistet.

Vor allem aber sollen die künftigen Bordnetze der Audi-Fahrzeuge mit einem Multi Media Interface glänzen. Audi MMI steht für komfortable Bedienbarkeit. Es konzentriert die unterschiedlichen Bedienelemente einzelner Systeme in einer Logik. So werden die Voraussetzungen geschaffen, komplexe Fähigkeiten kommender Systeme ohne aufwändige Lernarbeit zu handhaben.

Fortschritte in der Vernetzungstechnik und ein leistungsfähiger Rechner zur Menüführung ermöglichen die Bündelung der Bedienerschnittstellen aller Komponenten an einer zentralen Stelle.

Dieses »Fernbedienungskonzept« wird mit räumlich getrennter Anordnung von Anzeige- und Bedienelementen arbeiten. Für die wichtigsten Menüs gibt es vier fest belegte Tastenpaare (Hardkeys), vier Softkeys führen kontextabhängig zu den Unterfunktionen. Ein zentraler Dreh-Drück-Steller bildet das Schlüsselelement für alle Funktionen. Die Bedieneinheit zwischen Schaltung und Mittelarmlehne ermöglicht dem Fahrer eine komfortable (Blind-)Bedienung.

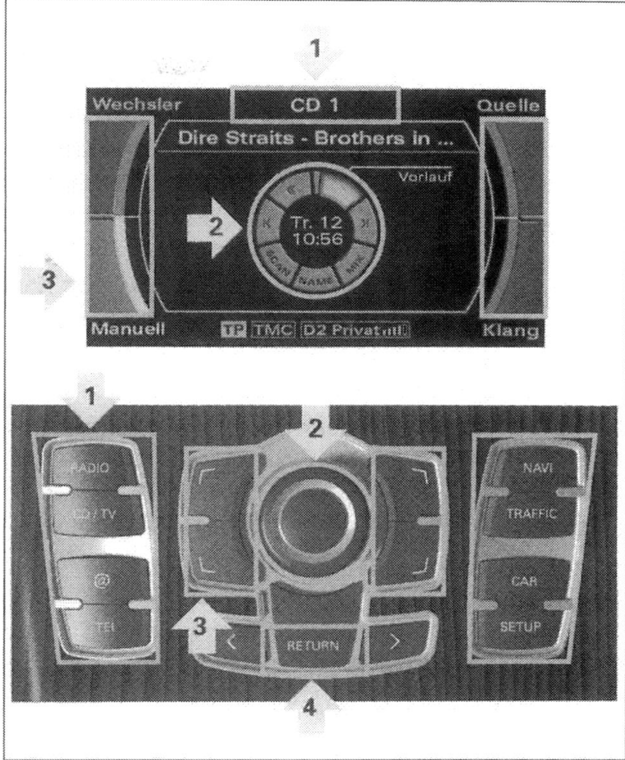

Das zentrale MMI-Bedienelement auf der Mittelkonsole: *Über die Taste* **1** *sind die Hauptfunktionen direkt anwählbar, durch den Dreh-Drück-Steller* **2** *wird ausgewählt, die vier Bildschirmecken entsprechen den vier Tasten* **3** *um den Dreh-Drück-Steller, mit der Return-Taste* **4** *stellt man zurück.*

Als Anzeigeelemente verwendet Audi zwei hochauflösende Farbdisplays: Das eine ist zentral im Kombi-Instrument positioniert, ein größeres am oberen Ende der Mittelkonsole. Beide liegen im primären Sichtbereich des Fahrers.

Wegen des hohen Stellenwerts der Temperatureinstellung für den Fahrer wurde für die Klimabedienung bewusst ein separates Bedienelement gewählt, jedoch mit der gleichen einfachen, transparenten Bedienlogik.

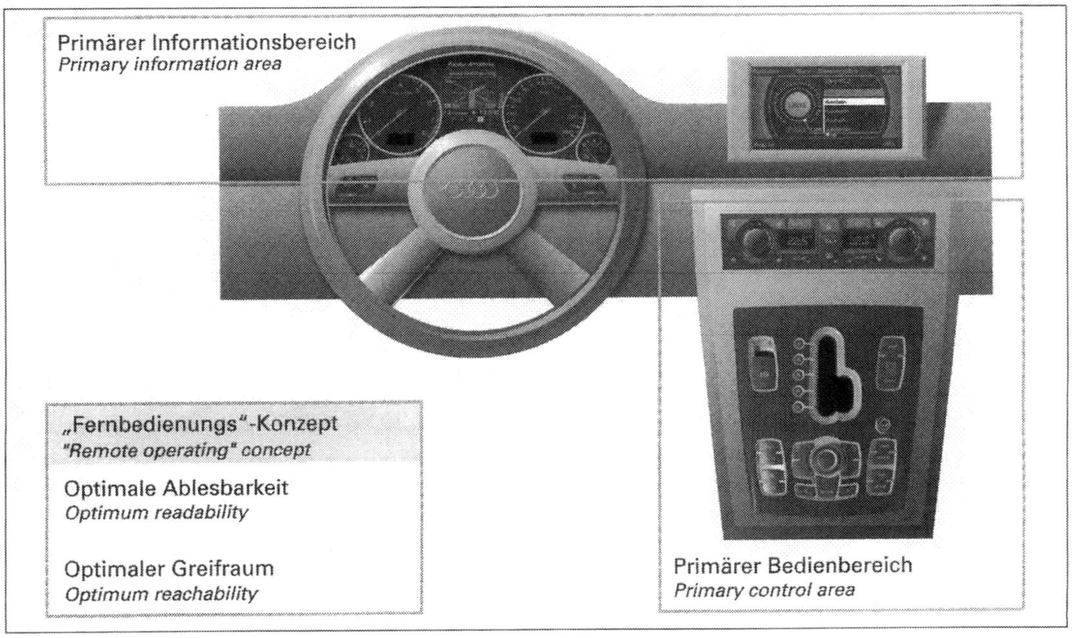

Telematik bietet neue Möglichkeiten

Das Navigationssystem wird sich immer flexibler den Fahrerwünschen anpassen. In Ergänzung zu den aktuellen Diensten wie dem automatischen Notruf bei Airbag-Auslösung oder der dynamische Zielführung des Navigationssystems ist als nächster Schritt für die Audi telematics der individuelle Infoservice in Vorbereitung. Damit kann der Fahrer auf Knopfdruck Kontakt mit dem Audi Customer-Care-Center aufnehmen. Position und Daten zum Fahrzeug werden automatisch übermittelt. Für eine Tourplanung lassen sich bis zu fünf Infopunkte in der Telematik-Einheit speichern. Mit der nächsten Telematik-Generation halten Internet-Technologien und deren Standards Einzug im Fahrzeug. Aufbauend auf den bereits heute bekannten Telematik-Diensten kommen neue, Internet-basierte Angebote hinzu. Weitreichende Vernetzung von Telematik und Fahrzeug-Elektronik werden einen großen Nutzwert bieten.

Keine Angst vor der Elektrik

Zunächst aber haben Sie es in Ihrem Fahrzeug noch immer mit Bauteilen zu tun, die schon die gesamte Entwicklungsgeschichte des Automobils begleiten: Batterie, Anlasser (Starter) und Generator (Lichtmaschine). Sie sind zusammen für die Arbeitsaufnahme des Motors verantwortlich. Um seine Aufgabe zu erfüllen, ist jedes Bauteil auf das andere angewiesen. Ohne Batterie dreht sich der Anlasser nicht; ohne diesen Starter bleiben Motor und Lichtmaschine (Generator) bewegungslos; ohne Lichtmaschine kann die Batterie verbrauchte Energien nicht erneuern.
Strom wird im Motorraum produziert, und die Arbeitsbedingungen dort sind nicht gerade ideal. Mal ist es zu kalt, mal zu warm, oft ist es feucht und manchmal richtig nass. Batterie und Lichtmaschine, die Stromerzeuger, sorgen daher bisweilen für Ärger. Weil viele Stromverbraucher an exponierten Stellen sitzen, sind auch bei ihnen Störungen programmiert. Arbeiten an der elektrischen Anlage sind daher gar nicht so selten. Trotz der wachsenden Komplexität künftiger Bordelektrik brauchen Sie jedoch nicht gleich den Mut verlieren, wenn Sie einen Schalter drücken und nichts geschieht. Oft sitzt nur ein Kabel lose oder ein Kontakt ist korrodiert. Viele Störungen an der Elektrik lassen sich mit einfachen Mitteln beheben. Auch dann, wenn man kein Elektrik-Profi ist. Ein wenig muss man sich natürlich auskennen, weswegen wir Ihnen hier die Grundbegriffe erläutern, Hilfen bieten und Wege zeigen.

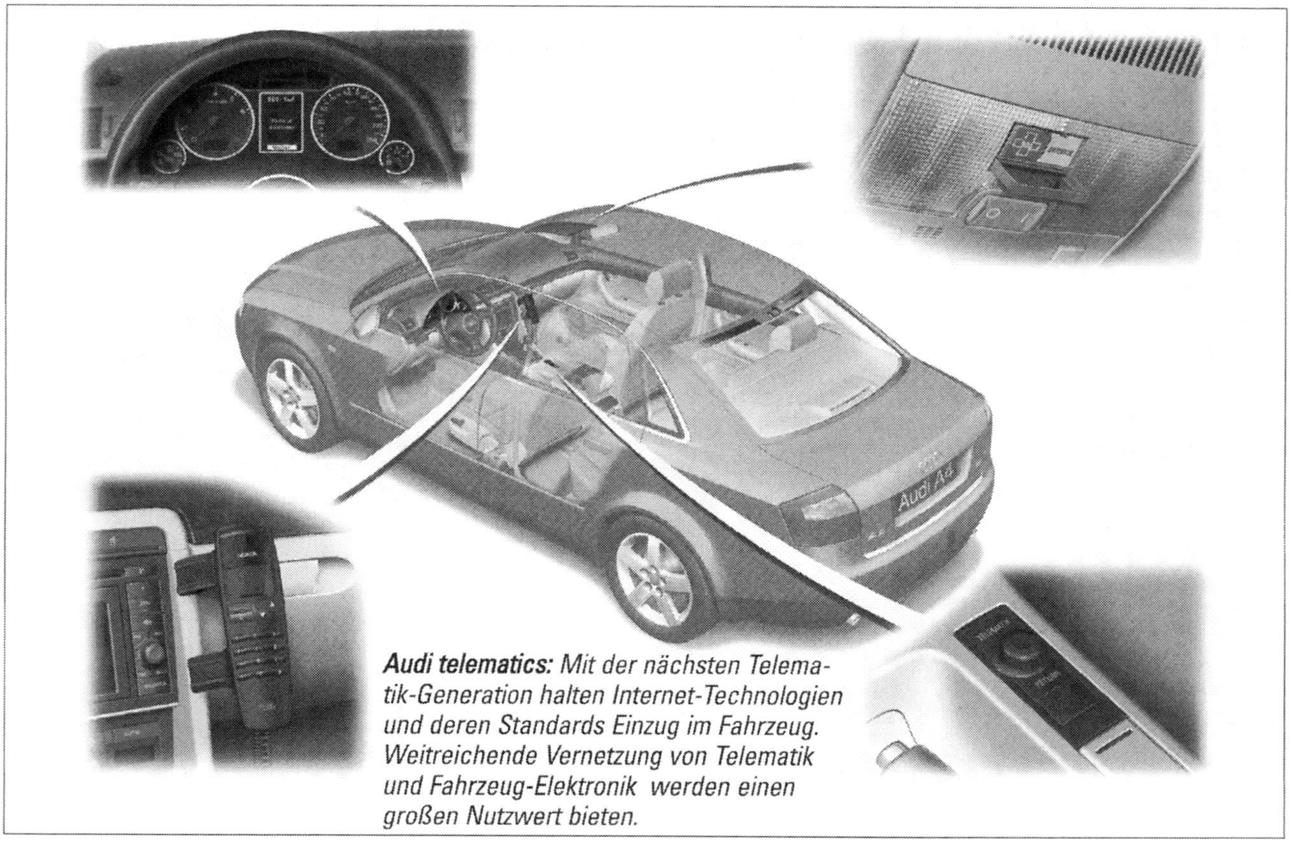

Audi telematics: *Mit der nächsten Telematik-Generation halten Internet-Technologien und deren Standards Einzug im Fahrzeug. Weitreichende Vernetzung von Telematik und Fahrzeug-Elektronik werden einen großen Nutzwert bieten.*

Grundbegriffe der Elektrik

Technik-lexikon

Elektrischer Strom kann nur in einem geschlossenen Stromkreis fließen. Der besteht aus Erzeuger (z. B. Batterie), Verbraucher (z. B. Glühlampe, Anlasser) und den Leitungen (Kabel), mit denen Erzeuger und Verbraucher (über Schalter, Relais und Sicherungen) verbunden sind.

Stellen Sie sich eine Wasserleitung vor, durch die unter einem bestimmten Druck eine bestimmte Menge Wasser fließt: Dieses System lässt sich mit einem Stromkreis vergleichen.

Spannung: Sie entspricht dem Druck in der Wasserleitung und wird in Volt (V) gemessen.

Stromstärke: Entspricht der Wassermenge, die in einer bestimmten Zeit durch die Leitung fließt. Maßeinheit ist Ampere (A).

Leistung: Das Produkt aus Spannung und Strom gibt an, welche elektrische Arbeit ein Stromerzeuger an einen Verbraucher abgibt. Wird in Watt (W) angegeben.

Widerstand: Vergleichbar mit dem Absperrhahn der Wasserleitung. Ist er ganz geöffnet, fließt das Wasser ungehindert (Widerstand 0). Dreht man den Hahn zu, erhöht sich der Widerstand, bis das Wasser nicht mehr fließen kann (Widerstand ∞). Maßeinheit ist Ohm (Ω).

Kabel: Entsprechen der Wasserleitung. Die Dicke der Leitung (Querschnitt) hängt vom Verbraucher ab. Ein Kontrolllämpchen kommt mit einer Kabelstärke von 0,5 mm^2 aus, der Anlasser braucht dagegen eine 16-mm-Leitung. Ein zu dünnes Kabel heizt sich auf, die Spannung fällt ab. Dann liegen zum Beispiel am Scheinwerfer nicht 12 Volt, sondern nur 10 oder 9,5 Volt an. Das Licht wird trübe.

Spannung, Strom und Widerstand messen

Technik-lexikon

Wenn Sie wissen wollen, ob die verschiedenen elektrischen Systeme Ihres Audi A4 in Ordnung sind, brauchen Sie nicht gleich einen Elektriker. Im Handel gibt es eine Reihe von Prüfgeräten, mit denen Sie sich selbst über den Zustand Ihrer elektrischen Anlage informieren können.

Prüflampe (mit Nadelkontakt): Damit testen Sie, ob Spannung in einem Stromkreis anliegt. Je heller die Lampe leuchtet, desto mehr Spannung ist vorhanden. Mit der Nadel der Lampe die Isolierung des zu prüfenden Kabels durchstechen. Die Klemme am Kabel der Lampe wird am blanken Metall angeclipst (Masse). Vorsicht: Die Prüflampe nimmt viel Leistung auf und eignet sich daher nicht für Messungen an elektronischen Bauteilen (z. B. Steuergerät). Hier müssen Sie einen Spannungsprüfer mit Leuchtdioden verwenden.

Spannungsprüfer mit Leuchtdioden: Je nach Ausführung zeigt dieses Gerät Gleich- und Wechselspannungen zwischen 6 und rund 700 Volt an. Die Spannungsanzeige erfolgt optisch über die Leuchtdioden. Einfache Geräte gibt's im Handel ab etwa 5 Euro.

Multimeter: (Vielfachinstrument). Damit lassen sich Spannung, Strom (Gleich-/Wechselstrom) und Widerstand messen. Geeignete Geräte mit digitaler Anzeige gibt's bereits ab etwa 10 Euro. Die Stromversorgung des Multimeters erfolgt in der Regel durch eine Batterie (Eigenstromquelle).

Spannung messen: Um mit einem Multimeter zum Beispiel die Ruhespannung der Batterie zu messen, müssen Sie das mit dem Minus-Zeichen markierte Kabel an den Minuspol der Batterie oder an Masse anklemmen. Das Plus-Kabel des Messgeräts wird an den Pluspol der Batterie oder an die zu messende Leitung geklemmt. Zeigt das Instrument etwa nur 10,4 Volt an, deutet das auf einen Kurzschluss in einer Batteriezelle hin. Prüfen Sie einmal die Spannung der Batterie, während der Anlasser betätigt wird – ein Messergebnis von 5 Volt bedeutet, dass es um den Akku nicht mehr gut steht.

Strom messen: Dazu müssen Sie den Stromkreis auftrennen und das Messgerät dazwischen schalten. Bei einer Reihe von Messungen in Ihrem Fahrzeug genügt es, wenn Sie einen Steckkontakt abziehen und dann das Messgerät zwischen Stecker und Kontaktzunge schalten. Vorsicht: Achten Sie stets auf den Messbereich Ihres Multimeters. In Verbrauchern wie z. B. dem Anlasser fließen sehr hohe Ströme, die Ihr Gerät bei einer Messung beschädigen könnten.

Widerstand messen: Mit dem Multimeter prüfen Sie, ob eine Leitung oder ein Schalter Durchgang hat. Fließt der Strom ungehindert, zeigt das Gerät den Messwert 0. Ist der Stromweg jedoch an einer Stelle unterbrochen, erhalten Sie den Messwert unendlich (∞). Außerdem können Sie feststellen, welchen Innenwiderstand ein bestimmtes Bauteil hat.

Die Batterie

Sechs in Reihe geschaltete Zellen bilden das Herz einer 12-Volt-Auto-Batterie. Jede Zelle besteht aus einer Kombination positiver und negativer Platten, die in chemischem Teamwork eine Spannung von etwa zwei Volt produzieren. Die Platten aus Hartblei-Gittern sind mit einer aktiven Masse gefüllt: Die positive Platte enthält Bleidioxid, die negative Platte reines Blei.

Energiespeicher: *Die Innereien einer 12-Volt-Batterie.*

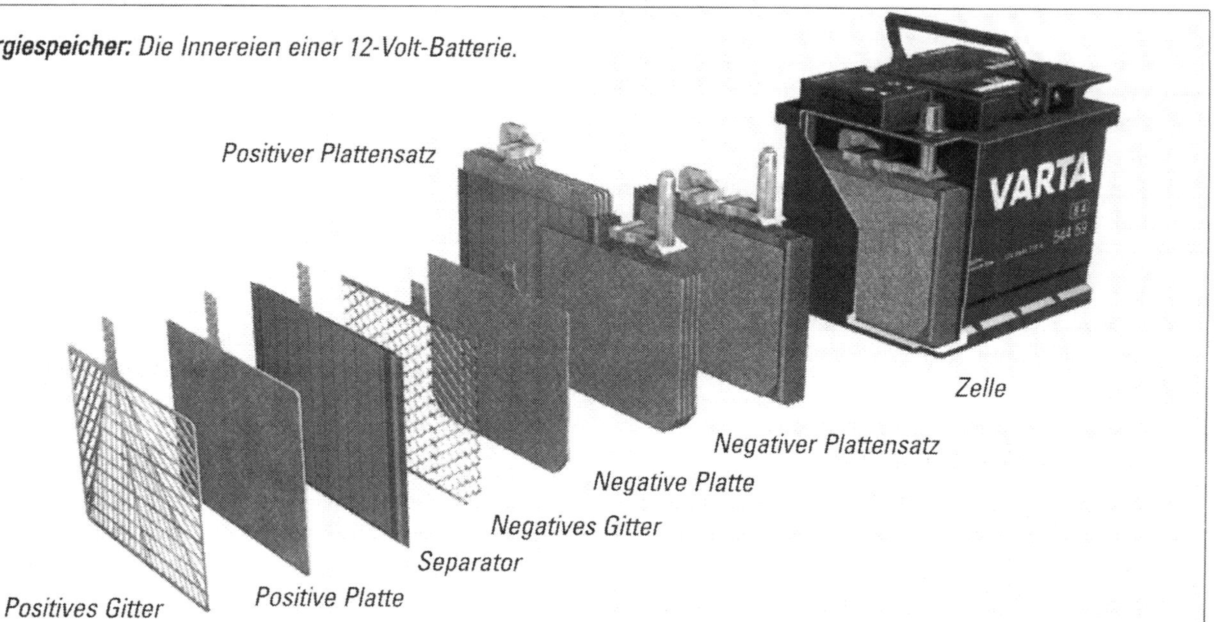

Dazwischen sitzt ein Separator. Er trennt die beiden Platten voneinander, lässt den Elektrolyten jedoch durch mikroskopisch kleine Poren passieren. Der Elektrolyt ist eine leitfähige Flüssigkeit, die zu etwa 37 Prozent aus konzentrierter Schwefelsäure und zu 63 Prozent aus destilliertem Wasser besteht.

Energiespeicher Batterie

Im Inneren der Batterie laufen chemische Prozesse ab, durch die sie Energie aufnimmt und speichert. Bei der Stromabgabe wird diese chemische Energie in elektrische Energie umgewandelt. Die wichtigste Aufgabe der Batterie ist es, dem Anlasser die nötige Power für den Start des Motors zu liefern. Das ist nicht wenig. Je nach Motor und Anlassertyp werden im Augenblick des Starts, in dem ja die Haftreibung zu überwinden ist, bis zu 2.000 Watt gebraucht. Zum Durchdrehen des warmen Motors benötigt der Anlasser nur ein Fünftel dieser Leistung. Sein Strombedarf wächst bei niedrigen Temperaturen, weil dann die Schmierstoffe zäher werden.

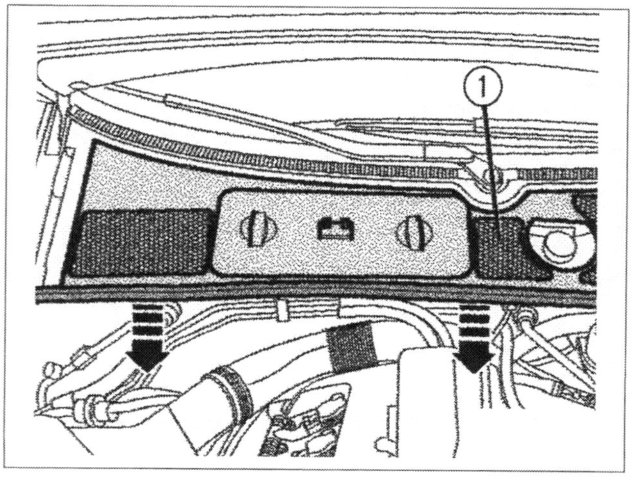

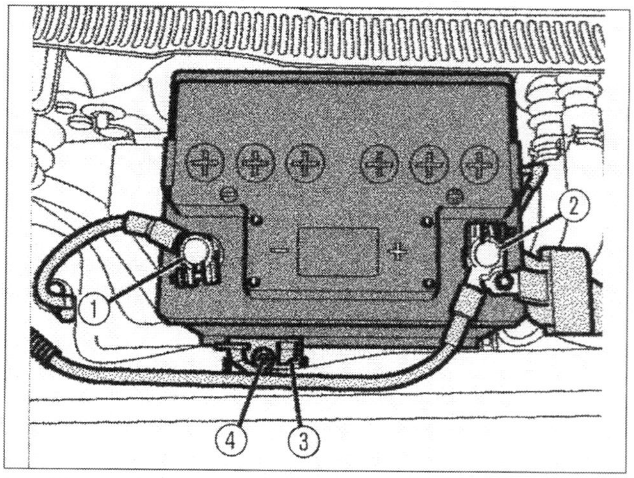

Beim Audi A4 befindet sich die Batterie im Wasserkasten zwischen Motorraum und Windschutzscheibe hinten rechts unter der Wasserkastenabdeckung. Sie müssen die Gummidichtung nach vorn unten abziehen (Pfeile) und die Abdeckung ❶ nach vorn abnehmen, um an die Batterie heranzukommen (linkes Bild). Das rechte Bild zeigt die freigelegte Batterie mit: ❶ Masseband am Minuspol, ❷ Plusleitung, ❸ Batterie-Befestigungsbügel, ❹ Innensechskantschraube. Am Batterierand über der Plusklemme ❷ ist das Winkelstück der Zentralentgasung zu sehen.

Die Batterie im Wasserkasten des Audi A4.

Die Batterie – Begriffe und Normen

Technik-lexikon

Kennzeichnung: Befindet sich auf dem Gehäuse der Batterie, bezeichnet ihre Eigenschaften. Beispiel: 12V 340A 70Ah (12V = Nennspannung; 340A = Kälteprüfstrom; 70Ah = Nennkapazität).
Nennspannung: Die allgemeine Spannungsabgabe beträgt bei allen Audi A4-Modellen 12V (Volt). Die tatsächliche Spannung hängt vom Ladezustand der Batterie ab. Sie kann größer oder kleiner sein als die Nennspannung.
Nennkapazität: Diese Batterienorm steht für das Speichervermögen einer Batterie, gemessen in Amperestunden (Ah). Sie gibt an, wieviel eine vollgeladene Batterie bei einer Temperatur von 27 Grad in 20 Stunden abgeben kann, ohne dass dabei die Spannung unter 10,5 Volt absinkt (Entladeschlussspannung). Das Standlicht Ihres Audi A4 nimmt zum Beispiel 20 Watt (alle vier Lampen zusammen) auf. Bei der Bordspannung von 12 Volt gibt die Batterie nach der Formel Strom (A) = Leistung (W) geteilt durch Spannung (V) einen Strom von 1,67 Ampere ab. Mit einer 40Ah-Batterie könnten Sie Ihr Auto also theoretisch knapp 24 Stunden mit eingeschaltetem Standlicht parken. In der Praxis verhält sich das allerdings etwas anders: Schon nach etwa 15 Stunden sind das Licht aus und die Batterie leer.
Kälteprüfstrom: Ein definierter Entladestrom in Ampere (A), der einer 12-Volt-Batterie bei -18 Grad entnommen werden kann, ohne dass die Spannung innerhalb von 30 Sekunden unter 9 Volt, innerhalb von 150 Sekunden unter 6 Volt absinkt.
Selbstentladung: Chemische Vorgänge im Inneren der Batterie führen zur Entladung, auch wenn kein Verbraucher angeschlossen ist. Eine geladene Starterbatterie verliert täglich etwa 0,5 Prozent ihrer Ladung. Hohe Temperaturen, Beschädigungen und Verschmutzungen des Batteriedeckels beschleunigen die Selbstentladung.

Die »Batterieverordnung«

Praxistipp

Für Kauf und Entsorgung von Starterbatterien gelten seit 1998 die Vorschriften der »Batterieverordnung«. Das Regelwerk richtet sich an Händler und Werkstätten ebenso wie an Endverbraucher. Sie müssen jetzt zum Beispiel eine ausgediente Batterie bei einem Händler oder einer Werkstatt abgeben; dort ist man verpflichtet, die Alt-Akkus unentgeltlich abzunehmen. Eine besondere Regel gilt für den Neukauf einer Autobatterie:

- Kaufen Sie bei einem Händler oder einer Werkstatt eine neue Starterbatterie, wird zusätzlich zum Verkaufspreis ein Pfand fällig. Als Beleg erhalten Sie eine Quittung oder Pfandmarke.
- Die Zahlung eines Pfandgeldes entfällt, wenn Sie beim Kauf eine alte Batterie zurückgeben.
- Haben Sie dem Händler oder der Werkstatt für die alte Batterie bereits Pfand gezahlt, erhalten Sie Ihr Geld gegen Vorlage der Quittung zurück.
- Ihr Pfand können Sie jedoch grundsätzlich nur dort einlösen, wo Sie die neue Batterie gekauft haben. Dazu dem Händler oder der Werkstatt die Quittung (Pfandmarke) vorlegen und die alte Batterie.
- Die zurückgegebene Starterbatterie muss nicht mit der Batterie identisch sein, für die Sie das Pfandgeld bezahlt haben. Sie können gegen Vorlage der Quittung auch jede andere Starterbatterie abgeben.
- Geben Sie beim Kauf der neuen Batterie eine alte zurück, für die Sie noch kein Pfand entrichtet haben, ist es egal, wo Sie diesen Akku gekauft haben. Ein Pfand für die neue Batterie entfällt aber auch in diesem Fall.

Der Anlasser

Die Audi A4-Modelle sind mit einem so genannten Schub-Schraubtrieb-Anlasser ausgestattet, der sich vorn am Motor an der Trennstelle zwischen Motor und Getriebe befindet. Auf dem eigentlichen Anlasser sitzt der Magnetschalter mit den für Überprüfungen wichtigen Anschlüssen Klemme 30 (dickes Pluskabel von der Batterie) und Klemme 50 (dünnes Kabel vom Zündanlassschalter, dem Zündschloss).

Der Schub-Schraubtrieb-Anlasser

Technik-lexikon

- Beim Drehen des Zündschlüssels in Richtung Start gibt das Zündschloss Spannung an die Halte- und Einzugswicklungen (1) und (2) des Einrückrelais (13) frei, das oben auf dem Anlasser sitzt.
- **Schubweg:** Der Relaisanker zieht den Einrückhebel (4) an. Dieser schiebt über Führungsringe und Einspurfeder den Mitnehmer mit dem Zahnritzel (7) gegen den Zahnkranz des Motorschwungrads, wodurch sich diese Teile drehen. Der Anker (18) des Startermotors dreht sich noch nicht, der Hauptstrom für Erreger- und Ankerwicklung ist noch nicht eingeschaltet. Erst wenn das Ritzel so weit eingespurt ist, dass das Ende des Schubweges erreicht ist und die Kontaktbrücke im Einrückrelais an den Relaiskontakten anliegt, wird der Startermotor eingeschaltet.
- **Schraubweg:** Der nun umlaufende Starteranker schraubt durch die Wirkung des Steilgewindes das im Zahnkranz gegen Drehung festgehaltene Ritzel weiter in den Zahnkranz hinein, bis es am Anschlagring (9) der Ankerwelle (8) anschlägt. Die Einzugswicklung ist kurzgeschlossen, die Haltewicklung hält den Relaisanker bis zum Abschluss des Startvorgangs in der eingezogenen Stellung fest. Der Motor wird durchgedreht.
- Ist der Motor angesprungen, steigt die Drehzahl des Starterritzels über die Leerlaufdrehzahl des Startermotors an. Der Rollenfreilauf (6) löst die kraftschlüssige Verbindung zwischen Ritzel und Ankerwelle. Der Anker wird vor Hochdrehen geschützt, das Ritzel bleibt im Eingriff. Beim Ausschalten des Startschalters gehen Einrückhebel, Mitnehmer und Ritzel durch die Rückstellfeder (3) in die Ruhestellung zurück. Das Ritzel bleibt bis zum nächsten Startvorgang in der Ruhelage.

1 Haltewicklung, 2 Einzugswicklung, 3 Rückstellfeder, 4 Einrückhebel, 5 Einspurfeder, 6 Rollenfreilauf, 7 Ritzel, 8 Ankerwelle, 9 Anschlagring, 10 elektrischer Anschluß, 11 Kontakt, 12 Kontaktbrücke, 13 Einrückrelais, 14 Kommutatorlager, 15 Kommutator, 16 Bürstenhalter, 17 Polschuh, 18 Anker, 19 Polgehäuse, 20 Erregerwicklung.

Prinzip-Bild eines Schub-Schraubtrieb-Starters.

Der Generator

Ein leistungsfähiger Drehstrom-Synchrongenerator ist das Kraftwerk (Lichtmaschine) Ihres Fahrzeugs. Er versorgt schon bei Leerlauf des Verbrennungsmotors alle elektrischen Aggregate mit Strom und lädt ständig die Batterie auf. Der Generator im Audi A4 bringt es auf etwas mehr als 2 kW elektrische Leistung. Angetrieben wird die Lichtmaschine über den Keilrippenriemen.

Eine Drehstrom-Lichtmaschine produziert dreiphasigen Wechselstrom. Da die Batterie mit Gleichstrom geladen werden muss, besorgen Leistungsdioden die Gleichrichtung des Wechselstroms. Diese Gleichrichter verhindern auch die Entladung der Batterie bei stehendem Fahrzeug. Der Generator ist praktisch wartungsfrei, da es nichts zu schmieren gibt. Selbst die Schleifkohlen sind ohne weiteres für 100.000 Kilometer gut. Reparaturen an der Lichtmaschine müssen Sie der Werkstatt überlassen.

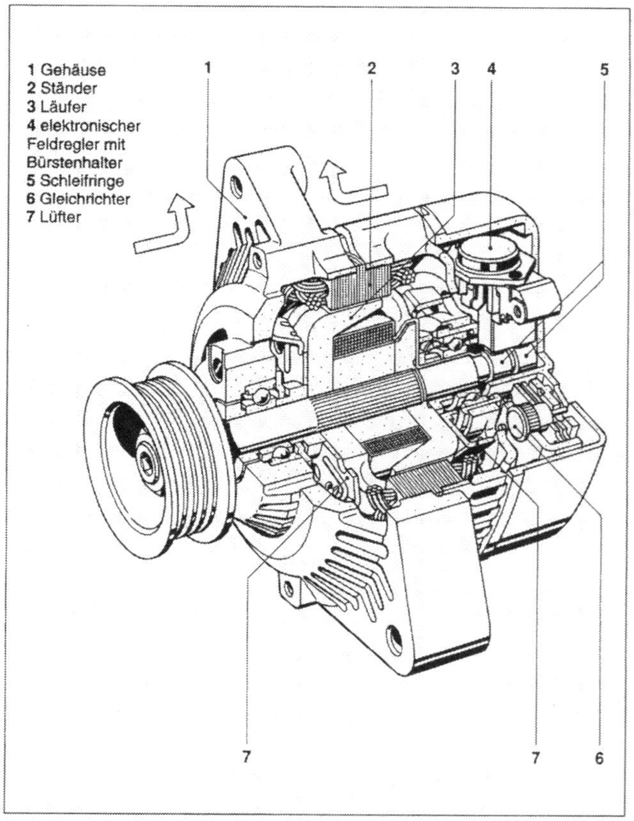

Prinzipieller Aufbau eines modernen Drehstromgenerators für die Elektroversorgung an Bord von Kraftfahrzeugen. In die Kühlbleche sind mindestens sechs Leistungsdioden (Position 6) eingepresst, die den Wechselstrom gleichrichten.

Der Spannungsregler

Je schneller die Lichtmaschine dreht, um so höher steigt wie bei einem Fahrraddynamo die Spannung. Ein solches Auf und Ab ertragen weder die Stromverbraucher im Auto noch die Batterie. Ein Regler schützt daher vor Überspannungen und verhindert ein Überladen der Batterie.
Der Regler ist an die Lichtmaschine angeschraubt. Er reguliert die Betriebsspannung je nach Temperatur von Batterie und Umgebung auf Werte zwischen 13,8 und 14,5 Volt (so genanntes 14-Volt-Toleranzfeld).

Die Vernetzung

Im Audi A4 kommt, wie schon im Zusammenhang mit dem Motormanagement erwähnt, das moderne **C**ontroller **A**rea **N**etwork (CAN) zum Einsatz. Es verbindet einzelne Steuergeräte zu einem Gesamtsystem. Die Technik hat verschiedene Vorteile: Sie gewährleistet sehr schnelle Datenübertragung zwischen den Steuergeräten, gestattet Platzgewinn durch kleinere Steuergeräte und -stecker und ermöglicht die Einsparung von Signalleitungen und Sensoren, weil ein Sensorsignal mehrfach genutzt werden kann.
Den CAN-Datenbus gibt es, wie das Bild zum Kapitelauftakt deutlich macht, inzwischen schon in mehreren Steuerkreisen. Das Grundprinzip des CAN: Anstatt einer Leitung für jede Information gibt es generell nur zwei Leitungen. Darüber werden alle Infos zu Motordrehzahl, Verbrauch, Drosselklappenstellung, Motoreingriff oder Schaltvorgänge ausgetauscht.
CAN funktioniert prinzipiell so, dass ein Steuergerät seine Daten in das Leitungsnetz hinein gibt, während die anderen Geräte partizipieren. Registriert ein Steuergerät für die eigene Arbeit wichtige Daten, werden diese berücksichtigt.
Da immer umfangreichere Daten vernetzter elektronischer Systeme in Automobilen sicher und in Echtzeit transportiert werden müssen, will Audi allerdings schon bald wieder das weniger leistungsfähige CAN-Netzwerk durch die Time Triggered Architecture – Technik als zeitgesteuertes, optisches oder elektrisches Datenbus-System im Bereich Antriebsstrang und der Chassis-Systeme ablösen.
In den aktuellen Audi Modellen sind im Bereich Fahrwerk lokale Regler wie das Elektronische Stabilitätsprogramm ESP, die Elektronische Differenzialsperre EDS, die Antriebs-Schlupf-Regelung ASR und die Luftfederung implementiert. Besteht nun die Möglichkeit, die einzelnen Systeme sicher in Echtzeit zu verkoppeln, ist damit auch eine verteilte Regelung möglich. Dazu müssen dem Empfänger der Zeitpunkt des Eintreffens einer Information von vornherein bekannt und alle Systeme zeitlich synchronisiert sein. Diese Sicherheit bietet TTA durch die Schaffung genau definierter Zeitfenster. TTA ermöglicht den Entwurf, den Einsatz und die Wartung fehlertoleranter, d.h. redundant ausgelegter Systeme. Bei Einsatz dieser Technik lernt Audi übrigens von der Luftfahrt.

Aufbau des CAN — Technik-lexikon

Das CAN-System besteht aus folgenden Teilen:

- **CAN-Controller:** Bekommt vom Computer im Steuergerät die Daten, die gesendet werden sollen. Er bereitet sie auf und gibt sie an den CAN-Transceiver weiter. Genau so bekommt er vom Transceiver die Daten, bereitet sie auf und gibt sie an den Computer im Steuergerät weiter.
- **CAN-Transceiver:** Sender und Empfänger in einem. Er wandelt die Daten vom CAN-Controller in elektrische Signale um und sendet sie auf die Datenbus-Leitungen.
- **Datenbus-Abschluss:** Ein Widerstand, der verhindert, dass gesendete Daten als Echo zurückkommen und die ursprünglichen Informationen verfälschen.
- **Datenbus-Leitungen:** Die bidirektionalen Leitungen CAN-Low und CAN-High dienen zum Übertragen der Daten.

Säurestand der Batterie kontrollieren, Kontakte pflegen

Der Audi A4 verfügt über eine unter normalen Betriebsbedingungen weitgehend wartungsfreie Batterie. Bei hohen Außentemperaturen oder langen täglichen Fahrten empfiehlt es sich jedoch, den Säurestand von Zeit zu Zeit zu prüfen. Auch nach jedem Ladevorgang ist der Säurestand zu kontrollieren.
Die Batterieflüssigkeit aus Schwefelsäure und destilliertem Wasser kann bei hohen Temperaturen oder bei defektem Lichtmaschinen-Spannungsregler Wasser verlieren. Auch eine Selbstentladung (lange Standzeiten) oder eine Tiefentladung durch einen nicht ausgeschalteten starken Stromverbraucher kommen als Ur-

sache in Frage. Füllen Sie dann nur destilliertes Wasser nach. Leitungswasser enthält ebenso wie abgekochtes Wasser leitfähige Salze und andere mineralische Stoffe, die der Batterie schaden.

Arbeitsschritte 15.000 km 12 Monate

① Beachten sie bei allen Arbeiten an der Batterie die verschiedenen Warnhinweise, zu denen Piktogramme aufgeklebt sind: Vorsicht vor Säurepartikeln, Augenschutz tragen, offenes Feuer fernhalten, Knallgasbildung berücksichtigen und Inneres nur mit Taschenlampe ausleuchten; im Entsorgungsfall die Vorschriften für Batterien und Schwefelsäure beachten!

Auf der Längsseite der Batterie sind Säurestandsmarken aufgebracht, die Sie zu kontrollieren haben.

② Die Batteriesäure muss mindestens bis zur MIN-Markierung am Gehäuse reichen (Oberkanten der Platten müssen gut bedeckt sein), darunter darf der Stand nicht abfallen. Richtig ist es, den Säurestand immer auf der MAX-Marke zu halten.

Bei Batterien mit magischem Auge (siehe Zeichnung) ist die Kontrolle sehr erleichtert: Im Sichtfenster zeigt eine Farbänderung ungünstig veränderten Lade- oder Säurezustand an. Luftblasen können die Farbanzeige verfälschen. Klopfen Sie leicht auf das magische Auge! Im Normalfall ist die Anzeige grün. Ist sie farblos oder gelb, muss destilliertes Wasser nachgefüllt werden, weil der kritische Säurestand erreicht wurde. Ist sie schwarz, muss man nach- oder aufladen.

Wenn die Batterie älter als fünf Jahre ist und das magische Auge farblos anzeigt, sollte die Batterie gegen eine neue ausgetauscht werden.

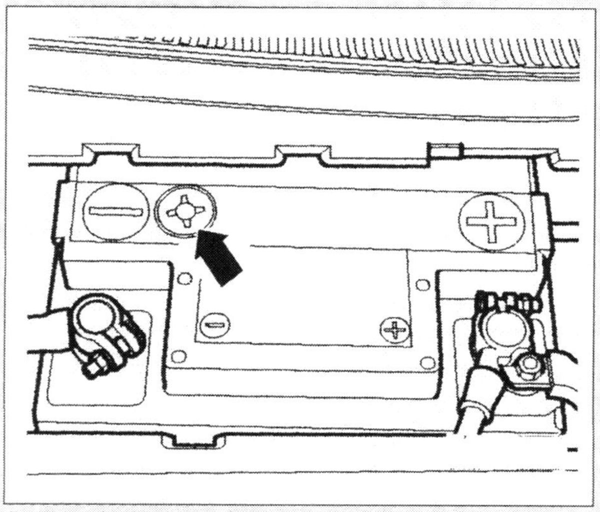

Das magische Auge (Pfeil) der Batterie gibt Informationen über Säurestand und Ladezustand.

③ Bei zu niedrigem Säurestand Folie über den Verschlussstopfen abziehen und Verschlussstopfen abschrauben. Audi schreibt für das Nachfüllen die Batterie-Füllflasche VAS 5045 vor.

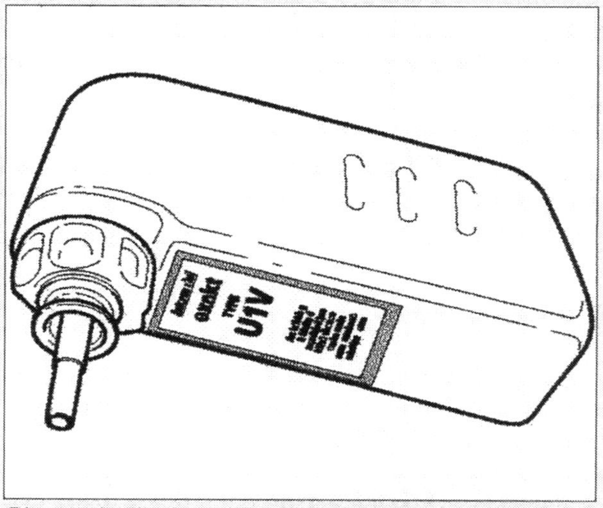

Die von Audi vorgeschriebene Füllflasche VAS 5045 zum Nachfüllen von destilliertem Wasser. Ihr Einfüllstutzen verhindert ein Überfüllen der Batteriezelle und das Austreten von Batteriesäure.

④ Bei einer geladenen Batterie bis zum MAX-Strich (15 mm über den Oberkanten der Platten) mit destilliertem Wasser auffüllen.

⑤ In eine stark entladene Batterie nur so viel Wasser füllen, dass die Platten gerade bedeckt sind. Beim Aufladen steigt der Säurestand erheblich. Erst nach dem Laden bis zur oberen Marke nachfüllen. Wenn die Zellenplatten nicht von Elektrolyt (Batteriesäure) umschlossen sind, korrodieren Platten, Plattenbrücken und Zellenverbinder. Das schädigt die Batterie, sie kann unbrauchbar werden.

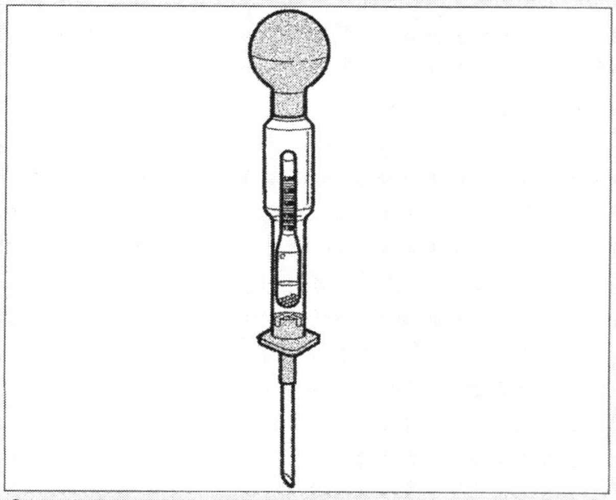

Säureheber zum Absaugen überschüssigen Schwefelsäure-Wassergemischs aus der Batterie.

⑥ Der Akku darf aber auch nicht überfüllt werden, weil der Elektrolyt (Schwefelsäure-Wassergemisch) sonst an den Verschlussstopfen oder an der seitlichen Entlüftungsbohrung austritt. Das verursacht Korrosion und Säurekristalle an der Oberfläche der Batterie oder an Funktionsteilen im Motorraum. Daher muss überschüssige Batteriesäure unbedingt mit einem Säureheber abgesaugt werden.

⑦ Saugen Sie so viel Säure-Wasser-Gemisch ab, bis der Säurestand den Kunststoffsteg oder die MAX-Markierung erreicht hat. Schrauben Sie die Verschlussstopfen wieder ein.

Kontakte pflegen

① Oxidkristalle an den Batterieklemmen mit warmem Sodawasser abwaschen oder mit Neutralon (Varta-Produkt) behandeln.

② Audi schreibt neuerdings vor, dass die Batteriepole nicht mehr gefettet werden dürfen.

③ Die Batterie-Polklemmen dürfen nur gewaltfrei von Hand aufgesteckt werden, um Beschädigungen des Gehäuses zu vermeiden. Anzugsdrehmoment für die Klemmen: 6 Nm.

Säuredichte der Batteriezellen prüfen

Wirkt die Batterie trotz richtigem Säurestand kraftlos, sollten Sie mit einem handelsüblichen Säureheber die Säuredichte prüfen. Seine Skala zeigt die Dichte des Elektrolyten in der Batteriezelle an. Diese Prüfung gibt zusammen mit der Belastungsprüfung (siehe Praxistipp) Aufschluss über den Batteriezustand.

Arbeitsschritte | W | **15.000 km 12 Monate**

① Führen Sie die Messung erst durch, wenn die letzte Aufladung mindestens sechs Stunden zurückliegt.

② Schrauben sie alle Verschlussstopfen der Batteriezellen heraus.

③ Tauchen Sie den Säureheber senkrecht in die Batteriezelle. Dann soviel Batteriesäure ansaugen, bis die Messspindel (Schwimmer) frei in der Säure schwimmt. Je höher die Säuredichte, desto mehr taucht der Schwimmer auf. An der Skala des Säurehebers können Sie die Säuredichte in kg pro Kubikdezimeter (Liter) ablesen.

④ Vergleichen Sie nun den abgelesenen Messwert mit den Werten in der Tabelle:

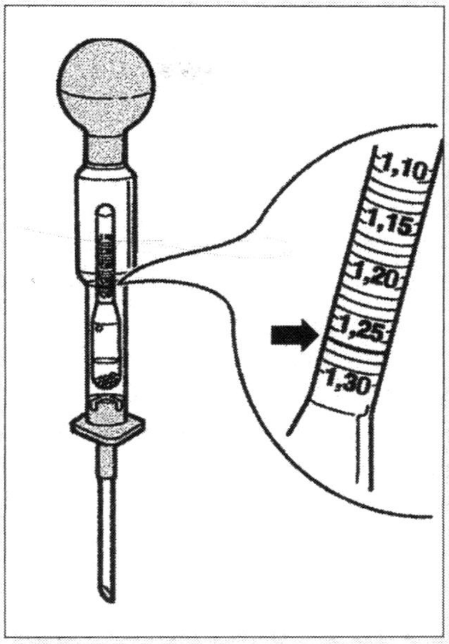

Dichteprüfung mit dem Säureheber.
Die Säuredichte wird in kg/dm³ angezeigt.

Säuredichte in kg/dm³ und Ladezustand

Dichte in normalen Klimazonen	1,28	1,20	1,12
Ladezustand	gut geladen	halb geladen	entladen
Dichte in tropischen Klimazonen	1,23	1,16	1,08
Ladezustand	gut geladen	halb geladen	entladen

⑤ Die Säuredichte muss in normalen Klimazonen mindestens 1,24 kg/l (kg/dm³) betragen. Ferner dürfen die Messwerte für die Säuredichte der einzelnen Batteriezellen nicht mehr als 0,03 kg/l voneinander abweichen. Ist die Dichte zu gering: Batterie laden. Nach dem Laden die Säuredichteprüfung wiederholen.

⑥ Wenn die Sollwerte erreicht werden, Verschlussstopfen wieder einschrauben. Stets nur die zum jeweiligen Batteriesystem gehörenden Original-Stopfen verwenden. Sie müssen mit einer O-Ring-Dichtung ausgestattet sein!

Werden die Sollwerte nicht erreicht, muss die Batterie ersetzt werden.

Ruhespannung der Batterie messen

Sie können zur Überprüfung des Batteriezustandes auch ein hochgenau anzeigendes Multimeter verwenden (Anzeigegenauigkeit ± 0,02 Volt). Die Werte der Ruhespannung geben Aufschluss über den Ladezustand.

Arbeitsschritte | 12 Monate

① Messen Sie an einer eingebauten Batterie, muss das Masseband (bei ausgeschalteter Zündung) abgeklemmt werden. Die Batterie darf mindestens zwei Stunden vor der Messung nicht durch angeschlossene Verbraucher belastet worden sein. Die Batterie darf ferner mindestens zwei Stunden vor der Messung nicht geladen worden sein.

② Schließen Sie das Voltmeter zur Messung an die Batteriepole an. Alle Stromverbraucher ausschalten.

③ Zeigt das Messgerät 12,5 Volt oder darüber an, ist die Batterie in Ordnung. Die folgende Tabelle verdeutlicht Ihnen das Verhältnis von Ruhespannung und Batteriezustand:

Spannung (V)	12,66 (und mehr)	12,48	12,3
Zustand der Batterie	100 % geladen	75 % geladen	50 % entladen

④ Unterschreitet nach Auffüllen der Batteriesäure und Aufladen der Batterie die Ruhespannung doch den Wert von 12,5 V, muss die Batterie unbedingt ersetzt werden. Die Spannungsmessung zwischen den Polklemmen sollten Sie mehrfach wiederholen!

Belastungsprüfung der Batterie

Praxistipp

Im Zusammenhang mit der Säuredichteprüfung gibt eine Belastungsprüfung Aufschluss über den Zustand der Batterie. Erforderlich ist dazu ein Batterieprüfgerät. Wird ein Gerät VAS 5096 oder VAS 5097 (früher VAS 1979 oder VAS 5033) verwendet, muss die Batterie nicht ausgebaut und auch nicht abgeklemmt werden. Dann Zündung ausschalten und die Zangen der Prüfleitungen an die Batteriepole anschließen. Je nach Batteriekapazität muss am Prüfgerät der richtige Belastungsstrom eingestellt werden:

Batteriekapazität	Kälteprüfstrom	Belastungsstrom	Mindestspannung
60 Ah	280 A	200 A	9,4 V
70 Ah	340 A	200 A	9,5 V
80 Ah	380 A	300 A	9,5 V
82 Ah	420 A	300 A	9,5 V
92 Ah	450 A	300 A	9,5 V

Durch die hohe Belastung der Batterie während dieser Prüfung sinkt die Batteriespannung, bei einwandfreier Batterie allerdings nur bis zur Mindestspannung. Wenn die Spannung sehr schnell unter die Mindestspannung laut Tabelle sinkt, ist die Batterie nur schwach geladen oder defekt. Wird die Mindestspannung unterschritten, ersetzen Sie die Batterie!

Batterie laden

Eine ausgebaute Batterie sollten Sie einmal im Monat nachladen, denn Batterien, die längere Zeit nicht im Fahrbetrieb waren, entladen sich selbst. Das gilt natürlich auch für einen Akku im vorübergehend stillgelegten Fahrzeug. Audi empfiehlt zum Akkuladen die V.A.G.-Geräte 1471 oder 1648 sowie VAS 1974.
Räume, in denen Batterien geladen werden, dürfen wegen des sich bei diesem Vorgang bildenden Gases nicht mit offenem Licht oder rauchend betreten werden. Stellen Sie Durchlüftung sicher: Funken beim An- oder Abklemmen könnten das leicht entzündliche Gas ebenfalls zur Explosion bringen.
Die Batteriestopfen müssen gut schließend eingeschraubt sein. Die Batterie muss eine Mindesttemperatur von 10°C haben. Und noch ein Tipp: So genanntes Schnellladen schadet der Batterie. Tiefentladene Batterien (siehe auch unter Arbeitsschritt 3) nehmen dabei keinen Ladestrom auf oder werden durch so genannte Oberflächenladung zu früh als voll ausgewiesen. Sie sind dann nur scheinbar in Ordnung. Schnellladen soll deshalb nur im Ausnahmefall, etwa bei Starthilfe, praktiziert werden.
Befindet sich die Batterie noch an Bord, schalten Sie zum Laden die Zündung aus. Klemmen Sie zuerst das Batterie-Masseband und danach die Plusleitung ab.

Arbeitsschritte

① Schließen Sie die Plusleitung des ausgeschalteten Ladegerätes an den Pluspol der Batterie an. Danach schließen Sie die Minusleitung an den Batterie-Minuspol an.

② Ladestrom am Batterieladegerät entsprechend der Batteriekapazität einstellen. Er soll etwa 10 % der Batteriekapazität betragen, bei einer 60 Ah-Batterie also etwa 6 A. Schalten Sie das Ladegerät ein.

③ Bei **tiefentladenen Batterien**, bei denen die Ruhespannung unter 11,6 V abgesunken ist, besteht die Batteriesäure fast nur noch aus Wasser, der Schwefelsäureanteil ist stark reduziert. Daher können völlig leere Batterien bei Frost einfrieren und platzen. Tiefentladene Batterien sulfatieren, die gesamten Plattenoberflächen verhärten.

Die Batteriesäure ist nicht klar, sondern schwach weißlich eingefärbt.

Werden tiefentladene Batterien unmittelbar nach der Tiefentladung wieder geladen, bildet sich die Sulfatierung zurück. Werden sie nicht nachgeladen, verhärten die Platten weiter, und die Fähigkeit zur Ladungsaufnahme wird eingeschränkt. Eine Reduzierung der Batterieleistung ist die Folge.

Tiefentladene Batterien, die sulfatiert sind, müssen mit einem kleinen Ladestrom geladen werden. Stellen Sie deshalb den Ladestrom auf maximal 5 % der Batteriekapazität ein, bei einer 60 Ah-Batterie also auf 3 A. Die Ladespannung (U_{max}) darf höchstens 14,4 V betragen.

④ Die Ladezeit soll 24 Stunden betragen.

⑤ Wird die Batterie wieder angeklemmt, denken Sie daran, die Fahrzeugausstattungen wie Radio, Radio-Navigationssystem, Uhr (Codierung), und elektrische Fensterheber entsprechend der Bedienungsanleitung zu aktivieren.

Motor mit Starthilfekabel starten

Verwenden Sie zur Überbrückung von einer vollen zu einer leeren Batterie spezielle Elektronik-Starthilfekabel. Damit schützen Sie die elektronischen Bauteile Ihres Fahrzeugs vor gefährlichen Spannungsspitzen.

Arbeitsschritte

① Hilfsfahrzeug dicht an Ihr Fahrzeug heranfahren, damit die Batterien durch die Starthilfekabel verbunden werden können.

② Schalten Sie alle Stromverbraucher ab.

③ Die Pluspole mit dem Starthilfekabel verbinden, zuerst die leere, dann die volle Batterie anklemmen.

④ Das andere Kabel zuerst am Minuspol der Fremdbatterie und dann an Masse des Fahrzeugs mit der entladenen Batterie anschließen.

⑤ Motor des Hilfswagens starten und mit erhöhter Drehzahl laufen lassen, damit die Lichtmaschine viel Spannung liefert.

⑥ Starten Sie Ihr Fahrzeug. Wenn der Motor nicht gleich anspringt, sollten Sie nach weiteren Versuchen immer wieder eine Pause einlegen, damit der Anlasser abkühlen kann. Dabei den Motor des Hilfsfahrzeugs weiterlaufen lassen. Ihre leere Batterie wird allein dadurch schon nachgeladen.

⑦ Zum Abnehmen der Starthilfekabel zuerst den Minuspol der eigenen Batterie, dann den der Fremdbatterie abklemmen. Anschließend Kabel von den Pluspolen abnehmen: Erst volle Batterie, dann Leerbatterie.

⑧ Nach dem Start eine Zeitlang mit höheren Drehzahlen fahren, damit die Lichtmaschine die Batterie aufladen kann.

Wagen anschieben — Praxistipp

Das klappt am besten, wenn Motor und Anlasser in Ordnung sind. Verzichten Sie aufs Anschieben, wenn der Motor wegen einer defekten Zündanlage nicht startet. Unverbrannte Gemischanteile können nachgezündet werden und die Temperatur im Katalysator auf gefährliche Höhen treiben. **Anschieben oder Anschleppen über eine Strecke von mehr als 50 Metern ruiniert den Kat.** Fahrzeuge mit Automatikgetriebe können nicht angeschoben werden.

1 Zündung einschalten und zweiten oder dritten Gang einlegen. In höheren Gängen wird die Lichtmaschine für kräftige Stromlieferung zu langsam durchgedreht.

2 Kupplung durchtreten, Wagen anschieben lassen, bis er in Schwung ist.

3 Kupplung schnell kommen lassen. Der Motor wird abrupt durchgedreht und müsste anspringen. Dann sofort Kupplung treten und Gas geben.

Wagen anschleppen — Praxistipp

Auch diese Methode eignet sich nicht bei einer defekten Zündanlage. Arbeiten Sie nur mit einem erfahrenen Helfer zusammen. Denken Sie daran, dass Bremskraftverstärker und Servolenkung bei stehendem Motor nicht wirken. Fahrzeuge mit Automatikgetriebe können nicht angeschleppt werden. Wiederum gilt: **Anschieben oder Anschleppen über eine Strecke von mehr als 50 Metern ruiniert den Kat.**

1 Zündung einschalten, zweiten oder dritten Gang einlegen und Kupplung treten.

2 Der Zugwagen muss langsam anfahren.

3 Bei etwa 15 km/h die Kupplung langsam kommen lassen. Bleiben Sie stets bremsbereit (Hand an die Handbremse!).

4 Ist der Motor angesprungen, Kupplung treten und Gas geben.

5 Dem Schleppfahrer ein Hupsignal geben, beide Fahrzeuge sanft abbremsen.

Batterie aus- und einbauen

Bevor Sie die Batterie ausbauen können, müssen Sie die Gummidichtung der Wasserkastenabdeckung abziehen und die Abdeckung nach vorn abnehmen.

Arbeitsschritte

① **Ausbau:** Schalten Sie die Zündung aus. Klemmen Sie das Batterie-Massekabel am Batterie-Minuspol ab und legen Sie es zur Seite, damit beim weiteren Hantieren kein Kurzschluss entstehen kann. Lösen Sie die Plusleitung am Batterie-Pluspol.

② Drehen Sie die Innensechskantschraube am Batterie-Befestigungsbügel heraus (siehe Zeichnungen im Abschnitt «Energiespeicher Batterie« zu Kapitelbeginn).

Bei Fahrzeugen mit Domstrebe müssen Sie die Innensechskantschraube mit einem Innensechskantschlüssel mit Kugelkopf herausdrehen. Nur so weit herausdrehen, bis der Kugelkopf an der Domstrebe streift. Innensechskantschraube und Befestigungsbügel bleiben eingebaut, während die Batterie unter dem Bügel herausgeschwenkt wird.

③ Stecken Sie das Winkelstück der Zentralentgasung (Pfeil) ab.

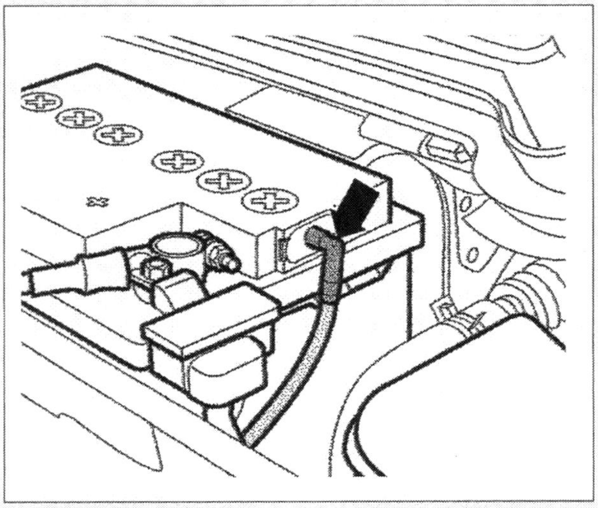

Winkelstück an der Zentralentgasung der Batterie.

④ Heben Sie die Batterie aus dem Wasserkasten heraus.

⑤ Der **Einbau** erfolgt in umgekehrter Reihenfolge. Anzugsdrehmomente: Batterieklemme 6 Nm, Schraube an Befestigungsbügel 12 Nm. Es müssen unbedingt Batterien neuester Bauart mit Zentralentgasung eingebaut werden. Dabei sind zwei Typen möglich: Mit Schlauch oder Stutzen an der Zentralentgasung (siehe Bild zu Arbeitsschritt 3) oder ohne Schlauch/Stutzen.

⑥ Wird die Batterie wieder angeklemmt, denken Sie bitte daran, die Fahrzeugausstattungen (Radio, Radio-Navigationssystem, Uhr, elektrische Fensterheber) entsprechend der Bedienungsanleitung zu aktivieren.

⑦ Überzeugen Sie sich jetzt (wie bei allen Arbeiten an der Batterie) durch Sichtprüfung vom einwandfreien Zustand: Unbeschädigtes Gehäuse, unbeschädigte Batteriepole und Anschlüsse, Batteriestopfen gut schließend eingeschraubt. Überprüfen Sie ferner den festen Sitz der Batterie sowie der Batterieklemmen an der Batterie.

Praxistipp

Die Zentralentgasung

Batterien neuester Generation sind mit einer Zentralentgasung und einem Rückzündungsschutz (Fritte) ausgestattet. Die Fritte ist eine kleine runde Glasfasermatte von 15 mm Durchmesser und 2 mm Dicke. Sie lässt ähnlich wie ein Ventil das bei Ladung in der Batterie entstehende Gas ausströmen. Das Gas tritt zentral durch eine Öffnung in der oberen Deckelseite aus. Die Fritte verhindert dort die Zündung des brennbaren Gases in der Batterie.

Bei Batterien mit Schlauch und Rohr für die Zentralentgasung muss beim Einbau darauf geachtet werden, den Schlauch nicht abzuklemmen. Bei Batterien ohne Schlauch/Rohr muss die Öffnung in der oberen Deckelseite frei von Verstopfungen sein. Nur dann kann die Batterie störungslos entgasen.

Defekten Verbraucher ermitteln

Liefert die am Vortag intakte Batterie keinen Strom, hat vielleicht ein defekter Verbraucher im Bordnetz den Akku über Nacht leergesaugt. Das überprüfen Sie zunächst mit einer Strommessung. Wenn nötig, ermitteln Sie dann den betreffenden Verbraucher.

Arbeitsschritte

① Batterie-Minuskabel abnehmen, Kabel des Multimeters zwischen Minuspol und Batteriekabel anschließen. Dauerverbraucher wie die Zeituhr abklemmen, Türen schließen. Zeigt das Gerät einen Stromfluss an, ist ein Verbraucher defekt.

② Massekabel anschließen, Abdeckung des Sicherungshalters öffnen und eine Sicherung herausnehmen. An die von der Sicherung befreiten Kontakte das Multimeter anschließen. Fließt kein Strom, ist der betreffende Stromkreis in Ordnung. Ein geringer Stromfluss ist kein Alarmsignal: Geräte wie Bordcomputer, Uhren, Radios und Warnanlagen entnehmen ständig Energie von der Batterie.

③ Wiederholen Sie die Messungen, bis das Gerät einen höheren Stromfluss anzeigt. Die Sicherungstabelle zeigt Ihnen, welche Verbraucher zu diesem Stromkreis gehören. Maßgeblich ist jedoch die Sicherungstabelle in der Bedienungsanleitung Ihres Fahrzeugs.

④ Die Verbraucher der Reihe nach ausbauen und jeweils den Strom messen. Wenn das Multimeter keinen Strom mehr anzeigt, haben Sie das fehlerhafte Teil ermittelt.

Lichtmaschine aus- und einbauen

Fahrzeuggeneratoren sind Austauschteile: Ein defekter wird beim Kauf eines überholten oder neuen Generators vom Hersteller in Zahlung genommen. Bei allen Arbeiten an der Lichtmaschine gelten die Hinweise, die in diesem Buch an verschiedenen Stellen immer wieder gegeben werden: Nach Abklemmen des Batterie-Massekabels den Massepol an der Batterie am besten mit Isolierband abkleben, Generator nicht bei angeschlossener Batterie ausbauen, beim Ausbau die RNS-Codierungen (Radio und Navigationssystem) beachten, nach Wiedereinbau die Fahrzeugausstattungen wieder aktivieren.

Aus- und Einbau der Lichtmaschine in Eigenregie sind nicht ganz einfach. Diese aufwändige Arbeit wird von der jeweiligen Ausführung des Generatorhalters und von der Keilrippenriemen-Demontage bestimmt. Grundsätzlich unterscheiden sich daher die Arbeiten bei Fahrzeugen mit 4-Zylinder- und 6-Zylinder-Motoren.

Arbeitsschritte

Fahrzeuge mit 4-Zylinder-Motor

① **Ausbau:** Öffnen Sie den Verschlussdeckel des Kühlmittelausgleichsbehälters. Da beim Öffnen heißer Dampf entweichen kann, decken Sie den Deckel mit einem Lappen ab und öffnen Sie ihn vorsichtig.

② Bauen Sie die Motorabdeckung aus. Bei Fahrzeugen mit Standheizung müssen Sie die drei Schrauben für das Heizungs-Abgasrohr an der Geräuschdämmung herausdrehen.

③ Bauen Sie die Geräuschdämmung durch Lösen an den zehn Haltepunkten ab. Stellen Sie eine Auffangwanne (V.A.G. 1306) unter den Motor.

④ Ziehen Sie die Sicherungsklammer ❶ ab und den Geber für Kühlmitteltemperatur (G2) ❷ heraus.

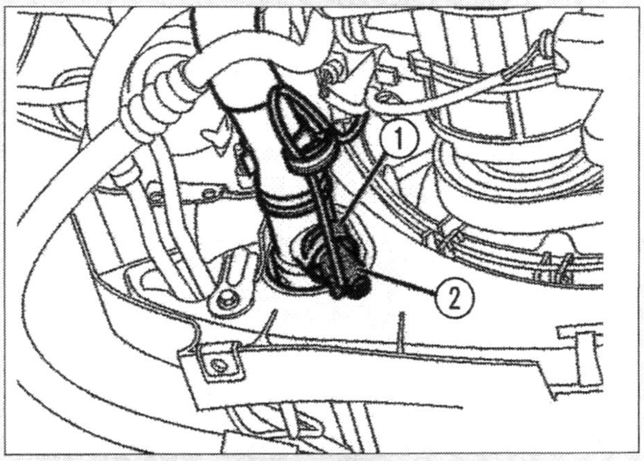

Sicherungsklammer ❶ und Geber für Kühlmitteltemperatur ❷.

⑤ Lassen Sie das Kühlmittel nur am Kühler ab. Bauen Sie dann den Kühlmittelschlauch oben am Kühlmittelrohr (Pfeil) ab.

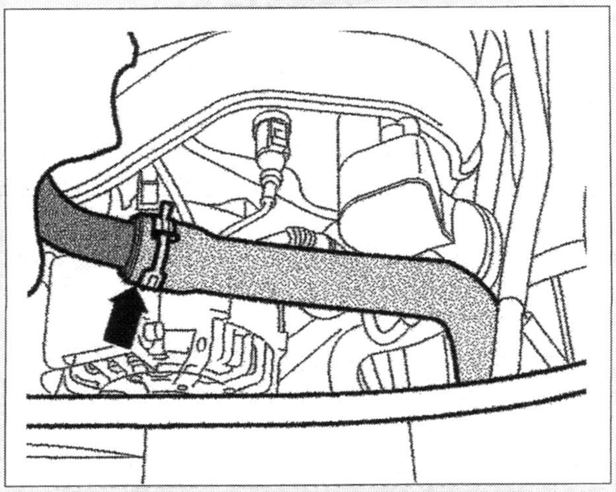

Kühlmittelschlauch am Kühlmittelrohr. An der durch den Pfeil gekennzeichneten Stelle muss der Abbau erfolgen.

⑥ Schrauben Sie das Steuergerät für Kühlerlüfter (Pfeil) ab, hängen Sie das Steuergerät aus und legen Sie es zur Seite.

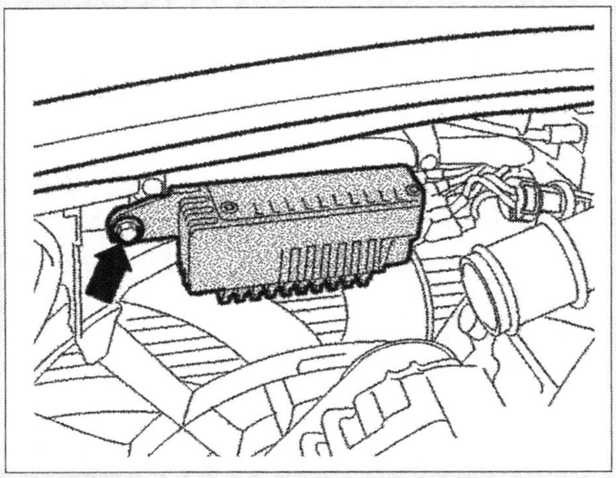

Befestigungsschraube (Pfeil) am Steuergerät für Kühlerlüfter.

⑦ Schwenken Sie die Spannvorrichtung für den Keilrippenriemen zum Entspannen des Riemens in Pfeilrichtung.

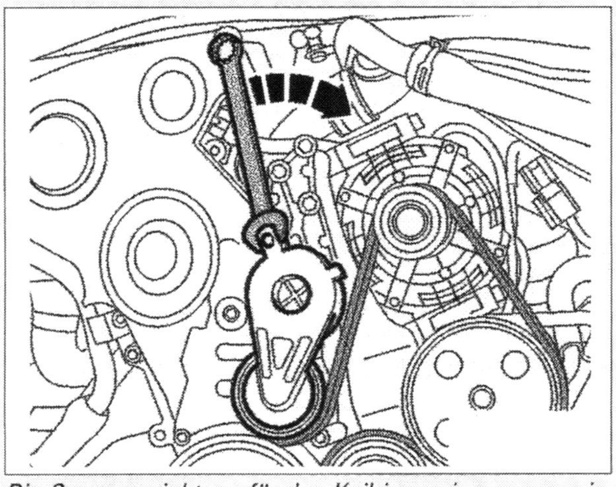

Die Spannvorrichtung für den Keilrippenriemen muss in Pfeilrichtung geschwenkt werden.

⑧ Nehmen Sie den Keilrippenriemen von der Riemenscheibe des Generators ab und entlasten Sie die Spannvorrichtung.

⑨ Trennen Sie die elektrische Steckverbindung ❶ sowie bei den 2,0 Liter-Motoren die Steckverbindungen ❷ und ❸.

⑩ Drehen Sie die 4 Halteschrauben heraus und nehmen Sie den Generator ab. Schrauben Sie die Klemme D+ ab.

⑪ **Einbau:** Der Einbau erfolgt sinngemäß in umgekehrter Reihenfolge. Das Wichtigste dabei ist, auf den richtigen Sitz und Verlauf des Keilrippenriemens zu achten.

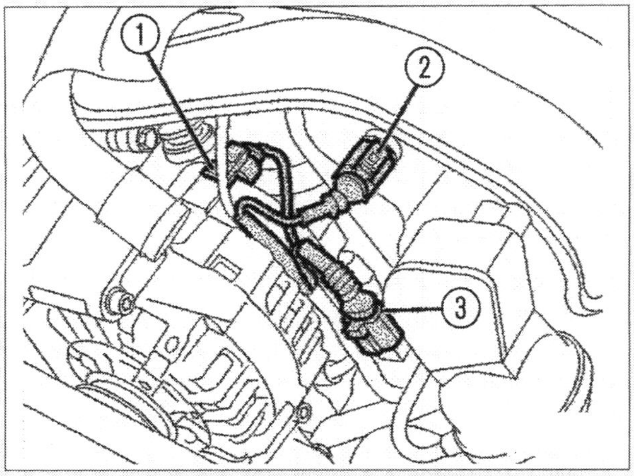

Die Steckverbindungen ❶ sowie beim 2,0 Liter-Motor ❷ und ❸ am Generator.

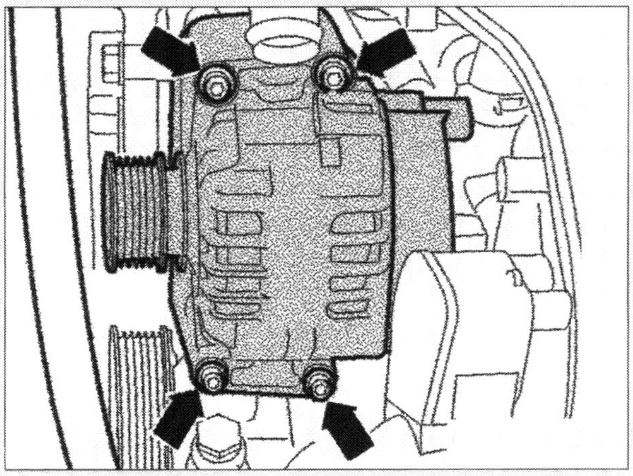

Die Pfeile kennzeichnen die Halteschrauben oben und unten am Generator.

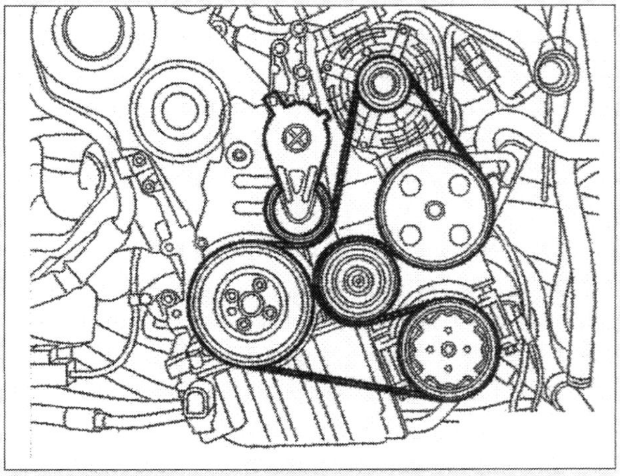

Beim Einbau des Generators muss auf richtigen Verlauf und Sitz des Keilrippenriemens geachtet werden.

⑫ Füllen Sie Kühlmittel auf und beachten Sie beim Anklemmen der Batterie die nötige Reaktivierung der Fahrzeugausstattungen.

Fahrzeuge mit 6-Zylinder-Motor

① **Ausbau:** Ziehen Sie die obere Motorabdeckung schräg nach oben ab. Der Keilrippenriemen wird freigelegt. Kennzeichnen Sie vor dem Abnehmen des Riemens die Laufrichtung mit Kreide oder Filzstift. Würde der gebrauchte Riemen in umgekehrter Laufrichtung wieder eingebaut, könnte das zu seiner Zerstörung führen.

② Schwenken Sie die Spannvorrichtung für Keilrippenriemen (3299, 3299/1) zum Entspannen des Riemens in Pfeilrichtung.

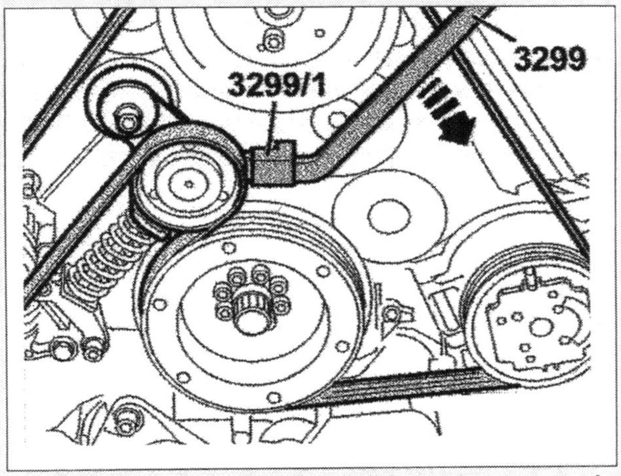

Die Spannvorrichtung für den Keilrippenriemen muss in Pfeilrichtung geschwenkt werden.

③ Nehmen Sie den Keilrippenriemen von der Riemenscheibe der Pumpe für Servolenkung ab.

Drehen Sie bei Fahrzeugen mit Standheizung die drei Schrauben des Heizungs-Abgasrohres an der Geräuschdämmung heraus. Bauen Sie die Geräuschdämmung von den zehn Haltepunkten ab.

④ Trennen Sie die beiden Kabelbinder an den durch die Pfeile gekennzeichneten Stellen durch. Öffnen Sie den Halter für die Anlasserleitung und nehmen Sie die elektrische Leitung heraus.

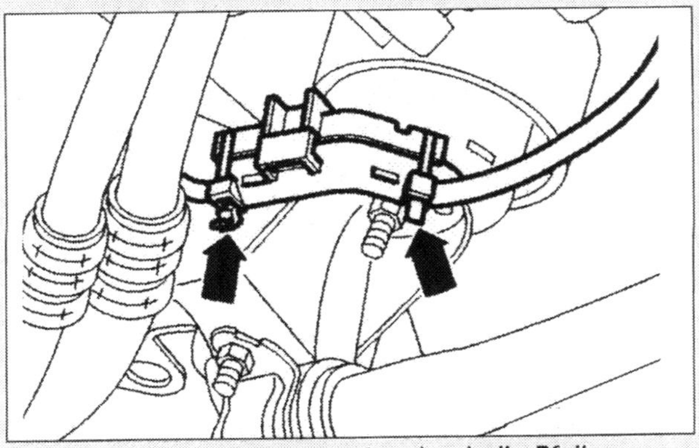

Die Kabelbinder müssen an den durch die Pfeile gekennzeichneten Stellen durchtrennt werden.

⑤ Bei Fahrzeugen mit automatischem Getriebe bauen Sie den Halter für ATF-Leitungen aus. Dazu müssen Sie die Muttern ❶ und ❷ herausdrehen.

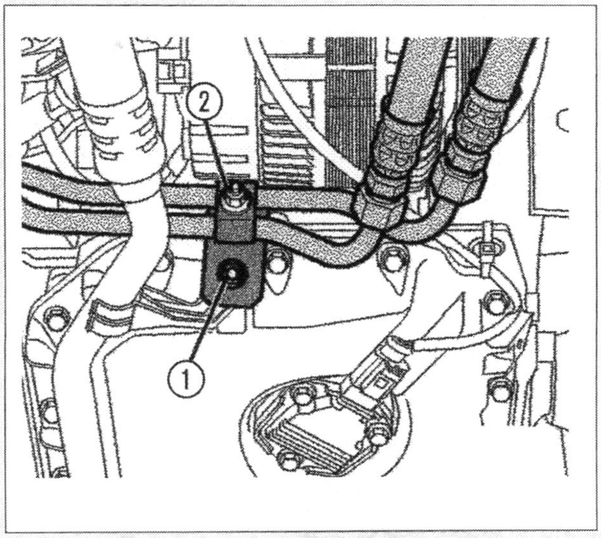

Bei Fahrzeugen mit automatischem Getriebe muss der Halter für ATF-Leitungen durch Herausdrehen der Muttern ❶ und ❷ abgebaut werden.

⑥ Bauen Sie die elektrischen Leitungen am Generator ab (vergl. Arbeitsschritt 9 bei 4-Zylinder-Motoren). Drehen Sie die Halteschrauben heraus und nehmen Sie den Generator ab.

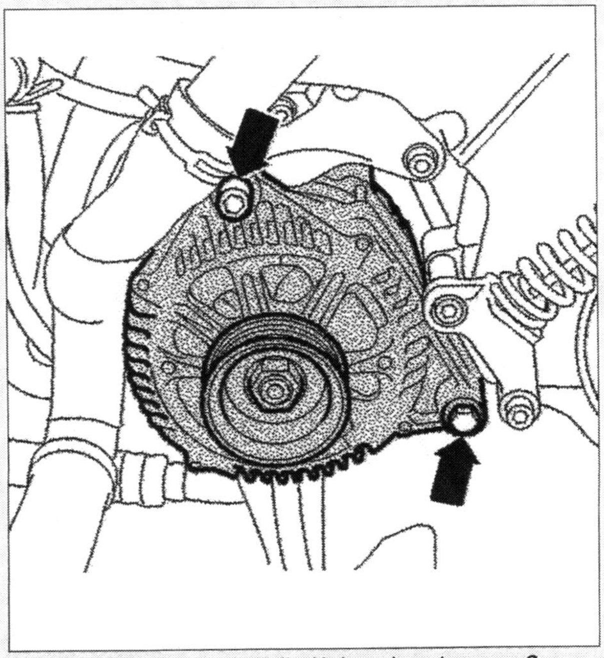

Die Pfeile kennzeichnen die Halteschrauben am Generator.

⑦ Der **Einbau** erfolgt sinngemäß in umgekehrter Reihenfolge. Sie müssen dabei vor allem den richtigen Sitz und Verlauf des Keilrippenriemens beachten.

⑧ Anzugsdrehmomente beim Einbau: Generator am Motor M8 mit 22 Nm, M10 mit 45 Nm, Klemme 30/B+ am Generator mit 16 Nm, Batterieklemme am Batteriepol mit 6 Nm.

Starten Sie den Motor und kontrollieren sie den Riemenverlauf. Nach Anklemmen der Batterie reaktivieren Sie die betreffenden Fahrzeugausstattungen.

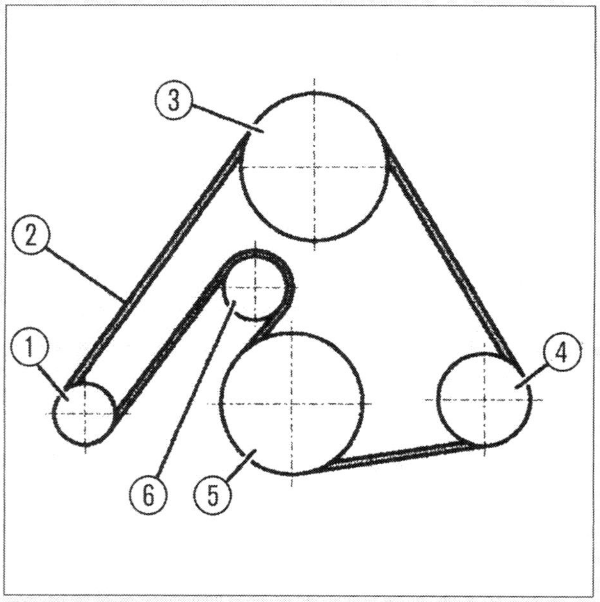

Richtiger Verlauf des Keilrippenriemens:
❶ Generator, ❷ Keilrippenriemen, ❸ Flügelpumpe für Servolenkung, ❹ Klimakompressor, ❺ Kurbelwelle, ❻ Spannrolle.

Spannungsregler prüfen

Arbeitsschritte

① Multimeter zwischen Plus-Klemme (rotes Kabel) der Lichtmaschine und Masse anklemmen.

② Motor zwei Minuten mit 3.000 bis 4.000/min drehen lassen, damit die Lichtmaschine betriebswarm wird (ca. 80° C). Beim Start darf die Spannung (bei 20° C Außentemperatur) bis 8 Volt absinken.

③ Schalten Sie Standlicht, Radio oder Frischluftgebläse ein. Das entspricht einer Strombelastung von drei bis sieben Ampere. Die Regulierspannung muss jetzt zwischen 13,5 und 14,8 Volt liegen, dann arbeiten Generator und Regler korrekt. Die Generatorspannung (auch: Bordspannung) muss höher als die Batteriespannung sein, damit die Batterie im Fahrbetrieb aufgeladen werden kann.

④ Schalten Sie das Fernlicht ein und wiederholen Sie die Messung bei 3000/min. Die Spannung darf nicht mehr als 0,4 V über dem zuvor gemessenen Wert liegen.

⑤ Messen Sie höhere Spannungen, ist der Regler defekt und muss ausgetauscht werden. Ist die Spannung zu niedrig, deutet das auf abgenutzte Schleifkohlen hin. In diesem Fall Lichtmaschine ausbauen und zum Überholen in die Autoelektrik-Werkstatt bringen. (Vergl. auch: Schleifkohlen prüfen/ersetzen.)

Fahren mit defekter Lichtmaschine

Praxistipp

Wenn die Lichtmaschine oder der Regler streikt, können Sie trotzdem weiterfahren. Die Batterie übernimmt dann die Stromversorgung. Je nach Ladezustand und Kapazität reicht die Energie für etwa fünf Stunden, wenn Sie bei der Fahrt keine überflüssigen Verbraucher einschalten.

- Mehrfachstecker an der Lichtmaschine abziehen, damit sich die Batterie nicht über den defekten Generator oder Spannungsregler entladen kann.
- Die Fahrt nicht unnötig unterbrechen. Der Anlasser braucht besonders viel Strom. Wenn möglich, den Wagen anrollen lassen.
- Heizbare Heckscheibe, Gebläse und Radio nicht einschalten.
- Scheibenwischer und Scheibenwaschanlage nur bei unumgänglichem Bedarf in Betrieb nehmen.
- Bei Dunkelheit möglichst ohne Fernlicht und Nebelscheinwerfer fahren.

Batterie und Lichtmaschine — **Störungs-beistand**

Störung	Ursache	Abhilfe
A Rote Ladekontrollleuchte brennt nicht beim Einschalten der Zündung.	**1** Batterie leer.	Mit Starthilfekabeln starten oder Wagen anschleppen.
	2 Batteriekabel gebrochen, Kabelklemmen lose oder oxidiert.	Batteriekabel und -klemmen kontrollieren.
	3 Kontrollleuchte defekt.	Ersetzen.
	4 Kabelweg zwischen Zündschloss, Kontrolllampe und Lichtmaschine unterbrochen.	Stromweg mit Prüflampe kontrollieren.
	5 Schleifkolben abgenutzt.	Regler austauschen.
	6 Spannungsregler defekt.	Regler austauschen.
	7 Lichtmaschine schadhaft.	Lichtmaschine überholen lassen oder austauschen.
	8 Feuchtigkeit bildet einen isolierenden Schmierfilm zwischen den Schleifringen und Kohlen (z. B. nach Motorwäsche).	Lichtmaschine mit Druckluft ausblasen oder Schleifringe und Kohlen sauberreiben.
B Ladekontrolle brennt oder glimmt bei laufendem Motor.	**1** Keiriemen lose bzw. ohne Spannung.	Keilriemenspannung kontrollieren.
	2 Mangelnder Kontakt an Kabelanschlüssen der Lichtmaschine oder unterbrochene Kabel.	Kabelanschlüsse und Kabel prüfen.
	3 Siehe A5 bis 7.	
C Batterieoberfläche feucht.	**1** Zuviel eingefülltes destilliertes Wasser.	Ausgasen lassen, keine Säure absaugen.
	2 Batterieverschlüsse verstopft.	Entlüftungsbohrungen säubern.
	3 Siehe A6.	
D Batterie gast stark.	Siehe A6.	

Anlasser aus- und einbauen

Streikt der Anlasser, sind meist mehrere Teile die Ursache. Der Magnetschalter oder die Schleifkohlen zum Beispiel können klemmen oder stark abgenutzt sein. Auch ein Verschleiß der Lagerung ist möglich. Dreht sich der Anlasser bei geladener Batterie nicht oder dreht er sich zu langsam und zieht den Motor nicht durch, sollten auch die Leitungsanschlüsse am Magnetschalter und die Massebänder zwischen Motor, Aufbau und Batterie auf festen Sitz überprüft werden; sie dürfen nicht oxidiert sein.

Unterschiedlich sind bei Ihrem Audi A4 die Einbaulage und daher die Montage und Demontage des Anlassers bei 4-Zylinder- und 6-Zylinder-Motoren, die jedoch in jedem Fall an der Fahrzeugunterseite erfolgen. Ferner ist zu beachten, dass bei Fahrzeugen mit Standheizung die drei Schrauben für das Abgasrohr der Heizung an der Geräuschdämmung herausgedreht werden müssen. Die Geräuschdämmung ist von ihren zehn Haltepunkten abzubauen und nach unten abzunehmen.

Arbeitsschritte

① Beachten Sie die Codierungen für Radio und Navigationssystem, fragen Sie sie ggf. ab. Klemmen Sie das Masseband der Batterie bei ausgeschalteter Zündung ab.

② **Ausbau:** Bei Fahrzeugen mit **4-Zylinder-Motor** schrauben Sie die Leitung für Klemme B+ ab. Ziehen Sie dann die Steckverbindung für Klemme 50 ab.

Bei Fahrzeugen mit **6-Zylinder-Motor** müssen Sie erst das rechte Vorderrad ab- und den Generator ausbauen sowie das Wärmeschutzblech für die Gelenkwelle abschrauben. Dann Schrauben Sie die Leitung für Klemme B+ ab und ziehen die Steckverbindung für Klemme 50.

③ Bei Fahrzeugen mit **4-Zylinder-Motor** drehen Sie die Schrauben ❶ und ❷ heraus und nehmen den Anlasser nach unten heraus. Bei Fahrzeugen mit **6-Zylinder-Motor** müssen Sie erst das Wärmeschutzblech ❸ vom Magnetschalter abziehen. Dann können Sie die Halteschrauben (Pfeile) herausdrehen und den Anlasser abnehmen.

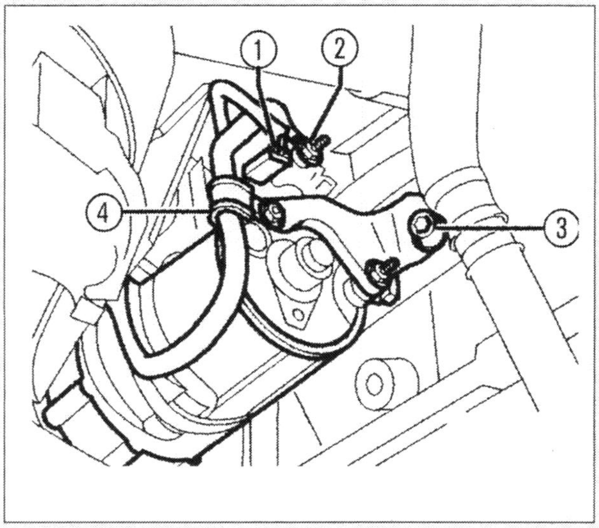

Anlasser beim 4-Zylinder-Motor: *❶ Steckverbindung für Klemme 50, ❷ Leitung an Klemme B+, ❸ Halter für Anlasser am Zylinderblock, ❹ Leitungsschelle.*

④ Beim **Einbau** verfahren Sie sinngemäß in umgekehrter Reihenfolge. Beachten Sie bei der Montage unbedingt folgende Anzugsdrehmomente: Anlasser an Getriebe (4-Zylinder) M10 mit 45 Nm, M12 mit 65 Nm; Anlasser an Motor (6-Zylinder) mit 45 Nm; Wärmeschutzblech für Gelenkwelle an Getriebe (6-Zylinder) mit 23 Nm; Klemme B+ an Anlasser mit 16 Nm; Batterieklemme an Batteriepol mit 6 Nm.

Wenn die Batterie wieder angeklemmt wird, müssen Sie die

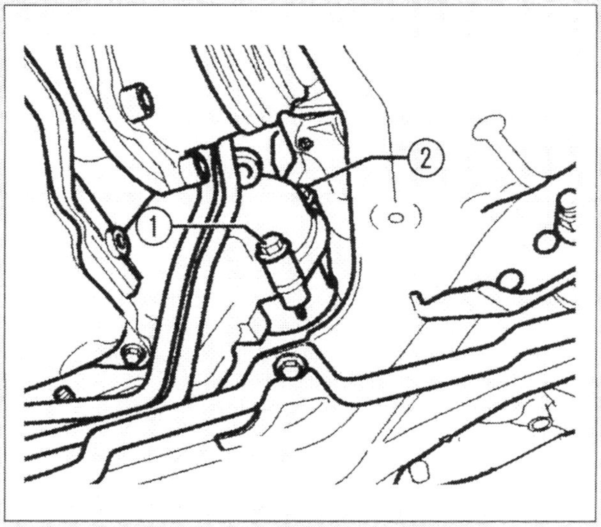

Halteschrauben am Anlasser: *❶ und ❷ Schrauben.*

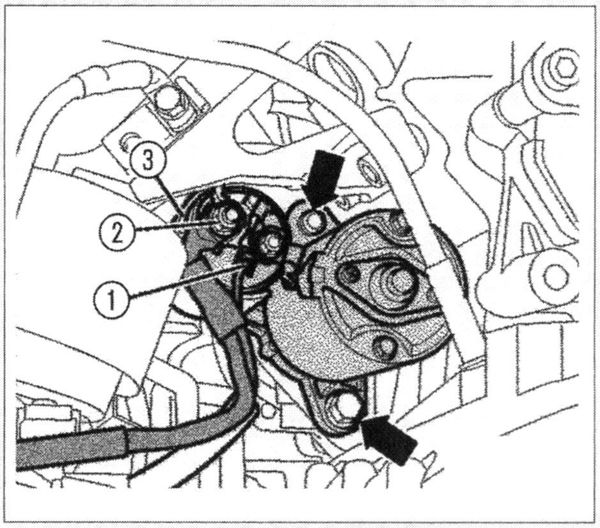

Anlasser beim 6-Zylinder-Motor: *❶ Steckverbindung für Klemme 50, ❷ Leitung an Klemme B+, ❸ Wärmeschutzblech. Pfeile: Halteschrauben.*

Fahrzeugausstattungen wie Radio, Navigationssystem, Uhr und elektrische Fensterheber entsprechend Bedienungsanleitung aktivieren.

Anlasser

Störungs-beistand

Störung	Ursache	Abhilfe
A Beim Drehen des Zündschlüssels in Startstellung dreht der Anlasser zu langsam oder gar nicht.	**1** Kontrolllampen brennen schwach oder verlöschen:	
	a) Batterie entladen,	Mit Starthilfekabeln starten, Auto anschieben oder anschleppen.
	b) Kabelanschlüsse lose oder oxidiert,	Kabel befestigen, Anschlüsse säubern.
	c) Anlasser hat Masseschluss.	Anlasser überholen lassen oder austauschen.
	2 Kontrolllampen brennen hell, Klicken aus Richtung Anlasser – kurz auf den Magnetschalter klopfen. Dreht der Anlasser immer noch nicht:	
	a) Kohlebürsten bzw. deren Anschlüsse im Anlasser gelöst,	Anlasser überholen lassen.
	b) Kontakte im Magnetschalter verschmort,	Anlasser überholen lassen oder austauschen.
	c) Anlasserwicklung schadhaft.	Anlasser überholen lassen oder austauschen.
	3 Kontrolllämpchen brennen hell, keinerlei Anlassergeräusche:	
	a) Anschluss der Klemme 50 am Magnetschalter lose,	Anschluss überprüfen.
	b) Klemme-50-Leitung vom Zündschloss zum Magnetschalter unterbrochen.	Leitung mit Prüflampe kontrollieren.
B Anlasser läuft, ohne den Motor durchzudrehen.	**1** Ritzel verschmutzt.	Ritzel reinigen.
	2 Einrückvorrichtung klemmt.	Anlasser überholen lassen.
	3 Verzahnung des Ritzels oder der Motorschwungscheibe beschädigt.	Wagen bei eingelegtem Gang ein Stück vorschieben. Erneut starten. Beschädigte Teile ersetzen lassen.
C Magnetschalter schaltet in schneller Folge ein und aus, Anlasser läuft nicht an.	Batterie stark entladen, beim Einschalten des Magnetschalters fällt die Spannung ab und er schaltet wieder ab.	Batterie laden.
D Anlasser läuft weiter, obwohl der Zündschlüssel losgelassen wurde.	**1** Magnetschalter hängt oder schaltet nicht ab.	Zündung sofort abschalten, notfalls Batterie abklemmen. Magnetschalter reparieren oder Anlasser austauschen.
	2 Zünd-/Anlassschalter defekt.	Schalter ersetzen.
E Ritzel spurt nach Anspringen des Motors nicht aus.	**1** Rückstellfeder des Einrückhebels lahm oder gebrochen.	Zündung abschalten, ggf. Anlasser austauschen.
	2 Siehe B3	

Die Beleuchtung

Die Fahrzeugbeleuchtung ist das zentrale aktive Sicherheitselement im nächtlichen Straßenverkehr. Darüber hinaus aber wird wegen der ständig noch wachsenden Verkehrsdichte auch das Fahren mit Licht am Tag immer aktueller. In vielen skandinavischen und osteuropäischen Ländern ist es seit langem Pflicht, bei uns in Deutschland wird es immer wieder diskutiert. Nach Untersuchungen könnte mit Tagfahrlicht allein die Zahl der tödlichen Unfälle um 25 Prozent reduziert werden.

Die Firma Hella hat in jüngster Zeit eine kompakte und energiesparende Leuchte zum Nachrüsten entwickelt. Gegenüber mehr als 100 Watt bei normalem Abblendlicht verbrauchen diese Leuchten nur 12 Watt. Die Lampen werden wie Zusatzscheinwerfer an der Fahrzeugfront montiert. Beim Zünden schalten nur sie sich automatisch ein. Schaltet man hingegen das normale Fahrlicht ein, verlöschen sie automatisch.

Die Zukunft: Licht nach Maß

So wichtig Beleuchtungssysteme auch sind, so statisch war bisher ihr Charakter. Begrenzt auf die reinen Lichtfunktionen, nutzten sie die Informationen des Fahrzeugbordnetzes im Grunde nur zur Leuchtweitenregelung. In Zukunft wird die Lichttechnik in den Daten- und Kommunikationsverbund im Fahrzeug integriert. Funktionen werden vernetzt, um neue Systeme überhaupt realisieren zu können. Bewegliche Scheinwerfer und durch Software veränderbare Leuchten werden konzipiert. Auch die Bordnetze werden auf zukünftige Lichtanforderungen wie vorausschauend agierende Scheinwerfer, intelligente Heckleuchten und adaptives Innenlichtkonzept ausgerichtet.

Im Projekt Advanced Frontlighting System wird die Lichtverteilung an wechselnde Umfeldsituationen wie Straßenverlauf und -typ, Witterungsbedingungen und Fahrerwunsch angepasst. Durch zeitlich veränderbare Lichtverteilung erhält der Fahrer bestmögliche Sichtbedingungen, ohne dabei den Gegenverkehr zu blenden. Wo er auch hinsteuert: Das Licht ist schon da. Unterschiedliche Hell-Dunkel-Verläufe können definiert werden: Stadtlicht mit breiter Ausleuchtung, schwenkbares Landstraßenlicht und Autobahnlicht mit höherer Sichtweite werden Wirklichkeit.

Für die Annäherung an eine Kreuzung ist eine breite Ausleuchtung vorgesehen, um Radfahrer oder Fußgänger früher wahrzunehmen. Beim Durchfahren von Kurven, wobei herkömmliche Scheinwerfersysteme primär den Fahrbahnrand ausleuchten, wird künftig das Schwenken des Abblendlichts eine optimale Nutzung des Lichtstroms ermöglichen. Der seitliche Bereich wird dann situations-gerecht ausgeleuchtet. Für dieses Abbiegelicht wertet das System Sensorsignale über Fahrzeuggeschwindigkeit und Lenkwinkel aus. Über die Blinkerbetätigung kann sogar schon vor Durchfahren der Kurve die Ausleuchtung angepasst werden.

Die Heckbeleuchtung als Kommunikationsmittel des Fahrers mit dem nachfolgenden Verkehr muss eindeutig und gut erkennbar sein, ohne zu stören. Das oft falsch gebrauchte Nebelschlusslicht kann durch eine intelligente Elektronik automatisiert werden: Adaptives Schlusslicht, dessen Lichtstärke sich den Umfeldbedingungen anpasst: Es leuchtet bei Nebel oder Gischt am stärksten, bei klarer Sicht in der Nacht schwächer.

Ferner soll künftig eine Notbremsanzeige Verzögerungssignale der ABS und ESP-Steuerung auswerten und durch automatisches Warnblinken die Gefahrensituation signalisieren. Über einen Lichtsensor kann die Umgebungshelligkeit gemessen und die Lichtintensität der Schluss-, Brems- und Blinklichtfunktion angepasst werden. Bei Nacht wird ein gegenüber dem heutigen Stand um ein Drittel niedrigerer Pegel genutzt, da das Auge an die Dunkelheit angepasst ist. Bei Tag wird die durch Sonnenstrahlung bedingte höhere Umfeldhelligkeit durch eine gegenüber dem heutigen Stand dreimal so hohe Lichtintensität ausgeglichen.

Ein weiteres Entwicklungsfeld ist eine in die Leuchte integrierte Schmutz- und Sichtweitesensorik. Sie soll Nebel, Gischt, Regen, Schnee und Verschmutzungen auf der Lichtscheibe erkennen. Entfernung und Geschwindigkeit des nachfolgenden Verkehrs werden erfasst und realisieren zusammen mit weiteren Fahrzeugdaten eine angepasste Lichtausbringung nach hinten. Das Heckleuchtendesign kann durch LED-Matrixfelder variabel in Form und Helligkeit gestaltet werden. Softwaregesteuertes Design erlaubt sogar unterschiedliche Varianten für verschiedene Ausstattungslinien.

Die Ambientebeleuchtung im Innenraum sichert eine optimale Orientierung im Fahrzeug und unterstützt dadurch die Fahrsicherheit. Außerdem soll sie harmonischer Bestandteil des Innendesigns sein und bei Dunkelheit eine Wohlfühlatmosphäre erzeugen. Neben Leuchtdioden in allen Farben stehen als neue

Lichtquellen blendfreie Elektrolumineszenzfolien (EL-Folien) bereit, wie sie in Flugzeugcockpits eingesetzt werden. Sie eignen sich besonders zum Markieren von Konturen und bilden gleichmäßig leuchtende Bänder. Die Innenraum-Beleuchtung kann der jeweiligen Fahrsituation angepasst werden.

Die Scheinwerfer

Zur ungeachtet dieser künftigen Innovationen schon heute hoch entwickelten Beleuchtungsanlage gehören an erster Stelle die Hauptscheinwerfer. Sie enthalten verschiedene Glühlampen unterschiedlicher Ausführung. Ferner sorgen Nebelscheinwerfer, Heckleuchten, Bremsleuchten, Rückfahrscheinwerfer, Blinkleuchten, Nebelschlussleuchten sowie Kennzeichen- und Innenleuchten für genügend Licht.
Ein neuzeitlicher Autoscheinwerfer soll den Gegenverkehr möglichst nicht blenden, auch bei höheren Geschwindigkeiten die Fahrbahn gut ausleuchten und dem Fahrzeug ein unverwechselbares Gesicht geben. Seine wichtigsten Teile sind Lichtquelle, Reflektor und Streuscheibe, wobei moderne Scheinwerfer schon ohne Streuscheibe auskommen. Der Blinker ist fester Bestandteil des Audi-A4-Scheinwerfers, er lässt sich nicht separat austauschen.
Als Lichtquelle setzt Audi bei den Scheinwerfern Halogenlampen, aber auch Gasentladungslampen ein. Der Reflektor war früher fast ausschließlich parabolisch, heute gibt es Stufenreflektoren, Freiformflächen oder Systeme mit Abbildungsoptik PES. Die Reflektoren aus Stahlblech oder Kunststoff sind mit einer dünnen Schicht Aluminium plus Spezialschicht präpariert.

Freiflächen-Reflexion kontra Streuscheibe

Der Gesetzgeber schreibt für das Abblendlicht eine spezielle Lichtverteilung mit einer asymmetrischen Hell-Dunkel-Grenze vor, bei der sich das Lichtmaximum auf der rechten Seite der Fahrbahn konzentriert. Damit diese Vorgaben eingehalten werden, gibt es üblicher Weise die Streuscheibe, die auf der Innenseite mit Zylinderlinsen, Prismen und Parallelflächen ausgestattet ist. Diese verteilen das vom Reflektor kommende Licht in der gewünschten Richtung.
Bei Ihrem Audi ist die Scheibe vor den Scheinwerfern jedoch völlig klar – also nur noch Schutz- und keine eigentliche Streuscheibe mehr. Sie besteht aus Kunststoff, der gegen Steinschlag zehnmal widerstandsfähiger ist als Glas. Eine harte Decklackschicht schützt vor Kratzern. Der Scheinwerfer ist dadurch auch etwa ein halbes Kilogramm leichter als einer mit Glasscheibe.
Der Fortfall der eigentlichen Streuscheibe wird durch die Freiflächen-Reflexionsscheinwerfer ermöglicht. Sie erzeugen einen genau definierten Lichtkegel auch ohne Linsen und Prismen. Die optimale Form des Reflektors ist nach speziellen mathematischen Verfahren per Computer berechnet. Bestimmte Segmente im Reflektor sind bestimmten Bereichen auf der Straße zugeordnet. Infolge dadurch ermöglichter kleinerer Brennweiten können im Bauraum herkömmlicher parabolischer Reflektoren drei getrennte Reflektoren für Abblendlicht, Fernlicht und Nebellicht untergebracht werden. Gleichzeitig wird die Lichtausbeute erhöht.

Scheinwerfer des Audi A4: *Mehrere Reflektoren hinter Klarglas.*

DE-Nebelscheinwerfer

DE ist die Abkürzung für dreiachsiger Ellipsoid und bezeichnet die Form der Reflektorflächen. Die Technik erlaubt Scheinwerfer besonders kleiner Bauart mit hoher Lichtleistung. Sie funktionieren ähnlich wie Dia-Projektoren: Eine Blende, die wie ein Dia wirkt, begrenzt die Lichtverteilung und erzeugt die Hell-Dunkel-Grenze. Sie ist beim DE-Licht besonders scharf, weshalb es für Nebelscheinwerfer sehr gut geeignet ist. Eine Linse übernimmt die Funktion des Objektivs und projiziert die Lichtverteilung auf die Straße. Jüngste Entwicklung sind die Poly-Ellipsoid-Systeme PES.

Kontrolle ist nötig

Lassen Sie die Einstellung der Scheinwerfer an Ihrem Fahrzeug regelmäßig prüfen. Eine gute Möglichkeit hierzu sind die im Herbst stattfindenden Aktionen von ADAC, TÜV und Dekra. Außerdem sollten Sie vor jeder Fahrt die Beleuchtung Ihres Fahrzeugs kontrollieren. Dazu Zündung einschalten und nacheinander Standlicht, Abblendlicht, Fernlicht und Nebelscheinwerfer einschalten. Am Heck des Wagens müssen Rücklichter, Kennzeichenleuchten, Rückfahrscheinwerfer und Nebelschlussleuchte einwandfrei funktionieren. Legen Sie sich einen kleinen Vorrat mit den wichtigsten Lampen und Leuchten für unterwegs an. Die Lampenbezeichnung steht auf dem Sockel oder auf dem Glaskörper.

Diese Ersatzlampen für die 12-Volt-Anlage mit Halogenscheinwerfern sollten Sie an Bord haben:

Glühlampe für:	Typ	Leistung
Fernlicht	H7	55 W
Abblendlicht	H7	55 W
Standlicht	Glassockel	5 W
Blinklicht	Bajonett	21 W orange
Brems-/Rücklicht	Bajonett	21/5 W
Rückfahrleuchten	Bajonett	21 W
Nebelschluss-Leuchte	Bajonett	21 W
Kennzeichen-Leuchte	Soffitte	5 W
Hochgesetzte Bremsleuchte	Leuchtdioden	
Innenleuchten	Soffitte	10 W

Bei Scheinwerfern mit Gasentladungslampen ist zusätzlich ratsam:

Gasentladungs-Lampe	D2S	35 W

Die Leuchtweitenregelung (Technik-lexikon)

In Deutschland ist für Neuwagen eine Leuchtweitenregelung gesetzlich vorgeschrieben. Sie soll verhindern, dass der Gegenverkehr bei beladenem Fahrzeug geblendet wird. Beim Audi A4 wird die Leuchtweite elektrisch verstellt. Dazu befindet sich an jedem Scheinwerfer ein Stellmotor, der bei Betätigen des Reglers von Hand oder auch automatisch (ein Muss bei Gasentladungsscheinwerfern) angesteuert wird. Der Motor lässt sich getrennt vom Scheinwerfer ausbauen.

Xenon-Licht (Technik-lexikon)

Bei Scheinwerfern mit Gasentladungslampen bringt die Xenon-Technik eine tageslichtähnliche Lichttemperatur, einen zweieinhalbfachen Lichtstrom im Vergleich zur Halogenlampe und einen um 35 Prozent niedrigeren Energieverbrauch. Die Ausleuchtung der Fahrbahn ist besser, ebenso die Reichweite des Lichtes.

Statt einer Glühlampe kommt hier eine Gasentladungslampe zum Einsatz. Beim Anlegen der Zündspannung (10 bis 20 kV Hochspannung) wird das Gasgemisch aus Xenon und Metallhalogeniden zwischen den Elektroden leitend. Damit wird ein Lichtbogen gezündet. Durch kontrollierte Zufuhr von 400 Hz-Wechselstrom verdampft die metallische Füllsubstanz und strahlt dabei Licht ab. Für Einschaltvorgang und Betrieb braucht die Lampe ein elektronisches Vorschaltgerät.

Wegen des starken Lichts muss ein Auto mit Xenon-Lampen eine automatische Leuchtweitenregelung haben. Der Lampenwechsel muss sachgemäß erfolgen, weil beim Umgang mit dem Hochspannungsteil (ähnlich wie bei der Zündung) unter Umständen Lebensgefahr bestehen kann.

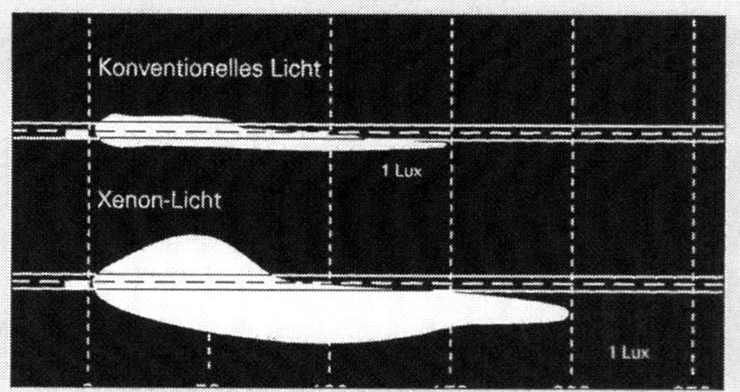

Vergleich zwischen konventionellem und Xenon-Licht: *Die Fahrbahn wird heller und gleichmäßiger ausgeleuchtet.*

Lampen im Scheinwerfer wechseln

Der Wechsel einer Lampe fürs Standlicht verändert die Justierung des Scheinwerfers nicht. Bei allen anderen Lampen sollten Sie nach einem Tausch die Einstellung des betreffenden Scheinwerfers prüfen (lassen). Fassen Sie intakte Glühlampen niemals mit den Fingern am Glaskolben an! Selbst geringe Spuren von Handschweiß verdampfen auf der brennenden Lampe, trüben den Glaskolben und können im Extremfall das Lampenglas zerstören. Verwenden Sie deshalb zum Einsetzen einer Lampe ein sauberes Tuch.

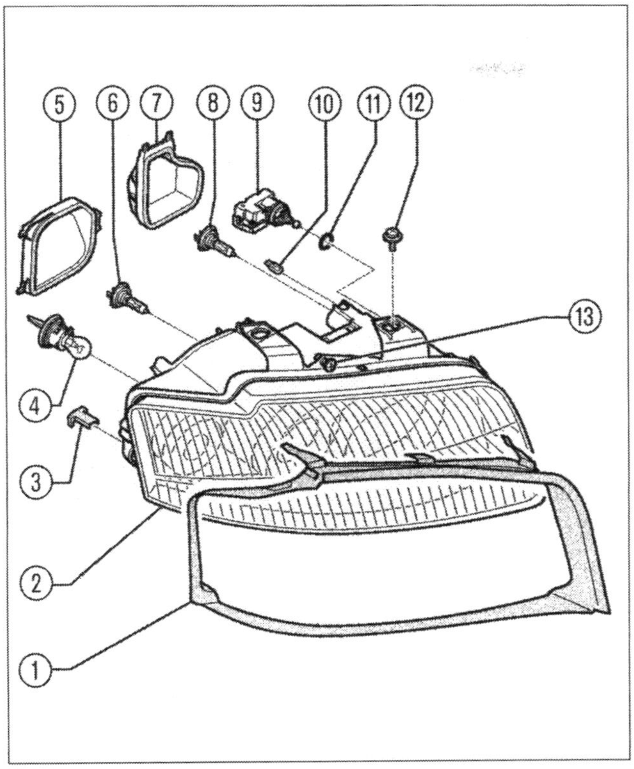

Aufbau des Halogenscheinwerfers:
❶ Spaltabdeckung, ❷ Scheinwerfergehäuse, ❸ Belüftungselement, ❹ Glühlampe für Blinklicht (21 W), ❺ Gehäusedeckel für Abblendlicht, ❻ Glühlampe für Abblendlicht (H7/55 W), ❼ Gehäusedeckel für Fernlicht, ❽ Glühlampe für Fernlicht (H7/55 W), ❾ Stellmotor für Leuchtweitenregelung (V48 / V49), ❿ Glühlampe für Standlicht (5 W), ⓫ O-Ring, ⓬ Schraube mit 6 Nm anziehen, ⓭ Anschlagschraube (muss am Schlossträger anliegen, dient zum Ausrichten des Scheinwerfergehäuses zur Karosseriekontur).

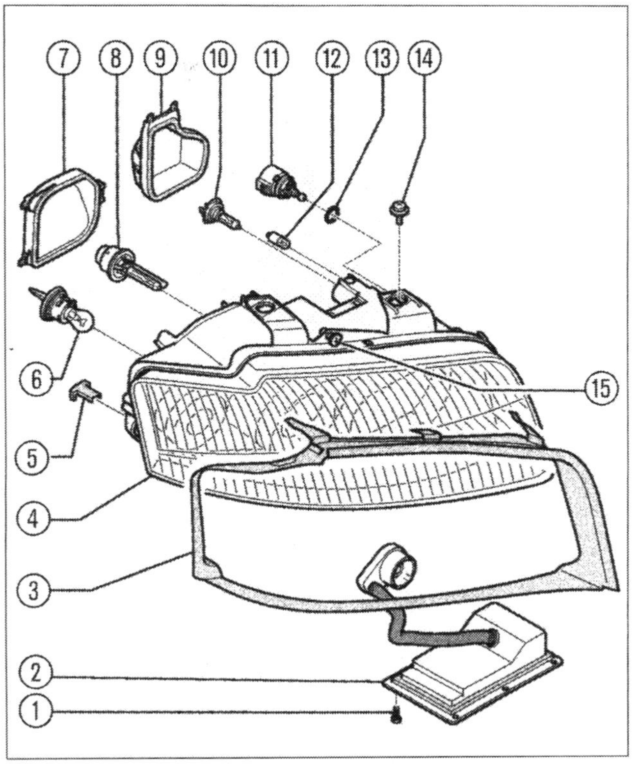

Aufbau des Gasentladungsscheinwerfers:
❶ Schraube mit 1,5 Nm anziehen, ❷ Zündgerät für Gasentladungslampe (N 195), ❸ Spaltabdeckung, ❹ Scheinwerfergehäuse, ❺ Belüftungselement, ❻ Glühlampe für Blinklicht (21 W), ❼ Gehäusedeckel für Abblendlicht, ❽ Gasentladungslampe (35 W, D2S), ❾ Gehäusedeckel für Fernlicht, ❿ Glühlampe für Fernlicht (H7, 55 W), ⓫ Stellmotor für Leuchtweitenregelung (V48 / V49), ⓬ Glühlampe für Standlicht (5 W), ⓭ O-Ring für Stellmotor, ⓮ Schraube mit 6 Nm anziehen, ⓯ Anschlagschraube (wie bei Halogen).

Glühlampe Standlicht

Arbeitsschritte

① Zum **Lampenausbau** nehmen Sie beim Scheinwerfer links die Abdeckung ❶ (wenn vorhanden) links im Motorraum ab.

② Nehmen Sie die Steckverbindungen ❶ und ❷ aus dem Halter. Clipsen Sie den Halter aus und ziehen Sie ihn nach oben ab.

③ Nehmen Sie beim Scheinwerfer rechts die Abdeckung ❶ (wenn vorhanden) rechts im Motorraum ab.

④ Drehen Sie die Schrauben (Pfeile) heraus. Hängen Sie das Magnetventil für Aktivkohlebehälter (N80) ❶ an der Luftführung aus. Bauen Sie die Luftführung ❷ aus.

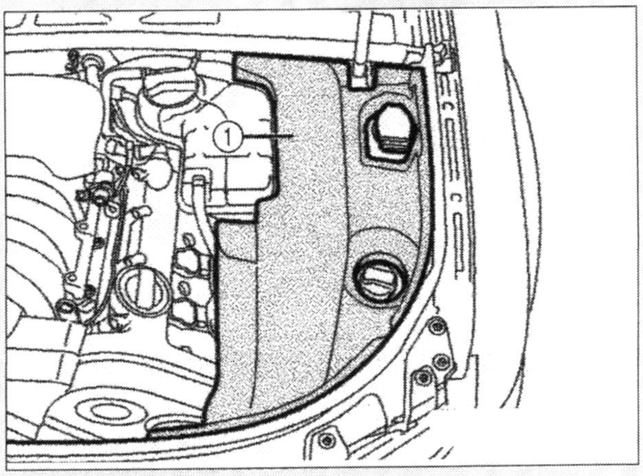

Abdeckung ❶ am linken Scheinwerfer.

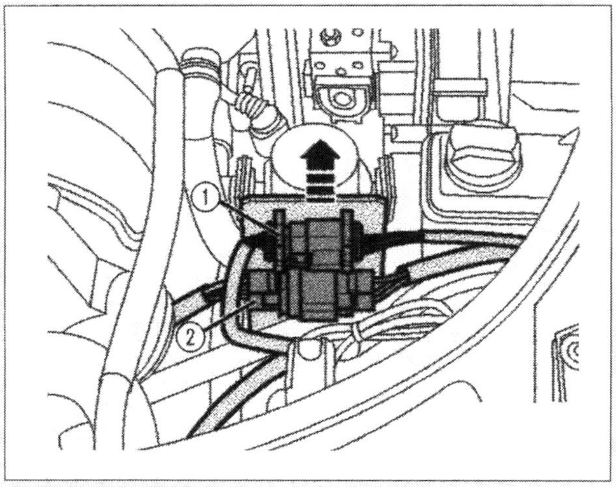

Steckverbindungen ❶ und ❷ am linken Scheinwerfer.

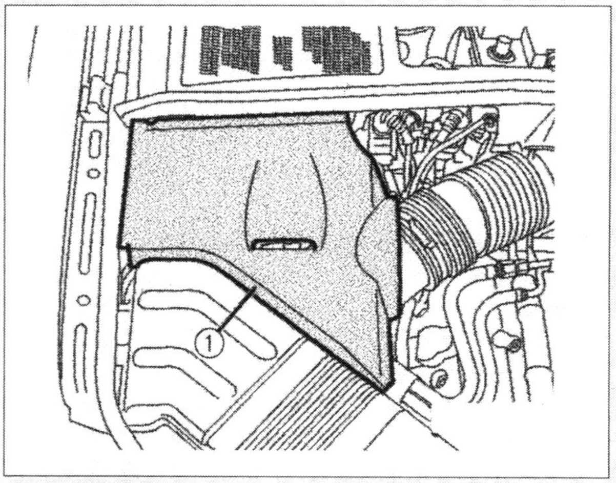

Abdeckung ❶ am rechten Scheinwerfer.

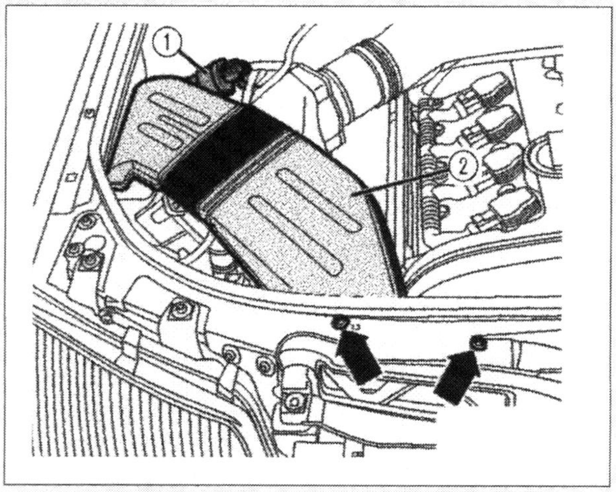

Luftführung ❷ am rechten Scheinwerfer. ❶ Magnetventil für Aktivkohlebehälter.

⑤ Nehmen Sie beim linken wie beim rechten Scheinwerfer den Gehäusedeckel für Fernlicht vom Scheinwerfergehäuse ab. Entriegeln Sie (nur bei Halogenscheinwerfern) den Stellmotor für Leuchtweitenregelung. Am rechten Scheinwerfer müssen Sie gegen den Uhrzeigersinn, am linken Scheinwerfer mit dem Uhrzeigersinn drehen. Der Motor muss nicht ausgebaut werden.

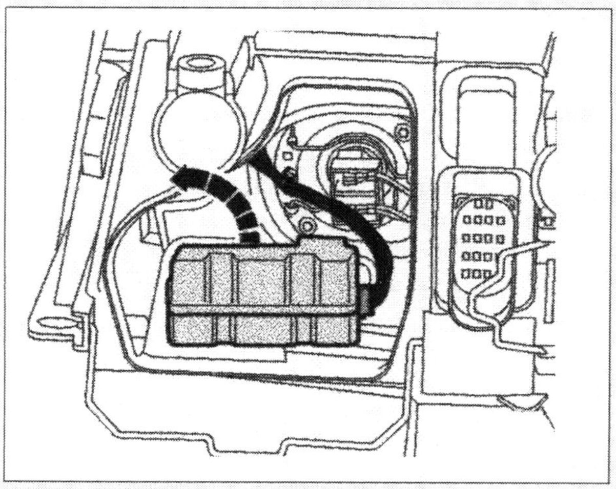

Stellmotor am Halogenscheinwerfer.

⑥ Ziehen Sie die Fassung (Pfeil) aus dem Gehäuse heraus. Ziehen Sie die Glühlampe für Standlicht aus der Fassung.

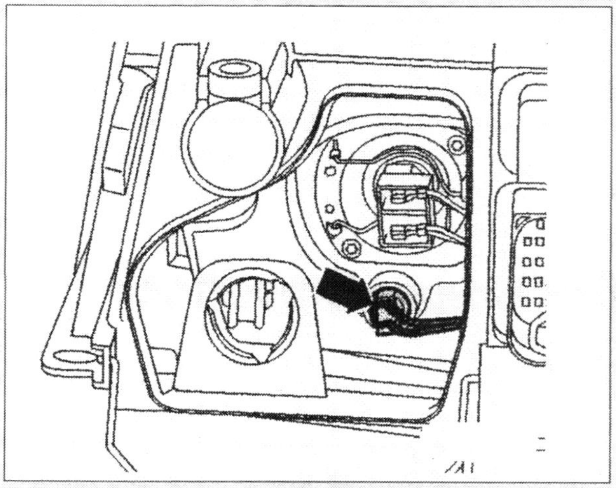

Standlicht-Lampenfassung am Scheinwerfer.

⑦ Der **Einbau** erfolgt sinngemäß in umgekehrter Reihenfolge. Beim Einstecken der neuen Glühlampe in die Fassung den Glaskolben nicht mit bloßer Hand berühren.

⑧ Verriegeln Sie beim Halogenscheinwerfer den Motor für Leuchtweitenregelung.

⑨ Schließen Sie den Gehäusedeckel und sichern Sie ihn mit dem Federdrahtbügel.

Glühlampe Abblendlicht

Arbeitsschritte

① Zum **Lampenausbau** müssen Sie den linken Scheinwerfer ausbauen und beim rechten Scheinwerfer gemäß den Arbeiten beim Wechsel der Standlichtlampe die Abdeckung (wo vorhanden) rechts im Motorraum abnehmen.

② Drehen Sie wie bei Arbeitsschritt ④/Standlichtglühlampe die Schrauben (Pfeile) heraus. Hängen Sie das Magnetventil für Aktivkohlebehälter (N80) ❶ an der Luftführung aus. Bauen Sie die Luftführung ❷ aus.

③ Nehmen Sie beim linken wie beim rechten Scheinwerfer den Gehäusedeckel für Abblendlicht vom Scheinwerfergehäuse ab.

④ Trennen Sie beim Halogenscheinwerfer die Steckverbindung ❷ an der Glühlampe für Abblendlicht. Rasten Sie den Federdrahtbügel ❶ aus und nehmen Sie die Glühlampe ❸ aus dem Gehäuse.

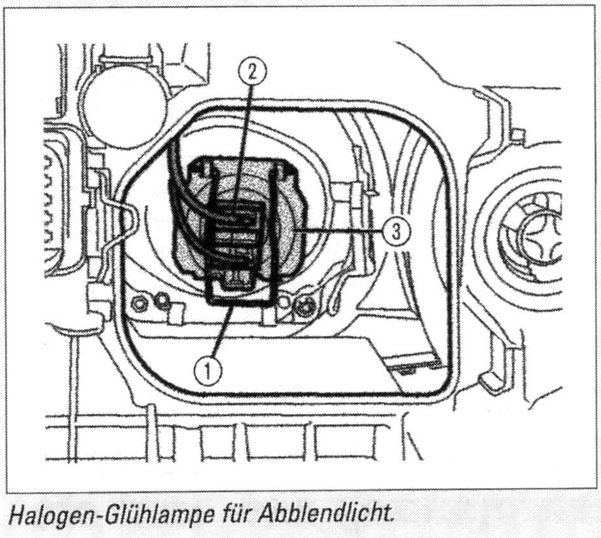

Halogen-Glühlampe für Abblendlicht.

④ Rasten Sie beim Gasentladungsscheinwerfer den Federdrahtbügel (Pfeile) aus und ziehen Sie den Stecker ❶ der Gasentladungslampe aus dem Scheinwerfergehäuse heraus. Drehen Sie den Stecker an der Gasentladungslampe entgegen dem Uhrzeigersinn und nehmen Sie die Lampe heraus. Vor Arbeiten an den mit gelben Hochspannungssymbolen gekennzeichneten Teilen des Gasentladungsscheinwerfers unbedingt das Batterie-Masseband abklemmen!

⑤ Der **Einbau** erfolgt sinngemäß in umgekehrter Reihenfolge. Beim Einstecken der neuen Glühlampe in die Fassung den Glaskolben nicht mit bloßer Hand berühren.

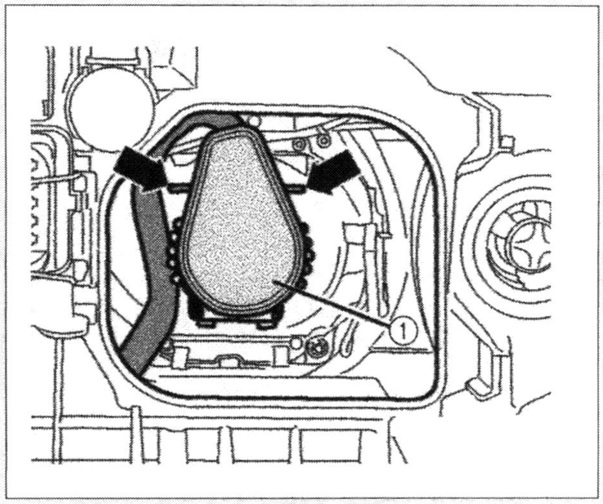

Gasentladungslampe für Abblendlicht.

⑥ Sichern Sie Glühlampe oder Gasentladungslampe mit dem Federdrahtbügel.

⑦ Schließen Sie beim Halogenscheinwerfer die Steckverbindung wieder an.

⑧ Sichern Sie den Gehäusedeckel mit dem Federdrahtbügel.

Glühlampe Fernlicht

Arbeitsschritte

① Zum **Lampenausbau** gehen Sie bis einschließlich Arbeitsschritt ⑤ genau so vor wie bei der Glühlampe für Standlicht. Es gelten auch alle damit verbundenen Arbeitszeichnungen.

② Beim Halogenscheinwerfer trennen Sie dann die Steckverbindung ❸ an der Glühlampe für Fernlicht. Rasten Sie den Federdrahtbügel ❷ aus und nehmen Sie die Glühlampe ❶ aus dem Gehäuse.

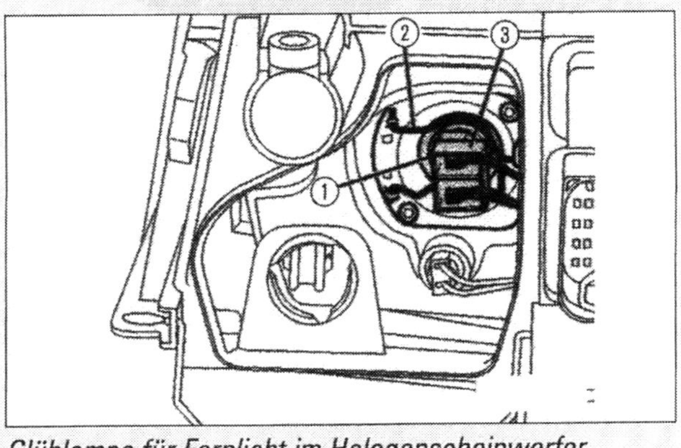

Glühlampe für Fernlicht im Halogenscheinwerfer.

③ Beim Gasentladungsscheinwerfer verfahren Sie ganz genau so: Steckverbindung ❸ an der Glühlampe für Fernlicht trennen, den Federdrahtbügel ❷ ausrasten und die Glühlampe ❶ aus dem Gehäuse nehmen.

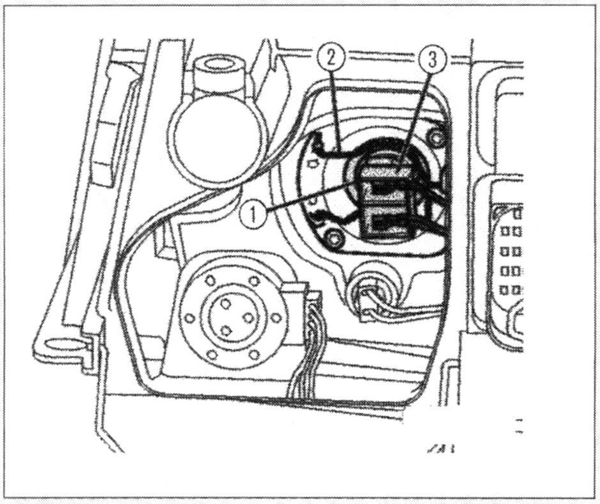

Glühlampe für Fernlicht im Gasentladungsscheinwerfer.

④ Der **Einbau** erfolgt sinngemäß in umgekehrter Reihenfolge. Beim Einstecken der neuen Glühlampe in die Fassung den Glaskolben nicht mit bloßer Hand berühren.

⑤ Sichern Sie die Glühlampe mit dem Federdrahtbügel.

⑥ Verriegeln Sie beim Halogenscheinwerfer den Motor für Leuchtweitenregelung.

⑦ Schließen Sie die Steckverbindung wieder an.

⑧ Sichern Sie den Gehäusedeckel mit dem Federdrahtbügel.

Glühlampe Blinklicht

Arbeitsschritte

① Zum **Lampenausbau** müssen Sie den jeweiligen Scheinwerfer ausbauen.

② Drehen Sie dann die Fassung (Pfeil) entgegen dem Uhrzeigersinn und ziehen Sie sie aus dem Gehäuse heraus.

③ Drehen Sie die Glühlampe aus der Fassung.

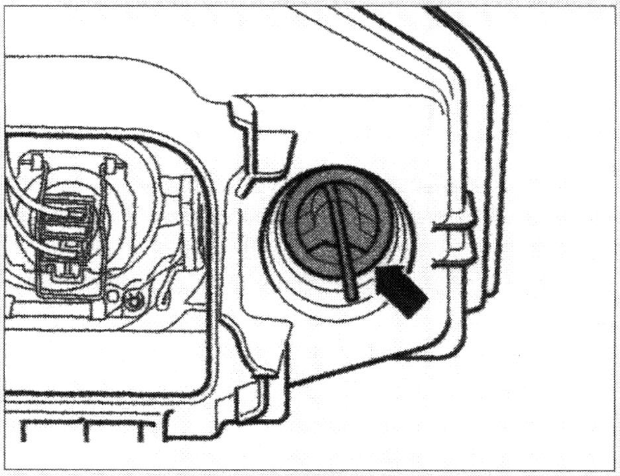

Blinklicht-Glühlampe im Scheinwerfer.

④ Der **Einbau** erfolgt in umgekehrter Reihenfolge. Beim Einsetzen der neuen Glühlampe den Glaskolben nicht mit der bloßen Hand berühren!

⑤ Bauen Sie den Scheinwerfer wieder ein.

Praxistipp

Glühlampen rechtzeitig wechseln

Eine schwach leuchtende Glühlampe deutet darauf hin, dass der Kolben zu stark geschwärzt ist. Das ist zum Beispiel öfter bei der Kennzeichenbeleuchtung der Fall. Dann die Lampe rechtzeitig wechseln. Fällt eine Lampe nach einer längeren Betriebszeit aus, sollten Sie auch die intakte Lampe auf der anderen Seite des Fahrzeugs wechseln, da sie erfahrungsgemäß kurze Zeit später ebenfalls versagt.

Stellmotor für Leuchtweitenregelung aus- und einbauen

Arbeitsschritte

① Zum **Ausbau** gehen Sie bis einschließlich Arbeitsschritt ④ mit allen vier dazu gehörenden Zeichnungen ebenso vor wie bei Glühlampe Standlicht.

② Nehmen Sie den Gehäusedeckel für Fernlicht vom Scheinwerfergehäuse ab.

③ Entriegeln Sie den Stellmotor für Leuchtweitenregelung. Am rechten Scheinwerfer müssen Sie gegen den

Uhrzeigersinn (Pfeil), am linken Scheinwerfer mit dem Uhrzeigersinn drehen.

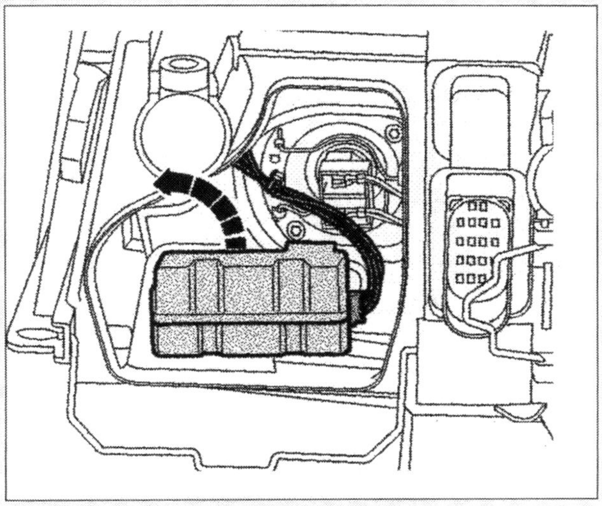

Stellmotor im Halogenscheinwerfer.

④ Beim Scheinwerfer mit Gasentladungslampe wird der Stellmotor für Leuchtweitenregelung ebenso entriegelt: Am rechten Scheinwerfer müssen Sie gegen den Uhrzeigersinn (Pfeil), am linken Scheinwerfer mit dem Uhrzeigersinn drehen.

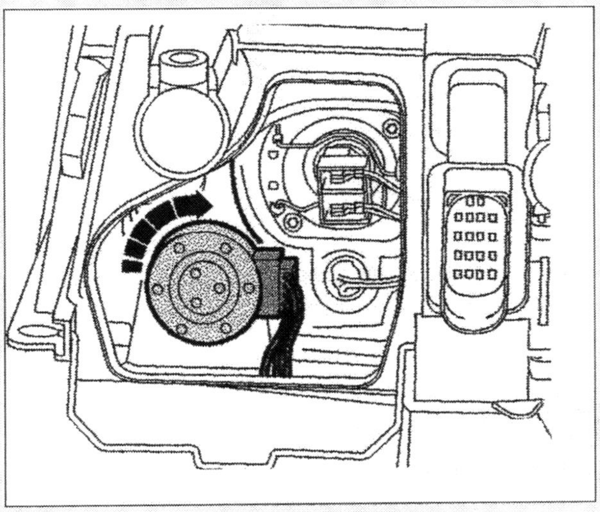

Stellmotor im Gasentladungsscheinwerfer.

⑤ Schieben Sie (bei beiden Scheinwerfertypen) durch Kippen des Stellmotors den Kugelkopf der Stellachse aus der Kugelkopfaufnahme nach unten heraus.

⑥ Trennen Sie die elektrische Steckverbindung.

⑦ Der **Einbau** erfolgt in umgekehrter Reihenfolge. Werden Stellmotoren aus- und eingebaut oder ersetzt, ist immer eine Scheinwerfereinstellung erforderlich.

Steuergerät für Leuchtweitenregelung aus- und einbauen

Bei den automatischen Leuchtweitenregelungen von Gasentladungs-Scheinwerfern kann es vorkommen, dass Sie das Steuergerät (in den Schaltplänen J431) wechseln, also aus- und einbauen müssen. Das Gerät befindet sich am Träger für Schalttafeln hinter dem Handschuhkasten.

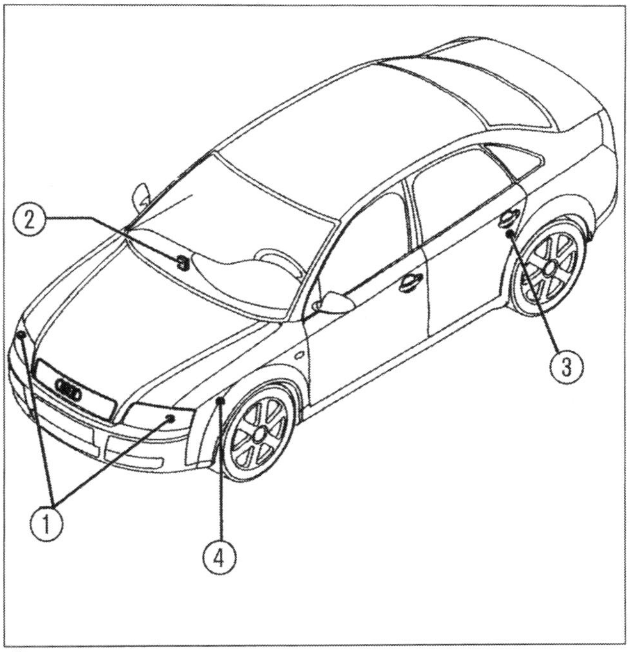

Übersicht über die automatische Leuchtweitenregelung: *❶ Stellmotor V48/V49, ❷ Steuergerät J431, ❸ Geber für Fahrzeugniveau Heckleuchte (G76) am linken Achslenker hinten, ❹ Geber für Fahrzeugniveau Vorderlicht (G78) am linken Traglenker der Vorderachse.*

Arbeitsschritte

① Zum **Ausbau** müssen Sie den Handschuhkasten demontieren (Arbeiten im Innenraum).

② Trennen Sie die elektrische Steckverbindung (Pfeil). Drehen Sie die Schrauben ❶ und ❷ heraus und nehmen Sie das Steuergerät ab.

③ Der **Einbau** erfolgt in umgekehrter Reihenfolge. Schrauben Sie das Steuergerät mit einem Anzugsdrehmoment von 3 Nm fest.

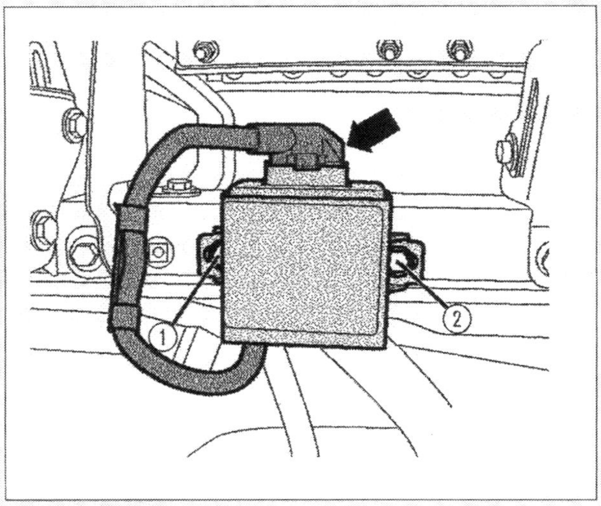

Das Steuergerät J431 für Leuchtweitenregelung.

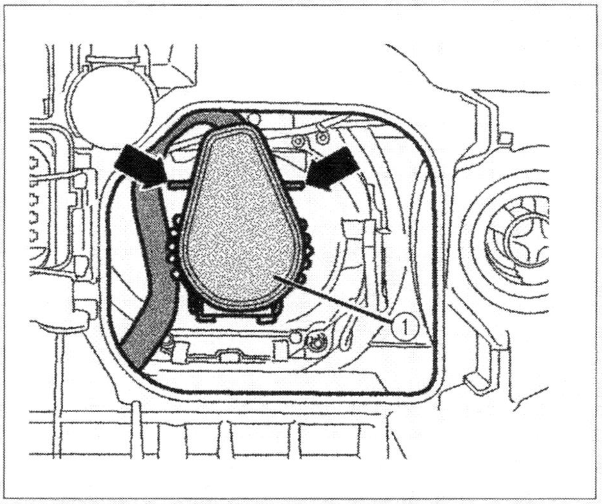

Der Stecker an der Gasentladungslampe wird durch Drehen nach links abgenommen.

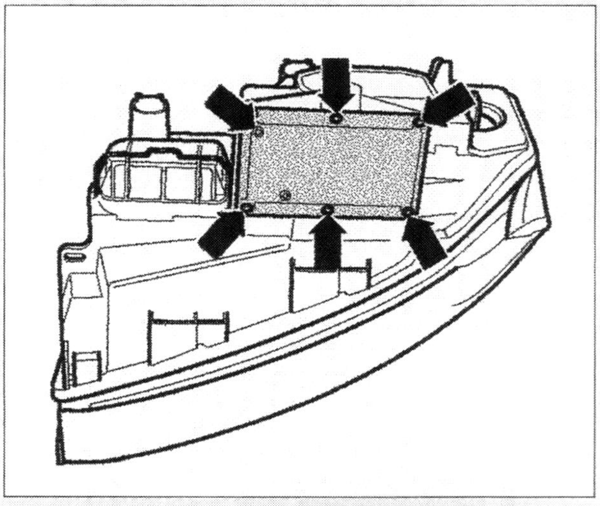

Nach Lösen der sechs Schrauben können Sie das Zündgerät N195 abnehmen.

Zündgerät für Gasentladungslampe aus- und einbauen

Vor Arbeiten an den mit gelben Hochspannungssymbolen gekennzeichneten Teilen des Gasentladungsscheinwerfers unbedingt das Batterie-Masseband abklemmen!

Arbeitsschritte

① Zum **Ausbau** müssen Sie den Scheinwerfer ausbauen (siehe folgender Abschnitt).

② Nehmen Sie den Gehäusedeckel für Abblendlicht vom Scheinwerfergehäuse ab.

③ Nehmen Sie den Stecker ❶ an der Gasentladungslampe durch Drehen entgegen dem Uhrzeigersinn ab. Die Haltefeder (Pfeile) für Gasentladungslampe bleibt eingebaut.

④ Drehen Sie die Schrauben (Pfeile) heraus.

⑤ Nehmen Sie das Zündgerät N195 vom Scheinwerfergehäuse ab. Die Steckverbindung an der Gasentladungslampe kann durch das Scheinwerfergehäuse durchgeführt werden.

⑥ Der **Einbau** erfolgt in umgekehrter Reihenfolge.

Hauptscheinwerfer aus- und einbauen

Streuscheibe und Scheinwerferreflektor sind miteinander verklebt. Bei einem beschädigten Scheinwerferglas oder einem matten Reflektor ist daher stets der Austausch des kompletten Scheinwerfers fällig. Sind lediglich Befestigungslaschen am Scheinwerfer abgebrochen, kann ein Reparatursatz (unterschiedlich für links und rechts) eingebaut werden, der nur aus den beiden durch einen Steg verbundenen Laschen besteht. Dazu müssen der Scheinwerfer ausgebaut, die Reste der gebrochenen Lasche entfernt und die neue

Lasche an der Kante des Scheinwerfergehäuses angesetzt und von hinten angeschraubt werden.
Vorsicht: Nach dem Einbau eines neuen Scheinwerfers grundsätzlich die Einstellung kontrollieren (lassen). Vor dem Ausbau wie bei allen Arbeiten an der elektrischen Anlage das Batterie-Masseband (Minuspol) abklemmen!

Arbeitsschritte

① Zum **Ausbau** des Hauptscheinwerfers verfahren Sie bis einschließlich Arbeitsschritt ④ mit allen vier dazu gehörenden Zeichnungen ebenso wie beim Austausch der Glühlampe Standlicht.

② Kleben Sie den Bereich unter dem Scheinwerfer zum Schutz der Lackierung mit Klebeband ab.

③ Trennen Sie die elektrische Steckverbindung ❸, drehen Sie die Schrauben ❶ und ❺ heraus, lösen Sie die Schrauben ❷ und ❹ um einige Umdrehungen, ohne sie ganz heraus zu schrauben.

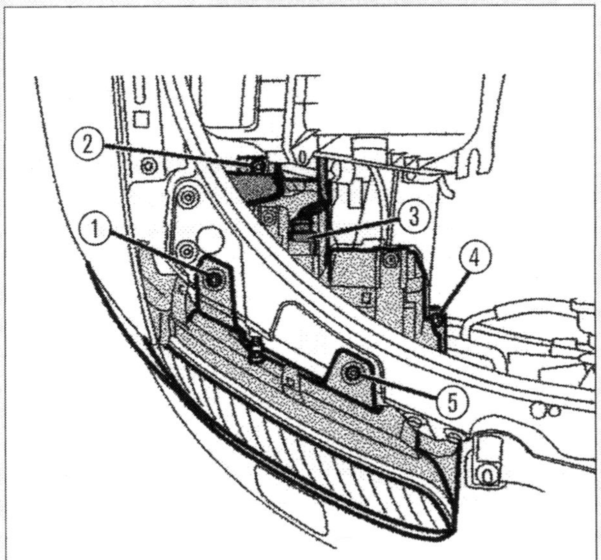

Befestigung des Hauptscheinwerfers an der Karosserie.

④ Nehmen Sie den Scheinwerfer nach vorn aus der Karosserie heraus.

⑤ Der **Einbau** erfolgt in umgekehrter Reihenfolge. Prüfen Sie, ob die beiden Belüftungselemente an der Unterseite des Scheinwerfers eingesetzt sind.

⑥ Schieben Sie den Scheinwerfer waagerecht bis zum Anschlag auf die untere Scheinwerferaufnahme.

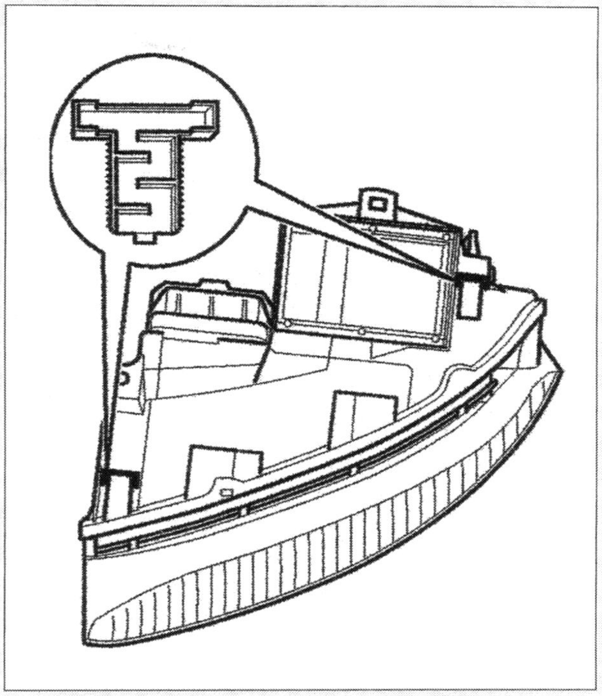
Die Belüftungselemente unten am Scheinwerfer.

⑦ Legen Sie die Anschlagschraube ❶ am Schlossträger an. Richten Sie den Scheinwerfer mit dieser Schraube nach den Konturen der Karosserie (Spaltmaße) aus. Achten Sie dabei vor allem auf den Bereich am Kotflügelausschnitt. Anzugsdrehmoment für diese Schraube: 6 Nm.

⑧ Ziehen Sie die Schrauben ❷ bis ❺ fest. Stellen Sie den Scheinwerfer ein.

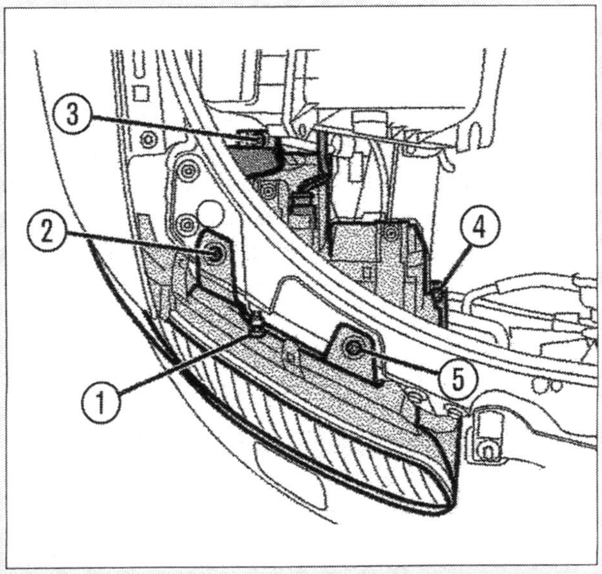

Die fünf Befestigungsschrauben am Hauptscheinwerfer.

Scheinwerfer provisorisch einstellen

Für die exakte Einstellung der Scheinwerfer muss die Fachwerkstatt neben dem Scheinwerfereinstellgerät das Fahrzeugdiagnose-, Mess- und Informationssystem VAS 5051 benutzen. Dieses wird mit Leitung VAS 5051/1 und Leitungsadapter VAS 6017 angeschlossen. Vor jeder manuellen Einstellung an den Einstellschrauben wird der Fehlerspeicher abgefragt,und gelöscht. Dann wird die Grundeinstellung durchgeführt. Überlassen Sie die komplizierte Einstellarbeit also der Werkstatt, die auch die genauen Sollwerte kennt.

Sie können die Scheinwerfer aber provisorisch prüfen und einstellen, wenn Sie zum Beispiel am Wochenende eine Glühlampe oder einen kompletten Scheinwerfer ausgetauscht haben. Das kann aber nur eine Notlösung sein! Lassen Sie den Scheinwerfer bei der nächsten Gelegenheit vom Fachmann einstellen.

Für jede Prüfung und Einstellung

- muss der Reifenfülldruck stimmen;
- dürfen die Streuscheiben weder beschädigt noch verschmutzt sein;
- dürfen keinerlei Schäden an Reflektoren und Glühlampen vorliegen;
- muss die Fahrzeugbelastung hergestellt sein:

Tank zu mindestens 90% gefüllt, alle im normalen Fahrzeugbetrieb mitgeführten Ausrüstungsteile vom Reserverad bis zum Werkzeug an Bord, eine Person oder 75 kg Gewicht auf dem Fahrersitz.

Wenn der Tank nicht ausreichend gefüllt ist, müssen Zusatzgewichte (mit Wasser gefüllte Kraftstoffkanister) in den Kofferraum. Audi weist an, bei 25% Tankfüllung 52 kg, bei 50% Tankfüllung 35 kg und bei 75% Tankfüllung 17 kg Gewicht in den Kofferraum zu legen.

Arbeitsschritte

① Stellen Sie Ihr Fahrzeug gegenüber der Einstellwand auf ebener Fläche ab. Der Abstand zwischen Front und Wand muss exakt fünf Meter betragen.

② Drücken Sie das Fahrzeug vorn und hinten mehrmals kräftig durch, damit sich die Federn setzen.

③ Stellen Sie die manuelle Leuchtweitenregelung (Rändelrad) auf Null.

④ Die Hauptscheinwerfer dürfen nur bei Abblendlicht eingestellt werden. Das vorgeschriebene Neigungsmaß beträgt zehn Zentimeter auf zehn Meter Entfernung. Das Neigungsverhältnis in Prozent (bei 10 m / 10 cm ist es 1%) ist oben auf dem Scheinwerfer eingeprägt.

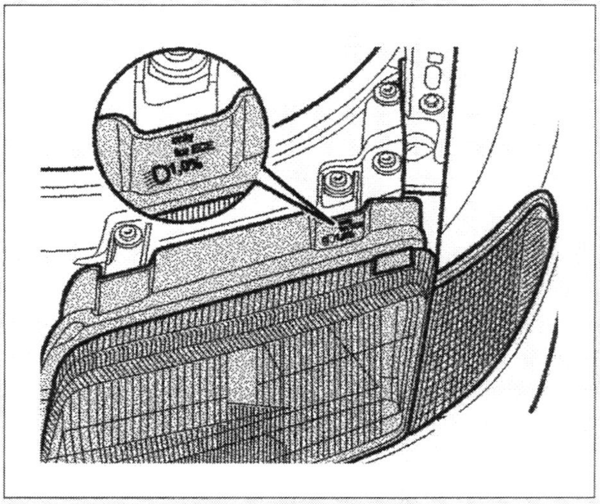

Oben auf dem Scheinwerfer ist das Neigungsmaß in % eingeprägt (Beispiel zeigt keinen A4-Scheinwerfer).

⑤ Messen Sie den Abstand zwischen Boden und Mittelpunkt der beiden Scheinwerfer aus. Markieren Sie das Maß an der Wand und verbinden Sie beide Punkte durch eine Linie (S 1).

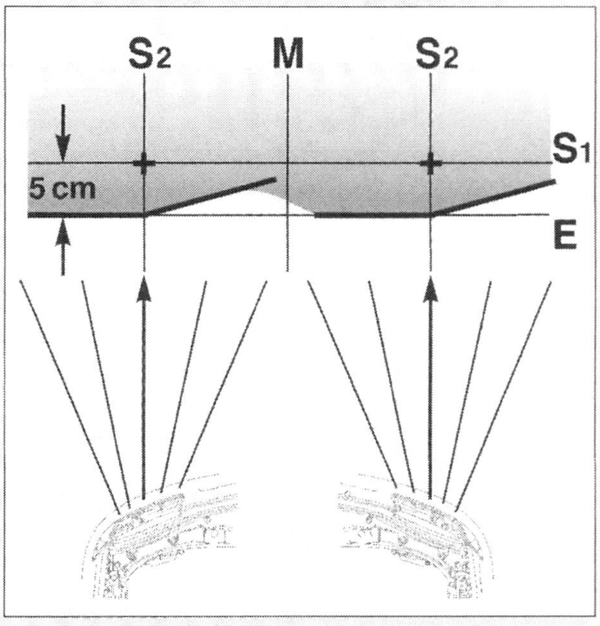

So werden mit Hilfslinien und Einstellkreuzen an einer Wand die Scheinwerfer provisorisch eingestellt.

⑥ Zeichnen Sie fünf Zentimeter darunter eine parallele Linie E an der Wand an. Das ist die Neigung des Abblendlichts auf fünf Meter Entfernung.

⑦ Peilen Sie durch das Heckfenster nach vorn und lassen Sie von einem Helfer genau in Fahrzeugmitte die senkrechte Linie M einzeichnen.

⑧ Messen Sie den Abstand zwischen Fahrzeugmitte und Mittelpunkt des Scheinwerfers (rechts und links). Diese Werte sind auf die Hilfslinie S1 (rechts und links vom Schnittpunkt der Linien M und S1) zu übertragen und mit einem Einstellkreuz (S2) zu markieren.

⑨ Genau fünf Zentimeter unter diesen Kreuzen müssen die Abknickpunkte des Abblendlichts auf der Einstellinie E justiert werden.

⑩ Nun müssen die Scheinwerfer an ihren Einstellschrauben vom Motorraum aus verstellt werden. Dazu Zündung und Abblendlicht einschalten.

⑪ Zuerst an der Höhen-Einstellschraube so lange drehen, bis der Strahl des Abblendlichts mit seiner waagerechten Hell-Dunkel-Grenze mit der Einstelllinie E übereinstimmt. Gegebenenfalls muss zur Höheneinstellung auch die Seiten-Einstellschraube gedreht werden.

⑫ Seiteneinstellung mit der Einstellschraube so ausrichten, dass der Abknickpunkt im Abblend-Lichtbild genau auf das Einstellkreuz ausgerichtet ist. Dabei darf ein Streuanteil von 15 Prozent über der Linie liegen.

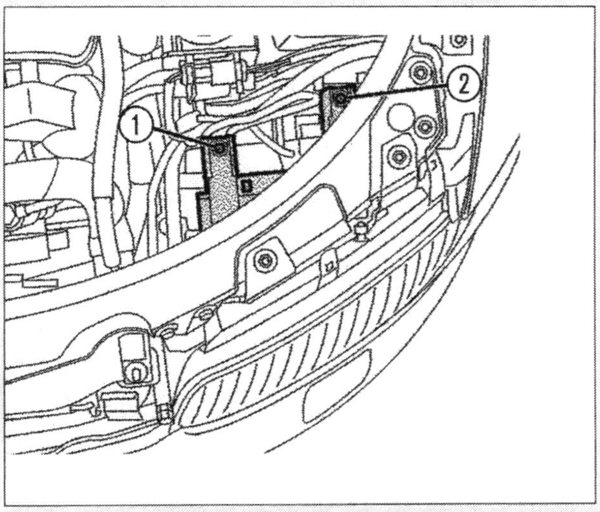

Die Einstellschrauben: *❶ für Höhenverstellung, ❷ für Seitenverstellung (hier beim linken Scheinwerfer; beim rechten Scheinwerfer sind die Einstellschrauben spiegelbildlich angeordnet).*

⑬ Bei dieser Einstellung wird auch das Fernlicht automatisch richtig justiert.

Nebelscheinwerfer und Glühlampen aus- und einbauen

Arbeitsschritte

① Zum **Ausbau** ziehen Sie die Abdeckung im unteren Teil des Stoßfängers ab (Pfeil).

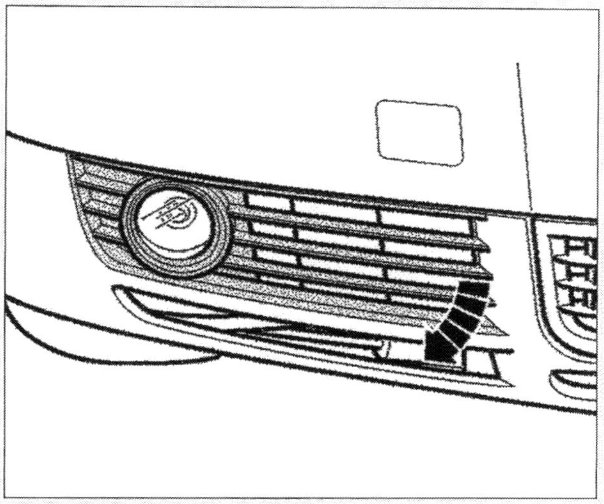

Rechter Nebelscheinwerfer.

② Drehen Sie die Schrauben (Pfeile) heraus.

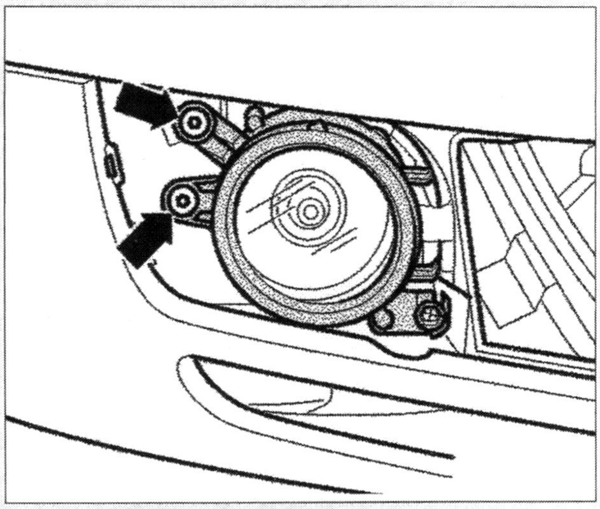

Befestigungsschrauben (Pfeile) herausdrehen.

③ Hängen Sie den Scheinwerfereinsatz aus und nehmen Sie ihn heraus. Trennen Sie die elektrische Steckverbindung.

④ Der **Einbau** erfolgt in umgekehrter Reihenfolge. Der Scheinwerfer muss an der Innenseite am Stoßfänger eingehängt werden. Festschrauben mit 5 Nm.

⑤ Zum **Lampenwechsel** am ausgebauten Scheinwerfer die elektrische Steckverbindung ❶ trennen.

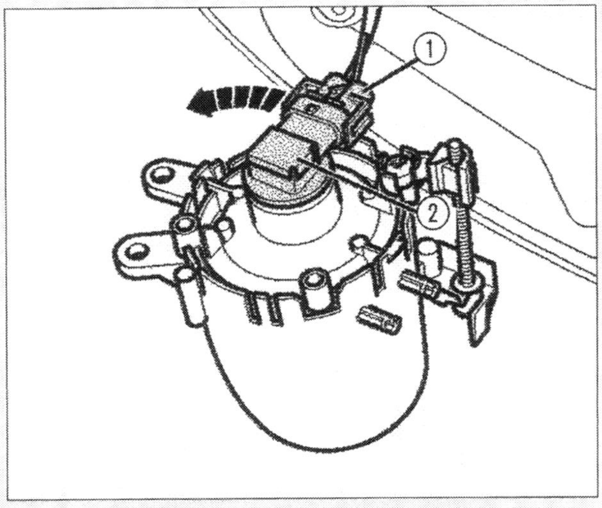

Ausbau und Glühlampenwechsel beim Nebelscheinwerfer.

⑥ Drehen Sie die Glühlampe ❷ entgegen dem Uhrzeigersinn (Pfeil) und ziehen Sie sie aus dem Gehäuse heraus.

⑦ Der **Einbau** geschieht wieder in umgekehrter Reihenfolge. Glaskolben nicht mit bloßer Hand berühren, Glühlampe durch Drehen im Uhrzeigersinn befestigen.

⑧ Der Nebelscheinwerfer muss sodann eingestellt werden. Gültige Sollwerte und Vorgaben kennt die Werkstatt. Zum Verringern der Leuchtweite wird die Einstellschraube (Pfeil) links herum gedreht. Eine Seiteneinstellung ist nicht vorgesehen.

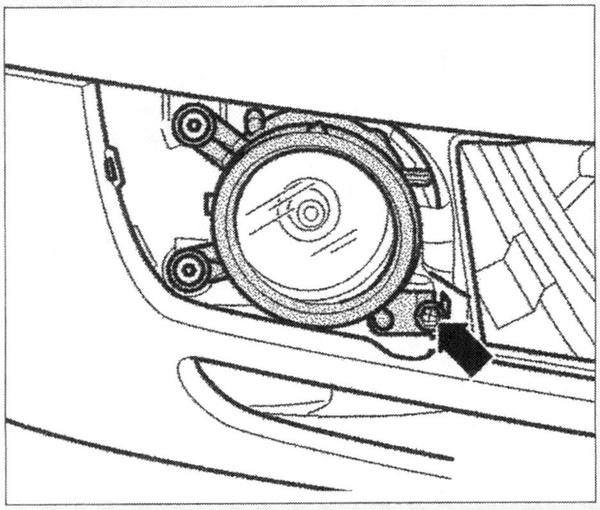

Einstellschraube am Nebelscheinwerfer zum Verringern der Leuchtweite.

Heckleuchte und Lampen in Heckleuchte aus- und einbauen

Rechte Heckleuchte an einem zu Anschauungszwecken aufgeschnittenen A4.

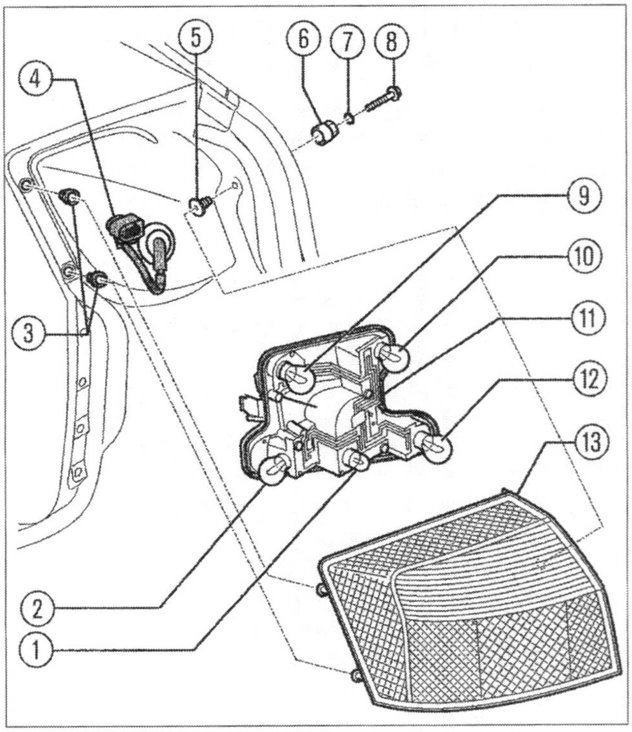

Bauteile und Lampen der Heckleuchte: *❶ Glühlampe für Rücklicht (5 W), ❷ Glühlampe für Bremslicht/Rücklicht (21/5 W), ❸ zwei Stück Clipmuttern, ❹ elektrische Steckverbindung, ❺ Halteteil, ❻ Mutter (mit 12 Nm festziehen), ❼ O-Ring (bei Beschädigung ersetzen), ❽ Schraube (mit 6 Nm festziehen), ❾ Glühlampe für Blinklicht (21 W, orange), ❿ Glühlampe für Rückfahrscheinwerfer (21 W), ⓫ Lampenträger, ⓬ Glühlampe für Nebelschlussleuchte (21 W), ⓭ Gehäuse.*

Arbeits-schritte

① **Ausbau:** Klappen Sie den ausgestanzten Bereich ❶ der Kofferraumauskleidung nach vorn.

② Drehen Sie die Schraube ❸ heraus.

③ Schwenken Sie die Heckleuchte nach außen (Pfeil) und hängen Sie dabei die Haltebolzen aus der Karosserie aus.

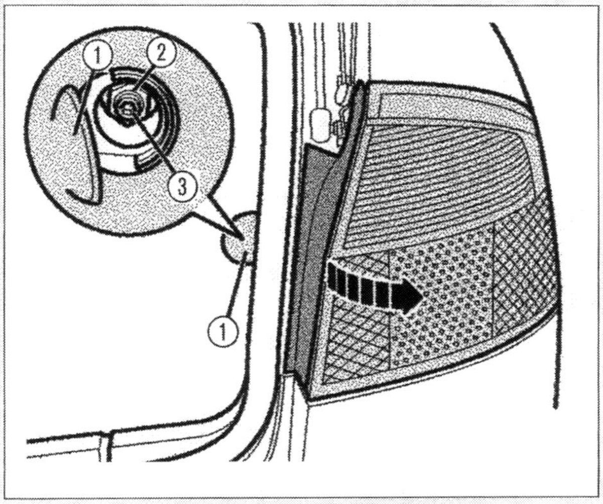

Wichtig für den Ausbau der Heckleuchte: ❶ *nach vorn klappbarer Bereich der Kofferraumverkleidung,* ❷ *Mutter (12 Nm),* ❸ *Schraube (6 Nm).*

④ Trennen Sie die elektrische Steckverbindung am Lampenträger.

⑤ Drücken Sie die Verriegelungsbügel zusammen (Pfeile) und nehmen sie den Lampenträger aus der Heckleuchte.

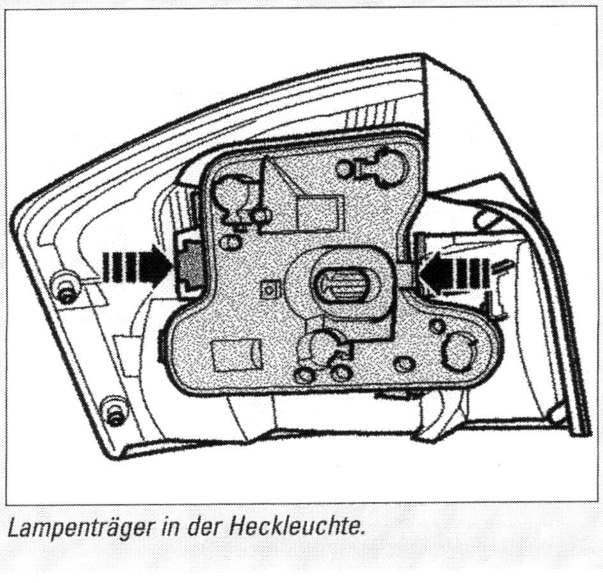

Lampenträger in der Heckleuchte.

⑥ Drehen Sie die Glühlampe(n) aus der Fassung heraus.

⑦ Der **Einbau** erfolgt in umgekehrter Reihenfolge. Achten Sie darauf, dass die Dichtung zwischen Karosserie und Heckleuchtengehäuse sauber abdichtet.

⑧ Setzen Sie die Heckleuchte an der Karosserie an und drücken Sie die Haltebolzen in die Bohrungen hinein. Ziehen Sie die Schraube ❸ mit 6 Nm fest.

⑨ Nach Lösen der Mutter ❷ kann die Heckleuchte nach den Konturen der Karosserie ausgerichtet werden (gleichmäßige Spaltmaße).

Weitere Leuchten außen

Lampen in Kennzeichenleuchte wechseln

Arbeits-schritte

① Drehen Sie zum **Ausbau** die Schraube (Pfeil) in der Griffleiste heraus.

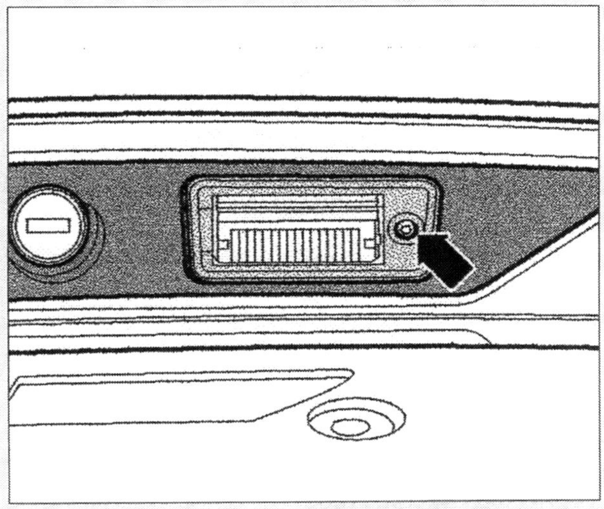

Kennzeichenleuchte.

② Hebeln Sie den Lampenträger aus der Griffleiste heraus.

③ Nehmen Sie die Glühlampe (5 W) aus der Klemmfassung.

④ Der **Einbau** erfolgt in umgekehrter Reihenfolge.

Hochgesetzte Bremsleuchte wechseln

Die hochgesetzte Bremsleuchte ist durch den Blechausschnitt unter der Hutablage vom Kofferraum aus zugänglich.

Arbeitsschritte

① **Ausbau:** Trennen Sie die elektrische Steckverbindung ❶ an der Leuchte ❷.

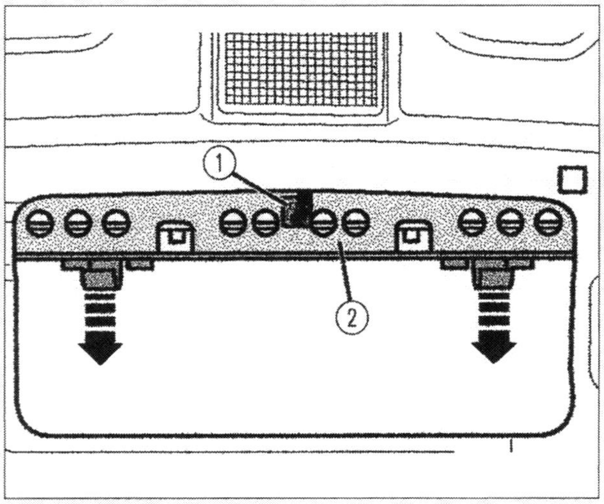

Hochgesetzte Bremsleuchte.

② Hebeln Sie die Halteklammern in Pfeilrichtung ab.

③ Ziehen Sie die hochgesetzte Bremsleuchte aus dem Blechausschnitt nach unten heraus.

④ Bei defekten Leuchtdioden muss die hochgesetzte Bremsleuchte komplett ersetzt werden.

⑤ Der **Einbau** erfolgt in umgekehrter Reihenfolge.

Seitliche Blinkleuchte aus- und einbauen

Arbeitsschritte

① **Ausbau:** Blinkleuchte in Fahrtrichtung gegen die Haltelasche drücken (Pfeil) und vorsichtig aus dem Kotflügeldurchbruch herausnehmen.

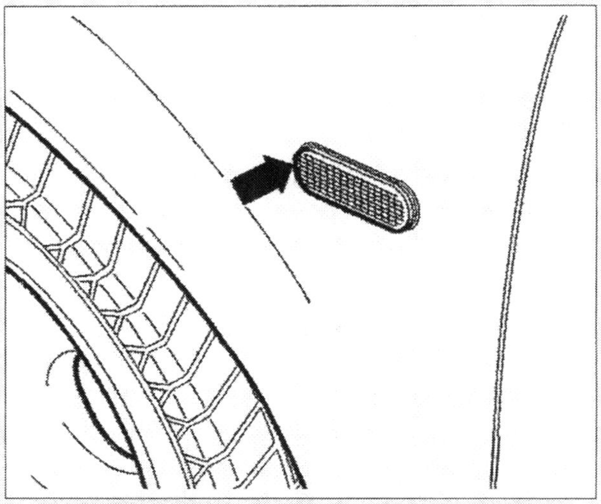

Seitliche Blinkleuchte.

② Trennen Sie die elektrische Steckverbindung. Wechseln Sie ggf. die Lampe.

③ Der **Einbau** erfolgt in umgekehrter Reihenfolge.

Aus-/Einbau von Leuchten und Lampen innen

Innenleuchte/Leseleuchte vorn

Arbeitsschritte

① Ziehen Sie zum **Ausbau** die Abdeckung für die Leuchte mit dem Spezialwerkzeug 3370 (Haken für Frontend; evtl. kleiner flacher Schraubendreher, Klinge etwas gebogen) vorsichtig ab.

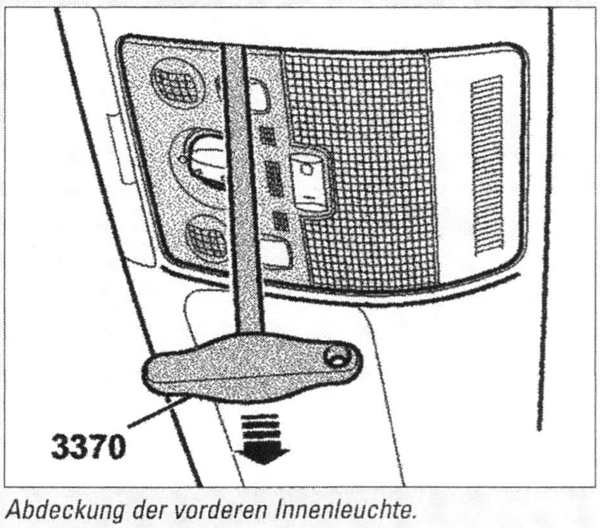

Abdeckung der vorderen Innenleuchte.

(2) Drehen Sie die Schrauben (Pfeile) heraus.

(3) Schwenken Sie die Leuchte nach unten und nehmen Sie sie aus der Öffnung im Fahrzeughimmel heraus. Trennen Sie die elektrischen Steckverbindungen.

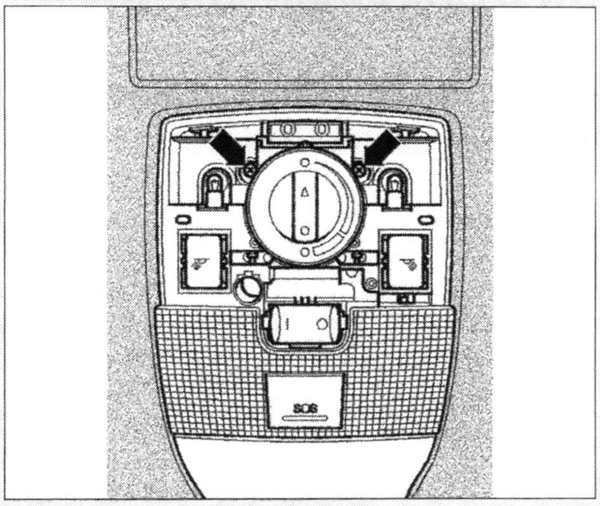

Ausbau der vorderen Innenleuchte.

(4) Beim **Einbau** (umgekehrte Reihenfolge) hängen Sie die Leuchte ein und schrauben sie mit 3 Nm fest.

(5) Zum **Wechseln der Glühlampen** für **Innenleuchte** vorn ziehen Sie die Streuscheibe mit dem Haken 3370 vorsichtig ab.

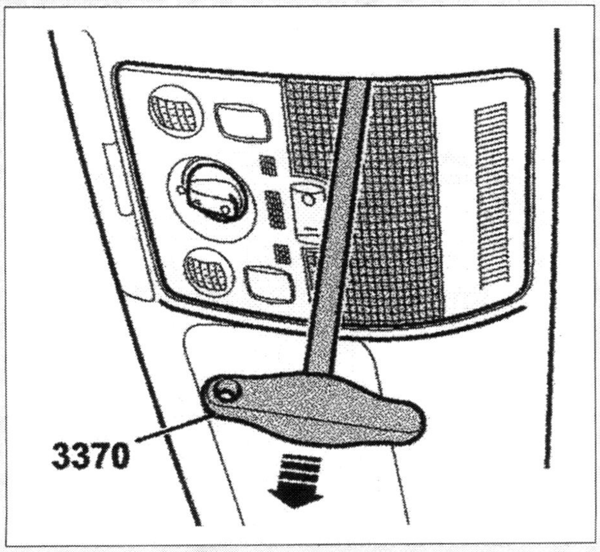

Abziehen der Streuscheibe von vorderer Innenleuchte.

(6) Nehmen Sie die Glühlampen ❶ oder/und ❷ (10 W) aus der Klemmfassung.

(7) Drücken Sie die Streuscheibe bis zum Einrasten auf.

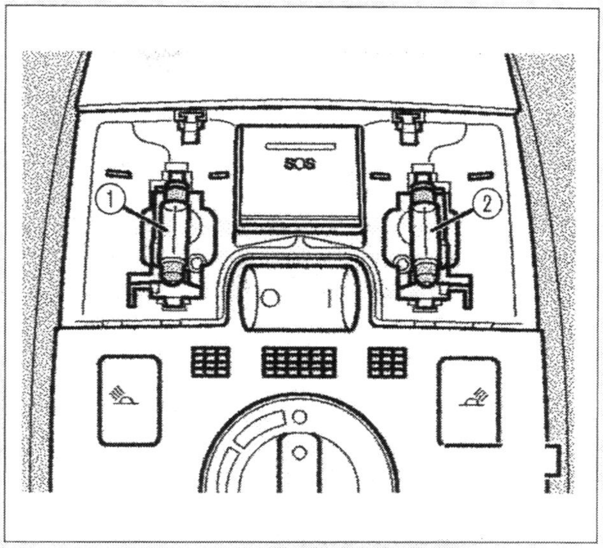

Glühlampen der Innenleuchte vorn.

(8) Zum **Wechseln der Glühlampen** für **Leseleuchte** vorn ziehen Sie mit dem Haken 3370 die Abdeckung wie unter Arbeitsschritt (1) vorsichtig ab. Drehen Sie die Glühlampe ❶ oder/und ❷ (5 W) aus der Fassung.

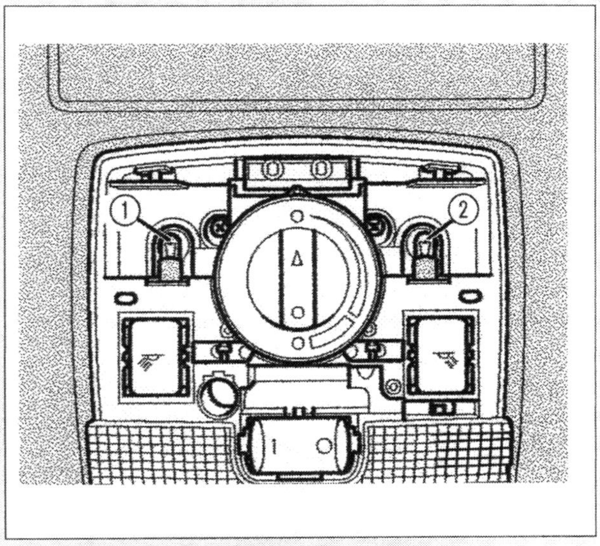

Glühlampen der Leseleuchte vorn.

(9) Beim **Einbau** in umgekehrter Reihenfolge drücken Sie die Abdeckung bis zum Einrasten auf.

Innenleuchte/Leseleuchte hinten

Arbeitsschritte

① Ziehen Sie beim **Ausbau** die Innenleuchte/Leseleuchte mit dem Spezialwerkzeug 3370 (evtl. flacher Schraubendreher) vorsichtig aus der Öffnung im Fahrzeughimmel heraus.

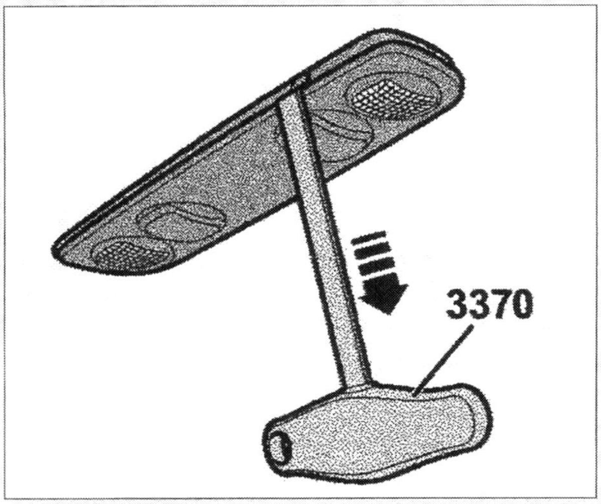

Ausbau der hinteren Innenleuchte mit Spezialwerkzeug.

② Trennen Sie die elektrische Steckverbindung.

③ Der **Einbau** erfolgt durch Einsetzen der Leuchte in die Öffnung und Einclipsen.

④ Zum Glühlampenwechsel drehen Sie die Lampe (Pfeil; 5 W) auf der Rückseite der Leuchte aus der Fassung.

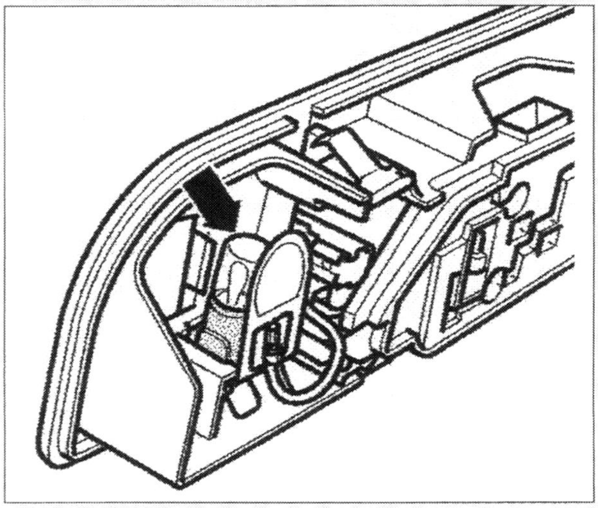

Glühlampe in der hinteren Innenleuchte.

Make-up-Spiegel Handschuhfachleuchte Fußraumleuchte vorn Türsicherungs-/Einstiegsleuchte Fußraumleuchte hinten Kofferraumleuchten

Die Glühlampen in allen diesen Leuchten sind 5 W-Lampen (12 V). Sie werden alle im Prinzip sehr ähnlich gewechselt. Am einfachsten ist der Lampenwechsel für den Make-up-Spiegel. Hierzu wird lediglich die Leuchte mit einem flachen Schraubendreher an der Aussparung vorsichtig herausgehebelt. Dann ist die Steckverbindung zu trennen. Lampenwechsel und Einbau in umgekehrter Reihenfolge. Handschuhfach-, Fußraum- (vorn), Türsicherungs- und Kofferraumleuchten wie folgt ausbauen:

Arbeitsschritte

① Mit einem flachen Schraubendreher an der jeweiligen Leuchte (das Bild zeigt die Leuchte für das Handschuhfach) die Rastnase ❶ eindrücken und die Leuchte ❷ heraushebeln. Dann die elektrische Steckverbindung ❸ trennen.

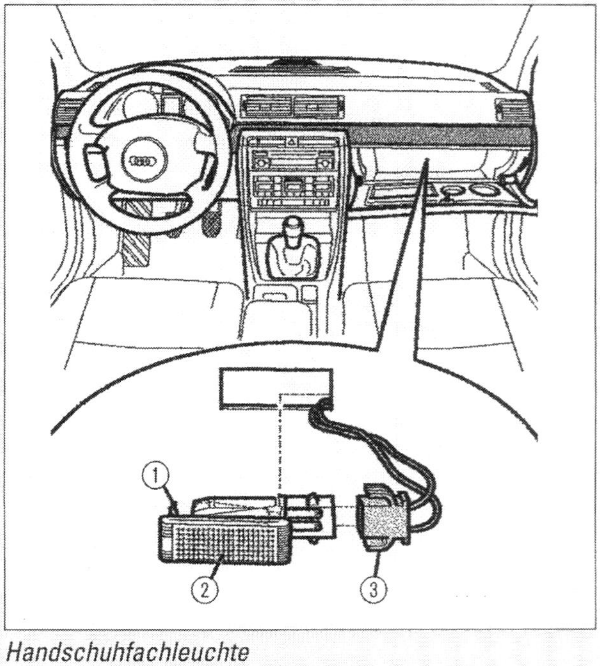

Handschuhfachleuchte

② An der Rückseite der jeweiligen Leuchte kann die Glühlampe aus der Fassung genommen werden.

③ Zum **Einbau** stecken Sie die elektrische Steckverbindung wieder an, setzen die Leuchte in die jeweilige Öffnung ein und verrasten sie auf der Gegenseite.

Die **Fußraumleuchte hinten bauen** Sie **aus,** indem Sie

① die Leuchte zur Fahrzeugaußenseite (Pfeil) schieben und sie an der gegenüber liegenden Seite aushängen.

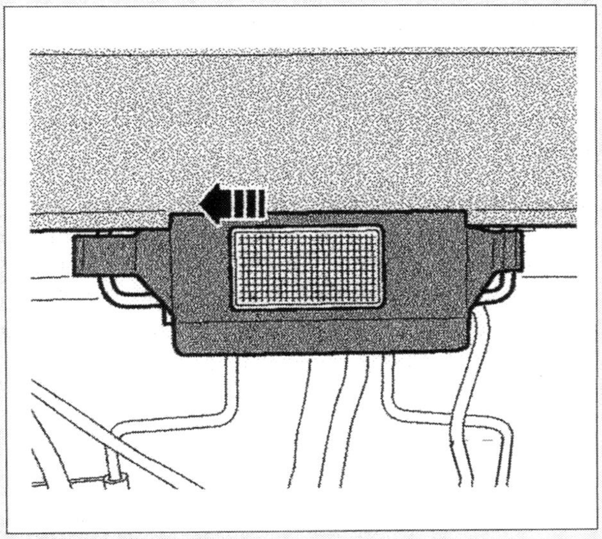

Fußraumleuchte hinten.

② Hebeln Sie dann die Abdeckkappe ab (Pfeile). Nehmen Sie die Glühlampe auf der Rückseite der Leuchte aus der Fassung.

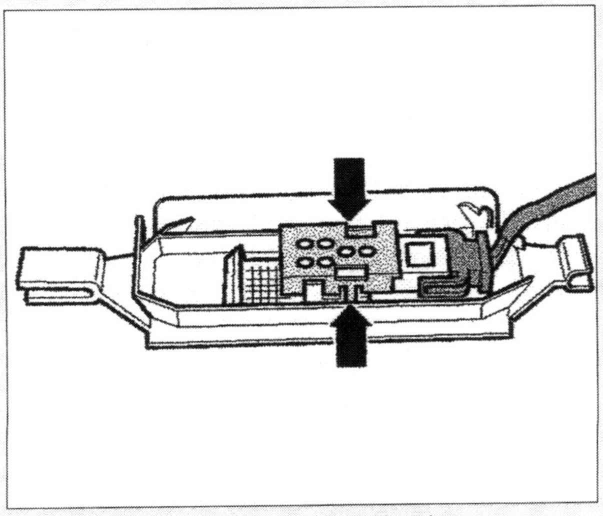

Innenansicht der hinteren Fußraumleuchte.

③ Der **Einbau** erfolgt in umgekehrter Reihenfolge.

Die Signaleinrichtungen

Die Signaleinrichtungen Ihres Fahrzeugs sind ein wichtiges Instrument, um andere Verkehrsteilnehmer zuverlässig über Ihre Fahrabsichten zu informieren. Wenn Sie zum Beispiel die Fahrtrichtung ändern wollen, betätigen Sie den Blinker, beim Tritt aufs Bremspedal warnen die Bremslichter den Hintermann. Bevor Sie außerhalb einer geschlossenen Ortschaft ein Fahrzeug überholen, betätigen Sie kurz die Lichthupe. Wenn es einmal gar nicht anders geht, benutzen Sie das Signalhorn.

Hupe und Warnblinker sind Pflicht

Die Straßenverkehrs-Zulassungsordnung (StVZO) schreibt vor, dass jedes Kraftfahrzeug zum Abgeben von Warnzeichen mit einer Hupe ausgestattet sein muss. Das **Doppeltonhorn** (Sicherung S40) befindet sich vorn links, zwischen Stoßfänger und Innenkotflügel. Es ist an einem Halter angeschraubt und kann nur im aufgebockten Zustand des Fahrzeugs aus- und eingebaut werden: Nach Ausbau des Scheinwerfers und Herausziehen des Gebers für Einparkhilfe vorn aus dem Stoßfänger Mutter ① herausdrehen, Signalhorn von der Halterung abnehmen. Beim Wechseln muss die elektrische Steckverbindung ② abgezogen bzw. wieder aufgesteckt werden.

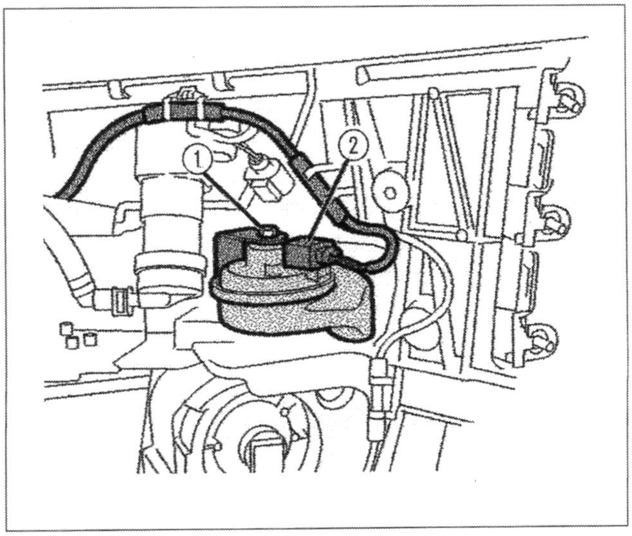

***Signalhorn ausbauen:** Elektrische Steckverbindung ❷ trennen, Mutter ❶ herausdrehen, Horn von der Halterung abnehmen.*

Außerdem muss eine funktionstüchtige **Warnblinkanlage** vorhanden sein, damit im Notfall das haltende oder liegengebliebene Fahrzeug gesichert werden kann. Da die Warnblinkanlage auch bei ausgeschalteter Zündung arbeiten soll, wird der Schalter direkt von Batterieplus versorgt. Die Richtungsblinker erhalten dagegen nur bei eingeschalteter Zündung Strom.

Die Signaleinrichtungen sollten Sie stets vor Fahrtantritt überprüfen

Warnblinkanlage: Drücken Sie bei ausgeschalteter Zündung auf den Druckschalter der Warnblinkanlage auf der oberen Lenksäulenverkleidung. Alle vier Blinklampen und die Kontrollleuchte im Druckschalter sollten im gleichen Rhythmus aufleuchten.
Blinker: Zündung einschalten, Blinkerhebel drücken. Die beiden Blinker auf der Fahrzeugseite müssen im gleichen Rhythmus blinken, ebenso die Blinkerkontrolle im Kontrollinstrument.
Bremsleuchten: Fahrzeug mit dem Heck zur Garagenwand stellen, Bremspedal drücken. Die Wand muss dann rot aufleuchten. Sie können aber auch während der Fahrt in einer Kolonne prüfen, ob Ihr Bremslicht funktioniert. Kontrollieren Sie durch einen Blick in den Rückspiegel, ob sich Ihre Bremsleuchten in den Scheinwerfern oder in der Lackierung des folgenden Fahrzeugs spiegeln. Funktionieren beide Bremsleuchten nicht, kontrollieren Sie zuerst die Sicherung (S14) und den Bremslichtschalter.
Lichthupe: Wenn Sie bei eingeschalteter Zündung den Blinkerhebel zum Lenkrad hin ziehen, müssen Fernlicht und Fernlichtkontrolle stets aufleuchten. Funktioniert die Lichthupe nicht, obwohl die Scheinwerfer bei eingeschalteter Beleuchtung brennen, sollten Sie zuerst prüfen, ob an den beiden roten Klemme-30-Kabeln zum Lenkstockschalter Spannung anliegt. Ist dies der Fall, dürfte der Lichtumschalter im Hebelschalter defekt sein.

Behelf bei Defekt: Blinkrelais simulieren

Versagt an Ihrem Fahrzeug der Blinker, sollten Sie nicht einfach weiterfahren. Andere Verkehrsteilnehmer müssen schließlich eindeutig erkennen können, ob Sie abbiegen wollen oder nicht. Das gilt vor allem bei dichtem Verkehr und bei Dunkelheit. Wenn der Blinker nicht mehr funktioniert, weil das Blinkrelais ausgefallen ist, können Sie sich durch einen Trick helfen:

Arbeitsschritte

① Das Blinkrelais sitzt im Warnblinkschalter in der Schalterleiste über der Mittelkonsole. Ziehen Sie den Schalter mitsamt der angeschlossenen Leitung und der Steckverbindung heraus. (Vorher mit Spezialwerkzeug Blende herausziehen.)

② Ziehen Sie den Stecker ab. Um das Relais zu umgehen, müssen Sie eine Kurzschlussbrücke zwischen den entsprechenden Klemmen herstellen. Stecken Sie dazu ein kurzes Drahtstück (eine Büroklammer tut es auch) von hinten in die Steckerfelder des Mehrfachsteckers. Die Steckerzungen müssen Verbindung haben.

③ Isolieren Sie die Drahtbrücke – beispielsweise mit Isolierband.

④ Wenn Sie den Blinkerhebel drücken, muss jetzt die betreffende Blinkerseite dauernd leuchten. Durch Ein- und Ausschalten mit dem Blinkerhebel können Sie den Warnblinker-Rhythmus simulieren.

Bremslichtschalter prüfen und ersetzen

Wenn beide Bremslichter ausgefallen sind, liegt das oft am Bremslichtschalter. Beim Audi A4 ist der kombinierte Bremslichtschalter F/Bremspedalschalter F47 neben dem Kupplungspedalschalter F36 am Pedalbock im Fahrerfußraum in der Nähe der Pedale befestigt.
Beim Tritt aufs Bremspedal drückt eine Feder den Betätigungsstift (Stößel) des Schalters in Richtung Ein. Damit werden die Kontakte im Schalter und der Stromkreis zu den Bremsleuchten geschlossen. Wird das Bremspedal losgelassen, drückt der Pedalhals den Betätigungsstift wieder in die Ausgangsstellung, wodurch das Bremslicht erlischt. Der Kombi-Schalter signalisiert auch dem ABS-Steuergerät jeden Bremsvorgang. Seine korrekte Funktion und Einstellung sind daher sehr wichtig.

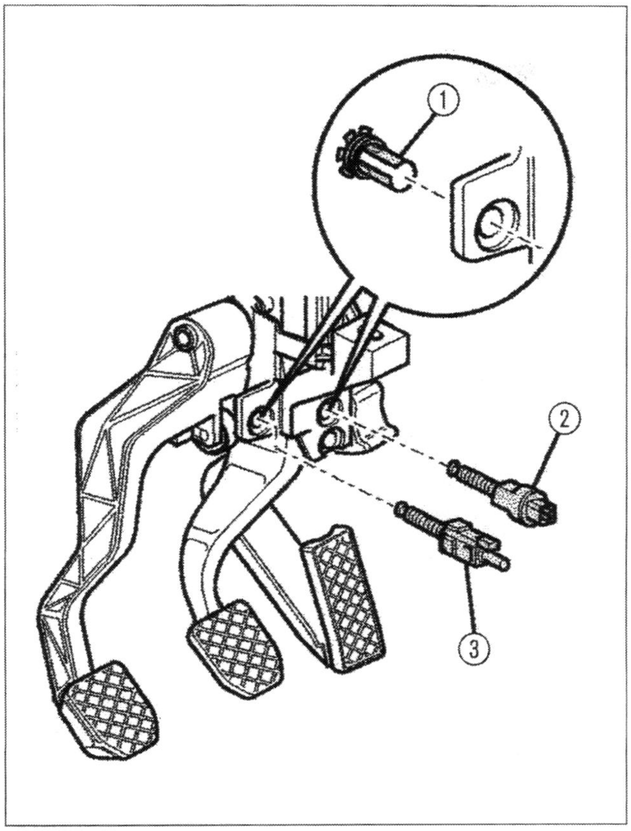

Schalter am Pedalbock: *❶ Clip, ❷ Bremslichtschalter F / Bremspedalschalter F47, ❸ Kupplungspedalschalter F36.*

Arbeits-schritte

① Bauen Sie die Abdeckung im Fahrerfußraum aus.

② Ziehen Sie den Stecker vom Bremslichtschalter ab.

③ Überbrücken Sie die Kabelanschlüsse im Stecker mit einem Drahtstück (Büroklammer!).

④ Wenn jetzt die Bremslichter aufleuchten, ist der Bremslichtschalter defekt. Er muss ausgebaut werden. Dieser Schalter darf jedoch, um ausreichend fest zu sitzen, nur ein einziges Mal eingebaut werden. Ist er defekt und wird ausgebaut, muss ein neuer Schalter montiert werden. Zum **Ausbau** den Schalter ein wenig nach links drehen und so aus seiner Verrastung lösen.

⑤ Ziehen Sie aus dem zum **Einbau** bestimmten neuen Schalter den Stößel per Hand komplett heraus.

⑥ Während des Einbaus müssen die Pedale völlig unbetätigt in Ruhelage sein.

⑦ Führen Sie den Schalter in die Aufnahmeöffnungen des Lagerbocks ein. Die Rastnasen ❶ und ❷ werden in die dafür vorgesehenen Aussparungen dieser Schlüssellöcher eingeführt.

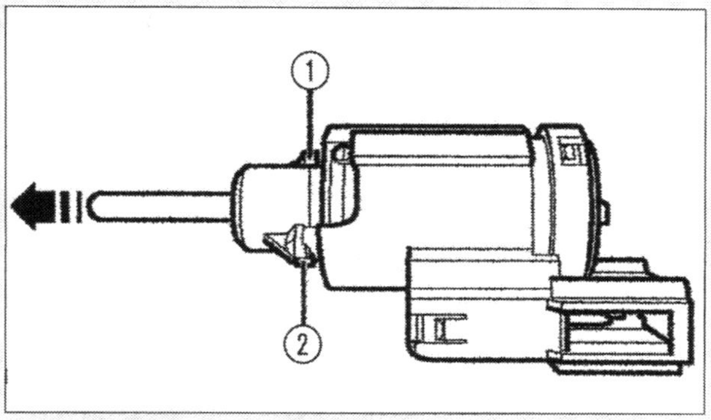

Bremslichtschalter mit Rastnasen.

⑧ Während des Einführens des Bremslichtschalters justiert sich der Stößel automatisch.

⑨ Verrasten Sie durch eine kurze Drehung von 45° nach rechts (Uhrzeigersinn) den Schalter im Lagerbock. Festsitz muss gewährleistet sein.

⑩ Schieben Sie den Stecker wieder auf den Schalter.

⑪ Überprüfen Sie die Schalterfunktion. Das Bremslicht muss schon bei geringem Pedaldruck aufleuchten.

⑫ Wenn alles in Ordnung ist, bauen Sie die Abdeckung im Fußraum wieder ein.

Die Einparkhilfe

Arbeiten an der Einparkhilfe sollten Sie tunlichst der Werkstatt überlassen. Wenn der Austausch einzelner Elemente dieses Systems erforderlich wird, ist der Wechsel jedoch sehr ähnlich dem anderer Baugruppen der Fahrzeugelektrik: Sie müssen Steckverbindungen trennen, Schrauben lösen, Bauteile herausnehmen. Im Einzelnen handelt es sich dabei um das Steuergerät J446 (Kofferraum), die Warnsummer H22 (vorn; am Träger für Schalttafel im Fußraum Fahrerseite) und H15 (hinten; rechts unter der Hutablage), die jeweils vier Geber vorn und hinten in den Stoßfängern (symmetrisch über die Länge verteilt) sowie den Taster E266 in der Schalterleiste Mittelkonsole.
Das Bild zeigt Ihnen eine Übersicht des gesamten Systems Einparkhilfe. Über Taster sowie Geber und Warnsummer vorn verfügen nur Fahrzeuge mit der 8-Kanal-Einparkhilfe.

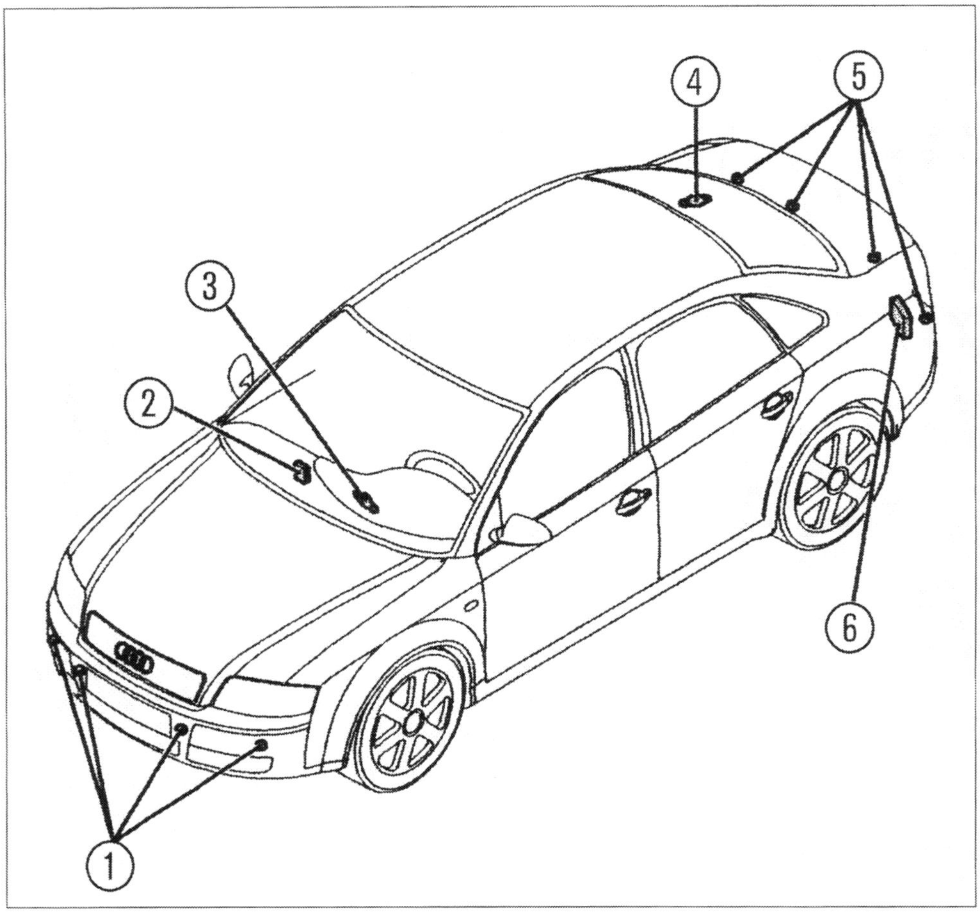

Einbauorte der einzelnen Elemente der Einparkhilfe: ❶ und ❺ Geber vorn und hinten, ❷ Taster E266, ❸ Warnsummer H22 vorn, ❹ Warnsummer H15 hinten, ❻ Steuergerät J446.

Bremslicht

Störungs-beistand

Störung	Ursache	Abhilfe
A Ein Bremslicht brennt nicht.	**1** Glühlampe durchgebrannt.	Austauschen.
	2 Masseverbindung unterbrochen. Brennen alle übrigen Lampen in derselben Heckleuchte? Falls nicht:	
	3 Zuleitung unterbrochen.	Kabel kontrollieren.
B Beide bzw. alle Bremslichter brennen nicht.	**1** Sicherung defekt.	Ersetzen.
	2 Bremslichtschalter defekt.	Überprüfen, ggf. ersetzen.
	3 Siehe A1 und 3.	
C Bremslicht brennt dauernd.	**1** Siehe B2.	
	2 Kabel zum Bremslichtschalter haben direkten Kontakt.	Kabel kontrollieren.

Hupe

Störungsbeistand

Störung	Ursache	Abhilfe
A Hupe tönt nicht.	1 Sicherung defekt.	Ersetzen.
	2 Kabel vom Lenkrad zur Hupe unterbrochen.	Kabelverlauf kontrollieren, Steckkontakte der Hupe blank kratzen.
	3 Hupe defekt.	Prüfen, ggf. ersetzen.
	4 Relais defekt.	Prüfen, ggf. ersetzen lassen.
B Hupe tönt dauernd.	1 Hupenkontakt im Lenkrad defekt, Kabel vom Hupenkontakt zur Hupe hat Dauerstrom.	Schwarz/gelbes Kabel von der Hupe abziehen. Hupt es nicht mehr, Hupenkontakt bzw. Kabel reparieren (lassen).
	2 Hupe hat inneren Masseschluss.	Hupe ersetzen. Unterwegs Kabel von der Hupe abziehen.

Warnblink- und Blinkanlage

Störungsbeistand

Störung	Ursache	Abhilfe
A Kontrolllampe für Richtungsblinker leuchtet in ganz kurzen intervallen auf, normaler Blinkrhythmus beim Warnblinken.	Eine Glühlampe defekt oder ohne Kontakt.	Auswechseln.
B Blinkleuchten und Kontrollleuchte brennen bei Richtungs- und Warnblinken dauernd oder gar nicht.	Blinkrelais defekt..	Auswechseln.
C Richtungsblinken funktioniert, aber kein Warnblinken.	1 Sicherung defekt.	Auswechseln.
	2 Kabel vom Steckkontakt am Warnblinkerschalter zur Sicherung bzw. Blinkerrelais unterbrochen.	Durchgang kontrollieren ggf. erneuern.
	3 Warnblinkschalter defekt.	Auswechseln.
D Warnblinken funktioniert, aber kein Richtungsblinken.	1 Kabel zwischen Blinkerschalter und Blinkerrelais unterbrochen.	Durchgang kontrollieren ggf. erneuern.
	2 Blinkerschalter defekt.	Auswechseln (lassen).
	3 Sicherung defekt.	Ersetzen.
E Kein Richtungs- und kein Warnblinken.	1 Siehe C1 und 3.	
	2 Siehe D.	

Instrumente und Geräte

Die meisten Messstellen im Inneren Ihres Fahrzeugs werden durch elektronische Bauteile kontrolliert. Das spart Ihnen jede Menge Arbeit, weil Sie nur noch wenige Anzeigen und Kontrolllämpchen beachten müssen. Die allerdings sollten Sie stets im Blick haben und eventuelle Fehlanzeigen in jedem Fall ernst nehmen: Leuchtet während der Fahrt plötzlich eine Kontrollleuchte auf, ist dies grundsätzlich ein Alarmzeichen.

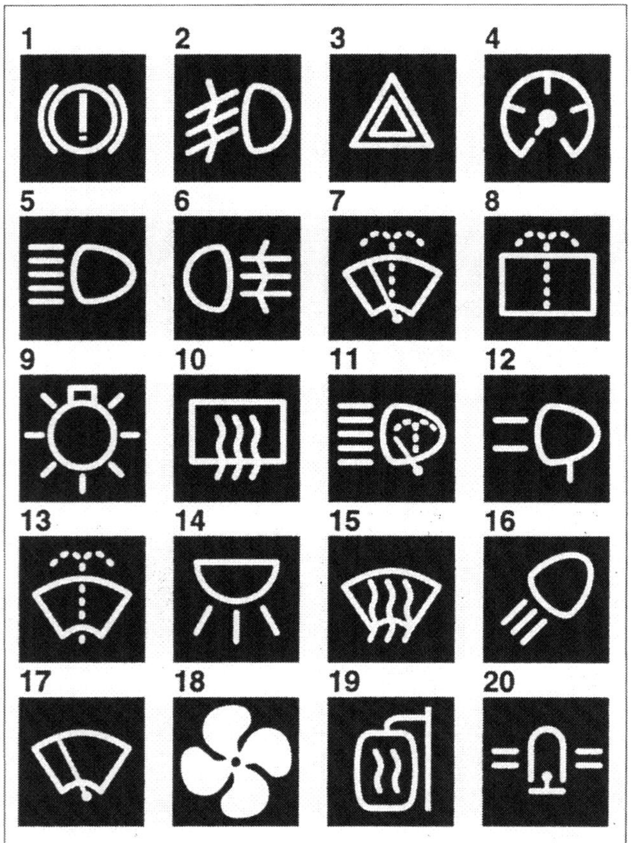

Diese Zeichen sollten Sie kennen: *❶ Fehler in der Bremsanlage, ❷ Nebelscheinwerfer, ❸ Warnblinker, ❹ Instrumentenbeleuchtung, ❺ Fernlicht, ❻ Nebelschlussleuchte, ❼ Scheibenwischer mit Waschanlage, ❽ Heckscheibenwaschanlage, ❾ Lichthauptschalter, ❿ Heckscheibenheizung, ⓫ Scheinwerferreinigungsanlage, ⓬ Suchscheinwerfer, ⓭ Scheibenwaschanlage, ⓮ Innenraumbeleuchtung, ⓯ Frontscheibenheizung, ⓰ Arbeitsscheinwerfer, ⓱ Scheibenwischer, ⓲ Lüfter/Heizgebläse, ⓳ Spiegelheizung, ⓴ Rundumleuchten.*

Über diese 20 Symbole sollten Sie Bescheid wissen, um Schalter zu erkennen oder Warnungen zu verstehen. Ihre Instrumententafel wartet aber je nach Ausstattung Ihres Fahrzeugs noch mit einer ganzen Zahl weiterer Piktogramme auf, die vor allem Kontrollleuchten kennzeichnen. Beachten Sie diese Anzeigen unbedingt, um schwere Schäden zu vermeiden.

Öldruckleuchte und Brems-Kontrollleuchte

Blinkt die Öldruckleuchte während der Fahrt, sofort anhalten, Motor abstellen, Ölstand prüfen. Entweder muss Öl nachgefüllt werden oder es liegt ein Fehler vor. Dann darf sich der Motor nicht einmal mehr im Leerlauf drehen. Fachmännische Hilfe ist angesagt.
Blinkt die Kontrollleuchte für die Bremsanlage, können drei Probleme vorliegen: Ist der Bremsflüssigkeitsstand zu niedrig, heißt es Flüssigkeit nachfüllen; stimmt etwas mit ABS, EDS, ASR oder ESP nicht, muss der entsprechende Bremsenfehler schnellstens behoben werden. Wenn der dritte Fall vorliegt, ist am schnellsten Abhilfe zu schaffen: »Handbremse angezogen«.

Sensoren, Kabel und Schalter

Die Kontrollsysteme selbst arbeiten auch nicht immer ohne Störungen. Manchmal sind Sensoren oder Kabel beschädigt, bisweilen sorgt ein kaputter Schalter für eine Fehlinformation. Wenn Sie zum Beispiel feststellen, dass mehrere Instrumente nicht richtig anzeigen, liegt das häufig am Regler der Lichtmaschine, der bei einem Defekt die Werte für die Bordspannung zu hoch oder zu niedrig einstellt.

Kontrollen vor der Fahrt

Bevor Sie mit Ihrem Wagen losfahren, sollten Sie stets einen Blick auf das Armaturenbrett werfen. Die Anzahl der Anzeigen hängt von der jeweiligen Ausstattung Ihres Fahrzeug-Modells ab. Bestimmte Funktionen und Signale aber werden immer realisiert:

- Funktioniert die Uhr im Instrumenteneinsatz?
- Wenn Sie die Zündung einschalten, müssen Ladekontrolle und Öldruckwarnleuchte aufleuchten. Auch die Warnleuchten für Kühlflüssigkeitstemperatur, Katalysator, Airbagsystem, Bremsanlage und

Handbremse (bei angezogenem Hebel) müssen jetzt leuchten. Es müssen auch die Kontrollleuchten für folgende Systeme brennen: Wegfahrsperre, ABS und Servolenkung.

- Betätigen Sie die Schalter für Warnblinker, Heckscheibenbeheizung, Nebelscheinwerfer und Nebelschlussleuchte. Reagieren jeweils die Kontrollleuchten?
- Brennen bei eingeschaltetem Licht die Leuchten für Instrumente und Schalter sowie für Abblendlicht und Fernlicht? Funktioniert der Warnsummer für nicht ausgeschaltetes Licht und/oder Radio?
- Betätigen Sie den linken Hebel am Lenkstockschalter. Leuchten die Blinkerkontrolle und die Fernlichtkontrolle? Funktioniert die Lichthupe?
- Betätigen Sie den rechten Hebel am Lenkstockschalter. Funktioniert die Scheibenwisch- und Scheibenwaschanlage?
- Funktioniert die Hupe?
- Starten Sie den Motor. Die Lade- und Öldruckkontrollleuchte muss verlöschen.
- Prüfen Sie während der Fahrt die Funktion des Tachometers.

Praxistipp

Instrumente zeigen nicht an

Öldruck-Kontrolle leuchtet nicht (nach dem Start): Zündung einschalten, Kabel am Öldruckschalter abziehen und an blankes Metall halten. Brennt das Warnlicht jetzt, ist der Öldruckschalter defekt und muss ausgetauscht werden. Leuchtet die Kontrolle nicht, ist entweder die Zuleitung, die Leiterfolie des Kombi-Instruments oder die Warnlampe defekt.

Keine Tankanzeige: Entweder ist das Anzeigeinstrument oder der Tankgeber defekt (Schwimmer klemmt). Eventuell ist auch die Stromzufuhr unterbrochen. Im elektrischen Teil der Kraftstoff-Vorratsanzeige ist nur eine eingeschränkte Fehlersuche möglich. Abdeckung am Geber abnehmen und prüfen, ob an den Zuleitungen zum Mehrfachstecker und am Geber selbst Durchgang vorhanden ist.

Kühlmittel-Warnleuchte brennt nicht: Der Geber der Temperaturwarnleuchte ist ein doppelter Geber, der mit einem Kontaktpaar die Motronic und mit dem anderen Kontaktpaar das Kombi-Instrument versorgt. Er sitzt im Kühlmittelrohr hinter dem Zylinderkopf. Messen Sie nach den Hinweisen im Kapitel »Das Kühlsystem« mit einem Multimeter den Widerstand des Gebers.

Prüfung der Schalterfunktion

Schalter verschiedener Typen setzen direkt oder über Relais die einzelnen Stromverbraucher in Betrieb. Ein defekter Schalter ist manchmal die Ursache für eine Störung im elektrischen System. Zur Kontrolle der elektrischen Funktion von Schaltern verwenden Sie am besten eine Prüflampe mit Nadelkontakt.

Arbeitsschritte

① Besorgen Sie sich den zutreffenden Stromlaufplan (Schaltplan).

② Stellen Sie zunächst fest, welche Kabel Spannung führen. Dazu mit der Nadel der Prüflampe die Isolierung der Kabel durchstechen.

③ Prüfen Sie, ob am Schalter überhaupt Spannung anliegt. Dazu müssen Sie in der Regel Zündung oder Beleuchtung einschalten.

④ Den Schalter einschalten. Dann kontrollieren, ob der Schalter die Spannung weiterleitet.

Schalter aus- und einbauen

Lichtschalter

Arbeitsschritte

① **Ausbau:** Drücken Sie den Lichtschalter (Pfeil 1) und drehen ihn gleichzeitig nach rechts (Pfeil 2).

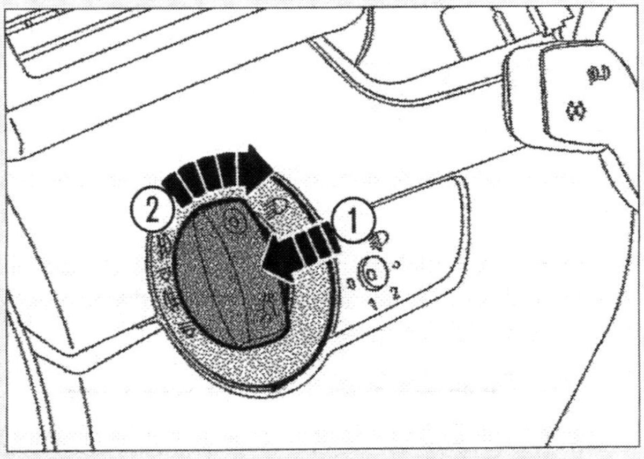

Lichtschalter hineindrücken und nach rechts drehen.

② Halten Sie den Drehgriff in dieser Stellung und ziehen Sie den Schalter am Drehgriff aus dem Schaltergehäuse heraus (Pfeil 3).

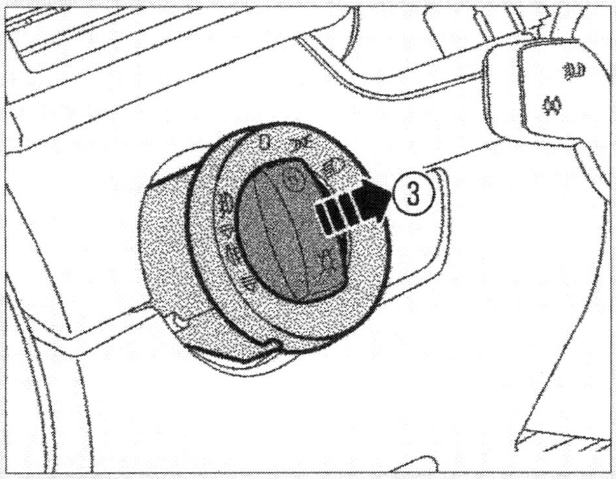

Lichtschalter aus dem Gehäuse ziehen.

③ Trennen Sie die Steckverbindung.

④ **Einbau:** Stecken Sie die Steckverbindungen auf.

⑤ Drücken Sie den Schalter bis zum Einrasten der Verriegelung in das Schaltergehäuse hinein. Drehen Sie den Schalter nach links und lassen Sie ihn los.

⑥ Schalten Sie sämtliche Positionen durch und überprüfen Sie den festen Sitz des Schalters.

Einsteller für Leuchtweitenregelung

Arbeitsschritte

① **Ausbau:** Bauen Sie den Lichtschalter wie beschrieben aus.

② Fassen Sie durch die Einbauöffnung des Lichtschalters und drücken Sie den Einsteller für Leuchtweitenregelung aus dem Schaltergehäuse (Pfeil).

③ Ziehen Sie die Steckverbindung ab.

④ **Einbau:** Der Einbau erfolgt in umgekehrter Reihenfolge.

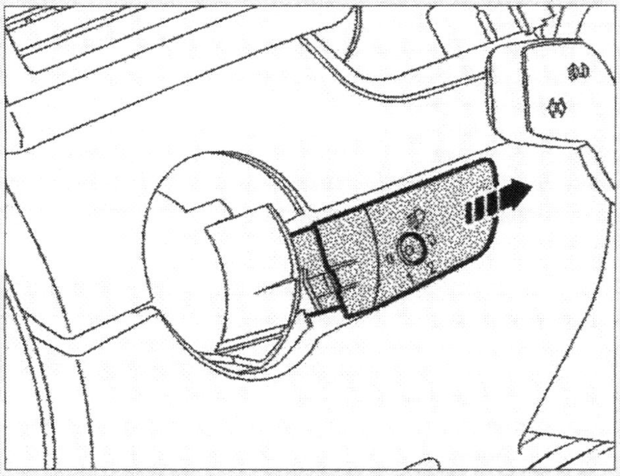

Einsteller ausbauen.

Schalter in der Mittelkonsole

In dieser Konsole, die beim Audi A4 unterhalb der mittleren Luftauslässe sitzt, befinden sich mehrere Schalter, u.a. der für Warnblinker. Sie werden alle auf die gleiche Weise aus- und eingebaut. Für den sachgemäßen Ausbau benötigen Sie das Spezialwerkzeug Haken für Frontend 3370.

Arbeitsschritte

① **Ausbau:** Öffnen Sie den Handschuhkasten. Ziehen Sie die Blende ❶ mit dem Spezialwerkzeug 3370 vorsichtig nach hinten ab (Pfeil).

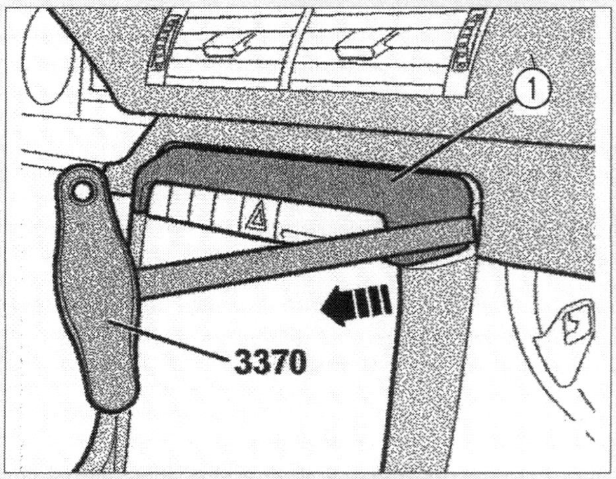

Abziehen des Blendrahmens mit Haken 3370.

② Hebeln Sie vorsichtig den jeweiligen Schalter mit einem flachen Schraubendreher aus der Schalteraufnahme heraus (Pfeile).

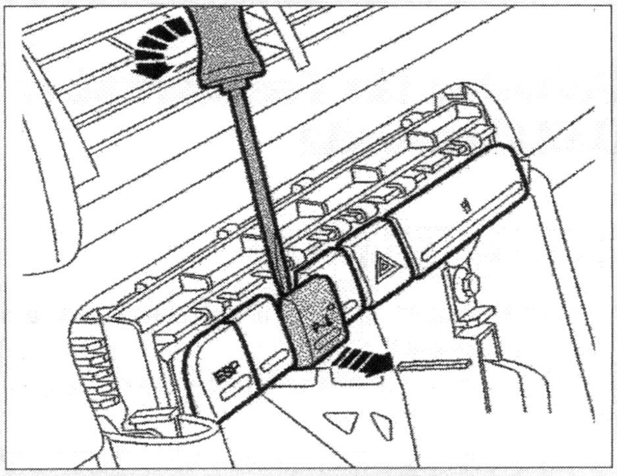
Heraushebeln der Schalter aus der Mittelkonsole.

③ Ziehen Sie die Steckverbindung ab.

④ **Einbau:** Stecken Sie die Steckverbindung wieder auf und bauen Sie die Schalter in umgekehrter Ausbaureihenfolge wieder ein.

⑤ Drücken Sie dazu den jeweiligen Schalter wieder in die Aufnahme in der Schalttafel, bis die Haltefeder einrastet.

⑥ Setzen Sie die Blende wieder auf.

Schalter für Handschuhfachleuchte

Für den sachgemäßen Ausbau benötigen Sie wieder das Spezialwerkzeug Haken für Frontend 3370.

Arbeitsschritte

① **Ausbau:** Öffnen Sie den Handschuhkasten. Ziehen Sie die Abdeckung rechts an der Schalttafel (Pfeil) mit dem Spezialwerkzeug 3370 ab.

② Trennen Sie die elektrische Steckverbindung ❷, ziehen Sie den Gelenkbolzen ❶ heraus und entriegeln Sie den Schalter ❸ im Uhrzeigersinn.

③ Nehmen Sie den Schalter ab.

④ Der **Einbau** erfolgt in umgekehrter Reihenfolge.

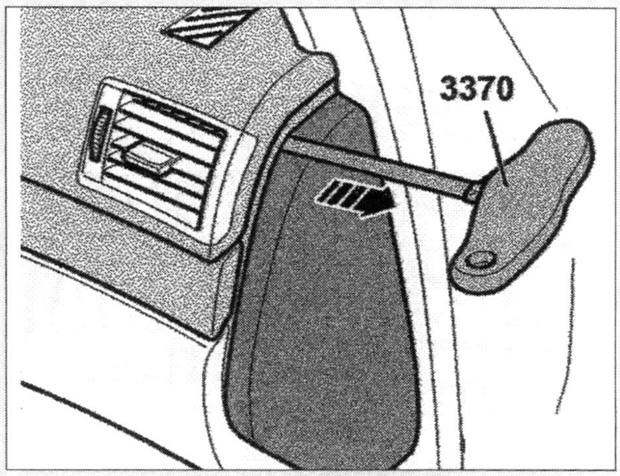

Abziehen der Abdeckung mit Spezialwerkzeug 3370.

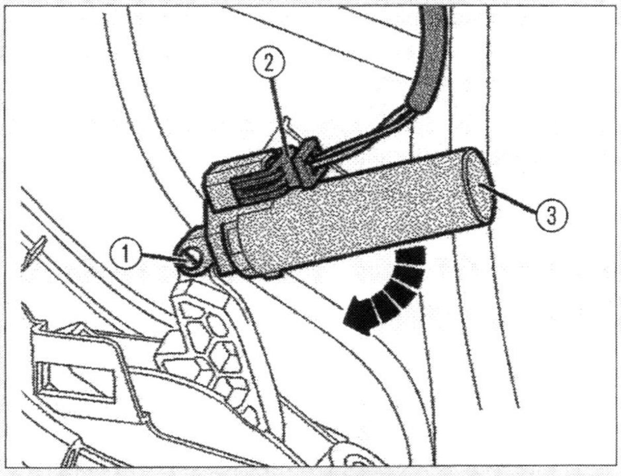

Schalter für Handschuhfachbeleuchtung in der Ansicht bei ausgebautem Handschuhkasten.

Schalter für Spiegelverstellung

Arbeitsschritte

① **Ausbau:** Bauen Sie die Türverkleidung vorn aus (siehe Kapitel »Der Innenraum«).

② Trennen Sie die elektrische Steckverbindung ❷ am Schalter für Spiegelverstellung ❶.

③ Entriegeln Sie die Rasthaken (Pfeile) vorsichtig mit einem kleinen Schraubendreher.

④ Ziehen Sie den Schalter nach unten aus der Türverkleidung heraus.

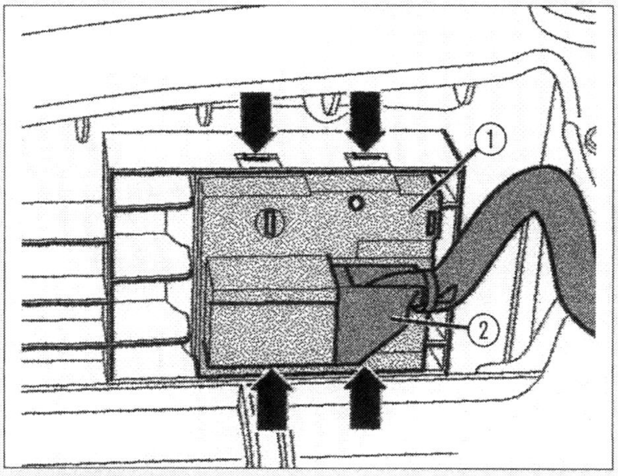

Schalter für Spiegelverstellung in der Türverkleidung.

⑤ Der **Einbau** erfolgt in umgekehrter Reihenfolge. Achten Sie dabei darauf, dass die Symbolblende vor dem Schalter eingelegt wird.

⑥ Drücken Sie den Schalter bis zum Einrasten der Rasthaken in die Schalteraufnahme.

Schalter für Fensterheber Fahrerseite

Arbeitsschritte

① **Ausbau:** Bauen Sie die Türverkleidung vorn aus (Kapitel Innenraum).

② Entriegeln Sie die Rasthaken (Pfeile) vorsichtig mit einem kleinen Schraubendreher.

③ Ziehen Sie den Fensterheberschalter nach unten aus der Türverkleidung heraus.

④ Trennen Sie die elektrische Steckverbindung ❶ am Schalter ❷.

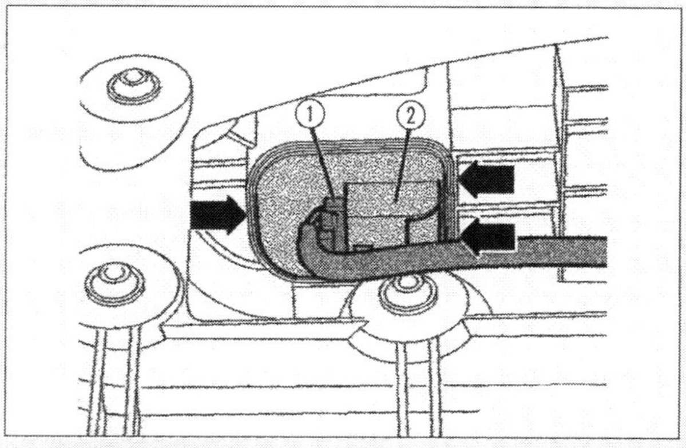

Fensterheberschalter Fahrerseite.

⑤ Der **Einbau** erfolgt in umgekehrter Reihenfolge.

⑥ Drücken Sie den Schalter bis zum Einrasten der Rasthaken in die Schalteraufnahme.

Schalter für Fensterheber Beifahrerseite

Arbeitsschritte

① **Ausbau:** Bauen Sie die Türverkleidung vorn aus (Kapitel Innenraum).

② Entriegeln Sie die Rasthaken (Pfeile) vorsichtig mit einem kleinen Schraubendreher.

③ Ziehen Sie den Fensterheberschalter nach unten aus der Türverkleidung heraus.

④ Trennen Sie die elektrische Steckverbindung ❷ am Schalter ❶.

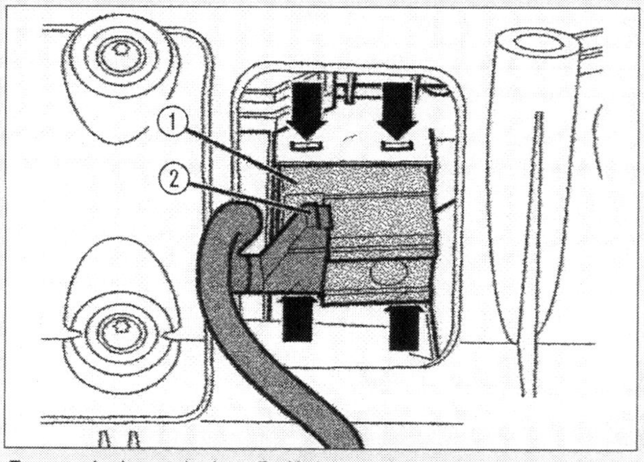

Fensterheberschalter Beifahrerseite.

⑤ Der **Einbau** erfolgt in umgekehrter Reihenfolge.

⑥ Drücken Sie den Schalter bis zum Einrasten der Rasthaken in die Schalteraufnahme.

Schalter für Zentralverriegelung

Arbeitsschritte

① **Ausbau:** Bauen Sie die Türverkleidung Fahrertür aus (Kapitel Innenraum).

② Trennen Sie die elektrische Steckverbindung ❷.

③ Drücken Sie den Schalter ❶ zur Innenraumseite aus der Türverkleidung Fahrertür heraus (Pfeil).

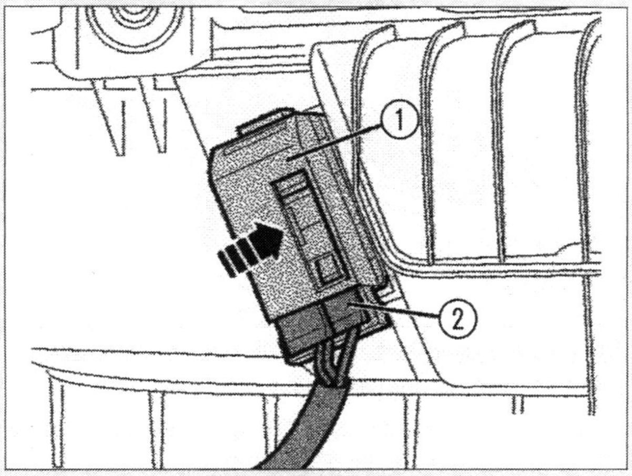

Schalter für Zentralverriegelung.

④ Der **Einbau** erfolgt in umgekehrter Reihenfolge.

Taster für Innenraumüberwachung

Arbeitsschritte

① **Ausbau:** Bauen Sie die Türverkleidung Fahrertür aus (Kapitel Innenraum). Der Einbauort der Taster für Innenraumüberwachung und für Abschleppschutz ist im Ablagefach der Türverkleidung.

② Trennen Sie die elektrischen Steckverbindungen.

③ Drücken Sie die Taster nach vorn aus der Türverkleidung heraus.

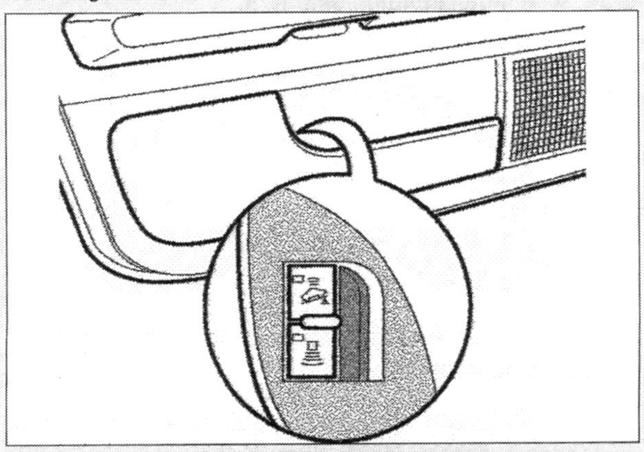

Taster für Innenraumüberwachung und Abschleppschutz.

④ Der **Einbau** erfolgt in umgekehrter Reihenfolge.

Heckklappen-Kontaktschalter

Arbeitsschritte

① **Ausbau:** Bauen Sie das Heckklappenschloss aus (Kapitel Karosserie).

② Hebeln Sie mit einem flachen Schraubendreher die Kunststofflasche ❸ von den Haltebolzen ❶ ab.

③ Klappen Sie die Kunststofflasche ganz nach hinten.

④ Ziehen Sie den Kontaktschalter ❷ zuerst zur Seite und dann nach oben aus dem Heckklappenschloss.

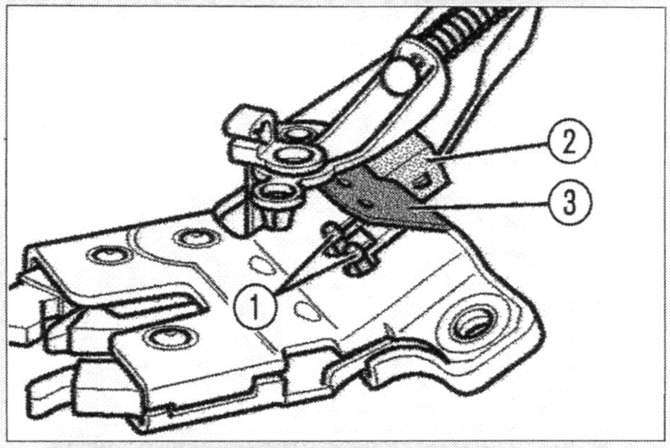

Heckklappen-Kontaktschalter.

④ Der **Einbau** erfolgt in umgekehrter Reihenfolge. Achten Sie darauf, dass die Unterlegscheiben zwischen Kunststofflasche und Heckklappenschloss richtig sitzen!

Kombi-Instrument aus- und einbauen

Aus- und Einbau des Kombi-Instrumentes in der Schalttafel sind zwar relativ leicht zu bewerkstelligen, wenn man von der nötigen Demontage des Lenkrads absieht. Dieses aber sollten Sie als Hobbyschrauber eher nicht ausbauen, weil es den sensiblen Airbag enthält. Viel reparieren kann man am Kombi-Instrument auch nicht. Wenn etwas defekt ist, muss der gesamte Instrumenteneinsatz ersetzt werden, weil er nicht zerlegbar ist. Alle Kontrollleuchten im Instrument sind mit Leuchtdioden bestückt. Bei Ausfall auch nur einer Kontrollleuchte muss das gesamte Kombi-Instrument ausgetauscht werden.

Das Instrument verfügt über einen Mikroprozessor, der die Eingabewerte des Instruments abspeichert. Diese kann nur die Werkstatt mit dem originalen Fahrzeugdiagnose-, Mess- und Informationssystem VAS 5051 auslesen und nach Einbau als geforderte Werte eingeben. Der Instrumententausch muss also im Grunde der Werkstatt überlassen werden. Der Vollständigkeit halber zeigen wir aber hier, wie der Austausch vonstatten geht. Nötig dazu ist übrigens wieder der schon mehrfach erwähnte Haken für Frontend 3370.

Arbeitsschritte

① **Ausbau:** Das Lenkrad mit der Verstelleinrichtung muss ganz herausgezogen und nach unten verstellt werden. Dann muss das Lenkrad ausgebaut werden (zu den Arbeiten im Innenraum gehörende Reparaturgruppe).

② Ziehen Sie die Abdeckung ❶ unten am Kombi-Instrument nach hinten ab (Pfeile).

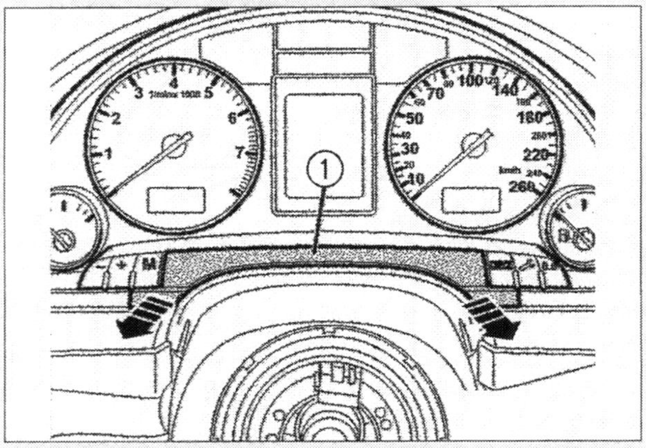

Abziehen der Abdeckung unten am Kombi-Instrument.

③ Drehen Sie die Schrauben (Pfeile) heraus.

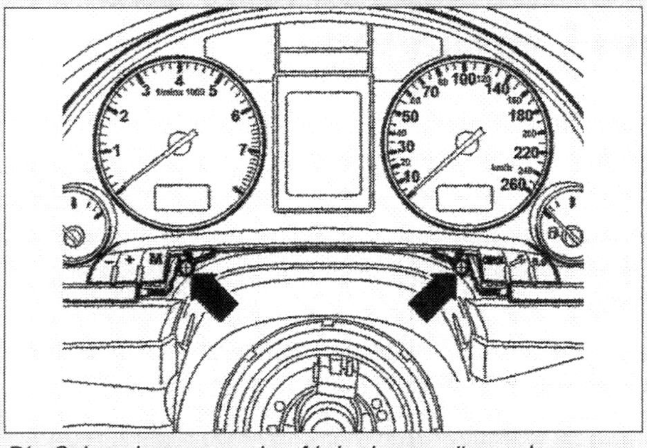

Die Schrauben unter der Abdeckung müssen herausgedreht werden.

④ Ziehen Sie das Kombi-Instrument mit dem Spezialwerkzeug 3370 nach vorn heraus.

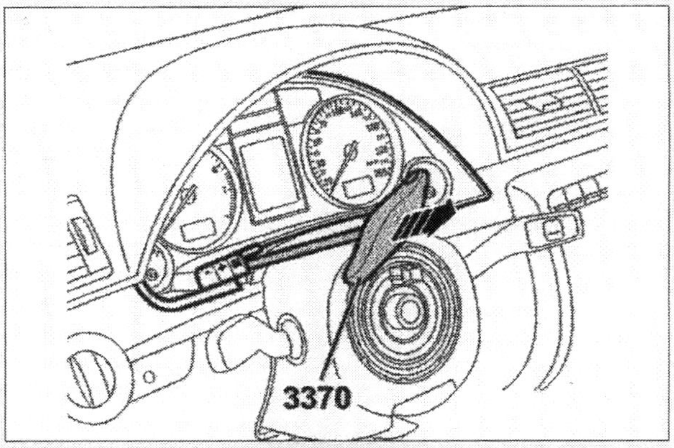

Mit dem Frontend-Haken 3370 wird das Kombi-Instrument nach vorn herausgezogen.

⑤ Entriegeln Sie den Sicherungsbügel der Stecker (Pfeil) und ziehen Sie die Stecker ab.

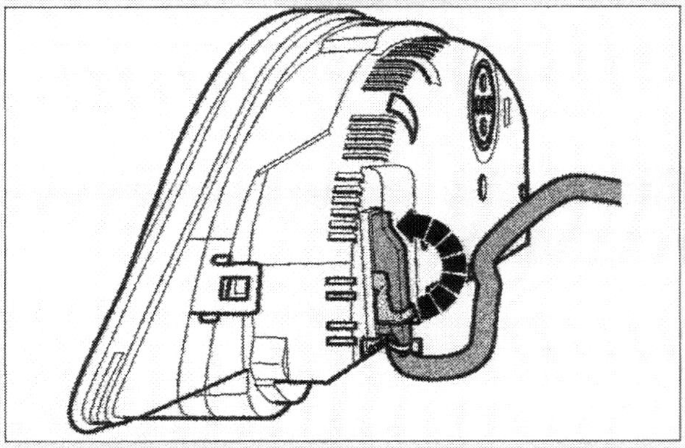

Zum Abziehen der Stecker muss der Sicherungsbügel entriegelt werden.

⑥ In der Instrumentenhutze werden die beiden Einsteckleisten der Mehrfachsteckverbindungen A und B sichtbar. Beides sind 32-fach-Steckverbindungen. A ist grün, B ist blau kenntlich gemacht.

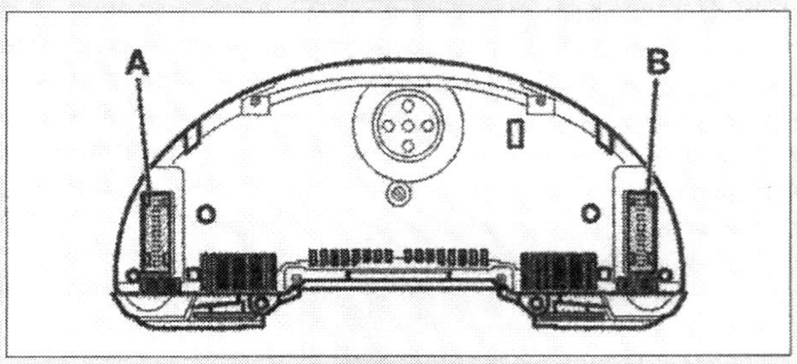

Die Steckleisten für die 32-fach-Steckverbindungen in der Instrumentenhutze.

⑦ Zum **Einbauen** muss in umgekehrter Reihenfolge verfahren werden. Nach dem Einbau ist eine Funktionsprüfung des Kombi-Instrumentes erforderlich. Wenn diese fehlerfrei verlaufen ist, werden mit dem VAS 5051 die Eingabewerte eingegeben.

Bauteile, Leitungen, Steckverbindungen; Relais und Sicherungen

Kennzeichnung der Bauteile im Schaltplan

Die verwirrende Elektrik wird anschaulich durch die Stromlaufpläne. Bei ihrer Benutzung geht man am sinnvollsten so vor, dass man in der Legende zunächst das betreffende Bauteil sucht, um das es sich dreht. Die wichtigsten Bauteile haben folgende Kennbuchstaben, die zur Präzisierung mit Zahlen kombiniert werden:

Kennbuchstabe	Bauteil
A	Batterie
B	Anlasser
C	Drehstromgenerator
D	Zündanlassschalter
E	Schalter für Handbedienung
F	Mechanische Schalter
G	Geber, Kontrollgeräte
H	Hupe (Signalhorn, Doppeltonhorn o.ä.)
J	Relais, Steuergerät
K,L,M,W,X	Kontrolllampen, Lampen, Leuchten
N	Elektroventile, Widerstände, Schaltgeräte
O	Zündverteiler
P,Q	Zündkerzenstecker, Zündkerzen
R	Radio
S	Sicherungen
T	Steckverbindungen
V	Elektromotoren

An den meisten Stromverbrauchern sind zwei Kabel angeschlossen. Doch oft lässt sich nur eine Leitung vom Verbraucher zur Batterie oder zum Generator zurückverfolgen. Die andere ist meist schon nach wenigen Zentimetern am Blech der Karosserie, am Motor oder am Getriebe festgeschraubt oder an einer Steckerzunge eingesteckt.

Metallteile: Der Masse-Kontakt

Metallteile, in der Autoelektrik als Masse bezeichnet, können elektrischen Strom leiten. Man erspart sich die langen Kabel für die Rückleitung des Stroms zum Minuspol der Batterie und überlässt diese Aufgabe der Masse. Wenn ein Verbraucher nicht funktioniert, liegt das häufig an fehlender Masseverbindung. Der Kontakt zur Fahrzeugmasse wird dann auf Umwegen hergestellt, wodurch das elektrische System gestört wird. In manchen Fällen reicht die Masseverbindung nicht aus. Dann wird ein zusätzliches Kabel gelegt, das in der Regel braun eingefärbt ist.

Farben und Kennzahlen

In Ihrem Audi A4 gibt es jede Menge Kabel. Das scheinbare Gewirr ist allerdings sehr gut geordnet: Die Kabelfarben weisen den Weg, und die meisten Anschlüsse an den Mehrfachsteckern wie an den Relais sind nummeriert. Bei der Nummerierung folgt man der DIN-Norm. Auf weißen Kabeln finden Sie zur Identifizierung zusätzliche Nummern. Auch die Bezeichnung der Klemmen ist nach DIN genormt. Einige der wichtigsten Klemmen sind:

Klemme 30 = Hier liegt immer die Batteriespannung an. Die Kabel sind meist rot oder rot mit Farbstreifen.

Klemme 31 = Führt zur Masse, meist über braune Kabel.

Klemme 15 = Sie wird über das Zündschloss gespeist. Die Leitungen führen nur bei eingeschalteter Zündung Strom. Die Kabel sind meist grün oder grün mit farbigen Streifen.

Klemme X = Über diese Klemme werden alle größeren Stromaufnehmer gespeist, zum Beispiel das Fernlicht. Die Klemme führt bei eingeschalteter Zündung Strom. Dieser wird aber unterbrochen, wenn der Anlasser betätigt wird. Damit steht während des Startens die volle Batterieleistung der Zündanlage zur Verfügung.

Technik-lexikon: Die wichtigsten Kabelfarben für die elektrischen Grundfunktionen

Rot (ro): Erhält dauernd Strom vom Pluspol der Batterie bzw. bei laufendem Motor von der Lichtmaschine. Das kann bei unvorsichtigem Umgang mit Werkzeug zu Kurzschlüssen und Funkenregen führen, wenn das Minuskabel der Batterie nicht abgenommen wurde.

Schwarz (sw): Erhält nur bei eingeschalteter Zündung Strom ab Zündschloss, wobei außer der Zünd- und Einspritzanlage jene Stromverbraucher mit Strom versorgt werden, die nur bei Betrieb des Wagens Strom erhalten sollen.

Braun (br): Ist für direkte Masse-Verbindungen reserviert. Mit einem schwarzen (nicht braunen) Kabel muss ein Stromverbraucher zur Fahrzeugmasse verbunden sein, damit der Stromkreis geschlossen ist.

Grau (gr): Gilt für die Stromkreise der Begrenzungs-, Schluss- und Kennzeichenleuchten und für das Standlicht.

Weitere Kabelfarben sind blau (bl), gelb (ge), grün (gn), lila (li), orange (or) und weiß (ws).

Den Kabelfarben zugeordnete Ziffern geben im Stromlaufplan an, welchen Querschnitt die Leitung hat. Sind Leitungen mit Steckverbindungen (T) verbunden, geben Ziffernkombinationen die Art der Verbindung und den Kontaktpunkt an:

T32/27 = 32-fach-Steckverbindung mit Kontaktpunkt 27.

Einige Kabel schließlich haben zur detallierten Kennzeichnung noch zusätzliche Farbstreifen.

Mehrfachsteckverbindungen

Die Fülle von Kabelverbindungen muss Arbeiten an allen Bauteilen zulassen. Um an Teile heranzukommen oder um sie auszubauen, ist häufig die Unterbrechung von Kabelbündeln erforderlich. Auch Messen, Prüfen und Ersetzen von Teilen und Baugruppen der Elektrik und des Motormanagements erfordern die Trennung von Kabelsträngen. Aus diesem Grunde gibt es eine ganze Reihe abziehbarer Verbindungen mit Kupplung und Stecker, als Bauteil mit T gekennzeichnet und nummeriert. Manche dieser Steckverbinder sind mit einem Haltebügel an der Karosserie oder an einem bestimmten Bauteil befestigt. Zum Lösen der Verbindung muss dann das Gegenstück am Stecker so aufgebogen werden, dass der Stecker vom Haltebügel abgenommen werden kann.

In Ihrem Fahrzeug sind mehrere Dutzend Mehrfachsteckverbindungen schon allein an den fünf wichtigsten Kupplungsstationen zu finden. Daneben sind zahlreiche einzelne Bauteile (von der Lampe bis zu Sensoren, Einspritzventilen oder Pumpen) über Mehrfachstecker an das Bordnetz angeschlossen. Es finden sich 17-fach-, 10-fach-, 8-fach-, 6-fach-, 4-fach- und 3-fach-Steckverbindungen.

Die wichtigsten Einbauorte für Steckverbindungen sind die A-Säulen in Ihrem Fahrzeug. In der fahrerseitigen (linken) A-Säule finden sich zwischen 12 und 18 Steckverbindungen, die meisten davon 17- und 10-fach. Weitere Kupplungsstationen für wichtige Mehrfachsteckverbindungen sind die E-Box im Wasserkasten und die Sitzverkabelungen unter Fahrer- und Beifahrersitz.

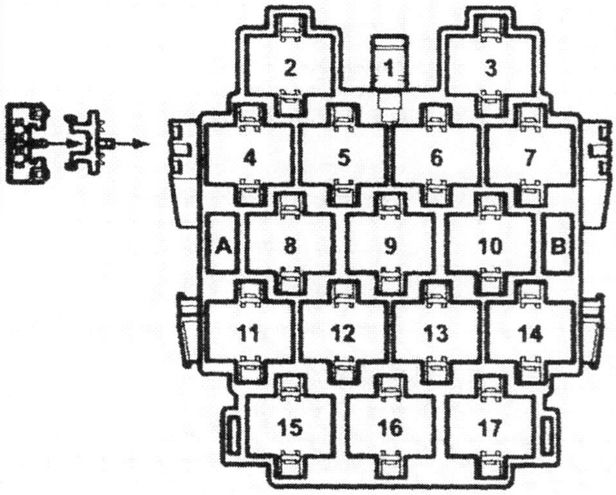

Steckverbindungen in der Kupplungsstation A-Säule links:
❶, ❷, ❸, ❹, ❻ und A *nicht belegt.*
❺ Sechsfachsteckverbindung T6f hellrosa, ❼ Sechsfachsteckverbindung T6b schwarz, ❽ Zehnfachsteckverbindung T10i blau, ❾ Siebzehnfachsteckverbindung T17g dunkelbraun, ❿ Siebzehnfachsteckverbindung T17f orange, ⓫ Siebzehnfachsteckverbindung T17h braun, ⓬ Zehnfachsteckverbindung T10k weiß, ⓭ Zehnfachsteckverbindung T10c violett, ⓮ Zehnfachsteckverbindung T10d grau, ⓯ Siebzehnfachsteckverbindung T17b grün, ⓰ Siebzehnfachsteckverbindung T17a rot, ⓱ Siebzehnfachsteckverbindung T17 schwarz, B *Einfachsteckverbindung T1a schwarz.*

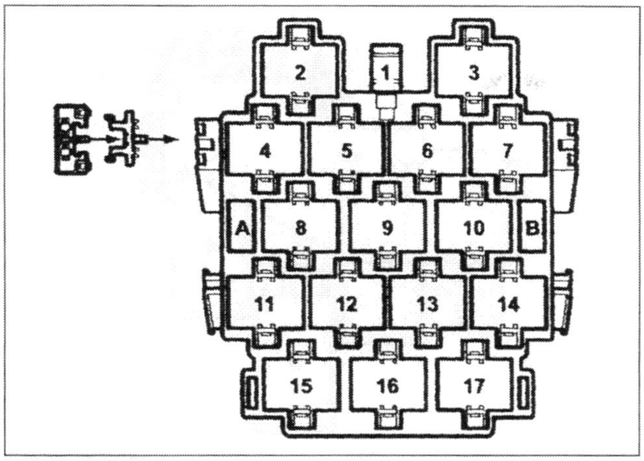

Steckverbindungen in der Kupplungsstation A-Säule rechts: *❶ - ⓬, ⓰ und A, B, C nicht belegt. ⓭ Zehnfachsteckverbindung T10q violett, ⓮ Zehnfachsteckverbindung T10r braun, ⓯ Siebzehnfachsteckverbindung T17c rot, ⓱ Zehnfachsteckverbindung T10s schwarz.*

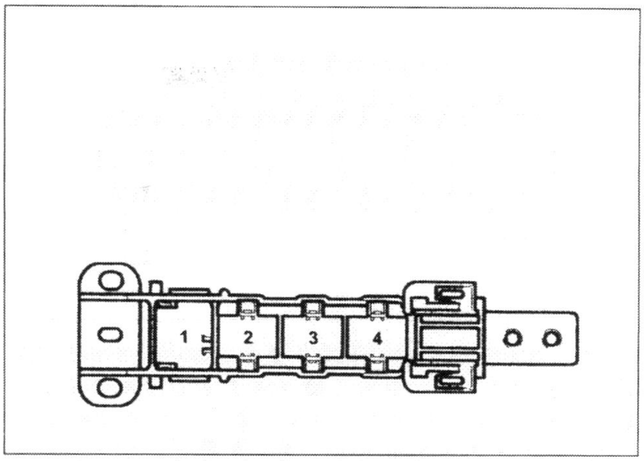

Steckverbindungen in der Kupplungsstation Sitzverkabelung Beifahrersitz: *❶ Dreifachsteckverbindung T3d gelb, ❷ Zehnfachsteckverbindung T10p rot, ❸ Sechsfachsteckverbindung T6e grün, ❹ Achtfachsteckverbindung T8c schwarz.*

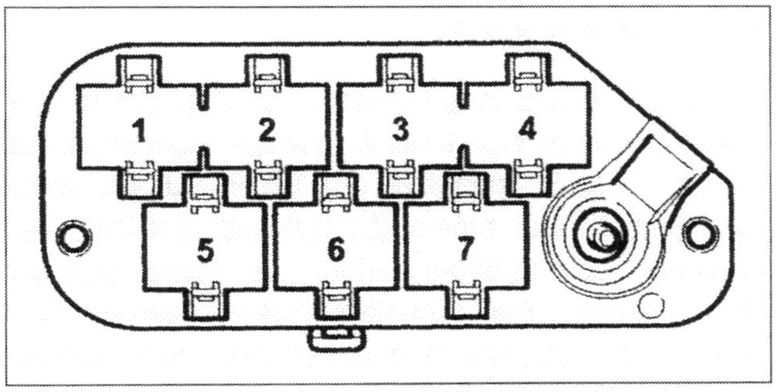

Steckverbindungen in der Kupplungsstation E-Box Wasserkasten: *❶ Zehnfachsteckverbindung T10 schwarz, ❷ Zehnfachsteckverbindung T10a braun, ❸ Siebzehnfachsteckverbindung T17d rot, ❹ Sechsfachsteckverbindung T6c orange, ❺ Zehnfachsteckverbindung T10n blau, ❻ Siebzehnfachsteckverbindung T17e weiß. ❼ nicht belegt.*

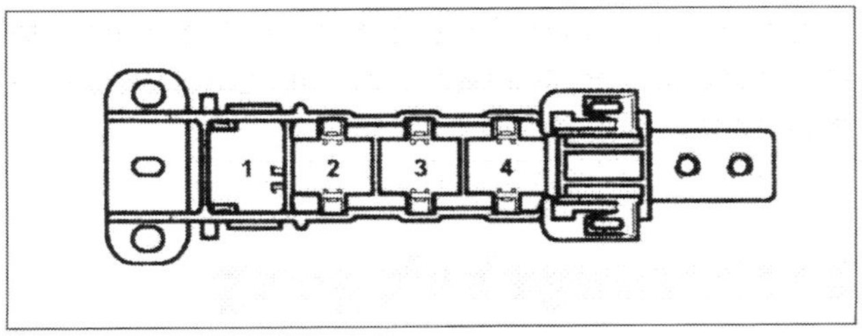

Steckverbindungen in der Kupplungsstation Sitzverkabelung Fahrersitz: *❶ Dreifachsteckverbindung T3c gelb, ❷ Zehnfachsteckverbindung T10o rot, ❸ Sechsfachsteckverbindung T6d grün, ❹ Achtfachsteckverbindung T8b schwarz.*

Die Relais

In jedem Fahrzeug gibt es eine Reihe von Verbrauchern, die im Vergleich zu anderen einen hohen Strom aufnehmen. Sie werden nicht direkt durch Schalter, sondern durch Schaltrelais in Betrieb genommen. Wenn Sie einen Schalter betätigen, aktivieren Sie dadurch zunächst nur einen geringen Schaltstrom.
Beim Einschalten des betreffenden Verbrauchers wird erst der Schaltstromkreis geschlossen. Dadurch zieht eine Magnetspule einen kräftigen Kontakt gegen Federdruck an und schließt so den Stromkreis für den Arbeitsstrom.
Der Arbeitsstrom wird zur Vermeidung von Spannungsabfall auf kurzem Weg direkt an das Relais heran geführt und von dort bei geschlossenen Schalterkontakten an den Stromverbraucher weitergeleitet. Die Schalterkontakte werden dadurch nicht durch hohen Stromfluss beansprucht. Außerdem vermeidet man Spannungsverluste, die bei langen Kabelwegen zwischen Schalter und Verbraucher entstehen würden. Daneben gibt es noch Relaistypen, die bestimmte Funktionen auslösen.
Die Relais befinden sich auf Relaisträgern, die zusätzlich spezielle Sicherungen aufnehmen. Dazu gehören beispielsweise der 4-fach-Relaisträger in der E-Box im Wasserkasten mit den Stromversorgungsrelais Einspritzanlage sowie Motronic und den Relais für Sekundärluftpumpe sowie für automatisches Getriebe. Dieser Relaisträger enthält Sicherungen für Motorelektronik und für die Sekundärluftpumpe.

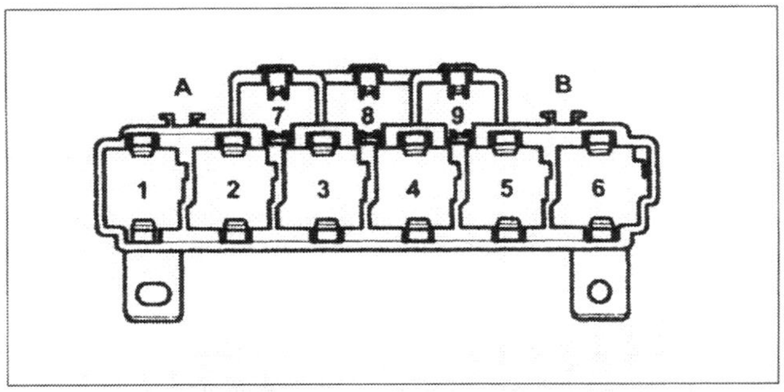

9-fach-Relaisträger Schalttafel: ❶ *Kraftstoffpumpenrelais, Steuergerät für Servotronic,* ❸ *Relais für Doppeltonhorn,* ❹ *Relais für Bremskraftverstärker,* ❻ *Entlastungsrelais für X-Kontakt;* **B** *Thermosicherung.* ❺, ❼, ❽, ❾ *und* **A** *nicht belegt.*

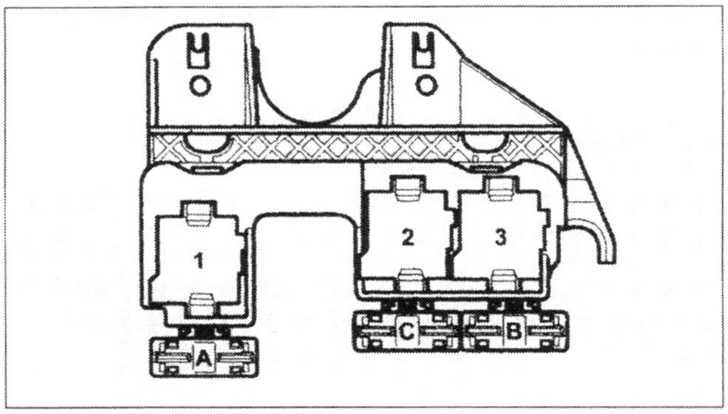

3-fach- Relaisträger: ❷ *Relais für kleine Heizleistung,* ❸ *Relais für große Heizleistung;* **A** *Sicherung für Standheizung,* **B** *Sicherung für Glühkerzen (Kühlmittel),* **C** *Sicherung 2 für Glühkerzen (Kühlmittel).* ❶ *nicht belegt.*

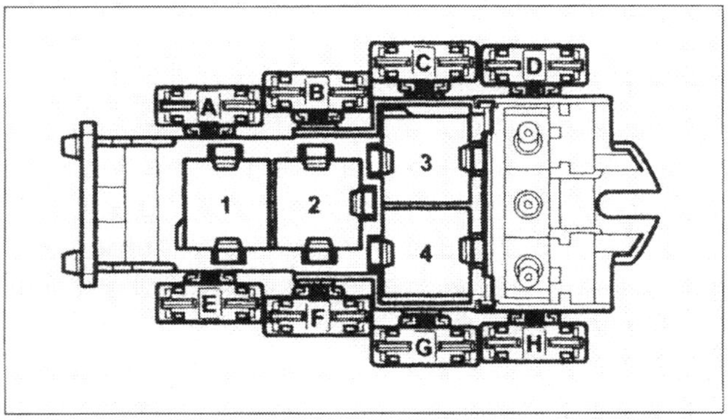

4-fach-Relaisträger mit Schraubverbindung: ❶ *nicht belegbar,* ❹ *Relais Taxi;* **A** *nicht belegbar,* **B** *Option Marderabwehr,* **C**, **D** *und* **E** *nicht belegbar,* **F** *10A-Sicherung Sonderfahrzeuge,* **G** *60A-Sicherung für Kühlerlüfter V6,* **H** *50A-Sicherung 1 für Steuergerät ABS (S123).* ❷ *und* ❸ *nicht belegt.*

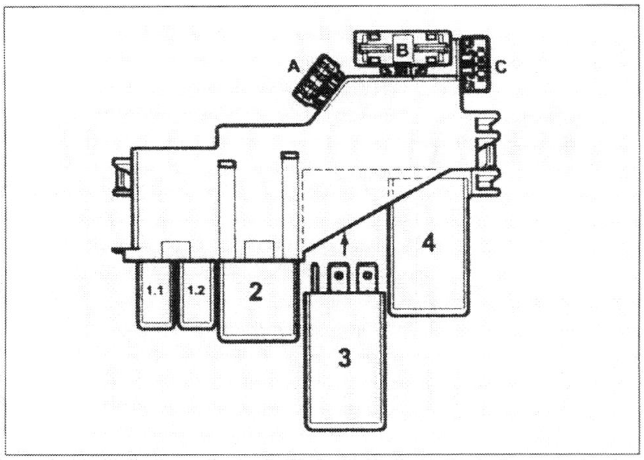

4-fach-Relaisträger E-Box Wasserkasten: ❷ *Stromversorgungsrelais für Einspritzanlage und für Motronic,* ❸ *Relais für Sekundärluftpumpe,* ❹ *Relais für automatisches Getriebe;* **A** *Sicherung für Motorelektronik,* **B** *Sicherung für Sekundärluftpumpe.* **1.1**, **1.2** *und* **C** *nicht belegt.*

Die Sicherungen

Zahlreiche Sicherungen sorgen für den Schutz der elektrischen Systeme ihres Fahrzeugs. Eine Sicherung ist Teil eines Stromkreises. Sie tritt in Aktion, wenn zum Beispiel bei einem Kurzschluss (defekter Verbraucher, beschädigtes Kabel) der Strom plötzlich stark ansteigt. Das Innenleben der Sicherung wird zerstört, der Stromfluss unterbrochen, eine Überlastung des Stromkreises verhindert. Das geschieht übrigens auch dann, wenn Sie an einen bereits voll ausgelasteten Stromkreis zusätzliche Verbraucher anschließen.

Damit Ihr Wagen bei einem elektrischen Defekt nicht ohne Strom dasteht, sind die Sicherungen auf verschiedene Stromkreise verteilt. Die Einspritzanlage und die meisten elektrischen Aggregate haben eine eigene Absicherung. Die elektrischen Anschlüsse der Sicherungen sind aus den einzelnen Stromlaufplänen ersichtlich.

Sicherungsbelegung

Direkt auf der Batterie befindet sich die 150 Ampere starke Hauptsicherung. Die meisten Sicherungen für einzelne Verbraucher oder Stromkreise befinden sich in einem Sicherungshalter an der Schalttafel links. Nimmt man die Abdeckung ab, werden der Belegungsplan sichtbar sowie die Sicherungen und eine kleine Kunststoffzange zum Sicherungswechsel.

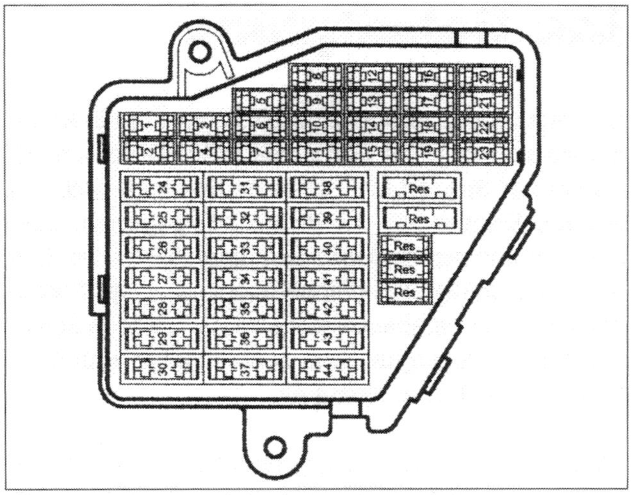

Die Belegung im Sicherungshalter an der Schalttafel links.

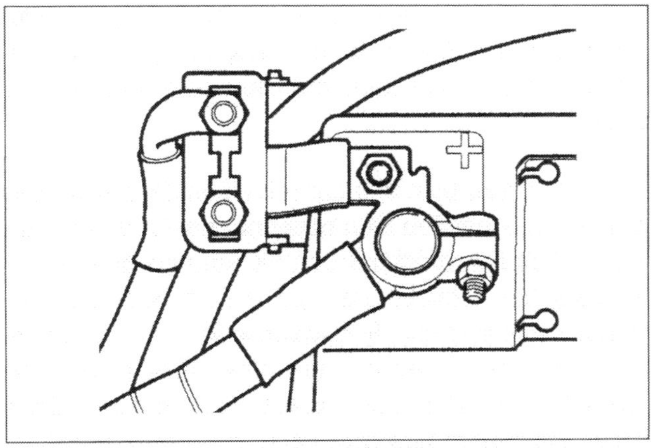

Die 150-Ampere-Hauptsicherung befindet sich auf der Batterie.

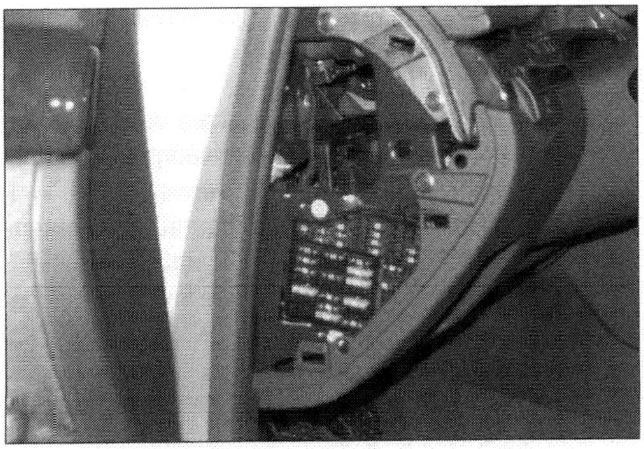

Sicherungshalter im Innenraum: *Der Sicherungshalter befindet sich an der linken Seite der Schalttafel. Für den Zugang zu den Sicherungen muss man die Abdeckklappe ausclipsen. Auf der Innenseite der Klappe findet sich eine Übersicht zur Sicherungsbelegung und die Kunststoffpinzette für den Sicherungswechsel.*

Sicherung Nummer	Ampere	Verbraucher
S1	10	Klimasteuergerät
S2	5	Fußraumleuchten
S3	5	Heizbare Waschdüsen
S4	5	Kühlerlüftersteuergerät
S5	10	Ölstandssensor, Multifunktions-Schalter, Telefonanlagen, Reifendruckkontrolle, Sitzheizung hinten, Heckscheibenrollo
S6	5	Drucksensor, Luftgütesensor
S7	10	Redundanter Bremslichtschalter, Kupplungspedalschalter, ESP-Steuergerät, Lenkwinkelsensor, ESP-Taster
S8	5	Telefon
S9	15	Vakuumpumpe (BKV)
S10	10	Automat. Leuchtweitenregelung
S11	10	V30-Steuergerät
S12	10	Diagnose-Steckdose
S13	10	SMLS-Versorgung
S14	10	Bremsleuchten
S15	10	Kombigerät, Navigation
S16		Nicht belegt
S17	10	Niveau, Einparkhilfe, Reifendruckkontrolle
S18		Nicht belegt
S19	15	Nebellicht, Nebelschlusslicht
S20	15	Abblendlicht links, manuelle Leuchtweitenregelung
S21	15	Abblendlicht rechts, manuelle-Leuchtweitenregelung
S22	15	Tür Fahrerseite
S23	15	Tür Beifahrerseite
S24	30	ZKE-Steuergerät
S25	30	Heizungslüfter
S26	30	Heckscheibenheizung
S27	30	Steuergerät Anhängevorrichtung
S28	20	Kraftstoffpumpe
S29	20	Motorsteuerung
S30	20	Schiebedach
S31	15	Diagnose-Steckdose, EC-Innenspiegel, Rückfahrleuchten
S32	20	Motorsteuerung
S33	15	Zigarrenanzünder
S34	15	Motorsteuerung
S35	30	Kofferraum-Steckdose
S36	30	Wischeranlage
S37	20	ILM-Steuergerät
S38	15	ZKE-Steuergerät, Aus-Taster, Aktivsensor, Taster Heckklappenentriegelung
S39	20	Radio
S40	25	Signalhorn
S41		Nicht belegt
S42	25	ESP-Steuergerät
S43	15	Motorsteuerung
S44	30	Sitzheizung

Diese Belegung ist selbstverständlich auch kleineren Änderungen und Abweichungen unterworfen. Generell gilt, dass die aktuelle Sicherungsbelegung abhängig von Baujahr, Motorisierung und Ausstattung Ihres Fahrzeugs ist. In den Stromlaufplänen werden die Sicherungen ab S 23 übrigens mit einer vorangestellten 2 gekennzeichnet (S39 ist also S239).

Die Sicherungen

Technik-lexikon

In den Sicherungshaltern des Audi befinden sich so genannte Flachsteck-Sicherungen. In ein durchscheinendes Kunststoffteil sind zwei flache Stecker eingebettet, die durch einen Schmelzdraht verbunden sind. Eine durchgebrannte Sicherung erkennen Sie am unterbrochenen Schmelzdraht. Oft ist auch der Rücken der Plastikumhüllung herausgebrochen oder geschmolzen.

Beschriftung und Farbe geben die Stärke der Sicherung an:

Beige	5 Ampere
Braun	7,5 Ampere
Rot	10 Ampere
Blau	15 Ampere
Gelb	20 Ampere
Weiß	25 Ampere
Grün	30 Ampere

Sicherung wechseln

Arbeits-schritte

① Vor dem Auswechseln einer Sicherung immer zuerst den betreffenden Verbraucher und die Zündung ausschalten. Heben Sie die Abdeckplatte vom Sicherungshalter ab.

② Mit dem Sicherungszieher (Kunststoffpinzette) ziehen Sie die defekte Sicherung aus dem Steckplatz.

③ Neue Sicherung mit gleicher Amperestärke in den Steckplatz eindrücken. Achten Sie dabei auf korrekten Sitz.

④ Brennt die neue Sicherung sofort wieder durch, haben Sie eventuell eine zu schwache Sicherung eingesetzt oder der Verbraucher ist defekt. In diesem Fall sollten Sie dem Problem schnellsten auf den Grund gehen. Der Verbraucher könnte beschädigt werden, im schlimmsten Fall sogar ein Kabelbrand entstehen.

Die Schaltpläne

Die verschiedenen Stromlaufpläne Ihres Audi A4 füllen einen Ordner mit bisher schon 461 Seiten im DIN A4-Format. Sie sind in 53 einzelne Pakete gepackt, die je nach Komplexität der Baugruppe zwischen einer einzigen und zwei Dutzend Seiten umfassen. Der Ordner vom Sommer 2001 enthält dabei unter den Positionen 41 bis 53 bereits die erst ab 2002 gültigen Schaltpläne. Ihre Wiedergabe in diesem Ratgeber würde den Rahmen des Buches sprengen.

Wenn Sie der Arbeit an einer Baugruppe (von der elektrischen Sitzverstellung über Einparkhilfe oder Anhängersteckdose bis zur Grundausstattung oder Motorverschaltung) den jeweiligen Schaltplan zugrunde legen möchten, müssen Sie ihn direkt bestellen. Wir zeigen Ihnen an ausgewählten Beispielen das Prinzip der Pläne.

Jeder Stromlaufplan beginnt mit einem Deckblatt, das den entsprechenden Plan benennt und durch eine laufende Zahl kennzeichnet und Sicherungshalter sowie Relaisplätze abbildet. Das graue Feld oben auf den durchnummerierten Schaltplanseiten kennzeichnet die plusseitigen Anschlüsse, die Relaisplatte; die Grundlinie stellt Masse (minus) dar. Hat das obere graue Feld eine Pfeilspitze nach links, geht dem Blatt eine Planseite voran. Hat das graue Feld eine Pfeilspitze nach rechts, folgen weitere Seiten. Gibt es, was ein seltener Fall ist, keinerlei Pfeilverweise, besteht der Plan nur aus der einen Seite.

Kleinbuchstaben an offenen Leitungen verweisen auf Weiterführung im folgenden Stromlaufplan, Bauteil-Kennungen an offenen Leitungen verweisen auf Weiterführung der Leitung zu diesem Bauteil. Die Bauteile sind wie weiter oben aufgelistet kenntlich gemacht. **S** sind Sicherungen, **T** sind Steckverbindungen. Schwarze Kästchen mit weißen Zahlen geben die Relaisplatznummer an. In den Leitungen geben die klein gedruckten Zahlen den Querschnitt in mm^2, die klein gedruckten Buchstaben die Kabelfarbe an.

Wir demonstrieren das Prinzip an den Stromlaufplänen **16** (Lüftersteuerung; nur eine Seite), **35** (Sitzverstellung ohne Memoryfunktion, vier Seiten) und **39** (Automatikgetriebe multitronic, drei Seiten).

Lüftersteuerung 350W und 400W

- **1,6 l, 75kW Motorkennbuchstaben ALZ (350W)**
- **1,8 l, 110kW Motorkennbuchstaben AVJ (350W)**
- **2,0 l, 95kW Motorkennbuchstaben ALT (350W)**
- **3,0 l, 155kW Motorkennbuchstaben ASN (400W)**

ab Modelljahr 2001

Hauptsicherung

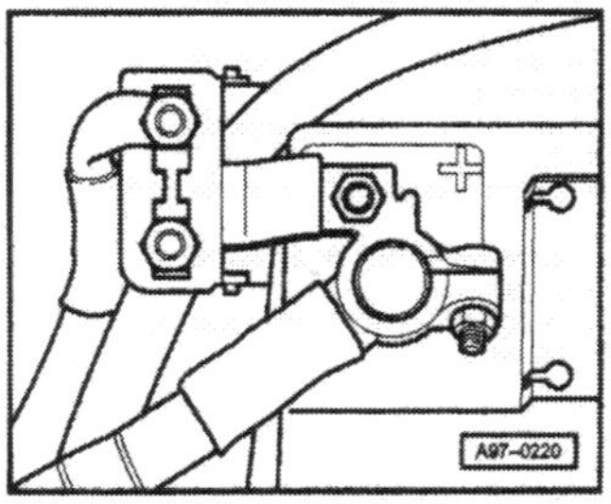

Sicherungshalter

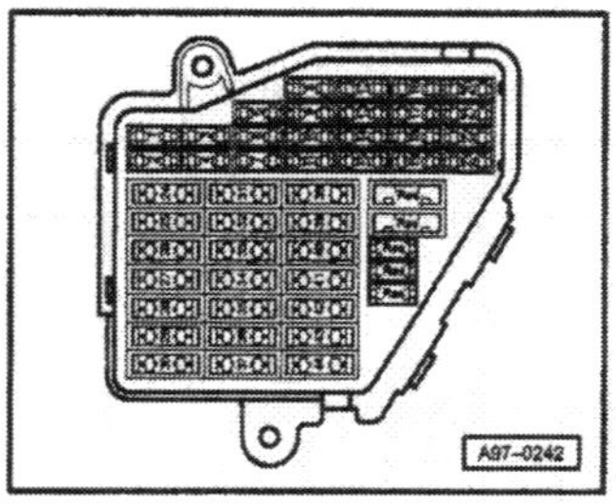

Sicherungsfarben

30 A - grün
25 A - weiß
20 A - gelb
15 A - blau
10 A - rot
7,5A - orange
5A - beige

Sicherungen im Sicherungshalter werden ab Sicherungsplatz 23 im Stromlaufplan mit 223 bezeichnet.

4-fach Relaisträger mit Schraubverbindung

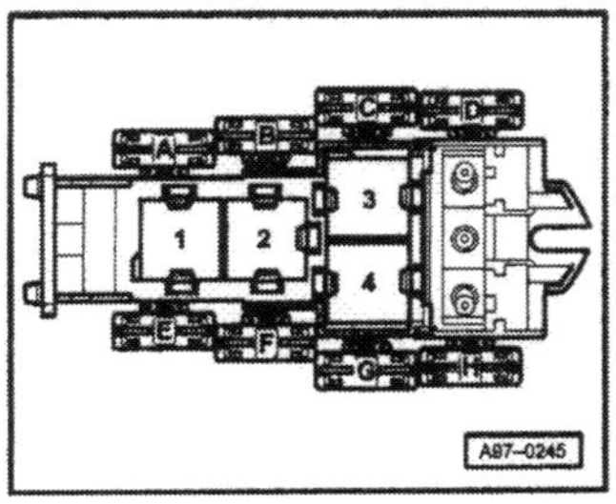

Relaisplatzbelegung :

G – Sicherung für Kühlerlüfter

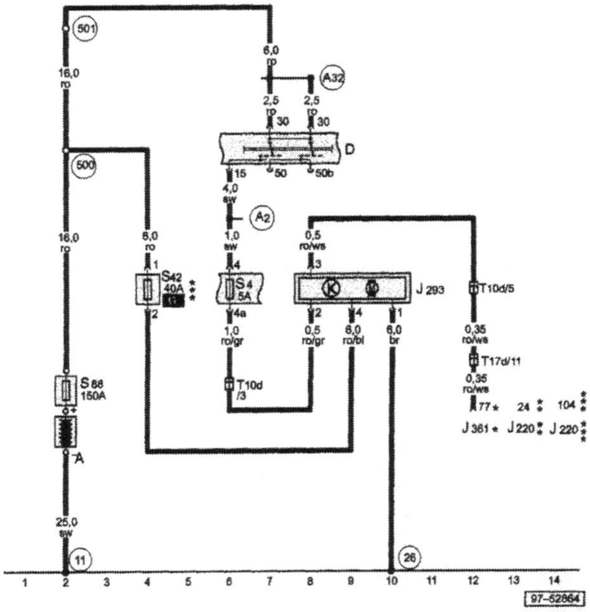

Lüftersteuerung

A - Batterie
D - Zündanlaßschalter
J220 - Steuergerät für Motronic
J293 - Steuergerät für Lüfter für Kühlmittel
J361 - Steuergerät für Simos
S4 - Sicherungen im Sicherungshalter/Relaisplatte
S42 - Einzelsicherung für Lüfter für Kühlmittel
S88 - Streifensicherung
T10d - Steckverbindung, 10-fach, grau, Kupplungsstation A-Säule, links
T17d - Steckverbindung, 17-fach, rot, Kupplungsstation E-Box, Wasserkasten

(11) - Massepunkt, im Batteriekasten
(26) - Massepunkt, am Abschlußblech vorn
(500) - Schraubverbindung -1- (30), an der Relaisplatte
(501) - Schraubverbindung -2- (30), an der Relaisplatte
(A2) - Plusverbindung (15) im Schalttafelleitungsstrang
(A32) - Plusverbindung(30), im Schalttafelleitungsstrang

* - 1,6l Simos
** - 1,8l/2,0l Motronic
*** - 3,0l Motronic, Sicherung 60A

ws = weiß
sw = schwarz
ro = rot
br = braun
gn = grün
bl = blau
gr = grau
li = lila
ge = gelb
or = orange

Elektrische Sitzverstellung ohne Memoryfunktion

ab Modelljahr 2001

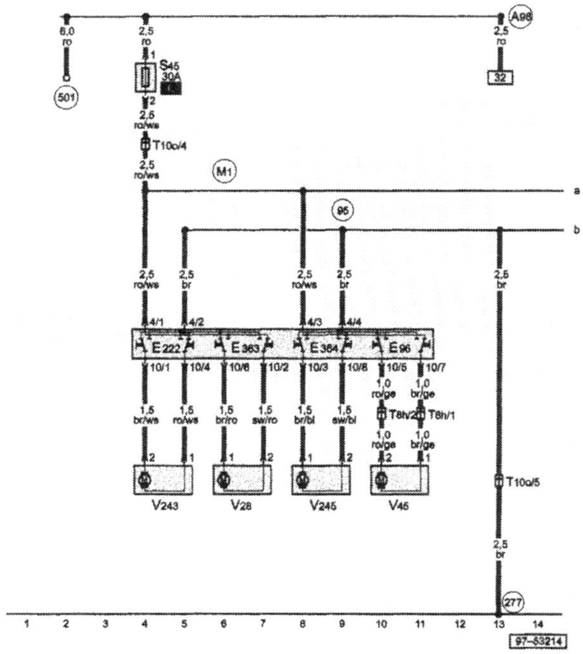

Sitzverstellung Fahrersitz, Sicherung

- E96 – Schalter für Lehnenverstellung Fahrersitz
- E222 – Schalter für Neigungsverstellung, Fahrersitz
- E363 – Schalter für Längsverstellung, Fahrersitz
- E364 – Schalter für Höhenverstellung, Fahrersitz
- S45 – Sicherung für Sitzverstellung
- T8h – Steckverbindung, 8-fach, am Fahrersitz, Sitzlehne
- T10o – Steckverbindung, 10-fach, rot, Kupplungsstation Sitzverkabelung, Fahrersitz
- V28 – Motor für Längsverstellung Fahrersitz
- V45 – Motor für Lehnenverstellung Fahrersitz
- V243 – Motor für Neigungsverstellung Fahrersitz
- V245 – Motor für Höhenverstellung Fahrersitz
- (95) – Masseverbindung -1-, im Leitungsstrang, Sitzverstellung
- (277) – Masseverbindung -3-, im Leitungsstrang Innenraum
- (501) – Schraubverbindung -2- (30), an der Relaisplatte
- (A98) – Plusverbindung -4- (30), im Schalttafelleitungsstrang
- (M1) – Plusverbindung -1- (30) im Leitungsstrang Sitzverstellung

ws = weiß
sw = schwarz
ro = rot
br = braun
gn = grün
bl = blau
gr = grau
li = lila
ge = gelb
or = orange

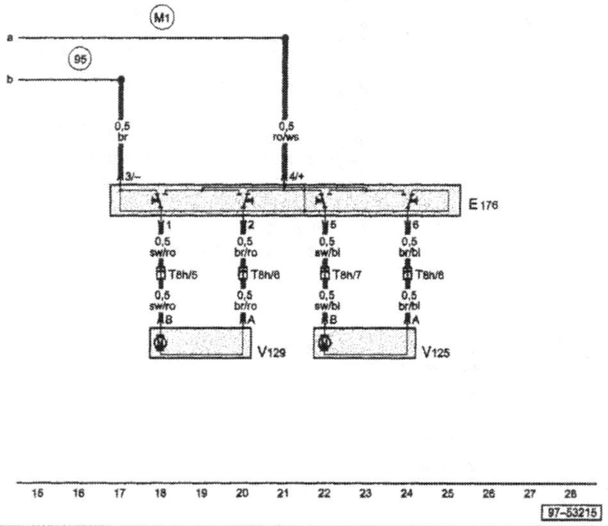

Lordosenverstellung, Fahrersitz

- E176 – Schalter für Lordosenverstellung, Fahrersitz
- T8h – Steckverbindung, 8-fach, am Fahrersitz, Sitzlehne
- V125 – Motor für Lordosenlängsverstellung, Fahrersitz
- V129 – Motor für Lordosenhöhenverstellung, Fahrersitz
- (95) – Masseverbindung -1-, im Leitungsstrang, Sitzverstellung
- (M1) – Plusverbindung -1- (30) im Leitungsstrang Sitzverstellung

ws = weiß
sw = schwarz
ro = rot
br = braun
gn = grün
bl = blau
gr = grau
li = lila
ge = gelb
or = orange

Sitzverstellung Beifahrersitz, Sicherung

E64 – Schalter für Längsverstellung Beifahrersitz
E98 – Schalter für Lehnenverstellung Beifahrersitz
E334 – Taster für Neigungsverstellung, Beifahrersitz
E365 – Schalter für Höhenverstellung, Beifahrersitz
S46 – Sicherung für Sitzverstellung
T8i – Steckverbindung, 8-fach, am Beifahrersitz, Sitzlehne
T10p – Steckverbindung, 10-fach, rot, Kupplungsstation Sitzverkabelung, Beifahrersitz
V29 – Motor für vordere Höhenverstellung, Fahrersitz
V46 – Motor für Lehnenverstellung Beifahrersitz
V244 – Motor für Neigungsverstellung Beifahrersitz
V246 – Motor für Höhenverstellung Beifahrersitz

(140) – Masseverbindung -2-, im Leitungsstrang, Sitzverstellung
(249) – Masseverbindung -2-, im Leitungsstrang Innenraum
(M2) – Plusverbindung -2- (30) im Leitungsstrang Sitzverstellung

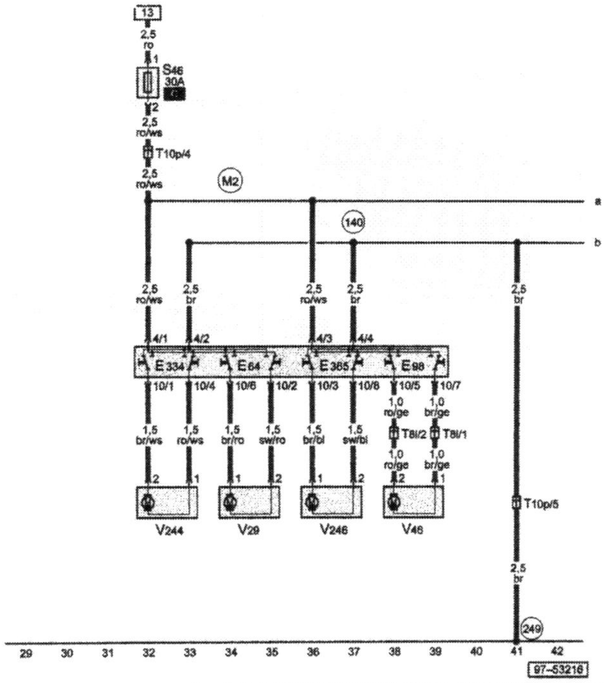

ws = weiß
sw = schwarz
ro = rot
br = braun
gn = grün
bl = blau
gr = grau
li = lila
ge = gelb
or = orange

Lordosenverstellung, Beifahrersitz

E177 – Schalter für Lordosenverstellung, Beifahrersitz
T8i – Steckverbindung, 8-fach, am Beifahrersitz, Sitzlehne
V126 – Motor für Lordosenlängsverstellung, Beifahrersitz
V130 – Motor für Lordosenhöhenverstellung, Beifahrersitz
(140) – Masseverbindung -2-, im Leitungsstrang, Sitzverstellung
(M2) – Plusverbindung -2- (30) im Leitungsstrang Sitzverstellung

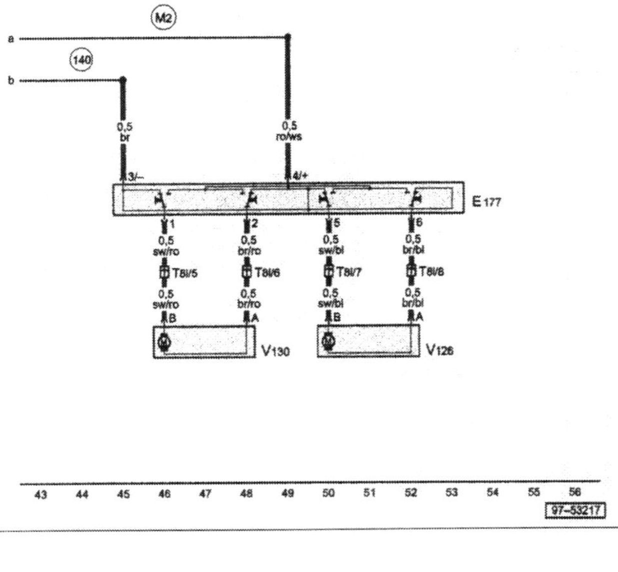

ws = weiß
sw = schwarz
ro = rot
br = braun
gn = grün
bl = blau
gr = grau
li = lila
ge = gelb
or = orange

Stufenloses Automatikgetriebe multitronic ® 01J

ab Modelljahr 2001

Hauptsicherung

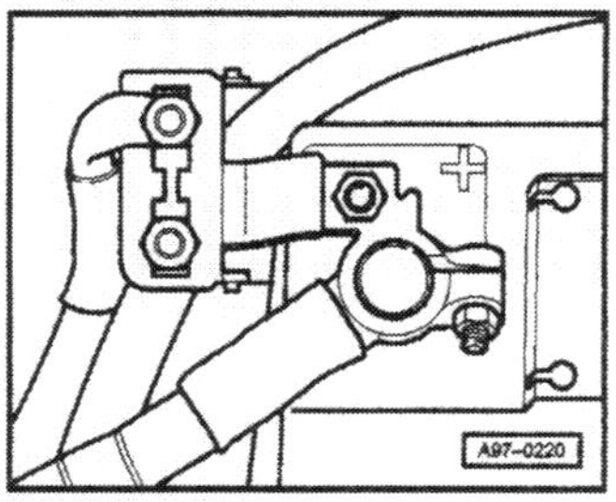

Sicherungshalter

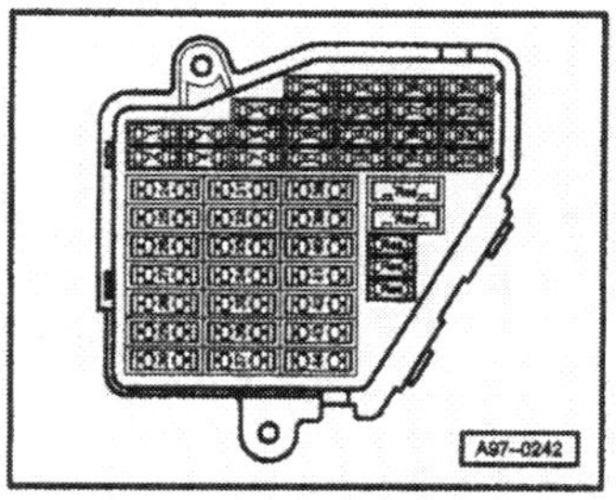

Sicherungsfarben

30 A – grün
25 A – weiß
20 A – gelb
15 A – blau
10 A – rot
7,5A – orange
5A – beige

Sicherungen im Sicherungshalter werden ab Sicherungsplatz 23 im Stromlaufplan mit 223 bezeichnet.

Relaisträger E-Box

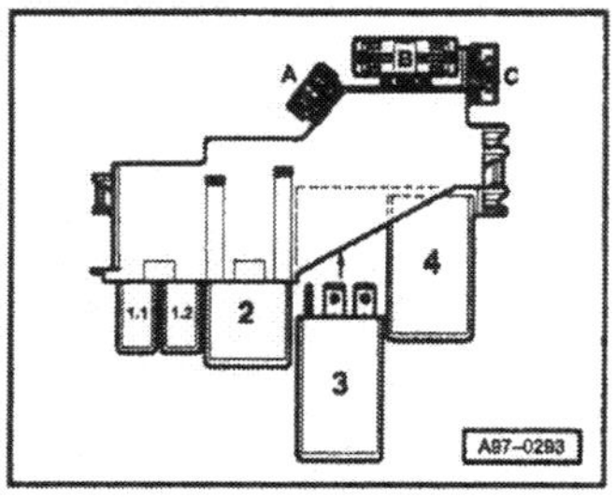

Relaisplatzbelegung :

4 – Relais für Anlaßsperre und Rückfahrlicht

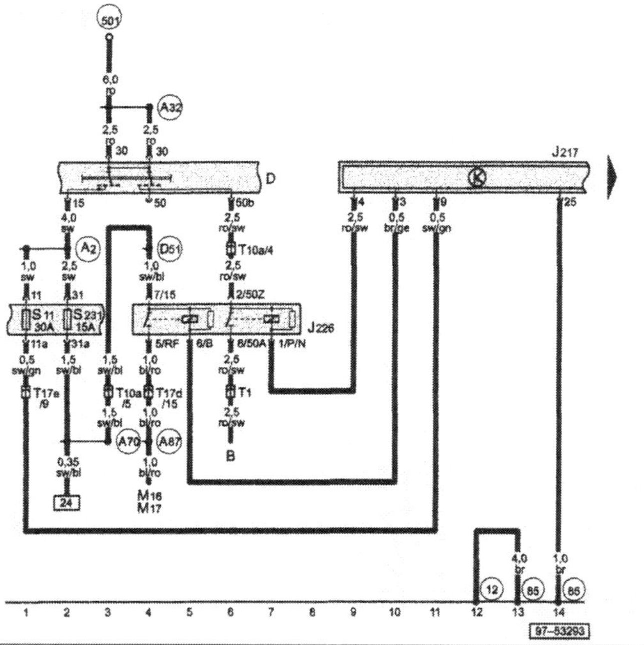

Spannungsversorgung, Relais für Anlaßsperre und Rückfahrlicht

B – Anlasser
D – Zündanlaßschalter
J217 – Steuergerät für autom. Getriebe
J226 – Relais für Anlaßsperre und Rückfahrlicht
M16 – Lampe für Rückfahrlicht links
M17 – Lampe für Rückfahrlicht rechts
S11 – Sicherungen im Sicherungshalter/Relaisplatte
S231 – Sicherung im Sicherungshalter
T1 – Steckverbindung, 1-fach, schwarz, Motorraum rechts
T10a – Steckverbindung, 10-fach, braun, Kupplungsstation E-Box, Wasserkasten
T17d – Steckverbindung, 17-fach, rot, Kupplungsstation E-Box, Wasserkasten
T17e – Steckverbindung, 17-fach, weiß, Kupplungsstation E-Box, Wasserkasten
(12) – Massepunkt, im Motorraum links
(85) – Masseverbindung -1-, im Leitungsstrang Motorraum
(501) – Schraubverbindung -2- (30), an der Relaisplatte
(A2) – Plusverbindung (15) im Schalttafelleitungsstrang
(A32) – Plusverbindung(30), im Schalttafelleitungsstrang
(A70) – Verbindung (15a, Sicherung 231), im Schalttafelleitungsstrang
(A87) – Verbindung (RF), im Schalttafelleitungsstrang
(D51) – Plusverbindung -1- (15), im Leitungsstrang Motorraum

ws = weiß
sw = schwarz
ro = rot
br = braun
gn = grün
bl = blau
gr = grau
li = lila
ge = gelb
or = orange

Steuergerät für autom. Getriebe, Schalter für Tiptronic

E1 – Lichtschalter
F189 – Schalter für Tiptronic
J217 – Steuergerät für autom. Getriebe
N110 – Magnet für Wählhebelsperre
T10j – Steckverbindung, 10-fach, schwarz, am Schalter für Tiptronic
T17e – Steckverbindung, 17-fach, weiß, Kupplungsstation E-Box, Wasserkasten

(238) – Masseverbindung -1-, im Leitungsstrang Innenraum
(A3) – Plusverbindung (58) im Schalttafelleitungsstrang

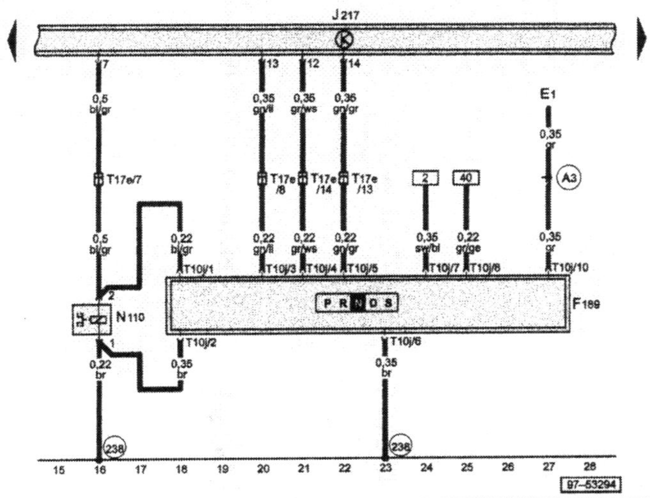

ws = weiß
sw = schwarz
ro = rot
br = braun
gn = grün
bl = blau
gr = grau
li = lila
ge = gelb
or = orange

Steuergerät für autom. Getriebe, Schalttafeleinsatz

J... – Motorsteuergeräte
J217 – Steuergerät für autom. Getriebe
J285 – Steuergerät mit Anzeigeeinheit im Schalttafeleinsatz
T10a – Steckverbindung, 10-fach, braun, Kupplungsstation E-Box, Wasserkasten
T16 – Steckverbindung, 16-fach, schwarz, Diagnosestecker
T17d – Steckverbindung, 17-fach, rot, Kupplungsstation E-Box, Wasserkasten
T32a – Steckverbindung, 32-fach, grün, am Schalttafeleinsatz

(A19) – Verbindung (58d), im Schalttafelleitungsstrang
(A76) – Verbindung (K-Diagnoseleitung), im Schalttafelleitungsstrang
(A121) – Verbindung (High-Bus), im Schalttafelleitungsstrang
(A122) – Verbindung (Low-Bus), im Schalttafelleitungsstrang
(D159) – Verbindung (High-Bus), im Leitungsstrang Motorraum
(D160) – Verbindung (Low-Bus), im Leitungsstrang Motorraum

• – CAN-Bus (Daten-Bus)

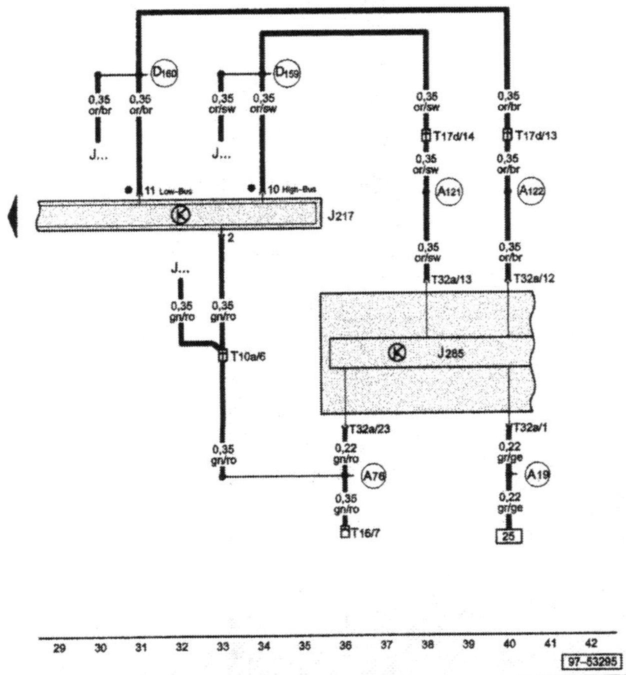

ws = weiß
sw = schwarz
ro = rot
br = braun
gn = grün
bl = blau
gr = grau
li = lila
ge = gelb
or = orange

DER INNEN-RAUM

Der Innenraum des A4 bietet mehr Platz als sein Vorgänger. Hinter Ablagen und unter Verkleidungen steckt viel hoch entwickelte Technik, die dem Hobbyschrauber oft wenig Spielraum lässt.

Dieses Kapitel zeigt Ihnen einige Reparaturen im Innenraum, die Sie selbst erledigen können. Sie können hier nachlesen, wie Türverkleidung, Sonnenblende oder der Innenspiegel aus- und einzubauen sind. Die Demontage der Mittelkonsole zum Beispiel wird nötig, wenn Sie Arbeiten an der Handbremse erledigen wollen. Störungsbeistände sollen bei möglicher Fehlersuche helfen, wenn die elektrischen Fensterheber oder die Zentralverriegelung nicht funktionieren.

Beim A4 haben die Audi-Konstrukteure ein Maximum an Platz und Behaglichkeit in dieser Fahrzeugklasse erreicht und ausreichende Möglichkeiten für die Mitnahme von Gepäck geschaffen. Es gelang ihnen, den Innenraum gegenüber dem Vorgängermodell noch weiter zu vergrößern. Vorn bestechen die neu gestalteten Sitze sowie die klar und präzise designten Instrumente, die der Fahrer ganz leicht erreichen kann.

Klar und präzise designt ist der vordere Innenraum der Limousine. Alle Bedienelemente sind vom Fahrer gut zu erreichen.

A4 Avant

Schon die Abmessungen des neuen A4 Avant belegen den Generationensprung. Die gesamte Außenlänge beträgt 4,54 Meter. Der Radstand ist gegenüber dem Vorgänger um 33 Millimeter angestiegen. Speziell die hinteren Insassen profitieren von 43 Millimetern mehr Kniefreiheit. Auch das Wachstum bei der Fahrzeugbreite auf insgesamt 1766 Millimeter bedeutet für die Passagiere ein klares Komfort-Plus: So gibt es für die vorn Sitzenden 17 Millimeter und für die hinteren Passagiere sogar 29 Millimeter mehr Ellbogenfreiheit.

Eine besondere Qualität bietet der glattflächige Laderaum mit der im B-Segment herausragenden Durchladebreite von 1.000 Millimetern. Möglich macht dies die platzsparende Bauweise der Hinterachse, die bereits in der aktuellen A4-Limousine zu finden ist. Sie wurde schon in der Basiskonstruktion auf die spezifischen Anforderungen des Avant-Laderaums hin ausgelegt.

Der Laderaum des neuen A4 Avant bietet 52 Liter mehr Ladekapazität: 442 Liter stehen 390 Liter des Vorgängers gegenüber.

A4 Cabrio

Die Cabrio-Version des A4 war einer der Renner auf der Internationalen Automobil-Ausstellung 2001 in Frankfurt am Main. Der offene Viersitzer besticht durch technische Innovationen in Sachen Sicherheit wie durch seine ansprechende Innenraumgestaltung.

Sportlich und gediegen gestaltet ist das Cockpit im A4 Cabrio.

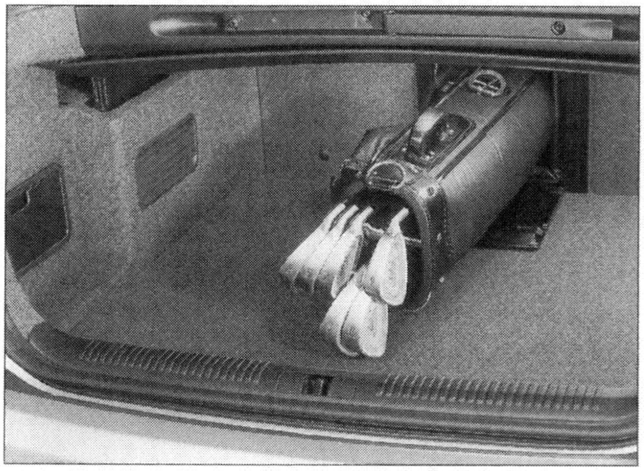

Im Gepäckraum des Cabrio kann man mehr als nur die Golfschläger verstauen. Aber gerade auch für sie gibt es eine gute Lösung.

Apropos Gepäckraum

Bei umgeklappten Rücksitzen vergrößert sich der Gepäckraum im Avant für den Transport sperriger Güter oder zu einer gar nicht so unkomfortablen Schlafgelegenheit für den Notfall.

Käufer eines Audi A4 mit umklappbaren Rücksitzlehnen können eine patentierte Schutzwanne für ihren Gepäckraum gleich mit ordern. Für 160 Euro erhalten sie eine fest installierte Wanne, die zusammengefaltet an der Lehne der Fondsitze anliegt und über einen Griff unter der Heckablage einfach entriegelt wird. Auch eine Nachrüstung ist möglich. Die Schutzwanne passt sich den Variationsmöglichkeiten des Gepäckraums von der normalen Sitzstellung bis zum kompletten Umlegen flexibel an. Auch die optionale Durchladeeinrichtung mit Skisack bleibt nutzbar. Das

Gepäckraumvolumen bleibt immer vollständig erhalten. Die Schutzwanne ist wasserdicht, kleinere Mengen eventuell austretender Flüssigkeiten sammeln sich vor dem Heckabschluss und sind ebenso leicht aufzunehmen wie andere Verschmutzungen.

Zur Not ist der Avant zum Schlafraum umzufunktionieren. Die 1787 Millimeter Länge, 1000 Millimeter Breite und 843 Millimeter maximale Höhe reichen aber auch sehr gut aus für den Transport sperriger Güter.

Hinter dem praktischen Netz im Gepäckraum des Avant ist die Öffnung der Durchladeeinrichtung »für den Skisack« zu erkennen.

Wenig Spielraum für Do it yourself

Es gibt im Innenraum allerdings auch Bereiche, die wenig Spielraum für Do it yourself bieten. Dazu gehören die Dreipunkt-Automatik-Sicherheitsgurte. Von ihnen sollte man die Finger lassen, denn in der Gurtrolle lauert der pyrotechnische Gurtstraffer auf ein Signal, durch eine kleine Explosion den Gurt straff zu ziehen. Auch in den Rückenlehnen der Sitze warten Seitenairbags auf explosive Kommandos. Von Arbeiten an Komponenten, die gefährliche Sicherheitstechnik enthalten, raten wir dringend ab. Selbst in den Werkstätten darf nur speziell geschultes Personal bei Prüf-, Montage- und Instandsetzungsarbeiten an diesen Teilen tätig werden. Die Sicherheitsvorschriften, die diese Mechaniker beachten müssen, sind sehr präzis. Das Risiko, bei der Reparatur verletzt zu werden, ist nur die eine Seite, ein möglicherweise nicht funktionierender Airbag bei einem Unfall die weitaus schwerer wiegende andere.

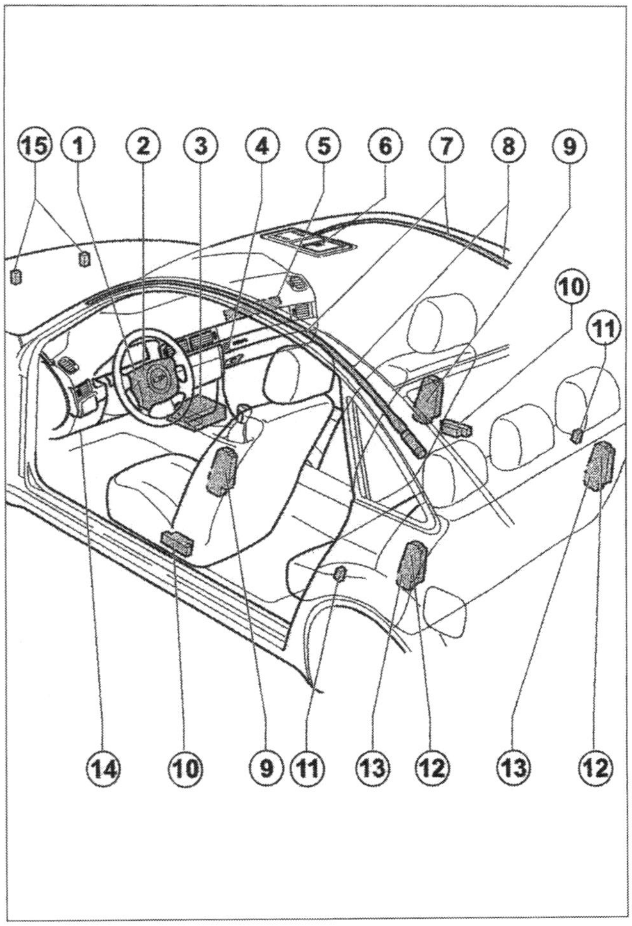

Die Einbauorte der Airbags: *❶ Airbag Fahrerseite, ❷ Airbag Sportlenkrad, ❸ Steuergerät für Airbag, ❹ Schlüsselschalter für Abschaltung des Beifahrerairbag, ❺ Airbag Beifahrerseite, ❻ Leuchte »PASSENGER AIRBAG OFF«, ❼ Kopfairbag Limousine, ❽ Kopfairbag Avant, ❾ Seitenairbag vorn, ❿ Sensor für Querbeschleunigung an Säule B, ⓫ Sensor für Querbeschleunigung an Säule C, ⓬ Seitenairbag hinten (umklappbare Lehne), ⓭ Seitenairbag hinten (starre Lehne), ⓮ Diagnosestecker, ⓯ Sensor für Querbeschleunigung am Frontend.*

Die Klimaanlage

Ein Luftgütesensor aktiviert die automatische Umluftregelung der Komfortklimaautomatik im A4. Das Schrauben am Klimatisierungs-System scheitert weniger an Sicherheitsrisiken. Es ist vielmehr die komplizierte Technik, die dem Heimwerker das Leben schwer macht. Die Anlage hält vollautomatisch die gewählte Fahrzeuginnentemperatur. Die Temperatur der ausströmenden Luft sowie die Gebläsedrehzahl (Luftmenge) und Luftverteilung werden automatisch verändert. Die Anlage berücksichtigt auch starke Sonneneinstrahlung. Ein Nachregeln von Hand ist überflüssig. Das Klima-Steuergerät verarbeitet vielfältige Informationen von Sensoren. Die gesamte Anlage wird über elektrische Stellmotoren dirigiert. Sämtliche Luftklappen bewegen sich vollautomatisch. Das Steuergerät hat ebenfalls die Magnetkupplung am Klimakompressor im Griff.

Empfohlen wird folgende Standardeinstellung für alle Jahreszeiten: Stellen Sie die Temperatur auf 22°C und drücken die Taste auf AUTO. Bei dieser Einstellung wird am schnellsten ein behagliches Klima erreicht. Die Einstellung sollte nur verändert werden, wenn das persönliche Wohlbefinden es erfordert. Damit die Anlage einwandfrei funktionieren kann, muss der Lufteinlass vor der Windschutzscheibe frei von Eis, Schnee und Blättern sein. Empfohlen wird, bei Umluftbetrieb im Fahrzeug nicht zu rauchen, da sich der aus dem Fahrzeuginnern angesaugte Rauch auf dem Verdampfer absetzt und zu dauerhafter Geruchsbelästigung führt.

Wenn nach Einschalten der Zündung alle Symbole im Anzeigenfeld etwa 15 Sekunden blinken, liegt eine Störung vor, die nur in der Fachwerkstatt behoben werden kann. Sollte die Kühlanlage einmal nicht arbeiten, kann entweder die Außentemperatur niedriger als etwa +5°C sein, der Kompressor der Kühlanlage wegen zu hoher Motor-Kühlmitteltemperatur vorübergehend abgeschaltet haben oder die Sicherung durchgebrannt sein.

Achtung: Der Kältemittelkreislauf der Kimaanlage darf auf keinen Fall geöffnet werden. Das Neubefüllen ist Werkstatt-Sache. Es bestehen große gesundheitliche Risiken: Bei Berührung kann das Kältemittel Erfrierungen hervorrufen.

Noch gefährlicher ist austretendes Kältemittel in geschlossenen Räumen. Es ist nicht wahrnehmbar und schwerer als Luft, weshalb Erstickungsgefahr am Boden beziehungsweise in unteren Räumen besteht.

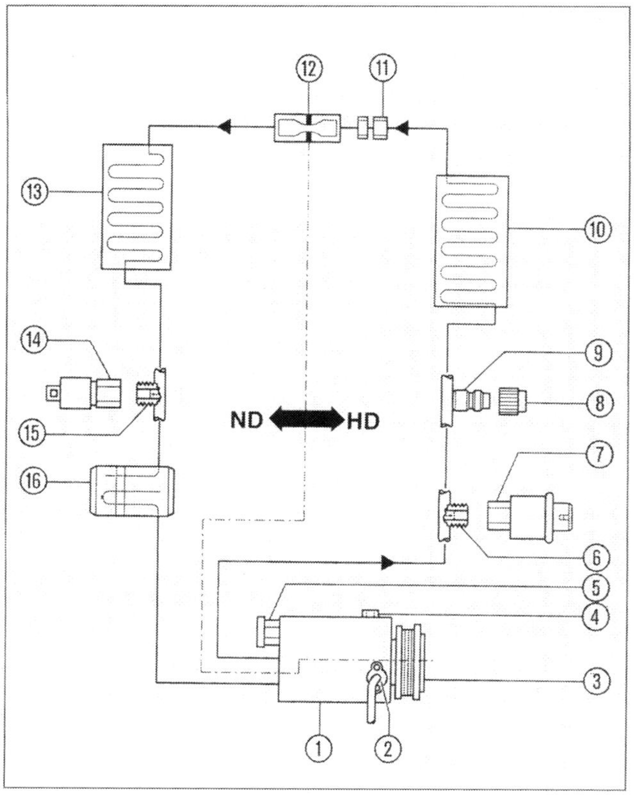

Damit Ihre Klimaanlage einwandfrei funktionieren kann, sollten Sie den Lufteinlass vor der Windschutzscheibe frei von Eis, Schnee und Herbstlaub halten. Empfohlen wird, bei Umluftbetrieb im Fahrzeug nicht zu rauchen, da sich der aus dem Fahrzeuginnern angesaugte Rauch auf dem Verdampfer absetzt und zu dauerhafter Geruchsbelästigung führt.

Schema einer Klimaanlage: *❶ Kompressor, ❷ Geber für Klimakompressor-Drehzahl, ❸ Magnetkupplung, ❹ Ölablassschraube, ❺ Überdruckablassventil, ❻ Anschluss mit Ventil, ❼ Hochdruckschalter für Klimaanlage und Magnetkupplung, ❽ Verschlussklappe, ❾ Serviceanschluss am Kondensator, ❿ Kondensator, ⓫ Verschraubung in der Kältemittelleitung, ⓬ Drossel (in der Verschraubung ⓫ eingebaut), ⓭ Verdampfer, ⓮ Niederdruckschalter für Kältemittelkreislauf, ⓯ Anschluss mit Ventil, ⓰ Auffangbehälter.* **HD** *= Hochdruckseite,* **ND** *= Niederdruckseite.*

Pollenfilter wechseln

Lässt man die Fenster geschlossen, wird man mit sehr sauberer Frischluft versorgt. Die von vorn her einströmende Luft muss nämlich ein Staub-/Pollenfilter passieren. Von wesentlicher Bedeutung für gutes Klima im Wagen ist daher die Sauberkeit dieses Filters. Ist der Pollenfilter verstopft, kann das auch weiterreichende unangenehme Folgen haben: Die Scheiben beschlagen von innen schneller. Höheres Laufgeräusch und geringer Luftdurchsatz an den Ausströmern zeigen an, dass das Gebläse Probleme hat, frische Luft anzusaugen. Besorgen Sie sich dann am besten einen neuen Filter aus dem Zubehörhandel und machen Sie sich ans Werk.

Arbeitsschritte | W: 1 Jahr 30.000 km

① Der Filter befindet sich am Ansaugstutzen für die Innenraumbelüftung im Wasserkasten auf der Beifahrerseite. Öffnen Sie zuerst die Motorhaube.

② Bauen Sie die Wasserkasten-Abdeckung ab.

③ Clipsen Sie die Abdeckung B aus und ziehen Sie diese nach vorn ab.

④ Nehmen Sie den Staub- und Pollenfilter C aus dem Gehäuse.

⑤ Achten Sie beim Einsetzen des Filters in den Filterrahmen auf die Durchströmrichtung Pfeil D.

⑥ Achten Sie beim Einbau auf den richtigen Sitz der Abdeckung B. Sie muss an beiden Verrasterungen A eingeclipst sein, da sonst Wasser auf den Filter und in das Klimagerät läuft.

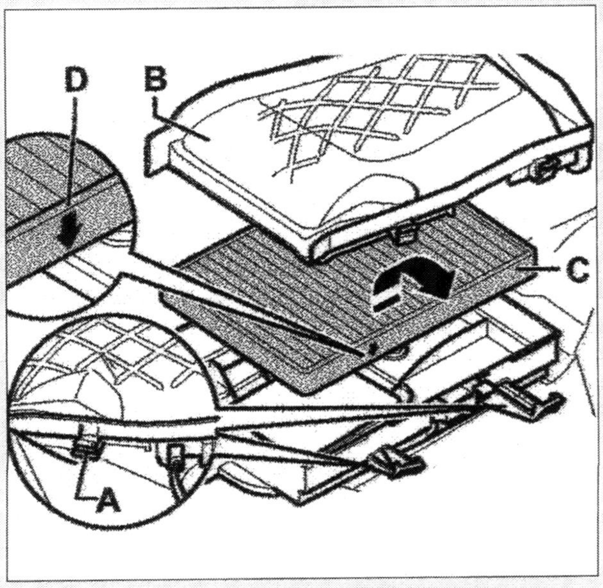

Den Filtereinsatz C gibt es in verschiedenen Ausführungen – ohne und mit einer Einlage aus Aktivkohle als Geruchsfilter.

Ablagen, Verkleidungen und Kindersitze

Mechanik, Elektrik und Elektronik haben die Ingenieure säuberlich hinter Ablagen und Verkleidungen versteckt. Das sieht schöner aus, aber natürlich kommt man nicht so leicht an verschiedene wichtige Teile heran. Die Demontage von Abdeckungen ist jedoch meistens relativ unkompliziert. Schließlich soll auch in der Werkstatt eine Reparatur schnell vonstatten gehen können. Eine gewisse Vorsicht ist beim Umgang mit Verkleidungen aber unbedingt zu empfehlen – sie sind oft sehr kratzempfindlich, und Clipselemente können recht schnell beschädigt werden.
Die Abdeckungen der Airbag-Einheiten dürfen nicht beklebt, überzogen oder anderweitig verändert werden. Reinigen sollte man sie nur mit einem trockenen oder mit Wasser angefeuchteten Lappen. Bei Seitenairbags dürfen die Sitzlehnen nur mit speziellen, vom Hersteller freigegebenen Bezügen geschont werden.
Die normgerechte und praktische Kindersitzbefestigung ISOFIX wird für den Beifahrersitz und die äußeren Fondsitzplätze angeboten. Inklusive ist der gegebenenfalls erforderliche Deaktivierungsschalter für den Beifahrerairbag.

Ablagefach Fahrerseite aus-/einbauen

Arbeitsschritte

① Clipsen Sie zum **Ausbau** die Seitenabdeckung ❷ aus und bauen Sie die Blende Fahrerseite aus.

② Lösen Sie zwei Schrauben ❸ und eine Schraube ❸ von der Seite.

③ Lösen Sie die beiden Schrauben ❹ und nehmen Sie das Ablagefach ❶ ab.

④ Der **Einbau** erfolgt in umgekehrter Reihenfolge.

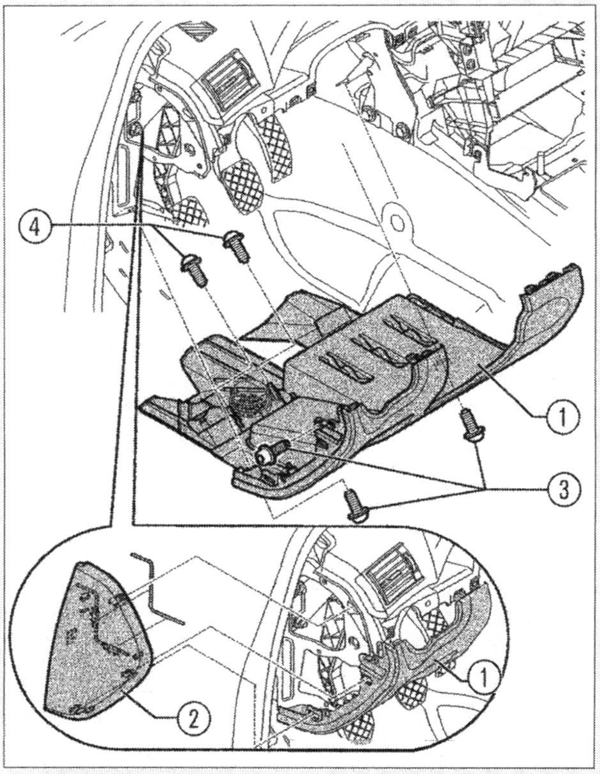

Der Ausbau des Ablagefachs auf der Fahrerseite ist relativ einfach: ❶ *Ablagefach,* ❷ *Seitenabdeckung,* ❸ *Kombischrauben (3x) 5 Nm,* ❹ *Schrauben (2x) 8 Nm.*

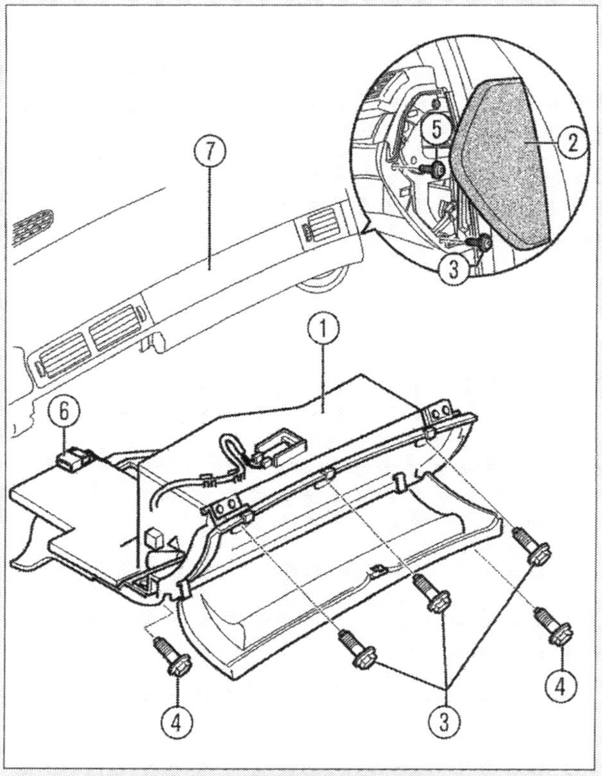

Auch der Ausbau des Handschuhkastens macht wenig Mühe: ❶ *Handschuhkasten,* ❷ *Seitenabdeckung,* ❸ *Schrauben (3x) 5 Nm,* ❹ *Schrauben (2x) 5 Nm,* ❺ *Schrauben (2x) 5 Nm,* ❻ *Stecker,* ❼ *Schalttafel.*

Handschuhfach aus-/einbauen

Arbeitsschritte

① Clipsen Sie zum **Ausbau** die Seitenabdeckung ❷ aus. Öffnen Sie den Handschuhkastendeckel.

② Lösen Sie die drei Schrauben ❸ oben in den Vertiefungen des Handschuhkastens ❶.

③ Lösen Sie von außen von der Seite her die beiden Schrauben ❺.

④ Lösen Sie von unten vom Fußraum her die beiden Schrauben ❹. Dann können Sie den Handschuhkasten nach unten herausnehmen.

⑤ Lösen Sie den Stecker ❻ der Handschuhkastenbeleuchtung und trennen Sie die Steckverbindung zum Schlüsselschalter zur Deaktivierung des Beifahrer-Airbags.

⑥ Der **Einbau** erfolgt in umgekehrter Reihenfolge.

Mittelkonsole aus-/einbauen

Für eine ganze Reihe von Arbeiten an Ihrem Fahrzeug macht sich der Ausbau der Mittelkonsole erforderlich. Dafür müssen Sie allerdings vorher die Mittelarmlehne abschrauben. Auch die Abdeckung der Schalttafel im Mittelteil (siehe nachfolgende Abbildung) und das Radio (Arbeitsschritte werden später erläutert) müssen ausgebaut werden.

Arbeitsschritte

① Clipsen Sie zum **Ausbau** die Schalterblende ❷ über dem Getränkehalter aus. Die Handbremse soll fest angezogen sein. Bei Automatikgetriebe stellen Sie den Wahlhebel ganz nach hinten.

② Nehmen Sie vorn im Fußraum rechts und links an der Mittelkonsolen-Seite die Deckel ❸ von den Schrauben ❹ ab und lösen diese.

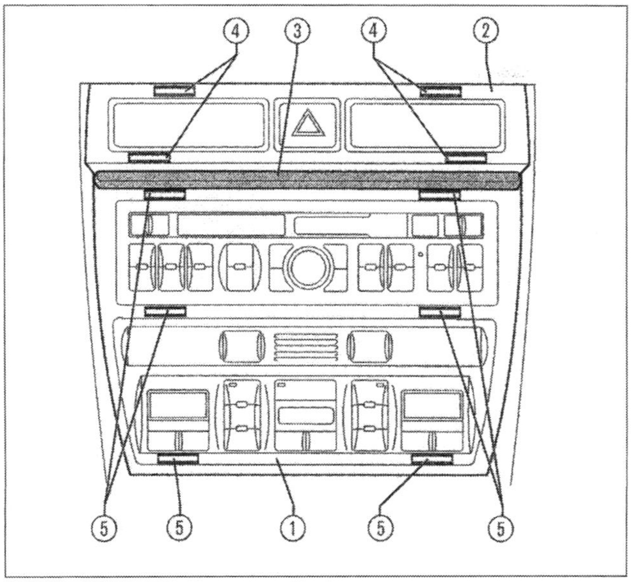

Abdeckung und Blende Schalterleiste: *Vorsichtig ausclipsen, bevor es an den Ausbau der Mittelkonsole geht.* *❶ Abdeckung, ❷ Blende Schalterleiste, ❸ Klappe Radio, ❹ und ❺ Befestigungsklammern (10x).*

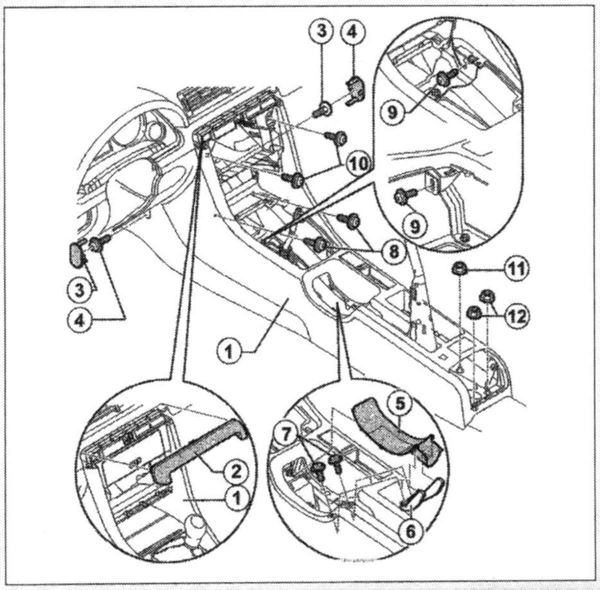

Aufwendig ist der Ausbau der Mittelkonsole: *❶ Mittelkonsole, ❷ Schalterblende, ❸ Deckel (2x), ❹ zwei Schrauben (5 Nm), ❺ Deckel Handbremse, ❻ Verbindungsteil, ❼ zwei Schrauben (2 Nm), ❽ zwei Schrauben (5 Nm), ❾ vier Schrauben (5 Nm), ❿ zwei Schrauben (5 Nm), ⓫ Sechskant-Kombimutter (26 Nm), ⓬ zwei Sechskant-Kombimuttern (26 Nm).*

③ Wenn Sie die Griffverkleidung für die Handbremse abgezogen haben, können Sie den Deckel ❺ von vorn her aushebeln.

④ Lösen Sie die zwei Kreuzschlitzschrauben ❼ am Verbindungsteil ❻ und nehmen Sie das Verbindungsteil heraus. Sonst lässt sich die Verkleidung nicht über den Handbremshebel hinwegziehen.

⑤ Bei Automatikgetrieben hebeln Sie jetzt die Schaltabdeckung nach oben aus. Bei Schaltgetrieben muss der Befestigungsrahmen des Schaltsacks gelöst und der Schaltsack abgezogen werden.

⑥ Bauen Sie den Ascher ❶ vorn aus und lösen Sie die zwei Schrauben ❷ in der Ascheröffnung.

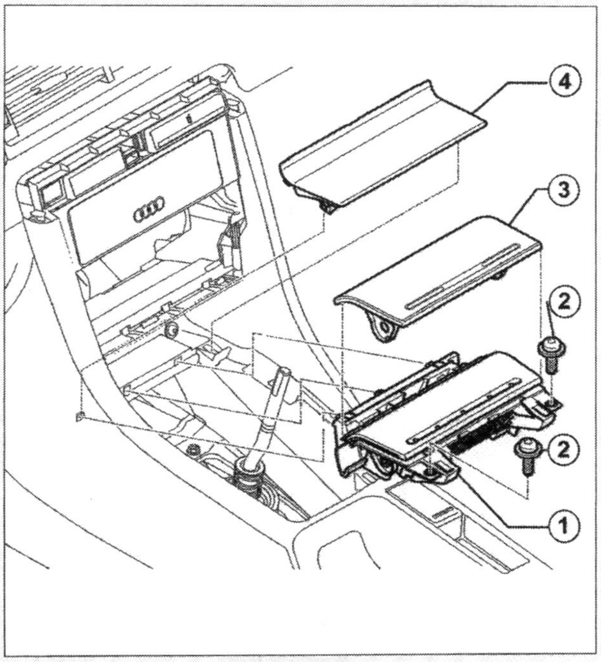

Nach dem Abschrauben des Aschers hängen Sie die Blende ❸ aus. Dann können Sie auch die Blende der Ablage ❹ ausclipsen.

⑦ Lösen Sie die vier Schrauben ❾ rund um das Schaltgetriebe, die die Mittelkonsole halten.

⑧ Trennen Sie die Steckverbindung für Zigarrenanzünder bzw. Navigationsmodul. Lösen Sie die zwei Schrauben ❿.

⑨ Bei Fahrzeugen mit Mittelarmlehne sind die Sechskant-Kombimutter ⓫ und die zwei Sechskant-Kombimuttern ⓬ zu lösen.

⑩ Jetzt können Sie die Mittelkonsole kräftig nach hinten ziehen und aus dem Fahrzeug herausnehmen. Mitunter lässt sich die Konsole nur schwer aus dem Druckgussteil an der Schalttafel lösen.

⑪ Der **Einbau** erfolgt in umgekehrter Reihenfolge.

Verkleidung im Kofferraum aus-/einbauen

Die seitliche Verkleidung im Gepäckraum oder die Verkleidung vom Heckabschluss in der Limousine auszubauen, ist leicht zu bewerkstelligen. Allerdings muss zuvor »Baufreiheit« geschaffen und die Rücksitzlehne ausgebaut werden.

Arbeitsschritte

① Nehmen Sie die Kofferraumbodenmatte heraus.

② Zum **Ausbau** der Heckabschluss-Verkleidung ❶ lösen Sie die zwei Muttern ❷. Ziehen Sie den Stecker der Kofferraumbeleuchtung ab. Clipsen Sie die Verkleidung nach oben aus den vier Blechclips ❸ aus.

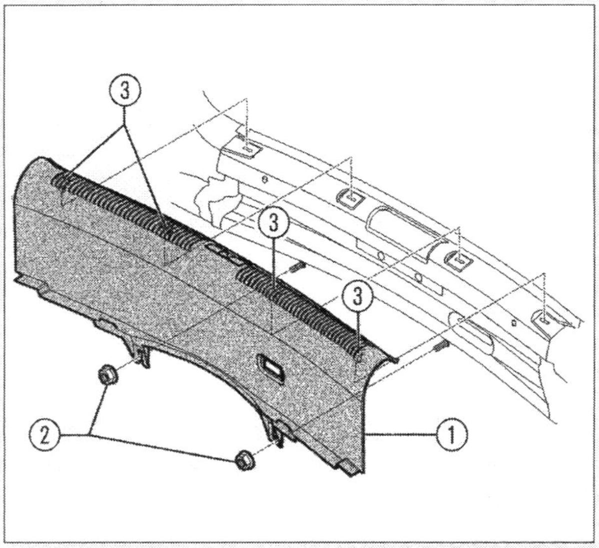

Beim Ausbau der Verkleidungen im Kofferraum geht es zuerst an den Heckabschluss: *❶ Verkleidung Heckabschluss, ❷ zwei Muttern (5 Nm), ❸ Blechclips (4x).*

③ Stellen Sie jetzt in der seitlichen Kofferraumverkleidung die Verzurröse ❺ (in manchen Ausführungen sind es zwei Ösen) nach oben und lösen Sie je zwei Kreuzschlitzschrauben ❻ in den Verzurrösen. Hängen Sie den Clip ❸ nach dem Ausclipsen aus der Lasche aus. Entriegeln Sie die drei anderen Clips ❹.

④ Beim **Einbau** sollten die Befestigungsclips erneuert werden. Beim Ansetzen der Verkleidung ist darauf zu achten, dass die Rastnasen und die Befestigungsclips richtig sitzen.

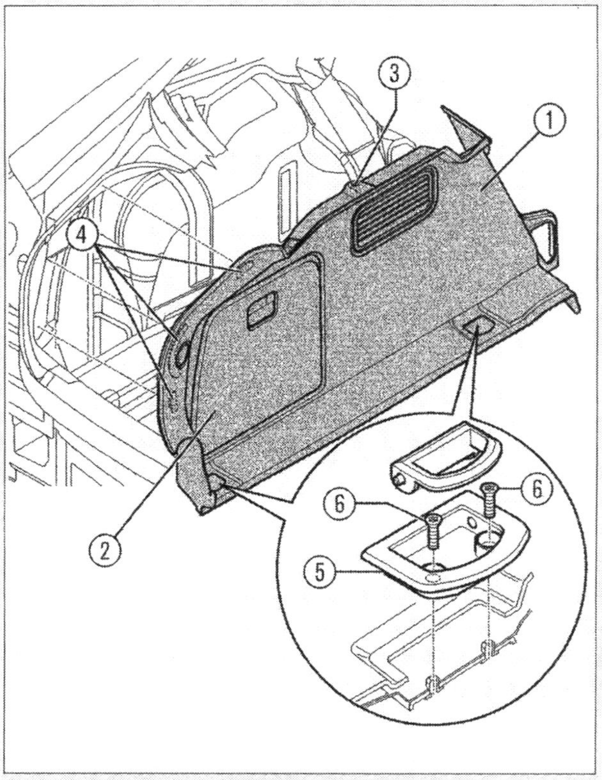

Seitliche Kofferraumverkleidung: *Einfach abzuschrauben und auszuclipsen. ❶ Verkleidung Kofferraum, ❷ Deckel, ❸ und ❹ Clips, ❺ Verzurröse, ❻ Kreuzschlitzschrauben.*

Türverkleidungen aus-/einbauen

Der Ausbau der Türverkleidungen vorn und hinten unterscheidet sich prinzipiell nicht. Bei der Türverkleidung vorn sind einige Details mehr zu beachten, wie schon die Übersicht der Einbauorte veranschaulicht. Etwas aufwendiger ist die Demontage von Armlehne und den darin befindlichen Schaltern, die in den folgenden Arbeitsschritten auch beschrieben wird. Der Ausbau der Lautsprecher ist nach Ausbau der Verkleidung hinten und vorn gleich.

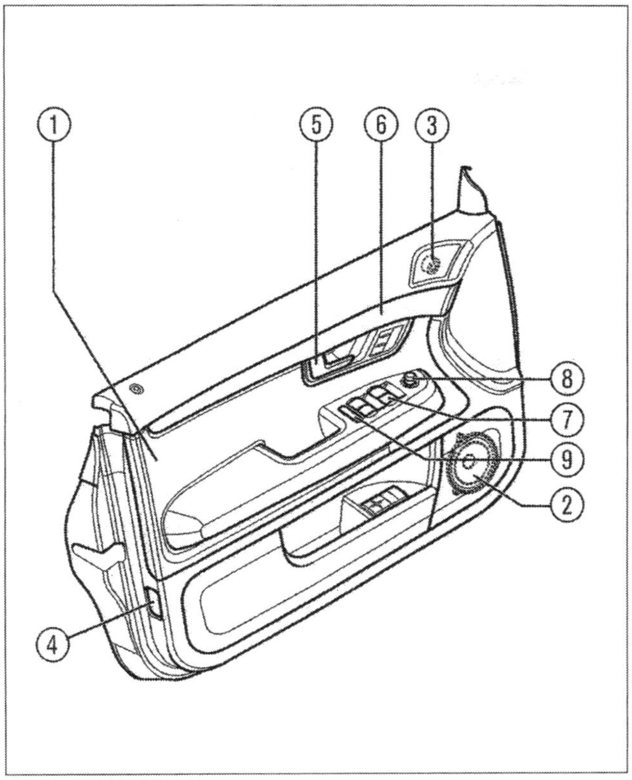

Einbauorte der Türverkleidungen vorn:
❶ Türverkleidung, ❷ Basston-Lautsprecher, ❸ Hochtonlautsprecher, ❹ Türwarnleuchte, ❺ Türinnenbetätigung, ❻ Zierblende, ❼ Fensterheberschalter, ❽ Spiegelverstellungsschalter, ❾ Zentralverriegelungsschalter.

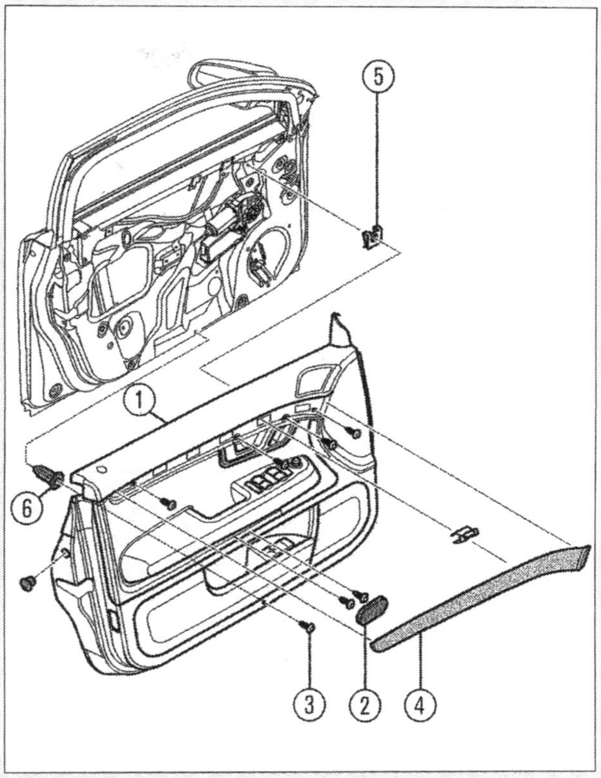

Beim Ausbau zu beachten:
❶ Türverkleidung, ❷ Unterteil Armlehne, ❸ Schrauben, ❹ Zierblende, ❺ Schnappmutter, ❻ Spreizmutter.

Arbeitsschritte

① Nehmen Sie zum **Ausbau** das Unterteil der Armlehne ❷ ab. Die beiden Schrauben ❸ schrauben Sie aus der Türverkleidung ❶ aus.

② Clipsen Sie die Zierblende ❹ aus und ziehen sie nach vorn ab.

③ Schrauben Sie die vier darunter liegenden Schrauben aus der Türverkleidung.

④ Heben Sie die Türverkleidung ca. 20 cm nach oben aus dem Türgrundkörper aus. Trennen Sie die elektrischen Steckverbindungen und hängen Sie den Bowdenzug für die Türinnenbetätigung aus.

⑤ Zum Lösen des Befestigungsclips der Türverkleidung drücken Sie die Rastnase ❷ und ziehen Sie den Clip ❶ in Pfeilrichtung heraus.

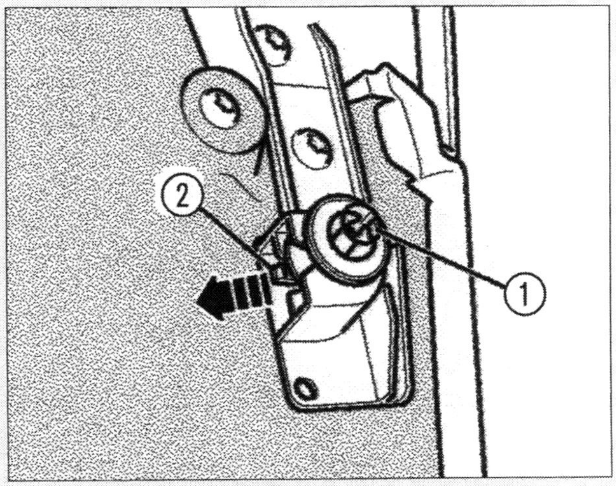

Den Befestigungsclip ❶ der Türverkleidung ziehen Sie in Pfeilrichtung heraus. ❷ Rastnase.

⑥ Die Armlehne ist abzuschrauben, um an die Schalter für Fensterheber, Spiegelverstellung und Zentralverriegelung heranzukommen. Beim Aushebeln der Schalter arbeiten Sie vorsichtig mit einem Schraubendreher.

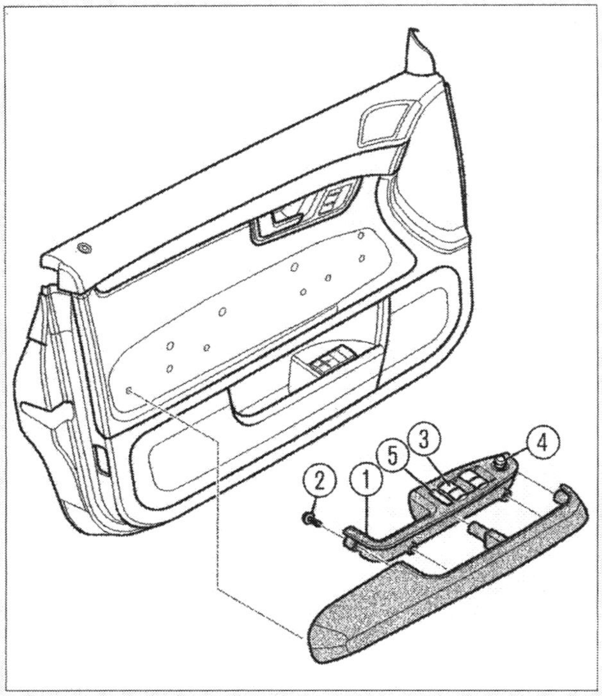

Ausbau der Armlehne: *❶ Armlehne, ❷ Schraube, ❸ Fensterheberschalter, ❹ Spiegelverstellungsschalter, ❺ Zentralverriegelungsschalter.*

⑦ Den Hochton-Lautsprecher ❶ nehmen Sie heraus, nachdem Sie die drei Rastnasen ❷ mit einem Flachschraubendreher zurückgedrückt haben.

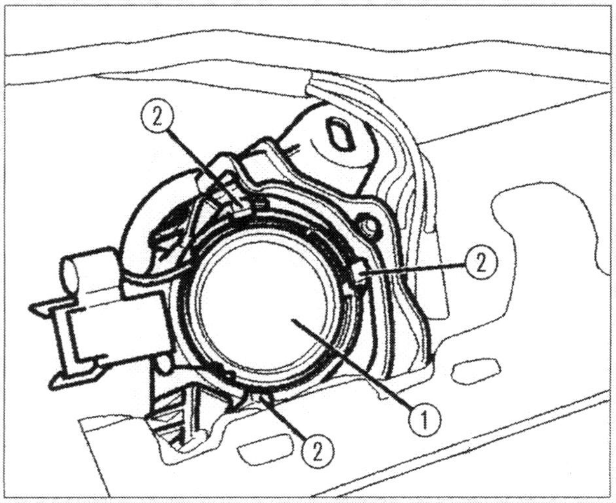

Der Hochton-Lautsprecher kann mit Hilfe eines Flachschraubendrehers herausgenommen werden.

⑧ Der Basston-Lautsprecher ❷ kann nach Lösen von drei Schrauben ❶ (Anzugsdrehmoment 1,5 Nm) abgenommen werden.

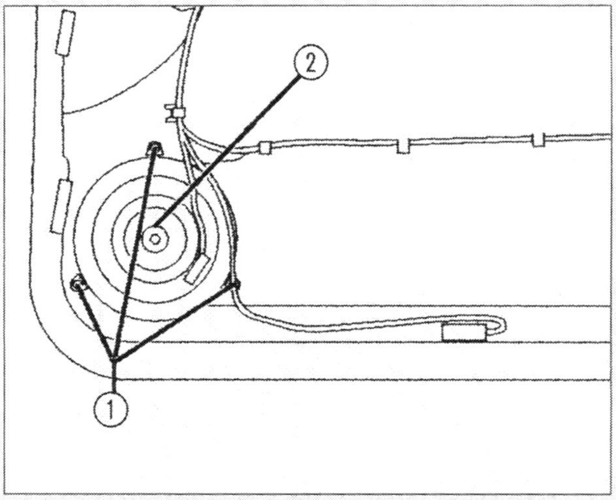

Der Basston-Lautsprecher muss herausgeschraubt werden.

⑨ Der **Einbau** erfolgt in umgekehrter Reihenfolge.

Sonnenblende aus-/einbauen

Arbeitsschritte

① Die Sonnenblende ❶ haken Sie beim **Ausbau** aus dem Aufnahmelager ❷ aus. Klappen Sie die Sonnenblende zur Seite.

② Abdeckkappe ❸ mit einem Schraubendreher heraushebeln und Schraube ❹ herausdrehen.

③ Nehmen Sie die Sonnenblende ab.

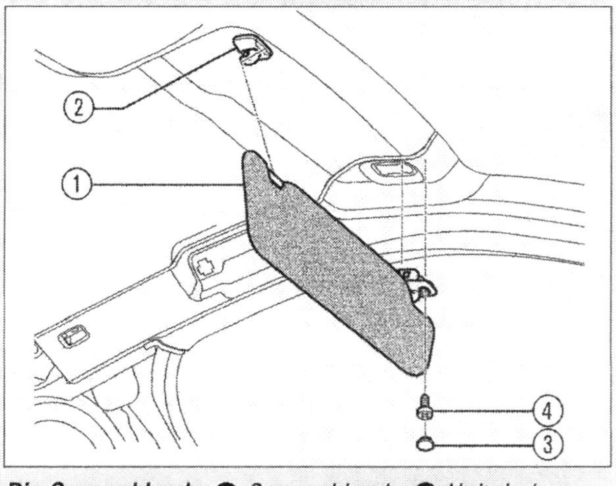

Die Sonnenblende: *❶ Sonnenblende, ❷ Haltehaken, ❸ Schraubenabdeckung, ❹ Schraube.*

④ Beim **Einbau** sollte die Gewindebohrung gereinigt und eine neue Schraube ❹ verwendet werden.

Elektrische Fensterheber

Störungsbeistand

Störung	Ursache	Abhilfe
A Fensterscheibe wird nur in eine Richtung verstellt.	Schalter defekt.	Schalter auswechseln.
B Fensterscheibe wird in keine Richtung verstellt.	**1** Fensterscheibe in den Führungen schwergängig, Sicherung wegen Überlastung des Motors durchgebrannt.	Fensterscheibe in den Führungen gängig machen, Sicherung erneuern.
	2 Motor läuft nicht, obwohl die Sicherung in Ordnung ist.	Spannung direkt an die Motoranschlüsse legen. Wenn der Motor jetzt läuft, liegt der Fehler in der Zuleitung. Läuft der Motor nicht, diesen auswechseln.
C Fensterscheibe wird im ganzen Verstellbereich zu langsam verstellt.	**1** Fensterscheibe in den Führungen verklemmt.	Spiel der Scheibe prüfen und ggf. korrigieren.
	2 Zu starke Reibung in der gesamten Mechanik.	Mechanik ohne Scheibe auf Reibungsverluste überprüfen, ggf. erneuern (lassen).
	3 Kabelverbindungen defekt oder oxidiert.	Überprüfen, reinigen, ggf. auswechseln.
	4 Schalter defekt oder oxidiert.	Überprüfen, ggf. auswechseln.
D Fensterscheibe wird an der oberen Grenze des Verstellbereichs zu langsam verstellt.	Siehe C1.	

Zentralverriegelung

Störungsbeistand

Störung	Ursache	Abhilfe
A Verriegelung funktioniert nicht.	**1** Sicherung durchgebrannt.	Erneuern.
	2 Motor der Fahrer- oder Beifahrertür defekt.	Funktion überprüfen, ggf. auswechseln.
	3 Verkabelung unterbrochen.	Überprüfen, ggf. erneuern (lassen).
B Schlösser werden entriegelt, aber nicht verriegelt.	**1** Siehe A2.	
	2 Mehrfachstecker an Motor oder Türkasten locker oder oxidiert.	Festen Sitz kontrollieren, ggf. reinigen.
	3 Schalter im Servomotor defekt.	Durchgangsprüfung an den entsprechenden Motorklemmen durchführen.
C Schlösser werden verriegelt, aber nicht entriegelt.	**1** Siehe A2.	
	2 Siehe B2 und 3.	
D Eines der Schlösser funktioniert nicht.	**1** Siehe B2.	
	2 Kabel- bzw. Steckverbindung am Servomotor oder Türkasten fehlerhaft.	Überprüfen, ggf. instand setzen.
	3 Mechanische Übertragungsteile klemmen.	Teile auf Funktion überprüfen und festen Sitz kontrollieren. Ggf. Teile etwas fetten, verschlissene Teile auswechseln.

Sitzbank aus-/einbauen

Je nach Ausstattung ist die Rücksitzbank geteilt oder einteilig. Aus- und Einbau werden am Beispiel der einteiligen Sitzbank beschrieben. Auf die gleiche Weise kann die geteilte Sitzbank demontiert werden.

Arbeitsschritte

① Heben Sie zum **Ausbau** die Sitzbank leicht in Pfeilrichtung A an, ziehen sie nach vorn in Pfeilrichtung B.

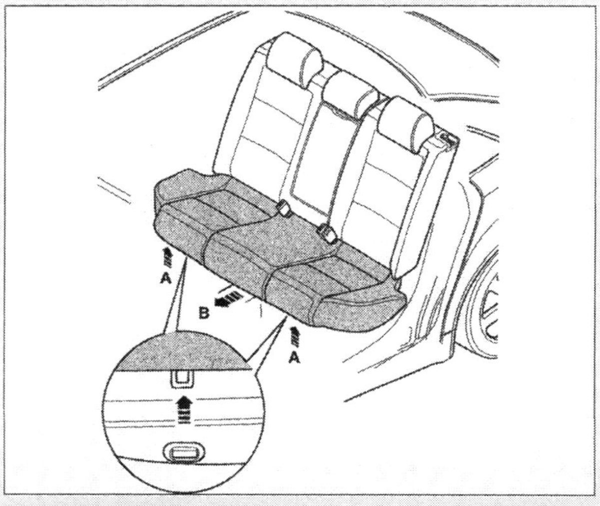

Ausbau der Rücksitzbank: *Dazu braucht es nur wenige Handgriffe.*

② Nehmen Sie den Kabelstecker für den Seitenairbag ❶ aus der Nut heraus.

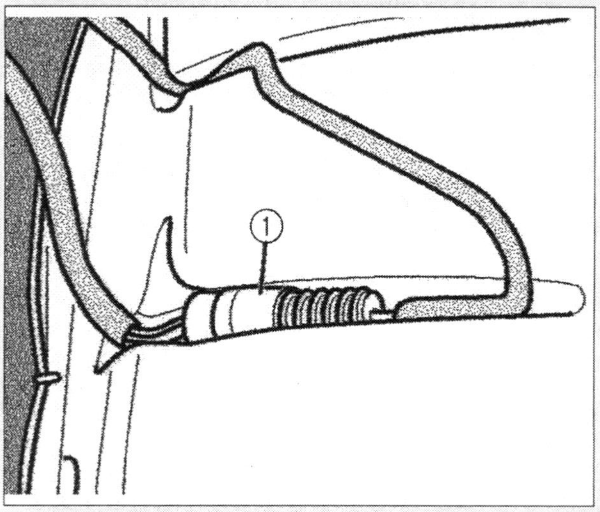

Der Kabelstecker für den Seitenairbag muss herausgezogen werden.

③ Beim **Einbau** der Sitzbank stecken Sie zuerst den Seitenairbag-Stecker an. Dann die Sitzbank nach hinten in Pfeilrichtung A schieben. Die Verankerungsösen sind in Pfeilrichtung B in die Kunststoffhülsen zu führen.

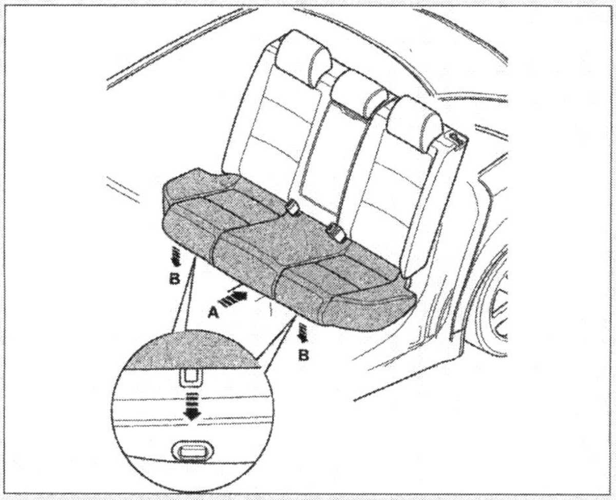

Achten Sie darauf, dass beim Einbau der Rücksitzbank die Kunststoffhülsen nicht beschädigt werden.

Mittelarmlehne aus-/einbauen

Arbeitsschritte

① Ziehen Sie zum **Abbau** die Abdeckung ❷ in Pfeilrichtung ab.

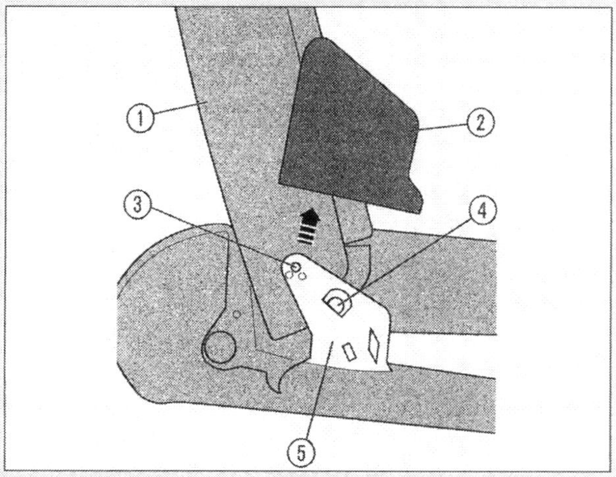

Die Mittelarmlehne ist leicht zu demontieren: ❶ *Mittelarmlehne,* ❷ *Abdeckung,* ❸ *Schraube,* ❹ *Bolzen,* ❺ *Scharnierarm.*

② Die Schraube ❸ ist auszuschrauben und der Bolzen ❹ aus dem Scharnierarm ❺ zu nehmen.

③ Nehmen Sie dann die Mittelarmlehne ❶ heraus.

④ **Einbau** in umgekehrter Reihenfolge.

Autoradio aus-/einbauen

Der Ausbau des Radios geht dank der Einschubhalterung so schnell, dass sich nicht nur Do it yourselfer, sondern auch Diebe freuen. Allerdings benötigt man spezielle Entriegelungswerkzeuge, die man zusammen mit dem Radio oder im Fachhandel bekommt. Bedenken Sie, dass Sie nach dem Ausbau den Anti-Diebstahl-Code eingeben müssen. Haben Sie den nicht, werden Sie die Hilfe der Werkstatt in Anspruch nehmen müssen.
Wenn Sie ein anderes als ein von Audi eingesetztes Radio einbauen, benötigen Sie unter Umständen zum Anschluss ein Adapterkabel. Beachten Sie bitte noch folgendes:

- Entstörsätze müssen eine ABE haben. Andernfalls kann die Betriebserlaubnis erlöschen.

- Manche Radios erhalten ein Geschwindigkeits-Signal für die geschwindigkeitsabhängige Lautstärkeanpassung (Gala). Das Kabel dafür darf nicht kurzgeschlossen werden. Probleme bei der Motorsteuerung sind ansonsten nicht ausgeschlossen.

- Nach Anschließen an die Versorgungsspannung erfolgt meist automatisch ein Datenaustausch zwischen dem Radio und dem Instrumenteneinsatz (sonst Zahlencode eingeben). Ein bei der Erstaktivierung der Diebstahlsicherung abgespeicherter Zahlencode wird verglichen. Bei Übereinstimmung ist das Radio betriebsbereit. Das Radio wird gesperrt, wenn es in ein anderes Fahrzeug eingebaut wird.

Arbeitsschritte

① Vor dem **Ausbau** Batterie-Massekabel abklemmen. Beachten Sie dabei die Hinweise zum Ausbau der Batterie (siehe Kapitel »Die Fahrzeugelektrik«).

② Stecken Sie die Entriegelungswerkzeuge in die entsprechenden Schlitze, bis sie einrasten.

③ Ziehen Sie das Radio an den Grifflösen der Werkzeuge aus der Armaturentafel. Die Ausziehbügel dürfen dabei nicht zur Seite gedrückt oder verkantet werden.

***Ausbau des Radios:** Diese Arbeit geht dank der Einschubhalterung sehr schnell. Hoffentlich freut das außer den Do it yourselfer nicht auch Diebe.*

④ Ziehen Sie die Steckverbindungen ab. Nicht alle Radios sind mit verwechslungssicheren Mehrfachsteckern ausgerüstet, so dass die Stecker beim Einbau vertauscht werden könnten. Bringen Sie also am besten Markierungen an.

⑤ Ziehen Sie zum **Einbau** beide Werkzeuge aus dem Radio heraus und stecken die Anschlüsse an.

⑥ Schieben Sie das Radio in die Armaturentafel, bis es einrastet.

⑦ Klemmen Sie das Massekabel der Batterie wieder an.

⑧ Geben Sie (falls erforderlich) den Geheimcode ein. Schauen Sie dazu in die Bedienungsanleitung des Radiogeräts.

Innenspiegel aus-/einbauen

Arbeits-schritte

① Der Innenspiegel ❶ kann zum **Ausbauen** einfach schräg nach unten (Pfeil) von der Halteplatte abgedrückt werden bis die Klemmfedern im Spiegelfuß ausrasten.

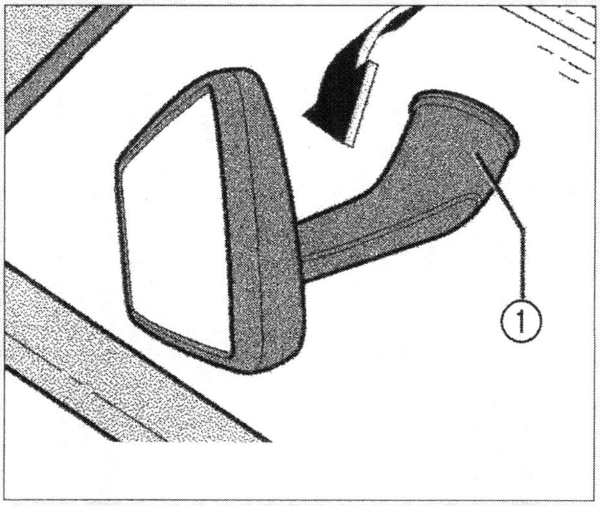

Zum Ausbau wird der Innenspiegel nach unten gedrückt.

② Den Spiegel ❶ zum **Einbau** um 60 bis 90 Grad verdreht zur Anbaulage (Pfeil A) ansetzen und in Pfeilrichtung B drehen, bis die Arretierfeder einrastet.

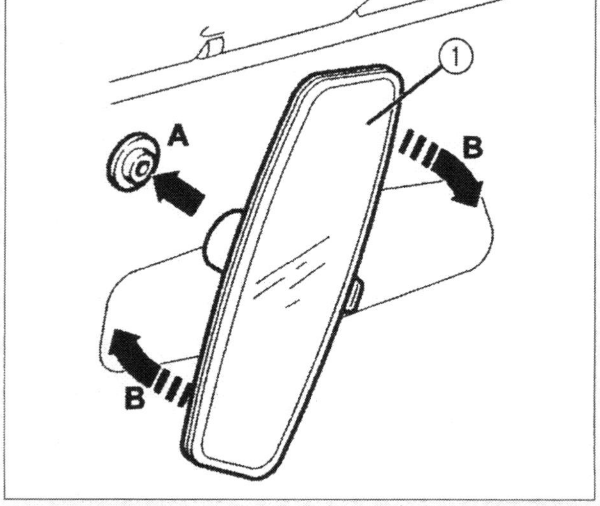

Bei der Montage wird der Innenspiegel verdreht zur Anbaulage angesetzt.

③ Handelt es sich um einen automatisch abblendbaren Spiegel, so muss zuerst die Kabelkanalabdeckung ❷ ausgeclipst werden, um den Stecker aus der Fixierung zu nehmen.

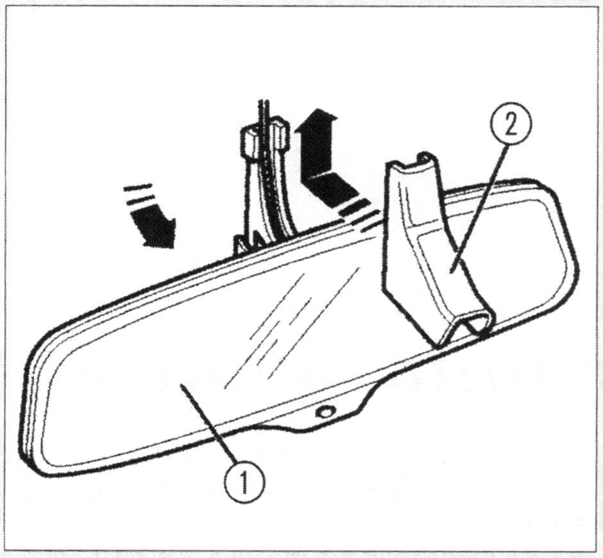

Beim Automatikspiegel beginnen Sie den Ausbau mit dem Abclipsen der Kabelkanalabdeckung.

④ Bei der Montage des automatisch abblendbaren Spiegels dürfen Sie den Kabalkanal ❷ nicht zum Drehen verwenden.

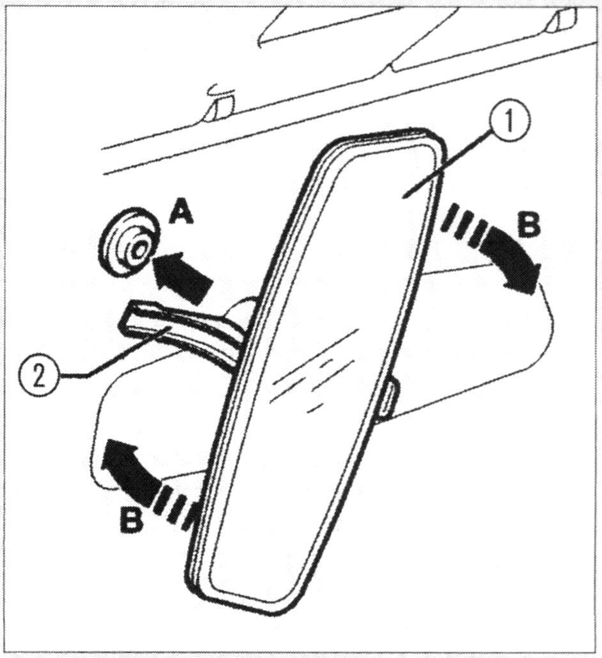

Bei der Montage des Automatikspiegels dürfen Sie den Kabelkanal nicht zum Drehen verwenden.

⑤ Zur Funktionsprüfung bei eingebautem Innenspiegel und eingeschalteter Zündung darf der Rückwärtsgang nicht eingelegt sein. Halten Sie den Fotosensor auf der Vorderseite zu (oder abkleben). Strahlen Sie den Sensor auf der Hinterseite mit einer Taschenlampe an. Der Automatikspiegel muss sich innerhalb von kurzer Zeit verdunkeln.

Ascher hinten aus-/einbauen

Arbeitsschritte

① Wenn Sie einmal in Verlegenheit kommen, den Ascher hinten ausbauen zu müssen, clipsen Sie zuerst den Deckel ❷ aus.

② Falls vorhanden, clipsen Sie auch die Aufnahme für den Schalter der Sitzheizung ❸ aus.

③ Dann hängen Sie den Ascher ❶ aus.

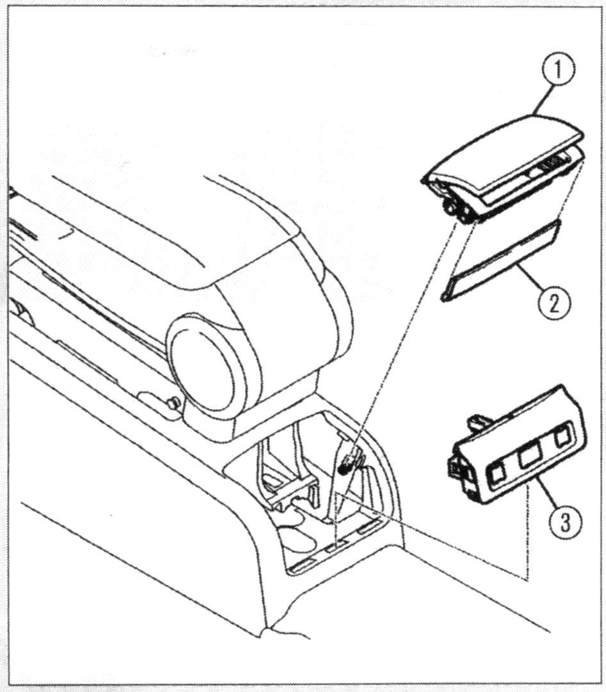

Das Ausclipsen des Aschers hinten geht kinderleicht.

DIE KAROSS

ERIE

Wartung

Reparatur

Die A4-Karosserie verbindet dezente Sportlichkeit mit konsequent moderner Architektur. Für die passive Sicherheit der Insassen sorgt in der Limousine wie im Avant die selbsttragende Sicherheits-Fahrgastzelle. Dazu kommen ein steifer Aufbau der Karosserie und ein Aufprallschutz auf beiden Seiten.

Klar konturiert, übersetzt die A4-Karosserie dezente Sportlichkeit in eine konsequent moderne Architektur. »Eine Linienführung, in der aerodynamische Perfektion und Audi-typische Dynamik Gestalt annehmen«, verspricht der Ingolstädter Automobilhersteller. Kühlergrill und die hohe Gürtellinie unterstreichen die Zugehörigkeit zur aktuellen Design-Linie. Der c_W-Wert von nur 0,28 und eine nicht nur in dieser Klasse herausragende Torsionssteifigkeit zeichnen die A4-Karosserie dabei ebenso aus wie der Einsatz fortschrittlicher Leichtbautechnologie selbst im Detail.

Als schon selbstverständliches Qualitätsmerkmal gilt die vollverzinkte Karosserie, für die 12 Jahre Garantie gegen Durchrostung geleistet wird. Leider ist Rost aber nicht das Einzige, was einer Karosserie zusetzen kann. Mit der Zeit kommt es durch ständige Belastung zu unangenehmen Begleiterscheinungen wie Klappern oder Quietschen.
Das sollen Sie im A4 allerdings auch nach vielen Jahren nicht hören. Die enorm hohe Verwindungssteifigkeit reduziert akustische Alterserscheinungen weitestgehend. Karosseriepartien nämlich, die früher aus mehreren Teilen bestanden, werden heute in einem Stück gefertigt. Die Montage einzelner Baugruppen erfolgt mit moderner Laserschweißung. Eine präzise Rohbaufertigung reduziert die Fugenmaße auf ein Minimum. Das verringert sowohl lästige Windgeräusche als auch den Kraftstoffverbrauch.
Die Karosserie ist selbsttragend. Bodengruppe, Seitenteile, Dach und die hinteren Kotflügel sind miteinander verschweißt. Eine Reparatur größerer Karosserieschäden und das Auswechseln der geklebten Front- und Heckscheibe sollten einer Fachwerkstatt überlassen werden.

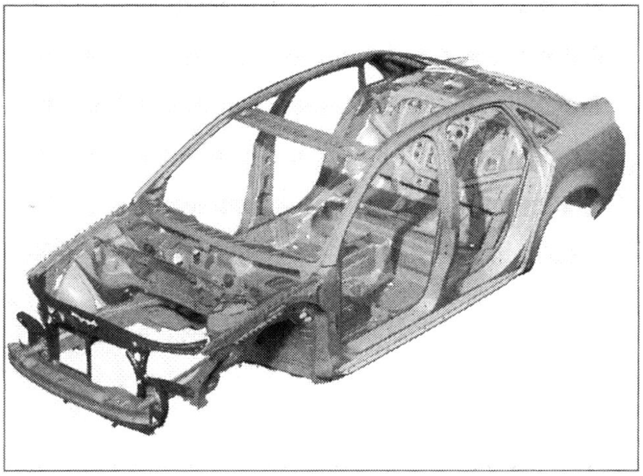

***Selbsttragende Karosserie:** Bodengruppe, Seitenteile, Dach und die hinteren Kotflügel sind miteinander verschweißt.*

Motorhaube, Heckklappe, Türen und die vorderen Kotflügel sind angeschraubt und lassen sich mit mehr oder weniger Montageaufwand auswechseln. Allerdings setzen die nötigen präzisen Einstellungen und das Einhalten der richtigen Fugenmaße viel Erfahrung und Fingerspitzengefühl voraus. Die vorgegebenen Maße müssen beim Einbau beachtet werden, sonst klappert etwa die Tür oder es treten erhöhte Windgeräusche während der Fahrt auf.

Die Karosserie-Fugenmaße

Trotz seiner ausgeklügelten Konstruktion ist der A4 prinzipiell ein reparaturfreundliches Auto. Das merken Sie spätestens dann, wenn Sie nach einem Blechschaden einen Stoßfänger, einen Kotflügel oder eine Heckklappe wechseln müssen.
Bei allen Arbeiten an der Karosserie sind aber unbedingt die richtigen Fugenmaße einzuhalten. Anderenfalls müssen Sie damit rechnen, dass die gerade eingebauten Teile klappern oder zu übermäßigen Windgeräuschen führen. Der Abstand zwischen den Karosserieteilen muss auf der gesamten Länge des Luftspalts gleich groß sein. Zulässig sind nur Abweichun-

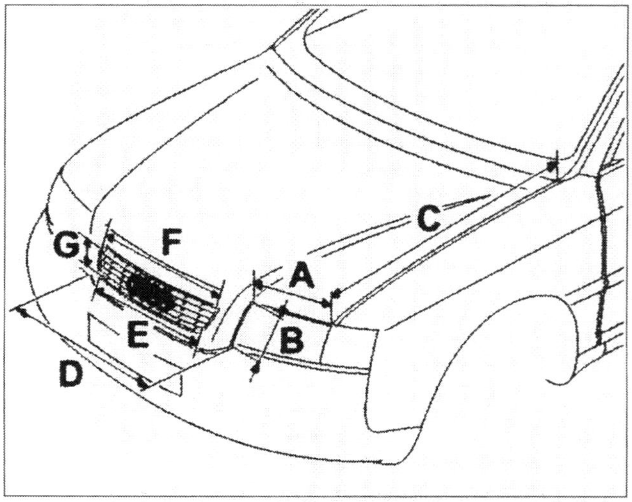

***Fugenmaße vorn:** A = 5,5 +/- 0,5 mm; B = 5,5 mm +/- 0,5 mm; C = 3,5 mm +/- 0,5 mm; D = 4 mm +/- 0,5 mm; E = 1,5 mm +/- 0,5 mm; F = 1,5 mm +/- 0,5 mm; G = 2,5 mm +/- 0,5 mm.*

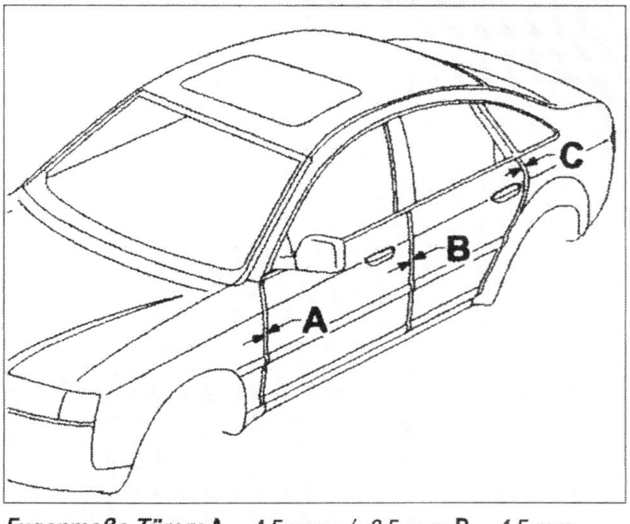

***Fugenmaße Türen:** A = 4,5 mm +/- 0,5 mm; B = 4,5 mm +/- 0,5 mm; C = 3,5 mm +/- 0,5 mm.*

gen bis zu einem Millimeter. Die Fugenmaße können mit dem Spezialwerkzeug 3371 überprüft werden. In den Abbildungen zeigen wir Ihnen die wichtigsten Fugenmaße bei der Limousine.

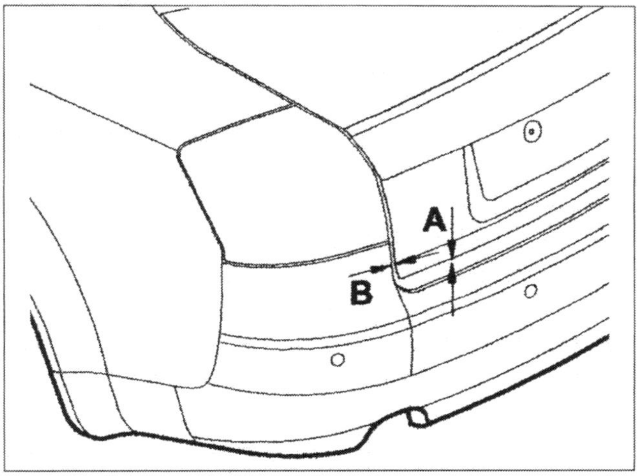

Fugenmaße hinten: *A = 4,0 mm +/- 0,5 mm; B = 2,0 mm +/- 0,5 mm.*

Passive Sicherheit

Sicherheit war eines der wichtigsten Kapitel bei der Neuentwicklung des A4. Das anerkannt hohe Sicherheitsniveau der Audi-Fahrzeuge wurde für den A4 konsequent weiter entwickelt. Das heißt erhöhte Crashfestigkeit der A4-Karosserie und beim Crash eine geringere Deformation des Fahrgastraums. Für das Cabrio wurde auf der IAA 2001 ein innovatives Überrollschutzsystem präsentiert.

Für die passive Sicherheit der Insassen sorgt in der Limousine wie im Avant die selbsttragende Sicherheits-Fahrgastzelle. Dazu kommen ein steifer Aufbau der Karosserie und ein Aufprallschutz auf beiden Seiten.

Das Überrollschutzsystem beim neuen A4 Cabriolet.

Scheiben und Fenster

Front- und Heckscheibe bieten keinen Spielraum fürs Do it yourself. Sie sind als konstruktives Element der Karosserie mit dem Aufbau verklebt. Ohne Spezialwerkzeug ist da nichts zu machen. Auch das ist wieder ein typischer Fall für die Werkstatt. Was übrigens auch für den Ausbau der Tür- und Fensterscheiben empfohlen wird.

Die Türen selbst sind nicht so einfach auszubauen und vor allem schwierig einzustellen. Wir empfehlen den Ausbau hier nicht, sondern beschränken uns auf Arbeiten an Türgriff und Türschloss.

Praxistipp

Arbeiten an der Karosserie

Die meisten der in diesem Kapitel vorgestellten Reparaturen können Sie mit einer Werkzeug-Grundausstattung selbst erledigen. Viele Teile sind mit Torx-Schrauben befestigt, weshalb Sie zusätzlich einen entsprechenden Schlüssel-Satz benötigen. Teile wie Motorhaube oder Heckklappe sind jedoch ziemlich sperrig und können beim Ausbau nur schwer gesichert werden. Lassen Sie sich daher von einem Helfer unterstützen. Ein Tipp für Arbeiten an Motorhaube und Heckklappe: Sie erleichtern sich den Wiedereinbau, wenn Sie die Lage der Scharniere vor der Demontage mit einem wasserfesten Filzschreiber anzeichnen.

Gefahrenhinweis

Sicherheitshinweise für Karosseriearbeiten

Gurtstraffer: Bei Fahrzeugausstattungen mit Gurtstraffern, die bei einem Crash die Sicherheitsgurte schlagartig anziehen, ist besondere Vorsicht geboten. Aktiviert werden die Gurtstraffer von elektrisch gezündeten Gasgeneratoren. Dieses Rückhaltesystem ist fürs Do it yourself tabu. Montage und Demontage der Gurtstraffer sind Sache der Werkstatt, die dabei strenge Sicherheitsvorschriften einhalten muss. Wenn Sie an der Karosserie arbeiten, dürfen Sie nicht ohne weiteres in der Umgebung der Gurtrolle mit Schlagschrauber oder Hammer arbeiten. Die Gurtstraffer reagieren empfindlich auf Vibrationen und harte Schläge und können auslösen. Ziehen Sie zur Sicherheit vor allen Arbeiten unter dem Fahrzeug die Sicherung für die Gurtstraffer ab und warten Sie fünf Minuten, bis sich die Kondensatoren entladen haben.

Verzinkung: Die Karosserie ist außen elektrolytisch und innen feuerverzinkt. Bei Schweißarbeiten entsteht giftiges Zinkoxid. Sorgen Sie für gute Belüftung am Arbeitsplatz.

Klimaanlage: Es dürfen keine Schweiß- oder Lötarbeiten durchgeführt werden, bei denen sich Teile der Klimaanlage erwärmen können. Der Kältemittelkreislauf darf nicht geöffnet werden.

Elektrische Anlage: Soweit Schweißarbeiten oder andere Funken erzeugende Arbeiten durchgeführt werden, müssen grundsätzlich die Batterie abgeklemmt und beide Batterieklemmen (+) und (-) sorgfältig isoliert werden.

Wasserablaufschläuche reinigen

Wartungsarbeiten an der Karosserie gibt es so gut wie nicht, von der am Anfang dieses Buches ausführlich geschilderten Pflege einmal abgesehen. Eine Sache allerdings sollten Sie tun: Die Wasserablaufschläuche regelmäßig reinigen. Dazu müssten Sie sich ein Hilfswerkzeug herstellen, nämlich eine Sonde, die Sie in die Schläuche einführen können. Stellen Sie sich dieses etwa 2300 mm lange Teil aus den Seelen von Tachometerantriebswellen her.

Vorn verlaufen die Wasserablaufschläuche Ihres A4 in den A-Säulen und enden zwischen Tür und Säule. Die Reinigung erfolgt vom Ausschnitt des Schiebe-/Ausstelldaches her. Die hinteren Wasserablaufschläuche verlaufen in den C-Säulen und enden seitlich hinter der Stoßfängerabdeckung. Die Reinigung erfolgt vom unteren Schlauchende her. Dazu muss allerdings die Stoßfängerabdeckung ausgebaut werden.

Die Wasserablaufschläuche:
❶ Schläuche vorn,
❷ Schläuche hinten.

Zentralverriegelung (Einbauübersicht)

Die Zentralverriegelung im A4 arbeitet elektrisch, anstatt wie bisher pneumatisch. Die Stellelemente in den Türen sind im Türschloss integriert und haben zwei Motoren. Die Stellelemente können nicht einzeln ersetzt werden. Das jeweilige Steuergerät der einzelnen Tür ist im Fensterhebermotor integriert.

Der erste Motor verriegelt die Tür, der zweite Motor verriegelt die Innenbetätigung der Tür. Das ist die so genannte Safe-Funktion. Die Türen können dann auch nicht mehr von innen geöffnet werden.

Die Stellelemente der Tankklappe und der Heckklappe haben je einen Motor und können einzeln ersetzt werden.

Nach einem Unfall mit Airbag-Auslösung öffnet das Zentralverriegelungs(ZV)-Steuergerät eine eventuell vorhandene Verriegelung der Türen. Das ZV-Steuergerät befindet sich vor dem Fahrersitz links unter der Bodenmatte.

Wir beschreiben hier nicht den etwaigen Ausbau einzelner Teile des ZV-Systems, sondern geben nur eine Einbauübersicht.

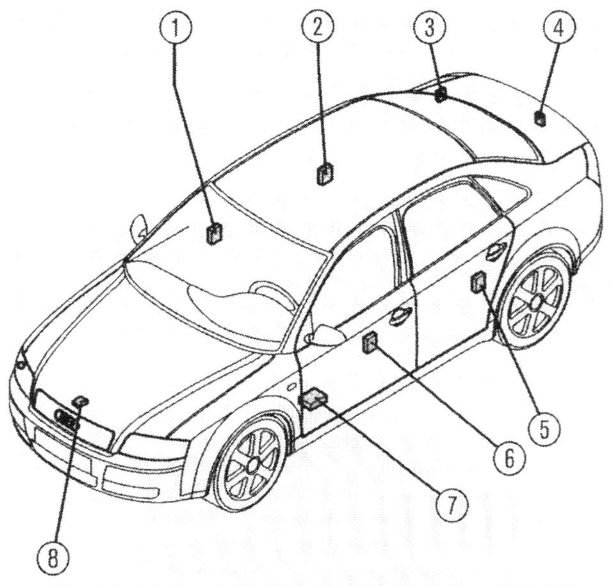

Die Bauteile der Zentralverriegelung: *❶ Türsteuergerät J387 vorn rechts, ❷ Türsteuergerät J389 hinten rechts, ❸ Motor V155 für Tankklappenentriegelung, ❹ Motor V139 für Heckklappenentriegelung, ❺ Türsteuergerät J388 hinten links, ❻ Türsteuergerät J386 Fahrerseite, ❼ Zentralsteuergerät J393 für Komfortsystem (hinter der Verkleidung Säule A unten), ❽ Kontaktschalter für Motorhaube.*

Kühlergrill (und weitere Teile) aus-/einbauen

Arbeitsschritte

① Zum **Ausbau** müssen Sie die Verrastungen (Pfeile) lösen.

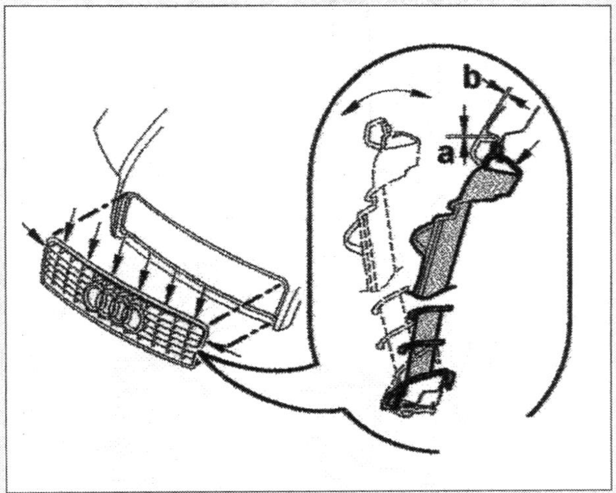

Der Kühlergrill: *Maß a = 1,5 mm +/- 0,5 mm; Maß b = 0,7 mm +/- 0,5 mm.*

② Schwenken Sie den Kühlergrill oben aus und ziehen Sie ihn unten ab.

③ Beim **Einbau** versehen Sie die PU-Dichtung mit Gleitmittel. Stecken Sie den Grill unten mittig auf (Mittenzentrierung!) und schwenken Sie ihn in Pfeilrichtung ein.

④ Achten Sie auf die Einbaumaße und auf hörbares vollständiges Einrasten.

⑤ Zum **Ausbau** des **Fanghakens** schrauben Sie die Sechskantmuttern heraus und nehmen den Haken ab.

⑥ Beim **Einbau** des Hakens ziehen Sie die Sechskantmuttern mit 11 Nm fest.

⑦ Wenn Sie das **Klappenschlossunterteil ❶ ausbauen** wollen, müssen Sie den Bowdenzug für die Klappe vorn aushängen. Dann drehen Sie die vier Schrauben ❷ heraus und nehmen das Schlossunterteil heraus.

⑧ Zum Einstellen der Klappe vorn wird das Schlossunterteil nach oben oder unten verstellt.

⑨ Der **Anschlagpuffer** muss bei geschlossener Klappe leicht am Innenblech anliegen.

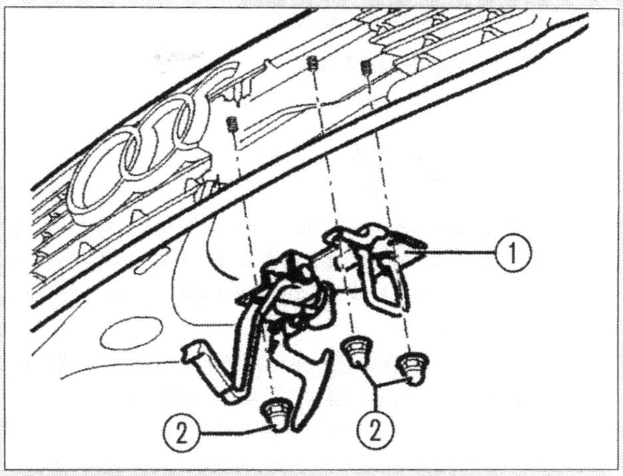

Der Fanghaken: *Haken ❶ mit Sechskantmuttern ❷ angeschraubt.*

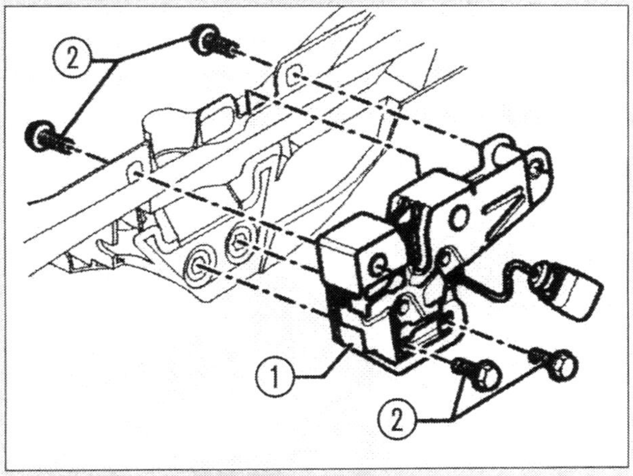

Klappenschlossunterteil: *Schlossunterteil ❶ ist mit vier Schrauben ❷ befestigt.*

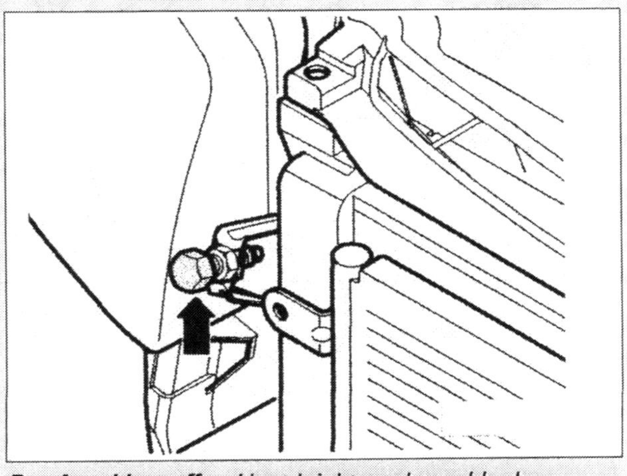

Der Anschlagpuffer: *Liegt leicht am Innenblech an.*

⑩ Bei Verstellung der Scheinwerfer wird der Anschlagpuffer nur zur Feineinstellung nachpositioniert. Anzugsdrehmoment: 15 Nm.

Stoßfänger vorn aus-/einbauen

Arbeits-schritte

① Zum **Ausbau** (und Einbau) müssen die Vorderräder ausgebaut sein. Die vordere Hälfte der Radlaufschale ist gelöst. Dann Sechskantbundmuttern ❿ auf beiden Seiten ausschrauben.

② Die Kombischrauben ❻ aus dem Führungsteil ❷ herausschrauben. Innensechskantschraube ❼ ausschrauben und Abdeckung mit Aufprallträger nach vorne herausziehen. Der Querträger ist nach Herausdrehen von Kombischrauben aus der Abdeckung herauszunehmen (Einbau umgekehrt).

③ Vor dem **Einbau** des Stoßfängers vorn müssen die Clipse in den Kotflügel eingedrückt werden. Die Rastnase der Abdeckung ❶ muss in den Clip ❹ einrasten. Die Abdeckung ❶ muss in Führungsteil ❷ einrasten.

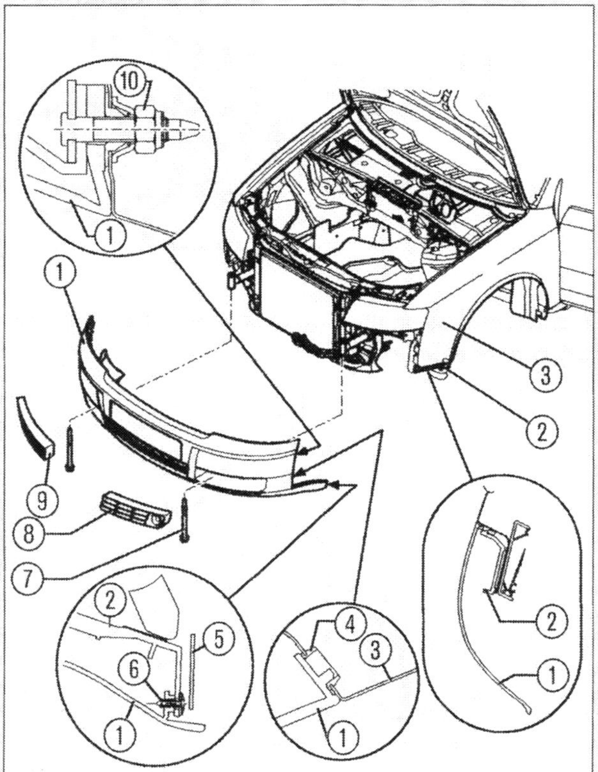

Montageübersicht Stoßfänger vorn:
❶ Abdeckung, ❷ Führungsteil, ❸ Kotflügel, ❹ Clip, ❺ Radhausschale, ❻ Kombischraube (1 Nm), ❼ Innensechskantschraube, ❽ und ❾ Lufteinlassgitter, ❿ Sechskantbundmutter (5 Nm).

④ Ziehen Sie die Sechskantbundmuttern ❿ und die Innensechskantschrauben ❼ (nach Eindrehen) fest. Der Pralldämpfer ist in der Höhenlage zum Querträger selbsteinstellend.

⑤ Zur Befestigung der Abdeckung ❶ am Kotflügel wird die Abdeckung mit Querträger auf den Prallträger aufgeschoben und in das Führungsteil links und rechts am Kotflügel eingeclipst.

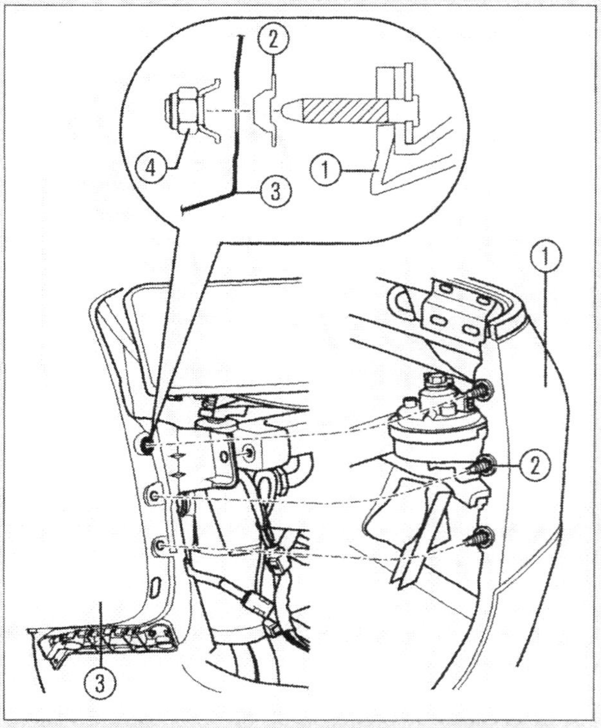

***Die Abdeckung am Kotflügel:** ❶ Abdeckung, ❷ Spreizclip, ❸ Kotflügel, ❹ Sechskantbundmutter (4 Nm).*

⑥ Dann die Abdeckung mit den Sechskantbundmuttern ❹ am Kotflügel festschrauben. Vor dem Einbau der Abdeckung müssen die Spreizclipse eingedrückt werden.

Stoßfänger vorn am Pralldämpfer befestigen

Arbeits-schritte

① Der Pralldämpfer ist selbsteinstellend. Er kann Lagetoleranzen in der Höhe zwischen Stoßfänger und Pralldämpfer beim Einschrauben der Innensechskantschrauben ❶ ausgleichen. Der Stoßfänger wird beim Einschrauben der Innensechskantschrauben automatisch in der vorher eingestellten Position gehalten und befestigt. Nach Herausschrauben von Kombischrauben und einer Sechskantmutter kann der Pralldämpfer aus dem Längsträger herausgezogen werden. Er wird wieder eingebaut, indem die drei Kombischrauben mit 50 Nm und die Sechskantmutter mit 4 Nm festgezogen werden.

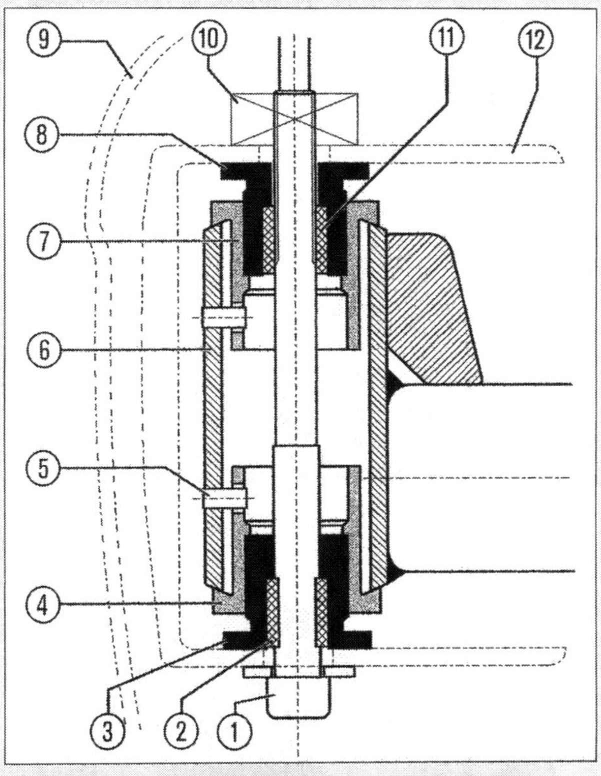

Stoßfänger am Pralldämpfer: *❶ Innensechskantschraube (23 Nm), ❷ Mitnehmerbuchse unten, ❸ Stellschraube unten (Linksgewinde, kein Ersatzteil), ❹ Gewindebuchse unten (mit Fixierstift gegen Herausfallen gesichert, kein Ersatzteil), ❺ Fixierstift, ❻ Pralldämpfer, ❼ Gewindebuchse oben (mit Fixierstift gegen Herausfallen gesichert, kein Ersatzteil), ❽ Stellschraube oben (Rechtsgewinde, kein Ersatzteil), ❾ Abdeckung, ❿ Mutter, ⓫ Mitnehmerbuchse oben (kein Ersatzteil), ⓬ Querträger.*

② Drehen Sie vor der Montage des Stoßfängers vorn die Stellschrauben oben und unten (❽ und ❸) vollständig ein.

③ Wenn das **Führungsteil** ausgebaut werden soll, muss der Stoßfänger ausgebaut sein. Zum Ausbau werden die Schrauben ❷ ausgeschraubt.

④ In dieses Führungsteil ❶ muss die Abdeckung beim Einbau sauber einrasten. Die Sechskantbundmutter ❺ ist erst nach Lösen der vorderen Hälfte der Radhausschale zugänglich.

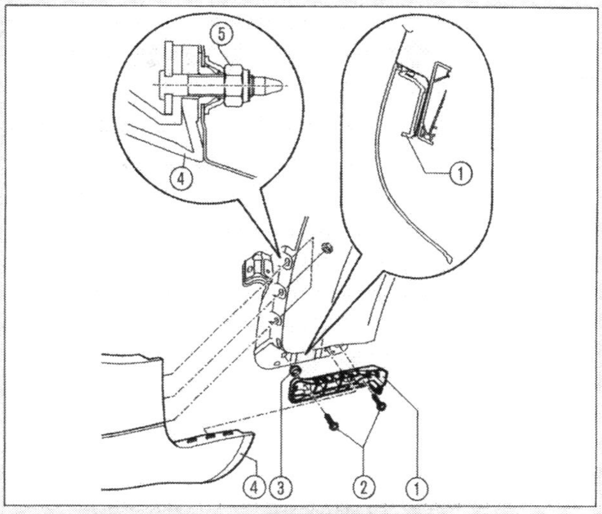

Führungsteil: *❶ Führungsteil, ❷ Schraube (1,5 Nm), ❸ Clip, ❹ Abdeckung, ❺ Sechskantbundmutter (4 Nm).*

Stoßfänger hinten aus-/einbauen

Arbeitsschritte

① Zum **Ausbau** entfernen Sie teilweise die Kofferraumverkleidung. Schrauben Sie die vom Kofferraum her erreichbaren Sechskantmuttern ❾ ab. Schrauben Sie dann die Sechskantbundmuttern ❿ heraus. Drehen Sie die Schrauben ❹ und ❼ heraus.

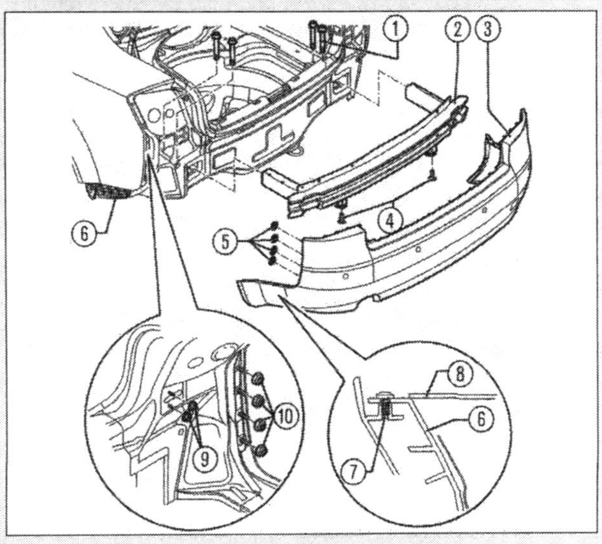

Montageübersicht Stoßfänger hinten: *❶ Kombischraube (20 Nm), ❷ Querträger, ❸ Abdeckung, ❹ Schraube (1 Nm), ❺ Clip, ❻ Führungsteil, ❼ Schraube (1 Nm), ❽ Radhausschale, ❾ Mutter (4 Nm), ❿ Sechskantbundmutter (4 Nm).*

② Wenn die Abdeckung ausgebaut ist, schrauben Sie die Kombischraube ❶ heraus und ziehen Sie den Querträger ❷ aus den Längsträgern heraus.

③ Beim **Einbau** in umgekehrter Reihenfolge beachten Sie die Befestigung am Seitenteil mit Clip ❺ sowie die Anzugsmomente der Schraubverbindungen.

④ Zum Aus- und Einbau des **Führungsteils** muss der Stoßfänger ausgebaut sein. Schrauben Sie dann die Schrauben ❶ heraus und nehmen das Führungsteil ❷ ab. Bauen Sie mit Anzugsdrehmoment 1,5 Nm das Führungsteil wieder ein und beachten Sie die Clips ❸.

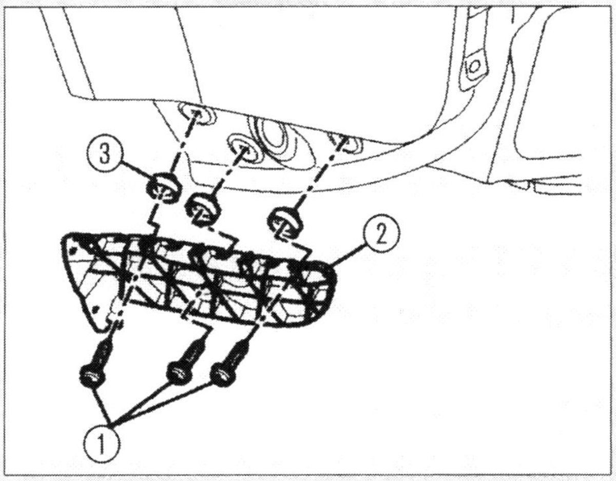

Führungsteil: *❶ Schrauben (1,5 Nm), ❷ Führungsteil, ❸ Clip.*

⑤ Zur Befestigung des Stoßfängers am Seitenteil ❸ müssen die Spreizclipse ❷ vor dem Einbau der Abdeckung ❶ in das Seitenteil hineingedrückt werden.

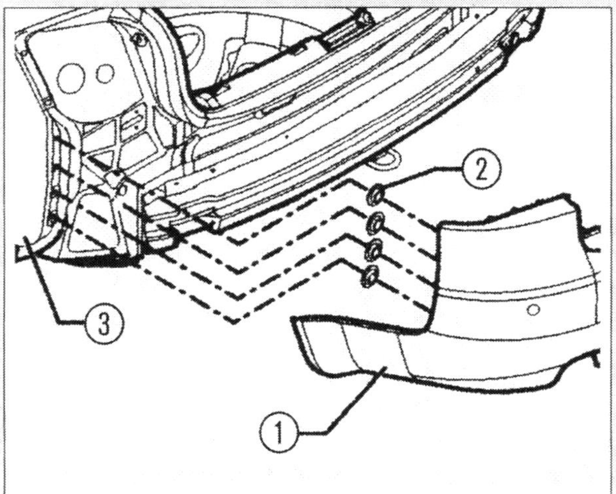

Befestigung am Seitenteil: *❶ Abdeckung, ❷ Spreizclipse, ❸ Seitenteil.*

Schlossträger in Servicestellung bringen

Für manche Arbeiten empfiehlt es sich oder ist es sogar erforderlich, den Schlossträger an der Motorhaube (Klappe vorn) in die so genannte Servicestellung zu bringen. Dazu ist zuerst der Stoßfänger vorn auszubauen. Die Geräuschdämpfung muss nicht ausgebaut werden, aber die vorderen Schnellverschlussschrauben sind zu lösen.

Arbeitsschritte

① Zur Herstellung der Servicestellung entfernen Sie die Motorabdeckungen ❷ und ❸. Schrauben Sie die Luftführung zwischen Schlossträger und Luftfilter am Schlossträger ab und nehmen Sie sie heraus.

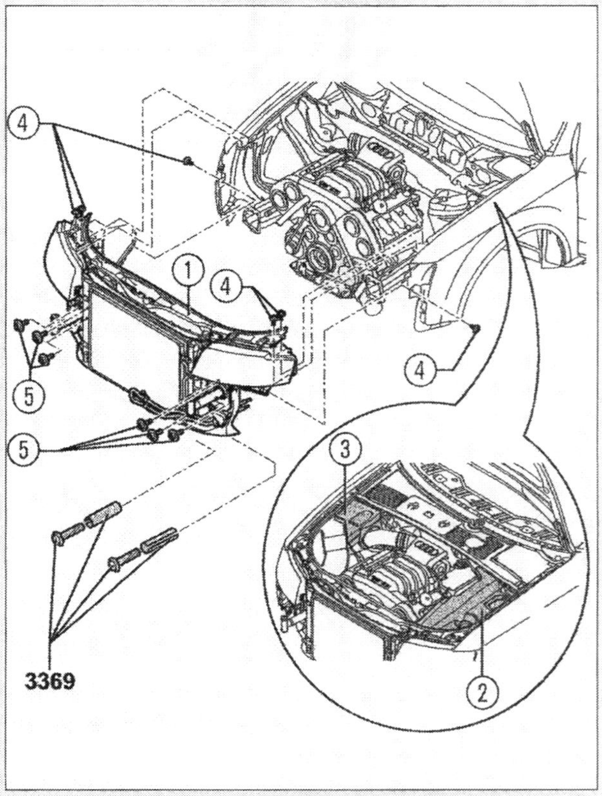

Servicestellung des Schlossträgers: *❶ Schlossträger, ❷ Motorabdeckung links, ❸ Motorabdeckung rechts, ❹ Kombischraube (10 Nm), ❺ Kombischraube (50 Nm).*

② Schrauben Sie in die Gewindebohrungen auf der linken wie auf der rechten Seite jeweils ein Sonderwerkzeug 3369 ein.

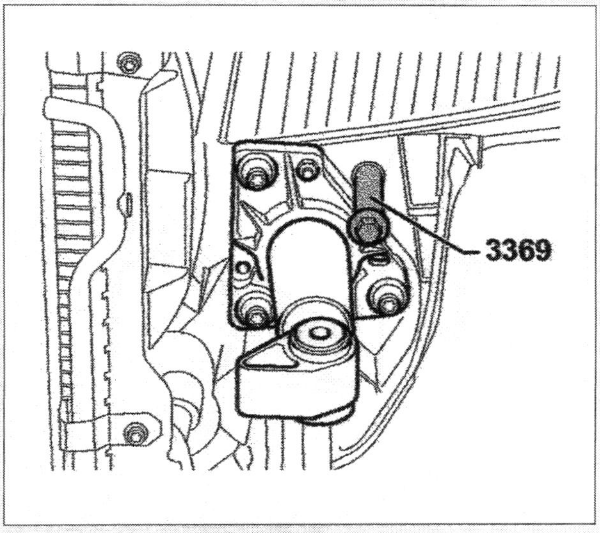

Einschrauben des Spezialwerkzeugs 3369.

③ Schrauben Sie die Befestigungsschrauben ❹ heraus und ziehen Sie den Schlossträger nach vorn, bis sich die hintere Bohrung am Schlossträger mit der vorderen Gewindebohrung der Kotflügelbank deckt.

④ Fixieren Sie jetzt den Schlossträger, indem Sie ihn links und rechts festschrauben.

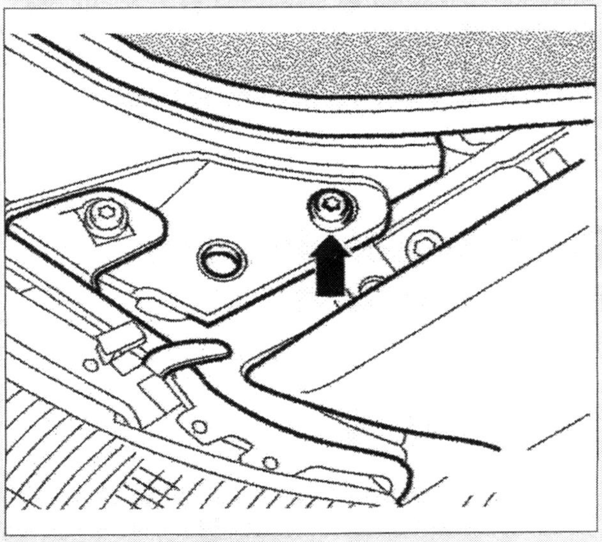

Fixieren des Schlossträgers.

⑤ Wenn der Schlossträger wieder in Normallage montiert ist, muss die Scheinwerfereinstellung überprüft werden. Ggf. ist eine Einstellung erforderlich.

Geräuschdämpfung aus-/einbauen

Die Geräuschdämpfung ist eine untere Motorverkleidung. Sie muss bei den verschiedensten Arbeiten an der Unterseite des Fahrzeugs ausgebaut werden. Die Geräuschdämpfung ist an mehreren Festhaltepunkten angeschraubt, der Ausbau ist dadurch einsichtig und unkompliziert.

Für die Servicestellung des Schlossträgers müssen nur die Schnellverschlussschrauben ① gelöst werden. Wenn die Geräuschdämpfung hinten mit verbaut wird, müssen für die Position ④ längere Schnellverschlussschrauben verwendet werden. Zu beachten ist, dass die Markierung (Aussparung) an der Aufnahme ⑦ für Geräuschdämpfung zur linken Fahrzeugseite zeigen muss.

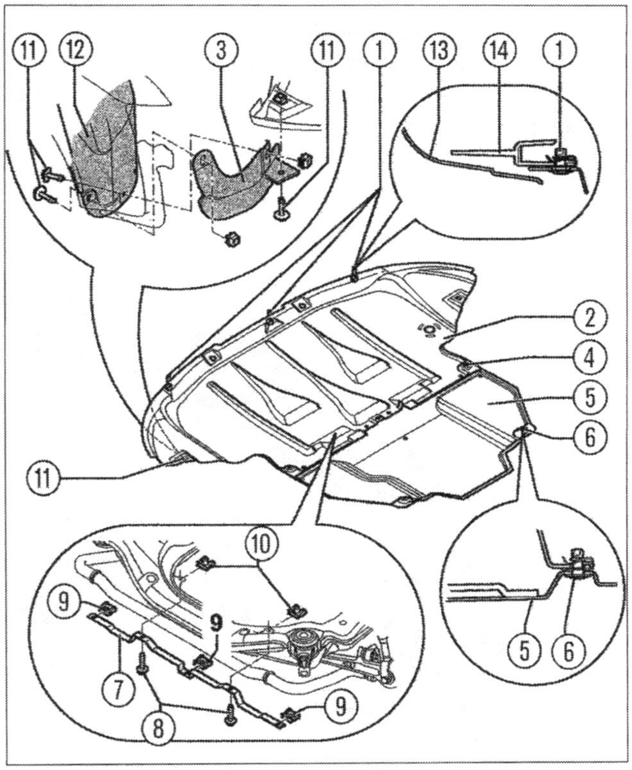

Montageübersicht Geräuschdämpfung: *❶ drei Schnellverschlussschrauben, ❷ Geräuschdämpfung vorn, ❸ Radspoiler, ❹ drei Schnellverschlussschrauben, ❺ Geräuschdämpfung hinten (nur bei speziellen Motorvarianten), ❻ zwei Schnellverschlussschrauben, ❼ Aufnahme für Geräuschdämpfung, ❽ zwei Schrauben (7 Nm), ❾ drei Schnappmuttern, ❿ zwei Schnappmuttern, ⓫ sechs Klemmstifte, ⓬ Radhausschale, ⓭ Stoßfänger, ⓮ Schlossträger mit Anbauteilen.*

Kotflügel (vorn) und Schließteil aus-/einbauen

Aus- und Einbau sind nur für den vorderen Kotflügel relevant. Der hintere Kotflügel ist festgeschweißter Teil der Karosserie. Hinten wie vorn ist jedoch die Radhausschale aus den Kotflügeln auszubauen. Alle Schrauben und Scheiben, mit denen der Kotflügel montiert ist, haben eine Micro-Verkapselung. Sie müssen nach dem Lösen (also nach dem Ausbau des Kotflügels) ersetzt werden.

Arbeitsschritte

① **Bauen** Sie den Stoßfänger und die Radhausschale **aus**. Bauen Sie das Schließteil aus (folgt in nächsten Arbeitsschritten). Lösen Sie den Scheinwerfer und trennen Sie die elektrischen Steckverbindungen für den seitlichen Blinker. Schrauben Sie alle Schrauben der Positionen ❷ bis ❻ heraus.

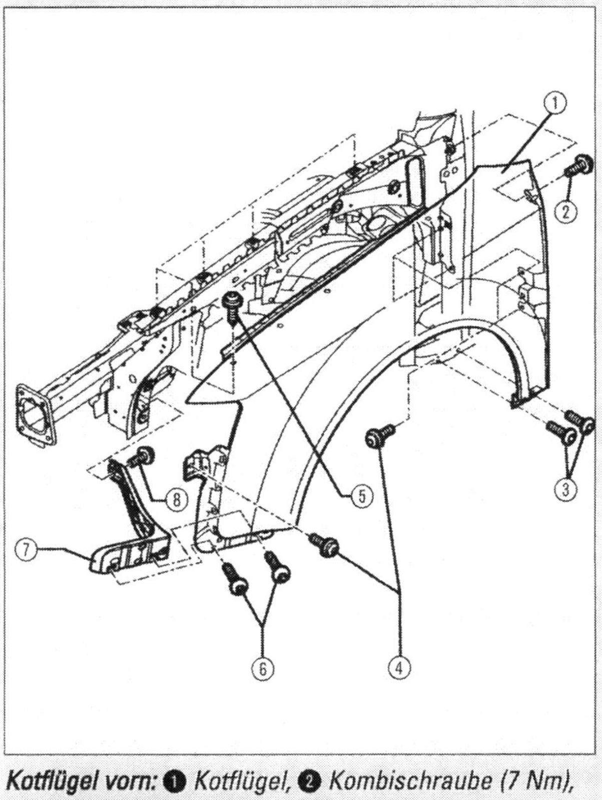

Kotflügel vorn: *❶ Kotflügel, ❷ Kombischraube (7 Nm), ❸ und ❹ und ❺ und ❻ und ❽ Kombischrauben (10 Nm), ❼ Halter.*

② Um das **Schließteil** auszubauen, müssen Vorderrad und Radhausschale ausgebaut sein. Drehen Sie die Schrauben ❶ aus den Spreizclips ❸ und nehmen Sie das Schließteil ❷ aus dem Kotflügel ❹ heraus. Beim Einbau: Anzugsdrehmoment 2 Nm.

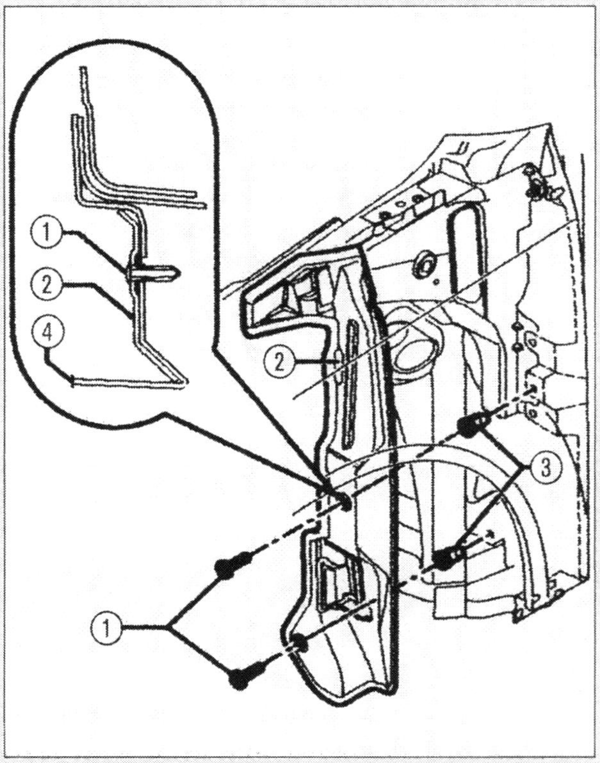

Schließteil ausbauen: *❶ Schrauben, ❷ Schließteil, ❸ Spreizclip, ❹ Kotflügel.*

③ Der **Einbau** erfolgt in umgekehrter Reihenfolge.

Radhausschale vorn aus-/einbauen

Arbeitsschritte

① **Bauen** Sie das betreffende Vorderrad **aus**. Entriegeln Sie die Schnellverschlussschrauben ❻ und drehen Sie die Schrauben ❷ heraus.

② Rasten Sie die Radhausschale aus dem Kotflügel aus und ziehen Sie sie nach unten heraus.

③ Der **Einbau** geschieht in umgekehrter Reihenfolge.

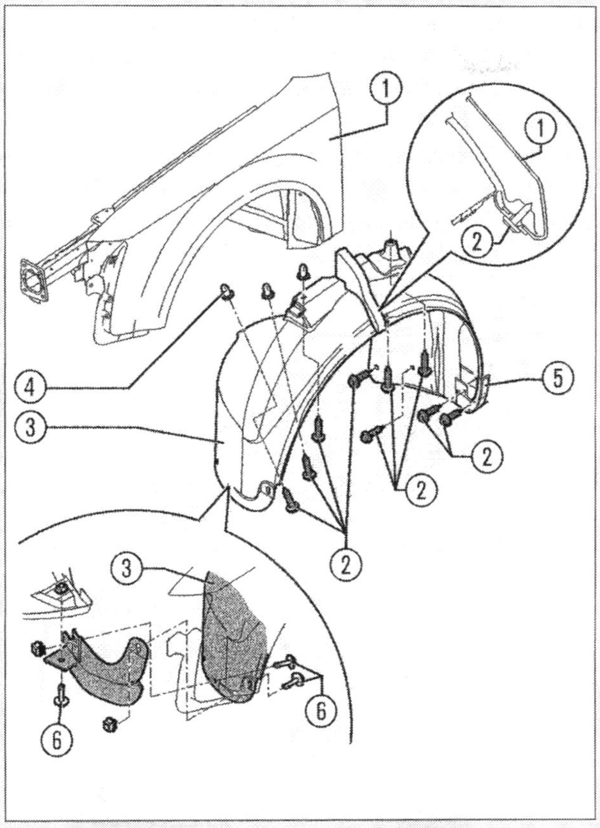

Radhausschale vorn:
❶ Kotflügel, ❷ Schrauben (2,3 Nm), ❸ Radhausschale vorn, ❹ Spreizmutter, ❺ Unterholmverkleidung, ❻ Schnellverschlussschraube.

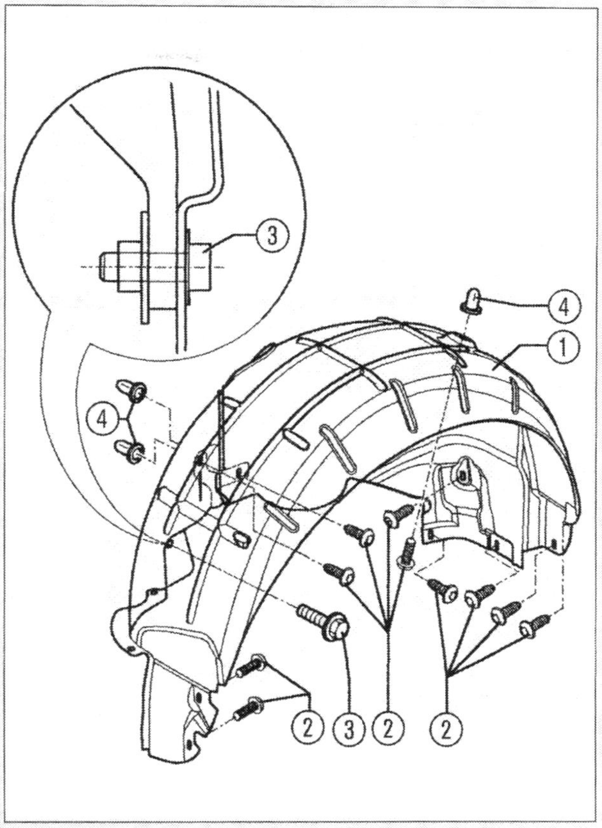

Radhausschale hinten:
❶ Radhausschale, ❷ Schrauben (1,5 Nm), ❸ Kombischraube, ❹ Spreizmutter.

Radhausschale hinten aus-/einbauen

Arbeitsschritte

① **Bauen** Sie das betreffende Hinterrad **aus**. Drehen Sie die Schrauben ❷ heraus. Nehmen Sie die Radhausschale ❶ nach unten heraus.

② Beachten Sie, dass die Kombischraube ❸ nur auf der rechten Fahrzeugseite eingesetzt wird.

③ Der **Einbau** geschieht in umgekehrter Reihenfolge. Die

Motorhaube (Klappe vorn) aus-/einbauen und einstellen

Arbeitsschritte

① Zum **Ausbau** stecken Sie die Leitung für Scheibenreinigungsanlage ab und clipsen die Leitung aus. Ein Helfer muss die Klappe abstützen und später abnehmen. Anhand vorher angebrachter Filzstiftmarkierungen kann die Haube später leichter ausgerichtet werden. Sie müssen die Klappe auf jeden Fall einstellen.

② Demontieren Sie die Gasdruckfeder ❺ von der Klappe ❶. Dazu heben Sie die Haltefedern an beiden Enden der Gasdruckfeder mit Hilfe eines Schraubendrehers leicht an. Dann können Sie die Gasdruckfeder ausclipsen. Beim späteren Einbau drücken Sie die Gasdruckfeder auf den

Kugelzapfen auf und verrasten sie. Das Gasdruckfederrohr wird karosserieseitig eingebaut.

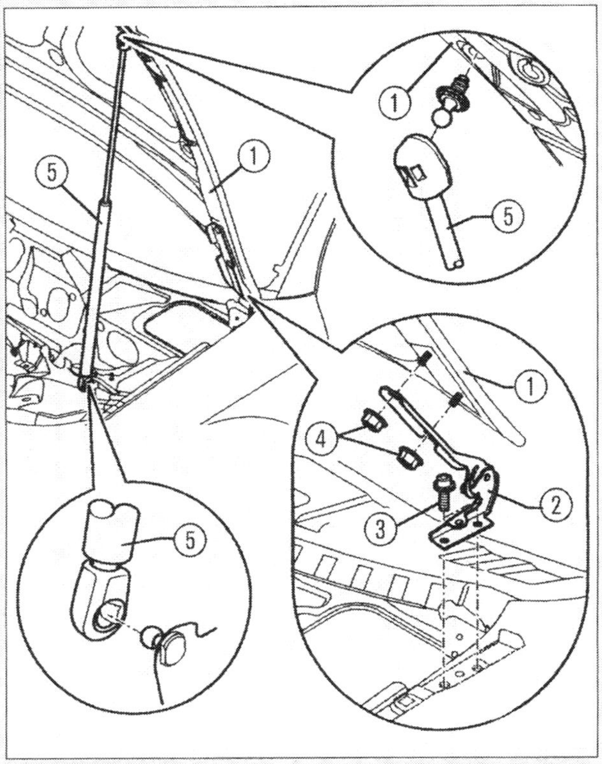

Die Motorhaube: *❶ Klappe (vorn), ❷ Klappenscharnier, ❸ Kombischraube (21 Nm), ❹ Sechskantmutter (21 Nm), ❺ Gasdruckfeder.*

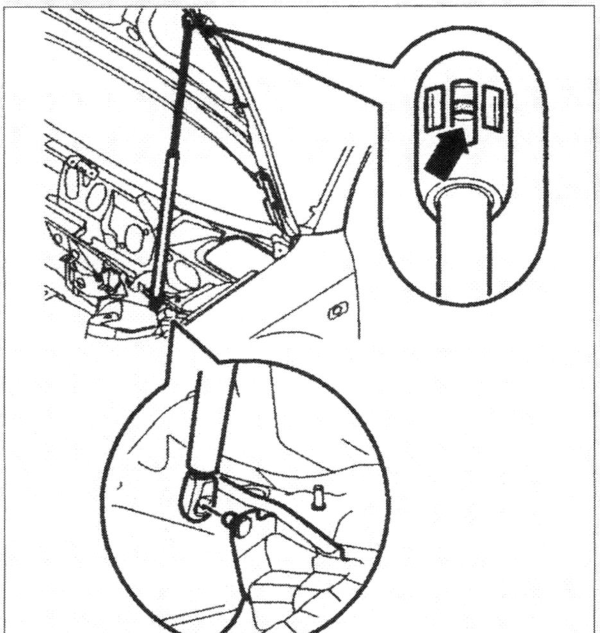

Die Gasdruckfeder an der vom Pfeil markierten Stelle ausclipsen.

③ Schrauben Sie die Muttern ❹ heraus. Die Klappe kann jetzt abgenommen werden. Wenn Sie das Klappenscharnier abbauen wollen, schrauben Sie die Schrauben ❸ und die Muttern ❹ ab.

④ Beim **Einbau** in umgekehrter Reihenfolge können Sie die Anschlagpuffer ❶ und ❷ zur Höheneinstellung verwenden. Sie müssen bei geschlossener Klappe leicht auf dem Schlossträger aufliegen.

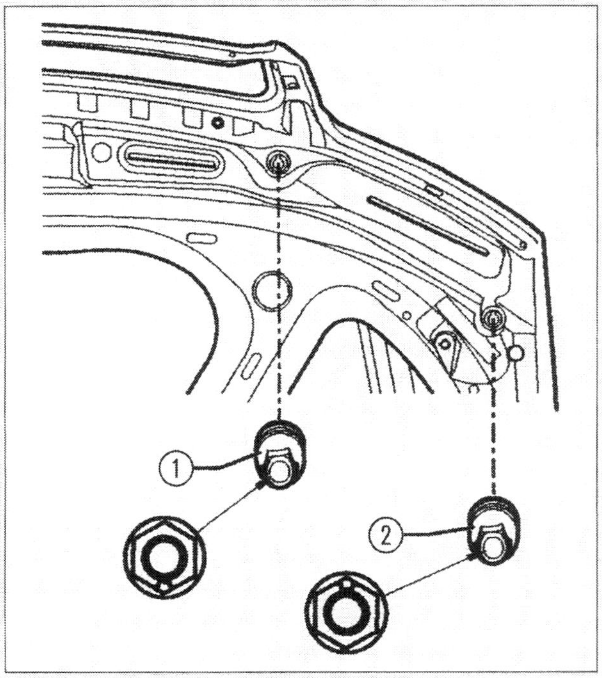

Die Anschlagpuffer.

⑤ Falls Sie die Auskleidung ❶ aus der Klappe entfernt hatten, clipsen Sie sie wieder ein (Clips ❷).

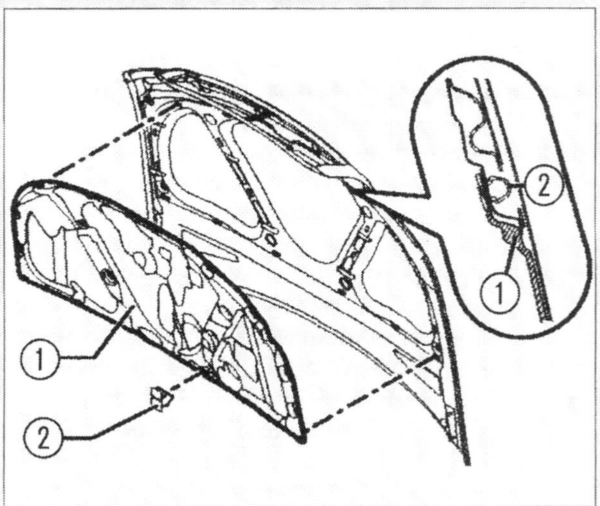

Abdeckung ❶ und Clip ❷ der Klappenauskleidung.

⑥ Wenn Sie den Aufschlagschutz montieren, dürfen die Ablauflöcher nicht verdeckt werden. Stecken Sie das Profil auf und richten Sie es an den Ablauflöchern aus. Drücken Sie den Anschlagschutz gleichmäßig an.

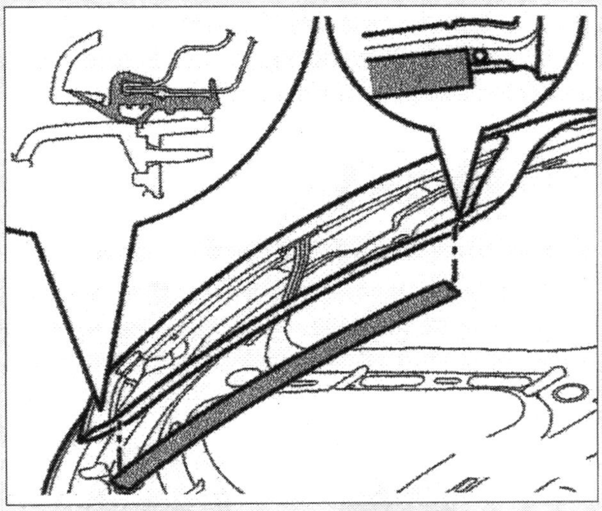

Der Aufschlagschutz.

So stellen Sie die Haube ein:

⑦ Klappe zwischen den Kotflügeln ausmitteln. In der Höhe wird die Klappe über das Klappenschloss eingestellt. Mit den Anschlagpuffern kann die Klappe zu den Kotflügeln abgestimmt werden. Beachten Sie unbedingt das Fugenmaß!

Heckklappe (Klappe hinten) aus-/einbauen und einstellen

Arbeitsschritte

① Zum **Ausbau** nehmen Sie das Warndreieck mit Halter ❺ heraus, indem Sie die Schrauben ❹ herausdrehen. Bauen Sie die Auskleidung ab. Trennen Sie die elektrischen Steckverbindungen und ziehen Sie sie aus der Klappe heraus. Schrauben Sie die Muttern für die Verbindungen beider Klappenscharniere zur Klappe hinten ab.

② Heben Sie mit Hilfe einer zweiten Person, die vorher die Klappe stützen musste, die Heckklappe ab.

③ Wenn Sie den Schließkeil ausbauen müssen, bauen Sie die Verkleidung für das Abschlussblech hinten aus. Schrauben Sie die Muttern ❶ ab. Beim **Einbau** in umgekehrter Reihenfolge ziehen Sie die Muttern mit 8 Nm fest.

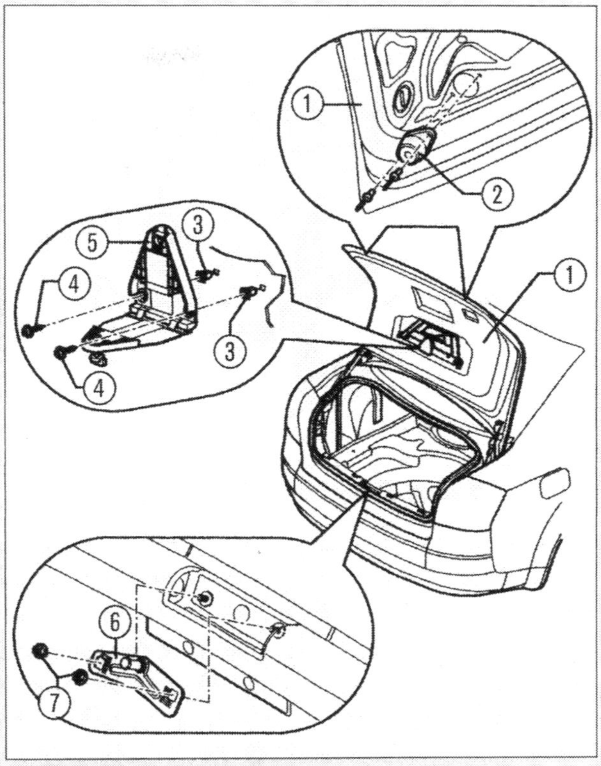

Montageübersicht Heckklappe: *❶ Klappe hinten, ❷ Anschlagpuffer, ❸ Spreizmutter, ❹ Schraube, ❺ Halter, ❻ Schließkeil, ❼ Mutter (8 Nm).*

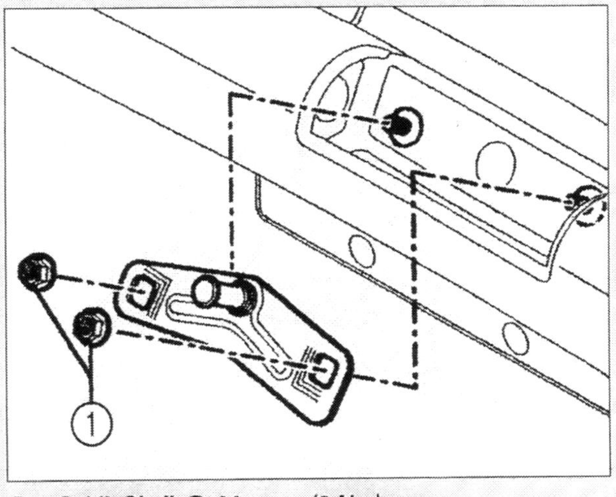

Der Schließkeil: *❶ Muttern (8 Nm).*

So stellen Sie die Klappe ein:

④ Nach **Wiedereinbau** in umgekehrter Reihenfolge müssen Sie die Klappe einstellen (vor Einstellung einer neuen Klappe müssen die Gasdruckfedern montiert sein). Lösen Sie die Muttern ❶ bis der Schließkeil ❷ verschiebbar ist. Schließen Sie die Klappe hinten vorsichtig, bis sie mit dem Seitenteil bündig ist. Öffnen Sie nun die Klappe vorsichtig und schrauben die Muttern ❶ mit 8 Nm fest.

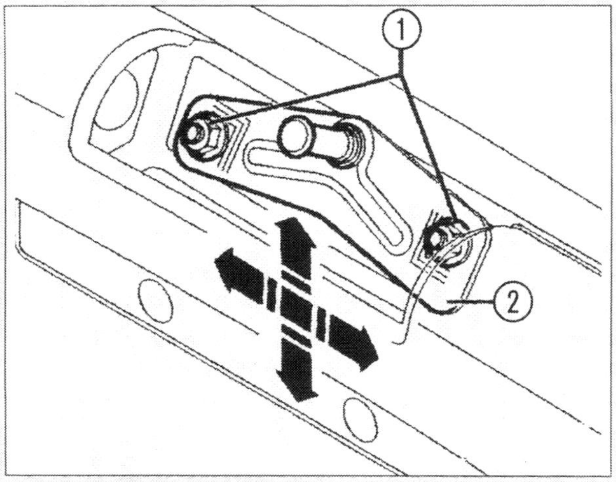

Klappe einstellen: ❶ *Muttern (8 Nm),* ❷ *Schließkeil.*

⑤ Wenn Sie das Heckklappenschloss ❶ und die Griffbetätigung ausbauen wollen, clipsen Sie die Betätigungsstange ❹ aus der Gelenkbuchse ❷ aus und hängen Sie sie aus.

⑥ Schrauben Sie die Sechskantmuttern ❸ heraus und nehmen Sie das Schloss ab. Nach Wiedereinbau hängen Sie die Betätigungsstange in die Gelenkbuchse ❷ ein und sichern sie. Der Schließzylinder ❻ lässt sich nach Trennen der elektrischen Steckverbindung, Aushängen des Bowdenzuges ❺ und Abschrauben der Kombischraube ❼ um 90° drehen und aushängen (Einbau umgekehrt).

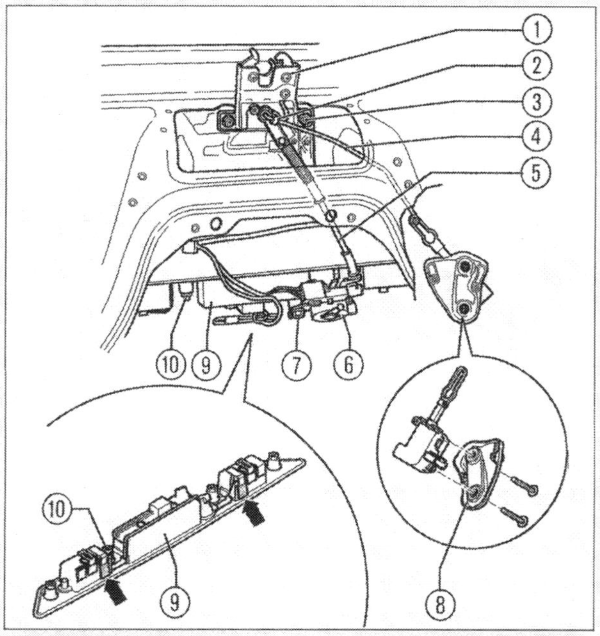

Schloss und Griff: ❶ *Heckklappenschloss,* ❷ *Gelenkbuchse,* ❸ *Mutter (8 Nm),* ❹ *Betätigungsstange,* ❺ *Bowdenzug,* ❻ *Schließzylinder,* ❼ *Kombischraube (8 Nm),* ❽ *Motor für Fernbetätigung,* ❾ *Griffleiste,* ❿ *Sechskantbundmutter (8 Nm).*

Türschloss und Türgriff aus-/einbauen

Wir demonstrieren hier den Ausbau der Türschlösser vorn und hinten sowie des Türgriffs vorn. Zum Ausbau müssen die Türverkleidung, der Fensterrahmen und der Fensterheber ausgebaut sein.

Arbeitsschritte

Türschloss und Türgriff vorn

① Schrauben Sie die Vielzahnschrauben ❹ heraus (dabei löst sich auch die Unterlage, auf der die beiden Schrauben ruhen) und nehmen Sie das Türschloss nach unten heraus.

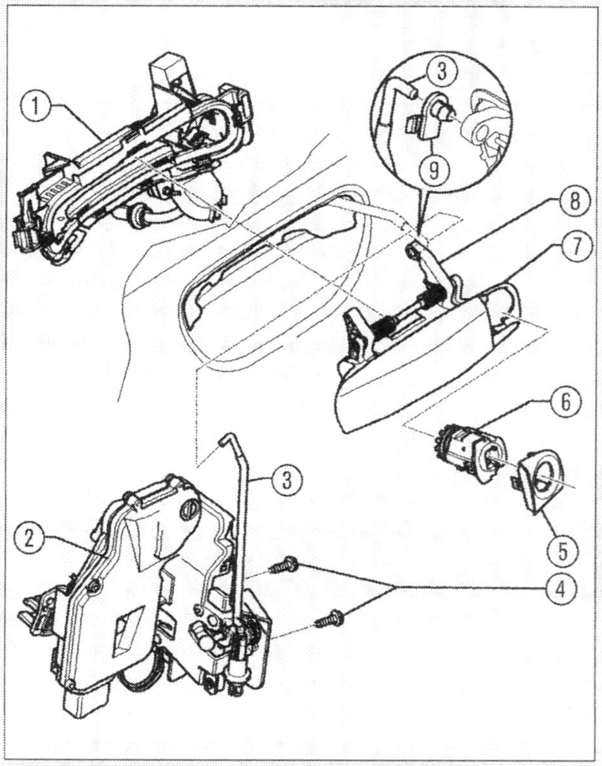

Montageübersicht Schloss und Griff vorn: ❶ *Aufnahme für Türgriff,* ❷ *Türschloss,* ❸ *Betätigungsstange,* ❹ *Innenvielzahnschrauben,* ❺ *Abdeckung für Schließzylinder,* ❻ *Schließzylinder,* ❼ *Türgriff,* ❽ *Betätigungshebel,* ❾ *Clip.*

② Zum **Ausbau** des Schließzylinders öffnen Sie die Fahrertür. Hebeln Sie die Abdeckung ❷ aus. Drehen Sie die Torxschraube (Pfeil) links herum bis auf Anschlag. Der Bügel ❶ bewegt sich nach hinten und gibt den Schließzylinder frei. Ziehen Sie den Schließzylinder aus dem Türgriff heraus.

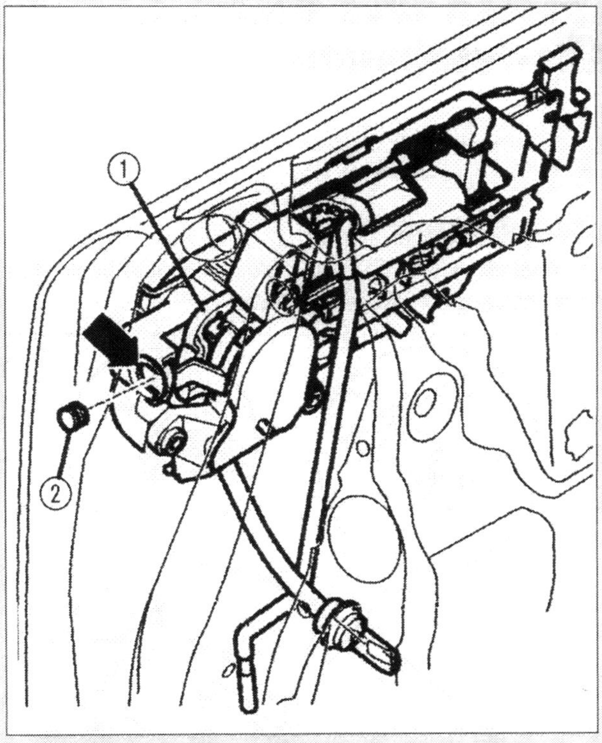

Ausbau ***Schließzylinder:*** *❶ Bügel, ❷ Abdeckkappe.*

③ Zum **Ausbauen** des Türgriffs ❶ müssen Sie die Betätigungsstange ❸ an der im Detailbild gezeigten Stelle am Clip ❷ aushängen. Nach Einbau eines neuen Türschlosses setzen Sie die Betätigungsstange erst in die Schiebehülse ❹ ein und verriegeln sie durch Hochschieben der Hülse. Dann erst ziehen Sie den Fixierstift ❺ aus dem Türschloss heraus.

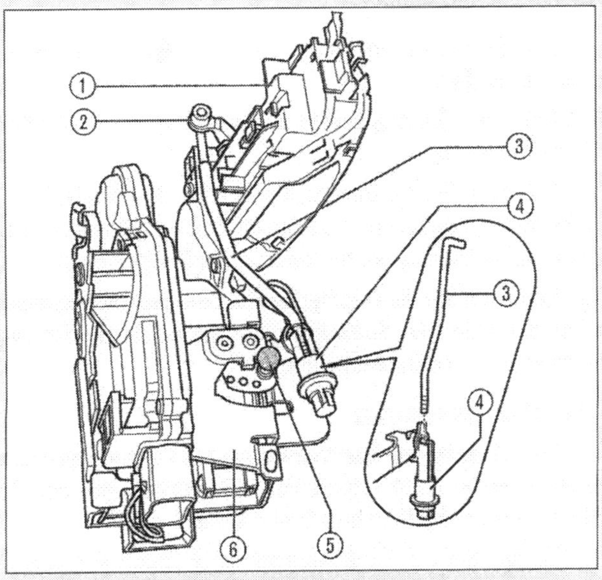

Türgriff: *❶ Griff, ❷ Clip, ❸ Betätigungsstange, ❹ Schiebehülse, ❺ Sicherungsstift, ❻ Türschloss.*

④ Zum Entriegeln der Aufnahme für den Türgriff stecken Sie einen Schraubendreher durch das Türblech und entriegeln den Schieber ❷ in Pfeilrichtung vom Türgriff ❶.

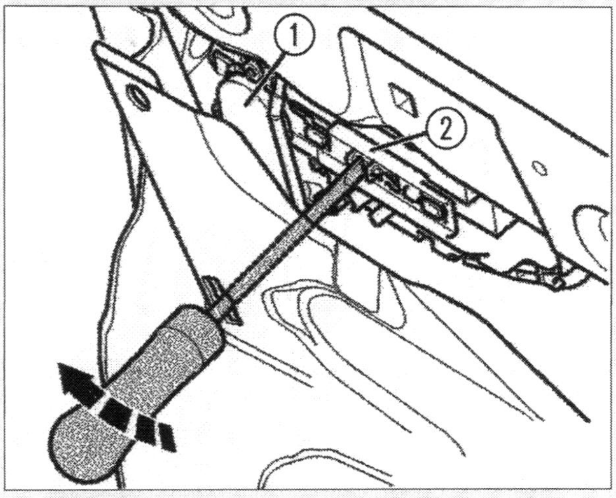

Entriegeln der ***Griffaufnahme:*** *❶ Türgriff, ❷ Schieber.*

⑤ Um die Blende auszubauen, ziehen Sie den Türgriff ❶ hoch und schieben die Verriegelung ❸ mit einem kleinen Schraubendreher in Längsrichtung heraus. Klinken Sie die Blende ❷ oben seitlich aus und nehmen Sie sie nach unten vom Türgriff ab.

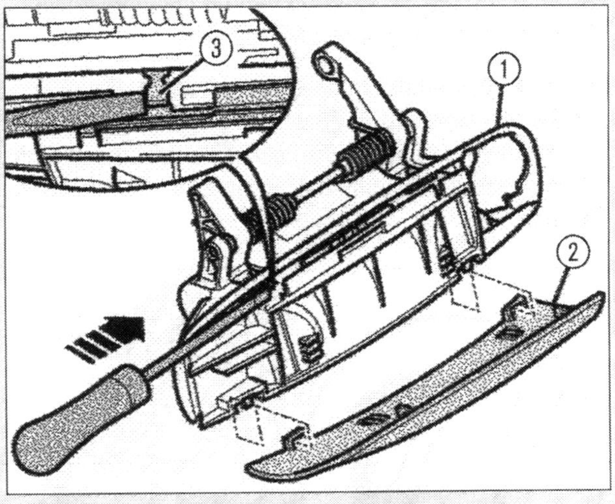

Ausbau der ***Blende:*** *❶ Türgriff, ❷ Blende, ❸ Verriegelung.*

⑥ Beim **Einbau**, der in allen Positionen sinngemäß in umgekehrter Reihenfolge erfolgt, müssen Sie das richtige Aus- und Einhängen der Betätigungsstange beachten. Die Stange muss in den Clip (Übersichtsbild Position ❾) eingehängt werden. Dann den Clip um 90° schwenken und an der Betätigungsstange einrasten.

Türschloss hinten

① Trennen Sie die elektrische Steckverbindung am Türschloss. Clipsen Sie die Betätigungsstange an der Schiebehülse vom Türschloss aus. Drehen Sie die beiden Innenvielzahnschrauben ❻ heraus und nehmen Sie das Türschloss heraus.

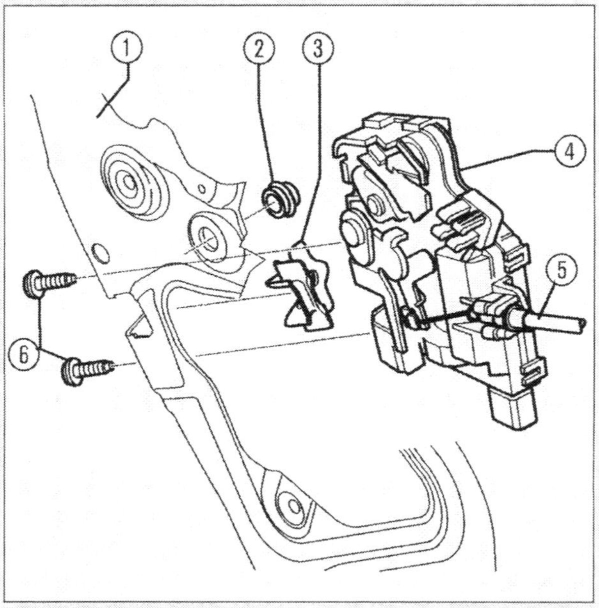

Türschloss hinten: *❶ hintere Tür, ❷ Tülle, ❸ Unterlage, ❹ Türschloss, ❺ Bowdenzug für Türinnenbetätigung, ❻ Innenvielzahnschrauben M8 (20 Nm).*

② Der **Einbau** erfolgt sinngemäß umgekehrt. Dabei müssen Sie den Bowdenzug ❷ wie im Bildausschnitt gezeigt erst senkrecht in den Auslösehebel ❸ einsetzen, dann um 90° schwenken (Pfeil) und zur Sicherung in das Türschloss ❶ einclipsen.

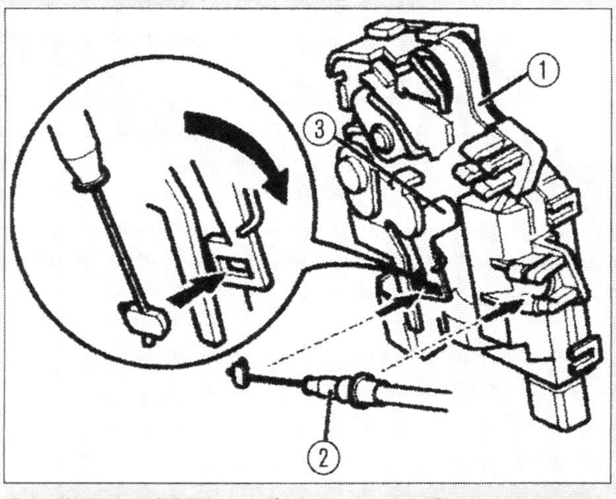

Bowdenzug einhängen: *❶ Türschloss, ❷ Bowdenzug, ❸ Auslösehebel.*

Leisten und Blenden aus-/einbauen

Arbeitsschritte

Dachleisten

① **Ausbau:** Hebeln Sie die Leiste, von hinten beginnend, vorsichtig aus der Dachfuge heraus.

Dachfugenleiste: *❶ Dachfugenleiste, ❷ Dichtprofil, ❸ Windschutzscheibe.*

② Zum **Einbau** ziehen Sie das Dichtprofil ❷ auf die Dachfugenleiste ❶ auf.

③ Streichen Sie das Dichtprofil vorsichtig mit Gleitmittel (Seifenlauge) ein.

④ Schieben Sie die Dachfugenleiste, an der Windschutzscheibe beginnend, unter die Spaltabdeckung. Drücken Sie sie abschnittsweise bis zur Hälfte in die Dachfuge ein.

⑤ Schieben Sie die Dachfugenleiste an der Heckscheibe ebenfalls unter die Spaltabdeckung und drücken Sie sie vollständig in die Dachfuge ein.

Dachzierleiste

① Zum **Ausbau** der Dachzierleiste ist die Demontage der Seitenscheibe nicht erforderlich. Die Verkleidung der B-Säule muss ausgebaut sein (siehe später).

② Ziehen Sie die Türdichtungen im Bereich der Dachzierleiste ab. Hebeln Sie die Abdeckleiste ❷ aus der Dachzierleiste aus.

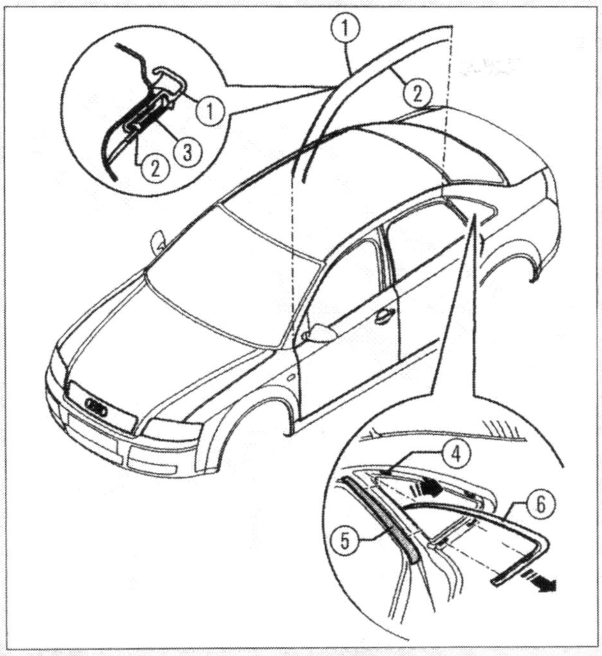

Dachzierleiste: ❶ *Dachzierleiste,* ❷ *Abdeckleiste,* ❸ *Blindniet,* ❹ *fünf Halteklammern,* ❺ *Blende Säule C,* ❻ *Dachzierleiste Seitenscheibe.*

③ Bohren Sie die Nietköpfe der Blindnieten ❸ ab, schlagen Sie die Nietschäfte durch und nehmen Sie die Dachzierleiste ab.

④ Die Dachzierleiste Seitenscheibe müssen Sie von unten vorsichtig mit einem Kunststoffkeil abhebeln und in Pfeilrichtung abziehen.

⑤ Beim **Einbau** darf die Dachzierleiste Seitenscheibe nicht verwunden oder verbogen werden. Es bleiben sonst Schäden sichtbar. Nach Montage der Zierleisten versehen Sie die Kanten der Abdeckleiste mit einem Gleitmittel und drücken Sie die Abdeckleiste vorsichtig von vorn nach hinten in die Dachzierleiste ein.

Seitenschutzleisten

① Schutzleisten können nicht zerstörungsfrei demontiert werden. Zum Abbau müssen Sie die Schutzleisten ❶ und ❷ mit einem Heißluftföhn erwärmen und von der Tür abziehen.

② Die zu verklebende Fläche von Staub und Fett befreien. Außenblech mit Benzin reinigen, mit Silikonentferner nachbehandeln und trockenreiben.

③ Das mindestens zwei Stunden vor Bearbeitung auf Raumtemperatur gebrachte Fahrzeug so vorbereiten, dass die Verklebung der Schutzleiste zügig erfolgen kann. Bei abgezogener Folie muss die Leiste innerhalb von 90 Minuten verarbeitet werden. Dann Schutzfolie ❸ von doppelseitigem Klebeband ❹ abziehen, vorn ansetzen und nach hinten zu aufkleben.

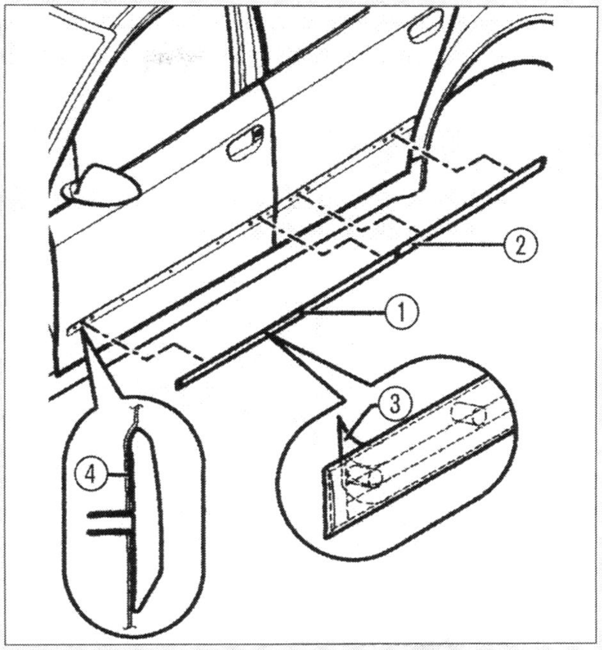

Seitenschutzleiste.

④ Schutzleiste mit Föhn auf 40° C erwärmen und kräftig aufdrücken oder anrollen.

⑤ Fahrzeug nach Aufkleben 4 Stunden auf Raumtemperatur halten.

Spaltabdeckung Unterholm

① Zum **Ausbau** Schraube ❸ ausschrauben, Spaltabdeckung hinten wie vorn mit Clip ❹ nach hinten aus der Verrastung schieben. Spaltabdeckung seitlich abnehmen.

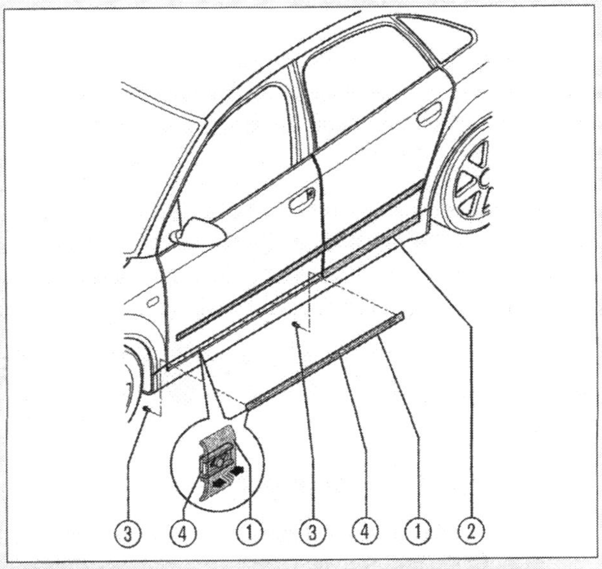

Spaltabdeckung Unterholm: ❶ *Abdeckung vorn,* ❷ *Abdeckung hinten,* ❸ *Schraube (1,5 Nm),* ❹ *Clip.*

② Zum **Einbau** Spaltabdeckung in die Tür einsetzen, nach vorn in die Verrastung schieben und mit der Schraube ❸ befestigen

Blende B-Säule

① Zum **Ausbau** Abdeckung ❼ ausclipsen, Schrauben ❻ ausschrauben und Blende nach außen abziehen.

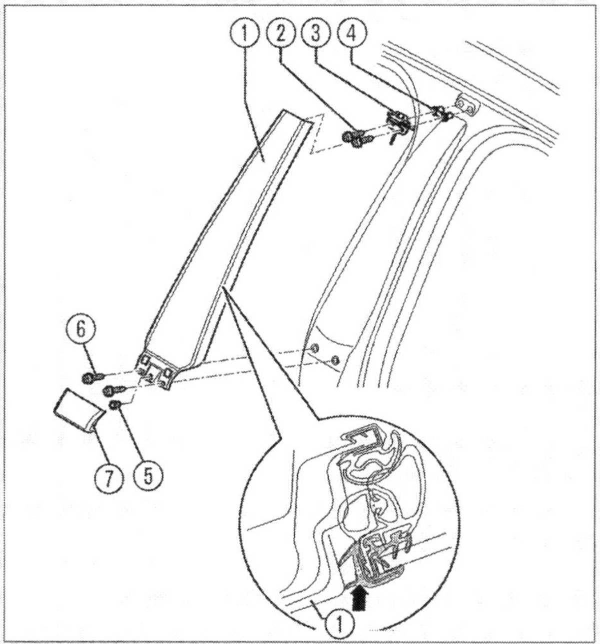

Blende B-Säule: *❶ Blende, ❷ Schrauben (1,5 Nm), ❸ Halter, ❹ Clip, ❺ Tülle, ❻ Schrauben (1,5 Nm), ❼ Abdeckung.*

② Beim **Einbau** bei geöffneter Tür hinten Blende in den Halter einführen. Positionieren der Blende bei geschlossener Tür hinten entsprechend den Bildausschnitten. Vordere Schraube ❻ eindrehen.

③ Die äußere Lippe der Türscheibendichtung hinten muss über den gesamten Bereich der Blende sauber anliegen. Zu starkes Verpressen der Dichtung an der Blende vermeiden (überstehende Lippe, Windgeräusche!).

④ Bei geöffneter Tür hintere Schraube ❻ eindrehen, Tülle ❺ in Blende eindrücken. Abdeckung ❼ von unten aufschieben.

Einstiegleiste außen

① Die Einstiegleiste ist nicht zerstörungsfrei demontierbar. Zum **Ausbau** müssen Sie die Leiste mit einem Heißluftföhn erwärmen und vorsichtig nach oben abziehen.

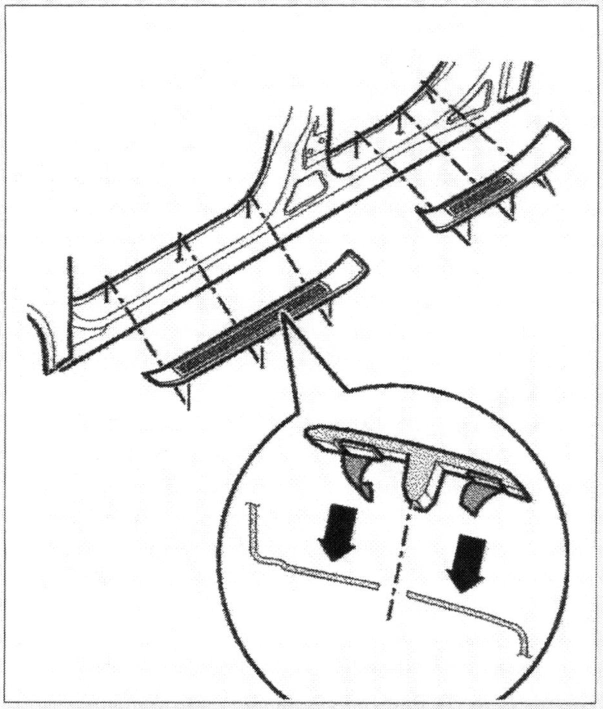

Einstiegleiste außen.

② Zum **Einbau** reinigen Sie die zu verklebende Fläche mit Benzin, behandeln mit Silikonentferner nach und reiben trocken. Das Fahrzeug muss seit mindestens zwei Stunden Raumtemperatur haben.

③ Zu verklebende Fläche mit Föhn auf 40° C erwärmen. Schutzfolie von doppelseitigem Klebeband erst kurz vor der Montage abziehen, das Verkleben muss innerhalb 90 Minuten erfolgen. Einstiegleiste einclipsen und andrücken. Fahrzeug 4 Stunden auf Raumtemperatur halten.

Unterholmverkleidung aus-/einbauen

Arbeitsschritte

① Zum **Ausbau** clipsen Sie die Abdeckleiste ❺ aus. Drehen Sie die Schrauben ❷ und ❸ heraus und ziehen Sie die Unterholmverkleidung zunächst aus dem Halter ❶ heraus.

② Ziehen Sie nun das Bauteil aus der Verkleidung hinten in Pfeilrichtung heraus und nehmen Sie es ab.

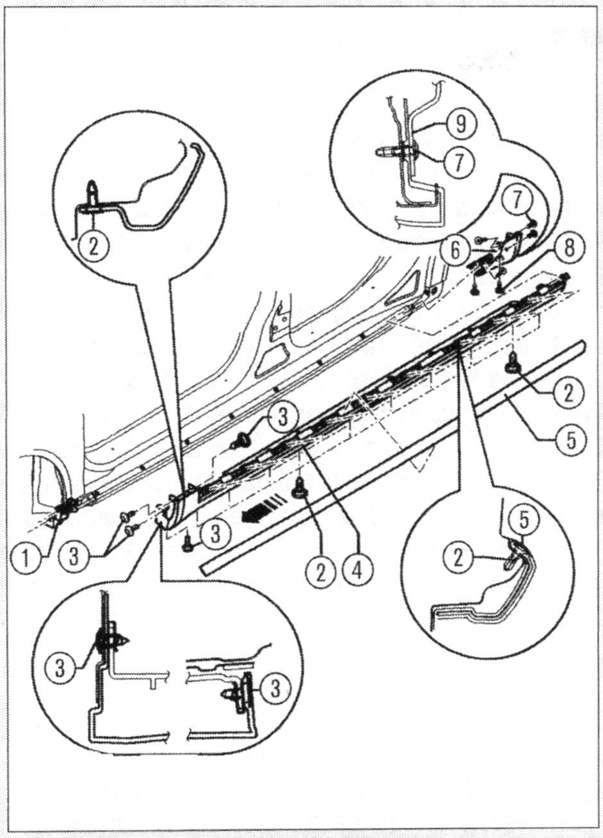

Unterholmverkleidung: ❶ *Halter für die Verkleidung,* ❷ *Schraube (1 Nm),* ❸ *Schraube (2 Nm),* ❹ *Unterholmverkleidung,* ❺ *Abdeckleiste,* ❻ *Unterholmverkleidung hinten,* ❼ *Schraube (2 Nm),* ❽ *Schraube (1 Nm),* ❾ *Radhausschale.*

③ Nach Ausbau der Unterholmverkleidung kann der Halter ausgebaut werden. Dazu die Schrauben an der Radlaufschale ausschrauben. Dann Schrauben ❷ herausdrehen und Halter ❶ abnehmen.

④ Beim **Einbau** in den Halter ❶ muss die Unterholmverkleidung ❹ vollständig einrasten.

⑤ Schrauben ❸ und ❷ (nach Übersichtsbild) einschrauben.

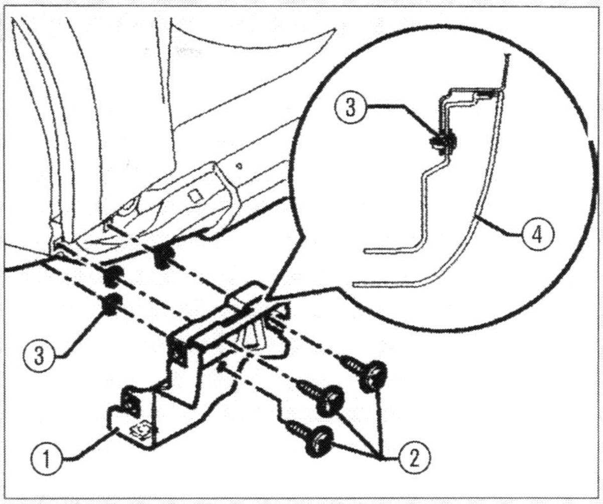

Halter für Verkleidung ausbauen.

⑥ Zum Abnehmen der Unterholmverkleidung hinten ❷ muss die Unterholmverkleidung ausgebaut sein.

⑦ Schrauben ❶ ausschrauben und hintere Verkleidung ❷ abnehmen. Die weiteren Zahlen bedeuten: ❸ Radhausschale, ❹ Radspoiler hinten.

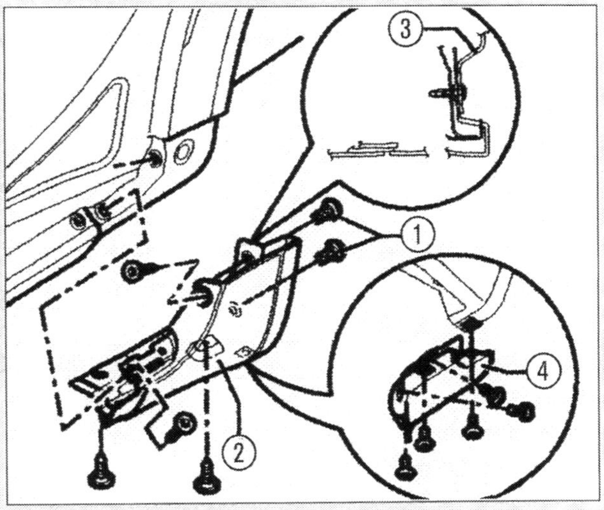

Unterholmverkleidung hinten.

Technische Daten

Vier Motore, drei Getriebevarianten sowie die Wahl zwischen Front- und Allradantrieb quattro ergeben zehn Modellversionen des Audi A4 Benziners als Limousine. In den folgenden tabellarischen Übersichten bieten wir mit sieben der zehn Varianten eine Auswahl der gängigsten Modelle. Wir verzichten dabei auf den 1,8 Liter Turbo mit 5-Gang-Schaltgetriebe und mit stufenloser multitronic sowie auf den 2,0 Liter mit 5-Gang-Schaltgetriebe. Dafür legen wir alle vier Antriebs- und Getriebeversionen des 3,0 Liter-Motors vor, um die gesamte Palette dieser interessanten Motorisierung zu bieten.

Die bei der Limousine nicht berücksichtigten Motorisierungen stellen wir in einer Ergänzungstabelle für den A4 Avant vor. In diese nehmen wir auch noch die nur für den Avant erhältliche fünfte 3,0 Liter-Version auf: Permanenter Allradantrieb quattro mit 6-Gang-Handschaltgetriebe. Die Avant-Modelle variieren ja nur in einigen Parametern geringfügig gegenüber der Limousine. In der ergänzenden Tabelle geben wir Ihnen diese abweichenden Werte, und zwar **nur diejenigen** Daten, die von den entsprechenden Parametern bei der Limousine mit gleicher Motorisierung und Getriebeausstattung abweichen oder (quattro 6-Gang-Schaltung) nur in dieser Version vorkommen.

Selbstverständlich ist, dass der Avant als **5-Türer** gilt, wogegen die Türenzahl bei der Limousine natürlich mit 4 angegeben wird. Die weiteren durchgängigen Unterschiede betreffen die Höhe der **Ladekante** und das **Gepäckraumvolumen:** Bei der Limousine ist die Kante 694 mm hoch, beim Avant 610 mm. Das Gepäckraumvolumen der Limousine, die 3 mm länger ist als der Avant mit seinen 4.544 mm, beträgt 445 Liter, beim Avant 442 Liter. Dafür ist das Volumen bei umgeklappter Rücksitzlehne und dachhoher Beladung bei der Limousine nur 720 Liter, beim Avant aber 1184 Liter groß.

Motor

Modell	1,6 5-Schalt Front	1,8 T 5-Schalt quattro	2,0 stufenlose multitronic	3,0 5-Schalt Front	3,0 stufenlose multitronic	3,0 5-Schalt quattro	3,0 5-stufige tiptronic
Motortyp	ALZ	AVJ	ALT	ASN	ASN	ASN	ASN
Hubraum in cm³	1596	1781	1984	2976	2976	2976	2976
Bohrung in mm	81	81	82,5	82,5	82,5	82,5	82,5
Hub in mm	77,4	86,4	92,8	92,8	92,8	92,8	92,8
Verdichtung	10,3	9,3	10,3	10,5	10,5	10,5	10,5
Höchstleistung kW/PS	75/102	110/150	96/130	162/220	162/220	162/220	162/220
bei 1/min	5600	5700	5700	6300	6300	6300	6300
Max. Drehmoment Nm	148	210	195	300	300	300	300
bei 1/min	3800	1700–4600	3300	3200	3200	3200	3200
Zylinder	4	4	4	6	6	6	6
Nockenwellen	1 oben	2 oben	2 oben	4 oben	4 oben	4 oben	4 oben
Ventile pro Zylinder	2	5	5	5	5	5	5

Ventilsteuerung: Rollenschlepphebel (1,6), Einlassnockenwellenverstellung, hydraulische Tassenstößel (1,8T), kontinuierliche Einlassnockenwellenverstellung, hydraulische Tassenstößel (2,0), Ein- und Auslassnockenwellenverstellung, hydraulische Tassenstößel (2,4 und 3,0)

Schmiersystem: Druckumlaufschmierung, Ölpumpe über Kette von der Kurbelwelle.

Fahrgeräusche (Obere Zeile: Standgeräusch in db(A), untere Zeile Fahrgeräusche in dB(A)

Modell	1,6 5-Schalt Front	1,8 T 5-Schalt quattro	2,0 stufenlose multitronic	3,0 5-Schalt Front	3,0 stufenlose multitronic	3,0 5-Schalt quattro	3,0 5-stufige tiptronic
	76	78	80	80	83	81	83
	73	73	72	71	72	72	74

Elektrische Anlage

Modell	1,6 5-Schalt Front	1,8 T 5-Schalt quattro	2,0 stufenlose multitronic	3,0 5-Schalt Front	3,0 stufenlose multitronic	3,0 5-Schalt quattro	3,0 5-stufige tiptronic
Hubraum in cm³	1596	1781	1984	2976	2976	2976	2976
Bordspannung V	12	12	12	12	12	12	12
Batterie Ah	44	44	60	70	70	70	70
Batterie A	220	220	280	340	340	340	340
Generator A	120	120	120	120	120	120	120
Zündanlage	Kennfeld-zündung	Kennfeld-zündung, Einzelfun-kenspulen	Kennfeld-zündung	Kennfeld-zündung	Kennfeld-zündung	Kennfeld-zündung	Kennfeld-zündung

Emissionen, Füllmengen und Gemischaufbereitung

Modell	1,6 5-Schalt Front	1,8 T 5-Schalt quattro	2,0 stufenlose multitronic	3,0 5-Schalt Front	3,0 stufenlose multitronic	3,0 5-Schalt quattro	3,0 5-stufige tiptronic
Hubraum in cm³	1596	1781	1984	2976	2976	2976	2976
Emission (g/km) CO_2	185	221	190	228	226	252	276
Füllmenge in Liter							
Motoröl	3,5	3,5	4,0	6,0	6,0	6,0	6,0
Kraftstoff	70	66	70	70	70	66	66
Kühlmittel	6,5	7,0	7,0	9,0	9,0	9,0	9,0

Gemischaufbereitung

Vollelektronisches Motormanagement mit E-Gas, sequenzielle Einspritzung, adaptive Klopfregelung, Luftmassenmessung

Kraftübertragung

Getriebetypen:
- Fünfgang-Handschaltgetriebe: 5-Schalt Front oder Quattro
- Halbautomatisches Schaltgetriebe: 5-stufige tiptronic
- Automatikschaltung: stufenlose multitronic

Kupplungstypen:
- 1,8 T und 2,0 mit 5-Gang-Schaltgetriebe: hydraulisch betätigte Einscheiben-Trockenkupplung mit asbestfreien Belägen;
- 3,0 mit 5- oder 6-Gang-Schaltgetriebe: hydraulisch betätigte Einscheiben-Trockenkupplung, Zweimassen-Schwungrad;
- tiptronic: hydraulischer Drehmomentwandler mit Überbrückungskupplung;
- multitronic: Lamellenkupplung, elektronisch geregelt und ölgekühlt.

Modell	1,6 5-Schalt Front	1,8 T 5-Schalt quattro	2,0 stufenlose multitronic	3,0 5-Schalt Front	3,0 stufenlose multitronic	3,0 5-Schalt quattro	3,0 5-stufige tiptronic
Hubraum in cm³	1596	1781	1984	2976	2976	2976	2976
Übersetungen (:1)							
1. Gang:	3,778	3,778	2,368	3,500	2,444	3,500	3,665
2. Gang:	2,176	2,176	1,500	1,944	1,425	1,944	1,999
3. Gang:	1,429	1,429	1,026	1,360	0,981	1,360	1,407
4. Gang:	1,029	1,092	0,742	1,034	0,755	1,034	1,000
5. Gang:	0,789	0,838	0,560	0,844	0,547	0,844	0,742
R-Gang:	3,444	4,444	2,400	3,444	2,400	3,444	4,096
Achsübersetzung	4,556	3,889	6,333	3,750	5,297	3,889	3,091

Gewichte

Modell	1,6 5-Schalt Front	1,8 T 5-Schalt quattro	2,0 stufenlose multitronic	3,0 5-Schalt Front	3,0 stufenlose multitronic	3,0 5-Schalt quattro	3,0 5-stufige tiptronic
Leergewicht in kg	1295	1455	1345	1425	1460	1505	1555
Zul. Gesamtgewicht kg	1845	2005	1895	1975	2010	2055	2105
Zul. Achslast vorn kg	970	1050	1020	1085	1120	1105	1140
Zul. Achslast hinten kg	1015	1080	1015	1030	1030	1090	1100
Zul. Anhängelast bis 12% gebremst kg	1200	1600	1300	1600	1700	1800	1800
Zul. Anhängelast ungebr. kg	680	750	710	750	750	750	750
Zul. Stützlast kg	80	80	80	80	80	80	80
Zul. Dachlast kg	75	75	75	75	75	75	75

Fahrwerk

Vorderachse	Vierlenker-Vorderachse, Querlenker oben und unten, Rohrstabilisator, Einzelradaufhängung		
Hinterachse Frontantrieb	Trapezlenker-Hinterachse, Stabilisator		
Spurweite (mm)	1528 vorn 1526 hinten	**Radstand (mm)**	2650
Lenkung	Wartungsfreie Zahnstangenlenkung mit Servounterstützung		
Wendekreis (m)	11,1	**Lenkübersetzung**	16,3

Bremsanlage

Art der Bremsen	Diagonal-Zweikreis mit ABS/EBV und ESP, Tandem-Bremskraftverstärker **vorn:** innenbelüftete Scheiben **hinten:** Scheiben
Wirkung der Handbremse	Seilzugbremse wirkt auf die Hinterräder

Abweichungen und Ergänzungen beim A4 Avant

Modell		**1,8 T** 5-Gang-Handschaltgetriebe synchr.	**1,8 T** stufenlose multitronic mit DRP	**2,0** 5-Gang-Handschaltgetriebe synchr.	**3,0** quattro 5-stufige tiptronic
Getriebeübersetzung	1. Gang	3,778	2,400	3,500	3,665
	2. Gang	2,176	1,300	2,118	1,999
	3. Gang	1,429	0,950	1,429	1,407
	4. Gang	1,092	0,733	1,029	1,000
	5. Gang	0,865	0,567	0,789	0,742
	6. Gang	—	0,382	—	—
	Rückwärtsgang	3,444	2,400	3,444	4,096
	Achsübersetzung	3,700	6,000	4,125	3,091
Verbrauch in Liter/100 km	städtisch/außerstädt.	11,3/6,4	11,4/6,5	11,5/6,0	16,0/7,9
	insgesamt	8,2	8,3	8,0	10,9
CO_2-Massenemission in g/km		197	199	192	259
Geräuschpegel in db (A)	Stand/Fahrt	78/71	77/74	76/73	84/74
Luftwiderstandsbeiwert	c_w-Wert	0,32	0,32	0,30	0,33
Leer-/Gesamtgewicht	kg	1430/1980	1470/2020	1365/1915	1610/2160
Achslast in kg	vorn/hinten	1045/1075	1085/1075	985/1070	1140/1150
Anhängelast in kg ungebremst		750	750	720	750
	gebremst, Steigung 8%/12%	1600/1400	1700/1500	1500/1300	2000/1800
Tankbefüllung	Liter	70	70	70	66

Wartungsplan Audi A4

Die Wartungsintervalle beim Audi A4 hängen von den gefahrenen Kilometern und dem Zeitpunkt der letzten Inspektion ab. Wenn eine Wartung oder ein Ölwechsel erforderlich ist, erscheint eine entsprechende Anzeige auf dem Display. Das geschieht eine Minute lang nach Einschalten der Zündung und nach dem Anlassen des Motors.

Es gibt zwei verschiedene Anzeigen: »service OEL« für den Ölwechsel und »service INSP« für die fällige Inspektion. Nach dem Service muss die Intervallanzeige zurückgesetzt werden (Werkstatt).

Audi schreibt den Ölwechsel alle zwölf Monate oder nach 15.000 Kilometern vor. Bei erschwerten Betriebsbedingungen wie überwiegenden Kurzstreckenfahrten oder staubigen Straßenverhältnissen soll der Ölwechsel öfter vorgenommen werden. Die Inspektion soll nach der Intervallanzeige stattfinden, davon unabhängig aber alle 30.000 Kilometer.

Seit Modelljahr 2000 gibt es auch bei Audi den LongLife-Service bezüglich Ölwechsel. Durch schonende Fahrweise und günstige Einsatzbedingungen kann die Intervalldauer auf das Doppelte vergrößert werden, also auf maximal 30.000 Kilometer oder 24 Monate. Bei extremer Fahrweise und beanspruchenden Einsatzbedingungen kann die Wartung auch bei Fahrzeugen mit LongLife-Service nach 15.000 Kilometern oder 12 Monaten fällig werden. LongLife-Service-Fahrzeuge werden vom Werk mit Motoröl der Spezifikation VW 503 00 (Ölqualität 2) ausgeliefert. Wenn sie nach der maximalen Laufzeit von zwei Jahren nicht wieder mit VW 503 00, sondern mit VW 500 00, 501 01 oder 502 00 (Ölqualität 1) befüllt werden, gilt der Inspektionsservice. Die Serviceanzeige muss dann von der Werkstatt auf 15.000 Kilometer/12 Monate programmiert werden. Die Ölqualität wird im Kombi-Instrument eingegeben.

Wenn Sie die Wartungsarbeiten selbst erledigen, denken Sie bitte daran, in der Werkstatt die Abfrage des Fehlerspeichers der elektronischen Steuergeräte (Motor, Airbag, Wegfahrsicherung, ABS etc.) mit dem Fahrzeugdiagnose-, Mess- und Informationssystem VAS 5051 (oder V.A.G. 1551) vornehmen zu lassen. Die Kontrolle der Fehlerspeicher ist sinnvoll, weil manche Defekte im elektronischen System während der Fahrt nicht unbedingt auffallen. Die Steuergeräte verfügen über Notlaufprogramme, die den Betrieb auch bei Ausfall beispielsweise eines Sensors garantieren sollen. Manche dieser Programme funktionieren so gut, dass der Fahrer einen Fehler gar nicht bemerken kann. Dennoch muss natürlich die Reparatur erfolgen.

Ständige Kontrollen

- Scheibenwaschwasser auffüllen
- Bremsflüssigkeit prüfen
- Scheibenwischer und Waschanlage prüfen
- Standlicht, Abblend- und Fernlicht prüfen
- Motorölstand prüfen
- Rücklichter und Nebelschlussleuchten prüfen
- Kühlflüssigkeit prüfen und nachfüllen
- Bremsleuchten und Blinker prüfen
- Reifendruck prüfen
- Warnblinker prüfen
- Bremsen prüfen
- Hupe prüfen

Wartung alle 15 000 Kilometer oder einmal im Jahr

- Beleuchtung, elektrische Verbraucher, Schalter, Anzeigen, sonstige Bedienelemente auf Funktion prüfen
- Scheibenwisch- und Waschanlage auf Düseneinstellung und Funktion prüfen
- Scheibenwischerblätter: Ruhestellung und auf Beschädigung prüfen
- Eigendiagnose: Fehlerspeicher mit V.A.G. 1551 oder VAS 5051 abfragen
- Service-Intervallanzeige zurücksetzen
- Türfeststeller, Schließzylinder und Motorhaubenfanghaken schmieren
- Schiebedach-Führungsschienen reinigen und mit Silikon-Gleitmittel einsprühen
- Säurestand der Batterie prüfen, ggf. destilliertes Wasser auffüllen
- Scheibenwasch-/Scheinwerferreinigungsanlage Flüssigkeit auffüllen
- Frostschutz im Kühlsystem prüfen
- Motorraum: Sichtprüfung auf Beschädigungen und Undichtigkeiten
- Motor von unten: Sichtprüfung auf Beschädigung und Undichtigkeiten
- Getriebe, Achsantrieb, Lenkung, Gelenkschutzhüllen: Sichtprüfung auf Beschädigung und Undichtigkeiten
- Motoröl: Wechseln, Ölfilter ersetzen
- Sichtprüfung der Bremsanlage auf Undichtigkeiten und Beschädigungen

- Dicke der Bremsbeläge prüfen
- Bremsflüssigkeitsstand abhängig vom Belagverschleiß prüfen
- Sichtprüfung der Abgasanlage
- Unterbodenschutz: Sichtprüfung auf Beschädigung
- Spiel, Befestigung und Dichtungsbälge der Spurstangenköpfe prüfen
- Dichtungsbälge der Achsgelenke prüfen
- Reifen (einschließlich Reserverad): Zustand, Reifenlaufbild, Fülldruck und Profiltiefe prüfen.
- CO-Anteil des Kraftstoffgemischs, Regulierung der Lambda-Sonde, Funktion des Katalysators und andere Teile der Abgasregulierung in der Werkstatt kontrollieren lassen, besonders, wenn das Fahrzeug dem TÜV vorgeführt werden muss.

Zusätzlich alle 30 000 Kilometer

- Pollenfilter ersetzen
- Ölstand im Schaltgetriebe prüfen
- Unterbodenschutz auf Beschädigung prüfen
- Scheinwerfereinstellung prüfen

Zusätzlich alle 60 000 Kilometer

- Luftfiltergehäuse reinigen und Filtereinsatz wechseln
- Zündkerzen ersetzen
- Hydraulik: Auf Dichtheit und Flüssigkeitsstand prüfen, ggf. Hydrauliköl auffüllen
- Ölstand des Achsantriebes beim automatischen Getriebe prüfen, ggf. Öl auffüllen
- Automatikgetriebe multitronic: ATF wechseln

Zusätzlich alle 120 000 Kilometer

- 3,0 Liter Sechszylinder 5V Motoren: Zahnriemen ersetzen

Alle 24 Monate

- Bremsflüssigkeit wechseln

Erstmals nach 36 Monaten, dann alle 24 Monate

- Abgasuntersuchung

Alle 48 Monate

- Telematik: Notstrombatterie ersetzen

Stichwortverzeichnis

FSC
www.fsc.org
MIX
Papier | Fördert gute Waldnutzung
FSC® C083411

Kolibri 360 GmbH
Ferdinand-Jühlke-Straße 7
99095 Erfurt, Deutschland
produktsicherheit@kolibri360.de

Druck:
CPI Druckdienstleistungen GmbH
im Auftrag der
Kolibri 360 GmbH
Ferdinand-Jühlke-Str. 7
99095 Erfurt